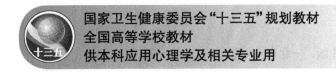

变态心理学
Abnormal Psychology

第 3 版

主　编　刘新民　杨甫德

副主编　朱金富　张　宁　赵静波

编　者　（以姓氏笔画为序）

王立金（蚌埠医学院）　　　　　　　张聪沛（哈尔滨市第一专科医院）

王立菲（陆军军医大学）　　　　　　邵淑红（滨州医学院）

凤林谱（皖南医学院）　　　　　　　周晓琴（安徽医科大学附属巢湖医院）

朱金富（新乡医学院）　　　　　　　郑　铮（南京中医药大学）

乔聚耀（济宁医学院）　　　　　　　赵静波（南方医科大学）

刘华清（北京大学回龙观临床医学院）胡晓华（华中科技大学同济医学院附属武汉

刘新民（皖南医学院）　　　　　　　　　　　精神卫生中心）

孙　磊（齐齐哈尔医学院）　　　　　郭文斌（中南大学湘雅二医院）

杨甫德（北京大学回龙观临床医学院）彭龙颜（哈尔滨医科大学大庆校区精神卫生

张　宁（南京医科大学附属脑科医院）　　　　学院）

张　欣（河北省精神卫生中心）　　　韩　璐（黑龙江中医药大学）

张　虹（福建医科大学）

秘　书　黄慧兰（皖南医学院附属弋矶山医院）

王　鑫（北京大学回龙观临床医学院）

人民卫生出版社

图书在版编目（CIP）数据

变态心理学 / 刘新民，杨甫德主编 . —3 版 . —北京：人民
卫生出版社，2018

全国高等学校应用心理学专业第三轮规划教材

ISBN 978-7-117-26730-4

Ⅰ. ①变… Ⅱ. ①刘… ②杨… Ⅲ. ①变态心理学 - 高等
学校 - 教材 Ⅳ. ①B846

中国版本图书馆 CIP 数据核字（2018）第 131016 号

人卫智网	www.ipmph.com	医学教育、学术、考试、健康， 购书智慧智能综合服务平台
人卫官网	www.pmph.com	人卫官方资讯发布平台

变态心理学
第 3 版

主　　编：刘新民　杨甫德
出版发行：人民卫生出版社（中继线 010-59780011）
地　　址：北京市朝阳区潘家园南里 19 号
邮　　编：100021
E - mail：pmph @ pmph.com
购书热线：010-59787592　010-59787584　010-65264830
印　　刷：北京铭成印刷有限公司
经　　销：新华书店
开　　本：850×1168　1/16　　印张：26　　插页：8
字　　数：698 千字
版　　次：2007 年 7 月第 1 版　　2018 年 8 月第 3 版
　　　　　2025 年 5 月第 3 版第 10 次印刷（总第 18 次印刷）
标准书号：ISBN 978-7-117-26730-4
定　　价：76.00 元

打击盗版举报电话：010-59787491　E-mail：WQ @ pmph.com
（凡属印装质量问题请与本社市场营销中心联系退换）

全国高等学校应用心理学专业第三轮规划教材
修订说明

　　全国高等学校本科应用心理学专业第一轮规划教材于 2007 年出版,共 19 个品种,经过几年的教学实践,得到广大师生的普遍好评,填补了应用心理学专业教材出版的空白。2013 年修订出版第二轮教材共 25 种。这两套教材的出版标志着我国应用心理学专业教学开始规范化和系统化,对我国应用心理学专业学科体系逐渐形成和发展起到促进作用,推动了我国高等院校应用心理学教育的发展。2016 年经过两次教材评审委员会研讨,并委托齐齐哈尔医学院对全国应用心理学专业教学情况及教材使用情况做了深入调研,启动第三轮教材修订工作。根据本专业培养目标和教育部对本专业必修课的要求及调研结果,本轮教材将心理学实验教程和认知心理学去掉,增加情绪心理学共 24 种。

　　为了适应新的教学目标及与国际心理学发展接轨,教材建设应不断推陈出新,及时更新教学理念,进一步完善教学内容和课程体系建设。本轮教材的编写原则与特色如下:

　　1. 坚持本科教材的编写原则　教材编写遵循"三基""五性""三特定"的编写要求。

　　2. 坚持必须够用的原则　满足培养能够掌握扎实的心理学基本理论和心理技术,能够具有较强的技术应用能力和实践动手能力,能够具有技术创新和独立解决实际问题的能力,能够不断成长为某一领域的高级应用心理学专门人才的需要。

　　3. 坚持整体优化的原则　对各门课程内容的边界进行清晰界定,避免遗落和不必要的重复,如果必须重复的内容应注意知识点的一致性,尤其对同一定义尽量使用标准的释义,力争做到统一。同时要注意编写风格接近,体现整套教材的系统性。

　　4. 坚持教材数字化发展方向　在纸质教材的基础上,编写制作融合教材,其中具有丰富数字化教学内容,帮助学生提高自主学习能力。学生扫描教材二维码即可随时学习数字内容,提升学习兴趣和学习效果。

　　第三轮规划教材全套共 24 种,适用于本科应用心理学专业及其他相关专业使用,也可作为心理咨询师及心理治疗师培训教材,将于 2018 年秋季出版使用。希望全国广大院校在使用过程中提供宝贵意见,为完善教材体系、提高教材质量及第四轮规划教材的修订工作建言献策。

教材目录

序号	书名	主编	副主编
1	心理学基础(第3版)	杜文东	吕 航 杨世昌 李 秀
2	生理心理学(第3版)	杨艳杰	朱熊兆 汪萌芽 廖美玲
3	西方心理学史(第3版)	郭本禹	崔光辉 郑文清 曲海英
4	实验心理学(第3版)	郭秀艳	周 楚 申寻兵 孙红梅
5	心理统计学(第3版)	姚应水	隋 虹 林爱华 宿 庄
6	心理评估(第3版)	姚树桥	刘 畅 李晓敏 邓 伟 许明智
7	心理科学研究方法(第3版)	李功迎	关晓光 唐 宏 赵行宇
8	发展心理学(第3版)	马 莹	刘爱书 杨美荣 吴寒斌
9	变态心理学(第3版)	刘新民 杨甫德	朱金富 张 宁 赵静波
10	行为医学(第3版)	白 波	张作记 唐峥华 杨秀贤
11	心身医学(第3版)	潘 芳 吉 峰	方力群 张 俐 田旭升
12	心理治疗(第3版)	胡佩诚 赵旭东	郭 丽 李 英 李占江
13	咨询心理学(第3版)	杨凤池	张曼华 刘传新 王绍礼
14	健康心理学(第3版)	钱 明	张 颖 赵阿勐 蒋春雷
15	心理健康教育学(第3版)	孙宏伟 冯正直	齐金玲 张丽芳 杜玉凤
16	人格心理学(第3版)	王 伟	方建群 阴山燕 杭荣华
17	社会心理学(第3版)	苑 杰	杨小丽 梁立夫 曹建琴
18	中医心理学(第3版)	庄田畋 王玉花	张丽萍 安春平 席 斌
19	神经心理学(第2版)	何金彩 朱雨岚	谢 鹏 刘破资 吴大兴
20	管理心理学(第2版)	崔光成	庞 宇 张殿君 许传志 付 伟
21	教育心理学(第2版)	乔建中	魏 玲
22	性心理学(第2版)	李荐中	许华山 曾 勇
23	心理援助教程(第2版)	洪 炜	傅文青 牛振海 林贤浩
24	情绪心理学	王福顺	张艳萍 成 敬 姜长青

5

配套教材目录

序号	书名	主编
1	心理学基础学习指导与习题集（第2版）	杨世昌　吕　航
2	生理心理学学习指导与习题集（第2版）	杨艳杰
3	心理评估学习指导与习题集（第2版）	刘　畅
4	心理学研究方法实践指导与习题集（第2版）	赵静波　李功迎
5	发展心理学学习指导与习题集（第2版）	马　莹
6	变态心理学学习指导与习题集（第2版）	刘新民
7	行为医学学习指导与习题集（第2版）	张作记
8	心身医学学习指导与习题集（第2版）	吉　峰　潘　芳
9	心理治疗学习指导与习题集（第2版）	郭　丽
10	咨询心理学学习指导与习题集（第2版）	高新义　刘传新
11	管理心理学学习指导与习题集（第2版）	付　伟
12	性心理学学习指导与习题集（第2版）	许华山
13	西方心理学史学习指导与习题集	郭本禹

主编简介

刘新民，教授，硕士生导师，安徽省教学名师。学术任职有：中国残疾人康复协会理事、心理康复专业委员会副主任委员；中华医学会行为医学分会常委、前两届副主任委员；安徽省行为医学分会主任委员；安徽省心理咨询师协会副理事长；济宁医学院行为与健康研究所名誉所长、山东省高校人文社会科学研究基地"行为与健康研究基地"副主任；《中华行为医学与脑科学杂志》和《中国健康心理学杂志》等5个杂志编委。

从事应用心理学与司法精神病学教学、研究和临床30余年，作为学术带头人创建了皖南医学院应用心理学本科专业和重点学科、科学学位和专业学位2个硕士点、3个心理咨询机构、安徽省人文社科重点研究基地"大学生心理健康研究中心"、安徽省精品课程《变态心理学》和《医学心理学》；发表论文109篇；主编教材／专著／译著和科普丛书80余部；为社会提供大量的心理咨询／治疗／鉴定服务；应邀为各类学校、医院、企业、政府机关等报告数百场。获中华医学会行为医学分会"杰出贡献奖"、中国高教研究会医学心理分会"终身成就奖"、中国心理卫生协会大学生心理咨询专业委员会心理健康教育"优秀工作者"等奖励20余项。

杨甫德，北京大学回龙观临床医学院北京回龙观医院院长，主任医师、教授、博士生导师，享受国务院政府特殊津贴，北京高校大学生心理危机预防与干预指导中心主任，世界卫生组织心理危机研究与培训合作中心主任，中国医师协会全科医师分会"双心医学"学科组副组长，国家卫计委突发事件卫生应急心理救援组副组长，中国心理卫生协会副理事长，海峡两岸医药卫生交流协会精神卫生和精神病学专家委员会主任委员，中国残疾人康复协会精神残疾康复专业委员会主任委员，中国研究型医院学会心理与精神病学专业委员会副主任委员，中国医师协会精神科医师分会副会长，中华医学会精神医学分会前副主任委员，《中华精神科杂志》副主编，《中华行为医学与脑科学杂志》副总编辑。

北京市"十百千"优秀卫生人才、中国心理卫生协会先进个人、卫生部抗震救灾卫生先进个人、北京市科学技术普及工作先进个人、"首都健康卫士"、"健康中国健康促进卓越院长"、"首都劳动奖章"、"健康中国十大年度人物"、"中国医师奖"获得者。

曾获全国社会科学理论实践成果一等奖、科技部优秀科普作品奖、北京市科技进步三等奖、北京市科技进步二等奖等10余项。发表论著及综述220余篇，科普文章210余篇，主编《社区精神病学》《变态心理学》及参编教材和专著等41部。主持3项国家标准的制定。

副主编简介

朱金富, 医学博士,教授,主任医师,硕士生导师,河南省教学名师,现任新乡医学院心理学院院长。2004年毕业于中南大学湘雅医学院,师从我国著名精神病学家杨德森教授,主要从事文化心理治疗的研究和应用,特别是中国道家认知治疗的临床实践研究,曾在美国夏威夷大学做访问学者,是世界卫生组织(WHO)文化精神医学协会理事,中国心理卫生协会心理治疗与心理咨询专业委员会委员。近年来出版学术专著《传统思想与心理治疗:临床上的应用》和《中国心理治疗本土化:从理论到实践》,主要承担研究生和本科生的《变态心理学》《临床心理学》等相关课程的教学任务,曾主持和参与完成国家十一五、十二五规划教材10余部。

张宁, 医学博士,主任医师,教授,博士生导师,南京医科大学附属脑科医院副院长,南京神经精神病学研究所所长,南京医科大学认知行为治疗研究所所长,国家临床重点专科、江苏省重点学科学科带头人。

任中华医学会精神医学分会常委、中国医师协会精神科分会副会长、中国心理卫生协会认知行为治疗专业委员会主任委员、亚洲认知行为治疗协会主席、中国研究型医院学会心理与精神病学专业委员会副主任委员、中华预防医学会精神卫生分会副主任委员等。承担各级课题20余项,国内外发表论文200余篇,主编、参编著作60余部。获省市科技进步奖20项,享受国务院特殊津贴,中国医师协会精神科医师分会杰出精神科医师,获江苏省首届创新争先团队奖。

副主编简介

个简编主副

赵静波, 教授,博士生导师。现任南方医科大学公共卫生学院心理学系副主任。中国心理卫生协会认知行为治疗专业委员会委员;中国心理学会临床与咨询心理学专业委员会委员;中国心理卫生协会大学生心理咨询专委会委员;中国社会心理学会心理健康专业委员会委员;广东省高校心理健康教育与咨询专业委员会常务委员及副秘书长;广东省普通高等学校学生心理健康教育专家指导委员会副秘书长。

从事心理学临床、教学、科研工作至今 25 年。主持国家社科基金和教育部人文社科基金等科研项目 11 项。主编、主译及副主编专著或教材 15 部,在国家核心杂志上发表论文 100 余篇,其中以第一作者或通讯作者在 SCI、SSCI 收录杂志发表论文 4 篇,其中 2 篇分别位于 1 区和 2 区。

前　言

一、概念与定位

变态心理学（abnormal psychology）又称为异常心理学或病理心理学（pathological psychology），是研究异常心理与行为及其规律的一门心理学分支学科。"变态心理学"源于 abnormal psychology 的翻译和使用习惯，"变态"泛指异常而没有任何贬义。相反，对存在心理障碍者，我们应给予更多的同情、关心和保护，目的是为需要的人提供帮助，以促进其心身健康和积极向上，也让世界更加美好。

本书是我国首部《变态心理学》国家级规划教材/卫生部规划教材的第 3 版（人民卫生出版社）。自 2007 年第 1 版、2013 年第 2 版发行以来，受到广大师生和专家学者的好评。2017 年经人民卫生出版社组织的申报和评审，本版教材由刘新民、杨甫德担任主编。这次修订的目标是：遵循体系完整、内容丰富、概念准确、反映进展和风格独特的基本构想，在保持前版特色的基础上，进行尽可能多的增补、凝练和更新，以体现科学性、系统性和新颖性，为该领域的教学、研究、临床和服务提供具有理论深度和实用价值的教科书。

二、内容与结构

本版教材根据教学和实践的需要，将原有的变态心理的影响因素（第二章）与变态心理的理论模型（第三章）合并；增加了智力障碍和器质性精神障碍两章。全书共 19 章。

第一章绪论，除了定义、任务、意义和判别标准等重要概念外，通过变态心理学历史发展轨迹的追寻，展示了人们认识、处理和探索变态行为的艰难历程，促进我们对异常心理的实质和理念的深入理解。章后附有若干重要概念，是专业人员必须掌握的基础知识。

第二章对异常心理影响因素以及不同的理论模型进行了专门介绍。每一种模型都是对人类行为的观察和研究基础上形成的独特观点，反映了对异常心理认识的多样性，对于理解和处理异常行为有重要意义。

第三章是变态心理的分类、诊断和评估，它系统介绍了 ICD-10、CCMD-3 和 DSM-5 分类的特点与差异，陈述了异常行为的临床评估和诊断方法。本章还特别介绍了《国际功能、残疾与健康分类》（ICF）等关于健康问题的分类。

第四章是关于异常心理的研究方法，它通过具体案例来演示各种方法如何应用，使专业人员面对异常行为问题时，在提出理论假设、确定研究对象、选择方法、检验假设、解释结果和推论以及发表论文等过程中，能够始终遵循客观与科学的基本原则。

从第五章到第十八章，本书用最多的篇幅讨论了各种心理/行为障碍，将变态心理学的原理和方法，运用于异常心理的描述、解释、诊断、预测和防治中。

最后一章讨论心理健康职业活动必然涉及的伦理、道德和法律关系问题，使专业人员在变态心理的临床工作中,有良好的职业意识并始终遵循行业的基本准则。

三、特色与亮点

彰显特色、争取亮点、展示优势一直是本书的不懈追求,本教材对变态心理学的体系、内容和形式进行了很多的创新。

(一)广泛接纳各种理论学说

在理论学界和现实生活中,人们对异常心理的看法是仁者见仁、智者见智,各种概念和观点令人眼花缭乱、应接不暇。本书对此采取温和与接纳的态度,无论是"过去"的"神经症"、"精神病"、"抑郁症"、"内源性"等概念,还是"现在"的"精神障碍"、"抑郁发作"等术语,都采取兼收并蓄的处理,以反映学科发展的客观规律和演进过程,努力减少学生的学习难度、专业人员的使用纠结和普通人的困惑,让学术贴近临床、更接地气。

(二)不受现有分类系统的限制

变态心理学作为心理学的学科分支,主要概念和术语遵循的是比较成熟的 CCMD、ICD 和 DSM 分类系统,这些系统的内容本质上没有超越医学"疾病"的范畴,并非是人类异常心理 / 行为的全部。在健康心理与病理心理之间还有一个"灰色心理"地带,这些轻重不等表现各异的偏常行为游离于分类系统之外,如各种个性缺陷、赌博成瘾、杀人与强奸等犯罪行为等,它们微妙而复杂地影响着人们的心理健康和个人发展,甚至影响着社会安宁与进步,是专业人员无法回避的问题。

本书立足于生物心理社会整体模式,侧重于从心理学角度研究心理 / 行为障碍,没有受分类系统的限制,适当拓宽了异常心理的研究范畴。例如,在分类与诊断章节中,增加了 ICF 和积极心理学的分类;在性障碍章中,增加了很多分类系统以外的概念和内容;在睡眠障碍中,介绍了非精神病学的分类体系;在成瘾障碍中将"非物质成瘾"纳入其中。在几乎所有章节中,都通过专栏或阅读材料等形式展示诸如此类的内容。目的是让读者树立一种观念:人类的"灰色心理"同样是变态心理学的研究对象,尽管存在着诸多方面的科学问题,探索这些现象应该成为最有潜力的发展方向之一。

(三)内容与形式上大量的革新

作者努力汲取国内外教材的优点,力求在形式和内容上有所创新。

1. 案例导入　章前以案例导入"现场",从而引出话题,激发兴趣,促进理论联系实际。在研究方法章和各论中,尽可能多的采用案例引导和说明问题。

2. 丰富多彩的专栏　全书设置了大量的专栏,包括基础知识、背景材料、经典事例、研究进展和参考资料等,以拓宽知识面,提高兴趣,增加学习的深度和广度。

3. 简明直观的图表　大量采用图表,使繁杂问题一目了然和便于比较,减少了篇幅,显示了更好的条理性和直观性。

4. 即时呈现的思考题　思考题在章内相关内容处呈现而不是集中于章后,以鼓励学生在关键之处能停下来进行深入地思考,有益于及时分析、综合和消化内容。

5. 精编三种分类对照　分别介绍 CCMD、ICD 和 DSM 类目系统的历史发展,包括 DSM-5 和 ICD-11 有关进展,创建综合性对照表比较三种分类的异同。各论中酌情呈现不同分类系统的诊断标准(要点),以便使读者比较全面地了解不同分类系统及诊断的特点。

(四)原创了异常行为的教学视频

近几十年来,国内关于异常心理 / 行为的教学视频少之又少。本教材进行了积极尝试,设计并制作了一套现场模拟教学视频,从异常心理的症状到心理疾病,通过数十个短片,呈现各种异常心理的表现。

（五）形成一整套学科与课程系列

本书从第一版起就致力于构建反映进展、适合国情、具有特色的变态心理学学科系列和课程系列。近10年来，在全国数十所高校和精神卫生机构的200多位专家参与下，主编出版不同版本的系列教材，编著出版专著系列《变态心理学理论与应用系列丛书》18部（2009），科普系列《现代心理困惑的专家解读与指导系列》10部（2010）；还有变态心理学多领域的应用丛书，以及翻译出版国外参考书等，形成了约60部教材、专著、译著和科普作品的变态心理学系列。主编单位还建设了变态心理学精品课程并主办了国家级医学继续教育项目等。这些成果是教材的配套与延伸，也反哺了本版教材的建设与运用。

四、致谢

首先，我们要感谢众多大学生、老师和专业人员等对本教材的关心，许多素未谋面的授课老师和大学生，通过不同途径给予本教材鼓励和建议；齐齐哈尔医学院组织了多所高校的教材使用调查，为我们提供了比较全面的教材评价信息。接着，我们要感谢为本部教材贡献时间、精力和智慧的三个版次的编委们，他们为本教材奉献了宝贵的时间和智慧，不少专家教授为了达到好的编写效果进行了不同形式的尝试。我们还要感谢本教材副主编赵静波的团队，他们将自己的科研成果运用于融合教材视频创作中，共组织了30多名研究生和本科生参与剧本的撰写与拍摄。我们更要特别感谢主导此项目的人民卫生出版社领导和编辑们！他们从立项、创作过程直到最后的出版发行给予了最细致的安排和指导。

在我国，由于变态心理学发展较晚，其体系尚待成熟；加上作者水平的限制，本书肯定存在着很多缺点和不足；融合教材的教学视频与案例分析为本部教材的首次尝试，效果如何有待实践的检验。我们恳切地希望广大读者对此予以关注并不吝赐教，以便未来能做得更好。

刘新民　杨甫德

2018年5月

目　录

第一章　　变态心理学绪论

案例 1-1

万念俱灰憔悴损

　　莉莎成为某市媒体跟踪热炒的焦点人物,因为她在不到 40 天里实施了 8 次自杀。幸运的是,每次都是与死神擦肩而过,这多亏了家庭成员的及时发现和医护人员的奋力抢救。在这一连串事件后的第 35 天,在两位女友的陪同下来到心理诊所。

　　她今年 27 岁,尽管面色苍白,神情沮丧,但仍能透视出某种风姿与气质,身材修长,凸凹有致,形象端正。她对看心理医生并不热情,但能够回答心理医生的提问,看上去有求治的欲望,但缺乏治愈的信心。其实,近两年来她已有难以计数的自杀行为。学业、工作、生活的失败,父母、朋友、男友的远离,在社会上鬼混、同居,不断地被男性骚扰又被抛弃,最后发展到吸毒……,她长期处于痛苦之中,情绪不稳,焦虑、抑郁、悲伤,习惯性呕吐,严重失眠,消瘦,月经失调,遍身不适,每天靠大剂量强安定剂或饮酒维持睡眠。她已心灰意冷,完全丧失了生活的信心。

　　她的心理苦恼已有 10 年的历程,完全可以写一部中篇小说。她出生于一个工人家庭,父母小学文化,观念正统,生活刻板,脾气暴躁。但她从小学习优秀,性格活泼,情绪急躁,比较要强。16 岁那年,她是本市某省重点高中学生,成绩优异。由于长相姣好,学习拔尖,一直受到不少男生的暗恋。一次,一男生给她写了封求爱信,在学友的传递中不慎落入班主任手中,使对她寄予厚望的班主任怒火燃烧,当着她的面在全班公示于众,对她的"恋爱行为"进行了严厉批评,并向校长作了汇报,使她成为全校优秀生谈恋爱的反面典型,一时间声名狼藉。而家里人也不能容忍,暴跳如雷的父亲将她狠揍一顿。其实她什么也没有做,但没有任何人关心她,理解她,她羞得无地自容,痛苦不已。

在这所学校学不下去了，家里人被迫将她转到另一座城市的某高中借读，生活上依靠一个远房叔叔照应。从未离开家庭的她无法适应那里的学习环境，婶婶的冷漠使她难以安身，父母的责难使她有家难回。终于，在行为不端的男生诱惑下，她走上了歧途，逐渐堕落下去……。她放弃了学业，在社会上游荡，完全变成了"另类"。

> 🍃 莉莎存在哪些心理与行为问题?
> 🍃 她的异常心理产生的原因是什么?
> 🍃 请你为莉莎设计一个心理干预方案。

无论是在心理学和医学等专业活动中，还是日常生活中，异常心理现象屡见不鲜，但是每一个人的表现都有其特殊性。你能对像莉莎这样的异常心理的原因、发生机制、变化规律、未来发展、诊断和防治有准确的把握吗? 你能够做到既能掌握她的心理问题的普遍规律又能鉴别其特殊性吗? 如果你在理论与实践上掌握了变态心理学，你就能够对上述问题的处置做到游刃有余，甚至你会惊讶地发现这些知识竟然对你会如此有用以至于受益终生。本书试图帮助你实现这一愿望。

第一节　对象与任务

变态心理学（abnormal psychology）又称为异常心理学或病理心理学（pathological psychology），是研究异常心理与行为及其规律的一门心理学的分支学科。变态心理学从心理学角度出发，研究心理障碍的表现与分类，探讨其原因与机制，揭示异常心理现象的发生、发展和转变的规律，并把这些成果应用于异常心理的防治实践。"变态心理学"源于 abnormal psychology 的翻译和使用习惯，本书的"变态"泛指异常而没有任何贬义。

一、什么是变态心理

中文中有丰富多彩的词汇描述异常心理，如变态（异常）心理、变态（异常）行为、行为障碍、心理障碍、精神障碍，还有病理心理、心理疾病、心理疾患等，其意义大同小异。那么，什么是变态心理呢? 我们知道，人的心理状态几乎每时每刻都随着外界环境的改变而不断地变化着，并且也随着某些内在的生理心理环境的改变而变化。无论从人类生命发展历程的纵向观察，还是从心理现象展开的横断面考察，都不存在心理上始终处于一成不变、完美无缺状态的人。同样，在心理活动的所有方面完全变态的人也基本上不存在，即使是最严重的精神病患者也往往保留着不同程度的正常行为。正常心理和异常心理是一种相互交叉、相互移行、相互转化和不断演变的动态过程，人的心理健康状态也只能是不断变化和相对稳定的连续体。如果把这一连续体的一端假设为最佳的心理健康状态，另一端假设为最严重的变态，中间则是一个渐变的序列。我们每一个人在其生命过程中，在心理现象的各个方面，都可能在这条轴线上的一定范围内不停地变动着。心理的正常及其偏移状态是生命的组成部分，正常心理与异常心理是相对的。

变态心理的概念有广义和狭义之分。广义的变态心理泛指健康心理的偏离，是对轻重不一的各种心理行为异常的总称；狭义的变态心理是指这种异常应达到一定的严重程度，已明显影响了个人的正常生活、职业功能或自感痛苦，通常达到医学上当作"疾病"考虑的症状或综合征，即具有"诊断意义"的异常。本书除了特定情况，一般将上述不同术语作为同义语使用。

专栏 1-1

健康心理与变态心理的关系

较好　问题　偏移　越轨　异常　障碍　心理疾病　精神病
最佳的心理健康------------------------------------最严重的心理变态

千百年来,人们在对异常心理的描述和探索过程中,常常运用"疾病"术语和思维模式去理解和对待比较严重的心理/精神异常,因为心理/精神疾病同样是人类普遍的病患之一。然而,当前在精神病学和变态心理学领域,对异常心理的研究和处理出现了采用"障碍"(disorder)而非"疾病"(disease)术语的倾向,用"心理障碍"或"精神障碍"(mental disorder),作为达到一定程度的心理和行为异常的统称。在联合国世界卫生组织《国际疾病分类第 10 版》(International Classification of Diseases and Related Health Problems, ICD-10)引言中说道:"'障碍'这个术语的使用贯穿本分类的始终,其目的是避免使用像'疾病'和'病患'(illness)这样的术语所带来的更大的问题。'障碍'不是一个精确的术语,但在这里意味着存在一系列临床上可辨认的症状或行为,这些症状或行为在大多数情况下伴有痛苦和个人功能受干扰"。

2013 年美国出版的《精神障碍诊断与统计手册第 5 版》(Diagnostic and Statistical Manual of Mental Disorders, DSM-5)对精神障碍给出了一个定义:"精神障碍是一种综合征,其特征表现为个体认知、情绪调节或行为方面有临床意义的紊乱,它反映了精神功能潜在的心理、生物或发展过程中的异常。精神障碍通常与社交、职业或其他重要活动中显著的痛苦或功能障碍有关。对常见的压力/丧痛等可预期或文化认同的反应,如所爱的人死亡,不属于精神障碍。社会越轨行为(例如政治、宗教或性)和主要表现为个体与社会之间的冲突也不属于精神障碍,除非这种越轨或冲突是上述个体功能失调的结果"。

专栏 1-2

用"障碍"取代"疾病"能解决所有问题吗?

在变态心理学的研究和临床中试图摒弃"疾病"而采用"障碍"概念的做法仍存在着不少问题。从医学科学发展进程考察,人类对差不多每一种疾病的认识都是先从孤立的"症状"开始的,或许在医学的早期只有一些描述性的症状,而后,人们逐渐发现了各种症状"现象"之间的联系及其内在规律,从而认识了具有疾病性质的综合征,赋予大多数综合征的疾病名称,纳入了疾病的类目之中(如 ICD),并运用躯体疾病一样的方法探索其产生、发展及防治过程。建立于医学模式基础上流传下来诸如躁狂症、抑郁症和精神分裂症等"疾病"概念已有几个世纪的历史。它把看起来杂乱无章的心理症状予以条理化,注意每一种综合征内多种症状之间的关系,从而有利于病因、发展变化、诊断和防治等深入探讨。另一方面,随着生物心理社会医学模式的确立,过去那种狭隘的医学观已发生很大的变化,健康和疾病概念的不断扩展,促使了医学问题的社会化和某些社会问题的医学化,这为各学科之间的沟通和协作构建了新的平台,以医学术语命名变态心理并不一定排斥非医学家对异常心理的研究。此外,疾病不能排除心理/行为异常,心理障碍也不能脱离医学,因为异常心理从表面上看只是一种"功能"变化,但肯定存在着生理、生化,甚至是"结构"方面的变化,只不过当前的科技手段暂时还不能进行客观检测而已,未来肯定能做到。

笔记

因此，使用"障碍"术语虽然可能有限地回避使用"疾病"术语所带来的问题，但也会导致新的问题：心理障碍概念同样既广泛又模糊，容易导致人们对这一术语内涵和外延的不同理解。事实上，在异常心理和精神病学的教学、研究和临床中，即便能够回避"疾病"术语，但无论是在理论上和实践中都不难发现，"障碍"术语仍然隐藏着许多医学规则，并没有超脱异常心理的医学模型。例如，专业人员一直将心理障碍与同疾病一样理解为"人们是由于自己没有任何错误患得这些疾病的"（Meyer，1984），这种理念在界定心理障碍范围和性质，处理犯罪心理学和司法精神病学问题中显得尤为重要。

显然，这些纳入分类系统的精神／心理障碍，在本质上还没有超越医学"疾病"的范畴，并非是人类异常心理／行为的全部。在病理心理和健康心理与之间，还有大量的、不同程度的、表现各异偏离正常的"灰色心理"的存在，如各种个性缺陷、赌博成瘾、杀人与强奸等犯罪行为等，这些异常心理现象微妙而复杂地影响着人们的心理健康和个人发展，甚至影响着社会安宁与进步，是专业人员不能回避的问题。随着社会发展和科技进步，这一领域必然成为变态心理学最有潜力的发展方向之一。

二、变态心理的特征

如果要你概括各种异常心理表现的共同特点或特征却是一个挑战性的难题。从本章开头的案例中，我们会感到任何一位心理障碍患者的表现都大相径庭。我们能概括和抽象出各种异常心理行为的本质属性吗？你会发现，对变态心理特征的概括要比对具体的变态行为界定要困难得多。这里介绍变态心理的主要特征。

（一）变态心理是个人痛苦体验

一个人对自己心理或行为痛苦的主观体验是衡量变态心理的重要特征。焦虑、抑郁、恐惧和强迫行为等，是人们经常感觉到的异常心理，也往往是患者求治的主要原因。无论是心理医生还是其他人群，都能够意识到有明显内心痛苦体验的人，可能存在着不同程度的异常。这是我们在判断心理和行为的正常和异常时使用最多的主观体验标准。但是，此标准也不是十全十美的，因为它不能排除所有的变态，即没有主观痛苦体验的人不一定没有异常。例如，大多数反社会型人格障碍和严重的精神分裂症患者可能自我感觉良好，而实际上已经有严重的心理障碍。另一方面，具有主观痛苦的感觉也不一定是变态，例如饥饿或分娩时的痛苦体验就不能被认为心理异常，而属于其他情况。

（二）变态心理是行为功能障碍

变态心理的另一个重要特征是异常行为导致了个人生活领域的心理功能低下（disability）或功能丧失（dysfunction），包括个人社会功能或职业功能、生活能力和人际关系能力等。此特征在变态心理中很普遍，如智力障碍、精神分裂症和抑郁症等，都有不同程度的功能障碍或低下。这一特征在很多情况下被作为评价心理障碍严重程度的必要条件或标准。当一个人的心理行为异常尚不足以影响他的职业功能和日常生活时，如果又没有个人的痛苦体验，我们在多数情况下不认为该现象具有诊断学意义。

一些心理变态者具有功能低下与个人痛苦的同时存在，例如社交恐惧症。患者存在人际交往能力受损并可能影响其职业功能，也有个人的主观体验。但是，并非具有痛苦体验的变态行为都有功能低下。例如异装症患者，他可以有个人痛苦，却不一定存在其他的功能低下，他们中多数人可以结婚并过着与一般人差不多同样的生活。

对功能低下也存在着如何确定标准和定义问题。例如，在许多像跳高和钢琴演奏等职业活动领域,一般人不能做好不属于功能低下。因此,这里讲的功能障碍是指那些按常理可以完成的功能出现了问题,或者是他本来已经具备的功能在非生理变化情况下的明显削弱或丧失。

(三)变态心理是社会规范的偏离

人作为高等动物与动物的最大区别是具备了社会属性,我们通常把一个人能否适应该社会的规则与规范作为衡量一个人心理是否正常的重要标准。变态行为偏离或违反社会规范是显而易见的,例如反社会人格障碍、某些性变态,精神病人急性期的攻击行为等,他们的行为往往与社会标准相抵触,因此可以用此标准来衡量。

但此标准的缺陷不是太宽就是太窄。例如,杀人犯等犯罪心理和妓女的行为是违反社会规范的,但还不是精神障碍(疾病)分类系统的内容;而严重焦虑或抑郁通常不违背社会规范,却是明显的异常。此外,文化的多样性显著地影响着社会规范标准。同样的行为,在不同的文化环境中或在不同的历史阶段中都有不同的标准,如同性恋等。

(四)变态心理是统计学的偏移

判断一个人的心理是否正常,一个普通的方法是将他的行为与社会上的大多数人进行量化比较,看其是否一致。这种数量化研究和描述的方法称之为统计学标准,它一直被广泛运用于医学领域,如血压、心率和白细胞计数等。统计学观点认为,人的行为是呈正态分布的,大多数人的行为处于中间状态,变态是少见的行为,即统计学的偏移。按此观点,极端的内向或外向、极度的兴奋或抑郁都不正常。智力障碍或智力残疾(intellectual disability)主要是以此作为诊断标准的。当一个人的智商小于70时,我们将考虑他的智力不正常(图1-1)。心理测验常作为评价个体的心理健康水平或心理异常的手段。

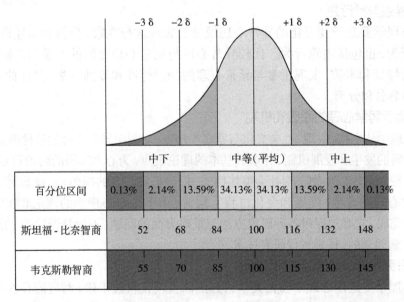

图1-1 美国人群IQ分数分布

虽然统计学标准为我们提供了一种定量方法,但在许多情况下它却不能运用。例如,高智商者在统计学上是另一个极端,但却不能认为其是不正常。更何况在现实生活中,人们的大多数行为是不能定量的。

(五)对上述特征的综合考虑

我们通过上述变态心理特征的讨论可以发现,每一种标准对异常心理都有相当高的判断价值,但又不能适用于全部情况。迄今为止,人们还没有找到判断异常心理的"金标准"。这说明心理障碍的特征的复杂性。研究与实践都表明,当前的健康专业还无法对"疾病"或

"失调"给出让人满意的定义。因此，当我们对千差万别的心理障碍予以判定的时候，还必须综合性地运用多种标准。

但是，在异常心理防治的职业活动中，需要一个可以划分出"病理心理"现象的描述，作为异常心理的操作性定义，以建立心理/精神障碍的命名、分类和诊断系统。这一标准就是：存在的异常心理综合征导致个人感到痛苦或功能损害。后者包括心身功能和社会功能，而且其社会功能还要考虑个体所处的文化背景。

这是目前能被普遍接受的定义或标准。但是，我们应当知道，这只是从医学与疾病诊治角度人为界定的行为异常。并不包括那些广泛存在、轻重不一，不具备医学疾病性质的异常心理。此外，在达到诊断严重程度的异常多是由正常心理发展而来，在程度上和时间上都是一个渐变的连续过程。当一个人的异常心理或行为在发展过程中，尚达不到所谓的"严重标准"时，他就没有异常吗？例如，当一个人处于精神分裂症的早期，还达不到"规定的"诊断标准时，我们应当下什么结论呢？

> 请你运用上述标准分别对莉莎的心理进行判别。
>
> 你还能找到正常与异常心理更好的判别标准吗？

三、变态心理学的任务

变态心理学是在正常心理学的基础上研究异常心理活动，其主要任务是运用心理学的原理和方法，研究人的心理行为异常的表现形式和分类，探讨其影响因素和发生机制，阐明其发生、发展和转变的规律，并把这些科学知识运用于心理障碍的防治实际。

（一）描述异常行为

变态心理学要对千变万化的异常心理现象的表现进行观察、分析和描述性研究，不仅包括外显行为，也包括内隐行为。比较异常心理与正常心理之间的关系和差别，研究各种异常行为的特征和本质，发现正常与异常心理的判别标准和鉴别方法，并在此基础上确定心理障碍的命名和分类。

（二）揭示异常心理的原因和机制

变态心理学从生物、心理、社会文化与家庭等角度，对影响异常心理的各种因素进行研究，揭示心理障碍的发生和发展机制，并形成基本的理论观点，为心理障碍的防治奠定理论基础。变态心理学特别重视以生物心理社会整体模式，以分析和综合的视角，从微观和宏观的结合上讨论异常心理的产生、发展和变化过程。同时，由于变态心理学的理论和实践任务要通过研究才能完成，它必须探讨各种研究方法与策略方面的问题，不论是经验的、历史的、现象的、临床的、病因学的，还是现代研究技术。

（三）研究异常心理的评估和诊断

变态心理学要运用心理学和相关学科方法以及现代科技手段，对可能存在心理障碍的个体的心理进行取样和描述，同时获取有关生理和社会学影响因素，进而综合各种信息做出系统的评定、判断和预测，形成某些结论性意见，为不同的研究和应用目的服务。在异常心理的临床工作中，还可在评估的基础上形成诊断意见。即按照公认的诊断标准，比较个体的表现与特定的障碍之间的吻合程度，贴上相应的诊断标签，从而为治疗和鉴定服务。

（四）探讨异常心理的防治和身心健康的维护

防治异常心理和维护身心健康是变态心理学研究的最终目的，前述各项任务都要服务于这一目标。变态心理学从反面论证维护正常心理的基本原则和具体方法，试图解决异常心理防治的深层次问题，提示形成最坚强的健康人格的关键作用，优选防治异常心理的最佳环境和条件，包括采用积极心理学的方法。变态心理学也研究异常心理的治疗，如治疗

笔记

原则与治疗方案的选择，但更侧重于治疗的综合考虑。它还研究心理障碍与心理健康行业关系，从而有利于对异常心理的临床处置。

四、学习变态心理学的意义

变态心理学是临床心理学、咨询心理学、心理治疗学和精神病学等学科的共同基础，它对于维护人们的身心健康有重要意义。但是，学习这门学科的意义远不仅如此，变态心理学知识对于任何职业和群体的人都有实用价值，而不论你是否从事心理学的专业活动。不仅能用于帮助别人，也完全对你自身有用；不但在心理学领域，也广泛运用于医学、教育、管理、司法、军事和社会等众多领域。

（一）是异常心理识别和防治的需要

国内外心理疾病流行病学的资料显示，心理障碍的总患病率有不断上升的趋势。在美国，有1/10的人将在其一生中住进精神病院，约有1/3~1/4的人群将因为心理健康问题而寻求专业人员的帮助。根据WHO的统计，非传染性疾病占全球疾病的比重日益增加，其中心理障碍占全球疾病的10.5%（中低收入国家）和23.5%（高收入国家）。这些资料表明，对日益增多的心理障碍或异常行为的认识、诊断和治疗已经成为增进人类健康的重要方面。变态心理学的基本任务就是揭示心理异常现象发生、发展和变化的原因及规律，提供划分心理异常的标准和有效方法，并为各种临床方法提供理论依据。因此，是心理健康专业人员极为重要的专业课程。

> 如果没有变态心理学知识，心理医生的职业活动可能会有哪些不良后果？

（二）对每一个人的身心健康都有帮助

了解变态心理学基本知识具有普遍性意义，即使对那些不打算直接使用变态心理学的人也同样如此。变态心理的研究为我们提供了解决心理困扰、环境适应、改善自我的特殊途径，不管这些问题是发生在人的生活中、工作中、学习中、情爱中或人际关系中。变态心理学将有助于我们理解心理障碍是怎样产生的，是如何被诊断以及是怎样得到治疗的，其知识与方法有助于我们对自己和他人的心理状态作出估计，有利于正确应对或给予帮助。这些知识还会使我们了解那些导致心理障碍的各种因素、生活环境、家庭医学史以及心理障碍史等，从而提示我们应该注意的问题，帮助我们减少产生心理障碍的机会。

（三）提供洞悉人生和社会的新视角

变态心理学对人类生活的影响至少有文字记录的人类历史一样长久。因此，变态心理学的研究提供了考察有关人类经验组成部分的历史与当代的视野。例如，历史上就有这样的记载：Julius Caesar 的癫痫影响了他对征服罗马人战争的指挥，包括影响了他对其军队将要出现胜利的知觉；King George III 全神贯注于他的三期神经系统梅毒症状，致使他在1770年的早期忽视了对美国殖民地的控制；而 Abraham Lincoln 周期性抑郁症的发作，则影响了他在美国南北战争中的军事领导，严重的抑郁症使他不能作出战术决策。可见，心理障碍也同样折磨着伟人或非凡的人。上述三位著名的历史人物都遭受了来自心理障碍的痛苦，并且这种痛苦严重到足以影响历史的进程。这使我们很能理解人们为什么会担心自己的领导人是否出现心理障碍。所以从1972年开始，美国政府就特别设立了"总统心理健康委员会"作为白宫办事机构，专门为总统提供心理咨询，以保证他能更好地为国家服务。这些事实和研究可以使我们从另一个角度获得对历史与人

> 请举例说明变态心理学在教育、管理、司法、军事、文学艺术等领域的作用。

笔记

性的洞察，如此丰富我们对各种生活和社会现象的理解，甚至以此来解释与世界政治和经济发展变迁有关的事件。

第二节　发展历史

异常心理与正常心理一样是人类心理活动的重要组成部分，伴随着人类的产生、进化和发展的始终。人们对异常心理的兴趣和研究和与对正常心理的兴趣和研究历史一样悠久。无论是在国外还是国内，有关变态心理与行为的记载可以追溯到两千多年以前，那时人们对异常心理现象的解释常常带有神秘的色彩。随着科学技术和社会文明的发展，人们对异常心理的认识也在不断进步。从历史上看，在对异常心理原因的理解上和对病人的处置上，不同的历史阶段都有不同的主流看法和做法，变态心理学在其发展的道路上经历了漫长而曲折的过程。回顾历史可以为我们提供一个现代变态心理学产生的背景，了解变态心理的起源和发展有利于我们对当代变态心理学思想和实践的理解。本节主要按照时代发展顺序介绍变态心理的历史文化遗产。

一、古代：超自然与自然主义

（一）超自然与鬼神学

在古代运用科学方法探索世界之前，所有超过人类控制能力的现象都被认为是超自然的，例如日食、地震、风暴、火灾、疾病和季节等，我们早期的祖先常常把异常行为也看成是由超自然（supernatural）力量控制与影响的结果。当然，那时同样存在着对异常心理的自然解释。

认为魔鬼可以存在于人体内并能控制人的身体和心理的学说被称为鬼神学（demonology）。鬼神学的思想在古代中国、埃及、巴比伦和希腊文献中都有记载并且持续了数千年，尤其在古希腊的神话和戏剧中有许多变态心理的描写。许多早期哲人、神学和医生认为人类精神错乱是神灵发怒或魔鬼附体所致。根据这种观念，异常行为是由于着魔或中邪引起，是上帝的惩罚，因此通常使用某种仪式或拷打的驱魔法（exorcism）进行治疗，与念经和咒语同时施予的还有鞭笞、火烧、凌辱和虐待。当然也有支持、宽慰、药草、祈祷和宗教仪式的结合，还有对异常心理的离奇行为的崇拜等现象的存在。

（二）体质发生论

公元前 5 世纪的古希腊医生 Hippocrates 被称之为现代医学之父（图 1-2），在他的全集中就有丰富灿烂的变态心理学思想，因此被认为是体质发生论（somatogenesis）的最早倡导者，他认为心理行为障碍的原因是躯体的不平衡或缺陷所致，将医学与宗教、魔法和迷信区分开来，不赞成把严重的躯体疾病和心理障碍看成是上帝惩罚的流行观点，强调这些疾病具有自然原因，就像感冒和便秘等一般性疾病一样。Hippocrates 认为脑是意识、智力和情绪的器官，异常心理与行为是大脑病变所致。他说："欢乐、愉快、欣幸、嬉戏；苦恼、悲伤、不满和烦扰等，都是从脑产生出来的……而我们所以会疯狂，胡言乱语，深夜或黎明时被郁苦和恐惧所笼罩，同样也是由于脑的存在"；他还说："如果你砍开你的头，你就会发现大脑是湿的，而且充满了湿气并且十分

图 1-2　Hippocrates（460—377B.C）

难闻。那样你就会发现损害身体的不是神，而是疾病"。Hippocrates 把心理障碍划分为躁狂症（mania）、抑郁症（melancholia）和精神错乱（phrenitis, or brain fever）三种类型。关于心理障碍的治疗与驱魔疗法更为不同，例如对抑郁症，他给予的治疗方法是节酒、饮食疗法和禁止性行为等。他为后人留下许多现今被认为是癫痫、酒精性妄想、卒中和偏执狂等疾病的详细记载。Hippocrates 认为正常脑的机能，即健康心理取决于血液（blood）、黑胆汁（black bile）、黄胆汁（yellow bile）、黏液（phlegm）四种体液的平衡，不平衡就会产生障碍。例如，一个人懒惰和迟钝可推测其黏液占优势，抑郁症是黑胆汁占优势，易激惹和焦虑是黄胆汁太多，血液过多则可改变性情。这构成了 Hippocrates 的体液学说，其原意的含义非常广泛，泛指四液的配合决定了整个体质，而不仅仅单指现今的气质概念。Hippocrates 还率先强调了环境压力和社会压力对于人类活动的重要性。

当然，Hippocrates 的体液生理学未能经得起后来的科学检验。但是，他的关于人类行为受身体结构或物质的影响，以及异常行为是某种身体失调或病变的假设，成为当时医学的主流思想。在后来的几个世纪中，Hippocrates 对心理障碍的自然主义方法被其他希腊和罗马人广泛接受，后者采纳了希腊人的医学主张，在古代欧洲具有权威地位。

公元前约 100 年，另一位希腊医生 Asclepiades 首先使用了"心理障碍"术语。公元 2 世纪的 Galen A.D.（130—200）是古代希腊最后一位伟大的医生，他根据病人的心理状态区分了感觉病症、记忆病症和心理错乱等三种类型的障碍，他还认识到某些心理问题的环境诱因，并提出了一种类似合理情绪疗法的心理治疗技术。

二、中世纪：残害时期

从公元 476 年野蛮人部落洗劫罗马作为中世纪的开始直到 16 世纪的文艺复兴运动，持续了 1000 年。这在变态心理历史上被称为残害时期。

一般认为，Galen 之死标志着医学和变态心理学进入了一个黑暗时期。古希腊和古罗马文明败落了，伟大文化的衰落使西方多年积累的知识遗失殆尽，科学、知识和理智被神秘主义、迷信和愚昧取代。教会流行，宗教独立于国家，医院被破坏。心理疾病的研究受到魔鬼学、占星术和巫术的控制，基督教僧侣们通过传教士和教育活动，代替了医生对心理障碍的治疗。由于神学和宗教占了统治地位，教会把某些类似抑郁症的心理障碍患者与懒惰者同样对待，或把心理障碍解释为对上帝信仰的缺乏和魔鬼作祟。因此，残酷的拷打、禁闭、火烧、水淹、放血、停食等所谓"驱魔"手段就成为治疗精神病的方法，这给无数精神病人带来了悲惨的后果。

在 13 世纪及以后的几个世纪中，社会动荡、饥荒、瘟疫使欧洲人陷于恐惧和无助之中，又转向于用鬼神学来解释这些灾难。他们终于发现新的替罪羊——女巫。迫害女巫是中世纪对心理障碍极端的表现，甚至造成了一场反女性、反性欲的热潮。在早期主要是那些引人注意的女性成为牺牲品，后来不管是女子、男子，还是儿童，只要是与众不同或稍有不正常的行为，都被定为巫术。在接下来的几个世纪里，据认为有成千上万的妇女、男人和儿童被控告、拷问或处死。心理变态者被看做是与魔鬼为伍的堕落者，是虚弱、死亡、疾病、残害婴儿的罪魁，是不道德和恐怖的祸首，因此受尽了折磨和摧残，有的被绑在火刑柱上烧死。

三、文艺复兴到 19 世纪：科学至上与人道主义

从 1500 年至 1650 年的欧洲文艺复兴运动被认为是近代社会的开始，人文主义是此时期主流社会思潮的核心。1700 年至 1800 年的启蒙运动进一步启迪了人们的思想，动摇了封建统治。思想的解放导致了科学技术的兴趣，预示着科学将从令人窒息的神学领域中解脱出来。此时的思想家们惊醒于人们对魔鬼的信仰和因巫术所受的迫害，从而促进了心理

障碍科学认识和治疗的产生。

（一）收容所的发展

这是心理障碍的救济时期。在 15 世纪至 16 世纪，随着麻风病的逐渐消失，人们开始关心精神病人。麻风病院被改成限制和照顾精神病人的收容所（asylum）。还有"疯人院"（bedlam）一词，是称为伯利恒的圣玛莉医院的讹用形式。伯利恒（Bethlehem）建立于 1243 年，在 1403 年收留了 6 个男精神病人，1547 年作为独立收治精神病人的医院，到 16 世纪后期挤得很满。由于伯利恒的条件凄惨，故在好多年里人们都将它称之为疯人院，甚至成为伦敦的一大观光地。同样，建立于 1784 年的维也纳精神病院（The Lunatics Tower），病人也被限制在狭小的空间，在墙外可供人观看。

（二）Pinel 的改革

法国 Philippe Pinel 通常被认为是首先对使用地牢、锁链和鞭打对待精神病人作出挑战的医生，也被认为是在收容所开展人道主义运动，对精神病人进行基本治疗的第一人（图 1-3）。他 1793 年开始负责巴黎的拉比斯特（La Bicetre）收容所工作。历史学家 Selling（1940）曾描述过这家收容所的状况：病人"都被铁环束缚在他们病房的墙上，这些铁环使他们平直地靠着墙……他们夜晚也不能躺下，……食物通常是一种软糊糊的粥，……他们被假定为动物……不在乎食物的好坏"。Pinel 发现医院的一位护士 Jean-Baptiste Pussin 已经在改革，Pinel 听从了他的劝告并发展了他的做法。他们将精神病看做是一

图 1-3   Pinel（1745—1826）

种需要治疗的疾病，主张给精神病人以人的待遇，给他们自由、阳光和新鲜空气，解开了一些精神病人的锁链。Pinel 还开始了保存病历和记录以及同病人谈话的活动。他认为，如果他们的个人和社会问题祛除了，就有可能恢复正常。

（三）道德疗法

著名商人和贵格会教徒 William Tuke（1732—1822）在英格兰约克郡收容所（York Retreat）也进行了与 Pinel 类似的改革，该收容所建立于 1796 年。他们为精神病患者的生活、工作和休息提供了一个安静和虔诚的气氛，护理员与病人讨论他们的困难，陪他们劳动和散步。在美国，建立于 1817 年宾夕法尼亚州的同胞收容所（Friends' Asylum）和建立于 1824 年康涅狄克州的哈特福德收容所（Hartford Retreat）同样遵循了类似的管理模式，美国的其他医院受此影响并注意到 Pinel 和 Tuke 提供的治疗，形成了公认的道德疗法（moral treatment）。该疗法的主要做法是护理员与病人紧密接触，与他们交谈，了解他们，鼓励他们参加有目的活动；住院医生引导他们尽可能正常生活，并且在限制行为障碍方面增强自我责任感。

（四）精神病院的建立

波士顿女教师 Dorothea Dix（1802—1887）曾在多家医院工作，她被精神病人的悲惨状况震惊，便以极大的热情投入到促使美国州立法机关建立新的精神病院，后人将她从事的工作统称为心理卫生运动（mental hygiene movement）。1854 年首先在新泽西州，接下来陆续在其他 31 个州建立了精神病院，这样使很多病人能得以住院。但不幸的是，这些新医院因为要处理太多的患者而不能提供像道德治疗这样特征的个性化关怀，使很有前途的道德疗法废而不用，医生们的兴趣是疾病的生物学和生理方面，而不是心理健康。此外，这些医院都位于人口稀少的农业定居区，其位置使人们更加相信精神病人很危险，需要被隔离。监督管理代替了道德治疗，Dorothea Dix 等人推动的以人文关怀为目的的住院治疗以无视人性而告终。

（五）大脑与心理障碍

从 17 世纪开始，人类终于冲破了中世纪 1000 多年的思想禁锢，使人的躯体又一次成为可以研究的对象。1819 年，Gall,F.J 出版了《神经系统及脑部的解剖学和生理学，及以人和动物的头颅的形状，测定其智力和道德的品性之学》，为颅相学的第一部著作。Gall 长期观察研究了精神病院的病人和监狱中的犯人，认为他们的精神和行为异常与头颅的形状有关，大脑某些部位特异的、看得见的过度发育或发育不足可能是心理异常的根源。颅相学虽在科学界未能得到承认，但它确立了脑是心理器官的思想，将异常心理予以定位，促进了人们对正常心理和异常心理本质的探索。

在 18 世纪和 19 世纪的欧洲，梅毒造成的麻痹性痴呆很常见。梅毒几乎都是通过性交传播的，感染后几周到几个月在外阴部出现一个通常是无痛的下疳，不久便能愈合；数周后再出现烦躁和轻度不适。经过 10 至 30 年之后，少数病人的中枢神经系统受梅毒螺旋体的侵犯，就出现称为麻痹性痴呆的行为异常。病人表现为严重的心理障碍，如全身麻痹、夸大妄想、进行性麻痹、记忆缺失、责任心缺乏和反应过度等。但当时不知道两者之间的关系。到了 19 世纪后期，几位临床医生经多年的追踪观察，发现了梅毒与心理障碍的联系。1905年 Schaudinn,F.R 发现了梅毒螺旋体，引起梅毒的微生物终于被揭示出来。这为体质发生论获得了可信的依据，促进了对心理异常的生物学原因的研究。直到现在，寻找心理障碍的体质原因在变态心理学领域仍占有优势地位。

（六）心理发生论

心理发生论（psychogenesis）相对于体质发生论而言，是一种认为行为异常具有心理原因的观点。此观点在 18 世纪末和整个 19 世纪非常流行，尤其在法国和英国。

催眠术在心理疗愈中的应用是心理发生论的典型事件，它由奥地利医生 Franz Anton Mesmer 于 18 世纪后期实施，他认为癔症性障碍是因为宇宙磁流在身体的一种特殊分布，一个人能影响其他人的液体流动从而影响他人的行为（图 1-4）。即动物磁气流体学说。他开始用他称为"动物磁气"（animal magnetism）技术治疗心理疾病。但是他的行为遭到人们的一致谴责，不少专业人士和专业团体研究他的观点方法，结果几乎毫无例外地认为是一骗术。Mesmer 显然利用了催眠的强大动力，帮助许多癔症病人解决了问题。直到他去世几十年后，人们才以催眠术（hypnosis）来解释这一现象。其实，催眠现象

图 1-4　Mesmer（1734—1815）

在两千多年前就存在于多种文化中，如巫术、魔术师、托钵僧和信仰治疗家的魔法中。

四、现代：变态心理学的建立

（一）科学心理学的诞生

1879 年，德国莱比锡大学教授 Wilhelm Wundt（1832—1920）建立了世界上第一个心理学实验室，运用科学实验的方法通过精确测量和控制研究人类的心理与行为。这一实验室的建立被看做是科学心理学诞生的标志，当然也是变态心理学发展中的关键一步，因为 Wundt 的方法很快被应用于异常行为的研究。

（二）Emil Kraepelin 与实验变态心理学

德国精神病学家 Emil Kraepelin 是 Wundt 的学生，他和 Pinel 的观点同属于变态心理学的医学模式（图 1-5）。Kraepelin 把心理学实验方法运用于异常行为的研究，并建立了自己

图1-5　Kraepelin（1856—1926）

的实验室，奠定了现代变态心理学的研究基础。他不仅在实验心理学和精神病学之间搭起了桥梁，还以临床观察为基础，以病因学为根据，按照临床医学分类的通则对精神疾病进行分类。他认为，像身体疾病一样，精神疾病也可被划分为各自独立的病理学分类，其中每一种类别都有不同的器质性原因，都可以通过性质不同的一组症状被识别，这样一组症状被称为症候群或综合征。1883年，他出版了《精神病学教程》，按照生物学观点建立了一个精神病早期分类系统。

Kraepelin的研究为欧美各国同行所追随。1904年，美国第一所用于心理障碍患者研究的实验室在马萨诸塞州麦克林医院建成，引起众多医院的效仿。1906年，美国医生Morton Prince创办了《变态心理学杂志》（Journal of Abnormal Psychology），至今仍是变态心理学学科最重要的专业期刊。在20世纪前20年里，实验变态心理学取得了长足的进展。与Kraepelin同时代的Richard von Krafft-Ebing撰文提出应对神经病学和遗传因素予以重视，在他的《精神病学教程》和《性心理变态》中都十分强调器官因素和遗传的作用。正是由于这些学者的努力，才有了心理障碍现代医学模式的发展。从梅毒性痴呆病理学的发现，到后来许多异常行为生物因素的不断揭示，使变态心理学的医学模式至今仍在该领域占有极高的地位。

（三）Freud 与心理病理学

Josef Breuer（1842—1925）是19世纪的维也纳的一位医生。1880年12月，他接待了一位名叫Anna O的癔症女病人。这位女病人已卧床不起。她的下肢、右臂和身体的一侧都出现了瘫痪，视力和听力受到损害，甚至不能用自己的母语德语讲话，有时表现梦样状态或"失神"（absence）。Breuer给她做了各种检查证明没有器质性疾病，用多种治疗方法都没有效果。一次，病人在发作时不断地喃喃自语，似乎有什么异常思想缠在心头。在一次治疗性会谈时，Breuer对她施行了催眠术并重复她的喃喃自语，使病人更加自由地交谈，谈出了引起上述症状的处境和经历，并把当时体验过的情感表达出来。当催眠被唤醒后，病人感到好多了。Breuer发现，如果在催眠状态下Anna O能够回忆与症状有关的沉淀事件，并且她原来的情绪能够表达，减轻和治愈症状的持续时间会更长。这种再度体验已经遗忘了的过去经历所导致的情绪灾难，并且释放情绪紧张，被称之为精神宣泄（catharsis）。Breuer的方法成为闻名的宣泄疗法，也称之为谈话疗法（talking cure）。1895年，他的同事Freud因此出版了《癔症之研究》，是一部在变态心理学领域具有里程碑意义的著作。

19世纪后期，Sigmund Freud（1856—1939）创立了著名的精神分析法（图1-6）。Freud与其前人及大多数同时代人只重视精神障碍病人的外在因素不同，他重视病人的内心冲突和动机，探讨早年经历与日后异常心理的关系。这种把对变态心理从静止的描述改变为探究内在动力的精神分析，成为心理病理学的

图1-6　Sigmund Freud（1856—1939）

重要内容。Freud 还把变态心理学从严格的器官模式引向强调家庭和社会影响的方向,因此有人认为他是生物心理社会医学模式的先驱。他为变态心理的探索开拓了新的方向,其理论同时对现代社会以及许多人文科学,如文学艺术、社会学、人类学等都有深刻的影响。

(四)预防运动与社区心理卫生运动

到了 20 世纪 50、60 年代,有证据表明住院治疗对精神病人危害更大,同时吩噻嗪类药物的出现为病人非住院治疗提供了条件。因此,在美国开始了去机构化运动(deinstitutionalization movement)。到 20 世纪末,美国住院病人的数量仅是 1955 年的一小部分。

从 20 世纪后半叶开始,由于社会经济与科学技术的飞速发展和社会生活的改变,人们对行为异常的原因、性质和防治等问题,开始从另一个不同的角度来考虑。这就是预防运动和社区心理卫生运动。比较突出的人物有 George Albee 和 Gerald Caplan 等。他们主张变态心理学要从对病人的内部作用的研究,转向于重点探讨家庭、集体和社会等各种因素对人的心理机制的影响。认为任何人在相应的内外紧张刺激作用下都可能引起心理障碍,而社区对个人缺乏支持则是精神崩溃的重要原因。具体内容是成立社区心理健康中心、提供心理咨询、提供预防服务等,目的是减少心理障碍住院病人数量,让他们在比较正常的环境中康复,重视现实的生活情境,突出预防重点。

1959 年,Albee 出版《人们心理健康走势》(Mental Health Manpower Trends),指出所有的人无论贵贱,都应该接受心理健康服务。他发现治疗的范围集中在城市,服务大多追随权贵,穷人居住的小城市和农村地区备受冷落。他设想有专业人员,包括公共健康、教育、法律、宗教、社会福利和城市规划人员,并且训练一支临床医生队伍来开发人们的潜力,这样更有利于社会发展。他建议心理学家发展计划,培训低成本专业人员助手来做治疗,这样既经济又减少对哲学博士的需求。这是一份建设预防心理疾病社会的蓝图,虽然面临着许多政治的、组织的和社会的困难。

1964 年,Gerald Caplan 出版《精神疾病预防原则》(Principles of Preventive Psychiatry)。此书最重要的贡献是提出了精神疾病的三级预防(three levels of prevention)概念与模式。三级预防相当于传统的治疗,对象为患有精神疾病的人们,工作重点在于把不利情景的持久性和破坏性降至最低程度;二级预防的对象是那些尚未形成确定症状,但已被认为处于"危险阶段"的人们;初级预防不对任何个人作初步预防,其目的是在社区内消除尚未有机会影响人们行为的有害影响,降低精神疾患的发病率。

1963 年,美国国会通过了《社区心理健康中心法》,提高了一级预防的地位。此后成立了社区心理健康中心,心理健康照顾包括预防和社会转变的理念。早期对高危人群干预的二级预防在心理健康领域占有主导地位,二级预防强调社会大环境,社区心理学因此而诞生,并成为研究热点。

20 世纪 80 年代,美国的社区心理卫生运动由于经济和政治难题而失去其势头。但是联合国世界卫生组织(WHO)却认识到社区评价的价值,并推荐它作为全世界立法者必须优先考虑的问题。1978 年的"阿拉木图宣言"声明,到 2000 年世界上所有的人都将获得卫生保健。宣言坚决支持初级预防等社区心理卫生工作。目前,社区心理卫生运动正在世界范围内深入发展。

> 🍐 千百年来对异常行为超自然和鬼神学的解释是否完全消失?为什么?
>
> 🍐 为什么对异常心理的求神拜佛或惊吓有时真的有效?我们现在为什么不能采用这类方法进行治疗?

五、中国变态心理学思想

我国是一个有着五千年历史的文明古国,心理学思想源远流长。在浩瀚的医学和哲学

笔记

等典籍中,有关变态心理学的描述十分丰富。在古代,中国与其他国家一样,对异常心理的认识经历了超自然和自然的解释。与西方不同的是,中医学中有关异常心理学思想没有经历中世纪的阻滞,而是在朴素唯物辩证法的指导下不断发展。

(一)远古至西周

我国远古心理学的思想可追溯到旧石器时代。考古发现,约五万年前的"山顶洞人"尸骨石周围撒有铁矿粉,说明对病人或死者有着某种祝愿,以示辟邪扶正。在奴隶社会,已孕育着巫医的产生,夏商时期,巫医鼎盛且权力很大。大至国家决策,小至疾病,帝王也多请示巫卜。如殷墟出土的甲骨文中有"武丁病齿,上帝可赐愈"的记载。

(二)春秋至西汉

约在公元前 770 年至公元 24 年。此时医学发展出现了以《五十二病方》为代表的医药知识积累,春秋战国时代,出现过诸子百家争鸣的文化高潮。秦汉以后,在变态心理思想与实践上都有所发展,但基本思想多由先秦而来。先秦古书中已有丰富的变态心理学思想。关于心理因素的致病作用,在古书《诗》、《礼》、《易》、《左传》及其他子书、史书之中都有一些记载。《左传》提出好恶喜怒哀乐"六情",对后世的七情学说有很大的影响。从病机分析上,还记载医和的话:"晦淫惑疾,明淫心疾……"。指出人若宴寝过度则心就会惑乱,若思虑过于繁多就要心劳生疾。战国后期《吕氏春秋·尽数》说过:"大甘大酸大苦大辛大咸五者充形,则生害矣。大喜大怒大忧大恐大哀五者接神,则生害矣。大寒大热大燥大湿大风大霖大雾七者动情,则生害矣"。

一般认为,在战国秦汉间成书的《内经》是集医学之大成的医学划时代之作,《素问》和《灵枢》合称《内经》。其中对心理学和变态心理学的描述具有相当的系统性,在世界心理学发展史中也是非常罕见的。关于心理因素的致病作用,《灵枢·口问》中曾说:"夫百病之始也,皆生于风雨寒暑阴阳喜怒饮食居处"。《素问·举痛》说:"余知百病生于气也,怒则气上,喜则气缓。悲则气消,恐则气下……惊则气乱……思则气结";关于其危害机制,在于"惊则心无所依,神无所归,虑无所定,故气乱矣"等。《素问,阴阳应象大论》还提出"怒伤肝","喜伤心","思伤脾","忧伤肺","恐伤肾"等;关于心理治疗和心理卫生方面,古人注意把其他治疗措施和心理治疗结合起来。《内经》中关于心理异常现象有不少细致的观察与描写,对谵妄状态、躁狂、癫痫病等疾病做了较多分析。《灵枢·癫狂篇》对躁狂的行为异常有生动的描述:"狂始发,少卧不饥,自高贤也,自辩智也,自尊贵也。善骂詈,日夜不休","……弃衣而走,登高而歌,或至不食数日,踰垣上屋。所上之处,皆非其所能也"等。

(三)东汉三国至隋唐

约在公元 25 年至 907 年的三国时期战乱纷纷,中医学仍得到迅速发展。其中以张仲景的著作最具代表性。他的《伤寒杂病论》不仅将一些异常心理现象作为辨证的依据,还对某些心理疾病制定了一套理、法、方、药的辨证施治方法。《伤寒论》共 398 条,以异常心理为主证或主要病机之一的条文有 40 条;其中涉及有关心理因素的有 88 条,说明心理因素在疾病及治疗中的普遍意义。此外,在这一时期的医学家在异常心理的诊治方面也有不小的贡献。例如华佗就擅长心理疗法。据《后汉书·方术列传》记载,他曾给一太守治病,使之"盛怒","吐黑血数升而愈"。同时他也注重心理保健,"晓养生之术",创"五禽戏"等心身合一的保健方法。

西晋至隋唐对心理疾病有着更深入的研究,以孙思邈为代表人物。隋代巢元方《诸病源候论》对各科症候作了较为详细的记载,孙思邈《备急千金要方》首列妇孺疾病。对胎儿、婴幼儿的心身发展有详细的观察,并发展了北齐徐之才提出的逐月养胎法,提出"弹琴瑟。调心神,和性情,节嗜欲"的胎教原则。在此时期,对躁狂、抑郁、分裂症、癫痫、诈病、癔症、神经衰弱、酒中毒、痴呆等多种现代心理障碍都有记载。

笔记

（四）五代至明清

约在公元 907 年至 1940 年。这一时期战争频繁，疾病丛生，医家们从不同角度进行学术争鸣。南宋陈无择概括的"七情学说"是中医心理思想宝库中的重要内容。他创立了著名的"三因论"，即内伤七情、外感六淫和不内外因在中医诊断中应用至今。

至宋代之后，关于心理病因的研究，金元四大家各有特色。"主火派"的刘河间观察了许多异常心理现象，补充了热证的辨证内容，发展了"清下法"的适应范围；"补土派"的里东垣深入研究了脾胃的病因机制，在《脾胃论》指出："先由喜怒悲忧恐，为五贼所伤，而后胃气不行，劳役饮食继之，则元气乃伤"；"养阴派"的朱丹溪以"阴常不足"立论，强调情、志过激而动心火，火盛则伤阴精。所以必须节喜怒，戒色欲以养阴精；"攻下派"的张子和善用汗、吐、下三法，掌握三法时的心理因素，如"性行刚暴、好怒喜淫"之人禁用吐法。他在临床中经常运用心理疗法，取得较好的效果，他堪称祖国医学史上值得称道的一位心理治疗大师。

明清时代温病学派的兴起使临床辨证医学有了新的发展。以叶天士为代表的众医家，将心理异常作为辨证依据，同时在心理病机、心理治疗和心理卫生等方面也有发展。他在《外感温热篇》中提出了温病的卫气营血辨证。从气分证到营分证时，辨证要点是"心神不安，夜甚无寐"。

在心理治疗上，明代江瓘编撰的《名医类案》、清代魏之琇编撰的《续名医类案》、俞震编撰的《古今医案按》等著名典籍，都整理出系统的心理疗法。此时期善于运用心理疗法的医家有明代的张景岳、秦昌遇、徐迪，清代的蒋晓、叶天士、程可轩、肖文鉴等人。此外，明代李时诊的《本草纲目》在治疗心理疾病的方药汇集方面也有突出的贡献。

总之，中医学有着丰富灿烂的变态心理学思想。遗憾的是中医理论和实践在近代没有得到更进一步的提升，尤其是没有注意运用现代科技方法进行更深入的研究，因此在现代变态心理学理论体系中没有得到应有的体现。

第三节　相　关　学　科

变态心理学的研究内容和范围非常广泛，其研究领域与其他学科有不少交叉和重叠之处。为了更加明确本学科的特点，有必要讨论变态心理学与主要相关学科的关系。

一、普通心理学

普通心理学（general psychology）是研究正常人心理活动及其规律的学科。主要研究认知、情感和意志行为等心理过程，以及个性心理特征与个性心理倾向性等一般性心理问题。变态心理学是研究正常人的变异，即异常心理现象及其规律的一门学科。

显然，这两门学科的界限是明晰的。但是心理学和变态心理学有着紧密的联系。一方面，大多数人的心理状态总是处于正常与偏移的动态变化之中，研究正常人的心理不可能完全回避异常心理；另一方面，研究异常心理现象的成果可以促进对正常心理现象的全面理解，对某些正常心理机制的假设予以反证。此外，掌握了变态心理的发生、发展和变化的原因和规律，有利于人们在维护正常心理活动中，有计划、有目的和更自觉地防止心理障碍的发生，从而促进人类心理健康事业。对于变态心理学来说，普通心理学是其基础，不懂得什么是常态就不可能准确地理解什么是变态。

二、医学心理学

医学心理学（medical psychology）主要研究心理因素在健康和疾病中的作用及其规律。我国医学心理学家李心天教授将医学心理学的主要任务概括为四个方面：①研究各种疾病的发生、发展和变化过程中心理因素的作用规律；②研究心理因素，特别是情绪对各器官生理、生化功能的影响；③研究人的个性心理特征在疾病发生、发展、转归、康复中的作用；④研究如何通过人的高级心理机能、认知思维来控制或调动自身生理机能，以达到治病、防病和养身保健的目的。Prokop（1981）等综述了医学心理学和行为医学诸问题，认为这些学科大多研究躯体或生理疾病（机能障碍）的心理因素的作用问题，它以医疗实践中心理学问题为主要对象。

变态心理学和医学心理学这两门学科的内容和任务存在着互相交叉和补充。医学心理学涉及很多变态心理学内容，因为"疾病"不仅包括躯体疾病，也包括心理疾病。但是医学心理学不仅涉及疾病，也考虑健康，它侧重于生物心理社会医学模式中健康和疾病的关系，因此具有很广的研究领域，医学心理学甚至把变态心理作为其内容之一。

三、临床心理学

临床心理学（clinical psychology）是应用心理学的一个主要分支，其研究目的是运用心理学原理和方法解决人类的健康问题，改善人们的行为模式，最大限度地发挥人的潜能。其主要工作有心理咨询与治疗、心理评估与诊断、教学与研究、咨询与辅导等。在美国，临床心理学是心理学分支中从业人数最多的领域，工作场所有大学心理学系、医学院、医院和心理卫生机构等。

临床心理学家是美国心理医生的主体。按照美国对临床心理学家"科学家—开业者"的培养模式（1949），其主要培训标准是：①临床心理学家必须在大学医院接受训练；②首先要成为心理学家（psychologist），然后再成为临床医师（clinician）；③必须通过临床实习（clinical internship）；④必须具有诊断、心理治疗和研究的技能；⑤训练的目标是取得Ph.D学位。可见，临床心理学有着广泛的研究内容，变态心理学是临床心理学家的重要基础。

四、行为医学

行为医学（behavioral medicine）是研究和发展行为科学中与健康、疾病有关的知识和技术，并把这些知识技术应用于疾病预防、诊断、治疗和康复的一门新兴科学。1977年，一群多学科专家汇聚在耶鲁大学宣布创立行为医学，给予的定义是："行为医学是关于发展行为科学知识和技术的一门学科，它将有助于对身体健康和疾病的进一步理解，并且把这些知识和技能应用到疾病的预防、诊断、治疗和康复中。精神病、神经症和物质滥用只有在它成为引起生理障碍的原因时，才被包括在此领域内"。行为医学跨越传统学科的理念，将更多更广的学科原理与方法综合起来研究健康与疾病问题。

人的行为是人的心理的外在表现，行为医学当然关注那些与人的健康、疾病关系十分密切的行为。变态心理学是研究异常心理与行为的科学，显然是行为医学的重要组成部分。

五、精神病学

可以认为，19世纪中叶以前的变态心理学和精神病学有着共同的历史，近一百多年来，现代精神病学和变态心理学逐步分化并走向成熟。精神病学（psychiatry）是医学科学的一个分支，具有很强的生物学科特征，其工作者是一名医生。

精神病学和变态心理学有着最密切的联系。作为医学的分支，精神病学和临床医学有同样的特定对象、任务和方法；作为精神科医生，其服务对象主要是病人，工作重点是为病人提供诊断、治疗、预防和护理服务。Jaspers（1963）在其经典著作《心理病理学》中所说：精神病学家在他自己的实际工作中应用这门科学作为他的工具，而心理病理学家则把它作为自己的目的。变态心理学的研究成果有助于对精神疾病的理解，精神疾病是严重的心理异常，也是变态心理学研究的课题。精神病学用自己的临床材料和实际成果丰富变态心理学的内容，验证变态心理学中的许多理论和假设。所以，精神病学的发展对变态心理学有同样重要的意义。

因此，变态心理学有更为广泛的研究范围，更加侧重于原因、理论与机制的探讨，特别是从生物、心理与社会等多角度的研究。变态心理学的对象并不局限于现有的心理障碍分类系统内容，也不受"现象学"观点的限制，更注重理论的多元性和方法的多样性。

（刘新民）

阅读

重要术语与概念

一、神经病与精神病

神经病（neuropathy）：是指大脑、脊髓与周围神经所发生的器质性病变，通常用肉眼或显微镜检查可发现有神经组织、细胞（神经元）或神经纤维的破坏、坏死与退化变性的证据。例如脑卒中后的偏瘫与失语、癫痫发作时的抽搐等，都属于神经系统疾病，简称为神经病。有一部分神经病病人由于大脑受到较严重的损坏，可引发精神异常，此情况被称之为"脑器质性精神障碍"。

精神病（psychosis）：是指具有精神病性症状的一组精神障碍，曾经被称之为"重性精神病"，包括器质性和功能性两大类。后者主要有精神分裂症、情感性精神障碍、偏执性精神障碍等严重的精神疾病。不包括神经症、人格障碍、性心理障碍和精神发育迟滞等所谓"轻性精神障碍"。ICD-9 中，对精神病的描述是："精神功能受损程度已达到自知力严重缺乏，不能应付日常生活要求或保持对现实恰当接触。精神病这个术语不精确，也没有完善的定义。智力发育迟滞不包括在内"。但 ICD-10 没有对精神病进行定义。

二、神经症与心身疾病

神经症与心身疾病不是一组对应概念。

神经症（neurosis）：又称神经官能症，最初由苏格兰精神病学家 Cullen.W 在 1769 年的《疾病分类系统》一书中提出，当时的概念囊括了除发热、局部疾病和恶病质以外的所有疾病。在随后的两百多年中，神经症的概念不断变化。一般可这样认为：神经症是一组心理障碍，属于轻性精神障碍，主要包括焦虑症、恐怖症、强迫症、疑病症、神经衰弱和人格解体等。但最近 30 余年来，其概念和分类有相当大的变化，如在美国的 DSM 系统中已取消了神经症术语；在 WHO 的 ICD-10 中，神经症只在大类病名中出现；而在我国的 CCMD-3 中，则大部分保留了神经症的框架和内容。

心身疾病（psychosomatic disease）：亦称心理生理障碍（psychophysiological disorder），是指一组与心理社会因素有密切相关的躯体疾病或病理生理过程。如高血压、糖尿病等。

三、精神病性症状与非精神病性症状

精神病性症状（psychotic symptom）：是指精神病所特有的一类症状，主要指严重意识障碍、幻觉、妄想和思维逻辑障碍等，这些症状的共同特点是严重脱离现实并缺乏症状自知力，使社会功能严重受损。具有此类症状的疾病才是精神病（psychosis），或称精神病性障碍（psychotic disorder）。

非精神病性症状（non-psychotic symptom）：即除精神病性症状以外的各种心理症状，亦可称之为非精神病性心理障碍（non-psychotic mental disorder）。如人格障碍和智力障碍症状，以及焦虑、恐惧、强迫、疲劳等。

笔记

17

四、心因性精神障碍与反应性精神障碍

心因性精神障碍（psychogenic mental disorder）与反应性精神障碍（reactive mental disorder），过去称之为心因性精神病（psychogenic psychosis）和反应性精神病（reactive psychosis）。这两个概念可作为同义语使用，特指某一类由明显的心理社会因素直接引发的精神障碍，但不包括其他与心理社会因素有关的精神障碍。在当前的分类系统中被称之为应激相关障碍（stress related disorder）。DSM-5 中称之为创伤和应激相关障碍（trauma-and stress-related disorder）。

五、内源性与外源性

内源性（endogenous，内因性），与外源性（exogenous，外因性）是从病因学角度描述精神障碍的一对分类学术语。内源性又称内因性，主要是指由躯体内在因素所致的心理障碍，特别是遗传与基因的作用，如内源性精神病（endogenous psychosis）和内源性抑郁（endogenous depression）；而外源性是形容那些与主体以外的各种刺激因素有关的心理障碍，如外源性精神病（exogenous psychosis）和外源性抑郁症（exogenous depression）。内源性与外源性是相对的，许多心理异常的原因，常常是内、外因素都在起作用。

六、原发的和继发的

K.Schneider（1957）认为原发的（primary）和继发的（secondary）这一对术语有五种不同的意义：①先出现的症状为原发，后出现则为继发；②E.Bleuler（1911）认为，联想障碍是精神分裂症唯一的原发症状，其他症状都是继发的，是原发症状导致的结果；③将原发、继发这一对术语与 Bleuler 另一对术语基本的（fundamental）和附属的（accessory）视为同义语。精神分裂症的原发症状有联想障碍（association）、情感淡漠（apathy）、意志缺乏（abulia）和内向性（autism），即"4A 症状"。4A 症状对精神分裂症的诊断意义大，其他症状都是附属症状，诊断意义较小；④原发的意味着现象学上最后的且无法再进一步理解，如原发性妄想（primary delusion）；⑤K.Birnbaum（1923）区分了致病因素（pathogenic factors）和病理塑型因素（pathoplastic factors），前者引起的症状为原发性，后者造成的症状为继发性。

七、器质性和功能性

器质性（organic）和功能性（functional）是相对的概念，一般对器质性的理解是指存在着可辨认的结构上的异常，而功能性的则没有。但严格地说，任何功能都有其物质基础，当前无法检测并不意味着将来永远没有。

目前，器质性一语按其使用的严格程度有以下几种用法：①死后解剖或手术活体检查确证脑内有病理形态学变化；②根据病史、临床和实验室检查有理由推断脑内发生了病理形态学变化；③内脏和代谢等严重躯体疾病或中毒伴发精神障碍时有理由推断大脑有功能紊乱，而不管脑内有无可见的病理形态学变化；④根据精神症状的性质（如缺陷症状）和结局（如人格衰退）推断精神分裂症是器质性的，尽管 CT 等检查和尸体解剖所见很不一致。

八、阳性症状和阴性症状

阳性（positive）和阴性（negative）症状的概念源于 H. Jackson 的神经病学观点。他认为脑的某处损害导致该处所司功能丧失为阴性症状，由于脱抑制或功能代偿或神经细胞受刺激而出现的症状为阳性症状。例如，麻痹性痴呆的智力低下是阴性症状，夸大妄想是阳性症状。

1982 年，N.C.Andreason 将精神分裂症的阴性症状分为五组：情感平淡（affective flattening）、注意削弱（attention impairment）、言语贫乏（alogia, poverty of speech）、意志减退（avolition-apathy，指动机作用削弱）、无快感和非社交性（anhedonia-asociality）。其他症状属于阳性症状。

1980年，T.J.Crow称阳性症状突出者为精神分裂症Ⅰ型（type Ⅰ），阴性症状突出者为Ⅱ型（type Ⅱ）。Crow认为后者预后差，常有脑萎缩，可能系病毒所致。精神分裂症阳性与阴性症状之分对诊断、治疗护理康复和预后都有相当的价值。

但是阴性症状不一定是疾病过程的直接产物，可以是与世隔绝和监禁式的长期住院的结果（J.K.Wing and C.W.Brown，1970年），也可以是病前已存在的人格特性。阴性症状有时也叫做缺损性（defective）症状，阳性症状有时也叫做代偿性（compensatory）症状。

第二章　变态心理的理论模型

案例2-1

她为什么总是害怕见人？

陈某，女，23 岁，未婚，中专文化。因与人交往时紧张、局促不安 3 年，羞见生人、回避社交 1 年求治。病人 19 岁进入某专科学校，在花枝招展的女生中间感到压抑，立志发奋读书，以示不随波逐流，但成绩平平，故时而气馁、悲观，时而愤愤不平，甚至嫉妒不已。陈某常暗中注意同学们对自己的态度，如言语中有无含沙射影？眼神中有无蔑视怠慢？某日上课，陈某发现新来的男老师似乎老是注意自己，颇难为情。迎面相逢，病人会面红耳赤、心慌气促。此后只要遇上该老师就言行失措。久而久之，觉得同学们都洞悉了其心中秘密，于是与同学们相处也不自然了。毕业工作后，从不参与同事活动，有同事与其主动交谈，也因不敢正视对方而借故走开，上下班故意加快或放慢脚步，避免与人同行。知道这样做没有必要，但又不敢与人相处。后经人介绍结识一男友，虽然同在一市，却多是鸿雁传书，每次决定约会，马上心慌、脸红，以致勇气全消，偶尔赴约，也是故意迟到。有一次男方父亲寿辰，邀病人赴约，无法推托，一直忐忑不安。赴宴那天，还没见公婆就心慌气促，四肢发颤，与公婆见面，顿觉头晕目眩，满身大汗，语无伦次。以为中暑，被送至医院。此后，羞见一切外人，甚至与家人共餐也有些不自然。为避免窘迫，常托词休病在家，以免交往。

我们知道,影响异常心理形成的因素是非常复杂的,仅仅寻找具体的原因还不足以解释变态心理的发生机制。例如:为什么面对同样的挫折有的人出现异常而另一些人泰然自若?同样具有基因缺陷的人有人发病而另一些人却不发病?这些影响心理障碍形成的多种因素之间存在着什么关系?各种心理障碍的形成机制是什么?怎样进行预防和治疗?等等。众多的心理学家从不同的角度对变态心理的产生、发展以及防治形成了不同的理论观点,这类观点被称之为理论模型。

模型(model,paradigm)是人们分析和解决问题的基本认识方式,一般在实践中通过研究和总结逐步形成。变态心理的理论模型或理论观点(viewpoints)是对变态心理机制的一种理论假设,包括对变态心理的形成、诊断和防治的分析与解释。任何一种阐述异常心理发生与发展的理论都可能是一种模型,各种模型之间的差别可大可小。每一种模型都有利于我们从不同角度对变态心理的认识和处理,但任何一种模型都不能单独解释所有异常心理的全部机制。因此,在本章内容中首先分别介绍不同模型的理论观点,并在最后讨论生物心理社会模型,以说明对各种理论模型的理解和综合运用的重要性。

> 🍃 导致陈某异常行为产生的可能原因有哪些?
>
> 🍃 这些因素的作用机制是什么?
>
> 🍃 如何防治此类现象的发生?

第一节　生物学模型

一、概述

变态心理的生物学模型(biological model,biological paradigm)既是古老的观点,又是最新的理论。它来自于第一章提到的体因性假说(somatogenic hypothesis),起源于Hippocrates 和 Galen,他们把心理障碍解释为体液不平衡或是大脑发育不良。这种把心理障碍归因于生物学过程异常的理论解释称为生物学模型,又称为医学模型(medical model)或疾病模型(disease model)。这一理论体系建立在生物医学的各种研究基础之上,常常运用现代科学发展的前沿技术,因此涉及内容十分广泛且深刻。按照生物学理论,寻找心理障碍的生物学标记和特异性的诊疗方法一直是变态心理学的热点。可以预见,脑影像学、神经生化、基因检测等生物学新技术在各种心理疾患的研究和临床中将发挥越来越重要的作用。

心理障碍的生物学模型可以划分为三个方面:①结构理论:心理障碍是由大脑结构异常所致;②生化理论:心理障碍是神经递质或激素的不平衡,或者受体的功能异常所致;③遗传理论:心理障碍是基因异常所致。

二、理论解释

生物模型理论认为,个体的心理障碍是由异常的生物学过程引起,与大脑结构、神经生化、遗传等方面的改变有关。因为从 19 世纪初开始,人们便从医学中得到启发:相互结合在一起的症状综合往往提示着某一特定的疾病,每一疾病都有基本的病因,从而能进行系统的理论解释,提示有合乎逻辑的治疗方法。19 世纪下半叶,L.Pasteur 发现了细菌和疾病之间的关系,细菌学理论为病理学提供了新的解释,它假定微生物和病毒感染导致了外部的症状。细菌学理论属于医学模型,最成功的例子是麻痹性痴呆原因的发现(详见第 18 章),病理学家不仅发现了患者脑结构的典型改变,而且还从脑组织中找到了苍白螺旋体。各种医学疾病的原因有着广泛的差别,但是它们都有一个共同的特点,那就是某些生物学过程受损或功能异常。

神经生化的研究始于 19 世纪 70 年代，后来随着 PCR、Wester blot、免疫组化等现代生化技术的应用，使人们对人类大脑内部的物质代谢过程改变与异常外显行为之间的关系有了深入的了解。研究显示，多种中枢神经递质与心理异常密切相关。中枢神经递质具有传导和阻抑神经冲动的作用。主要有乙酰胆碱、去甲肾上腺素、多巴胺、5- 羟色胺等。这些化学物质如果代谢异常，就可能成为诱发精神障碍的重要原因。例如，5- 羟色胺具有保持情绪稳定性的作用，被称为抑制性神经递质；而脑内去甲肾上腺素浓度升高，个体则会就会出现情绪高涨（躁狂状态），是中枢兴奋性神经递质。

近几十年来，行为遗传学研究个体行为差异为医学模型提供了有力的支持（专栏 2-1）。人们很早就认识到遗传不仅影响个体的身高、肤色等生物特征，而且还影响个体的心理 / 行为。行为的差异可部分地归因于遗传的不同，个体所有的遗传性状都由经遗传而获得的遗传因子组成，被称之为基因型。个体的基因型是观察不到的，能观察到的是行为特征，即表现型。表现型在出生时就已固定，但它不能被看成是完全静止的。基因控制着多种发展特征，在特定的时间和条件下发挥作用，控制着躯体某些方面的发展。表现型随着时间的变化而改变，并且一般被认为是基因型和环境共同作用的结果。例如，个体在出生时可能具有高智力水平。但是，他的由遗传赋予的能力发展还取决于教养和教育这样的环境因素。因此，任何智力测量只能被看成是表现型的指标。

认为不同的临床综合征是表现型而非基因型的缺陷，是极端且偏颇的看法。如认为分裂症或焦虑障碍直接是遗传的结果也未必正确，这些基因型最终能否引起显性的行为障碍还要取决于环境与经验。个体获得的是遗传易感性，即素质（diathesis），但不是障碍本身。

专栏 2-1

明尼苏达大学有关孪生子的研究

1979 年开始，明尼苏达大学的研究人员研究了 100 多对来自美国和全世界的同卵孪生子和异卵孪生子。这些孪生子都是在很早时候就被分离，他们的成长期都是分开抚养的，到成年时才团聚。研究人员通过收养官员，孪生子的朋友、亲人来寻找孪生子样本，以及这些孪生子自己希望与分离多年的孪生兄弟（姐妹）团聚，他们中许多人也自愿参与该研究项目。

研究者对孪生子进行了深入具体的面谈，以了解其生活环境，对社会、宗教、哲学问题的看法，并用一系列心理测试判断其职业兴趣、思维能力和性格倾向。结果表明，同卵孪生子的性格相似程度明显大于异卵孪生子。明尼苏达大学的研究结果表明，一起长大的同卵孪生子的相关性平均为 0.46（0 表示两个人没有一点相似之处，1 表示两个人完全相同），分开长大的同卵孪生子，这一数字为 0.45。这说明同卵孪生子的性格相关程度，与他们是否在相同还是不同的环境长大无关。分开长大的异卵孪生子的性格相关程度平均为 0.26，大约是同卵孪生子的一半，这与他们的遗传相似程度是同卵孪生子的一半相符。从同卵孪生子和异卵孪生子得到的相关性可以用于计算遗传差异与性格差异的相关性。平均来说，大约 50% 的性格差异是由于遗传差异导致的，或者说，遗传因素对性格的影响大约占了一半。遗传学家把这个数字称为遗传率。如果性状差异是完全由遗传差异引起的，遗传率为 1，如果性状差异与遗传差异毫无关系，遗传率为 0。其他的类似研究的结果，所得到的性格遗传率，一般在 0.2~0.5 之间。但是其他精神特征，如人格变量、社会态度，以及兴趣爱好，都表现为高度相关。研究人员亦对酗酒、吸毒，以及反社会行为的遗传程度做了评估。初步结果发现吸毒以及儿童与成人的反社会行为都有遗传因素的参与,而酗酒则不包括在内。

孪生子研究并不能完全消除环境的影响。这是因为有相同基因型的人们倾向于寻求或处于相同种类的环境。我们每个人都找寻自己所适宜的环境,而这是受我们个人的遗传特性所影响的。但是我们必须记住,遗传因素和环境因素实际上是无法截然分开的,而是混杂在一起、交互发生作用的,从这个意义上说,区分影响性格的因素有多少属于遗传的影响,有多少属于环境的影响,是不可能的。简单地说,遗传、环境,以及经常被忽视的随机因素,都对人性有重要的影响。

三、生物医学治疗

生物学模型把心理障碍等同于躯体疾病一样进行分类、诊断与治疗。19世纪 Kraepelin 是最系统地应用医学模型对心理障碍进行病因学分类的学者。他认为,病因相同的各病例,应有相同的症状表现,相同的病程和结局,以及相同的解剖变化。在此基础上提出了精神病的分类系统发表在 1883 年的《精神病教程》中,此著作以后发行到第九版。他确信精神异常具有器质性原因,并重视遗传和代谢因素的重要作用。此后,变态心理主要按照疾病的模式进行命名、分类与诊断,并一直沿袭至今,直至现象学分类的产生仍有影响(第四章)。

按照生物学模型的观点,心理障碍是由躯体因素引起,心理异常是一种疾病,就需要像躯体疾病一样对待,需要通过住院、服药等特定的医学成果和技术进行治疗。20世纪30年代问世的电休克治疗(electric convulsion therapy,ECT)开始了医学治疗技术治疗心理障碍的真正运用。1951 年,氯丙嗪作为第一个有效的抗精神药物在法国研究成功,近 50 余年来各种新型的抗精神药物层出不穷,使许多原来难以解决的心理障碍的疗效得到显著提高。确实,如果一种特定的生物化学物质不足所致的失调是问题的基础,使用适当剂量的化学药物以纠正其失调是合理的;作为一种生物学缺陷的心理障碍,应通过生物学干预纠正这一缺陷。因此,世界上使用精神活性药物的病人逐年增多,每年可达数以千万人计。可以预见,用于治疗人类心理障碍和提高人类心理活动水平的药物,将随着科学技术的进步而不断发展。与此同时,心理障碍的外科治疗、物理治疗以及各种治疗性仪器等也在不断涌现。如近年开展的立体定向手术,对难治性抑郁症和强迫症等施行扣带束切断术,已在探索之中。脑深部刺激术(deep brain stimulation,DBS)在急性抗抑郁反应中的重要作用。此外,基因诊断、预防和治疗也在研究之中。

四、评价

一方面,生物学模型为各种心理异常提供了许多令人信服的、科学的证据,为探索心理障碍的确切原因、诊断和防治作出了极为重要的贡献。积极运用飞速发展的高科技手段于人类心理与行为的研究,必然成为探索心理奥秘最有前景的方向。可以预见,立足于生物医学模式的进展,将在很大程度上影响或改变着变态心理学的理论模式,为揭示各种心理障碍的本质展示了美好的未来。

另一方面,对人的心理现象的解释,如果仅仅遵循生物学的思维模式是不够的。在变态心理学领域,一些现象如妄想性信念、歪曲的认知等,是不能单纯用生物学机制来解释的,并且用于变态心理的生物治疗技术并不都是成功的。

笔记

第二节　心理学模型

一、概述

变态心理的心理学模型是不同心理学流派依据各自流派的理论观点,对变态心理的发生、发展、诊断、治疗及预后形成的不同理论观点与假设。本节内容将主要围绕心理动力学理论、行为主义理论、认知理论和存在主义、人本主义理论等主要心理学流派进行介绍。

二、心理动力学模型

心理动力学模型(psychoanalytic or psychodynamic model)的理论基础是 19 世纪 Freud 创立的心理动力学说,又称为精神分析学说。这一理论模型重点探索个体内在的深层次原因,并强调心理冲突,即心理动力因素的重要性。它认为正常和变态人格都是意识与无意识欲望驱动或本能矛盾冲突的结果,其基本理论要点主要有潜意识学说、人格结构学说、释梦学说、性心理学说、心理病理学说和心理防御学说等。Freud 的继承者后来进一步修正和发展了他的学说,形成"新精神分析主义",进一步丰富了精神分析学说。

(一)主要理论观点

1. **人格结构理论**　Freud 将人格划分为本我、自我和超我三个层次,以此比喻心理的特殊功能或能量。

(1)本我(id):又称之为原我或伊德,是与生俱来的且存在于潜意识的深处,是心理最原始的部分,代表人们生物性本能冲动,主要是性本能和破坏欲,其中性本能又称为力比多(libido),对人格发展尤为重要。本我具有要求即刻被满足的倾向,遵循着所谓"唯乐原则"(pleasure principle)行事。如果本我不能被满足就产生紧张,本我也会尽其可能地排除紧张。由于本我处于潜意识之中,因而不能被个人所觉察。

(2)自我(ego):从出生 6 个月后开始发展,大部分存在于意识中。一方面自我的动力来自于本我,即为了满足各种本能的冲动和欲望;另一方面它又是在超我的要求下顺应外在的现实环境,采取社会所允许的方式指导行为,保护个体的安全。自我遵循着"现实原则"(reality principle)调节和控制"本我"的活动。因此,自我是心理的执行部门,它设法在外部环境许可情况下满足本我的欲求。

(3)超我(superego):类似于良知、理性等含义,大部分属于意识。超我产生于儿童期,是在社会生活中由社会规范、道德观念等内化而成。超我的特点是辨明是非,分清善恶,对自己的动机进行监督管制,并进行自我惩罚,使人格达到完善的程度。超我遵循"至善原则"(principle of ideal)行事。

Freud 认为心理是由上述本我、自我和超我三部分相互作用构成。人格的形成是企图满足潜意识的本能欲望和努力争取符合社会道德标准两者平衡的结果。自我在本我和超我中起协调作用,使两者之间保持平衡,如果两者间的矛盾冲突达到自我无法调节时,就会产生各种心理障碍和病态行为。

2. **性心理学说**　Freud 认为人格发展经历五个不同的精神性欲阶段(表 2-1)。每个阶段都有一不同的身体部位对性兴奋最敏感,因此大多数能为本我提供力比多(libido)即性本能的满足。

笔记

表 2-1　Freud 性心理学说

性心理阶段	时间	主要表现	人格特点及表现
口欲期 （oral stage）	0~1 岁	力比多的发展从口开始，婴幼儿伊德的需求是通过吸吮、咬和吞咽等口腔的刺激得到满足，敏感部位是唇、口、牙和舌。	口欲期不适宜的满足，如吸吮、哺食、哭叫过多，可能发展成口部类型的人格。
肛欲期 （anal stage）	1~3 岁	性欲集中到肛门区域，儿童从肛门粪便的潴留和排泄中得到快感。	肛门排泄型人格：邋遢、浪费无条理，放肆；肛门便秘型的人格：过分干净，过分注意条理和小节，固执，小气。
性器期 （phallic stage）	3~6 岁	力比多集中于生殖器，性器官成为获得性满足的主要来源。	力比多的停滞，造成后来的行为问题，如攻击、性变态等。
潜伏期 （latency stage）	6~12 岁	力比多的发展呈现一种停滞或退化；性本能并非完全消失，而是转向于今后社会生活所必需的学习、文体活动等。	此期若遇到不良的引诱，就会产生各种形式的性变态。
生殖期 （genital stage）	12~20 岁	性的能量又重新涌现，恋母（父）情结再次闯入意识，已建立的防御又遭受破坏。	人格中反映某些未解决的矛盾，如情绪欠成熟，在精神刺激下出现退行表现和神经症。

3. **焦虑理论**　最初 Freud 对焦虑的解释是性力释放不完全的结果，后来又把焦虑归结为受阻碍的性力和释放的兴奋所引起的紧张状态。再后来又提出新的看法，认为焦虑是一种自我机能（ego function），它使人警惕即将到来的危险，并对其作出适应性反应。根据这一概念，人的焦虑最先根源来自于新生儿最早对内部的和外在的刺激无能对付，而产生的一种弥漫性的感觉。这种情境称之为原始焦虑（primary anxiety）。

心理动力学模型认为对自我造成威胁的根源是外部环境、本我与超我三个方面，根据焦虑的来源把焦虑分为三种类型，见表 2-2。

表 2-2　Freud 焦虑理论的类型及解释

焦虑类型	解释
现实焦虑 （realistic anxiety）	感到外界环境中真实的危险以及害怕这种危险。
神经质焦虑 （neurotic anxiety）	因自我不能控制本我本能产生的害怕，是一种恐惧的、非现实的、且不能与外部的威胁连接的感觉。
道德焦虑 （moral anxiety）	当自我受到超我惩罚威胁时产生的害怕；行为符合个人的良心与社会标准，最后的发展使超我产生社会焦虑。

4. **防御机制**　"防御"一词源于 Freud 的《防御性神经精神病》，1936 年他的女儿 Anna Freud 在《自我与防御机制》中发展了防御机制理论。防御机制（defense mechanism）是人在潜意识中自动克服本我和自我冲突时的焦虑，保持心理平衡和保护自我的方法。按照 Freud 的观点和 Anna Freud（1966）的说明，自我产生的焦虑可以有几种减轻的方法。基于现实的客观焦虑常常能通过祛除或回避外部世界的危险来解决，或者通过合理的途径来处理；神经质焦虑是通过无意识的、歪曲现实的防御机制解决。单个防御机制或几种防御机制结合起来，可能变得十分突出，以致主宰了一个人的人格及其发展，或者损害了他的有效功能。心理防御机制的过度运用常引起明显的心理异常和人格缺陷。例如，极度的投射机制可能导致偏执

狂,而压抑与转移结合可达到非常严重与广泛的程度,从而引起精神分裂症。常见的防御机制(专栏2-2)。

专栏2-2

心理防御机制的主要类型

P.B.Meissner、Mack 和 Semard(1975)将其分为四类。这里结合其他资料介绍如下。

1. 自恋防御(narcissistic defenses):又称精神病型机制(psychotic defense mechanism),在婴儿期就开始被使用,正常人偶尔运用,精神病人常常极端运用。

(1)否认(denial):自我用否认来抵挡产生痛苦或不愿意的缘由,虽明知有此事却坚决不承认。

(2)外射(projection):即自我用外化来处理不能接受的本能冲动。

(3)歪曲(distortion):改变现实使之符合个人的想象。

2. 不成熟的心理防御(immature defenses):见于婴幼儿期及成人患者,为不成熟的适应方式。

(1)内射(introjection):是与外射机制相反的一种防御。广泛地、毫无选择地吸收外界的事物,把它们内化为自己的东西。如抑郁症的自伤、自杀行为,是把对外界的厌恨转向于自己。

(2)退行(regression):又称倒退,指挫折时表现出与自己年龄不相称的幼稚行为来应付现实。如疑病症者以自己有病,得到别人的照顾和重视。

(3)幻想(fantasy):以脱离实际的空想来满足自己的愿望。常见形式是白日梦。

3. 神经症防御(neurotic defense):在少年期得到充分地运用,在成人期多为神经症者运用。

(1)合理化(rationalization):在挫折时,为了减轻焦虑不安,维护自尊,"自圆其说"地寻找牵强附会的缘由进行辩解。包括"酸葡萄心理"和"甜柠檬心理"。

(2)转移(displacement):对无法直接发泄情感时,转移到其他对象身上。如"迁怒"等。

(3)反向(reaction):指表现出来的外在行为与内在动机截然不同的防卫方式。

(4)补偿(compensation):挫折或失败时,选择其他能成功的行为来代替,以弥补因失败丧失的自尊与自信。

(5)压抑(repression):又称潜抑,指把不能允许的念头、情感和冲动压抑到无意识中去,它是自我的中心防御机制,也是其他防御机制的基础。

(6)压制(suppression):指有意识地抑制自己认为不该有的冲动和欲望,使它们滞留于前意识中。

(7)转化(conversion):也称之为躯体化(somatization),是把心理上的痛苦转化为躯体症状从而避开精神上的难受。

4. 成熟的心理防御(mature defense):在个体成熟之后才表现出来,属于比较成熟有效的适应方式,易被现实社会所接受。

(1)升华(sublimation):将不为社会和意识所接受的冲动和欲望进行改变,导向比较高尚的目标和方向。这样既能使自己的欲望获得满足,又有利于他人并被社会所接受。

(2)幽默(humor):通过幽默的语言或行为来应付紧张尴尬的局面,或间接表达潜意识的欲望。

(3)理智化(intellectualization):以理性的方式对待紧张情境,将自己超然于情绪烦忧之外。

笔记

（二）精神分析治疗

精神分析（psychoanalysis）被认为是世界上第一个专业的心理疗法。经典的精神分析建立在 Freud 的神经质焦虑理论基础上。精神分析家认为任何适应不良行为的根源有其童年期的经验及持续影响一生的婴儿期的思维和情感，对童年期成长过程的洞察有助于采用更为成熟和有效的方式使生活更开心，也使成年后的生活更具活力。同时，所有的心理异常都与某种满足本能欲望的努力被固着在早期发展阶段有关。个体在发展过程中如经历阻碍，会在本能欲望和对惩罚的恐惧之间产生冲突。这种欲望和恐惧虽然发生在儿童期的某一个阶段，但由于固着而被带入了青少年和成人时期。精神分析治疗作为一种顿悟疗法，它试图去除早年的压抑并帮助病人面对孩童时期的冲突，从而获得顿悟并且按照成人的现实方法予以解决。

（三）评价

精神分析理论源于心理疾病的临床实践，作为第一个专业性的治疗方法开辟了心理治疗的新途径，对异常心理研究和临床作出了巨大的贡献。精神分析理论使人们对正常和异常行为的认识由表面深入到内心深处，让人们意识到心理问题其实都是内心世界各种力量斗争的结果。学术界对精神分析理论的评价一直是毁誉参半。批评的焦点是认为 Freud 的理论来源是建立在主观经验和逻辑演绎之上，缺乏事实根据，也难以进行科学验证。此外，Freud 的研究样本来源于心理疾病患者，有人因此怀疑他混淆了正常人与心理障碍患者的区别。

三、行为模型

行为模型（behavioral model）又称学习模型（learning model）。该模型认为人的一切行为都是在环境中学习的结果，变态心理与正常心理一样是通过学习获得的。该理论的产生主要源于 20 世纪初，对学习内在机制的研究。在俄国生理学家 Ivan Pavlov（1849—1936）的条件反射学说基础上，美国心理学家 J.B.Watson（1878—1958）则进一步提出，心理学研究应放弃内部感觉和其他内部事件等主观概念，而把注意力放在可以客观观察的行为上。其后，斯金纳的操作条件反射及班杜拉的社会学习理论都丰富和发展了行为学习理论。

（一）主要理论观点

1. **经典条件反射**　经典条件反射（classical conditioning reflex）源于 Ivan Pavlov 对狗做的一系列研究（图 2-1），提示在未经学习之前，通过非条件刺激可以引起非条件反射，但当条件刺激（声音）与非条件刺激（食物）结合后，可以引起相同的非条件反射（唾液分泌）。经典条件反射是很重要的学习方式，一直被用来解释某些顺应不良的现象。例如，黑暗恐惧可以解释为某种能引起恐惧的刺激（非条件刺激）经常伴随黑暗（条件刺激）出现而形成。

2. **操作条件反射**　操作条件反射（operant conditioning reflex）源于 19 世纪 90 年代 Edward Thorndike 的工作。他的实验结果是：关在笼子里的猫在搔、咬、抓等试图走出笼子，偶然发现一个绳索的圈，将它一拉便获得了自由。此猫以后在笼子里的不成功动作逐渐减少，直到完全学会拉绳索。Thorndike 提出"尝试 - 错误论"（trial and error theory）和"效果律"（law of

图 2-1　Pavlov（1849—1936）

effect)。尝试错误论认为问题解决是一个尝试性质的渐进
过程；效果律说明成功的反应是学会的。当行为得到奖励，
该行为产生的可能性就越大；反之，该行为产生的可能性就
会减弱。Thorndike 的理论是操作条件反射的出发点。

B. F.Skinner 是现代用学习模型来解释心理障碍贡献最
大的学者（图 2-2）。他在 1953 年设计了一个被称为斯金纳
箱（Skinner box）的动物实验装置。箱内有一根杠杆，当一
只饿鼠在箱内自由探索时，偶尔碰压了一下杠杆，便得到食
物的奖赏。在一次又一次食物的强化下，老鼠学会了主动
按压杠杆取食的行为。此行为可因停止供应食物而逐渐消
退。这一过程是学会一种操作的过程，因而被称之为操作
条件反射。因这一反射是对工具操作的学习，故又称工具
操作条件反射（instrumental conditioning）。Skinner 详细研
究了奖励与惩罚对操作性行为的影响，和前述实验相仿，将
强化方式加以改变，演示了回避操作条件反射的实验。他指出除了奖励可用作强化手段外，
回避惩罚也能强化习得性行为。

图 2-2　Skinner（1904—1990）

3. 社会学习理论　社会学习理论（social learning
theory）是美国心理学家 A.Bandura 等人在 20 世纪 60
年代通过实验证明的理论（图 2-3）。该理论认为，人
类的许多行为都不能用传统的学习理论来解释，现实
生活中个体在获得习得行为的过程中并不都要强化。
Bandura 主张把依靠直接经验的学习（传统的学习理
论）和依靠间接经验的学习（观察学习）综合起来说明
人类的学习。观察学习是社会学习的最主要形式。人
类的大量行为都是通过观察他人的行为后通过模仿
（modeling）学习学会的。模仿学习可分为主动和被动两
种类型。Bandura 认为，如果给有行为问题的人提供模
仿学习的机会，就有可能改变其不良行为，建立健康的
行为。

图 2-3　Bandura（1925—　）

行为模型的观点认为所有行为都是习得的。经典条件
反射理论认为异常行为都是条件反射的结果，例如社交障
碍者在他过去的社交活动中总是伴随不愉快的经历，如被挖苦、嘲笑等，形成了条件联系，
即每当遇到社交场合都会感到紧张不安；操作条件反射理论解释心理异常是由于不恰当的
行为受到强化所致，例如一个 4 岁的男孩晚上睡觉中途总要醒来，并且大哭大闹。可父母
这时总要过来抱他、安慰他直到他重新入睡。这位男孩的哭闹行为实际上每次都得到了父
母的强化，因此得以保持下来；模仿学习理论认为人的不良行为可以通过观察别人（榜样）
来习得。

强化、消退、泛化与惩罚等是重要的反射类型。强化（reinforcement）即条件刺激的
作用，指的是通过强化物增强某种行为的过程。在操作条件反射中，行为结果使积极刺
激增加，进而使该行为反应逐渐加强，称为正强化（positive reinforcement）；行为结果使
消极刺激减少，进而使该行为反应逐渐加强，称为负强化（negative reinforcement）。消退
（extinction）是指如果条件刺激出现以后，若不再呈现非条件刺激，经多次重复，使已形成
的条件反射逐渐消退，以致最终消失的过程。泛化（generalization）指某些与条件刺激相近

的刺激也能够引起条件反射的效果的现象,其主要机制是脑皮质内兴奋过程的扩散。惩罚(punishment)是指行为结果导致消极刺激增加,从而使行为反应减退的现象。此外还有辨别(discrimination),是生物体学会在某些维度上对与条件刺激不同的刺激做出不同的反应过程。

(二)行为治疗

根据行为模型的观点,可根据相同的学习原则对异常行为进行矫正治疗,称之为行为疗法(behavior therapy)。行为模型将所有的行为问题分为两类:一是行为不足,如不做作业、不锻炼身体、不与人交往、不敢乘电梯等;二是行为过多,如爱发脾气、吸烟、酗酒、网络成瘾、贪食、强迫行为等。所以行为治疗的目标主要有两个:建立新的适宜行为和消除旧的适应不良行为。前者遵循强化原则,后者遵循消退原则,但矫正的技术有所不同。

1. **对抗条件作用(counter conditioning)** 建立在经典条件反射理论之上。它是通过对一个特殊刺激引起的反应实现新的学习。J.Wolpe在对抗条件作用的基础上,提出交互抑制(reciprocal inhibition)理论,以后发展成为系统脱敏疗法(systematic desensitization)。

另一种对抗条件作用是厌恶条件作用(aversive conditioning),也称厌恶疗法。它是一种通过提供适当的刺激(通常是令人厌恶的刺激)来消除不良行为的方法。可用于戒除烟酒、毒品和物质依赖,矫治各种性变态等。

暴露疗法(exposure)与系统脱敏疗法相似,但没有放松训练阶段,也没有强化。这一技术特别适合强迫性仪式的治疗。暴露疗法常常与心理干预结合使用,即不允许病人采取减轻焦虑的仪式。

2. **操作条件作用** 人类的大多数随意行为属于操作行为,所以许多不良行为可以通过操作条件作用来矫正。行为矫正主要涉及三种情况:塑造一种新行为、增加适应性行为的发生率和减少或消除不适应行为。因此操作条件学习方法可分为三个子类:①塑造新行为的方法。如行为塑造、刺激辨别训练和行为链技术;②增加行为发生率的方法。如正强化与负强化方法、代币管制等;③减少行为的方法。包括各种消退程序、处罚程序和用于减少行为的强化程序。低反应率区别强化、无反应区别强化和不能共存反应区别强化。

3. **示范法(modeling)** 源于Bandura的社会学习理论,包括榜样示范和模仿学习两个方面。榜样示范是治疗者以多种方式演示新的行为。如治疗者、小组、同伴或他人的实际行为示范,影片、录像和录音等;模仿练习是患者依照样板行为进行实际演练。只有榜样示范,患者未被要求进行实际演练称被动模仿学习,既要观察榜样示范又进行模仿练习叫主动模仿学习。

(三)评价

行为主义模型对变态心理的解释和治疗有重要贡献。该模型以实证研究为基础,以及可验证的疗效对心理学产生了革命性的影响,改变了心理动力学理论和方法的缺陷。

同时,行为主义也受到一些批评和质疑。例如,行为主义将心理问题的本质和原因太简单化;有宿命论的倾向;忽视认知过程和语言;忽视咨询关系;有对人的控制与操纵等。

四、认知模型

认知心理学是20世纪50年代中期兴起的一种心理学思想,20世纪70年代开始其成为西方心理学的一个主要研究方向。它研究人的高级心理过程,主要是认知过程,如注意、知觉、表象、记忆、思维和语言等。与行为主义心理学家相反,认知心理学家研究那些不能观察的内部机制和过程,如记忆的加工、存储、提取和记忆力的改变。认知模型是包括各种与认知过程有关的理论系统、治疗策略和技术有关的一组理论和方法的总称。在这方面,以

A.Ellis、A.Beck 和 D.Meichenbaum 的贡献最大（图 2-4）。

（一）主要理论观点

1. 对认知加工过程的解释 认知理论认为人生活在各种环境刺激中，但人不是简单的、被动的刺激接受者，人脑每时每刻都在对外来信息进行筛选、过滤和加工，并把它变成新的形式和范畴。认知理论将行为主义心理学的刺激（S）- 反应（R）公式改为 S-O-R 公式，强调中间的"O"（organism，认知）对行为的重要作用。

图 2-4　Beck（1921— ）

个体在作出反应前会根据他的记忆、信念和期望值来评估刺激，因而不同的人对相同的刺激会产生不同的反应甚至是心理障碍。无论哪种疾病，如抑郁症、惊恐发作、进食障碍等，都是认知加工过程扭曲和误解所致。导致疾病的因素主要有错误的信念、对生活经历错误的解释模式、错误的关注及自律模式。错误的信念或解释模式好比具有脆弱性认知，它会使人在压力下容易表现疾病的症状或者发病。这些长期的脆弱性认知一般都是"远端的"（distal），即往往在出现问题前很长时间就存在（如儿童期或青年期）。与"远端的"因素相对应的是"近端的"（proximal）因素，如在精神问题爆发时的思维模式。

信息加工（information processing）是认知理论中比较宽广的领域，涉及人脑如何接收、贮存、解释和使用环境信息等领域。认知理论家将人脑的信息加工分为自动加工和控制加工两种。自动加工（automatic processing）是指无需很多关注，发生迅速，长期稳定，自动依据信息作出反应的加工方式，如开车；控制加工（controlled processing）指在整合信息和计划反应过程中需要逻辑推理和思考的信息加工方式。许多变态行为起因于不良的自动加工模式。研究显示，认知治疗通过将自动加工转变为控制加工过程，对于抑郁症的治疗非常有效。

2. 对异常心理的解释 认知心理学对异常心理的解释，见表 2-3。

表 2-3　认知心理学对异常心理的解释

相关概念	理论解释
不合理信念 （irrational beliefs）	心理问题的原因不是外部事件，而是人们对这些事件不合理信念的反应；ABC 理论：心理问题或苦恼 C（emotional and behavior consequences）是在不合理的信念 B（beliefs）基础上对外部事件 A（activating event）的反应。
认知歪曲 （cognitive distortion）	心理障碍通常与特定的错误的或扭曲的思想相联系；认知曲解包括夸大、过度概括、选择性概括等，这些错误想法会自动运作，当事人却无法觉察。
归因 （attributions）	归因是认知评估的一种方式，即我们关于生活事件的原因的信念。倾向于内在的、宽泛的和稳定的归因者更容易患抑郁症。
自我效能 （self-efficacy）	是个体对自己的行为能力和行为能否产生预期结果的信念。自我效能低者缺乏自信，害怕困难，易产生沮丧、自责、抑郁和无价值感等消极情绪和防御行为，并进一步降低自我效能。
自我图式 （self-schemes）	是对特定信息的组织结构，此结构作为一种模式帮助个体选择和处理新的信息，影响个体心理活动，许多心理障碍患者则具有消极图式，是适应不良的表现，而且可以追溯到童年期。

笔记

（二）认知治疗

认知治疗（cognitive therapy）包括各种与认知过程有关的理论系统、治疗策略和技术有关的一组治疗方法的总称。在 20 世纪 70 年代以后，各种认知治疗综合成为一种新的正式的咨询和心理治疗系统，并成为心理治疗的主流之一。在美国，大约有 1/3 的临床心理学家主要采用认知行为治疗。认知治疗的假设是，只要疾病中的认知成分继续活跃，疾病就会持续下去。所以改变认知就能改善疾病。它还假设必须修正加工和解释内在和外在信息，从而长期改变心理功能，防止疾病的复发。

1. **Ellis 的合理情绪疗法（rational-emotion therapy，RET）** RET 并不以简单消灭症状为目标，而在于引导当事人去反思及改变自己曾自以为是的人生观和价值观，认识到正是这些信念才是导致他们困扰的真正原因，学习以新的理性思维代替非理性思维，鼓励他们正确评价情境，减少因生活中的错误而责备自己或他人的倾向，减少或消除后者给情绪和行为带来的不良影响，并且布置作业强化这种解析经验的新方式。常用技术针对三个方面的问题：①认知问题：运用辩论、诘难的方法和阅读疗法、家庭作业法等；②情绪问题：采用想象法、面对法和定式练习法等；③行为问题：使用操作条件作用法、示范法和系统脱敏法等。

2. **Beck 的认知治疗（cognitive therapy，CT，1976）** 源于抑郁症的治疗。Beck 认为抑郁症与自己负面的思考与曲解有密切的联系。有三个要素导致三种不同的抑郁症状：①对自己有负向的看法，很少理会环境因素的作用，全以自己的不佳表现来责备自己；②习惯以负面的方式来解释或印证自己的经验；③对未来抱着抑郁的看法与悲观的投射以及预期的失败焦虑。Beck 提出重点放在纠正不正确思维方式的认知疗法。较之于 RET，CT 的独到之处是注重从逻辑角度，看待当事人的非理性信念的根源，通过鼓励患者自己收集与评估支持或反对其观点或假设的证据，以瓦解其信念的基础。与 RET 的强指导性、说理性与面质性不同的是，CT 更主张对话式的合作气氛，较少教条地遵从已有的方法，通过提问的方式，让患者自己逐渐发现自己的错误。在 Beck 看来，直接告诉当事人正在作非理性的思考可能会伤害到当事人的自尊心，因为这些人相信自己是"按照真相来思考的"。

3. **Meichenbaum 的认知行为矫正（cognitive behavior modification，CBM，1977）** CBM 也称为自我指导治疗（self-instruction therapy），该疗法将治疗的重点放在协助当事人察觉自己的内心对话，并改变自我告知（self-verbalization）的方式和内容。Meichenbaum 认为，个人的自我陈述在很大程度上与别人的陈述一样能够影响个体的行为。行为改变的前提是当事人必须知道（或注意到），自己是如何思考、感受和表现行为的？自己的行为对别人会产生何种影响？否则，他永远不知道自己为什么要改变，以及要改变什么。要发生改变，来访者就需要打破行为的刻板定势，这样才能在不同的情境中评价自己的行为。CBM 改变过程包括自我观察、开始一种新的内部对话和学习新的技能三个阶段。

（三）评价

认知模型的优势主要有：首先，该模型关注具体的操作变量，坚持以经验为依据，且把思维、情绪等模糊不清的过程也考虑进去；其次，认知治疗有详细的操作手册，这有利于培训治疗师，以及对结果进行研究；第三，认知理论最成功的方面是对抑郁症和焦虑症治疗的显著疗效，以及对物质依赖、饮食障碍和人格异常等有效。

但是，认知理论和其他依靠推论的理论同样受到批评，其假设为核心的因素很难确定。认知理论的一个主要缺陷是，改变对世界的思维方式并非能解决所有问题的；其次，该理论无法解释适应不良的认知与心理障碍的因果关系；第三，如何证明枯燥的理性方式就是对待自己和世界最好的思维方式。

笔记

五、存在 - 人本主义模型

存在 - 人本主义模型（existential-humanisticmodel）是以存在主义哲学和人本主义心理学为指导思想的心理模型。存在主义（existentialism）是一种以人为中心，尊重人的个性和自由的人生哲学思想。它认为人生存在的主要问题是如何发现自己、肯定自己和实现自己。存在心理学（existential psychology）延续了存在主义思想；人本主义心理学（humanistic psychology）是以存在主义思想为基础，对人性本质中的积极层面进行深入探讨的心理学思想。

图2-5　Rogers（1902—1987）

存在 - 人本主义模型发展过程中最有影响的是美国心理学家 Carl Rogers（图 2-5）。他的心理疗法最初称作"非指示性治疗"（nondirective therapy），后来命名为"询者中心治疗"（client-centered therapy），最后改为"以人为中心的治疗"（person- centered therapy）。治疗者不是以专家、权威自居，而是一位有专业知识的朋友，与病人建立融洽的医患关系，给病人带来温暖与信任感。治疗时不下指令，也不进行调查分析，主要集中于病人的思维与情感，营造一种"成长气氛"，给求询者提供一个有利的、特定的心理氛围，耐心倾听诉说，表示同情与理解，让病人在充分表达与暴露自己时，体验到自身情感与自我概念的不协调，从而改变自己，取得进步。

（一）存在主义理论与治疗

存在主义者认为，人类的深层次的矛盾正是因为"人存在于世界"造成的。例如，每个人都必须面对死亡的现实，必须通过选择为自己营造一个封闭的世界，必须克服自己在这个巨大而冷漠的星球上的孤独感，最难的是人们必须面对生活无意义的感觉。

存在主义治疗（existential therapy）强调存在的问题，如目的、选择和责任感。存在主义治疗与来访者中心治疗的相同之处是，促进来访者的自我认识和自我实现；重要的不同之处是，来访者中心治疗致力于挖掘隐藏在人为的防御机制后面的"真实自我"，而存在主义治疗强调自由意志（free will），即人的选择能力，所以存在主义相信：你可以选择成为你想要成为的人。

存在主义治疗试图通过鼓励促使来访者做出能有回报的和有社会意义的建设性选择，其特点在于注重人对存在的"最大忧虑"，如对死亡（death）、自由（freedom）、孤立（isolation）和无意义（meaninglessness）的忧虑。人类有一些普遍性的问题，其中包括对死亡的意识、随自由选择而来的责任感，如何在封闭的世界里独自存在，以及如何才能使生命变得有意义。存在主义治疗者要帮助来访者发现，在个体认同中有一些自己强加给自己的限制。为了获得成功，来访者必须完全地接受以改变生活为目的的任务。

存在主义治疗的一个关键是对抗（confrontation），即让来访者面临挑战，在对抗中检查自己的价值观和选择，希望通过治疗促使来访者产生对自己存在质量的责任感。对抗的一个重要方面，就是此时此地两个人之间独特和激烈的面对面争辩。

当治疗获得成功的时候，会使来访者产生一个新的生活目的感，使其重新评价什么是生命中最重要的。一些来访者甚至有死里逃生的感觉，在情绪上就像得到一次再生。正如法国作家 Marcel Proust 所说："发现的真正历程并不在于找到一些新的景致，而在于炼就一双新的眼睛。"

（二）人本主义理论与治疗

Rogers 认为,在尊重和信任的前提下,人都有一种以积极及建设性态度去发展自我的倾向。即使是有心理困惑的人,也都具有不需要治疗者直接干预就能了解及解决自己困扰的极大潜能,只要在一定的治疗环境或关系中,他们就能朝向自我引导的方向成长。每个人都生来就具有自我实现的内驱力和获得别人赞许和积极关注的需求。但在很多情况下,这两种需求是不可兼得的,甚至是矛盾的。一般来说,人们常常得牺牲和压抑自我实现方面的欲望,按照社会或别人的标准来违心地作出"好"的表现,这种矛盾如果长期存在或过于强烈,便会出现心身方面的障碍。

1. 主要理论

（1）实现的倾向（actualizing tendency）：一切生物都存在一种不断发展、增长和延续机体的倾向。婴儿学步如此,心理活动也是如此,自我实现的倾向能够克服各种痛苦与障碍。

（2）自我概念（concept of self）：Rogers 认为自我是个体对自己的概念理想化的自我,它是个体生长过程中通过与环境（尤其是他人的评价）相互作用而建立的。由自我概念出发对任何一个新的体验都要能产生三种不同的反应：①与自我概念合为一体；②不予理会；③产生歪曲反应。自我概念过分刻板者,在适应新环境方面易遇到困难。

（3）体验（experience）：这是一种对客观事物和可以意识到的机体内部过程的态度。将注意力集中于以往被否认的体验,用接纳的态度对它进行"充分体验"将有助于治疗。治疗时也可以与病人讨论其情感体验,并引导其探索同时伴发的内部生理改变。

（4）不协调（incongruence）：指机体的体验与自我概念之间的不一致,当个体存在着高度不协调时,"实现的倾向"就发生混乱,使自我与机体的体验分离（理智与情感分离）,这是焦虑产生的根源。

2. 基本技术

（1）无条件的积极关注（unconditional positive regard）：要毫无保留地接受来访者,对来访者所说或所感受的任何事绝不做出惊讶、失望或不同意的反应。治疗者的完全接受是使来访者达到自我接受的第一步。

（2）共情（empathy）：要能够通过来访者的眼神洞悉其内心世界,能够体验到来访者的一部分感受。

（3）真挚（authentic）：即坦率和诚实,治疗者要放下专家架子。Rogers 认为,那种专家架子将破坏心理治疗中所需要的"气氛"。

（4）重述（reflect）：治疗者要做的是对来访者的思想和情感进行重述,如复述、总结或重复。这时,治疗者的作用是扮演一面"心理镜子",使来访者能够从"镜子"中更清楚地看清自己。Rogers 相信,一个人只要希望具有现实的自我形象（realistic self-image）和达到更高的自我接受（self-acceptance）水平,就有能力逐渐解决生活中的问题。Rogers 在论自我成长（personal growth）中感人地表达了他的信念,即人有维护情绪健康的本能。

（邵淑红）

第三节 社会文化模型

一、概述

人不仅具有动物所共有的一般性生物属性,更重要的是具有社会属性。生活在现实中的个人绝非是孤零零的生物体,他必然处于不同的社会群体和社会情景之中,从属一个国家、民族、宗教、地域、家庭、单位、班组等,其心理必然受各种社会环境和事件的影响。社会文化的任何变化都会对人的心理产生影响，不同社会文化造就的价值观导致对人的理解和尊重的巨大差异。人也不得不对社会文化做出相应地、有选择的反应。可以说，个人都是一定社会文化关系的产物，是特定社会文化的体现者。

社会因素（social factor）包括各种社会生活事件、社会关系、社会制度、经济状况、生产水平、社会等级、社会风气、民族传统、风俗习惯、伦理道德观念和教育方式等。社会因素与文化密切相关，故又称之为社会 - 文化因素。心理学使用心理社会因素（psychosocial factor）一词泛指对人的心理产生影响的各种外部应激源。根据人类微观的社会生活情况，可将其大致划分为生活事件、日常生活中的困扰、工作相关的应激源和环境应激源四个方面。

自从 19 世纪以来，许多心理学家和社会学家注意到各种心理变态与贫困、种族歧视、文化变革和其他社会应激明显相关。心理障碍的社会学观点在第一次世界大战以后逐步发展起来，社会模型或社会文化模型（sociocultural model）逐步建立。这一模型认为，变态心理尽管会给社会带来不利的影响，但社会本身对其也负有责任，各种社会因素和各种社会关系对个人心理异常的产生、发展和防治都有重要的作用。因此，社会 - 文化模型主张对心理障碍的定义、病因的解释以及治疗都应立足于社会。

二、理论解释

社会文化模型强调社会文化因素（sociocultural causal factors）的作用，它认为大多数变态心理和正常心理一样都是个人的社会文化生活的产物，认为经济贫困、种族歧视、生活变故、社会压力、天灾人祸、社会动荡等都可能引起心理变态。因此，变态心理乃是社会病理学的反映。此模型也从精神疾病分布的流行病学中得到支持。

1. 异常心理是人对客观现实歪曲的反映 躯体疾患主要表现是生理机能的异常，这在不同的历史阶段和不同的文化背景中基本一致；而心理疾患主要表现是对客观现实不协调，其表现与社会文化的不同有明显的差异。从内容来说，心理异常与人的社会 - 文化环境有着密不可分的联系，无论是最简单的心理现象还是最复杂的心理现象，都可以从客观现实中找到它们的根源。例如，临床研究表明，幻觉的内容不管怎样离奇、古怪，都是病人曾感知过、经历过的事物。同样，妄想作为一种歪曲的观念，不管怎样荒唐可笑，也都是病人曾体验过、思考过、与特定的社会文化相互关联的观念；妄想中的附体妄想、被操纵感或物理影响妄想等，只有科学技术高度发展的今天才会与无线电、脑电波、超声波、激光等联系起来，而在这些东西发明出来以前，妄想的内容则只是与魔鬼、神仙、狐狸精等相联系。

我国新疆精神病院研究了汉族、维吾尔族、哈萨克族、回族等四个民族的精神病人的症状特点，发现带有封建迷信色彩、与鬼神有关的内容，在文化比较落后的哈萨克和回族患者妄想内容中所占比例较大，而在文化比较发达的汉族和维吾尔族患者妄想内容中所占比例较小。同时还发现随年代的不同和社会 - 文化关系的变化，妄想的内容也在变化。国外同样如此，Scheper-Hughes（1978）指出，西爱尔兰 Kerry 的精神病人妄想内容以圣母和救世主为主题，宗教色彩浓厚；而美国病人的妄想内容常以电磁的而非宗教的被害妄想为主。日本鸭巢精神病院也曾对住院病人的妄想内容进行了调查统计，发现 1901—1905 年带有封建迷信色彩的内容占 10.5%，而到 1961—1966 年则只占 4.1%。国际精神分裂症试点研究发现，不同地区精神分裂症亚型差别很大，印度、俄罗斯最常见的是未分化型，哥伦比亚最常见的是急性型，其他地方以偏执型最多。由此可见，同样表现为妄想，为什么分别可以是夸大妄想、嫉妒妄想、被害妄想、罪恶妄想等？这些不同，应该与大脑生理变异无关，而与人的社会 - 文化关系的不同背景有关（专栏 2-3）。

专栏 2-3

不同的社会 - 文化关系中独特的心理异常

中国的东南沿海地区以及东南亚国家如马来西亚、泰国和越南等曾经流行一种谓之"缩阳症"（Koro）的心理异常,这是因为旧书中多有描写狐狸精、白蛇精的故事,结局常是文弱书生,受到娇艳女子（所谓狐狸精等）的迷惑,房事过多而一命呜呼。这种潜移默化的影响,使一些人相信精子是身体的精华,房事过多,排泄精子过多,就会严重损害身体。形成这种观念以后,当受到严重的心理挫折和打击的时候,就会害怕阳具缩小,甚至会缩入体内因而丧命,发生缩阳症。

在加拿大阿拉斯加和北极圈地区常出现一种称为"温地高"（Windigo）的心理异常。这是由于那些地方觅食困难,生命常受威胁,因此男人从小训练去打猎、挨饿,可以几天不吃东西。当时传说有一种鬼兽,名叫 Windigo,它会因为饥饿而把人抓去吃掉。所以那一带地区的人,尤其是印第安人去打猎时,如果收获好,就很高兴。可是如果打不着猎物,则会心里恐慌,并突然出现心理异常,觉得自己要被 Windigo 吃掉了;或者觉得 Windigo 已经跑到自己的身上,自己也要吃人了,由此可能出现残暴的行为。

爱斯基摩人中有一种"皮普鲁克图症"（Piblokto）。这种病阵发性地发作、大笑、大闹,脱去衣服在雪地上打滚或乱跑,并有杀人或自杀的现象。在南美洲还发现有一种称为"Sasto"的秘鲁急性惊恐症,表现为极度的焦虑和惊恐反应,这是因为病人相信有一种独眼妖魔,能危害于人。

狐狸附体（kitsunetsuki）是指病人相信自己被狐狸附体,并指示他们做出类似狐狸的表情。这种病人及其家属往往被社区所诅咒,并被赶走。多见于日本的边远地区比较迷信和受教育较少的人。

2. 不同的社会 - 文化关系影响表现方式 同样的一种心理异常,在不同的时代、不同的社会 - 文化背景下,其表现方式很不相同。例如有人在研究战争歇斯底里时发现,在第一次世界大战期间,士兵中普遍出现的歇斯底里表现是瘫痪、失明、失听等。到了第二次世界大战时,对战争的恐惧和焦虑表现而是各种各样的心身疾患,如溃疡病、高血压、哮喘病等。这可能是因为第一次世界大战时,更多的是面对面的搏斗,如果"瘫痪"了、"眼瞎"了,走不动、看不见等就可以不上前线。这可能是一种心理防御,是一种"转换"心理异常,即把对战争的恐惧与焦虑"转换"成瘫痪和失明,以能被送回后方而逃避战争,解除内心的恐惧。但在二战中出现了许多现代化的武器,可以有远距离杀伤,很难分出前方和后方,面对面肉搏的机会很少,对战争的恐惧与焦虑,转换成瘫痪或失明已经失去意义。长期的恐惧紧张无法摆脱,那还是躯体"生病"吧!

3. 社会 - 文化因素对情绪影响更加明显 对于抑郁症,中国人和美国人的主诉有不同的表现。据调查,美国病人能比较准确、适当地表达出自己的忧郁心情,如对什么都没有兴趣、不想活等;而中国人则多诉说自己胸中发闷,胃口不好,全身无力气等。即美国人较会诉说精神症状和心理问题,而中国人则较易于诉说身体症状。研究表明,西方中上阶层善于用心理学术语表达主观感受,将抑郁症状"心理化"（psychologization）,而在远东和其他经济落后地区人群中,则多把抑郁症状"躯体化"（somatization）了。按照 Kleinman 的解释,躯体化是一种文化特异性的应付方式,其目的是"减少或者避免内省和直接的情绪表达"。他指出,中国人的躯体症状较多的原因可能与中国文化中感情的表达方式,以及"心理语言（psycholinguistic）"方面的缺乏有关。根据他的观察,当地的人在社会化的早期,就已经学会了不要公开个人的感情,尤其是强烈的情绪和否定的意见,否则就会损害亲密的人际关系。情绪挫折如果以躯体症状的形式表现出来,则可以得到同情和照顾,更能够作为工作、考试、婚姻等失败的借口。

人类学家 Malinowski(1927)在《原始社会中的性与压抑》一书中指出:关于异常和变态的定义是各个不同社会-文化的产物。与身体疾病不同,在美国被认为有精神病的人,在新几内亚却可能被认为是正常的。他们还发现在太平洋上的许多岛屿社会中,欧洲和美国人常见的偏执狂、抑郁症和神经症却很少见。

社会因素对判别人的心理与行为是否正常十分重要,社会规范和习俗以及社会适应能力也成为判别心理异常的重要标准。在多数情况下,比较严重的精神异常,如幻觉、妄想等严重的精神和行为障碍,在不同的社会背景下都容易被确诊。但是较轻的心理行为异常评定起来就不那么容易,这往往需要联系其所处的社会环境,与其所处的社会-文化规范仔细比较,才能做出相对准确的判断。因为在一种社会背景下认为是异常,换一种社会背景可能属于正常范围。例如,在西方国家妇女袒胸露背的街上行走,在多数阿拉伯、伊斯兰国家就可能会被认为是异常行为。

4. 社会模式下的精神疾病诊断 绝大多数偏离社会-文化规范和准则的行为不是被认为是犯罪,就是被认为是精神障碍。因为每个社会都为自己的成员规定了一套行为规范标准,如果谁冒犯了这些标准就会用惯用的术语来称谓。在诊断方面受社会-文化因素的影响的典型例子是对同性恋的认定。《圣经》"旧约全书"明确指出:"如果某一男子和其他男性同居,就像他和一个女子非法同居一样,他们两人同样是亵渎神灵的,他们一定要被处死。"1976 年,罗马教皇六世颁布了一个五千字的"与性道德标准有关的一些问题的宣言"就强烈谴责同性恋、手淫、婚前性行为及通奸等,认为这些行为是人所固有的本质的错误和失调。在世界上还有许多国家,同性恋为法律所禁止,并视为异常行为。但随着时代的发展,首先在英美等国家,继而在其他一些国家却越来越宽容,在国际疾病分类中已经取消这一诊断。当然在某些阿拉伯国家,同性恋就和异性恋一样也被认为是合法的。随着时代的发展和社会进步,不同的国家对待同性恋的态度也随之发生改变,见表 2-4。

表 2-4 不同国家对同性恋的容忍度(美国皮尤研究中心,2013)

国家	容忍度(%)	国家	容忍度(%)	国家	容忍度(%)
加拿大	80	萨尔瓦多	34	尼日利亚	1
西班牙	88	委内瑞拉	51	乌干达	4
法国	77	玻利维亚	43	肯尼亚	8
捷克	80	智利	68	塞内加尔	3
英国	76	阿根廷	74	加纳	3
德国	87	澳大利亚	79	南非	32
波兰	42	巴西	60	巴基斯坦	2
意大利	74	以色列	40	中国	21
希腊	53	黎巴嫩	18	日本	54
土耳其	9	巴勒斯坦	4	韩国	39
俄罗斯	16	约旦	3	马来西亚	9
美国	60	埃及	3	菲律宾	73
墨西哥	61	突尼斯	2	印度尼西亚	3

可见,发达国家比较多的接受同性恋,穆斯林占主体的国家更多地倾向于反对同性恋行为。

三、治疗

社会模式认为心理行为的变态并不是个人问题,而是社会的病态的反映。因此,主张对精神障碍的治疗应当从病人本身转移到整个社会方面去,这就是社区精神卫生与治疗的原则和措施(专栏2-4)。这种看法是把个人看成是基本社会单位的更普遍的组成部分。它认为对变态行为的认识取决于在前后关系中对它的仔细观察,而且个人不应该被看成是基本的研究单位,多数行为都是出现在某种社会关系中,以至于认为孤立地治疗个人没什么意义。

不同的社会-文化背景使人们对心理异常的处理办法也有很大的不相同。例如基督教曾认为,一个人之所以精神错乱是由于他(她)犯有"原罪",是上帝对他的"惩罚"。因此,他们对待精神病患者抱轻蔑的、谴责的态度。而在中世纪,人们认为精神错乱是由于魔鬼附体之故,为了对付或赶走病人身上的恶魔就采取饥饿、铁链上锁、拷打、火烧和水淹等办法。

专栏2-4

心理卫生工作的未来趋势——社区心理治疗

科学技术的发展使人们对心理异常现象及其实质逐渐有所了解,人们把心理异常,尤其是比较严重的心理异常看做是与人们大脑损害有关的一种疾患,对这类患者需要像对身体患疾病人一样给予照顾和治疗,并且进而把心理异常与人们生活环境,尤其是社会-文化关系直接联系起来,采用更多的方法来对待。有一种疗法称为社会心理治疗(social psychotherapy),它运用社会心理学的理论和方法以及有关技术、技巧来诊断和治疗由心理社会因素造成的器质性、功能性心理障碍,以及与之有关的各种躯体疾病,防止和消除由于心理社会因素造成的不健康行为。

1965年,又出现的新学科——社区心理学(community psychology)或社区精神病学(community psychiatry),提出了进一步解放精神病人的口号。原来的精神病院都是设在偏僻的远离人群的地方,现在则认为应该尽量让精神病人过正常人的生活,让精神病人回到社会人群中去。因此,许多大精神病院逐渐被取消。在美国,从20世纪60年代开始了"精神科非住院化运动"(deinstitutionalization movement),同时在全国建立社区心理卫生中心(community mental health center, CMHC),使众多的精神病患者从精神病院转到社区中。如美国旧金山,原有十多所精神病院,现在就只剩少数的几所。另外,还主张把精神病院建在人群集中的地方。

20世纪80年代以来,WHO提倡精神疾病的服务机构从以精神病院为中心,转向以社区综合性医院为中心的心理卫生服务机构。同时,认为应该加强门诊治疗和家庭治疗,特别主张大力开展社区治疗(community therapy)或社区心理卫生(community mental health)工作,即根据社会-文化因素所涉及的有关理论开展对精神病的预防和治疗。我国在社区心理卫生工作方面做了很多实践与尝试,特别是在北京、上海、天津等大城市,已正式建立了三级精神卫生保健系统,或称三级精神病防治网。

另一种非西方传统治疗也说明社会-文化因素在心理障碍治疗中的作用。Kleinman将那些试图修复社会裂痕、重申受到威胁的价值观念以及调解社会紧张的治疗程式叫做"文化治疗"。治疗可以在许多不同水平上进行,不仅病人要恢复健康,所在的社会也要恢复因个体疾病所导致的不平衡。因此,治疗的目的就是要解决引起疾病的冲突,恢复社团的联系,将病人再度整合到正常社会中。这是一种非西方社会的文化治疗。

笔记

四、评价

社会模式从一个新的角度对心理变态进行解释,并提供了新的治疗措施,对变态心理学和精神病学的发展起了很大的促进作用,但它本身也只是强调了事物的一个方面。如果把社会-文化标准看做是心理健康唯一的或主要的决定性因素,那么任何人的生活习惯、性生活、娱乐或社会活动,如果是不合乎时俗的就有被作为变态行为的可能。因此,单纯的社会观点是难以对心理异常进行全面的解释的。社会模型还容易忽视了个体内因的作用,推托个人的主导责任。

第四节 家 庭 模 型

一、概述

20世纪50年代,美国精神分析师兼儿童精神科医师Nathan·Ackerman首次提出"家庭治疗"这个概念。之后的几十年中,各种家庭治疗的流派纷纷崛起,发展势头方兴未艾。不能简单地把家庭治疗看做对家庭矛盾和问题的咨询与治疗。家庭治疗依然关注当事人(client)个人问题和病症的消除,但它同个人取向的咨询和治疗方法有着显著的差异。它超越了过去只关注个人内在的心理冲突、人格特征、行为模式的局限,把人及其症状放在整个家庭背景中去了解并治疗。因此,把家庭治疗法称作"系统疗法"或"关系疗法"似乎更为合适。

20世纪60年代,家庭治疗在欧美都有相应的发展。尤其是系统派的家庭治疗在意大利的米兰有显著的发展。结构派家庭治疗也开始成形。弗吉尼亚·萨提亚(Virginia·Satir)于1964出版了《联合家庭治疗》一书。1962年,阿克曼创办了这个领域第一个,且是最有影响力的期刊——《家庭历程》。

20世纪70年代,主流的家庭治疗流派进一步发展完善。在全美各地,各种家庭治疗流派激增。1970年,美国婚姻与家庭治疗学会组建成立。但家庭治疗的发展仍以治疗技巧为主,理论研究依然欠缺。在这一时期,家庭治疗领域内部开始进行自我检讨,其中最值得注意的是女权主义者对家庭治疗的批评,她们挑战传统家庭治疗的信念,认为它们强化了性别歧视与性别角色。

到了20世纪80年代,家庭治疗进入成熟期。美国婚姻与家庭治疗学会的成员在刚成立时不足一千人,到1989年已经大致16 000人。在这一时期,家庭治疗在世界各地的传播范围也越来越广,加拿大、英国、以色列、荷兰、意大利、澳洲、德国等都有家庭治疗的训练计划与专业委员会。1987年,国际家庭治疗学会成立。

20世纪90年代,家庭治疗的各个主要流派之间不再相互排斥,而是逐渐走向整合。愈来愈多的临床工作者开始认识到改变家庭结构以及互动模式对于治疗问题行为或病症,以及维持治疗效果的必要性。中国最早的家庭治疗培训班的举办,主要归功于两位非常崇尚中国文化的德国人Margarete haap wiesegart和Ann.Kathrin Scheerer。

二、理论解释

家庭模型(family model)强调的是家庭成员或其他社会群体成员之间的相互依赖,家庭和其他社会群体采用的是具有一种倾向于成员之间保持平衡、互让特征的互动模式,或称可预言的行为模式。之所以存在这种行为模式的可预言性,在某种程度上是由于每一个成员都向其他成员提供自己行为的反馈。临床上有许多病人的心理问题,从表面上看属于个人责任而与旁人无关,但实际上却是因为其所在的家庭也存在着问题,病态行为正是家庭

笔记

系统不良运转的结果。家庭问题常以下列几种形式影响到个人,使个人出现心理问题。

1. 个人心理问题是当前家庭问题的表现　这往往是"病人"来找医生就诊,诉说自己在心理和行为上如何出现了问题,经医生深入了解,却发现这些病人的心理问题只是冰山露出海面的一角,背后还存在的大量的家庭问题。

2. 个人的心理问题源于过去的家庭问题　有些病人的心理问题不是与现在的家庭有关,而是源于过去的家庭环境,虽然目前的家庭生活已和过去的家庭大相径庭,但这些人仍保持着过去的家庭所造成的影响并以心理或行为问题的方式表现出来。

3. 个人心理问题与家庭问题同时共存　有些病人的个人心理问题与家庭问题刚好同时共存,两种问题较少有因果关系,但因互相影响彼此加重。

三、治疗

1. 治疗原则　由于家庭是由多个有特殊关系的、有特殊感情的、长久生活在一起的成员组成,家庭治疗与一般的心理治疗有所不同,也不能等同于一般的团体心理治疗。家庭治疗的目标是协助家庭消除异常、病态情况,以执行健康的家庭功能。

(1)忽略理由与道德,注重感情与行为:家庭是一个特殊的亲人群体,不能单靠说理来追究责任,也不能依赖惩罚来解决问题。判断谁赢谁输有时甚至会伤害感情,因为家庭成员之间的关系是靠感情来维系的,而不是单靠是非维系。

(2)淡化缺点强化优点:妻子批评丈夫天天加班而不管家务,也可认为丈夫工作负责或多挣钱以维持家计;小孩顶嘴也可以解释为孩子有勇气表达自己的意见。心理医生要执行的功能是,要多看家庭成员好的和积极的一面,淡化消极的一面,帮助家庭成员看到对方行为体现的好意。

(3)只提供辅导不代替做决定:如心理医生不能代替夫妻决定他们是否要分居或离婚、或勉强维持他们的婚姻,也不能决定家长是否应跟子女分开居住等人生大事。但假若有一方因受到伤害需要采取紧急措施,心理医生应提出建议。

2. 治疗模式　家庭治疗的主要出发点是在把家庭看成一个整体,需要以组织结构、交流、扮演角色、联盟与关系等观点来了解,并依照系统论的观念来体会该家庭系统内所发生的各种现象,即家庭内每一个成员的言谈举止都会对家庭里的其他成员产生影响(表2-5)。如果其中一个人或几个人的行为与心理总保持不正常,就会引起连锁反应,影响到其他成员。家庭治疗学者认为,要改变病态的现象或行为,不能单从治疗个人成员着手,而应以整个家庭系统为对象。

萨提亚模式(The Satir Model)又称萨提亚沟通模式、联合家庭治疗,是由美国首期家庭治疗专家 Virginia Satir 女士所创建的理论体系。家庭治疗是一种心理治疗的新方法,是从家庭、社会等系统方面着手,更全面地处理个人身上所背负的问题。萨提亚建立的心理治疗方法,最大特点是着重提高个人的自尊、改善沟通及帮助人活得更"人性化",而不是求消除"症状",治疗的最终目标是个人达致"身心整合,内外一致"。

四、评价

家庭模型以系统论、控制论为范式,对个体心理行为的解释有很多超越,成为心理学发展的重要思想。从 20 世纪 80 年代起,人们对家庭治疗理论与方法进行更深入的研究。例如,多元文化主义(multiculturalism)成为家庭模型的主流话题之一。它认为必须要把握家庭身在其文化背景,包括民族、种族群体成员之间的关系、宗教、教育水平、社会阶层、性取向以及家庭赖以生活的文化规范,这些因素以多种方式影响家庭,有时这些影响是微不足道的,有时则对家庭功能产生至关重要的影响,家庭治疗师必须对来访家庭中不断增长的文化多样性保持敏感,并且把他们的注意力从家庭内部扩展到影响家庭成员行为的更广的社会文化背景之中。

表2-5　主要几种家庭治疗模式的比较

模式	主要理论观点	治疗目标
系统性家庭治疗	每个家庭成员都有特定的认知模式,即内在构想(inner construction),它决定人的习惯性行为方式,行为效果反过来影响一个人的内在构想,两者相互作用。	找出家庭内关系的格局或模式,通过引入新观点、新方法来改造与病态行为有关的反馈环。
结构性家庭治疗	重点放在家庭的组织、关系、角色与权利的执行等。	采用家庭形象雕塑技巧或角色扮演等方法纠正家庭结构上的问题,促进家庭功能健康。
行为家庭治疗	基于社会学习理论和社会交换理论,关注家庭成员的行为表现,行为是其结果习得和维持的,同时可以通过改变结果而发生变化。	着重于家庭成员间的表现,建立行为改善目标与进度,运用学习原则,适当奖励与惩罚,促进家庭行为的改善。
策略性家庭治疗	依据沟通理论引导来访者或家庭改变,动态了解家庭问题的本质,建立一套有程序的治疗策略,从而逐步改变家庭问题。	解决当前的问题,聚焦于行为改变。根据家庭问题设计治疗策略,重在当前而非过去。
分析性家庭治疗	以心理分析的眼光了解家庭成员的深层心理与行为动机、亲子关系的发展等。	改善各成员的情感的表达与愿望,促进家庭成员的心理健康。

第五节　生物心理社会模型

一、概述

前述介绍的心理变态的几种观点或模式,从不同的角度或方面阐述了异常心理现象产生的原因、理论和应用知识与技术,对于心理异常实质的探讨和防治是有益的。但是任何一种模式或观点都不能完全说明所有的心理变态,而只能解释其中的一部分或一个侧面,因此都不可避免地带有一定的局限性。

随着科学技术和社会的发展,人类对自己身体健康与疾病的本质的认识,包括对心理障碍的认识不断地深入,已经逐渐地认识到人体疾病,尤其是精神疾患绝不会由单一的因素造成,必须从多维的角度来考虑心理异常的原因及其治疗问题。

从20世纪后半叶开始,变态心理学领域内对于各种疾病的界定、诊断和治疗等都取得了长足的进步。心理学的理论和研究都采用了生物心理社会模式(biopsychosocial mode1)来分析和解释心理障碍的发生、发展及预后。这一模式要求我们考虑心理障碍时,必须综合考虑三个方面因素的共同作用,三者在疾病的发生、发展和预后中处于同等重要地位。目前这种包含多种因素的综合性观点已经逐步取代了仅仅强调单一因素的简单解释。

二、理论解释

Engel GL(1977)年提出了医学模式应从生物医学模式转变为生物心理社会医学模式的论点。他指出,以还原论(reductionism)和心身二元论(mind-body dualism)为理论基础的生物学模式,将人类复杂的生命现象和精神活动还原为简单的物理和化学变化,把人心理和躯体活动割裂开来,忽视心理、社会和文化因素对人类心理健康的影响,忽视人及其健康

笔记

问题的社会文化属性,阻碍了对人类健康和疾病的整体认识;对生物技术的过度依赖的结果是在临床工作中出现非人性化(dehumanizing)倾向,把病人当作有病的生物体,看做是器官、细胞甚至分子水平的病变;对健康状况转变(health transition)和健康需求转变(health demand transition)后出现的许多新问题无法解决。

在生物心理社会模式中,生物因素、心理因素和社会因素各有其独特的内容,同时又具有相互联系、相互包含和相互制约的不可分割的关系(图2-6)。这一模式图表明,生物学因素是最基本的因素是整个模式的核心部分,是心理学因素赖以产生的物质基础,也是心理和社会因素所作用的物质载体或承受者。心理因素是在生物学因素的基础上产生出来的,而它一旦产生会给予生物学因素以深刻的影响。社会因素也是客观存在,它在个体生物学和心理学因素的基础上发挥作用,反过来又直接影响和制约着心理学因素,因此又是心理学因素赖以形成的根源;社会学因素对生物学因素的影响和制约是间接的,一般来说要通过心理学因素的折射才能实现。这个模式还告诉我们,在人的心理与行为活动(包括正常和变态)的发生、发展和变化过程中,所有因素都是交织在一起发挥作用的。

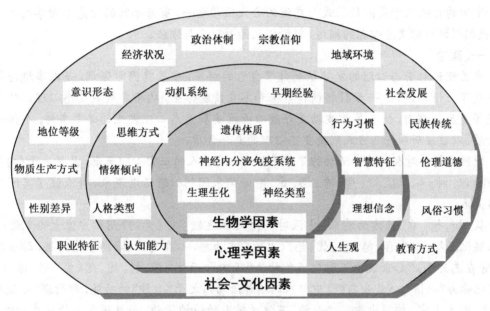

图2-6 变态心理的生物心理社会模式图

三、治疗

生物心理社会医学模式并不否定心理障碍的生物学属性,也不是社会文化模式的简单重复。它反对任何形式的决定论(determinism),认为生物学因素、社会文化因素、心理冲突或行为学习与变态心理的发生、发展和治疗过程中都具有一定的影响,因此在理论上必须从多元的、系统的和整体的角度认识心理疾病,在临床方面强调重视人的社会属性,将躯体治疗、心理治疗和社会功能康复等有机地结合在一起,并在力所能及的范围内帮助病人适应自己所处的社会文化环境。但是,这三方面因素的联系是错综复杂的,它们之间怎样相互制约、联系和影响是一个有待研究的问题。可以肯定的是,几乎任何一种心理异常现象的产生和发展,都是这三个方面的因素共同作用的结果。当然它们不会是均衡地起作用的,在不同的异常中起主要作用的因素是不完全相同的。

四、评价

总之,生物心理社会模式表明,在解释各种各样的变态心理现象时,不应片面地只从某一个侧面来加以说明,而应该运用综合分析的观点,同时从社会的、心理的和生物的各个方面来探索心理变态发生的根源,才

> 试比较不同理论模型的优点和不足。
>
> 请你试着运用不同的理论模型对发生在身边的异常行为进行解释或分析。

能避免简单化和片面性的偏向。但是,异常心理现象纷纭复杂,即便是同样的心理障碍,在不同个体身上的表现也有很大的差异。因此,在综合考虑每一种心理行为时,其生物、心理和社会等各种因素的作用可以是相当多样化的。

(凤林谱)

阅读

中国传统医学模型

中国的传统医学是流传很久而广泛的古代医学之一,有着丰富的变态心理学思想。这里,我们探讨它对变态心理的描述、解释以及治疗观念与方法。

一、理论

中医理论对变态心理的发病机制作了自己的解释:中医病因学强调,是人事境遇等因素导致了七情不遂,进一步引起精神紧张和不良情绪体验,从而发展成变态心理。故人事境遇等是原始病因,情志异常波动是导致心身疾病和变态心理发生的必要条件,个体的心理素质、以往经历和行为方式则是变态心理的易患素质。

中医典籍中对人的精神活动作了若干论述。有关人的正常心理活动,最早见于《内经》。《内经》以:神、魂、魄、心、意、志、思、虑、智等词来阐明心理活动现象,并表述了其间的过程与关系。

从"知、情、意"三方面看来,中医对"情"之叙述较多。《素问》阴阳应像大论里说:"人有五脏化五气,以生喜、怒、悲、忧、恐"。"肝在志为怒,心在志为喜,脾在志为思,肺在志为忧,肾在志为恐。"后世就把五脏化五气称为"五志",而把"喜、怒、忧、思、悲、恐、惊"的情绪变化称为"七情"。《黄帝内经》中把人的精神活动归之于"心神"的功能,即所谓"心藏神","心者,君主之官,神明出焉"。"心神"不仅主持人的精神活动,而且统管人的五脏六腑,故为"心者,五脏六腑之大主也,精神之所舍也"。中医学的七情包含了现代医学所指的精神活动。

曾有过不少对变态心理的中医理论描述,如心神论说、脑神论说、脏腑精气与神志论说等。人的精神活动来源于人的大脑,不过心理活动不仅是大脑活动的部分表现,还与心、肺、肝、肾脏器功能活动状态密切相关,而且有着非常重要的内在联系,当然中医所说的脏器与现代脏器的解剖学概念是有区别的。

(一)七情与变态心理

七情是机体的精神状态,是人体对客观事物的不同反映。在正常的情况下,一般不会使人致病。只有突然、强烈或长期持久的情志刺激,超过人体本身的正常生理活动范围,使人体气机紊乱,脏腑的阴阳气血失调,才会导致疾病的发生。《素问·阴阳应像大论》"人有五藏化五气,以生喜怒悲忧恐",情志活动必须以五藏精气作为物质基础;又"心在志为喜,肝在志为怒,脾在志为思,肺在志为忧,肾在志为恐",不同的情志变化对脏腑有不同的影响。而脏腑气血的变化,也会影响情志的变化。《素问·调经论》说"血有余则怒,不足则

恐";《灵枢·本神》又说"肝气虚则恐,实则怒,心气虚则悲,实则笑不休"。这些都进一步说明了七情与内脏气血关系密切。《素问》的举痛论里说:"怒则气上,喜则气缓,悲则气消,惊则气乱,思则气结。"指出了情志变化会使气发生紊乱,气血不和,经络阻塞,脏腑受损,阴阳失衡,变生多种变态心理。

(二)五志与脏腑之间的心身关系

人的精神活动,在《黄帝内经》记载中是以"五神"和"五志"表现出来的。五神是指神、魂、魄、意、志等五种精神活动,由心来统领。

肾在志为恐:人始生,先成精,精成则脑髓生,肾受五脏六腑之精而藏之。肾藏志,意志所存谓之志。肾在志为恐,恐伤肾,其变化可有惊恐战栗之状。肾盛怒而不止则伤志,志伤则喜,易忘前言。恐惧不解则伤精,精伤则骨酸痿厥,精时自下。惊指突然受惊,以致心无所倚,神无所归,虑无所定,惊慌失措。

中医脏腑与七情五志变化的心身关系如下:

五脏	心理功能	心理病理
心	心藏神 - 主神志,神明出焉	心在志为喜,过喜则伤心
肝	肝藏魂 - 主情志,魂魄出焉	肝在志为怒,暴怒则伤肝
脾	脾藏意 - 主思虑,谋智出焉	脾在志为思,过思则伤脾
肺	肝藏魄 - 主悲忧,志节出焉	脾在志为忧,过忧则伤肺
肾	肾藏志 - 主惊恐,胆略出焉	肾在志为恐,惊恐则伤肾

(三)个性特征与变态心理

关于个性心理特征,中医也有不少论述。《内经》里根据阴阳观念,把人的个性分为:太阴、少阴、太阳、少阳及阴阳和平之人共五型。此外,又按五行学说,综合人的体型、秉性等特质,将人分为木形、火形、土形、金形和水形。

由于每个人的气质性格、意志勇怯、思想修养、以往经历遭遇以及身体素质(体质)等的差异,再加上性别、年龄等的不同,个体表现出的情志波动的易发性、耐受性和敏感性等均有很大不同。因此,个体的心理素质(包括气质特点)和生理功能状态(包括体质特点),是异常心理发病的内在根源。

事实上,个体的心理素质和生理功能不但影响着个体对内外各种刺激的主观评价,决定着他对不良刺激的敏感性和耐受性,而且还在一定程度上造就了机体缓冲这些刺激和调节情感的能力,以及自身对情感波动的自我感受等,从而影响着变态心理病症的发生与发展。所以,古代医家十分强调:"修性以保神,安心以全身……体气和平,形神相关,表里俱济"。

(四)心身的整体观念

中医理论的重要特点之一就是神形整体观。人的精神(神)与人的躯体(形)是统一的。《灵枢》的天年篇里说:"血气已和,营卫已通,五脏已成,神气舍心,魂魄毕具,乃成为人。"形具神生,表明了中医形神合一的整体观。

虽然中医把某种心理活动归之于人体某种内脏器官,但不应机械地体会,而必须从精神活动的统一性及五脏之间相互联系的基础上去理解。最主要的观念是要把内脏功能的正常活动作为精神健康与旺盛的基础。就如《灵枢》平人绝谷篇里所说:"五脏安定,血脉和,则精神乃居。"而反过来,精神康泰,对于内脏的功能又起良好作用,是以"志意和,则精神专直;魂魄不散,悔怒不起,五脏不受邪矣"。

二、病因

针对变态心理的心理病理,中医认为:外感六淫(风、寒、暑、湿、燥、火)、内伤七情、饮食不节、劳倦损伤,皆为致病之因。有名的中医张仲景所述之"千般灾难,不越三条",后世衍变为"三因论",包含外因、内因、不内外因三种病因。在三因论病因说中,七情致病(内因)占重要地位。

情志致病主要是导致机体气机紊乱,亦可直接损伤脏腑,或致精血亏损,或生痰成瘀,终致心身障碍病变。意识、思维和情绪等精神活动,均由心神主管。所有各种异常的情绪活动,均可影响心神的活动,出现各种情志病变,如昏迷、痴呆、癫狂、癎病、谵语、失眠、健忘、多梦、嗜睡、躁扰不宁、暴怒、忧郁、嬉笑无常等。同时,由于心神为五脏六腑之大主,故情志异常通过影响心神活动,进而可影响其他脏腑的气机,以致产生更为复杂的病变。所以《灵枢·口问》说:"故悲哀愁忧则心动,心动则五脏六腑皆摇。"在发病过程中,这些机制经常是互相联系,互相影响的,往往很难截然分开。但这五个机制中,气机紊乱(淤滞)是较普遍存在的,最为基础的病机。故中医理论每以"因郁致病"来概括情志内伤所致的心身病症和变态心理的病变机制。

三、治疗

(一)心理治疗的通则

中医对心身病症的治疗,除了遵循一般性的指导原则外(如治病求本,调整阴阳,调整脏腑功能,三因制宜等)。由于对七情致病的认识。中医向来重视心理方面的治疗。从历代著述中可以整理出强调治疗者要遵循针对心理障碍的特点的一些治疗准则。

1. 医心为先、治神为本   早在《内经》里就指出:"凡刺之真,必先治神",而《灵枢》的本神篇里也强调"凡刺之法,必先本于神"。"医心"、"治神"的重要。

2. 当"顺其志"而治   《灵枢》师传篇里说,"入国问俗,入家问讳,上堂问礼,临病人问所便。"其意思是说,治病时主要是问明能影响病人心理的环境状况,去环境之逆,顺患者之志。

3. 治疗个体化   除了配合病人的志愿而医治以外,中医还十分注意个体化的治疗。强调适合个体的具体情况,因时(季节)、因地(南北差异)、因人(不同体形、素质)的不同而施行医治。《灵枢》的通天篇里说:"有太阴之人,少阴之人,大阳之人,少阳之人,阴阳和平之人,凡五者,其态不同,其筋骨气血各不等",故治者须"视人五态乃治之。"

4. 重视养生防病之道   中医学著述中,普遍重视养生防病,强调防患于未然,讲究心理卫生,维护心身健康,是其一贯思想。《素问》的四气调神大论里"治未病",其主旨不外是:防止外邪病因侵袭,注意摄生养护,调节情绪与精神,增强机体抗力等。《素问》的上古天真论里说:"虚邪贼风,避之有时;恬淡虚无,真气从之;精神内守,病安从来。"可说是这种预防思想的总纲。

(二)中医心理疗法

中医学将心理治疗又称为"意疗"和"心疗",或非针药疗法等。最基本的心理疗法有以下几种。

1. 情志疗法   情志心理疗法是中医心理疗法中使用最多的一种心理疗法,也是最能体现中医特色的疗法,其内容非常广泛,现择要讨论以下几种:①情志相胜法:其原理是五行相胜的制约关系,悲胜怒、怒胜思、思胜恐、恐胜喜、喜胜悲是归纳出的经典的情志相胜法;②相反情志疗法:利用情绪的两极性及其相互抑制的作用,治疗因某种情绪过激而产生的病症;③顺情从欲法:指顺从患者的某些意愿,满足其一定欲望,以改善其不良的情志状态,如(内经)所曰:"闭户塞牖,系之病者,数问其情,以从其意";④应激激发疗法:如《内经》中就有用"大惊之"之法治哕逆之训示;⑤情志宣泄法。指对情志郁结不得宣泄的人,采用适

笔记

当的方式,使遭到压抑和郁结的情志得以宣泄,如清代医家何梦瑶在《医碥》中指出:"怒而不得发者发之,怒而屡得发者平之"。

2. 言语开导疗法 对于此疗法,《灵枢·师传》提出了具体要求、方法和步骤。包括"告之以其败"、"语之以其善"、"导之以其所便"和"开之以其所苦"。

3. 中医行为疗法 例如《内经》有"惊者平之"的治法,与现代行为疗法中系统脱敏法,有着极其相似之处。

4. 暗示疗法 在《内经》时期人们就开始运用"祝由"治疗,借暗示而达到治病之目的。

5. 移精变气疗法 指用多种方法改变患者情性,达到愈病为目的的一类疗法。《素问》专有"移精变气论"。

6. 气功与静默澄心疗法 气功是指运用行气、导引和吐纳而达到祛病延年,强身健体之目的的一种心身修炼方法;静默澄心法亦称冥思坐禅法,它源于道家,亦为一类心身修炼方法。这两类方法与现代自我调整法和松弛疗法有相似内容。

四、评价

中国古老而渊博的医学理论,早已概括了现代医学的基础内容。由于当时缺乏研究条件和手段,仅能停留在对现象的观察和抽象推理阶段。中医对现代变态心理学,特别是对心理治疗来说,其主要的贡献不仅在于各种实践性的治疗技巧,更重要的是对整个医学的哲学观念及治疗见解。

古代中医思想原是很注重心理方面的调养与治疗的,可是在目前中医的实践中,却很偏重药物。"看病吃药",几乎变成固定的治疗模式,而如何去探讨心理问题,如何由心理的途径来处理情绪与精神上的问题却被忽略,在这方面的经验积累和发展就显得相形见绌。

第三章　变态心理分类、诊断与评估

案例3-1

精神病院里的假病人

　　1973 年，D.L. Rosenhan 做了一个实验，让 8 名心理健康且没有精神障碍病史的志愿者试图住进精神病院，其中 3 名心理学家、1 名精神科医师、1 名心理学研究生、1 名儿科医师、1 名画家和 1 名家庭主妇。结果，他们都分别住进了五家精神病院。所有人都用假名、真实个人经历和资料，职业背景中与心理专业有关的内容被修改，并附加一条虚假内容：听到声音，内容并不清楚，似乎在说"空虚"、"无聊"以及"砰"的声音。在实验过程中，他们很担心被揭穿，但没有发生。假病人都被诊断为"精神病"，其中 7 人为"精神分裂症"，1 人为"躁狂抑郁症"，顺利住院治疗。住院后，假病人便不再提声音的事情，除忙于记录病房里发生的事情外，一切行为都正常。虽然同室真病人怀疑他们是假病人，猜测可能是记者或教授来调查医院的，但却丝毫没有引起工作人员的怀疑。住院 7~52 天（平均 19 天）后，他们都陆续出院。出院时，医生并未认为他们完全康复，只是缓解（in remission）而已。实验结果公布后，有一家医院并不买账，认为在自己医院不会发生这样的错误，他们被 Rosenhan 告知，接下来的 3 个月，会派假病人去该医院。该医院与病人有持续接触的工作人员——护工、护士、精神病学家、内科医生、心理学家等，都被询问做出判断。3 个月后，该医院声称，在来访的 193 个病人中，有 41 个被非常确定是假病人，23 个被至少 1 名精神病学家怀疑是假病人，19 个被 1 位精神病学家及其他工作人员怀疑是假病人。而实际上,Rosenhan 并没有派去一个真正的假病人。因此,Rosenhan 得出结论:任何一个诊断过程,如果会导致大量的错误(将真病人误判为正常人,或将正常人判定为真病人),那么它就是不可靠的。假病人一旦住院,即便行为正常,如记录事情,也会被认为是异常,如"持续的书写行为"。

读完本章,你将能更好地运用访谈和诊断标准区分病人和正常人。

> 🍃 如何才能减少误诊并防止"被精神病"?
> 🍃 分类诊断标准达到什么水平才算科学合理?

分类、诊断和评估是认识和甄别变态心理现象的基本方法,也是变态心理学的重要内容之一,掌握变态心理分类、诊断和评估的基本程序和基本技术对本学科的科学研究和临床实践具有重要意义。变态心理分类、诊断和评估具有悠久历史,但进展较为缓慢,直至今日,仍在不断完善中,并没有"金标准"。国内外所有变态心理学教材或专著中基本上都借鉴了精神病学的分类诊断方法。本章将对相关知识和现状作客观介绍和讨论。

第一节 概 述

变态心理或行为的分类、诊断与评估在精神病学和变态心理学科研、临床和教学中具有重要意义。首先,它提供了一种共同语言(专业术语),不仅使本专业人员可以进行有效交流,而且使医患之间及不同行业或部门之间的交流成为可能;其次,它提供了变态心理及行为的客观描述和诊断标准,提高了诊断的一致性;第三,它提供了某种理论假说,对变态心理及行为的解释、治疗和预后估计都有指导意义。

一、基本概念

(一)疾病命名

疾病命名(nomenclature)即给疾病起一个名字。理想的疾病名称应既能反应疾病的内在本质和外在表现,又具有唯一性。遗憾的是,多数精神障碍病因不明,临床表现多种多样,且缺乏特异性的实验室指标及影像学表现。随着对各类精神障碍认识的深入,精神障碍的命名随之变化。以精神分裂症的命名为例,19 世纪中叶以来,Moral(1857)使用"早发性痴呆"(dementia praecox)来描述无外界原因而发生于青年期的精神衰退的病例;Kahlbaum(1874)将一种特定精神障碍并伴有全身肌肉紧张的精神障碍称为"紧张症";Hecker(1871)将发生在青春期且具有荒谬、愚蠢行为的病例,命名为"青春型痴呆"。Kreapelin(1896)则认为上述命名并非不同疾病,而是同一疾病的不同亚型,这一疾病多起病于青年,结局趋向于衰退,故将上述疾病命名合并为"早发性痴呆"(dementia praecox)。20 世纪 Bleuler 首次使用"精神分裂症"(schizophrenia)这一诊断命名,认为此类疾病有着同一病因,但具有不同表现,其结局也不一定为衰退。DSM-5(2013)与此相关的章节为"精神分裂症谱系障碍及其他精神病性障碍"。所谓"谱系",即认为心理健康和心理障碍并不是截然不可分割的,从正常到极端异常是一个连续谱,而个体在谱系上的位置决定了是否需要治疗。总之,关于精神障碍的相关研究使得精神障碍的命名更贴近疾病的本质,亦不断为精神障碍的分类提供依据。

(二)疾病分类

疾病分类学(Nosology)是应用疾病统计学原理将疾病进行统一分类的一门学科。一般根据发病原因、病变性质和主要病变部位,把疾病分成若干类别并加以编码。疾病分类

(disease classification)是把各种疾病按各自特点和从属关系划分出疾病种类、病种和病型，并列成系统，为临床诊断和鉴别诊断提供参照依据。分类是进行合理治疗、预防和预测转归的基础，也是从事科研、教学和学术交流的前提。疾病分类主要反映当时人们对疾病的认识水平，随着医学科学的发展，疾病分类和命名也会不断改进。最早疾病分类法是18世纪意大利病理学家 Morgagni 按病理解剖定位原则划分的，19世纪中叶以后，由于细菌学的发展，疾病开始按病因学原则分类。WHO 制定有《国际疾病分类》，我国有卫生部制订的《医院住院病人疾病分类》和中华医学会精神科分会制订的《中国精神疾病分类与诊断标准》。

（三）疾病诊断

诊断学（diagnostics）是运用医学基本理论、基本知识和基本技能对疾病进行诊断的一门学科。疾病诊断就是根据病史、临床检查和实验室检查等资料判断个体是否存在异常，并按分类系统和诊断标准确定疾病种类、病型和病期。一个疾病诊断名称通常包含多方面信息，如病变部位、致病原因、病变性质、病程或分期等。但因多数精神障碍病因不明，在精神科临床中，除少数几类（如脑器质性疾病所致精神障碍和精神活性物质所致精神障碍等）能按病因或病变性质诊断外，目前多数的精神障碍诊断仍主要依据临床症状和功能情况，因此症状和功能的评估在精神障碍诊断中具有举足轻重的作用。

（四）异常心理评估

心理评估（psychological assessment）是运用访谈、观察、调查和测量等多种手段，从多个侧面收集某种心理特质的信息，对其做全面、系统和深入的客观描述和分析。异常心理评估（psychopathological assessment）是采用访谈、调查、有组织的测验、直接的行为观察等综合手段，多层面、多方位地收集异常心理及行为相关信息，包括病因、诱因、症状体征、发展过程和实验数据等，为疾病诊断和治疗提供较为全面的定性和定量依据。

二、分类原则

（一）单维原则

首先，任何客观现象都可以按某些维度进行分类，而且同类现象可以按不同维度进行分类，例如人类按性别可以分为男人、女人，按年龄可以分为儿童、成人、老人等，按职业可以分为工人、农民、商人、学者、军人等。精神障碍同样可以按不同维度进行分类，如按病因可以分为器质性精神障碍、发育性精神障碍、心因性精神障碍等；按临床特征可以分为精神分裂症、情感障碍、焦虑障碍、人格障碍等。其次，同一层次只能按一个维度进行分类，不能在同一层次交替使用病因、年龄或临床特征等多维度进行分类。但目前精神障碍分类恰恰违反了这一分类原则，因此，不能算是科学合理的分类系统，但是限于科学发展水平，这种状况在短期内还无法改变。

（二）等级原则

又称层次原则。事物或现象的分类可以按等级或层次进行，从大到小，从抽象到具体，如动物按界、门、纲、目、科、属、种等进行分类。精神障碍也可以按病因、病变性质、心理特征、临床特点或病程等进行分类，不过每个等级或层次最好按一个维度进行分类，如先按病因分器质性、心因性或应激性精神障碍等，在器质性精神障碍中再按病变性质分退行性病变、脑损伤或代谢障碍等所致精神障碍，在脑损伤性精神障碍中还可以按心理特征分痴呆、遗忘症等。但目前精神障碍病因不明，亦难以完全按照等级原则进行分类，只能大致依照此原则进行。在临床诊断中，应首先考虑器质性精神障碍，才能依次考虑精神病性障碍、情感障碍、神经症等。

（三）独立原则

在每类中包含的各种精神障碍、每种精神障碍中包含的各种亚型必须具有可识别的共同特征，与其他类或种之间必须有显著的区别，即每种精神障碍必须是独立的疾病单元，具有特定内涵和外延。现有的诊断分类系统还没有达到这种要求，有些种类的共同特征不明确，甚至没有体现种类特征的专门术语，只是把几种障碍的名称加在一起，如人格障碍、习惯与冲动控制障碍、性心理障碍等。DSM-5 则把 DSM-IV 的焦虑障碍拆分为焦虑障碍、强迫及相关障碍、创伤及应激相关障碍等，恰恰是探讨不同障碍本质特征的进步，相信随着精神障碍基础与临床研究的完善，更新的分类与诊断标准会更符合独立原则。

三、分类方法

分类首先要把种类繁多的精神障碍按各自的定义、临床特征、病程和结局进行划分，然后将每一诊断类别，根据其从属关系细分为病类、病种和病型。数百年来，专业人员一直试图将变态心理学的各种问题进行分类，但制定详细实用的分类系统却是最近几十年的事情。对疾病分类所遵循的规则有多种，变态心理同样如此，如按病因、年龄、解剖部位、病变性质、症状特点、病理、病变结局和理论假设等，每一种分类法都有它的长处和缺陷。目前变态心理的分类规则主要有以下几种。

（一）病因学分类

病因分类是指按疾病发生的主要原因进行分类，这是医学致力追求的理想分类方法。许多疾病都是多种原因共同作用的结果，按其在疾病发生中所起的作用，可以区分为主要原因和次要原因。主要原因是疾病发生的必要条件，但不一定是充分条件，也就是说该因素不存在疾病就不会发生，该因素存在疾病也不一定发生，需要某些次要协同作用疾病才会发生。多数精神障碍病因不明，难以完全按病因分类。若按病因，精神障碍可大致分为几类：器质性精神障碍，如阿尔茨海默病所致精神障碍和糖尿病所致精神障碍；精神活性物质所致精神障碍，如毒品依赖和酒依赖；发育性障碍，如精神发育迟滞和特殊学习障碍；心理因素相关障碍，如焦虑障碍和睡眠障碍；应激相关障碍，如创伤后应激障碍和适应障碍；原因不明性障碍，如精神分裂症和心境障碍；其他障碍，如人格障碍和性心理障碍等。

（二）临床特征分类

临床特征分类是综合病因、临床症状、病程和预后等信息进行分类，这是目前国内外精神障碍分类和诊断系统的主流分类方法，对制定治疗计划和预测转归具有重要的指导价值。如精神分裂症，其病因不明，临床表现为知情意不协调，多数自知力缺失，预后不良，趋向慢性化；焦虑障碍，心理因素或心理冲突所致，以情绪症状为主要临床表现，病程较长，多数自知力完整，预后良好。

（三）心理特征分类

心理特征分类是根据心理过程的异常和心理功能或个性特征的改变进行分类的一种方法，这是传统的心理学分类。例如，痴呆和精神发育迟滞属于认知功能障碍；物质依赖、网络依赖或品行障碍属于冲动控制障碍；抑郁症和焦虑障碍属于情绪情感过程障碍；特殊学习障碍属于学业相关基本心理过程（听说读写、理解推理）障碍；人格障碍则属于意志行为偏离。这种分类方法的优点是符合习惯和使用方便，缺点是理论上较为牵强。

> 试分析不同分类方法的优劣。
> 还有更好的分类方法吗？

(四)其他分类

除上述三种主要分类以外,还有一些其他分类方法。例如,按起病形式可分为急性、亚急性或慢性精神障碍;按发病年龄可能分为儿童青少年期、成年期或老年期精神障碍等。

四、存在问题

精神障碍的分类和标准化诊断问题,经过半个多世纪的探索,取得了显著的进展。虽然目前国内至少有三个分类诊断系统(详见本章第二节)可供临床、科研和教学使用,但是由于精神现象过于复杂,人们既难于进入人类大脑这个暗箱,又难于用动物进行模拟,加上大多数精神障碍的病因和发病机制还不清楚,使精神障碍分类和诊断难以取得突破性进展。尽管目前的分类诊断系统能为科研和临床工作提供指导,但这种基于现象学的分类诊断方法还存在许多不足之处。

(一)重症状轻病因

现行的精神障碍分类诊断系统基本上都是描述性,虽然 DSM-5 吸收了最新的遗传学及神经影像学的研究成果,但在病因方面,仍不尽人意。在分类或诊断时,仍依据主要临床相把不同机制的临床综合征堆积在一起,把主要因素、次要因素、促发因素混为一谈。比如,一个人心情不好,觉得生活没意思,绝望自杀,可能诊断为抑郁症,而某青年因在公共厕所解不出小便 20 多年,最后感到绝望自杀,在精神科可能也被诊断为抑郁症。

(二)重现状轻过程

目前精神障碍诊断标准都是横断面的,只能反映疾病现状,尽管有病程标准,但基本上不能反映疾病的发生发展过程和症状之间的联系。当症状改变时,诊断可能会随之改变,以致同一病人在不同时期可能被诊断为不同的精神障碍。如果不考虑症状之间内在联系,机械地套用诊断标准,也许某一病人同时被诊断为两种及以上精神障碍,即所谓的共病现象。

(三)重数量轻性质

在诊断标准中规定符合几条症状、病程达到多少天以及满足其他标准,就可以诊断为某种精神障碍。如果机械地按照症状标准、病程标准和严重程度标准进行诊断,将不同性质的症状等量相加,得出的诊断可能会歪曲事实真相,可能病人症状少一条或病程少一天便无法诊断,或被诊断为其他精神障碍。此种情况还会导致另一种倾向:临床医生只要发现了几条症状,达到诊断标准的要求,就不再继续深入访谈或检查,对患者缺乏全面系统的了解,极容易导致误诊、漏诊。

(四)重标签轻内容

现行分类诊断系统可能导致重标签轻探索倾向,不仅忽视人的心理特征,而且忽略个体的家庭和社会因素,而这些可能是导致异常的真正原因。遗憾的是,在某些医生眼里似乎只有"精神分裂症"或"抑郁症",没有"具体"的人。此外,病人被贴上"精神疾病"的标签后,可能会给个体造成其他的伤害,如遭受歧视、损害人际关系、难以就业或丧失某些权利,使人陷入"病人"角色,成为永久"病人"。

> 如何处理心理障碍分类、评估与诊断的关系?

第二节　主要诊断分类系统

目前国内临床和研究中使用的精神障碍分类与诊断系统有三个,分别是 WHO(1992)制定的《国际疾病分类第 10 版》(International Classification of Diseases and Related Health

Problems，ICD-10）、美国精神病学会（American Psychiatric Association，APA）（2013）制定的《精神障碍诊断与统计手册第 5 版》（Diagnostic and Statistical Manual of Mental Disorders，DSM-5）和中华医学会精神医学分会（2001）制定的《中国精神障碍分类与诊断标准第 3 版》（Chinese Classification and Diagnostic Criteria of Mental Disorders，CCMD-3）。现将三大分类与诊断系统简要介绍如下。

一、ICD-10 分类系统

在 ICD-10 中，精神障碍为第五章，分配到字母 F，其编码从 F00~F99 共 100 个。该系统包括用于不同目的几个版本：《临床描述和诊断要点》《研究用诊断标准》《一般保健者版本》《多轴诊断的运用》和《交叉参考》。本学科通常所说的 ICD-10 特指 ICD-10 第五章《临床描述和诊断要点》。

（一）ICD 发展简史

ICD 分类系统已有 100 多年历史，它是在人类疾病分类探索的基础上逐渐形成的。1893 年在布鲁塞尔召开的国际统计学会议上首次提出，并制定了世界范围内使用的疾病分类统一名称，称为国际疾病分类（International Classification of Diseases，ICD），此为 ICD-1。1948 年，WHO 颁布的《国际疾病分类第 6 版》（ICD-6）首次将精神疾病纳入疾病分类中，但这个分类系统很简单，只包括精神发育迟滞、精神分裂症、躁狂抑郁症和其他障碍。1955 年颁布的 ICD-7 也仅作了细小的改变。这些早期版本有关精神疾病的分类非常简单，并未能在精神科临床中得到重视和广泛应用。1965 年 WHO 在 ICD-8 中对精神疾病种类做了大量补充，引起各国精神病学领域重视。1977 年第 29 届世界卫生会议通过的 ICD-9，除列出精神疾病名称外，还给出了每种精神障碍的描述性定义，在学术界产生巨大反响，得到精神科医师普遍重视和推广应用。在广泛征询专家意见和大规模现场测试研究基础上，1992 年出版了第 10 次修订本《疾病和有关健康问题的国际统计分类》，仍保留了国际疾病分类（ICD）的简称，被称为 ICD-10，同时还出版了配套诊断工具，如《复合性国际诊断访谈》《神经精神病学临床评定表》和《国际人格检查表》。ICD-10 不仅给出每种精神障碍的描述性定义，而且每一类型都有相应的诊断要点。

我国接受 ICD 较晚。1981 年 1 月经卫生部批准，世界卫生组织在我国建立了国际疾病分类合作中心，要求在我国逐渐使用和推广国际疾病分类。1985 年 4 月，卫生部发布文件，要求逐步实现疾病分类和死因分类国际标准化，同时颁布了国际疾病分类第九版（ICD-9）中文版，1987 年正式推广使用。1993 年人民卫生出版社出版《ICD-10 精神与行为障碍分类——临床描述与诊断要点》手册中译本。

（二）ICD-10 主要内容

包括类别目录、临床描述与诊断要点及附录中与精神及行为障碍相关的其他状况。类别目录列出了 10 大类（F0~F9），其中 F0 和 F1 按病因分类，F9 按年龄分类，其他按症状特点分类。临床描述与诊断要点包括各种精神障碍的临床描述、诊断要点和相关情况说明。附录收集了 ICD-10 其他章中与精神障碍有关的一系列状况，帮助临床医师在采用《临床描述与诊断要点》记录诊断时能迅速写出 ICD 术语与编码，以指导那些在日常临床工作中最可能遇到的有关诊断。

（三）ICD-10 精神障碍类别

包含 10 大类（表 3-1），82 种精神障碍名称和编码，307 型（不包括第四位和第五位编码）精神障碍。

表 3-1 ICD-10/DSM-5/CCMD-3 大类的比较

ICD-10	DSM-5	CCMD-3
F0 器质性（包括症状性）精神障碍	1 神经发育障碍	0 脑器质性精神障碍
F1 使用精神活性物质所致的精神和行为障碍	2 精神分裂症谱系障碍及其他精神病性障碍	1 精神活性物质或非成瘾物质所致精神障碍
F2 精神分裂症、分裂型障碍和妄想性障碍	3 双相障碍及相关障碍	2 精神分裂症（分裂症）和其他精神病性障碍
F3 心境[情感]障碍	4 抑郁障碍	3 心境障碍（情感性精神障碍）
F4 神经症性、应激相关的及躯体形式障碍	5 焦虑障碍	4 癔症、应激相关障碍、神经症
F5 伴有生理紊乱及躯体因素的行为综合征	6 强迫障碍及相关障碍	5 心理因素相关生理障碍
F6 成人人格与行为障碍	7 创伤与应激相关障碍	6 人格障碍、习惯与冲动控制障碍、性心理障碍
F7 精神发育迟滞	8 分离性障碍	7 精神发育迟滞与童年和少年期心理发育障碍
F8 心理发育障碍	9 躯体症状障碍及相关障碍	8 童年和少年期的多动障碍、品行障碍、情绪障碍
F9 通常起病于童年和少年期的行为与情绪障碍	10 喂养与进食障碍	9 其他精神障碍和心理卫生情况
	11 排泄障碍	
	12 睡眠-觉醒障碍	
	13 性功能障碍	
	14 性别烦躁	
	15 破坏性、冲动-控制及品行障碍	
	16 物质相关障碍及成瘾障碍	
	17 神经认知障碍	
	18 人格障碍	
	19 性欲倒错障碍	
	20 其他精神障碍	
	21 药物所致的运动障碍及其他不良反应	
	22 可能成为临床关注焦点的其他状况	

注：DSM-5 序号为作者所加

二、DSM-5 分类系统

DSM-5 是自 1994 年以来 DSM 的一次全新的修订，在诊断精神障碍方面具有权威性。DSM-5 虽不涉及治疗，但对精神障碍的诊断、治疗及研究均具有重大的指导意义。

（一）DSM 发展简史

美国精神病学会于 1952 年首次制定和出版自己的诊断与统计手册，（DSM-I），与 ICD-6 相对应，共罗列了 60 种精神疾病。1968 年出版的 DSM-II，与 ICD-8 相对应。这两版受精神动力学影响较大，强调连续谱和环境反应，正常与异常间的界限并不明确，也没有明确的

笔记

疾病定义和完善的诊断标准。1980年出版的DSM-III和1987年出版的DSM-III-R,对精神障碍分类做了重大革新,包括对所有精神障碍都制定诊断标准、建立多轴诊断评估系统以及对精神障碍病因的中立态度等。1994年发表的DSM-IV和2000年出版的DSM-IV-TR,取消了器质原因和心理原因的划分,修改了多轴诊断系统,新增了躯体疾病、依赖物质和非依赖物质所致的精神障碍,简化了精神分裂症和躯体化障碍的诊断标准及儿童精神障碍分类(DSM-IV-TR仅修正了患病率、家庭形态及其他背景资料)。2013年发布的DSM-5,吸收了近60年的相关研究,尤其是最新的遗传学及神经影像学的研究成果,虽仍采取描述性分类,但在诊断及分类上采取了更加整合的谱系模型(spectrum models),在特征说明中加入毕生变化,关注不同年龄阶段的问题、性别、文化等,旨在促进更加综合化、个人化的评估。

(二)DSM-5主要内容

DSM-5主要包括三个部分,分别为DSM-5基础部分、诊断标准和编码部分、新出现的量表和模型。其中第二部分作为DSM-5的最重要部分,主要包括22大类精神障碍(表3-1)。在第三部分,评估量表包括跨界症状量表、精神症状严重程度的相关临床维度、WHO残疾评估量表2.0(the World Health Organization Disability Assessment Schedule 2.0, WHODAS 2.0)等均有详细的介绍,为临床使用提供了方便。另外,文化背景、DSM-5关于人格障碍的其他模型、需进一步研究的情况(如自杀行为障碍、非自杀性的自我伤害行为等)等也在第三部分有一定的介绍。

(三)DSM-5变化要点

相比于DSM-IV-TR,DSM-5的变化包括诊断标准的改变,增加新的障碍、亚型和特性说明,以及删除已存在的障碍等。具体来说,在分类与分型方面,由DSM-IV-TR的17类变成了22大类精神障碍。DSM-5合并了孤独症、Asperger障碍、儿童期瓦解性障碍、其他未加标明的广泛性发育障碍,将其统称为"孤独症谱系障碍"。DSM-5将心境障碍拆分为"双相障碍与其他相关障碍"与"抑郁障碍"两个独立章节,并对抑郁障碍进行了扩充。将"焦虑障碍"拆分、重组为"焦虑障碍"、"强迫障碍及其他相关障碍"和"创伤与应激相关障碍"。在精神分裂症方面,DSM-5取消了DSM-IV-TR的亚型划分。在诊断标准方面,DSM-5不再强调精神分裂症中怪异的妄想和Schneider一级症状中幻听的重要性,在A项诊断标准中强调个体必须符合妄想、幻觉及言行紊乱三个症状中的至少一个。在躁狂和轻躁狂的诊断标准中强调了活动、精力和心境等的变化。在特性说明方面,DSM-5增加了一个新的特性说明,"具有混合发作的特征",用以表征躁狂或轻躁狂发作时存在抑郁特征,以及抑郁发作(单相抑郁和双相抑郁)时存在躁狂或轻躁狂两种情况。在抑郁发作的特性说明中,还强调了自杀风险评估的重要性。在强迫障碍和其他相关障碍中,提到了"自知力不良"的特性说明,用来区分自知力完好、自知力不全和自知力缺乏/伴妄想观念的个体。在措辞方面,为了消除某些专业术语的贬义色彩,将"一般躯体情况"改为"其他躯体情况",将"精神发育迟滞"改为"智能残疾",将"口吃"改为"童年期起病的流畅性障碍",将"躯体形式障碍"改为"躯体症状障碍及相关障碍"等。另外,DSM-5取消了五轴诊断,建议使用非轴性的诊断记录(DSM-IV-TR的轴I、II、III)、伴有对重要心理社会和背景因素的说明(DSM-IV-TR的轴IV,现用ICD-10-CM中新的Z编码)和残疾评估(DSM-IV-TR的轴V,现运用WHODAS 2.0)。

三、CCMD-3分类系统

CCMD-3分类系统将精神障碍分为10大类,与ICD-10相对应,并标注了ICD-10编码。

(一)CCMD发展简史

1958年在南京召开的第一次全国精神疾病防治工作会议上提出第一个分类方案,即精神疾病分类(试行草案),将精神疾病分为14类。1978年全国第二届全国精神科学术会议

笔记

将精神疾病归纳为 10 大类,1981 年正式公布《中国精神疾病分类方案》(CCMD-1)。1989 年公布《中国精神疾病分类方案与诊断标准(第二版)》(CCMD-2),此版本是比较系统的精神障碍分类,在精神科临床中得到广泛使用。后来,针对 CCMD-2 在使用过程中发现的问题,加上 ICD-10 和 DSM-IV 的问世,由杨德森主持修订,于 1995 年出版 CCMD-2 修订版(CCMD-2-R)。此后,陈彦方牵头,组织全国协作组着手 CCMD-3 编制工作,开展较大规模的现场测试和随访观察,于 2001 年完成编制工作,2002 年正式出版 CCMD-3。后两个该版本力求向国际疾病分类法靠拢,多数疾病命名、分类方法、描述和诊断标准都尽量与 ICD-10 保持一致,同时参考了 DSM-IV 的某些优点,如某些精神障碍的描述性定义、采用多轴诊断等,保留我国的特色,如神经症、复发性躁狂症等诊断,同时根据我国的文化背景和传统观念等,未纳入童年性身份障碍、同胞间竞争障碍等精神障碍。

(二) CCMD-3 主要内容

CCMD-3 主要内容包含 CCMD-3 编写原则、CCMD-3 分类清单、精神障碍诊断标准及配套诊断量表和计算机软件等。CCMD-3 分类清单包含 10 大类及各种类型精神障碍的编码、诊断名称和 ICD-10 编码;同时还配套出版了《CCMD-3 相关精神障碍的治疗与护理》和 CCMD-3 配套诊断量表与计算机软件《DSMD 和逻辑诊断系统》

(三) CCMD-3 的类别

CCMD-3 将精神障碍分为 10 大类(表 3-1),45 种,190 型(不包括第四位和第五位编码)。

第三节　国际功能、残疾和健康分类

与 ICD 一样,《国际功能、残疾和健康分类》(International Classification of Functioning, Disability and Health, ICF)也是国际分类家族重要成员之一。与第二节介绍的三个诊断标准不同,ICF 是对健康进行分类,更多采取心理社会模式,而 ICD-10 等诊断标准主要对造成死亡原因的疾病予以编码和分类,更倾向于生物医学模式。在国际分类家族中,所有影响到健康本身的情况(如疾病、中毒、损伤等)被 ICD-10 所编码,而上述情况对个人健康状况的长期影响(如功能、残疾、活动及社会参与能力、环境因素等)则被 ICF 所编码。ICF 认为,功能是一个包括所有的身体功能、活动和参与在内的包罗万象的术语,同样,残疾是一个包括损伤、活动受限或参与局限性在内的包罗万象的术语。ICD 与 ICF 的配套使用,对疾病本身及相关问题的评估,将更加符合 WHO 关于"健康"的定义。

一、ICF 简史

1980 年,WHO 制定并公布了第 1 版《国际残损、残疾、残障分类》(International Classification of Impairment, Disability and Handicap, ICIDH),将残疾分为三个水平,即残损、残疾和残障,主要是对"疾病的结局"进行分类。然而,随着人口的老龄化,卫生保健的重点从急性、传染性疾病转移至慢性、难以明确的疾病,医疗服务的重点从治疗转移至保健,并以提高处于疾病状态的人群生活质量为目的,原来的残损、残疾和残障等模式不再满足需要。1996 年,WHO 颁布了《国际残损、活动与参与分类》(International Classification of Impairment, Activity and Participation),为保持连续性,亦成为 ICIDH-2,主要是对"健康的成分"进行分类。经过多年修改测试,在第 54 届世界卫生大会(2001)上,ICIDH-2 被认可,并正式更名为 ICF,即国际功能、残疾和健康分类,简称国际功能分类。在此次大会上,WHO 成员国通过了在世界范围内研究、应用 ICF 的决议,ICF 以六种官方语言正式出版,中文版是其中之一。

二、ICF 的理论模式及内容

ICF 认为,个体在特定领域的功能是健康状况(障碍或疾病)和背景性因素间交互作用和复杂联系的结果,干预一个方面可能导致一个或多个方面的改变(图 3-1)。ICF 具有两部分,每一部分有两种成分,分别为功能和残疾(包括身体功能和结构、活动和参与)、背景性因素(包括环境因素和个人因素)(表 3-2)。同时,ICF 对每个术语都给出了详细的定义。在健康背景下,身体功能是身体各系统的生理功能(包括心理功能);身体结构是身体的解剖部位,如器官、肢体及其组成成分;损伤是身体功能或结构出现的问题,如显著的变异或缺失;活动是个体执行一项任务或行动;参与是投入到一种生活情景中;活动受限是个体进行活动时可能遇到的困难;参与局限性是个体投入到生活情景中可能经历到的问题;环境因素构成了人们生活和指导人们生活的自然、社会和态度环境。

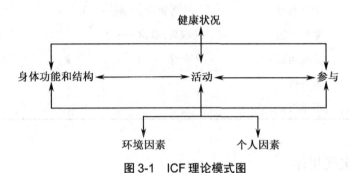

图 3-1　ICF 理论模式图

表 3-2　ICF 的概况

	第 1 部分：功能和残疾		第 2 部分：背景性因素	
成分	身体功能和结构	活动和参与	环境因素	个人因素
领域	身体功能 身体结构	生活领域 (任务、行动)	功能和残疾的外在影响	功能和残疾的内在影响
结构	身体功能的改变 (生理的) 身体结构的改变 (解剖的)	能力 在标准环境中完成任务 活动表现 在现实环境中完成任务	自然、社会和态度世界特征的积极或消极影响	个人特质的影响
积极方面	功能和结构的结合	活动参与	有利因素	不适用
	功能			
消极方面	损伤	参与局限性 活动受限	障碍/不利因素	不适用
	残疾			

三、ICF 的编码系统

ICF 运用了一种字母数字编码系统,字母 b、s、d 和 e 代表身体功能、身体结构、活动和参与以及环境因素。其中,字母 d 指明在活动和参与成份中的领域,根据使用者的情况,可以用 a 或 p 替代首字母 d 以分别指明活动或参与。紧跟这些字母的是用章数开头的数字(一位数),后面是第二级水平(两位数)以及第三级和第四级水平(各为一位数)。ICF 的类目是嵌入式的,可以使意义广泛的类目包含更详细的母类中的子类。如 b2：感觉功能和疼痛(一级水平类目);b210：视功能(二级水平类目);b2102：视觉品质(三级水平类目);

b21022 对比感受性（四级水平类目）。需要指出的是，ICF 编码只有在加上一个限定值后才算完整，限定值用于显示健康水平的程度（即问题的严重性），没有限定值的编码是没有意义的。ICF 的限定值运用 0~4 级等级量表评定（表 3-3），表示阻碍程度，有时也会在限定值前加 +，表示存在有利因素，如 xxx.+1，表示轻度有利因素。如 d5101.2 显示全身沐浴时出现中度困难，这里的 d 也可以用 a 代替，表示活动，d5：自理（一级水平类目）；d510：盥洗自身（二级水平类目）；d5101：盥洗全身（用水、肥皂和其他物质对全身进行清洗，如洗澡或沐浴）（三级水平类目），2 表示中度问题/困难。

表 3-3　ICF 限定值的意义

xxx.0	没有问题	（无，缺乏，微不足道……）	0~4%
xxx.1	轻度问题	（略有一点，很低……）	5%~24%
xxx.2	中度问题	（中等程度，一般……）	25%~49%
xxx.3	重度问题	（很高，非常……）	50%~95%
xxx.4	完全问题	（全部……）	95%~100%
xxx.8	未特指		
xxx.9	不适用		

四、ICF 的主要用途

ICF 作为综合分析身体、心理、社会和环境因素的手段，提供了一个有效的系统性评价工具，它可以应用于保健、保险、社会保障、就业、

> ICF 与 ICD-10 有什么关系？

科研、教育和训练等各个领域。具体而言，ICF 可以应用于统计工具（用于数据采集和编码如残疾人管理系统等）、研究工具（测量健康状态的结果、生活质量或环境因素等）、临床工具（用于评定，如职业评定、康复效果评定等）、制定社会政策工具（如用于制定社会保障计划、保险赔偿系统及制定与实施政策）、教育工具（如用于课程设计，确定认知和社会行动的需要等）等。基于 ICF 理念设计的 WHO DAS 2.0 亦被 DSM-5 采用，用以评估精神障碍病人的功能情况。WHO DAS 2.0 作为一个总体健康状况测量工具，探寻了个体在不同的生活领域最近 30 天中的困难。它包括 6 个维度，分别为认知（理解和交流）、移动（运动能力）、自理（注意个人卫生、衣着、饮食和独处）、与人相处（人际互动）、生活活动（家庭责任、工作和学业）、社会参与（参加社区活动、居民活动和休闲活动），所有维度都是直接根据 ICF 的"活动和参与分类"进行描绘。该量表有 36 个条目，平均评定时间约为 20 分钟（专栏 3-1）。

专栏 3-1

ICF 的运用

自 2001 年问世以来，关于 ICF 的理论及应用研究层出不穷。作为综合分析身体、心理、社会和环境因素的系统性工具，ICF 使得不同研究、不同模式下的比较成为可能。因 ICF 条目繁多，限制了其在临床工作中的应用，ICF 核心组合（ICF core sets）应运而生，核心组合是基于 ICF 的针对特定健康状况的评估工具，用于对健康情况进行监测，在精神障碍的评估、指导有针对性的治疗方案上有着其他工具无可比拟的优势。核心组合包括全套核心组合（comprehensive ICF core sets）以及简要核心组合（brief ICF core sets），目前已有多种健康状况有了自己的 ICF 核心组合，如脑卒中、糖尿病、乳腺癌、抑郁症等，

笔记

且已经在杂志上刊登。但目前为止，仍未见对抑郁症核心组合的应用研究。较为遗憾的是，虽然双相情感障碍、睡眠障碍均已经建立了相应的核心组合，但并没有正式文献对这些核心组合的制定过程进行介绍，但这并未影响 ICF 的广泛应用。

WHO 于 2007 年颁布了《国际功能、残疾与健康分类（儿童与青少年版）》（International Classification of Functioning, Disability and Health Children and Youth Version, ICF-CY），2013 年完成了中文版的翻译和标准化工作，适用 18 岁以下的儿童及青少年。这使得 ICF 的应用范围得以扩充，应用热情亦逐步提高，在孤独症、脑瘫患儿、儿童听力语言残疾中的应用亦逐步完善。同 ICF 一样，ICF-CY 并不过分关注是何种疾病（此为 ICD 关注的角度），而是关注与健康状况有关的个体身体功能及结构情况、活动与参与情况，以及作为背景的环境因素，关注这些因素之间的综合作用及交互作用。

例如，同样被诊断为孤独症（ICD-10 编码 F84.051），不同患儿在身体结构和功能损伤情况、由身心情况导致的活动范围和参与受限程度并不相同，故 ICF 的编码也会很不一样。如 A 患儿 ICF 的编码可能为 d310.3 沟通（重度）、d710.3 人际互动（重度）、b120.2 一般认知功能（中度）等，而 B 患儿的 ICF 的编码可能为 b144.2 记忆功能（中度）、d130.3 模仿（重度）、d330.3 说话（重度）等。患者个体特质与所处的环境因素可能也存在显著差异，A 患儿可能在相对合适的家庭环境及社区环境中，在特殊教育学校接受教育，而 B 患儿可能环境相对不佳，二者的环境因素编码也会不同。以 ICF 为基础制定的针对三个层面的干预（即身体功能和结构的治疗、活动和参与的治疗、环境因素的干预）也会不同。对于 A 患儿，训练重点在于通过特定方法，针对一般认知功能、沟通能力和人际关系的训练，环境因素作为有利因素，可以继续保持。B 患儿的训练重点可能更多地针对记忆功能、模仿和说话方面，环境因素为阻碍因素，应进一步明确并加以改变。因此，以 ICF 为框架进行的功能评估、干预方案的制定、疗效的评估等，为特殊群体提供个性化地针对性地训练效果评估提供了动态依据。

第四节　变态心理诊断

临床诊断是指临床医师根据收集的资料，运用专业知识和经验，按客观规律进行分析综合，判断推理找出疾病本质特点，按诊断标准确定诊断和处置原则的过程。诊断的基本目的是为了选择合适的治疗方案和预测疾病转归，当然也有利于统计分析和交流。病因诊断是最理想的医学诊断思路，但许多精神疾病的病因不明，或至少是在现阶段无法加以明确。因此，精神障碍的诊断步骤主要从症状分析开始，越早认识症状就能越早做出诊断，及时进行治疗。有经验的精神科医师就像老练的侦探一样，能够从错综复杂的蛛丝马迹或不典型的症状表现中找出诊断依据。这种本领是无法从书本直接获得的，需要靠不断总结实践经验习得。诊断线索不仅可以通过医生检查去发现，也可以通过其他人提供的线索去发现。对于精神科医生而言，一般不会忽视与精神状态相关的线索，但往往不太重视与躯体症状相关的各种线索，这也是需要我们努力去改变的现状。

一、诊断原则

（一）一元诊断

一元诊断是指在临床诊断中对患者所有症状和体征尽可能用一种疾病来解释。多数精神障碍病因不清且症状复杂，如所有的精神症状都可以在精神分裂症这一疾病中见到，因此必须依据主要原发症状进行诊断。如某患者存在言语性幻听、被害妄想、思维散漫、生活懒散、睡眠障碍和强迫性检查门窗等症状（关于症状的描述详见相关章节），因其言语性幻听、被害妄想等精神病性症状的原发性，该患者最可能的诊断为精神分裂症，即便符合睡眠障碍和强迫症的诊断标准，也不再诊断睡眠障碍或强迫症，而把他们看作次要症状或继发症状。另外需要注意，根据精神症状及年龄、病程等，首先考虑最可能的常见病、多发病，而不是少见病、疑难病，即"马与斑马"原则，"听到马蹄声首先考虑是马而不是斑马"。比如上述患者，如果为青年，则首先考虑精神分裂症等；如果为老年并且是首发，则首先要考虑脑器质性精神障碍。

（二）等级诊断

等级诊断也叫层次诊断，是指临床诊断中按疾病严重性和治疗迫切性对可能存在的多种疾病按主次或先后进行诊断排序。如果按精神障碍的严重性排序构成一个金字塔，从塔顶到塔底则依次为器质性精神障碍、精神分裂症、心境障碍、焦虑障碍和人格障碍等，如果患者的病情符合等级较高等级的诊断标准，即便也符合较低等级的诊断标准，则按较高等级诊断，不要诊断等级较低的障碍。如果某患者同时符合精神分裂症和强迫症的诊断标准，应诊断为精神分裂症，如果患者同时符合抑郁症和焦虑症的诊断标准，则诊断为抑郁症。根据处理或治疗需要或迫切性，应优先诊断需要治疗或迫切需要处理的障碍。例如，患者同时存在抑郁症和酒依赖，则应把抑郁症作为主要诊断，当抑郁症状缓解后，酒依赖成为需要治疗的突出问题时，则酒依赖上升为主要诊断。

（三）循证诊断

循证诊断是指在临床诊断中注重客观依据、不断验证诊断的正确性。循证诊断应遵循实践、认识、再实践、再认识的原则。临床诊断确定以后，应继续观察和随访，根据疾病的动态发展过程、治疗反应和结局情况，进一步验证诊断的正确性。精神障碍症状复杂、变化多端，在疾病早期特征性症状尚未出现时，如果不注意追踪观察、收集证据，及时修正诊断，很容易引起误诊。如精神分裂症早期，常表现出类神经症性症状，如注意力不集中等，很容易被诊断为神经症性障碍。如不能秉承动态观察的原则，仅依据横断面对患者做出诊断，错诊、误诊的同时亦可能会延误治疗，对病人及家属百害而无一利。

（四）多轴诊断

多轴诊断可以帮助医生及治疗师更好地了解个体心理现象的复杂情况。CCMD-3、ICD-10 及 DSM-Ⅳ都推行多轴诊断。CCMD-3 采用 7 轴诊断，具体内容为：轴 1，精神障碍；轴 2，人格特征与人格障碍 / 改变；轴 3，躯体障碍；轴 4，心理和社会（环境）因素；轴 5，社会功能；轴 6，现状总评；轴 7，轴诊断关系。ICD-10 采用 3 轴诊断，具体内容为：轴 1，临床诊断；轴 2，残疾情况，从自我照料、职业功能、家庭功能及总体社交水平四个方面评估适应功能；轴 3，背景性因素，包括心理社会环境及与个人生活风格相关的情况。DSM-Ⅳ采用 5 轴诊断，内涵则与 CCMD-3 的前 5 轴几乎一致，DSM-5 虽然取消了 5 轴诊断，但在其具体的评估中，仍建议使用非轴性的诊断记录、对重要心理社会和背景因素的说明和残疾评估，内涵与 ICD-10 的 3 轴评估相似。

二、诊断思维

精神障碍的诊断主要遵循"症状—综合征—假说—诊断"的程序化思维模式。首先，根据病史、临床访谈和心理评估等资料发现和确定患者的精神症状；其次，根据症状特点和内在联系构建临床综合征；再次，综合分析精神症状或综合征的动态发展趋势，结合发病过程、病程、病前性格、社会功能等相关资料，提出各种可能诊断假设（hypothesis diagnosis）；最后，根据诊断标准，按可能性从小到大的次序逐一予以排除，作出结论性诊断，即作出最可能的症状性诊断或结合病因作出病因性诊断。精神障碍的诊断所遵循的从症状

（symptoms）构建综合征（syndrome），再到疾病分类学诊断（nosology diagnosis）的基本思路，也被称为"S-S-D"思路。临床工作中，患者主要的临床资料大致从以下几个方面获得：

（一）发病基础

包括一般资料、家族史、病前性格、既往病史和生活环境等。这些因素可能是精神障碍病因或诱因，常可影响疾病的临床表现、发展过程、治疗反应或结局。某些职业可能接触有害物质，如农民喷洒农药和工人生产某些有毒物质，可能出现急慢性中毒导致精神障碍；某些急慢性躯体疾病可能导致精神障碍，如某些病毒感染可能导致的病毒性脑炎、慢性肾炎、慢性肝炎和糖尿病可能导致症状性精神障碍；病前性格、家庭环境、生活方式可影响个性形成和发展，也可能与某些精神障碍存在关联性，如精神分裂症和强迫症都有一定的个性基础；家族成员中是否存在精神疾病、癫痫、精神发育迟滞及性格异常等病史，均可作为精神障碍诊断分析的相关参考。

（二）起病及病程

起初精神障碍的起病时间与病程界定并无统一规定。因未制定精神障碍的诊断标准，这种不统一情况在 DSM-Ⅲ 和 ICD-9 出版之前尤为明显。研究用诊断标准（Research Diagnostic Criteria, RDC）（1977）将精神分裂症的病程描述为急性病程（持续 2 周~6 个月）、中间病程（亚急性或亚慢性，持续 6 个月~2 年）、慢性病程（持续 2 年以上）。目前国内比较公认的是从可疑精神异常到明显精神异常的时间来判断，2 周以内为急性起病，2 周~3 个月为亚急性起病，3 个月以上为慢性起病。关于病程的界定，目前各诊断系统趋于一致，如精神分裂症的病程，ICD-10、DSM-5 及 CCMD-3 均规定至少 1 个月。一般说来，急性发病多见于器质性精神障碍（如感染、中毒所致精神障碍等）或急性心因性精神障碍等，对这些精神障碍应特别注意寻找病因或原发疾病。此外，间歇性或反复发作性病程，常见于心境障碍，癫痫及转换性障碍等。

（三）临床表现

根据通常使用的"症状—综合征—假说—诊断"思路，首先要分析症状，根据症状的三要素（性质、频率和强度、持续时间）确定症状，并按照"知、情、意"等进行归类，然后分析现有症状是否构成临床综合征（症状群），并将每一症状或综合征与类似现象进行比较，了解不同精神症状或综合征性质特点及与心理背景、环境之间的相互关系。通过深入细致地分析综合，判断推理，使其成为诊断依据。如意识障碍或痴呆（包括相应综合征）常提示脑器质性精神障碍或躯体疾病所致精神障碍。需指出的是，通常一种症状或综合征可见于多种精神障碍，例如脑衰弱综合征既可能是精神分裂症的早期症状，也可能为脑动脉硬化的前期表现。要透过这一脑衰弱综合征外在表象去了解其所代表的真正内涵与实质，就需要从临床实践出发，反复分析其中的主次关系，并根据不同疾病的其他特征性表现进行鉴别。

（四）病因与诱因

理想状态下，对精神障碍的诊断应该如同针对躯体疾病的诊断一样，尽量作出病因性诊断。精神科医师在收集病史及进行精神检查、体格检查与实验室检查时，应结合疾病特点和各种检查结果，综合分析、仔细比较、尽可能明确病因。一般而言，精神障碍的致病因素大致分为理化生物因素与心理社会因素。由理化生物因素引起的精神障碍，一般伴有相应的症状与体征，通过体格检查或实验室检查可获得相关的异常躯体表现。心理社会因素引起的精神障碍，起病前必然有明显的精神创伤或应激性事件存在。多数精神障碍，如精神分裂症或心境障碍等病因未明，可能为个体素质因素和环境影响共同作用所致，此种情况下通常将其病前心理社会因素归咎于诱因或偶然巧合。因此，在临床分析中，医师必须仔细分辨发病与心理社会因素的确切关系，注意发病与精神刺激的时间关系，明确在应激性事件前是否已明确存在或偶尔出现不适当的言行等。

笔记

三、诊断标准

精神障碍症状复杂,特异性不高,缺乏客观生物学标记,医师对症状的认识和理解又有差异,这些都可能导致诊断的差异。这种诊断差异既影响研究结果的解释和重复,也影响临床治疗和预后估计,因此制定和使用统一的精神障碍诊断标准意义重大。目前在我国有三套精神障碍诊断标准(ICD-10、DSM-5 和 CCMD-3)可以使用(ICD-10 为诊断要点),这些诊断标准都是以症状组合、严重程度或功能损害、病期或病程等作为主要标准,同时结合病因和排除标准进行诊断(详见各论章节)。

四、焦点问题

(一)误诊

误诊有三种情况:①把精神活动正常的变异诊断为精神障碍;②未及时发现轻度精神障碍或早期精神障碍;③将 A 病诊断为 B 病(如器质性精神障碍诊断为功能性精神障碍,精神分裂症诊断为强迫症,抑郁症诊断为焦虑症等)。由于精神障碍大多病因未明,常须依赖症状群诊断,而轻度的精神症状与正常的精神活动之间常有交叉重叠之处,因此对某些疾病的诊断就存在松紧不一、尺度各异的现象,容易造成误诊。误诊的原因大致可归纳如下:①病史收集欠详细可靠;②病情表现不够充分;③病情观察不够客观,症状识别不正确;④采用的诊断标准不够完善或不能正确使用诊断标准;⑤诊断思维过程不科学,例如对初始诊断假设采取固定和排他性思维方式,使自己陷于"先入为主"的主观偏见之中;⑥科学发展水平所限,对某些疾病尚不能很好识别;⑦患者或病史提供者提供虚假信息,或患者故意伪装(装好或装坏),而医师缺乏"防假"意识。

(二)共病现象

"共病"(co-morbidity)是指一个同时患两种或以上疾病。精神障碍的共病比较常见。如抑郁障碍很少单独存在,常与人格障碍、焦虑障碍、精神活性物质所致精神障碍等共病。荷兰 2004 年至 2007 年的一项调查显示,抑郁障碍的患者中 67% 在调查当时共病焦虑障碍(现患),75% 当时或曾经共病焦虑障碍(终身患),抑郁障碍和焦虑障碍共病的危险因素包括童年创伤、神经质人格、起病早、抑郁/焦虑症状持续时间长、症状更加严重等。虽共病现象较为常见,但仍有些问题需要进一步思考,如个体表现出一定数量的其他症状是否就是共病,一个人存在两种疾病的症状是否就意味着得了两种疾病,或者原本是一种复杂疾病被我们的诊断标准错误地诊断为两种疾病等,相信随着相关研究的深入,诊断标准的进一步完善,这些问题也能逐步解决。

(三)被精神病

"被精神病"源自网络流行语,近年来已成为社会的关注焦点,《中华人民共和国精神卫生法》对此也予以特别注意,并制定了相应法律条文(两种复诊和两次鉴定制度)以防止此类现象的发生。"被精神病"通常指第三方有目的地编造虚假信息将精神正常者诊断为某种精神障碍,多强行送到精神病院就诊和/或接受强制性住院治疗。"被精神病"与下列技术性因素有关:其一,多数精神障碍的病因和发病机制尚不清楚,临床医师主要根据病史和精神检查进行诊断,没有所谓的"金标准";其二,重性精神障碍患者认识不到自己有病(自知力缺乏),通常需要家属或监护人提供病史资料以及他们观察到的精神症状,对患者的精神状态不一定能客观详细描述;其三,临床医师诊断总是基于一个基本假设:患者或病史提供者是真诚的,提供的病史或样本是可靠和可信的。当患者或病史提供者编造虚假信息,精神障碍诊断的基石(病史和症状)不复存在,错诊、误诊难以避免,所以与患者本人的接触交谈,对其横向和纵向的观察和评估就显得尤为重要。

（四）早期诊断与早期干预

精神障碍的早期干预被定义为前驱期干预（一级预防）和精神障碍发生后的早发现、早治疗（二级预防）。前驱期干预较为主动，但因存在假阳性（即个体日后并没有发展为精神障碍）的风险，且面临着伦理风险，故目前较为重视精神障碍发生后的早期干预。研究提示，越早发现，越早干预，患者的预后与结局越好。早期干预的前提是早期识别。精神科医生需要不断熟悉三大诊断系统（ICD-10、DSM-5、CCMD-3）精神障碍的诊断标准，尤其是症状标准中具有相对特异性的症状，如幻觉、妄想、思维及言行紊乱等，注意上述症状的个体化的表现形式，注意症状严重程度的变化，注意频率的变化，这些变化是不是具有临床诊断意义。不仅要会识别相对典型的症状，还要注意不典型的表现如情感症状、认知症状等，尤其注意结合整个发生发展过程来分析这些变化。注意长期规律地随访。在未达诊断标准之前，可自愿选择不涉及伦理的非药物治疗方式如认知行为干预等，而一旦符合某一精神障碍的诊断标准，可尽早展开治疗，缩短发作期，以期取得良好的预后。

第五节　变态心理评估

临床评估和诊断过程是变态心理学研究的重要部分，也是心理障碍治疗的中心环节。临床评估是对可能存在心理障碍个体的心理、生理和社会因素进行系统地评价和衡量。这一过程从临床访谈和观察开始，收集有关来访者各方面信息，采用评估的策略和程序，使用各种心理、行为评估的技术和工具来完成。评估不同于诊断，后者好比漏斗，侧重于从许多资料中得出一个或几个结论性意见，倾向于找出共性的特征；评估则是全面而深刻地了解一个人的更多的特征的过程，更倾向于个性的了解。在临床中，诊断和评估往往是同时进行的。

一、临床访谈与观察

最初访谈是检查者和病人之间提问和回答，这种问答式交流是自由的、有目的的，关键在加深对疾病的了解，是最基础的异常心理检查方法。临床访谈既可以了解病人目前的精神状态，如思维过程及内容、记忆、注意力、自知力、情绪情感等，又可以了解异常现象的发生发展过程以及问题产生的原因。不管所用形式如何，访谈都有一共同目的，即获得对来访者的心理学描述、当前困难原因的概括，并做出诊断，形成处理计划。

临床访谈的内容很广，按访谈目的来分，有心理评估访谈、心理咨询和治疗访谈，在这里主要讨论心理评估访谈。心理评估访谈目的是评估来访者特点、问题的性质、问题的历史、来访者的适应水平、诊断和有关的家族史，通常包含以下内容。

（一）摄入性访谈

摄入性访谈就是收集有关病史资料，是临床心理学家了解病情最基本、最有用的技术，做好这种访谈，可按如下的提纲进行：①智力和思维过程：用外部言语表达的思维的准确性、速度、复杂性和现实性，远近记忆的好坏，解决问题时的准确性和速度等；②感知觉障碍：如错觉、幻觉以及感知综合障碍；③注意力和定向力：集中注意的能力，时间、空间和人物的定向力；④情绪表现：优势情感、情绪表现的恰当性和强度、控制情绪的能力等；⑤自知力：了解自我及疾病的程度；⑥行为和仪表：面部表情、运动表现、可见的生理反应、衣着等。对于上述内容可直接观察，也可提出问题让个体回答，或按某一诊断评定量表进行。

（二）个案史访谈

收集个案史的访谈与诊断访谈不同，其重点不在症状，而是要对病人的生活以及他和社会的关系做出尽可能详尽而全面的估计，通常按编年史顺序收集（各心理流派不同，有的特别重视早年历史,有的偏重现在)。主要内容有本人体验、父母、同胞、教育、喜爱的活动、工作史、婚姻史等。要着重记录那些有意义的回忆和客观报告的事件。个案史对了解来访者当前的人格结构和功能、现在生活中的压力和反应都有重要的意义。由于这种访谈的内容非常广泛,所以在记录时,要对其内容加以选择。在提及当前的问题时,可能会唤起病人对未来的担忧和以往的痛苦回忆,这些情绪反应都要格外注意。在书写报告时尽量客观而不渲染和发挥。访谈者要有思想准备,心中要有主题。不管遇到什么曲折,访谈都要围绕主题进行。有些事实需要家属以及其他有关人员证实,而不能偏信一方。在收集儿童的个案史时难度更大,需要更加耐心和家属等知情人补充更多的材料。

(三)检查性访谈

心理状况检查时的访谈是一项技巧性工作,主要内容有如下几个方面:①仪表和行为。如对来访者的感觉,整洁度,衣着与身份相称否?与时令适宜否?身体有无残疾、交谈时姿势如何?有无奇异行为?有无重复的神经质动作?是否避免目光接触?动作是否迟缓或无休止?②言语和沟通过程。如言语流畅否?是否节奏很快,或只倾听?有无口吃?有无言语过多?有无观念飘忽、联想松弛、内容发生阻断?言语连贯否?有无句法或用词不当?能否运用非言语方式如微笑、皱眉、手势、姿势等来表达感情?谈话内容与声调是否一致?与人沟通的兴趣如何?③感觉和认识功能。如感觉有无损害?能否集中注意于当前的任务?对时间、空间的定向力如何?能否回忆刚发生的事、昨天做的事、以往的重大事件(如结婚年月等)?掌握的语词和概念与其职业和教育背景是否相称?④思想内容。如自发谈论的主题是什么?有无持续的主题或问题?有无妄想、强迫观念?有无观念杂乱?⑤情绪。如面谈时表情如何?一般心境如何?对检查的反应是平静的、冷淡的、还是友好的?是否在谈到某人时有情绪反应?对他自己的心境或情感是怎样描述的?自我报告与旁人观察的表情是否一致?⑥自知力和判断。如知不知道来此交谈的原因?他的认识与实际是否相符?对其异常的行为和情感是否有所认识?对造成这些问题的原因有无了解?如果有,是否符合实际?他解决生活问题的方式如何,是冲动的、独立的、应答性的,还是尝试错误法?对忠告和帮助是否用得合适?对改善他的情境关心到何程度?

(四)行为观察

行为观察主要了解来访者在访谈和测查过程中的行为表现,形成初步印象,对访谈方向和测验选择具有指向作用。观察可分自然观察和控制观察,前者是在不加控制情况下对人的行为进行观察,其中有直接的,即观察者与被观察者直接接触;有间接的,即通过某些记录和检验手段如录像录音、取样本作实验室化验等。控制观察是指控制观察条件,或对被观察者作某种"处理"观察其对行为改变。观察范围因目的和对象而异,一般包括如下内容:①仪表。如穿戴、举止、表情;②身体外观。如胖瘦、高矮、畸形及其他特殊体形;③人际沟通风格,如大方或尴尬、主动或被动、可接触或不可接触;④言语和动作,如表达能力、流畅性、中肯、简洁、赘述;动作过少或适度或过度、怪异动作、刻板动作;⑤在交往中表现出的兴趣、爱好和对人对事对己的态度;⑥在困难情境中的应付方式。

二、结构化临床访谈

为了提高精神疾病临床诊断的一致性,许多精神疾病诊断系统都发展了标准化或定式访谈和精神检查程序,精神现状检查第10版(PSE-10)、复合性国际诊断交谈检查表(CIDI)和国际人格障碍检查表(IPDE)都与ICD和DSM-Ⅳ有关。近年来的一个重要进展是上述标准化访谈和检查工具都编制了相应的计算机软件,使这些工具的使用更简便、更广泛、经济效益更高,这里对CIDI核心版、DSM-Ⅳ定式临床访谈和简明国际神经精神访谈做简要介绍。

（一）复合性国际诊断交谈检查表（CIDI-C）

这是 WHO（1990）推出的标准化定式精神检查工具，包含检查者用表、研究者用表、使用者用表、训练手册、模拟手册及 CIDI-C/ICD-10/DSM-Ⅳ计算机诊断手册等。中国也参加了 WHO 培训和测试研究，并经 WHO 授权将 CIDI-C 及相关文件翻译成中文，在国内举办培训班并提供计算机诊断服务。1999 年，WHO 发表 CIDI-C 第二版，主要结构和内容与第一版变动不大。

CIDI-C 内容与 ICD-10 相呼应，包含：A 节人口学资料；B 节吸烟问题；C 节躯体形式障碍（F45）和转换分离障碍（F44）；D 节惊恐发作（F40）/广泛性焦虑（F41）；E 节抑郁障碍（F32/F33）、心境恶劣（F34）；F 节躁狂（F30）和双相情感障碍（F31）；G 节精神分裂症和其他精神病性障碍（F20、F22、F23 和 F25）；H 节进食障碍（F50）；I 节饮用酒精所致的障碍（F10）；K 节强迫性障碍（F42）；L 节使用精神活性物质所致的障碍（F11、F16、F18 和 F19）；M 节器质性障碍（F0）；N 节病理性赌博（F63.0）；O 节性心理障碍（F52）。加上检查者的观察和评定、追问流程图及附件，共计 380 题。通过检查可获得症状及其严重度、病程、发病次数和发病年龄等资料。将 CIDI-C 的评分输入 CIDI-C/ICD-10/DSM-Ⅳ计算机程序可显示主要和次要的疾病分类学诊断。CIDI-C 采用两种评分编码，即确定症状是否存在及性质时，采用 1、2、3、4、5（少数条目含有 6）编码；确定症状严重程度时，采用 1、2 评分。

（二）DSM-Ⅳ定式临床访谈（SCID）

由 APA 推出的与 DSM 诊断标准相配套的标准化临床访谈。1990 年美国精神医学出版社正式出版 DSM-III-R SCID 手册，1996 年出版 DSM-4 SCID 版本，2001 年出版 DSM-IV-TR 障碍定式临床访谈（Structured Clinical Interview for DSM-IV-TR Disorders），并根据使用者的反馈意见和研究结果不断完善，2010 年版在内容上也有较大改变。

SCID 版本繁多，结构比较复杂，并随 DSM 诊断系统发展不断完善。首先，SCID 从诊断范围上分两个版本：SCID-I 和 SCID-II，SCID-I 是用以对 DSM-IV 轴 I 的大多数障碍进行诊断的半定式精神检查工具，包含 10 个模块：A 心境发作、B 精神病性症状、C 精神病性鉴别、D 心境障碍、E 物质使用障碍（包括标准版和备选版）、F 焦虑障碍、G 躯体形式障碍、H 进食障碍、I 适应障碍和 J 备选内容，此外还包括评分汇总表、整体回顾、药物清单和人口学资料等。SCID-II 是用来评价 DSM-Ⅳ轴Ⅱ人格障碍诊断的检查工具，包含 12 种人格障碍。其次，SCID 从用途上也分三个版本：SCID-RV（科研版）、SCID-CV（临床版）和 SCID-CT（临床试验版），其中 SCID-CV 是研究版的简化，仅对临床上常见的轴 I 进行评估。第三，从适用对象角度，SCID-RV 又分为三个版本：SCID-P（患者版）、SCID-NP（非患者版）和 SCID-P/筛查版，其中 SCID-P/筛查版主要用于非精神病门诊（如焦虑症门诊、心身疾病门诊或心理咨询门诊）或某些需要排除精神病性障碍的研究，将 B 和 C 两章删除，改为精神症状筛查内容。

除整体回顾采用描述性记录外，所有诊断性条目都采用?、1、2、3 四个等级评分。? = 资料不足（没有获得足够信息，或得到的信息可疑或不确定），1= 无或否（缺乏证据或阴性），2= 阈下（亚标准状态），3= 阈上或是（达到标准或确定存在），对一些重要症状尚须做简要描述。最后要将每个诊断性条目的评分过渡到评分汇总表。

（三）简明国际神经精神访谈（MINI）

MINI 是由 Sheehan 和 Lecrubier 教授于 1997 年根据临床需要设计的简短的精神疾病诊断访谈问卷，以后不断完善，于 2004 年推出 MINI5.0.0 版，可以评定 ICD-10 和 DSM-IV 中 16 种精神疾病。

MINI 手册包含三部分内容：诊断记录表、使用者指导语和访谈问卷。诊断记录表是访谈汇总表，除记录一般资料外，重点会聚诊断分类（题组）、时间范围、符合标准、ICD-10 和

DSM-Ⅳ诊断编码,也可以作为评定人员出具的诊断报告。使用者指导语包括 MINI 概述、访谈要求、提问程序、评分和记录等方面的规定和要求。访谈问卷分 17 个题组(其中有 2 个题组为备选),分别对应 ICD-10 和 DSM-IV 中 16 种轴 Ⅰ 精神障碍和 1 种人格障碍:A 抑郁发作,A 抑郁发作伴忧郁特征(备选),B 心境恶劣,C 自杀,D(轻)躁狂发作,E 惊恐障碍,F 场所恐惧症,G 社交恐惧症(社交焦虑障碍),H 强迫症,I 创伤后应激障碍,J 酒滥用或依赖,K 非酒类精神活性物质使用障碍,L 精神病性障碍,M 神经性厌食,N 神经性贪食,O 广泛性焦虑障碍,P 反社会人格障碍(备选)。

除精神病性障碍题组外,其他每个题组的开始均在黑框阴影中列出了与疾病主要症状标准相对应的筛查问题,如果筛查问题回答为"否",不再询问该组的其他问题,跳到下一题组。在每个题组结束前,检查者必须在诊断框内标出患者是否符合该项诊断标准(即 ICD-10 和 DSM-IV 障碍诊断标准),在检查结束前,把每个题组的诊断结论过渡到诊断记录表上。

除少数条目需做特别记录(如神经性厌食中的身高和体重需记录具体数字)外,其他所有条目都采用"否"或"是"编码,也可以理解为 0、1 记分。只有自杀题组例外,对每个回答"是"的条目赋予特定的分值,并按累积分数评价自杀风险。

> 临床访谈和评估谁更有效?
> 如何运用访谈与诊断标准区分假病人与真病人?

三、标准化量表

精神活动的客观测量和量化评定是精神医学发展的一个重要方向,在过去半个世纪中也取得了重大发展,在精神科临床、科研和教学获得广泛应用,为精神疾病的调查、科研、诊断和疗效评价提供了科学客观的量化工具。心理测验或评定量表是用一些有代表性任务或条目对人行为表现或典型症状做定性或定量的描述,所有测验或量表都必须接受信度和效度考验,并建立特定文化群体的常模,个体的测验或评定结果只有同相应常模比较才有意义。精神科常用的测验或量表根据用途可分以下几类,现按分类做简要介绍。

(一)一般能力测验或量表

一般能力指个体生存、生活、学习、工作和适应社会所必备的基本心理能力,一般包括认知能力(记忆和智力)和社会适应能力。这类测验一般用于精神发育迟滞、痴呆和脑器质性疾病的诊断和康复效果的评定,以及脑损害者的司法鉴定和劳动能力或残疾鉴定。目前,国内常用的智力测验有韦氏智力量表修订版和中国比内智力测验,韦氏智力量表有幼儿、儿童和成人等版本,分别应用于相应年龄段的人群。近年来有人编制了一些本土化的智力测验,如姚树桥编制的《中华成人智力量表》,赵介城编制的《中国少年智力量表》,程灶火编制的《华文认知能力量表》等。有些机构使用瑞文测验和画人测验代替成套智力测验不妥,因为这些单项测验只能测量某种认知能力,不能对个体智力做全面准确的估计。在智力低下或残疾评定还必须同时评定社会适应状况,国内也有这方面的量表,如姚树桥编制的《儿童适应行为量表》,龚耀先编制的《智残评定量表》等。记忆测验在神经精神科中也有广泛的用途,尤其是老年痴呆的早期诊断,国内常用的成套记忆测验有龚耀先修订的《韦氏记忆量表》、许淑连编制的《临床记忆量表》和程灶火编制的《多维记忆评估量表》等。除上述成套认知功能测验外,还有一些简易认知功能测验或评定量表,如简易精神状况检查(MMSE)、长谷川痴呆评定量表和临床痴呆评定量表。

(二)人格测验或量表

人格是一个人的总体精神面貌,决定个体的行为方式和生活态度。许多精神疾病的发生发展与个体的人格特征有密切的关系,而疾病本身也可能导致个体的人格改变,因此人

笔记

格测验或量表的使用在精神科中亦较为常见。人格测验分两类：自陈式的人格测验和投射式的人格测验，前者包括明尼苏达多项人格量表（MMPI）、艾森克人格问卷（EPQ）、卡特尔16种人格因素问卷（16PF）和加州心理调查表（CPI）等；后者包括罗夏墨迹测验（RT）、主题统觉测验（TAT）和语句填充测验等，这些测验在国内都有相应的修订本。近年也有国内学者编制的本土化人格问卷，如王登峰编制的《中国人个性问卷》。

（三）症状评定量表

症状评定量表主要是对精神症状进行量化评定，客观地反映症状的严重程度，可以协助临床诊断、评定病情的严重程度和评定各种治疗的效果。症状评定量表的数量很多，按评定者性质可分成自评量表和他评量表，前者为患者本人对照量表条目报告自己的行为表现和内心感受，实施方便、经济，而且还能反映他人观察不到的症状，如焦虑自评量表（SAS）；后者是工作人员对照量表条目，结合与患者和知情人访谈和观察资料对症状出现的频度和严重程度做出量化评定，评定结果更客观全面，如汉密尔顿焦虑量表（HAMA）。按内容可分为综合评定量表和专项评定量表，前者是对多方面的心理问题或精神症状进行评定，如症状自评量表（SCL-90）、简明精神症状评定量表（BPRS）、康奈尔医学指数（CMI）等；后者是对某一特定领域的心理问题或症状进行评定，如评定抑郁症状的抑郁自评量表（SDS）、Beck抑郁调查表（BDI）、流调中心用抑郁量表（CES-D）、汉密尔顿抑郁量表（HAMD）和老年抑郁量表（GDS）等；评定焦虑症状的焦虑自评量表（SAS）、社交焦虑量表、汉密尔顿焦虑量表（HAMA）、状态-特质焦虑问卷（STAI）和Beck焦虑调查表（BAI）等。还有其他许多评定特定领域问题或症状的量表，如自杀态度问卷（QSA）、饮酒问卷、Bech-Rafaelsen躁狂量表（BRMS）、儿童孤独量表、多伦多述情障碍量表等。

（四）社会功能评定量表

社会功能评定量表主要评定个体的社会功能，如学习工作能力、人际关系、婚姻及家庭功能、生活质量等，这些也是评定精神疾病严重程度的重要指标，在评定治疗效果和康复状况中亦较为重要。这类量表也很多，如生活质量综合评定问卷（GQOLI-74）、生活满意度评定量表（LSR）、Olson婚姻质量问卷、家庭功能评定（FAD）和WHO残疾评估量表（WHODAS 2.0）等，可以根据需要选择使用。

（五）其他量表

有调查发病因素的生活事件量表（LES）、父母养育方式评价量表（EMBU）和社会支持量表（SSRS）等；调查发病中介因素的应付方式问卷、防御方式问卷（DSQ）和认知偏差问卷等。行为评估同心理测验一样同属心理评估范畴，是对直接观察到的行为及影响行为的各种环境因素的评估，并且通过对行为出现的原因、产生的后果进行分析评定，目的是为临床心理治疗提供客观依据。行为评估根据评估对象的不同可分为团体评估和个人评估，评估范围涉及各个领域。临床行为评估对各种疾病尤其是儿童行为问题的诊治具有重要意义。

四、客观生物学标记

在精神障碍诊断中，人们面临的最大挑战就是能否找到敏感或特异的客观生物学标记。随着科学技术的快速发展，活体脑检查技术（事件相关电位、脑功能成像和分子显像等）和遗传学检测技术（全基因扫描、拷贝数变异和诱导多能干细胞等）取得了显著进展，近年来研究者将这些技术用于精神障碍研究，取得了不少有价值的发现。尽管这些发现离我们的目标或实际临床应用还有很长距离，但至少让我们看到了方向和希望。

（一）器质性标记

在脑器质性病变、躯体疾病、精神活性物质及中毒等因素所致的精神障碍中，反映原发疾病或原发疾病引起的脑结构和功能改变的生物指标（如CT、MRI和PET等检查发现的脑结构和功能改变,实验室检查发现的神经递质、内分泌和其他指标改变及药物、毒物或精神活性物质检测等),能够确认原发疾病或继发性改变的存在,协助精神障碍的病因诊断和指导临床治疗。随着精神障碍病因学和发病机制研究的深入,某些"功能性"精神障碍也逐渐被发现可能存在客观病理改变。

(二)内表型标记

精神障碍的病因和发病机制非常复杂,尽管研究者们提出了许多假说,但都不能完全对复杂临床现象做出合理解释。近些年来研究发现内表型能架起复杂遗传因素与复杂临床症状之间的桥梁。内表型是一种不可直接观察的结构,它是调节基因与行为表现型之间关系的中介结构。内表型指标可以是心理的、生理的、结构的或代谢的。内表型既是基因决定的,又不像表现型那样复杂,便于进行科学研究,同时可能对精神疾病具有预测作用。一些研究者采用功能显像技术(如 fMRI 和 PET)探查精神疾病患者某些脑区的代谢水平或激活水平,或采用分子显像技术(如 PET 和 SPECT 受体显像)检查精神疾病患者脑内多巴胺、5-羟色胺或谷氨酸受体的表达水平,或采用 ERP 技术考查精神疾病患者认知相关电位的改变,这些有可能成为某些精神疾病的特征性内表型指标。

(三)遗传学标记

遗传标记一般作为路标用于连锁分析定位新基因或间接基因诊断,目前主要采用单核苷酸多态性遗传标记,由此发展出全基因组关联研究(GWAS)和拷贝数变异(CNVs)的检测技术。人们普遍认为多数精神障碍是遗传因素和环境因素共同作用的结果,一些研究提示精神分裂症和双相障碍的遗传度达到 80%。过去多数分子遗传研究集中于多巴胺、5-羟色胺和去甲肾上腺素等递质系统相关的候选基因,现在 GWAS 和 CNVs 技术采用无门槛假设法认为任何基因组区域都可能影响表型变异,可以同时检测数以百万计的单核苷酸多态性(SNPs)以探测多个易感基因或基因变异。近年来,GWAS 和 CNV 研究获得许多重要发现,如 ZNF804A、6 号染色体 MHC 区、NRGN 和 TCF4 等风险基因与精神分裂症显著关联,ANK3、CACN1A2、DGKH、16p12 上基因位点、PBRM1 和 NCAN 等基因与双相障碍显著关联,而且两者存在共同易感基因,包括 ZNF804A、CACN1A2、NRGN 和 PBRM1;CNVs 相关研究表明大结构性缺失和重复与精神分裂症关联性比双相障碍更密切,在 1q21.1、15q13.3 和 22q11 位点缺失与精神分裂症关联,并有大的致病风险等。

这些器质性标记、内表型标记和遗传学标记不仅在精神障碍病因和发病机制中有重要意义,也使精神障碍诊断的客观生物学标记成为可能,或许未来可以像症状学标准那样,达到几条就可以诊断为某种精神障碍。

> 如何处理心理障碍的分类、评估与诊断的关系?

(张　宁)

阅读1

ICD-11

随着科学的发展和知识的更新,诊断的分类系统将不断受到挑战,修正和新类别的创建过程将不断推进。ICD 系统和 DSM 系统引领着这一发展趋势。

ICD-11 原计划在 2013 或 2014 年提交世界卫生大会批准,但由于要达到国际共识存在一定难度,现在仍然未能公布,可能会在 2018 年发布。DSM-5 疾病诊断的章节排序主要依据障碍间的外在联系,反映障碍间易感性和临床特征的相似性,使之与 ICD-11 分类更接近,便于相互交流使用。

ICD-11 和 DSM-5 在某些表述上存在差异。根据 WHO 发布的 ICD-11 草案(以下简称 ICD-11),在精神分裂症的类别上,DSM-5 称为精神分裂症谱系障碍及其他精神障碍,ICD-11 草案称为精神分裂症及其他原发精神障碍。二者内涵上趋向一致,如 ICD-11 也降低了对精神分裂症一级症状的重视程度,用症状说明(包括阳性症状、阴性症状、抑郁症状、躁狂症状、精神运动性症状或紧张症、认知损害)取代了临床亚型,对病程说明进行调整,明确了持续发作的病程标准,并使关键术语更具可操作性。ICD-11 将 ICD-10 的"精神发育迟滞"(mental retardation)更名为"智力发育障碍"(intellectual development disorders, IDD),并没有使用 DSM-5 的"智力残疾"(intellectual disability)。因为在 WHO 的分类系统中,ICD 是对疾病/障碍进行分类,并不强调对功能受损程度的分类。WHO 使用 ICF 专门对残疾(disability)进行编码,为了避免混淆,ICD-11 采用了"智力发育障碍"这一术语。在心境障碍中,ICD-11 并未参考 DSM-5 的做法,由于 ICD-11 心境障碍章节诊断分类的基础是心境发作的特点、次数和变化模式,因此 ICD-11 仍然将双相障碍归类在心境障碍之下。ICD-11 中,强迫及相关障碍是一个独立的单元,不再附属于其他精神障碍(ICD-10 中强迫障碍属于"神经症性、应激相关障碍的及躯体形式障碍")。

阅读2

定量分类系统

定量分类系统通过询问知情人收集患者的各种行为资料,按照定量或维度方法,运用统计学技术(如主成分分析法或因素分析法)判别哪些行为、思维或情绪有障碍,并进行分类。这种分类并不预先做出心理障碍有其独特的结构基础的假设,也不对任何问题做出病因或病程方面的假设。

1. 定量分类系统　目前最全面的定量分类系统是由 Vermont 大学的 Achenbach 及其同事就儿童和青少年精神障碍而制定。之所以重视 Achenbach 的工作是由于:第一,该工作的研究重点是对儿童期和青少年期心理异常的本质方面进行研究,提供了成人期之前精神病理学的许多必需信息,而 DSM 系统在这方面做得很少;第二,Achenbach 基于经验资料制定的这套完整分类系统,描述了儿童和青少年的行为特征。其他定量方法主要研究一些特定类型的心理病理学现象,且大多数只是对问题行为或某些综合征进行经验性定义。

为了获取制定儿童和青少年心理病理学定量分类系统的基础资料,Achenbach 及其同事对寻求心理或精神卫生服务的 4000 多名 4 岁~18 岁儿童和青少年进行研究,收集来自父母、老师和儿童自己的最可靠的行为信息,然后用这些数据确定行为和情绪症状群或综合征。总共确定了 8 个综合征(Achenbach, 1991),分别归入两个类别:外化问题(如违法行为、攻击行为)和内化问题(如退缩、焦虑/抑郁)。

基于统计学研究的儿童青少年的综合征:

退缩:宁愿独处,拒绝交谈,害羞,胆怯;

身体不适:感到头晕,疼痛,头痛,恶心;

焦虑/抑郁:寂寞,神经过敏,紧张,害怕,焦虑,不愉快,悲伤,抑郁;

社交问题:过分依赖,爱捉弄人,不被同龄人喜爱;

思维问题:对某事纠缠不休,反复听某些内容,重复动作;

注意问题:不能集中精力,不能安坐,冲动,注意力不集中;

反社会问题:离家出走,纵火,家庭内外的偷窃,使用酒精或成瘾药物;

攻击行为:对人阴险刻薄,打架斗殴,顽固不化,易怒,桀骜不驯。

2. 定量分类与 DSM 比较　通过定量研究确定的分类与 DSM 系统具有相似性,提示这两种分类系统有共同之处。例如定量研究确定的注意障碍类似于 DSM- IV 中注意缺陷 / 多动障碍；攻击性综合征与 DSM- IV 对立违抗性障碍相似。然而，DSM- IV 中的许多心理障碍类型没有包含在定量分类系统中，例如定量分类系统中的有些综合征（如思维问题，躯体不适，焦虑 / 抑郁），在 DSM- IV 婴儿期、儿童期和青少年期的分类部分中没有相应的类别；而 DSM- IV 中一些儿童期心理障碍（如孤独症、遗尿症、选择性缄默等）在定量分类系统中并不作为单一的综合征来分类。

3. 定量分类在成人中的应用　目前定量分类方法已经扩展应用于 18 岁 ~25 岁的青年人。近年，又开始对 15 岁 ~54 岁年龄阶段的人进行大面积抽样研究。通过研究发现，在儿童和青少年确定的许多综合征也适用于青年人，包括退缩，焦虑 / 抑郁、躯体不适、违法行为和攻击行为等。另外发现，注意问题不是成年早期的明显综合征，这提示儿童和青少年出现的与注意和冲动性相关的问题，可能与他们试图服从学校的要求和规定有关。最后，在儿童和青少年分析中未确定的两个综合征：怪异行为（strange behavior）和卖弄行为（shows off）在青年人中也同样地存在。上述发现提示心理病理学结构和心理问题表现形式随着个体发育而不断地变化。

阅读 3

美德与性格力量分类

积极心理学（Positive Psychology）是 20 世纪末美国心理学界兴起的一种心理学思潮，是一门致力于研究人的发展潜力和美德等积极品质的科学，由美国当代著名的心理学家 Martin Seligman 所倡导，于 2000 年在《积极心理学导论》正式提出积极心理学的概念和内涵。积极心理学的主要研究领域包括积极主观体验、积极人格和积极社会组织系统等三大支柱，将日益关注以人类力量与美德为取向的病因学及干预体系研究，借鉴 DSM 建立的力量与美德分类目录以及编制的调查问卷运用于临床。

1. 病因学　临床心理学与精神病学已经接受了这样的观点，即美国 DSM 所罗列的疾病条目就是精神疾病的"本质"。积极心理学提倡用一种积极的心态对人类诸多心理现象（包括心理问题）做出新的解读，对心理障碍的病因学提出了大胆的假设：某种力量或美德缺失可能是心理失调的真正根源，而 DSM 所谓的疾病诊断分类可能只是表象的堆积；性格力量与心理紊乱病因之间可能存在对应关系，即一种特定力量能减轻一组特定紊乱的发展。例如，乐观能减轻抑郁，积极投身于体育活动能减轻物质滥用，工作能力和社会技能可减轻分裂症。如果依旧使用以疾病和缺陷为取向的诊断术语，积极临床心理学就无法取得突破性的发展。为此，积极心理学研究者的首要任务就是制定人类力量与美德的分类目录。

2. 诊断与测量　2000 年 7 月，VIA 分类计划（the Values in Action Classification Project）正式启动，致力于制定人类力量与美德的权威标准与目录。2004 年《性格力量与美德：分类手册》（Character Strengths and Virtues: A Handbook and Classification, CSV）一书正式出版。与 DSM 相对应，CSV 以人类力量为核心，界定了人类力量与美德的概念，制定了人类美德与性格力量的分类目录，为以力量与美德为取向的积极临床心理学模式的构建奠定了基础。VIA 包括 6 种核心美德和 24 种性格力量：智慧和知识（创造力、好奇心、开放性、热爱学习和洞察力）、勇气（真实、勇敢、坚持和热情）、人性（爱、善良、社会智慧）、公正（公平、领导才能和团队合作）、节制（宽恕、谦虚、审慎和自我调节）、卓越（对美和优点的欣赏、感恩、希望、幽默、虔诚）。

与 DSM 相对应。美德与性格力量分类目录真有"反 -DSM"（un-DSM）的意义，可以补充或取代精神病理学模式下的精神障碍诊断标准，并为制定相应的心理治疗策略及预防措施提供依据。美德与性格力量分类将有可能带来疾病诊断模式的转变：诊断人们缺少某类性格力量或美德。例如判断一个人是否少了一些忠诚，或缺少希望，或是丧失了仁慈。在性格力量与美德分类目录的基础上，有关性格力量的有效、稳定而可靠的测量工具的相继问世。目前心理学研究人员正在研制的测量工具包括问卷与结构式言谈两类，其中行为价值 - 力量问卷（Values in Action Inventory of Strengths，VIA-IS）和行为价值 - 引发原因问卷（Values in Action Rising to the Occasion Inventory，VIA-RTO）已用于英语国家的成人测评。

3. 治疗　在积极临床心理学模式下，研究者们更加关注如何获得持久的幸福。在一项随机分组并设有安慰剂对照的通过互联网进行的心理干预研究中，积极心理学研究者们检测了 5 种可能促进幸福的干预对个体幸福感的影响，结果表明其中 3 种干预可以持续增强幸福感并减轻抑郁症状。积极心理干预将成为以缓解痛苦为导向的传统心理干预措施的有益补充。

4. 预防　这是积极临床心理学干预体系中最重要的环节。积极临床心理学对预防的普遍观点是：积极的人类力量与美德是对抗心理异常发生的有效的缓冲器，通过识别、发掘、调动与建构处于危险人群所具有的力量与美德，将会产生有效的预防作用。心理学家们已经发现许多人类的力量可以成为抵御和减轻精神疾病的缓冲器，如勇气、乐观主义、人际交往技能、信仰、希望、忠诚、毅力、洞察力等。

在积极临床心理学框架下，未来的心理治疗不仅是修复创伤，将会更加侧重讨论患者所具有的力量与美德。发展积极临床心理学并不是要取代传统的临床心理学，而是要成为其必要合理的补充，促进完整的临床心理学体系的构建。毋庸置疑，构建以力量与美德为核心取向的积极临床心理学模式，将成为传统的以疾病与缺陷为核心取向的临床心理学的有益补充，二者有机地结合，不仅可以满足人们减轻与预防心理问题的需要，而且可以促进个体的成长及社会的进步。

第四章　变态心理学的研究方法

案例4-1

莫名的恐怖

自从发现丈夫患晚期肺癌6个月以来，凯利已经是第5次来省城这所大学附属医院就诊了。她几乎无法平静地享受退休生活，由于担心丈夫随时可能离去，她的心情很沮丧，浑身不适、腹痛、腹胀、胸闷、心慌、口干和失眠等症状一直在纠缠着她。

6个月前凯利刚刚知道其丈夫确诊为晚期肺癌时，首先想到的是不能让亲戚朋友们知道。于是夫妇俩对外声称去省城看望儿子，以便到那里的大医院看病。可是，在到达省城的第2天，凯利就接到其弟弟的电话，说因出差在省城，要来看望她们。凯利顿时感觉异常紧张，如同被电击似的，浑身发紧，大汗淋漓，连拿电话的手也在颤抖。她好不容易杜撰了"理由"阻止弟弟的看望，挂上了电话，此时感到胸闷、难受、口干，先以为是高血压病复发，服了一点降压药后，不久感觉似乎好了一些。但是，在接下来的几天里，凯利的不适愈发严重。为了缓解胸闷和心慌，她不时地按摩并拍打自己胸部、肩部和背部,却无济于事,腹胀微痛,手脚沉重,食欲减退,口干、大量喝水、频繁小便,睡眠差,早醒等,且情绪低落,以早晨最为难熬,对未来失去希望,甚至想到自杀。家人看到的她总是愁眉苦脸,唉声叹气,不断诉说浑身的不适。

凯利病前是一位非常开朗和活泼的教师,工作责任感和荣誉感都很强,平时积极参加和组织各种社会活动,也非常顾家,夫妻和睦,感情深厚。周围人的印象不仅是一位能干的好老师,也是一位贤妻良母。在身体方面,虽然有多年的高血压,但一直能得到很好的控制。

医生诊断为抑郁症。经过一段时间抗抑郁和抗焦虑药物治疗,凯利的症状有所缓解。

> 医生对凯利的诊断正确吗? 完全吗?
> 有什么方法可以保证对她的诊断、评估和治疗的准确和有效?

凯利的心理异常引出了一系列值得我们关注的问题:她存在哪些异常行为? 原因何在? 我们如何系统地考虑她的诊断与治疗? 如何评价治疗效果? 等等。要回答这些问题,必须能够运用精确的科研思维方法,并能够进行系统的研究,以此来指导变态心理学的理论与实践。本章将讨论变态心理学的研究方法在上述问题中的实际应用。

第一节　研　究　步　骤

科学研究为深入理解心理现象提供知识基础,也为变态心理学的临床实践提供重要依据。而临床实践经验可以为研究提供假设来源,提供变态心理学研究的新方向和新思路。与其他科学研究一样,变态心理学研究也是一个事件的依次展开并逐渐明晰的过程。它从问题的提出开始,到问题的解决,一项完整的变态心理学研究一般包括六个步骤。

一、提出研究假设

任何研究都始于一个需要回答的问题。为了使研究的重点突出,需要针对这个问题提出一种假设。假设使问题深化,反映了研究者解决问题的设想,有利于问题的解决并具有导向作用。假设主要来源于三个方面:对个案或系列案例的临床观察、人类心理或行为的理论和以往的研究结果。

二、确定研究对象和变量

变态心理学的研究对象多半是人,有时也用动物,具体要根据研究的目的选择具有某一异常心理的群体作为研究对象。变态心理学的研究目的是观察研究对象的行为或心理变化,其观察指标即称为变量(variable)。研究者必须周密考虑要探讨哪些变量? 怎样对变量进行测量? 变量之间可能是何种关系?

三、选择研究方法

变态心理学的研究方法有很多种,用哪一种方法最好? 这一问题却没有肯定的答案。在现实的研究过程中,应该思考哪一种方法最有助于解决研究者提出的问题,可以参考以往的研究者曾采用哪些方法,比较其优势和缺点,从而寻找解决问题的最佳途径。

笔记

四、假设检验

完成资料的收集后，就需要进行统计学分析，如统计描述和统计推断，以检验假设的正确与否。统计方法的选择取决于研究的设计类型。对假设检验结果的描述往往是：研究结果有统计学意义（statistical significance）或无统计学意义。一般认为，研究结果由于偶然出现的次数不超过 5%，即以"$P < 0.05$"表示，提示研究结果出现的概率低于 5%，重复研究很可能得到同样的结果。假设检验还需要确定研究结果是否具有临床意义（clinical significance），这才有可能正确评价此项研究的应用价值。

五、结果解释和推论

研究的目的主要是取得研究结果，解决所提出的问题，并进一步将具有代表性的研究结果推广解决其他同类的问题。因此，研究结果的意义应置于更广泛的背景之下，从心理障碍的病因、疾病过程和影响因素方面探讨研究结果所隐藏的含义。如对心理障碍的预防或治疗有何意义？对心理卫生政策的制定有何启发？

六、发表论文和报告

研究的最后一步是将研究结果公之于众。心理学家应与公众共享研究成果。临床实践者、患者和政策的制定者都渴望研究结果帮助他们理解心理障碍，并找到解决问题的方法。此时，研究者应将研究结果转化为一般的用途，向公众、临床实践者、心理卫生政策制定者和负责研究资金分配者进行介绍，研究结果可以发表在科学杂志上，也可以写成研究报告向社会公开。

第二节 观 察 法

观察法（observational method）是由研究者直接观察并记录研究对象的行为活动，进而分析所记录的变量之间是否存在某种关系的一种方法。几乎从事任何研究都离不开观察法，它是科学研究中基础的和应用最广泛的一种方法。在实际观察时，因为观察者的立场不同，须有参与观察者和非参与观察者不同的身份进行。参与观察者（participant observer）是指观察者是被观察者中的一员，实际参与被观察者的活动，随时记录所见所闻。非参与观察者（non-participant observer）是指观察者以旁观者的身份，随时观察和记录其所见所闻。但无论以何种身份进行观察，均应避免被观察者发现自己被人观察而影响观察效果。通常，观察成人的行为可以参与者的身份进行，观察儿童或者动物的行为，只能以非参与者身份进行观察。进行非参与者观察时，为避免被观察者受干扰，可在实验室设置单向的镜子（one-way mirror），观察者在隔壁房间对被观察者的行为活动进行观察。

观察法可分为自然观察法、控制观察法和案例研究。这三种方法各有其特点和优势。

一、自然观察法

自然观察法（naturalistic observation）是在自然情境或者现实生活中，对人或者动物的行为进行直接的观察与记录，然后分析与解释，从而推断研究对象的行为变化的规律。进行自然观察时，对周围环境中的任何因素均不加以控制，系统地有计划地收集研究对象在自然状态下的观察资料（专栏 4-1）。

专栏 4-1

肠易激惹综合征患者的自然观察研究

Crane 等人对肠易激惹综合征（irritable bowel syndrome，IBS）患者的研究是运用自然观察法的一个很好的例子（Crane，et al. 2003）。IBS 常常被认为与心境障碍有关。然而，在临床上却很难区分心境障碍是 IBS 发生的原因，还是由 IBS 所导致的结果。Crane 等人对一例同时患有双相障碍和 IBS 病人进行前瞻性的动态观察研究。他们认为此病例提供了一个重要的研究机会以确定心境障碍和 IBS 表现之间的相互作用方向。这位患者存在显著的腹泻，处于双相障碍的抑郁阶段。研究者要求患者在近 12 个月的时间内，自评每天的抑郁情绪和 IBS 症状的严重程度。在研究期间，患者确实体验到显著的和规律的情绪改变和 IBS 症状的波动。研究产生了与预期相反的结果。在同一天内，患者的抑郁情绪较重时，其体验到的 IBS 症状反而较轻。而纵向的时间序列的分析却表明，抑郁情绪的程度与 IBS 症状的严重程度之间没有显著的联系。这一研究提示抑郁情绪并不一定加重 IBS 的症状。至少对于双相障碍的患者来说，其抑郁情绪反而有可能减轻 IBS 症状的严重程度。

这一研究只是针对性评估患者的心境状态和 IBS 症状，对其他可能的影响因素不加控制，通过在现实的治疗过程中自然地观察两种症状的动态变化，从而探讨情绪和 IBS 症状之间的相互作用关系。

二、控制观察法

控制观察法（controlled observation）是指研究者对研究的情境施加一定程度的控制，对研究对象的行为活动进行观察、记录和分析，从而推断其行为变化的规律的一种研究方法。控制观察法是改良的新方法，在预先设置的情境中进行观察（专栏 4-2）。

专栏 4-2

青少年抑郁障碍患者的控制观察研究

已有研究指出，重性抑郁障碍青少年患者的情绪调节失调、杏仁核激活异常。然而，重性抑郁障碍青少年患者在情绪调节时杏仁核激活情况尚不清楚。为调查重性障碍青少年患者与正常青少年个体在情绪调节时杏仁核激活情况的差异，Perlman 等人（2012）对 14 名重性抑郁障碍青少年患者和 14 名年龄和性别匹配的无抑郁的正常对照青少年，利用控制观察法进行研究，采用功能磁共振技术记录个体在不同情绪调节（保持与减弱）任务下大脑激活情况，观察不同情绪调节任务下大脑杏仁核激活特点及脑功能连接特征。

结果表明，在保持条件下，与正常对照青少年相比：①重性抑郁障碍青少年患者的右侧杏仁核激活更高；②重性抑郁障碍青少年患者的杏仁核与双侧脑岛、内侧前额叶皮质功能连接减弱；③情绪与心理社会功能的杏仁核种子连接性显著正相关。结果提示，在保持条件下，抑郁障碍青少年表现出更强的杏仁核反应，以及起中介作用的相关脑区间更弱相互激活。因此，杏仁核的过度活跃且功能失调可能是患者情绪调节不良的重要原因之一。

笔记

三、案例研究

案例研究（case study）是指以个人或由个人组成的团体（一个家庭或一个企业）为研究对象进行深入细致研究的一种方法（专栏 4-3）。案例研究首先必须要收集充足的资料，否则无法进行，也难以解决案例存在的问题。资料的收集可以通过会谈、观察和测试等方式获取，主要内容涉及个体的基本资料、家庭背景、成长的历史和环境、心理特征、重要生活事件、疾病的发生和发展情况，可涉及他人（家庭成员、朋友和邻居等）的印象和描述，以及个体的自述材料、信件、日记和医疗记录等，其中最重要的信息是来自个体的报告。

案例研究需要深入细致地研究和描述单一的研究对象。长期以来，案例研究方法在探讨心理与行为和描述治疗方法时获得了极大的成功，许多经典的案例研究已经极大地影响了我们对变态心理学现象的理解。比如，Freud 对小汉斯的案例研究，拓展了对恐惧的精神动力学的解释；Watson 对小阿尔伯特的案例研究，从行为主义心理学的角度论证了恐惧的条件反射的形成。

案例研究的最大价值在于其内容的丰富性，它所包含的内容是其他研究所无法比拟的。案例研究可以从独特的视角来理解或说明典型的问题，可能是进行科学而系统的调查研究的先行步骤。在帮助心理学家理解独特现象时，任何方法都不可能替代案例研究作为恰当的研究方法的优势。就像许多科学家所主张的那样，个人应该作为独特的个体进行研究。案例研究特别有助于描述罕见的或不寻常的现象，描述有创新性的会谈、评估或治疗患者的方法，驳斥普遍认可的或接受的理论解释，是产生新知识和新假说的起点。

案例研究也存在一些缺陷。在资料收集中，会谈对象所报告内容有可能是选择性的，研究人员也有可能倾向于选择与自己的理论观点相一致的事件，由此可能产生研究结果的偏差。另外，从单一的案例研究的结果不能推导出因果关系的结论，因为心理学家并不能完全控制作用于个体的许多重要因素。例如，某些患者可能从系统脱敏治疗中受益匮浅，这可能是与其心理障碍或人格的特点有关，而与心理治疗的方法却没有太大的关系。

专栏 4-3

意外脑损伤导致个体心理行为异常改变的案例研究

1848 年，美国福蒙特州建筑工人菲尼亚斯·盖奇（Phines Gage）在一次施工事故中被铁杆穿透颅骨，尽管在数周后伤口恢复并行动如常。事实上，盖奇的身体伤害并不严重，仅左眼失明，左脸麻痹，但姿势、运动和言语无恙。但是，其人格和判断力发生了巨大变化，从受伤前的和蔼、友善变成了傲慢、冲动、自私。Damasio 等研究者通过电脑制图法和神经成像技术绘制了铁杆穿过头骨的轨迹，并将其发表在 1994 年的 Science 杂志上。他们发现，Gage 的双侧腹内侧前额叶皮质损毁。研究者指出，腹内侧前额叶皮质损毁的患者可能会在理性决策和情绪加工上存在缺陷。

四、评价

观察法只是研究中获得数据的基本方法，它可以让研究者切身地接近更真实的现象，并且使用方便，如果运用得当，可以获得所需资料。利用观察法只能了解事实是什么，而不能解释其产生的原因，它不能在变量之间建立起因果关系。由观察法所发现的问题，可以进一步采用其他方法进行更深入的研究。因此，观察法无疑是科学研究的起点，在科学研究中具有重要的应用价值。

观察法常常应用于少数研究对象或者单一的生活情境。因此，其研究结果往往无法推广到更大的人群范围或者其他不同的生活情境，难以形成适用于每个人的普遍规律。观察

笔记

者的主观因素也会造成资料的偏差。因此,观察者应避免干扰或影响被观察者的自然表现,客观地记录所观察到的现象,应尽量利用精密的工具如照相机、录音机和摄像机等,以便获得更为客观的资料。

第三节　流行病学研究

流行病学研究主要包括描述性研究和分析性研究,具体的研究设计类型有现况调查、病例对照研究和队列研究等。

一、现况调查

现况调查又称为横断面调查(cross sectional study),是指在一定的时间内(某个时点或者短时间内),通过调查的方法,对研究人群中某种疾病或者健康状况以及相关因素进行调查,从而描述该疾病或者健康状态在该研究人群中的分布情况及其与相关因素的相互关系。描述研究人群中某种疾病或者健康状的主要指标有发病率和患病率。发病率(incidence rate)是指在一定时间内新发生某种疾病或者健康状态的病例占该研究人群总人口的比例,从发病率可以知道某种疾病或健康状态的新近发生的案例所占的比例是否在增长。例如,通过发病率的比较,可以知道今年新诊断为抑郁症的病例是否多于去年。患病率(prevalence rate)是指在一定时间内所有患有某种疾病或健康状态的病例(包括原有的和新发生的)占该研究人群总人口的比例。例如,精神分裂症的终生患病率约为1%,意味着对一般人群来讲,每100个人当中,就有一个人会在其一生的某个时候被诊断为精神分裂症。

现况调查的主要目的是描述在一定时间内研究人群中某种疾病或状态的分布情况,描述某些相关因素或特征与疾病之间的关系,寻找疾病的病因线索。这不仅有助于了解人群的健康水平,研究其分布规律和变化趋势,为疾病的预防保健计划和政策制订提供依据,评估其实施的效果,还有助于进行病人筛查,有利于疾病的早期发现、早期诊断和早期治疗。现况调查适用于病程较长且发病频率较高的疾病,对病程短或者患病率极低的疾病用处不大。

现况调查常使用抽样调查的方法,它是从研究人群的全体中随机化地抽取一部分进行调查,其调查方法的核心就是对新发病的或者患病的病例进行简单的计数,根据局部调查的结果来估计该研究人群总体的发病率或者患病率的情况(专栏4-4)。

专栏4-4

精神疾病患病率的现况调查

为了解精神疾病的患病率及其分布情况,研究者以1993年4月1日零时作为调查时点,在我国的北京、大庆、湖南、吉林、辽宁、南京和上海等7个地区,采用抽样调查的方法,进行了精神疾病患病率的现况调查(张维熙等,1998)。调查结果显示,在大于15岁的人口中,各类精神障碍(不含神经症)的终生患病率为13.47‰。按患病率高低排序的前10位依次是:精神分裂症(6.55‰),中重度精神发育迟滞(2.70‰),情感性精神障碍(0.83‰),酒依赖(0.68‰),药物依赖(0.52‰),阿尔茨海默病(0.36‰),脑血管病所致精神障碍(0.31‰),反应性精神障碍(0.26‰),癫痫性精神障碍(0.21‰)和颅内感染所致精神障碍(0.21‰)。他们同时发现精神分裂症和阿尔茨海默病患者的患病率城市均高于农村,而酒依赖和精神发育迟滞的患病率则农村高于城市。单一疾病的比较还发现,男性酒依赖和精神发育迟滞的患病率均高于女性,而精神分裂症的患病率则低于女性。与1982年在此7个地区的调查结果相比较,提示除了酒依赖的患病率有所升高,各类精神障碍(不含神经症)总的患病率和单一疾病的患病率的差异均无显著性。

笔记

二、病例对照研究

病例对照研究(case-control study)又称为回顾性研究(retrospective study),它是一种从"果"到"因"的研究方法,主要用于探索疾病的危险因素和病因。具体方法是首先选择一组患有某种疾病的患者作为病例组,同时选择一组没有患该疾病的对象作为对照组,再追溯在疾病发生之前可能的危险因素的出现情况,如果危险因素在两组中出现的频率存在差异,则可以建立该疾病与此种因素之间存在关联的假说(专栏4-5)。

专栏 4-5

吸烟和肺癌的关系的研究

病例对照研究中最经典的例子是对吸烟和肺癌的关系的研究(Surgeon General,1964)。此研究通过简单的计数和相关分析的方法将吸烟与肺癌联系起来。尽管直到现在吸烟是否能够直接导致肺癌仍然存在极大的争论,但是吸烟和肺癌之间的联系是肯定的。例如,男性中大约90%的肺癌与吸烟存在密切的关系,并且吸烟的量和持续时间与发生肺癌的可能性存在正相关。

这一经典的例子使我们知道,流行病学研究常常提示某种可能的因果关系。有时多种可能的致病因素出现在疾病发生之前,或者可能的致病因素出现的频率越多,程度越严重,将来患病的可能性也就越大。但是,这种相关关系的研究所提示的致病因素并不是一定会导致发病,它们不是确切地证明了因果关系。因为在事实上,一部分吸烟的量很大并且持续时间足够长的人最终并未患肺癌。然而,在医疗实践中,吸烟是否是肺癌的直接病因,并不一定要十分明了,只要我们相信吸烟与肺癌之间的密切关系,并不影响我们对此采取积极的预防措施。鼓励危险人群戒烟或者少吸烟应该会减少他们将来患肺癌的风险。

变态心理学中也有病例对照研究的例子。例如,大量研究结果支持抑郁症的神经炎症假说。然而,神经炎症假说的一个根本的局限在于,抑郁发作期中患者脑部炎症反应的相关证据缺乏。因此,在抑郁症患者的前额叶、亚扣带回、脑岛等脑区中,与神经炎症反应密切相关的小胶质细胞转运蛋白密度是否升高尚不清楚。Meyer 团队的研究对此加以了关注(专栏4-6)。

专栏 4-6

抑郁症与脑部炎症的病例对照研究

为了研究临床抑郁症患者的脑部炎症反应是否增加,在2010年至2014年间,加拿大的 Meyer 团队采用正电子发射断层扫描(PET)脑成像技术,对20名抑郁症患者(其他方面健康)和20名健康对照参与者进行了脑部扫描。记录其前额叶、亚扣带回、脑岛中小胶质细胞转运蛋白密度。结果表明,抑郁症参与者的脑部炎症比例显著升高。抑郁症越严重,脑部炎症的发生率也越高。虽然炎症过程是大脑保护自身的一种方式,类似于脚踝扭伤后的炎症,但炎症过多非但无益,还可能造成损害。越来越多的证据表明,炎症在情绪低落、食欲缺乏、无法入睡等抑郁症症状的形成过程中发挥着重要作用。Meyer 博士表示,这一发现对开发新的抑郁症治疗方法具有重要意义,为通过逆转脑部炎症或转向更为积极的修复手段来缓解症状提供了新的方向。

笔记

三、队列研究

队列研究(cohort study)将具有共同经历或者具有某种共同特征的人群作为研究对象,将其分为暴露于某种危险因素和未暴露于此种危险因素的两组,或者不同暴露水平的几个组,追踪观察各组在未来一段时间内的发病例数,比较各组的发病率,从而判断该危险因素与此种疾病是否存在因果关系及其关系的程度。队列研究可以从研究人群尚未患有该种疾病时开始,调查的事件是未来的一定时间内发生该病的例数(前瞻性队列研究);也可以根据研究开始时掌握的历史资料或记录进行分组,此时暴露和疾病都已经发生,只需根据历史资料找出这些对象暴露于危险因素和发病的情况(回顾性队列研究)。因此,队列研究是一种从"因"到"果"的观察性研究方法(专栏 4-7)。

专栏 4-7

乳腺癌的前瞻性队列研究

为了探讨女性乳腺癌患者在早期诊断后五年内发生抑郁或焦虑情绪的发病率及其危险因素,Burgess 等人(2005)对 1991 年 5 月到 1994 年 7 月间确诊为乳腺癌的 222 名女性患者进行为期五年的随访研究。根据 DSM-Ⅲ-R 的诊断标准及配套的定式临床会谈(SCID)评估患者的抑郁和焦虑情绪障碍,并将其分为有情绪障碍组和无情绪障碍组。同时评估相关的影响因素,如应激性生活事件、亲密可靠的友谊、心理治疗和年龄等,并评估潜在的危险因素在诊断前后、中期和长期的作用效果。收集到 170 位(77%)女性的完整的会谈资料。研究结果显示,48% 的女性在诊断的当年即发生抑郁或焦虑情绪,第 2 年、第 3 年和第 4 年为 25% 左右,第 5 年为 15%。心理治疗史与诊断前后的抑郁或焦虑障碍有关,长期的抑郁或焦虑与心理治疗史、缺少亲密可靠的友谊、年龄轻和严重的应激性生活经验有关。提示缺少亲密可靠的支持预示抑郁或焦虑的病程会更长。因此,在临床实践中,为早期诊断为乳腺癌的女性患者提供心理干预服务是有必要的,主要在于应该提供心理和社会方面的支持。

回顾性队列研究在变态心理学中也有应用。大量的流行病学研究表明,出生时的各种产科并发症会增加将来患分裂症的风险,但是其发病的机制尚不清楚。请看 Dalman 等人的研究(专栏 4-8)。

专栏 4-8

有关抑郁症危险因素的研究

抑郁症是一种常见易复发的精神障碍,严重危害人类健康。据世界卫生组织统计,抑郁症目前已经成为世界第四大疾病,预计到 2020 年将上升为仅次于冠心病的人类第二大负担疾病。为了更好地探索中国青少年儿童抑郁症的危险性因素,Chen 等人(2013)以社区为基础,采用多级分层随机抽样的方法抽取武汉地区 3582 名 6~14 岁儿童及其监护人作为研究对象。以经过专业训练的精神科医生采用 5.0 版简明儿童少年国际神经精神访谈(儿童版与父母版)对其进行系统访谈。其中有 86 例诊断为抑郁症。他们发现了一些与青少年儿童抑郁症有关的特定危险因素,如女性、9~14 岁年龄段、未上学、父母平均受教育年限、有兄弟姐妹、父母分离、父母失业、生活在非核心家庭、家庭收入中等或较低、家庭生活条件中等或较低、在过去 1 年终由单亲或他人照顾而非双亲共同照顾、家庭成员关系一般、有精神疾病族史、生活在非城市地段、学业表现一般或较差、非本地永

笔记

久居民身份、剖宫产、1岁以内非母乳喂养。在控制潜在的混杂因素后，发现以下因素是青少年儿童抑郁症增高的危险因素：9~14岁年龄段、未上学、父母分离、生活在非核心家庭、在过去1年终由他人照顾而非父母、1岁以内非母乳喂养。研究指出，虽然青少年儿童抑郁症得到了公众的广泛关注，但目前依旧认识不足。因此，目前急需发展有效的干预措施，旨在增强对于青少年儿童抑郁症的早期防治。

四、评价

流行病学研究在描述疾病的发病与患病情况和探讨疾病的致病因素或危险因素方面有其独特的价值。流行病学研究提供了关于患病率、发病率和危险因素的重要信息，对于什么样的人患该障碍的风险最高提供了重要线索。这一信息还可以反过来用于验证为什么这些人处于高风险的假设。同时，流行病学研究也收到了很多与相关研究类似的限制。一方面，他们不能确定任何高风险导致了障碍。另一方面，与相关研究类似，第三变量可能可以解释任何危险因素和患病率间的关系。此外，许多流行病学研究的资料收集是基于调查和会谈，这就使得在收集资料的过程中可能存在一定的问题。比如，选择哪些病例？如果只选择调查住院的病例，则意味着忽视了在门诊就诊的患者，这使得所选择的样本可能不能反映此种疾病的总体情况，因为住院的患者在病情严重程度和家庭经济条件等方面都可能不同。研究对象在会谈时也可能由于社会歧视等方面的原因而不愿承认其精神症状，对某些现象加以选择、歪曲或者修饰，或者由于回忆的偏差而没有如实报告真实的信息。研究人员在收集资料过程中有可能有意或无意地偏爱符合自己理论的事实，而患者也有可能因投其所好地报告令研究人员满意的信息。这些都会影响收集到的资料的真实性。

第四节 相 关 研 究

相关研究常用于确定两个或两个以上变量之间的相关程度。相关分析包括简单相关分析和复相关分析。简单相关（simple correlation）是指观察到的两个变量之间的相关程度。复相关（multiple correlation）或多元回归分析（multiple regression analysis）是指观察到的多个变量之间的相关程度。进行相关分析时，首先要确定自变量和因变量，然后获得研究对象中变量的观察值，最后计算变量之间的相关系数。相关系数（correlation coefficient）用于表示变量之间相互关系的程度，它可以量化相关的密切程度和方向，符号为r，取值范围从 -1经0到 +1。

散点图（图4-1）可以直观地说明相关的性质。左上两图中，如果两变量同时增大或减小，变化趋势是同向时为正相关（positive correlation）；变化趋势相反时为负相关（negative correlation）。左下两图中散点在一条直线上，两变量同向变化时，为完全正相关（perfect positive correlation），两变量反向变化时，为完全负相关（perfect negative correlation）。右四图中散点呈其他形态分布，两变量间没有直线相关关系，为零相关（zero correlation）。

一、简单相关

简单相关（simple correlation）用于判断两个变量之间是否存在直线相关关系，并回答相关的密切程度和方向的问题。简单相关分析是一种常用的研究方法，在变态心理学研究中主要用于探索疾病的病因或者危险因素。

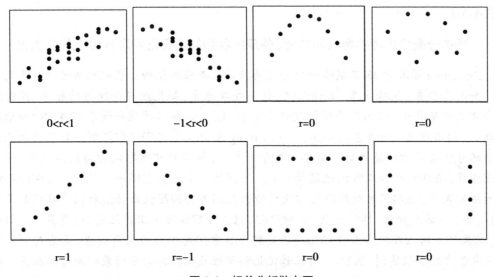

图 4-1　相关分析散点图

大量的研究提示抑郁症的发病与个体的杏仁核功能异常相关。美国杜克大学 Hariri 的研究团队发现，在人的大脑深处有一个杏仁状的结构——杏仁核，通过测量该区域的活动状况，可以检测出一个人是否处于压力风险之中，从而帮助判断远至数年后，其是否会在应对诸多生活压力之时变得抑郁或焦虑，甚至对于判断一个人未来是否患有抑郁症状起到至关重要的作用（专栏 4-9）。

专栏 4-9

杏仁核活性与抑郁症状

在研究中，研究人员在健康的大学生看到周围环境中代表危险信号的愤怒或恐惧面孔时，对其大脑进行扫描。这些受到威胁时的表情通常会触发其杏仁核，研究人员使用无创功能性磁共振成像衡量这种激活的强度，间接测量大脑的活动。在这次扫描后，每 3 个月参加者完成一项在线调查，记录其在压力下的紧张生活事件及其影响，以及一个问卷调查，以评估其出现的抑郁和焦虑症状。最初有 753 名参与者接受了大脑扫描，两年近 200 人完成了在线调查，然后持续到扫描之后的四年。在这些人当中，参与最初研究时，其杏仁核激活越强，其在随后的扫描中表现出应对压力事件后的焦虑或抑郁症状越严重。重要的是，最近没有经历过压力的参与者，其杏仁核就不会表现出这样跌宕的症状。这一研究结果提示，通过对大脑进行标记，在这种失常状态发展到一定的程度，以及具有破坏性的分裂征兆之前，我们可能可以及早地引导这样的人群去寻求治疗。

二、复相关

复相关（multiple correlation）或多元回归分析（multiple regression analysis）回答多个变量之间是否存在直线相关关系，以及相关密切程度和方向的问题。它可以在通过简单相关分析探索相关因素的基础上，对多种因素之间的相互关系进行深入分析。

精神分裂症患者的功能结局与其神经认知功能损害有关。神经认知功能，例如注意、记忆、信息处理速度和解决问题能力均可能影响患者的独立生活能力、职业功能和人际关系。为调查精神分裂症患者的神经认知功能、临床症状和解决日常问题能力之间的关系，Revheima 等人对此进行了研究（专栏 4-10）。

专栏 4-10

精神分裂症患者神经认知功能、临床症状和解决日常问题能力之间的关系

　　Revheima 等人对 38 名病情严重并且为持续性病程的精神分裂症患者进行一系列神经认知功能检查,包括注意、工作记忆、信息处理速度、知觉组织和执行功能等,同时通过半定式临床会谈,运用简明精神病评定量表(BPRS)和阴性症状量表(SANS)评估临床症状,利用独立生活量表(Independent Living Scales,ILS-PB)中与解决日常问题能力相关的分量表评估功能结局。简单相关分析表明,解决日常问题能力与阴性症状、信息处理速度、语词记忆和工作记忆显著相关。为探讨以上变量中哪一个是解决日常问题能力的决定因素,他们同时对解决日常问题能力与相关的神经认知功能和临床症状的五个指标(退缩-迟滞症状,阴性症状,语词记忆,信息处理速度和工作记忆)进行多元回归分析,结果提示阴性症状和工作记忆是决定解决日常问题能力的主要因素,两者对解决日常问题能力的贡献达到 73.2%。对工作记忆和阴性症状指标的分析表明两者的相关程度很低(r=-0.08,p=0.62),提示两者是相对独立的因素。研究结果提示,ILS-PB 可以作为评价社会功能的有效指标用于评估精神分裂症患者的功能结局,而阴性症状和工作记忆是解决日常问题能力的有效的预测因素。

三、评价

　　相关研究为变态心理学提供了很多重要信息。相关研究的一大优点是它们关注现实中发生的情境,而不是实验室中被操纵的情境。这使研究结果可以推广到更广泛的总体以及人民的现实生活经历中。相关分析可以建立变量之间因果关系的假设,但是正相关或负相关并不一定表示一个变量的变化是导致另一个变量变化的原因,它们有可能同时受第三个变量的影响。例如,精神药理学的研究提示,分裂症的发病与中枢神经系统中多巴胺神经递质的水平升高有关,但是,这并不能说明分裂症就是多巴胺高水平升高所导致,或者相反,是分裂症的发病导致了多巴胺水平的升高。因此,相关关系并非一定就是因果关系。

第五节　实验研究

　　实验研究主要用于探讨变量之间的因果关系,它通过控制一个或多个自变量(原因),来确定其对一个或一系列因变量(结果)的影响。实验研究在变态心理学中主要运用于评价预防措施或治疗方法对疾病的干预效果,以及在实验室条件下探索心理障碍的病因。本节介绍临床试验和模型研究。

一、临床试验

　　临床试验是一种前瞻性的纵向研究,主要用于评价治疗方法和干预措施的效果,包括组间研究设计(between group design)和组内研究设计(within group design)。在组间研究设计中,研究者运用随机分配的原则将研究对象(患者)分为试验组和对照组,给前者某种预防或治疗措施,不给后者施加这种预防或治疗措施或者给以安慰剂,经过一段时间后评价该措施的效果和价值。在组内研究设计中,研究者在施加干预措施前后的不同时点对同一组研究对象进行测量,不同时点之间的比较即可评价干预措施的效果。组内研究设计的最大优势是只需较少的研究对象即可进行研究。

笔记

组间研究设计常用于评价干预治疗的效果。抑郁症是目前亟待解决的公共精神心理卫生难题。大量研究提示，抑郁的元认知训练能够改善抑郁症状，但是其改善抑郁的机制是通过认知层面还是通过元认知层面尚不清楚。见 Jelinek 等人的系列研究（专栏 4-11）。

专栏 4-11

元认知训练治疗抑郁症的研究

Jelinek（2017）采用随机对照的临床试验，探讨元认知训练对改善抑郁的效果。他们将 84 例抑郁症患者作为研究对象，其中试验组（41 例）接受元认知训练，同时对照组（43 例）接受健康训练。在干预前后，采用汉密尔顿抑郁量表（Hamilton Depression Rating Scale, HDRS, 17-item version）、贝克抑郁量表（Beck Depression Inventory, BDI）、功能失调态度量表（Dysfunctional Attitudes Scales, DAS）、元认知问卷（Metacognitions Questionnaire, MCQ）对患者的抑郁程度、认知信念、元认知信念均进行评估。在干预治疗结束后半年，再次对患者的抑郁严重程度进行评估（疗效的评价指标）。采用线性回归分析探索抑郁严重程度的改变是否受到认知信念或元认知信念改变的影响。结果发现：（1）两组被试的抑郁严重程度均降低，而实验组的抑郁改善更为显著；（2）抑郁的元认知训练对抑郁的改善效果是通过减少元认知信念的功能失调来介导的，尤其是'控制欲'。本研究提示，抑郁的元认知治疗起效的关键机制之一就是元认知信念的改变。本研究进一步支持了元认知在抑郁治疗中的重要性。

心理治疗的疗效评价也常常运用组内研究设计（专栏 4-12）。

专栏 4-12

基于网络传输指导为基础的认知行为疗法治疗轻中度抑郁症的研究

为了探讨基于网络传输指导为基础的认知行为疗法（Guided internet-delivered cognitive behaviour therapy, ICBT）治疗轻中度抑郁症的疗效和耐受性，Andersson 等人（2013）采用基于网络传输指导为基础的认知行为疗法对 33 例（8 名男性，25 女性）轻中度抑郁症患者进行治疗，并跟踪监测了 1~3 年。研究者在治疗前和随访期间定期以蒙哥马利抑郁评定量表（Montgomery Åsberg Depression Rating Scale-Self Rated version, MADRS-S）、贝克抑郁量表（BDI）、生活质量量表（Quality of Life Inventory, QOLI）及轴 I 障碍定式临床晤谈量表（the Structured Clinical Interview for DSM-Ⅳ—Axis I disorders, SCID-I）、汉密尔顿抑郁量表（Hamilton Depression Scale, HAMD）等工具评估患者的抑郁症状、严重程度及生活质量。研究结果发现，患者的基线 MADRS-S 总分的平均值为 23.9，治疗 9 周后为 13.6，1 年后为 10.0，3 年后为 9.2；患者的基线 BDI 总分的平均值为 24.0，治疗 9 周后为 13.6，1 年后为 9.6，3 年后为 9.1；患者的基线 QOLI 总分的平均值为 -0.2，治疗 9 周后为 1.1，1 年后为 1.5，3 年后为 1.9。此外，患者的基线 HDRS 总分的平均值为 15.4，治疗 9 周后为 6.3。与基线时相比，患者治疗一年后的 MADRS-S 总分的平均降低程度超过 57%，患者治疗一年后的 BDI 总分的平均降低程度达 60%。研究结果表明，基于网络传输指导为基础的认知行为疗法治疗轻中度抑郁症的临床疗效和耐受性良好，在治疗的第一年内即可观察到其临床症状出现有统计学意义的降低。

二、模型研究

当存在现实条件的严格限制和伦理学要求时,研究者只能在实验室条件下对疾病或者状态的真实状况在动物身上进行模拟,进行模型研究(analog research)。实验条件和影响因素,如饮食、生活条件,甚至动物的基因,在实验室内都容易受到严格的控制,使之类似于真实的生活情境。进行动物模型研究也可以避免人类研究时的一些问题,如一般动物的生命比较短暂,在人类要花费几年研究的现象,在动物身上只需数月即可完成。模型研究常常应用于探讨心理病理学的病因或治疗方法的效果。

抑郁症是以显著而持久的心境障碍为主要特征的一种疾病,患者常表现为兴趣减退、注意困难、食欲丧失和有死亡或自杀观念等症状。所有这些变化的结果导致患者人际关系、社会和职业功能的损害。对抑郁症进行研究不可以人为地对人类制造创伤,所以对其机制的干预研究在大多数情况下是利用动物模型探讨其发病机制和治疗方法(专栏4-13)。

专栏4-13

深部脑刺激逆转慢性应激抑郁模型大鼠快感缺乏抑郁样行为

为了探索深部脑刺激(deep brain stimulation,DBS)技术对重性抑郁的治疗机制,加拿大的 Hamani 等人(2012)将 45 只大鼠分为 3 组,其中 2 组为实验组(15 只 / 组),1 组为对照组(15 只 / 组)。2 组实验组以慢性应激抑郁模型对大鼠进行为期 4 周的建模,通过蔗糖偏好的降低作为快感缺乏抑郁样行为的反应指标。之后,2 组实验组大鼠分别接受靶向腹内侧前额叶皮质慢性深部脑刺激(每天 8 小时,持续 2 周)单独干预,或者结合 5-羟色胺消耗障碍联合干预。结果显示:①相对于对照组,模型建立显著降低了实验组大鼠蔗糖偏好及海马的脑源性营养因子水平;②靶向腹内侧前额叶皮质深部脑刺激能够完全逆转抑郁样行为并一定程度上提高脑源性神经营养因子水平;③与之相反的是,5-羟色胺消耗障碍的大鼠,其脑源性神经营养因子水平保持正常,而深部脑刺激并未改善其快感缺乏行为。研究结果提示,腹内侧前额叶皮质电刺激对改善慢性抑郁模型有效。研究进一步提示,5-羟色胺能系统的整合在其中起重要作用。然而,其机制有待于进一步明确海马脑源性神经营养因子的作用。

三、评价

实验研究是对变量之间因果关系的论证程度最强的方法。因为它尽可能地控制了潜在的干扰因素。例如,在实验组和对照组的分配时,采用随机化的入组方法;对两组研究对象在年龄、性别和教育程度等特征方面进行匹配;施加干预措施时,采用安慰剂等方法不让研究对象知道所接受的具体措施,避免其主观因素的影响(单盲法);有时还对观察者也隐瞒研究对象的分组情况、具体的干预措施和研究设计,避免观察者主观的选择性误差(双盲法)。实验研究的主要缺陷是研究的真实性问题。真实性(validity)是指由研究结果所作的推论的正确程度或者可靠程度,即所得结果是否反映了研究对象或人群的真实情况,它包括内部真实性和外部真实性。内部真实性(internal validity)是指一项研究的结果能够正确地反映研究人群及目标人群的真实状况,它强调研究结果是否无偏差地反映了研究变量与疾病的真实联系。外部真实性(external validity)是指一项具有内部真实性的结果在推广至目标人群以外的其他人群仍然有效,它考虑的是从研究中得出的联系可否被外推至不同时间、不同地区的不同人群。例如,在模型研究中,动物行为与人类行为到底有多大程度的相似?在部分模型中可能极其相似,而在另一些却不然。这就导致动物研究的结果可能并不

笔记

适用于人类,或者只适用于部分人类患者。另外,一项无内部真实性的结果,不可能具备外部真实性,但具有内部真实性,不一定就具备外部真实性。

> 探索心理障碍病因的研究方法有哪些? 为什么其他方法不理想?

第六节　单被试研究

单被试研究(single-case designs)是在控制条件下研究单个被试的系列方法,它是从观察法和实验法中自然发展出来的一种方法,与案例研究和实验法均有相似性。如同实验法中研究者测量单个研究对象在多种情境下的行为变量,并且运用了与实验法相似的技术,但是其目的仅仅是集中观察单一个体的行为反应。单被试研究法的条件是,在实验的或非实验的情境中,尤其是研究者设计的特殊实验情境中,被试可以自己"控制"自己的行为。单被试研究法常常从建立一个基线开始,此时记录研究对象在施加干预之前的行为。在建立可靠的基线后,引入一种干预措施,然后对基线时和干预后的行为进行比较而测量干预的影响。单被试研究法常常用于研究治疗方法的效果。

一、ABAB 研究设计

ABAB 研究设计是在初始条件下,研究者对个体的行为进行测量(A),以建立行为的基线,随后对个体施加干预措施,继续观察并测量其行为是否随着干预的出现而改变(B),然后又回到初始条件,同时测量个体的行为,以确定其行为的各项指标是否恢复到初始的基线水平(A),然后再施加第二次干预并测量个体的行为变化(B)。研究者是在系统地施加和取消干预的过程中观察并测量个体的行为,从而测量干预措施的效果(专栏4-14)。

专栏4-14

微量营养素配方治疗对双相障碍伴随多动障碍患者症状改善影响的研究

双相障碍伴随多动障碍的治疗是一个挑战。以往研究指出微量营养素(以维生素和矿物质为主)配方治疗对于多种精神病性症状具有潜在的益处,诸如情绪障碍、多动障碍。为了探索微量营养素配方治疗对于精神病性症状及神经认知功能的长期作用,Rucklidge 等人(2010)采用 ABAB 设计进行了为期 1 年的跟踪研究。患者为女性,21 岁,患有 II 型双相障碍、多动障碍。该患者参与了基于微量营养素配方治疗的开放性实验项目。此前,患者具有记录在案持续 8 年的精神病性症状的病史,且药物治疗效果不佳。研究者首先测量了患者在基线时的症状。之后进行持续 8 周的微量营养素配方治疗,治疗期间患者的心境、焦虑、活动过度及冲动性症状均得到了显著改善,且血液检测结果也显示归回正常水平。在治疗期间,患者未反映有任何副作用。随后,她选择停止配方治疗。随后 8 周,患者抑郁分值重新回到基线水平,且焦虑和多动症状加重。为此,患者再次进行了配方治疗。随后,其所有的精神病性症状均得到逐步的改善。这一个案呈现的是一个对症状开关控制的自然 ABAB 设计。1 年之后,患者的所有精神疾病均缓解。神经认知功能的改变反应行为的改变,其改善的加工速度与反应速度、言语记忆具有一致性。

二、多基线研究设计

多基线研究设计(multiple baseline design)是在控制相应条件的情况下进行系列研究,

它同时观察多个行为,为每个行为建立一个基线水平,所施加的干预措施每次只针对一个行为。现在它越来越多地用于研究复杂的行为模式(专栏4-15)。

专栏4-15

老年抑郁患者行为激活治疗效果的研究

现有研究提示,行为激活治疗可能改善由于活动限制而带来的抑郁症状。为了探索行为激活治疗是否能够成功应用于老年抑郁患者,Yon等人(2009)采用多基线设计,对于9位老年抑郁患者进行了一系列行为激活干预治疗(在家中进行)研究,他们系统地研究了老人抑郁患者抑郁症状的变化过程。研究者首先系统评定老年抑郁患者的抑郁水平、功能失调态度、健康状态的基线水平。然后,研究者上门指导老人抑郁患者进行行为激活治疗。治疗指导先按照采用每次1小时,每周2次(前4周),后按照每次1小时,每周1次(4周后),整个治疗指导共有16~20次。实验结果表明,干预后,患者在老年抑郁量表及汉密尔顿抑郁量表上的得分显著降低,其中71%的患者得分已经低于抑郁障碍的诊断标准。研究提示,行为激活治疗有希望作为老年抑郁的有效治疗方法。

三、评价

单被试研究法可以建立因果关系的假设,尤其是在探讨心理问题的新的治疗方法时更能显示其优势。单被试研究法可以减少研究的样本量,非常适用于难以找到足够的研究对象时。单被试研究法可以对任何一个普通的或者具有特征性的个案进行研究,从而回避多数研究的结果是基于多个个体的数据的平均值,而忽视了个体之间的差异。

> 试综合比较各种研究方法的特点、不足和用途。
>
> 如何评价干预措施的效果?如何评价变态心理学研究的质量?

单被试研究是针对单一个体的观察,其结果的普遍性或者真实性尚存在问题。单被试研究法提出了一种治疗心理问题的新方法,但是,由于它并未获得公认,即使这种治疗方法可能有一定效果,在其尚未获得可靠的证明之前就施加于研究对象,在一定程度上也是不合伦理的。与此同时,在ABAB研究设计中,当施加干预措施后,被试的心理或行为问题得到改善,此时如果取消干预措施,也有可能导致伦理问题。治疗者和被试可能都不愿意本已消失的异常行为重现,从而重新回到初始的问题状态,这有可能剥夺人们解除痛苦的希望。此时,研究者可使用多基线研究设计,对两个或多个行为进行选择性的纵向分析。

第七节　研究与伦理

变态心理学研究必须遵循伦理学原则。研究对象有权利知道,而研究者有责任告知其与研究相关的内容。在此我们只对几个重要事项进行讨论。

一、知情同意

要在研究时很好地执行伦理学原则和相关的法律法规,研究者必须在研究对象参与研究之前即获得其签署的知情同意书。研究者需要告知研究对象相关的风险、可能的不适和资料的保密情况。另外,还需要告知研究对象参加研究是否有补偿及其具体的补偿方法。在研究进行过程中,研究者应同意保护研究对象的隐私、人身安全及其自由退出的权利。

除非研究对象知道研究的目的和过程,否则他们无法完全维护其权利。

二、资料保密

每一个研究对象的数据均应保密并且避免被公众查看。用编号代替姓名是典型的匿名保护方式。当研究结果公布时,不能从中找到具体的某一个体的资料。心理学家在写作、讲演或做报告时,必须获得当事人的知情同意之后,才可以公开保密的相关病情信息。

三、欺骗与解释

在一定情况下,研究目的或研究对象的反应是应有所保留的。此时,欺骗手段应该只能用于重要的研究,并且除了使用欺骗手段没有其他更好的方法时。欺骗手段不能轻易使用。当使用时,应当极度小心并避免研究对象发觉自己被利用或察觉后退出研究。因此,实验结束时的报告非常重要,此时研究对象会被确切地告知为什么必须使用欺骗手段。研究者都不希望与研究对象之间出现信任危机。当需要使用欺骗手段时,如何获取知情同意书显而易见是非常重要的。

四、报告结果

研究者有义务在结束研究时进行报告,因为研究对象有权利知道为何研究者对他们的行为感兴趣。应当向研究对象解释进行这项研究的理由、重要性和结果如何。在某些时候结果尚在处理当中,此时可以告知研究对象可能有什么样的结果,他们也可以在结果出来以后再接受报告。

五、数据处理

必须说明的是,研究者应该最诚实地报告真实的数据。在任何条件下都不可以以任何方式修改所获得的数据。伪造数据的行为会给研究者在法律、职业和伦理方面带来大量问题。尽管心理学研究中伪造数据的行为极少发生,也应该时时警惕。

(王立菲)

阅读1

疗效研究方法

美国《治疗工作指南》(A Guide to Treatments that Work)中提出了六种不同的疗效研究方法(Pawlik et al., 2002):

Ⅰ型研究:涉及随机的、前瞻性临床试验研究,具有以下特点:研究对象在对比组之间随机分配入组,采用双盲法,明确的进入和排除标准,采用严格的诊断方法,研究对象的组成适于进行统计分析和对统计方法描述清晰等。

Ⅱ型研究:涉及干预性的临床试验,但缺乏某些Ⅰ型研究所具有的特点。

Ⅲ型研究:除方法学方面之外,没有进行严格的控制,为开放式的研究,目的是获得探索性的资料。此类研究具有某种观察的主观倾向,所得到的结果只适用于说明某种方法是否值得进行更深入的严格的实验研究。

Ⅳ型研究:指对第二手资料进行的评论性研究,如果所涉及的数据分析技术完善,则其研究是可用的。

Ⅴ型研究:指没有第二手资料的评论性研究。

Ⅵ型研究:由各种非主流研究报告组成,包括案例研究、论述文和议论文等。

笔记

阅读 2

疗效研究质量

根据循证医学（evidence-based medicine，EBM）的观点，疗效研究的质量和可靠程度大体可分为以下五级（可靠程度依次降低）：

A 级：从至少一项设计良好的大样本随机临床试验或多个随机对照试验（randomized control trial，RCT）的系统综述（包括 meta 分析）中获取的证据。至少一项"全或无"的高质量队列研究中获取的证据；

B 级：从一项中等规模 RCT 或者是中等数量患者参与的小规模 meta 分析提供的证据；

C 级：有缺点的临床试验或者分析性研究；

D 级：无对照的系列病例分析和质量较差的病例对照研究；

E 级：专家意见或个案报告。

阅读 3

APA 关于心理学研究的行为准则

美国心理学会（American Psychological Association，APA）制定的心理学家伦理原则和行为规范（APA，2002）中明确指出："心理学家应该争取造福于他们的工作对象并尽可能小心不对他们造成伤害。在他们的职业行为中，心理学家应该寻求维护与其职业有联系的人和那些会影响他人的人的福利和权利，以及研究对象的动物的安宁"；"心理学工作者应该尊重所有人的尊严和价值，尊重个体拥有的隐私、资料保密和自我决定的权利"（全文可浏览美国心理学会网站 http://www.apa.org）。在此，只对心理学研究相关的行为准则简要介绍：

1. 心理学家应按照伦理学的原则计划实施科学研究。当需要相应研究机构的伦理委员会同意时，心理学家应提供研究计划的准确信息，并就事先获得同意进行此项研究。研究应该按照批准的研究计划实施。

2. 研究中应获得研究对象的知情同意。心理学家应告知研究对象：①研究的目的、预期时间和研究过程；②推迟和退出研究的权利；③潜在的风险、不适和副作用；④可能的获益；⑤资料保密事项；⑥参加实验的鼓励措施；⑦有关参加此研究和研究对象权利的联系人员等。

3. 心理学家应努力避免过分的或不恰当的金钱或其他奖励以鼓励参加研究，使参与研究有可能具有强迫性质。如果是以提供专业服务作为奖励，应该澄清服务的内容、风险和义务等。

4. 心理学家实施研究时不能欺骗，欺骗技术只能运用于不可能采用其他的有效方法时。

5. 心理学家应遵照现行法律、法规和职业准则仁慈地对待动物研究对象。

6. 不能捏造数据，不能剽窃他人的研究成果。应按照实际参与情况和相对贡献大小进行作者署名。

7. 在结束研究时应与研究对象沟通并消除任何可能引起的误会。

笔记

第五章 心理障碍的基本症状

案例 5-1

他的言行完全混乱了

明强是大学二年级的学生，刚入学时的表现没有异常，但是在军训结束后不久，出现半夜睡觉时唱歌不顾对寝室同学的影响，有时彻夜不眠，好一阵坏一阵。一次英语考试中，他突然哈哈大笑并大声叫喊，监考老师和同学们莫名其妙、惊讶不已。又一次在运动场上跑步，突然停下对旁边的同学说："宿舍有人在叫我，我得回去一趟。"十分钟后，他回来显得很沮丧，说宿舍没有人。

他的性格变得越来越内向，几乎不与别人来往，我行我素，上课坐后排，心不在焉，举止怪异，学习成绩下降，期末考试有四门课程不及格。本学期刚开学，他对补考一点不急，考试时竟然缺考。老师问他时，显得无所谓说"没什么，不必着急"。

近几个月来经常自言自语，有时无故发笑，同学问及他为什么笑，回答不置可否。老师以学习问题为由与之交谈，他总是面带笑意，莫名其妙地开心，行为举止幼稚；将中年男老师喊"老爷爷"，叫青年老师为"阿姨""叔叔"；认为自己是中心人物，无论在哪里都有人在欣赏自己。跟同学们说，他的头脑特别奇怪，有好多思想不断涌现，就像水龙头的水一样，内容杂乱无章，有许多伟大人物，也有生活琐事。

同学和老师们都认为他有问题，劝其去看医生，但是他很生气，说"你才不正常呢！"

> 明强的行为正常吗？为什么？

第一节 概　述

面对上述案例,我们要弄清楚他有哪几种异常? 这些异常表现之间有什么关系? 这些异常是否能构成什么诊断? 从而为治疗方法的选择提供依据。本章将介绍心理障碍的症状类别、特征和临床意义。

一、精神症状的诊断意义

异常心理的表现纷纭复杂,很多还没有形成一致的定义,本章主要介绍精神病学中已被认定为"精神症状"的异常心理/行为,大多数被作为构成精神疾病(障碍)的基本单位。研究精神症状的科学被称为症状学或精神病理学,由于绝大多数精神障碍至今病因未明,尚缺乏可用于诊断的生物学指标,因此临床诊断主要通过病史和精神检查,发现精神症状和综合征,先做出症状学诊断,再结合病历资料做出分类学诊断。心理障碍的症状学是变态心理学的基础,熟练掌握症状学是识别各种精神障碍的前提。

精神症状在精神疾病的诊断中的地位远高于内外科疾病的症状的诊断地位,因为内外科疾病大多数存在有病因学或病理学诊断,有许多实验室检查和影像学检查等帮助确诊,而精神障碍基本上只能作现象学诊断。在诊断时,往往只有精神症状及其相关的资料,如幻觉和妄想等。而精神症状诊断的特异性较差,几乎任何一种心理障碍至今尚无独特的症状。例如,焦虑症状不仅在焦虑症中,在精神病患者中也不少见,甚至正常人也会有不同程度的存在。

二、精神症状的识别方法

精神症状的认定必须与患者的过去和现在进行比较,并结合其处境、症状频度、持续时间、严重程度进行综合评估。对患者的心理行为进行多方面的对比分析:①纵向对比:即与其过去的一贯的表现相比较,精神状态的改变是否明显;②横向对比:即与周围大多数正常人的精神状态相比较,差别是否明显,持续时间是否超出了一般限度;③具体情况具体分析:即要结合当事人的心理背景和当时的处境具体分析和判断。

交谈、观察和多方面了解病史/病情是获得精神症状的主要方法,精神症状的识别尤其强调临床交谈技巧的重要性,这常取决于良好的医患关系和灵活的交谈技巧。

每一种精神症状均有其明确的定义,并具有以下特点:①症状的出现不受患者意识的控制;②症状一旦出现,难以通过转移令其消失;③症状的内容与周围客观环境不相称;④症状会给患者带来不同程度的社会功能损害。

精神症状并非每时每刻都存在,因此需要仔细和反复地观察,否则容易造成漏诊和误诊。首先,应明确是否存在精神症状? 如果确实存在,有哪几种精神症状? 其次,应了解症状的强度、持续时间和严重程度;第三,应善于分析各症状之间的关系;第四,应重视各种症状之间的鉴别;第五,应学会分析和探讨各种症状发生的可能诱因等影响因素。

> 明强有哪些精神症状? 如何知晓?

三、精神症状的类别

通常,我们将心理活动分成感觉、知觉、情感、思维、意志等心理过程。实际上,人的精神活动是一个协调统一的过程。为了描述的方便,我们将心理活动的各个部分分别叙述。

笔记

精神症状按照大脑正常的心理活动过程分为认知障碍、情感障碍、意志与行为障碍、意识障碍等,见图5-1。

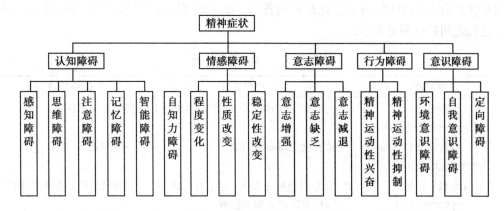

图5-1　精神症状的主要类别

第二节　认知障碍

人的认知过程包括感觉、知觉、思维、注意、记忆等方面。认知过程的某一方面出现问题,会以各种精神症状的形式表现出来,下面介绍常见的感知觉障碍、思维障碍、注意障碍、记忆障碍、智能障碍和自知力障碍。

一、感知障碍

感觉(sensation)是人脑对直接作用于感觉器官的客观事物个别属性的反映,如光、声、色、形等,是认识过程的最原始和最简单的阶段。知觉(perception)是人对直接作用于感官的客观事物整体属性的反映,如对于一个苹果的感知,它是圆的、红的、绿的、香的、甜的和凉的等各种属性整体的联系在大脑中的反映,再加上以往吃过苹果的经验,使人感知到这是一只苹果。临床上常见的感知觉障碍有错觉、幻觉和感知综合障碍。

(一)感觉障碍

感觉障碍(disorder of sensation)主要包括感觉过敏、感觉减退、感觉倒错和内感性不适,见表5-1。

表5-1　感觉障碍的类型及其特点

名　称	特　点	常见疾病
感觉过敏 (hyperesthesia)	对外界一般强度的刺激感受性增高,感觉阈值降低	神经症、更年期综合征
感觉减退 (hypoesthesia)	对外界一般刺激的感受性降低,感觉阈值增高	抑郁状态、木僵状态和意识障碍
感觉倒错 (paraesthesia)	对外界刺激可产生与正常人不同性质的或相反的异常感觉	多见于癔症
内感性不适 (senesthopathia)	躯体内部产生的性质不明确、部位不具体的不舒适感,或难以忍受的异样感觉	神经症、精神分裂症、抑郁症、躯体化障碍

(二)知觉障碍

知觉障碍(disturbance of perception)主要包括错觉和幻觉。

笔记

89

1. 错觉（illusion） 指在特定条件下产生的对客观事物的歪曲知觉，即指不符合客观实际的知觉。正常和病理情况下都可能产生错觉，此外，还有一种少见的所谓幻想性错觉，亦即把实际存在的事物，通过主观想象的作用，错误地感知为与原事物完全不同的一种形象。它们之间的区别见表5-2。

表5-2　三种错觉的区别

类　别	产生条件	是否能纠正
生理性错觉 （physiological illusion）	光线暗淡、恐惧、紧张和期待等条件下	经验证后可纠正
病理性错觉 （pathological illusion）	常在意识障碍时出现	不能纠正
幻想性错觉 （pareidolia）	富有幻想的正常人、轻度意识障碍、癔症及精神分裂症患者	当时已意识到原事物是什么

2. 幻觉（hallucination） 是指没有相应的客观刺激时所出现的知觉体验。幻觉是临床上最常见而且重要的精神病性症状，常与妄想合并存在。幻觉的分类和具体内容如下。

（1）根据所涉及的感觉器官，幻觉可分为幻听、幻视、幻嗅、幻味、幻触、内脏性幻觉，其特点，见表5-3。

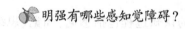
明强有哪些感知觉障碍？

表5-3　常见幻觉类型及其特点

名　称	特　点	常见疾病
幻听 （auditory hallucination）	包括言语性和非言语性幻听。前者有命令性幻听，评论性幻听，争论性幻听	精神分裂症、谵妄等
幻视 （visual hallucination）	其内容较丰富多样、形象可清晰、鲜明和具体，但有时比较模糊	意识障碍时，精神分裂症、脑器质性疾病、高热时
幻嗅 （olfactory hallucination）	嗅到一些难闻的气味	精神分裂症，单一出现的幻嗅需考虑颞叶癫痫或器质性损害
幻味 （gustatory hallucination）	在食物或水中尝到某种特殊的怪味，因而拒食	精神分裂症
幻触 （tactile hallucination）	感到皮肤或黏膜上有某种异常的感觉	精神分裂症或器质性精神病
内脏性幻觉 （visceral hallucination）	躯体内部有性质明确，部位具体的异常知觉	精神分裂症、抑郁症、癔症

（2）按幻觉体验的来源分为真性幻觉和假性幻觉，它们之间的区别，见表5-4。

表5-4　真性幻觉与假性幻觉的区别

名　称	形象生动性	声音来源	是否通过感官
真性幻觉（genuine hallucination）	鲜明生动，位置精确	外部客观世界	是
假性幻觉（pseudo allucination）	不够鲜明生动，位置不精确	患者的主观空间	否

（3）按幻觉产生的特殊条件，可分为功能性幻觉、反射性幻觉、思维鸣响、心因性幻觉和入睡前幻觉，其特点，见表5-5。

笔记

表5-5　几种特殊幻觉及其特点

名　称	特　点	常见疾病
功能性幻觉 （functional hallucination）	在某个感觉器官处于功能活动状态的同时出现的幻觉，与正常知觉同时出现、同时存在、同时消失，两者互不融合	精神分裂症或心因性精神病
反射性幻觉 （reflex hallucination）	当某一感官受到现实刺激，产生某种感觉体验时，另一感官即出现幻觉	精神分裂症、癔症、癫痫发作先兆
思维鸣响 （audible thought）	特殊形式的幻觉，患者能听到自己所思考的内容	精神分裂症
心因性幻觉 （psychogenic hallucination）	在强烈的精神刺激因素作用下引发的幻觉，幻觉的内容与精神刺激因素有密切的联系	精神分裂症
入睡前幻觉 （hypnagogic hallucination）	在觉醒至睡眠的过渡阶段中出现的幻觉体验，患者闭上眼睛就能看见幻觉形象，多为幻视	酒精中毒者、心因性精神病、癔症

（三）感知综合障碍

感知综合障碍（disturbance of perception）　是指患者在感知某一现实事物时，作为一个客观存在的整体来说是正确的，但对该事物的个别属性，如大小、形状、颜色、空间距离等产生与该事物不相符合的感知。常见类型和表现，见表5-6。

表5-6　感知综合障碍的类型及其特点

名　称	特　点
视物变形症 （metamorphopsia）	感知客观事物的个别属性，如大小、长短、形状等发生变化
非真实感 （derealization）	觉得周围事物和环境发生了变化，变得不真实，像布景、"水中月"、"镜中花"
时间感知综合障碍 （time disturbance of perception）	对时间的快慢出现不正确的知觉体验
空间知觉障碍 （space disturbance of perception）	感到周围事物的距离发生改变

知觉障碍的三种常见类型错觉、幻觉与感知综合障碍的区别，见图5-2和表5-7。

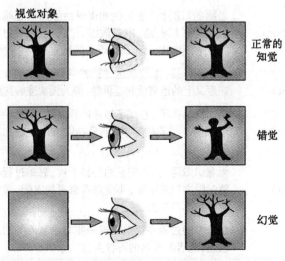

图5-2　知觉、错觉、幻觉的区别

表 5-7　错觉、幻觉与感知综合障碍的区别

名　称	客观事物	错误感知	特　点
错觉	存在	整体属性	对本质的错误感知
幻觉	不存在	整体属性	虚幻的知觉
感知综合障碍	存在	部分属性	对部分属性的歪曲感知

二、思维障碍

思维(thinking) 是人脑对客观现实概括的和间接的反映,它反映的是事物的本质和事物间规律性的联系。思维在感觉和知觉的基础上产生,并借助语言和文字来表达。思维包括分析、综合、抽象、概括、判断、推理等过程。它通过观念与观念、概念与概念的联系,即通过联想和逻辑的过程来实现的。正常思维特征主要有:①目的性:指思维围绕着一定目的,说明某一问题;②连贯性:指思维过程中的概念之间前后衔接、互相联系;③逻辑性:指思维过程合乎逻辑,有一定的道理;④实践性:正常的思维活动总是通过实践 - 认识 - 再实践 - 再认识,这一循环往复过程,接受客观实践的检验,使自己的思维活动尽可能地与客观实际保持一致。这里介绍思维形式障碍和思维内容障碍。

> 🍎 明强的症状表现中有哪些属于思维障碍?

(一)思维形式障碍

思维形式障碍(disorder of the thinking form)包括思维联想障碍和思维逻辑障碍两大部分。常见的症状及其特点,见表 5-8。

表 5-8　常见思维形式障碍的类型及其特点

名　称	特　点	常见疾病
思维奔逸 (flight of thought)	联想速度加快和量的增加,表现思维和谈话都非常快,一个概念接着另一个概念大量涌现,以致有时来不及表达。常常伴有随境转移,或音连意连	躁狂症
思维迟缓 (inhibition of thought)	联想抑制,思维活动缓慢,联想困难,思考问题吃力,反应迟钝,语量少,语速慢,语音低沉	抑郁症
思维贫乏 (poverty of thought)	思想内容空虚,概念和词汇贫乏,回答得非常简单,但语速并不减慢	精神分裂症、脑器质性精神障碍和痴呆状态
思维散漫 (Loosening of associations)	思维的目的性、连贯性和逻辑性障碍。思维活动表现为联想松弛,内容散漫。交谈中患者对问题的叙述不中肯,不切题,给人的感觉是"答非所问"	精神分裂症
思维破裂 (splitting of thought)	无意识障碍,思维联想过程破裂,谈话内容缺乏内在意义上的连贯性和逻辑性,旁人无法理解其意义	精神分裂症
病理性赘述 (circumstantiality)	不能简单明了、直截了当地回答问题,谈话中夹杂了很多不必要的细节,但最终能讲出主题和中心思想	癫痫、脑器质性及老年性精神障碍
思维中断 (blocking of thought)	无意识障碍,又无明显的外界干扰,思维过程在短暂时间内突然中断,不受患者意愿的支配,可伴有明显的不自主感	精神分裂症
思维插入 (thought insertion)	在思考的过程中突然出现一些与主题无关的意外联想,患者有明显的不自主感	精神分裂症

笔记

续表

名　称	特　点	常见疾病
思维扩散 （diffusion of thought）	体验到自己的思想一出现，即尽人皆知，感到思想 与人共享，毫无隐私可言	精神分裂症
思维云集 （pressure of thought）	不受意愿支配的思潮，强制性地大量涌现，内容杂 乱多变，毫无意义，不成系统，与周围环境也无联 系，往往突然出现，迅速消失	精神分裂症
病理性象征性思维 （symbolic thinking）	为概念的转换，以具体事物来代替某一抽象概念，或 将抽象的概念具体化，不经患者解释别人无法理解	精神分裂症
语词新作 （neologism）	创造一些文字、图形、符号，并赋予其特殊的只有 本人才能理解的含义	精神分裂症青春 型
逻辑倒错性思维 （paralogism thinking）	思维逻辑明显障碍，推理既无前提也无根据，离奇 古怪，不可理解	精神分裂症、偏 执性精神病

（二）思维内容障碍

1. **妄想（delusion）**　是指在精神病态中产生的，缺乏事实根据的，坚信自己的某种错误判断和推理，是思维障碍中最常见、最重要的症状。其特征有：①信念的内容与事实不符，没有客观现实基础，但患者坚信不疑；②妄想内容均涉及患者本人，与个人的利害有关；③妄想具有个人独特性；④妄想内容因文化背景和个人经历而有所差异，但常有浓厚的时代色彩。

妄想按起源可以分为原发性妄想和继发性妄想。原发性妄想是指突然产生的，内容与当时处境和思路无法联系的，十分明显而坚定不移的妄想体验，也不是起源于其他精神异常的一种病理信念，是精神分裂症的特征性症状。原发性妄想主要包括：①妄想知觉：患者对正常知觉体验赋以妄想性意义；②突发性妄想：妄想的形成既无前因，又无后果，没有推理，无法理解；③妄想心境：患者突然产生一种情绪，感到周围发生了某些与自己有关的情况，导致原发性妄想形成。如患者一日早晨起床推开窗子，随即又把窗子关得紧紧的，而且告诫家人出门要当心。问其原因，患者说："窗外充满了杀机，风吹树叶沙沙的声音在告诉我敌人马上就要来了，我要多防备"。继发性妄想是指在已有的心理障碍基础上发展起来的妄想，是以错觉、幻觉，或情感因素如感动、恐惧、情感低落、情感高涨等，或某种愿望（如囚犯对赦免的愿望）为基础而产生的。继发性妄想可以见于很多种精神疾病，在诊断精神分裂症时，其临床意义不如原发性妄想。

妄想按结构可以分为系统性妄想（systematized delusion）与非系统性妄想（unsystematized delusion）。区别和特点，见表5-9。

表5-9　系统性妄想与非系统性妄想的区别

项　目	内容的联系性	结构严密性	有无核心思想
系统性妄想	前后相互联系	严密固定	围绕核心思想，将周围所发生的无关事情与 妄想交织联系在一起，不断扩大和复杂化
非系统性妄想	片断零乱、前后矛盾	结构松散	无核心思想

临床上通常按妄想的主要内容归类,常见的妄想名称、特点,见表5-10。

表5-10 妄想的主要类型及其特点

名 称	特 点	常见疾病
被害妄想 (delusion of persecutory)	最常见的一种妄想。患者感到正在被人监视、跟踪、窃听、诽谤、诬陷、毒害等	精神分裂症、偏执性精神病
关系妄想 (delusion of reference)	患者感到周围的一事一物均与自己有关,或具有某种特殊意义	精神分裂症
物理影响妄想 (delusion of physical influence)	认为自己的思维、情感、意志行为活动受到外力量支配、控制和操纵,或认为有外力刺激自己的躯体,产生种种不舒服的感觉。外力多指电波、超声波、射线或特殊的仪器等	精神分裂症
夸大妄想 (grandiose delusion)	自以为有非凡的才智、至高无上的权利和地位、大量的财富和发明创造等	躁狂症、精神分裂症、某些器质性精神病
自罪妄想 (delusion of guilt)	毫无根据地认为自己犯了严重错误和罪行,应受惩罚,以至拒食或要求劳动改造以赎其罪	抑郁症和精神分裂症
疑病妄想 (hypochondriacal delusion)	毫无根据地坚信自己患了某种严重躯体疾病或不治之症,因而到处求医,一系列详细检查和多次反复的医学验证都不能纠正其歪曲的信念	精神分裂症、更年期及老年期精神障碍
嫉妒妄想 (delusion of jealousy)	坚信配偶对其不忠,另有外遇	精神分裂症和更年期精神障碍
钟情妄想 (delusion of being loved)	坚信某异性对自己产生了爱情,即使遭到对方严词拒绝,反而认为对方是在考验自己对爱情的忠诚	精神分裂症
内心被揭露感 (experience of being revealed)	认为其内心的想法或隐私,未经语言文字的表达,别人就知道了	精神分裂症

除上述常见的妄想外,根据妄想内容的不同,还可以分出很多其他种类的妄想,如被窃妄想、变兽妄想、非血统妄想等。不同的精神障碍尽管都可以出现妄想,但是在妄想的结构和内容上是有区别的,这些区别在一定程度上反映了这些疾病本身的特点,分析这些特点对疾病的诊断和鉴别诊断有着十分重要的意义。

妄想需要与类妄想性幻想相鉴别。前者是精神病的表现,后者多见于某些病态人格者。后者多是好幻想,但是幻想内容不固定,在幻想中往往把自己想象成英雄人物,当沉醉于幻想时,对幻想性体验信以为真,但能被唤醒回到现实生活中来。类妄想性幻想也可见于儿童精神分裂症。与儿童思维发育不完善,有好幻想的特点有关。

2. 强迫观念(obsessions) 又称强迫性思维,指在患者脑中反复出现的某一概念或相同内容的思维,明知没有必要,但又无法摆脱。如患者三个月来看到车辆时,不由自主地注意车牌号,并一定要计算该数字能否被3整除,自觉这样做毫无意义,自己想摆脱,但又控制不住去看、去想。强迫观念与强制性思维有本质的区别,见图5-3和表5-11。

3. 超价观念(over-valued idea) 又称恒定观念、优势观念、超价妄想观念、超限观念等等,是一种在意识中占主导地位的观念。其发生常常有一定的事实基础,但患者的这种观念是片面的,与实际情况有出入的,而且带有强烈的感情色彩,明显地影响到患者的行为。它与妄想的区别在于其形成有一定的性格基础与现实基础,内容比较符合客观实际或有强烈的情感需要,多见于人格障碍和心因性精神障碍患者。

图 5-3　强迫观念的表现

表 5-11　强迫性思维与强制性思维的区别

分　类	特　征	内　容	持续时间	主观体验	摆脱意愿
强迫性思维	无法摆脱的冥思苦想	重复固定	顽固持久	焦虑苦恼	强烈
强制性思维	不由自主的外来思想	变化不定	偶发短暂	陌生意外	不强烈

三、注意障碍

　　注意（attention）是心理活动对一定对象的指向和集中,是伴随着感知觉、记忆、思维、想象等心理过程的一种共同的心理特征。人们对所注意的事物的感知最为清晰,而对周围其他事物相对不清晰。

　　注意分为主动注意和被动注意。主动注意,又称随意注意,是有意地去注意某一事物;被动注意,又称不随意注意,是无意地注意到周围的事物。如上课时同学听老师讲课是主动注意,走廊上的声音是被动注意。前者是有目的的,需要做出自觉的努力;后者是无目的,不需要自觉努力。通常讲的注意是主动注意。常见的注意障碍及其特点,见表5-12。

表 5-12　注意障碍的类型及其特点

名　称	特　点	常见疾病
注意增强（hyperprosexia）	为主动注意的增强。指患者特别容易为某种事物所吸引或特别注意某些活动	神经症、偏执型精神分裂症、更年期抑郁症
注意减退（hypoprosexia）	指患者的主动注意和被动注意均减弱。外界的刺激不易引起患者的注意	神经衰弱、脑器质性精神障碍及意识障碍
注意涣散（aprosexia）	主动注意不易集中,注意稳定性降低所致	神经衰弱、精神分裂症和儿童多动与注意缺欠障碍
注意转移（transference of attention）	指被动注意明显增强,主动注意不能持久,注意的稳定性降低,很容易受外界环境的影响而不断转换注意对象	躁狂症
注意狭窄（narrowing of attention）	患者的注意范围显著缩小,主动注意减弱,当注意集中于某一事物时,不能再注意与之有关的其他事物	激情状态、专注状态或有意识障碍、智能障碍患者

笔记

四、记忆障碍

记忆（memory）是指过去经验在头脑中的反映，包括识记、保持、再认和回忆 4 个过程。根据记忆时间的长短可分为瞬时记忆、短时记忆和长时记忆。记忆的过程为：

1. 识记　是记忆过程的开始，是事物通过感知在大脑中留下痕迹的过程。识记好坏取决于意识水平和注意是否集中，精神疲乏、缺乏兴趣、注意力不集中、意识障碍时可以影响识记。

2. 保持　是把识记了的事物贮存在脑内，使信息储存免于消失。保存发生障碍时患者不能建立新的记忆，遗忘范围与日俱增。常见于器质性疾病。

3. 再认　是在必要时将保存在脑内的痕迹重现出来。如果识记和保存过程都是正常的，那么回忆过程一般很少会发生障碍。

4. 回忆　指验证复现的映象是否正确的过程，即原刺激物再现时能认识它是过去已感知过的事物。回忆困难的事物可以被再认。部分或完全失去回忆和再认能力，称为遗忘。

临床上常见的记忆障碍及其特点，见表 5-13。

表 5-13　记忆障碍的分类及其特点

名　称	特　点	常见疾病
记忆增强（hypermnesia）	病理性的记忆增强，表现为病前不能够并且不重要的事情都能回忆起来	躁狂症和偏执状态患者
记忆减退（hypomnesia）	表现为远记忆力和近记忆力的减退	正常老年人以及各种记忆障碍的早期
遗忘（amnesia）	对局限于某一事件或某一时期内的经历不能回忆	
顺行性遗忘（anterograde amnesia）	不能回忆疾病发生以后一段时间内所经历的事情	脑震荡、脑挫伤
逆行性遗忘（retrograde amnesia）	忘掉受伤前一段时间的经历	脑外伤、脑卒中发作后
心因性遗忘症（psychogenic amnesia）	对某一特定阶段的经历完全遗忘，通常与这一阶段发生的不愉快事件有关	癔症
错构（paramnesia）	记忆的错误，对过去曾经历过的事情，在发生的时间、地点、情节上出现错误的回忆，并坚信不疑	老年性、动脉硬化性、脑外伤性痴呆和酒精中毒
虚构（confabulation）	由于遗忘，患者以想象的、未曾亲身经历过的事件来填补记忆缺损	各种原因引起的痴呆

五、智力障碍

智力（intelligence）是一个复杂的综合的精神活动功能，指人们认识客观事物并运用知识解决实际问题的能力。包括注意力、记忆力、分析综合能力、理解力、判断力、一般知识的保持和计算力等等。这种能力是在实践中发展的，是先天素质、后天实践（社会实践和接受教育）共同作用产生的。

临床上常常根据个体解决实际问题的能力，运用词汇、数字、符号、图形和非语言性材料的构成概念能力，来测定一个人的智能水平。目前，应用智力测验来评估个体的智能水平。智力测验的前提是认为同一年龄的群体其智能的得分基本上呈正态分布。智力测验所得的结果用数字表示，称为智商（IQ）。

笔记

临床上将智力障碍（disturbance of intelligence）分为精神发育迟滞和痴呆两大部分。

1. 精神发育迟滞（mental retardation） 又称智力障碍、智力残疾（intellectual disability）是指个体在发育阶段（通常指 18 岁以前），由各种原因引起，以智力发育不全或受阻和社会适应困难为主要特征的综合征。

2. 痴呆（dementia） 指大脑发育基本成熟和智能发育正常后（通常指 18 岁以后）由于各种有害因素引起大脑实质性损害所致的智能障碍。临床表现分析综合判断推理能力下降，记忆力、计算力下降，后天获得的知识丧失。工作和学习能力下降或丧失，甚至生活不能自理，并伴有精神和行为异常，例如思维贫乏、情感淡漠、行为幼稚、低级的和本能的意向活动亢进等。临床上绝大多数的痴呆是脑器质性的，但需与少见的、大脑组织结构无任何器质性损害的、由心理应激（精神创伤）引起的假性痴呆（pseudo dementia）进行鉴别。

六、自知力障碍

自知力（insight）又称领悟力或内省力，是指患者对其自身精神状态的认识能力，即能否判断自己有病和精神状态是否正常，能否正确分析和

> 明强的自知力完整吗？为什么？

识辨，并指出自己既往和现在的表现与体验中，哪些属于病态。能正确认识自己的精神病理状态称为"有自知力"，认为自己的精神病理状态不是病态称为"无自知力"，介于两者之间为"有部分自知力"。

神经症患者通常能认识到自己的不适，主动叙述自己的病情，要求治疗。医学上称之为自知力完整。精神病患者随着病情进展，往往丧失了对精神病态的认识和批判能力，否认自己有精神疾病，甚至拒绝治疗，对此，医学上称之为自知力完全丧失或无自知力。经过治疗，随着病情好转、显著好转或痊愈，患者的自知力也逐渐恢复。由此可知，自知力是精神科用来判断患者是否有精神障碍、精神障碍的严重程度以及疗效的重要指征之一。

第三节 情 感 障 碍

情感（affect）和情绪（emotion）在日常生活中常常互相通用，在精神医学中常作为同义词，指人对客观事物所持的态度体验。心境（mood）指强度较低但持续时间较长的情感。

在临床上，情感障碍通常表现为三种形式，见表 5-14。

表 5-14　情感障碍的分类及其特点

类别与名称		特　点	常见疾病
以程度变化为主	情感高涨（elation）	过分的愉快，自我感觉良好，有明显的夸大色彩；易激惹，情绪易波动；行为有感染力，常能引起周围人的共鸣	躁狂症
	情感低落（depression）	情绪异常低落，抑郁，自我感觉不良，常自责自罪，甚至自伤和自杀。常伴有生理功能降低，如食欲减退或缺乏、闭经等	抑郁症
	焦虑（anxiety）	在缺乏充分的事实根据情况下，对自身健康或其他问题感到忧虑不安，紧张恐惧，犹如大祸临头，常常伴有憋气、心悸、出汗、手抖、尿频等自主神经功能紊乱症状	焦虑症、恐惧症及更年期精神障碍
	恐惧（phobia）	遇到特定的境遇或事物产生一种紧张恐惧的心情，脱离这一种特定的环境或事物时，紧张恐惧的心情随即消失	恐怖症、儿童情绪障碍和其他精神疾病

笔记

续表

类别与名称	特　点	常见疾病
以性质改变为主 情感迟钝（emotional blunting）	对一般能引起鲜明情感反应的事情反应平淡，缺乏相应的情感反应	精神分裂症早期及脑器质性精神障碍
情感淡漠（apathy）	对能引起情感波动的事情以及与自己切身利益有密切关系的事情，缺乏相应的情感反应，对周围的事情漠不关心，表情呆板，内心体验缺乏	精神分裂症衰退期或单纯型以及脑器质性精神障碍
情感倒错（parathymia）	情感反应与环境刺激不一致，或面部表情与其内心体验不相符合	精神分裂症
以稳定性改变为主 易激惹性（irritability）	情感极易诱发，轻微刺激即可引起强烈的情感反应，或暴怒发作	躁狂状态等功能性精神疾病
情感不稳定（emotional instability）	情感稳定性差，易变动起伏，喜、怒、哀、乐极易变化，常常从一个极端波动到另一个极端，且并不一定有外界诱因	脑器质性精神障碍
情感脆弱（emotional fragility）	常因一些细小或无关重要的事情而伤心落泪或兴奋激动，无法克制	神经衰弱等
强制性哭笑（forced crying and laughing）	在无外因影响下，突然出现不能控制的、没有感染力的面部表情；既无任何内心体验，也说不出为什么要这样哭和笑	脑器质性精神障碍
病理性激情（pathological passion）	骤然发生、强烈而短暂的情感爆发状态。常伴有冲动和破坏行为，事后不能完全回忆	癫痫、颅脑损伤性精神障碍、中毒性精神病

1. **以情感程度改变为主**　主要表现为情感表达程度的异常，如出现无法按常识理解的情感高涨或情感低落等。

2. **以情感性质改变为主**　主要表现情感表达性质的异常，即缺乏常人应当表达的相应情感，如对悲伤的事情却表现情感淡漠。

3. **以情感稳定性改变为主**　这是指情感表达稳定性的异常，即与常人的情感变化不符，如对很小的刺激产生剧烈的情绪反应。

 明强有情感障碍症状吗？

第四节　意志与行为障碍

意志（will）是指人自觉地确定目的，并根据目的调节支配自身的行动，克服困难，实现预定目标的心理过程。简单的随意和不随意运动称为动作。有动机、有目的而进行的复杂的随意运动称为行为。意志与情绪密切相关，互相渗透。当人们认识到前途或未来时，就会向着既定目标采取自觉的积极的行动。反之，就会消极行动。常见的意志行为障碍主要包括意志障碍和动作行为障碍。

一、意志障碍

主要是意志活动的强度、一致性与现实性异常，见表5-15。

表 5-15　意志障碍的类型及其特点

名　称	特　点	常见疾病
意志增强 （hyperbulia）	意志活动增多。在病态情感或妄想的支配下，患者可以持续坚持某些行为	躁狂症、精神分裂症
意志减弱 （hypobulia）	意志活动减少，意志消沉，不愿参加外界活动，懒于料理工作学习、个人生活	抑郁症、慢性精神分裂症
意志缺乏 （abulia）	缺乏应有的主动性和积极性，行为被动，生活极端懒散，个人及居室卫生极差。严重时患者甚至连自卫、摄食及性的本能都丧失	精神分裂症晚期精神衰退时及痴呆
矛盾意向 （ambivalence）	对同一事物，同时出现两种完全相反的意向和情感，但患者并不感到不妥	精神分裂症
意向倒错 （parabulia）	患者的意向活动与一般常情相违背，导致患者的行为无法为他人所理解	精神分裂症青春型

二、动作行为障碍

在这里，主要指临床上常见的动作行为异常，见表 5-16。

表 5-16　动作行为障碍的类型及其特点

类别与名称		特　点	常见疾病
精神运动性兴奋	协调性兴奋 （coherent excitement）	患者的动作行为的增加与思维、情感活动一致，是有目的的、可以理解的	躁狂症
	不协调性兴奋 （incoherent excitement）	患者的动作行为的增加与思维、情感不一致，动作单调杂乱、无动机和目的	精神分裂症青春型或紧张型
精神运动性抑制	木僵 （stupor）	动作和行为明显减少或抑制，并常常保持一种固定姿势。严重的木僵称为僵住，患者不言、不语、不动、不食，大小便潴留，对刺激缺乏反应	精神分裂症紧张型
	蜡样屈曲 （waxy flexibility）	静卧或呆立不动，身体各部位听人摆布，即使把它摆成一个很不舒服的位置也可以维持很长的时间，就像塑料蜡人一样	精神分裂症紧张型
	缄默症 （mutism）	缄默不语，不回答问题，有时以手示意	精神分裂症紧张型和癔症
	违拗症 （negativism）	患者对于要求他做的动作不但没有反应，反而表现抗拒	精神分裂症紧张型
其他行为症状	刻板言动 （stereotyped act）	患者机械刻板地反复重复某一单调的动作，常与刻板言语同时出现	精神分裂症紧张型
	持续言动 （perseveration）	患者对一个有目的而且已完成的言语或动作进行无意义的重复	精神分裂症紧张型
	模仿言动 （echopraxia）	患者对别人的言语和动作进行毫无意义的模仿	精神分裂症紧张型、脑器质性精神障碍
	作态 （mannerism）	患者用一种不常用的表情、姿势或动作来表达某一有目的的行为	精神分裂症青春型
	强迫动作 （compulsion）	患者明知不必要，却难于克制而去重复地做某个动作，如果不去重复，患者就会产生严重的焦虑不安	强迫症、精神分裂症

笔记

第五节 意识障碍

意识(consciousness)在临床医学中意识指患者对周围环境及自身的认识和反应的能力。它涉及觉醒水平、注意、感知、思维、情感、记忆、定向、行为等心理活动,是人们智慧活动、随意动作和意志行为的基础。环境意识包括对外界各种事物的内容、性质及其发生的时间、地点等方面的认识,自我意识包括对自己的思维、情感、行为、功能、自我概念等方面的认识,并且能否进行自我评价和自我调整及能否将目前的自我和既往的经历联系起来的状态。常见的意识障碍如下。

一、环境意识障碍

环境意识障碍指意识清晰度下降和意识范围改变,它是由于脑功能的抑制所引起的,不同程度的脑功能抑制,造成不同程度的意识障碍。临床上常见的环境意识障碍有意识清晰度的降低、意识内容的改变、意识范围的缩小等,见表5-17。

表5-17 环境意识障碍的类型及其特点

类别与名称		特 点	常见疾病
意识清晰度降低	嗜睡(somnolence)	意识水平下降,如不予刺激即昏昏入睡,但呼叫或推醒后能简单应答,吞咽、瞳孔、角膜反射存在	功能性及脑器质性疾病
	意识混浊(clouding of consciousness)	意识清晰度受损,表现似醒非醒,缺乏主动,强烈刺激能引起反应,但反应迟钝,回答问题简单,语音低而慢,有定向障碍,吞咽、对光、角膜反应尚存在	躯体疾病所致精神障碍
	昏睡(sopor)	意识水平更低,对周围环境及自我意识均丧失,但强烈刺激下可以有简单或轻度反应,角膜反射减弱,吞咽反射和对光反射存在	功能性及脑器质性疾病
意识内容改变	昏迷(coma)	意识完全丧失,对外界的刺激没有反应,随意运动消失,吞咽、角膜、咳嗽、括约肌、腱反射,甚至对光反射均消失	严重脑部疾病及躯体性疾病
	谵妄状态(delirium)	意识水平下降,记忆障碍和时间、地点定向障碍,常常伴有幻觉、错觉、情绪和行为的障碍,意识水平有明显的波动,症状呈昼轻夜重	躯体疾病所致精神障碍及中毒所致精神障碍
意识范围缩小	朦胧状态(twilight)	意识活动范围缩小,意识水平轻度降低。对一定的刺激能够感知和认识,有相应的反应。但对其他事物感知困难	癫痫性精神障碍、脑外伤、脑缺氧及癔症
	梦样状态(dream-like state)	如同梦境,完全沉湎于幻觉幻想之中,对外界环境毫不在意,但外表看似清醒。对其幻觉内容事后不完全遗忘	感染中毒性精神障碍和癫痫性精神障碍

二、自我意识障碍

自我意识障碍是在大脑皮质觉醒水平轻度降低的状态下,对自身主观状态不能正确认识的一种症状,即患者不能正确认识自己的人格特点。常见的自我意识障碍有人格解体、双重人格、自我界限障碍,见表5-18。

笔记

表 5-18　自我意识障碍的类型及其特点

名　称	特　点	常见疾病
人格解体 （depersonalization）	感到自身有特殊的改变，甚至已不存在。感到世界正变得不真实，或不复存在	正常人疲劳状态、神经症、抑郁症、精神分裂症、颞叶癫痫
交替人格 （alternating personality）	在不同时间内表现为两种完全不同的人格交替出现，是同一性意识的障碍	多见于癔症，也可见于精神分裂症
双重人格 （double personality）	在同一时间内表现为完全不同的两种人格，是统一性意识的障碍	癔症、精神分裂症、颞叶癫痫
自我界限障碍 （self boundary disorder）	不能将自我与周围世界区别开来，因而感到精神活动不再属于自己所有	癔症、精神分裂症、颞叶癫痫

三、定向障碍

定向力（orientation）指一个人对时间、地点、人物和自身状态的认识能力。前者称对周围环境的定向力，后者称自我定向力。时间定向指对当时所处时间的认识以及年、月、日的认识；地点定向或空间定向是指对所处地点的认识，如所处居所、街道名称；人物定向是指辨认周围环境中人物的身份及其与患者的关系；自我定向包括对自己个人身份资料的认识。

定向障碍（disorientation）是指对环境或自身状况的认识能力丧失或认识错误。多见于症状性精神病及脑器质性精神病有意识障碍或严重痴呆时。定向障碍是意识障碍的一个重要标志，但正常人与痴呆患者可有定向障碍而没有意识障碍。

（王立金）

阅读

综　合　征

精神疾病的症状并不是完全孤立的，很多时候是以综合征的形式出现的。判定精神症状综合征有助于我们做出正确的临床诊断。

1. 幻觉 - 妄想综合征（hallucinatory-paranoid syndrome）　特点是以幻觉为主，多为幻听，幻嗅等。在幻觉背景上又产生迫害、影响等妄想。妄想一般无系统化倾向。这类综合征的主要特征在于幻觉和妄想彼此之间既密切结合而又相互依存，互相影响。这一综合征较多见于精神分裂症，但也见于器质性精神病等其他精神障碍。

2. 精神自动症综合征（psychic automatism syndrome）　又称 Kahuncun-Clerambault 综合征，是一个较复杂的综合征，它包括感知觉、思维、情感、意志等多种精神病理现象。其临床特点是在意识清晰状态下产生的一组症状，其中包括假性幻觉、患者思想、意志不受本人愿望控制等。其典型表现是患者感到本人的精神活动丧失了属于自己的特征（即一类自我意识障碍表现）而认为这是由于外力作用的结果。概括地说精神自动症综合征主要临床特征，即存在异己感、强制感和不由自主感三个特点。

3. Cotard 综合征　是以虚无妄想（nihilistic delusion）或否定妄想（delusion of negation）为核心症状的一种较少见的综合征。由 Cotard（1880）首次加以描述，以后就以 Cotard 加以命名。此种综合征的严重程度可以很不相同，轻度状态可以症状不明显，严重时患者认为本身的内部器官和外部现实世界都发生了变化，部分不存在了，最严重的病例确认患者本人和外部世界都已不复存在。可见于多种精神疾病如精神分裂症、意识模糊状态、脑炎、癫痫、老年性痴呆等，但大多数见于抑郁状态。

4. 柯萨科夫综合征（Korsakoff's syndrome） Sergei Korsakoff（1889）提出了这一综合征。它的临床特点是：记忆障碍，以近事遗忘非常突出，往往是患者刚说过的话，或做过的事，随即遗忘。患者同时又有时间定向障碍，对病期中发生的事件常丧失回忆能力，对任何新的印象一般都很快遗忘，对日期最难辨明。这一综合征常与记忆错误结合在一起，例如患者以虚构症的事件填补了记忆的空白是一种典型的表现。这一综合征最初认为只见于酒精中毒，以后确定为一种综合征。如颅脑损伤、脑挫伤可伴发有这一综合征，各种传染病、中毒、内分泌疾病、脑肿瘤、老年性精神病都可伴发这一综合征。

5. 紧张症性综合征（catatonic syndrome） 紧张性的兴奋状态，临床特点是情绪激昂、热情奔放的兴奋，行为带有冲动性，此种类型的兴奋又称为冲动性兴奋状态，严重病例有极度兴奋，可产生狂暴性的攻击行为，如无目的乱跑，捣毁身边的东西，攻击所有企图接近他的人，对所有的人都表现暴怒和对立。

紧张症性木僵状态，往往发生于上述兴奋状态之后，也可单独产生。临床特点是丧失活动能力、缄默无语、不活动、肌张力增高。对任何刺激，如疼痛、冷或热刺激，甚至面临危险照旧保持无活动状态。

6. Capgras 综合征 它是一种少见的症状。即一个看起来很像另外一个人，有如孪生兄弟那样。患者认为两个人在同一时间是都存在的，并认为真实的那个人业已为他人所替代。如一位住院的女病人说，来院探视她的母亲，并不是她的真母亲，而是一个极其像她母亲的人，或者是一个冒充她母亲的骗子。这是一种特殊的妄想观念，也可称为冒充者综合征（imposter syndrome）或者称之为双重错觉（the illusion of double）。这种妄想观念多涉及本人关系密切的人，常发生于意识清晰状态时，被认为是一种自我功能障碍。

第六章　创伤与应激障碍

案例6-1

她被骗奸以后疯了

安塔，女，22岁，银行职员，单纯，性格较内向。与一32岁男青年谈恋爱，遭到自己父母的反对，但安塔置之不理。一天中午，其男友趁安塔家人不在时，将其骗奸。安塔母亲回来发现她神情恍惚，呼之不应，家人好言相劝，无动于衷。接着兴奋躁动，大喊大叫，口中喃喃自语，听不清内容。被急送某县医院。请求心理医生和精神科专家会诊，给予氯丙嗪和赛乐特治疗，1周后情绪平稳，即加上心理治疗，2周后好转出院，转心理门诊继续治疗。

🍋 安塔的心理行为异常是如何形成的？
🍋 如何诊断、评估和和治疗她的问题？

第一节　概　　述

一、应激障碍的概念

应激障碍（stress disorder）通常被称为应激相关障碍（stress related disorder）是指一组主要由于强烈或持久的心理和环境因素引起的异常心理反应而导致的精神障碍。以往的

笔记✎

称谓是心因性精神障碍（psychogenic mental disorder）或反应性心理障碍（reactive mental disorder）。早先使用心因性精神病与反应性精神病名称。这类障碍的特点是发病时间与应激因素有密切的关系，症状反映刺激因素的内容，病程和预后也取决于刺激因素能否及早解除，一般预后较好等。DSM-5 将此类精神障碍改称为创伤和应激相关障碍（trauma-and stress-related disorder）。

早在 1854 年，Delbruck 就描述了一种由于严重心理创伤引起并很快恢复的心理障碍，1913 年 Kraepelin 提出心因性精神病一词，1916 年 Wimmer 在总结大量病例的基础上，首次提出了心因性精神病的诊断名称，认为心理创伤在本病发生中起着至关重要的作用。McCabe（1975）从临床特点和遗传学等方面进行了研究，也认为本病不同于分裂症及情感性精神障碍，应列为一个独立的疾病单元。此后许多国内外学者对其病因、发病机理、临床过程和预后等进行了大量的研究，均认为这是一组由心理社会因素所致的精神障碍。他们认为，机体处于应激状态时可出现明显的生物学变化，如神经系统、神经生化、神经内分泌及免疫系统的改变，可造成情绪和行为等精神活动方面的改变。而且，应激相关障碍的发生往往紧接着应激反应之后，心理障碍的内容围绕着应激事件，并随着应激源的消除而缓解，治疗缓解较快，预后良好。这些特点在长期随访病例中得到了证实，相当多的病例维持了原来的诊断。

另一种观点则认为本病的临床表现并无特异性，应归类于其他精神障碍中。因为就应激因素而言，在各类精神障碍中存在不同程度的应激事件高达 66%，其中神经症 75%，情感障碍 57%，精神分裂症 50.8%。因此，用有无应激性事件作为分类的主要标准同样没有特异性。此类与应激有关的心理障碍究其根本原因，是应激反应还是素质因素所致等仍无法确认。

二、应激相关障碍的分类

在 CCMD-3、ICD-10 和 DSM-5 中，应激相关障碍主要有三种类型（表 6-1）。

表 6-1　创伤与应激障碍三种分类的比较

CCMD-3 癔症、应激相关障碍及躯体形式障碍	ICD-10 神经症性、应激相关及躯体形式障碍	DSM-5 创伤和应激相关障碍
41.1 急性应激性障碍	F43.0 急性应激反应	反应性依恋障碍（F94.1）
41.2 创伤后应激障碍	F43.1 创伤后应激障碍	去抑制性社会参与障碍（F94.2）
41.3 适应障碍	F43.2 适应障碍	创伤后应激障碍（F43.10）
短期抑郁反应	短暂抑郁性反应	急性应激障碍（F43.0）
中期抑郁反应	长期的抑郁反应	适应障碍
长期抑郁反应	混合性焦虑和抑郁反应	伴抑郁心境（F43.21）
混合性焦虑抑郁反应	以其他情绪紊乱为主	伴焦虑（F43.22）
品行障碍为主的适应障碍	以品行障碍为主	伴混合焦虑和抑郁心境（F43.23）
41.9 其他或待分类的应激相关障碍	混合性情绪和品行障碍	伴行为紊乱（F43.24）
	以其他特定症状为主	伴混合性情绪和行为紊乱（F43.25）
	F43.8 其他严重应激反应	未特定的（F43.20）
	F43.9 严重应激反应，未定	其他特定的创伤及应激相关障碍（F43.8）
		未特定的创伤及应激相关障碍（F43.9）

笔记

三、应激理论学说

1. 心理应激的概念　应激(stress)又称之为压力,由加拿大生理学家 Sely.H 于 1936 年提出,也可称作紧张刺激、紧张反应、紧张状态或压力等。由于几乎所有的应激都伴有心理成分,因此常使用心理应激(psychological stress)术语,以强调心理因素在应激中的重要性。创伤(trauma)更加强调由创伤造成的心理上的痛苦或异常,各种应激障碍可以被看作创伤综合征。

现代的应激概念应该是众多科学家的观点的综合,主要包括三个方面:应激是一种刺激;应激是一种反应;应激是一种处理。但目前更多地倾向于将上述三个方面含义作为一种整体过程来认识。概括起来可以认为,应激是个体在察觉自身处于威胁或挑战情境中作出适应和应对的过程。应激的结果可以是适应或不适应;应激源可以是生物的、心理的、社会的和文化的各种事件;应激反应既有生理的也有心理的;应激过程受个体多种因素的影响;认知评价在应激作用过程中起关键性作用。

心理应激是一个非常复杂的过程,是一个不断变化、失衡和再平衡的整体。适度的应激有积极的作用,过度的应激会影响心身健康。生物、心理和社会等诸多因素都可能成为应激源,但必定要在人的认知评价基础上才能变成现实的应激源。许多因素,如环境刺激的质和量、认知评价、应对方式、社会支持、个人经历和个性特征等,都会显著地影响应激的过程和结果。

2. 应激的反应模式　一个应激过程可以分为四个部分:输入、中介机制、反应、结果,如图 6-1 所示。

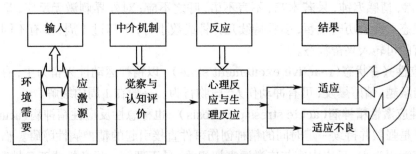

图 6-1　应激的反应模式

3. 心理应激的不良后果　在应激情况下发生的生理和心理反应,都是身体对应激的适应与调整活动,又是导致疾病的生理基础。如果应激反应过于强烈和持久,超过了个体的承受能力,正常的心理生理反应便向病理的心理生理障碍转变,引起各种功能障碍与疾病。心理应激主要作为一种非特异的致病因素起作用。

强烈或持久的心理社会事件可导致或引发各种心理障碍,如应激相关障碍(急性应激障碍、创伤后应激障碍和适应障碍);也可诱发神经症、心理生理障碍等,甚至精神病;心理应激还可以导致人格与行为异常,如人格改变、烟瘾、酒瘾与吸毒、社会适应困难或社会功能丧失等。

第二节　急性应激障碍

一、概述

急性应激障碍(acute stress disorder, ASD)又称急性应激反应(acute stress reaction),是由于突然发生强烈的创伤性生活事件所引起的一过性精神障碍。ASD 作为一个诊断类别,最初于 1994 年由 DSM-Ⅳ列出,此后国际疾病分类及我国精神障碍分类方案相继采纳。多数病人的发病时间与心理刺激因素有关,病状的表现与刺激的内容有明显关联,其病程及预后也与心理因素的及早消除有关。ASD 可发生于任何年龄,但多见于青年人,男女患病率无显著差异。国外 Staab 等曾报道某遭受台风的群体一周后的 ASD 时点患病率为 7.2%;Classea 等对暴力事件目击者的调查发现符合 ASD 诊断标准者为 33%;国内张本等对唐山大地震孤儿的调查 ASD 发病率为 47%。本病起病急骤,经及时治疗预后良好,心理状态可完全恢复正常。大多数成人研究表明诊断为 ASD 的创伤人群至少 50% 以上随后会发生为 PTSD。

章前的案例 6-1 便是急性应激障碍病例。

二、临床表现

ASD 是遭遇创伤性事件后的一过性状况,一般在应激性事件后几分钟至几小时出现症状,临床表现为茫然、迟钝、激越、回避和过度警觉等,有较大的变异性。主要为强烈恐惧体验的精神运动性兴奋或精神运动性抑制,行为有一定的盲目性。本病病程短暂,一般在几小时至一周内症状消失,最长不超过一个月。恢复后对病情可有部分或大部分遗忘,预后较好。按照临床优势症状可划分为以下几种。

1. **反应性蒙眬状态(reactive twilight state)** 主要表现为定向障碍,对周围环境不能清楚感知,注意力狭窄。患者处于精神刺激的体验中,紧张、恐怖,难以交流;有自发言语,缺乏条理,语句凌乱;行为混乱,无目的性,偶有冲动。可出现片断的心因性幻觉。约数小时后意识恢复,事后有部分或全部遗忘。

2. **反应性木僵状态(reactive stupor state)** 以精神运动性抑制为主要表现。目光呆滞,表情茫然,情感迟钝,呆若木鸡,不言不语,呼之不应;对外界刺激无反应,呈木僵状态或亚木僵状态。此型历时短暂,多数持续几分钟或数小时,不超过 1 周;多有不同程度的意识障碍。有的可转入兴奋状态。

3. **反应性兴奋状态(reactive excitement state)** 以精神运动性兴奋为主,有强烈情感反应。情绪激越,情感爆发,可有冲动伤人、毁物行为。一般在 1 周内缓解。

4. **急性应激性精神病(acute stress psychosis)** 也称急性反应性精神病(acute reactive psychosis),是强烈并持续一定时间的精神创伤事件直接引起的精神病性障碍。临床以妄想或严重情感障碍为主,反应内容与应激源密切相关,易于理解。呈急性或亚急性起病,历时短暂,一般在 1 个月内恢复,经治疗预后良好。

在 DSM-5 中 ASD 的症状要点包括:①侵入性症状:即出现侵入性的痛苦记忆或反复做内容和 / 或情感与创伤性事件相关的痛苦的梦;②负性心境:表现持续地不能体验到正性的情绪;③分离症状:可出现不能想起创伤性事件的某个重要方面;④回避症状:回避关于创伤性事件或与其高度有关的痛苦记忆;⑤唤起症状:表现为警觉度增高。

三、影响因素

ASD 是由于剧烈的、异乎寻常的打击,超过了患者的心理承受能力引发的精神障碍。其形成机制存在着较复杂的心理生理中介和反应过程。

1. **心理学研究** ASD 的发生与个体心理多种因素与有关,如个性特点、心理应对、防御机制、认知模式、健康状况、适应能力、生活经验,甚至文化程度因素等,并有着复杂的心理生理机制。目前多数研究者认同分离理论的解释,即人们通过抑制对创伤体验的觉察而回避创伤体验,以此将创伤导致的消极情感后果减至最小。但是,创伤分离损害了创伤体验的编码,并阻止了被编码的创伤记忆的提取。

2. **生物学研究** Osuch 等人首次用正电子断层扫描技术(PET)研究了急性应激期内创伤个体的神经生理反应。结果表明,发生在听取创伤提示时的杏仁核、嗅旁皮质和右内侧前额叶皮层 / 前部扣带回之间的功能交互作用可能是出现 ASD 及其适应或恢复的神经基础。李欢欢等人发现,海马和前脑皮层是动物对急性应激反应敏感的脑区。此外,有统计表明家族精神障碍遗传史者较易发生本病。这些发现对于 ASD 的生物学研究具有一定的启发作用。

四、诊断评估

1. **临床评估** 可选择的工具主要有:急性应激障碍访谈问卷(Acute Stress Disorder Interview,ASDI)、急性应激障碍量表(Acute Stress Disorder Scale,ASDS)、斯坦福急性应激反应问卷(Stanford Acute Stress Reaction Questionnaire,SASRQ),以及儿童急性应激反应问卷(Child Acute Stress Reaction Questionnaire,CASRQ)、儿童急性应激核查表(The Acute Stress Checklist for Children,ASC-Kids)等。

专栏 6-1

CCMD-3 关于 ASD 的症状标准

以异乎寻常的和严重的精神刺激为原因,并至少有下列 1 项:

1. 有强烈恐惧体验的精神运动性兴奋,行为有一定盲目性。
2. 有情感迟钝的精神运动性抑制(如反应性木僵),可有轻度意识模糊。

病程:在受刺激后若干分钟至若干小时发病,病程短暂,一般持续数小时至 1 周,通常在一个月内缓解。

2. **诊断要点** 主要是:①有异乎寻常的、严重而急剧的应激事件;②起病急,在受到精神创伤后的数分钟或数小时内发病;③症状出现的时间与应激事件密切相关;④临床主要表现为有强烈情感变化的精神运动性抑制或精神运动性兴奋,可有轻度意识障碍;⑤病程短,症状随着应激源的消除或环境改变迅速缓解或逐渐减轻。在 DSM-5 的诊断中,创伤事件之后出现完整的症状必须存在至少 3 天,最多不超过 1 个月,并发生于创伤事件之后 1 个月内。若病程超过一个月,可考虑其他诊断。即在 DSM-5 中,创伤性事件之后立即出现的症状如果在不到 3 天的时间内消失,则不考虑 ASD 的诊断。CCMD-3 的诊断标准见专栏 6-1。

3. **鉴别诊断** 要点是:①如果在创伤性事件后主要表现为亚临床水平的焦虑抑郁或其他非特异性症状,考虑适应障碍可能更合适;②如果症状是已有的精神障碍症状的恶化,则不诊断 ASD;③ ASD 的妄想和严重情绪障碍出现在强烈精神打击后,如只是原有症状的恶化并无其他症状出现,应考虑其他诊断。ASD 诊断还须排除癔症、器质性精神障碍和各种因感染、中毒、急性脑器质性损害和抑郁症等。

五、防治要点

1. **治疗目标** 主要目的是尽早消除创伤个体的病理性应激反应,恢复正常生活,减少形成 PTSD 的可能。干预的策略因个体和创伤性事件的特点有所不同,基本原则是及时、就近、简洁和紧扣问题。首先,要尽早予以干预,让患者尽快脱离创伤情境,回避进一步的刺激。接着,可与患者适当地讨论问题,以减少消极评价;教给患者应对技巧,鼓励他们勇敢面对,并给予支持。还要尽可能动员各种社会资源以提供实际帮助。

2. **预防 PTSD** 研究表明,ASD 是预测 PTSD 的指标之一,因此要进行 ASD 的早期干预。研究还发现亚 ASD 对 PTSD 也有着较好的预测。此外,Bryant 等人(2000)发现,最显著的预测指标是 ASD 诊断和不低于 90 次/分钟的心率,可解释敏感性的 88% 和特异性的

笔记

85%。因此应该考虑 ASD 的各种症状对 PTSD 的独立预测作用,并结合认知、归因、生理反应等指标,以更加准确地识别 PTSD 的敏感个体。

3. 心理治疗　主要方法有认知行为疗法等。

(1)认知行为疗法:一般由创伤教育、放松训练、想象暴露、现场暴露、认知重构等,对早期的 ASD 有很好的疗效,可酌情选用。

(2)暴露疗法:是处理创伤记忆的主要疗法之一。暴露是提取、修改恐惧结构和减少回避的直接途径。在安全的环境中进行重复暴露,使恐惧结构的适应性发生改变。在一个安全可控的环境中观察恐惧强弱变化,可以增强个体积极的暗示和期望。暴露也可使人们重新评价创伤事件及其对创伤事件的反应,进而使他们做出适当的认知改变。有人证明了延迟暴露的效果,认为延迟暴露是 ASD 治疗的重要组成部分。

(3)眼动脱敏:是一种以暴露为基础的治疗技术,程序包括了解创伤史、治疗准备、评定、脱敏、再加工等 8 个部分。有学者对战争中受伤患 ASD 的士兵进行了眼动脱敏治疗,结果发现仅在 1 次治疗后,个体的创伤症状就得到了明显的改善。

(4)支持性辅导:是 ASD 治疗中普遍使用的一种心理干预手段,主要是给创伤个体提供创伤教育和解决问题的一般技巧。如支持性辅导的家庭作业要求创伤个体坚持记录当前的问题及情绪状态。因为 ASD 个体中大约有 50% 可能发展为 PTSD。

4. 社会支持　家人、朋友、医务人员和社会团体等提供的情感支持、经济支持、心理援助等,对 ASD 个体的恢复和预防 PTSD 具有重要作用。

以上心理治疗技术具有各自的优点,要考虑创伤个体的具体情况酌情选择,往往需要综合使用多种方法。但是,针对 ASD 创伤性事件回忆的某些治疗存在争议,需要给予特别的注意(参见专栏 6-2)。

专栏 6-2

心理回诉(psychological debriefing,PD)又称为心理汇报。是通过使当事人集中于创伤经历、重新暴露于危险情景,同时通过干预促使反应正常化,强化有效应对行为,缓解情绪等。一般在灾难发生后 24~72 小时内,采取一次性的个人干预或集体干预形式的治疗。

目前对 PD 应用于创伤的早期干预方法引起了越来越多的争论。一些学者认为,PD 对于灾后迅速控制和安抚幸存者的强烈情绪,帮助其建立有效的应对方式有很大的优势,是一种在灾难后较短时期内非常经济时效的干预方式,尤其在集体干预的形式中使用。

一些有责任的学者呼吁成立关于 PD 统一意见的专家治疗组,制定基于实践的操作指南,规定使用范围和禁忌证。1999 年,国际应激创伤研究协会(International Society for Trauma Stress Studied,ISTSS)制定了国际创伤训练任务目标(Task Force on International Trauma Training)。其中关于标准化 PD 的实施指南中强调,如有必要,需要有经验的,经过严格培训的专业人员来实施,且在整个实施过程中,不能采取强制手段,应该进行临床评估,同时有明确、客观的评价监督体系,保证 PD 操作中的安全。一般不推荐 PD 作为早期危机干预的心理治疗。

5. 药物治疗　针对失眠、焦虑或抑郁等症状,可小剂量短期使用相关药物。可以用药物对症治疗作为心理治疗的辅助手段。

笔记

第三节　创伤后应激障碍

案例 6-2
他陷入传销恐怖不能自拔

张浩,30 岁,销售人员。因紧张、担心、警觉性增高、失眠、噩梦,易受惊吓一年余来到心理咨询门诊。

他三年前误入某传销组织,并逐渐成为级别较高的骨干,一年前因慑于公安机关对传销的打击,欲脱离"传销组织"。就在计划逃离的当天夜晚受到传销组织上级"领导"的恐吓,又听说民警已进入小区,即将行动。感到非常恐惧,认为无论是被警察还是被"传销组织"抓去,都会受到严厉的惩罚。他非常艰难的在朋友的帮助下逃脱,辗转到北京某企业工作。半年后逐渐表现心理异常,紧张、害怕、"全身发紧",失眠,常做噩梦,几乎都是与传销有关。不能看与传销有关的电视节目、书报等,也不能提及传销有关的事。常在大街上把陌生人当作自己的上线,非常恐惧。有时在家感到窗帘也在动,也很害怕;十分担心同事知道自己以前的事,尽量回避与他们交往。工作效率明显下降,对生活和未来失去信心,但无自杀意念;极力想改变处境,却无能为力。

> 🍎 张浩的表现与安塔有何异同?

一、概述

创伤后应激障碍(post-traumatic stress disorder,PTSD),又称为延迟性心因性反应(delayed psychogenic reaction),是一种与遭遇到威胁性或灾难性心理创伤有关,并延迟出现和(或)长期持续的精神障碍。患者常出现创伤性体验的反复重现、持续的警觉性增高、持续地回避等。PTSD 总的患病率为人口的 1.0%~2.6%,但不同的应激事件患病率有所不同,如 3.6% 的遭遇火山爆发人群、30% 的志愿救火者和劫难幸存者、45% 遭遇灾难的妇女会发生 PTSD。PTSD 自杀风险明显高于普通人群。

1871 年,美国的 Da Costa 描述了南北战争中一组经历了严重创伤的士兵出现的以焦虑为核心的症状。到了 20 世纪 70 年代,因部分精神卫生人士对从越南战场回来的老兵的关注,PTSD 作为一个新的诊断类别日益受到重视,DSM-Ⅲ(1980)首次制定了 PTSD 的诊断标准。用创伤后应激障碍来描述恶性创伤事件难以避免的结果,并设想这种障碍的症状可在最初的数月、数年、甚至数十年后出现,表现为个体对创伤性事件的反应在非创伤性情境中持续存在或反复发作。

二、临床表现

PTSD 主要表现为在重大创伤性事件后出现闯入性症状、回避症状和警觉性增高症状等三大核心症状。患者以各种形式重新体验创伤性事件,有驱之不去的闯入性回忆,频频出现的痛苦梦境。有时可见病人仿佛又完全身临创伤性事件发生时的情境,重新表现出事件发生时所伴发的各种情感,持续时间可从数秒钟到几天不等,称为闪回(flash back)。病人面临、接触与创伤性事件相关联或类似的事件、情景或其他线索时,通常出现强烈的心理痛苦和生理反应。事件发生的周年纪念日、相近的天气及各种场景因素都可能促发病人的心理与生理反应。

笔记 ✎

患者对创伤相关的刺激存在持续的回避。回避对象不仅限于具体的场景与情境，还包括有关的想法、感受及话题，如患者不愿提及有关事件，不能回忆起事件的关键部分，避免有关的交谈，在创伤性事件后的媒体访谈及涉及法律程序的取证过程往往给当事人带来极大的痛苦。对创伤性事件的某些重要方面失去记忆也被视为回避的表现之一。例如：常出现"心理麻木"或"情感麻痹"等表现。病人在整体上给人以木然或淡然的感觉，他们自己感到对过去热衷的活动兴趣索然，甚至难以对任何事情发生兴趣，感到自己与外界疏远、隔离，甚至格格不入；似乎对什么都无动于衷，难以表达与感受各种细腻的情感；对未来意懒心灰，轻则听天由命，重则万念俱灰，以致自杀。另外一组症状是持续性的焦虑和警觉水平增高，如难以入睡或不能安眠，警觉性过高，容易受惊吓，做事无从专心等。患者大约有50%在1年内恢复，但起始时症状越重恢复就越困难。

在 DSM-5 中 PTSD 的症状要点包括：①与创伤性事件有关的侵入性症状，即出现侵入性的痛苦记忆或反复做内容和／或情感与创伤性事件相关的痛苦的梦；②持续地回避与创伤性事件有关的刺激；③与创伤性事件有关的认知和心境方面的负性改变；④与创伤性事件有关的警觉或反应性有显著的改变，可表现过度警觉、过分的惊跳反应、注意力有问题、睡眠障碍等。

三、影响因素

PTSD 的发生是多种因素综合作用的结果。异乎寻常的创伤性事件是本病的直接原因，它与个体的易感素质的结合，使患者应付心理应激的"重建和再度平衡"机制失调。相关因素涉及不良遗传素质、早期心理创伤、个性内向、既往心理疾病、家境困难、健康状况不佳等。而应激源的严重程度、暴露的时间长短以及人格特点、个人经验和社会支持等也是影响 PTSD 发生和病程的重要因素。

（一）生物因素

1. **遗传** PTSD 与个体的易感性有关。这种易感性既可能来自于遗传也可能后天获得，或两者兼而有之。True 等对越战期间在美国军队服役的 2224 对单卵和 1818 对双卵双生子进行研究（1993），在均衡了战争暴露程度后，遗传差异可解释 33.3% 的自述易患性的变异，而其自述的儿童及青少年期的生活环境对这类变异没有明显影响。

2. **神经内分泌系统** PTSD 与处理情绪和记忆的脑系统有关，特别是杏仁核和海马，它们与条件性恐惧反应关系密切，在形成和回忆相关的情绪记忆时都会被激活。创伤记忆的形成与去甲肾上腺素和皮质醇两种应激激素有密切关联。在创伤应激下，应激激素分泌的增加使记忆增强，但可能导致脑组织神经细胞死亡和记忆系统的破坏。

PTSD 可能与气质类型尤其是神经质有关。研究发现，患者的去甲肾上腺素系统敏感性增强，而肾上腺素能受体的下调和 5-HT 系统敏感性增强的证据较少，皮质醇水平在 ASD 时上升，而在 PTSD 时降低。但这种降低可能不是正常降低的反应，因为在交通事故发生后的皮质醇降低者更容易出现 PTSD，皮质醇高者更容易出现抑郁。

（二）心理因素

1. **精神分析理论** 强调以往经历决定对严重事件反应的个体差异；PTSD 的心理冲突是由于过去创伤事件的重新激活；患者孩提时期经历心理创伤对个体正常心理发展的深远负性影响，如遭受性虐待和父母离异等。

2. **行为学习理论** 主要有恐惧条件反射作用。一些患者在闻到与创伤性环境有关的气味或听到相关的声音等能触发对创伤事件的生动回忆，用经典条件反射可以解释。

3. **认知模型** 包括社会认知模型和信息加工理论。前者强调个体将创伤经历带入个人世界观的认知重整过程；后者关注创伤事件的相关信息在人脑记忆系统中的表征过程。

（1）社会认知模型：由 Horowize 于 1986 年提出并受到精神分析的影响。认为完整倾向（completion tendency）使创伤的相关信息保存在活跃的记忆中，目的是对其进行加工，但防御机制则尽力阻止这些记忆进入意识。个体表现出来的症状便是两者竞争的结果：当完整倾向战胜防御机制时，记忆应付以回闪、噩梦或其他不期而至的想法或情绪性记忆等形式进入意识；当防御机制取胜时，个体应付产生麻木和否认等行为。

（2）信息加工理论：由 Brewin（2001）在 PTSD 条件反射模型中加入。认为个体能够有意的选择表达创伤记忆，这些记忆也可以自然涌入意识。创伤记忆加工是对言语获取记忆（VAMs）进行提取，并能够有意地加工；把不能有意获取的记忆称为情境获取记忆（SAMs），是一种条件反射记忆，经常会以回闪或噩梦的形式出现。SAMs 是由 VAMs 的有意加工和其他外部条件刺激引发的。Brewin 认为海马是 VAMs 加工的神经中枢，杏仁核与情绪关系更为密切的 SAMs 有关。SAMs 的激活提供了创伤的认知重整所必需的具体信息。一旦上述整合过程完成，PTSD 的症状就会消失。

4. **心理社会模型** Joseoh 等（1995）探讨了广泛影响 PTSD 发展过程的因素，包括事件刺激、事件认知、评价和再评价、尝试应对、人格和社会支持，并为其模型的每个方面均提供了相关证据。他们还认为应激事件发生后立即采取社会支持或危机救助，可以减少持久的精神创伤。

四、诊断评估

对 PTSD 患者进行全面临床评估是非常重要的（见第四章）。在 DSM-Ⅳ-TR 中，PTSD 有三大核心症状，共有 17 条，很多评估量表据此编制而来，常用的有：①临床医师专用 PTSD 量表（Clinician-Administered PTSD Scale，CAPS），用以分析和诊断 PTSD 的全部 17 种症状，以及与其相关、经常可以观察到的特征，还包括社会与职业功能和对病情的反应态度的评估；② PTSD 症状会谈量表（PTSD Symptom Scale Interview，PSS-I）；③创伤后应激障碍自评量表（Post-traumatic Stress Disorder Self-rating Scale，PTSD-SS），由包括 PTSD 的 17 项标准症状在内的 24 个项目组成。包括对创伤事件的主观评定、反复重现体验、回避症状、警觉性增高和社会功能受损五个部分。

PTSD 的诊断要点有：①由严重威胁性或灾难性的应激事件而引起；②精神障碍发生于创伤后的 3 至 6 个月内；③临床以反复重现创伤性体验、持续性回避和警觉性增高为主要症状，并有焦虑、抑郁、对创伤性经历的选择性遗忘等。诊断标准见专栏 6-3。

鉴别诊断需与其他应激障碍、情感性障碍和神经症等鉴别。

专栏 6-3

CCMD-3 关于 PTSD 的症状标准

1. 遭受对每个人来说都是异乎寻常的创伤性事件或处境（如天灾人祸）。
2. 反复重现创伤性体验（病理性重现），并至少有下列 1 项：①不由自主地回想受打击的经历；②反复出现有创伤性内容的噩梦；③反复发生错觉、幻觉；④反复发生触景生情的精神痛苦，如目睹死者遗物、旧地重游，或周年日等情况下会感到异常痛苦和产生明显的生理反应，如心悸、出汗、面色苍白等。
3. 持续的警觉性增高，至少有下列 1 项：①入睡困难或睡眠不深；②易激惹；③集中注意困难；④过分地担惊受怕。
4. 对与刺激相似或有关的情境的回避，至少有下列 2 项：①极力不想有关创伤经历的人与事；②避免参加能引起痛苦回忆的活动，或避免到会引起痛苦回忆的地方；③不愿与人交往、对亲人变得冷淡；④兴趣爱好范围变窄，但对与创伤经历无关的某些活动仍有兴趣；⑤选择性遗忘；⑥对未来失去希望和信心。

病程：精神障碍延迟发生（即在遭受创伤后数日至数月后，罕见延迟半年以上才发生），符合症状标准至少已3个月。

五、防治要点

（一）预防性干预

在创伤早期对经历重大创伤者进行预防性干预是非常有意义的。干预侧重于提供支持，帮助患者接受所不幸与自身的反应，鼓励面对、表达和宣泄，帮助患者利用资源、学习新的应对方式和解决实际问题。

（二）心理治疗

多种形式的心理治疗在PTSD治疗中都有报告。

1. **暴露疗法** 研究表明，与不采取任何治疗或其他治疗相比，以暴露技术为基础的治疗方法有效。

2. **认知行为治疗** 包括：①了解对严重应激的正常反应和直面创伤事件情境与回忆的重要性；②对症状的自我监控；③暴露于回避情境；④对创伤事件的映像回忆，将其与患者的其他经历整合；⑤认知重构（cognitive reconstructuring）；⑥愤怒处理。

3. **眼动脱敏与再加工**（eye movement desensitization and reprocessing，EMDR） 这是一种整合心理疗法，它能帮助人们淡化灾难记忆图像，逐步恢复心理平衡，有效的减轻心理创伤所导致的各种症状，这些症状包括"长期累积的创伤痛苦记忆""因创伤引起的高度焦虑和负面的情绪"，及"因创伤引起的生理不适反应"等。帮助创伤后的患者加强内部资源，诱导积极情感、促使患者观念和行为改变。国际创伤应激协会（ISTSS）指定EMDR为治疗PTSD的方法。

（三）药物治疗

用药的目的是：①改善症状，如通过选择性5-HT再摄取抑制剂（SSRIs）改善情绪症状等；②配合心理治疗，药物通过减少症状和增强心理功能使心理治疗比较顺利地进行；③促进疏泄（cathersis），包括恢复记忆、降低防御、强化自我意识和提高情绪等。一般来说，药物的剂量较其他精神障碍要小。

第四节　适应障碍

案例6-3

大学生活怎么这样难过

王某，女，19岁，大学一年级新生。近两个月来出现上课注意力不能集中、学习效率及学习成绩下降，失眠、心情烦躁、情绪低落，不愿与人交往。因此寻求心理医生的帮助。

王某是独生子女，家庭条件优越，父母视其为掌上明珠、倍加宠爱，但管教很严，父母包办了她的生活，但要求她学习成绩要好。王某自幼聪明，学习成绩优良，但性格内向、胆小，不与人交往，上大学以前从未洗过衣物，甚至到邮局寄包裹、取汇款这样的事也没有做过。高考录取后的各种手续都由父母办理。到大学后，王某十分不适应，连最

笔记

简单的生活小事如取款、洗衣等都不会做，经常出差错。她为此十分沮丧，不知哭了多少次。她十分想家、思念父母，有时一天打几次电话。因不善交往，同学中没有朋友。临近阶段考试，王某感到压力越来越大，整日手忙脚乱，有时找不到干净的衣服可换，甚至不梳头洗脸也来不及。大一期中考试结果名落孙山。

王某的情绪非常低落，常独自哭泣，有时连上课也不愿去。经常失眠，白天打不起精神，头昏脑胀，学习效率很低；食欲也变得很差，饭量很小，与入学时相比体重减轻了8公斤。近来王某打电话给父母说她觉得自己的能力很差，再读下去考试也不会及格，要求退学。

> 哪些心理社会因素导致了王某的心理异常？
> 如何帮助她改变适应不良状态？
> 如何预防适应障碍的发生？

一、概述

适应障碍（adjustment disorder）是指在紧张性生活事件的影响下，由于个体素质及个性的缺陷而导致对这些刺激因素不能适当地调适，从而产生较明显的情绪障碍、适应不良的行为障碍或生理功能障碍，并可使社会功能（工作、学习及人际关系）受损。适应障碍一般在紧张性刺激因素的作用下三个月以内发生，较ASD起病缓慢，持续的时间较长，但一般不超过半年；如果紧张刺激持续存在，持续时间可超过半年，随着刺激因素的缓解以及个体的不断调整，适应障碍可逐渐好转。

二、临床表现

适应障碍的主要临床表现为情绪障碍，如焦虑、抑郁，也可表现为行为紊乱（包括品行问题和行为问题）及生理功能障碍如失眠、食欲缺乏等。以焦虑情绪为主要表现者可出现紧张不安、神经过敏、胆小害怕，同时可伴有心慌气短、消化不良、尿频等躯体症状，社会适应能力也可受到不同程度影响，如注意力不能集中、学习成绩或工作效率下降等；以抑郁情绪为主要表现者可表现为整日愁眉苦脸、情绪不高，甚至对生活失去兴趣，自卑自责，无望及无助感，也常伴有食欲减退、睡眠障碍、体重减轻等躯体症状和社会适应能力降低、退缩等表现。患者临床表现可与年龄之间有某些联系：在老年人中可伴有躯体症状；成年人多见抑郁和焦虑状态；青少年以行为异常较常见；儿童则可表现出退缩现象，如尿床、幼稚言语或吸吮手指等。

适应障碍根据抑郁情绪持续时间的长短可分为短期抑郁反应（发生不足1个月）、中期抑郁反应（1个月~半年）、和长期抑郁反应（半年~2年）。一般长期抑郁反应较少见。还有些人则表现为焦虑和抑郁的混合状态。儿童可表现为尿床、吸吮手指，或讲话奶声奶气。以品行问题为主症者常见于青少年。他们在外界的压力下感到适应的能力不足，因此自暴自弃，表现为一些品行障碍与社会适应不良行为，如说谎、逃学、离家出走、打架斗殴、物质滥用、过早的性行为等。严重者可表现为攻击性或反社会行为。也可有情绪障碍与品行障碍并存者。

三、影响因素

起病前1~3个月内存在生活事件是适应障碍的必备条件。应激源可以是单一的，如离婚或失去工作；也可以是多个或全方位的。入学、参军、移民、离家、结婚、子女出生、子女离家、事业失败、退休等生活重大改变等是常见的应激源。青少年最常见的应激源是父母不和、父母离婚和物质滥用等，成年人更多见的是婚姻冲突、离婚、迁居或经济问题。

113

虽然存在肯定的应激源，但 AD 的应激源的强度和性质较 ASD 和 PTSD 要小，因此从内因与外因的病因学机制考虑，个体的易感性更为重要。前述 ASD 和 PTSD 的理念解释基本上同样适用于 AD 患者，只不过 AD 要更加强调主观因素。

个体素质尤其是心理素质主要包括：①性格缺陷：如敏感、多疑、胆怯、偏执等，这往往妨碍了个体良好的社会适应，从而体验着更多的社会心理刺激，同时又难以有效地解决这些刺激。②应付方式缺陷：患者存在社会功能不良的应付方式与适应不良行为可反复重演而不能自拔。Fabrega（1987）调查发现，适应障碍患者无论是病前 1 年还是病期中，社会适应能力均显著低于无病者。此外，个体对自身应付方式缺陷的自知力也很重要，因为对自身缺陷不能自知可进一步导致沮丧、焦虑与绝望，会造成恶性循环；③生理状态不佳：存在身体虚弱或疾病均有可能使体力不支或大脑功能削弱，难以应付面临的困窘；④社会支持利用度差：不善于利用社会支持与缺少社会支持会产生同样的效果，使个体在困难时无法顺利地解决困难和危机。

四、诊断评估

要全面评估患者症状的性质与严重程度，了解其诱因、人格特点、应对方式等因素在发病中的作用，注意应激源对患者的意义。病前的功能水平和既往处理应激性境遇的经历，也是评定的重要内容，尤其要考虑是否存在不利于预后的危险因素，如同时面临多重问题或应激事件持续存在、缺乏支持性的人际关系、存在躯体健康问题、病前功能欠佳等。

适应障碍的诊断要点有：①有明显的生活事件（如生活环境或社会地位改变）为诱因，适应障碍往往发生于这些事件的三个月内。②在事件发生前，当事人的一般适应功能水平正常，但存在有一定的个性缺陷或不足。因此可推断当事人所患适应障碍与外在的紧张性刺激因素及个体的人格特征有关。③以情绪障碍为突出表现并伴有适应行为不良或生理功能障碍。④当事人的正常社会功能受到影响，如不能进行正常的学习、工作或训练，或以往的适应功能水平降低。人际关系也受到不同程度的影响，如不愿与人交往、怕见人，或变得易发脾气，影响了同周围人的关系。⑤症状持续一个月以上，但一般不超过半年。诊断标准见专栏 6-4。

诊断适应障碍应排除抑郁症、其他应激障碍、神经症、躯体形式障碍以及人格障碍等。

专栏 6-4

CCMD-3 关于适应障碍的症状标准

1. 有明显的生活事件为诱因，尤其是生活环境或社会地位的改变（如移民、出国、入伍、退休等）；

2. 有理由推断生活事件和人格基础对导致精神障碍均起着重要的作用；

3. 以抑郁、焦虑、害怕等情感症状为主，并至少有下列 1 项：①适应不良的行为障碍，如退缩、不注意卫生、生活无规律等；②生理功能障碍，如睡眠不好、食欲不振等；

4. 存在见于情感性精神障碍（不包括妄想和幻觉）、神经症、应激障碍、躯体形式障碍，或品行障碍和各种症状，但不符合上述障碍的诊断标准。

病程：精神障碍开始于心理社会刺激（但不是灾难性的或异乎寻常的）发生后 1 个月内，符合症状标准至少已 1 个月。应激因素消除后，症状持续一般不超过 6 个月。

笔记

五、防治要点

适应障碍治疗的根本目的要放在帮助病人解决所面临的困境,并通过减少患者对问题的否认与回避,鼓励自己解决问题,避免不良的应付方式,提高处理应激境遇的能力,早日恢复到病前的功能水平,防止病程恶化或慢性化。

对于适应障碍的患者来说,如条件允许可以设法改变当事人所处环境,如转学或休学、暂时回避不良环境等,但根本的考虑是提高当事人的适应能力和耐受性。

心理咨询与治疗是适应障碍的主要治疗手段。要根据病人和病情的特点,在指导性咨询、支持性心理疗法、短程动力疗法、认知行为疗法等方法中酌情选用。无论采用哪一种心理治疗方法,都要抓住三个环节:消除或减少应激源,包括改变对应激事件的态度和认识;提高病人的应对能力;消除或缓解症状。

问题解决咨询(problem-solving counseling)是较好的治疗方法,它主要有四个步骤:①认识并列出导致痛苦的问题;②思考如何行动可以解决或减轻每一个问题;③选择某一问题,尝试比较容易并最有可能成功的行动;④总结尝试解决行动的结果。如果没有成功就再选择一种行动;如果成功则选择另一个问题。

对抑郁和焦虑情绪较为明显者,可以配合使用少量抗焦虑药或抗抑郁药。

(孙 磊)

阅读 1

丧亲反应与居丧障碍

一、概念

丧亲(bereavement)是因所爱的人死亡而造成的丧失(loss)。与之相近的词还有居丧(mourning)和悲恸(grief)等。居丧是指自愿的行为表达和仪式,是社会认可的丧亲反应,在不同的社会和不同的宗教团体中有不同的形式或持续时间,而不是一种障碍;悲恸是因丧亲而不自主产生的情绪和行为反应。丧亲反应是指所有由亲人离丧而引起的反应,包括正常的反应和不正常的反应。其中正常反应即悲恸,异常反应包括异常的悲恸和抑郁障碍。

在 ICD-10 中,丧亲被编码为 Z63.4,作为"影响健康状况和与联系卫生服务的因素"之一;在 DSM-5 中,丧亲则作为一种"可能成为临床关注焦点的其他状况"。这样,该术语的含义侧重于对亲人离丧的反应而不是丧亲事件本身。ICD-10 将悲恸放在适应障碍之下,使用悲恸反应一词。

二、悲恸

悲恸为一连续的过程,大体可分为三个阶段,但因人而异。

第一阶段:持续数小时到数天,丧亲者有否认反应,表现为缺乏相应的情绪反应(麻木),常伴有非现实感,不能接受亲人已逝的事实,可能无法安静,如同亲人还在世一样。

第二阶段:持续几周到 6 个月,也可能更长。丧亲者感到极端悲哀、哭泣、孤独,心中充满了思念。常见焦灼不安、失眠、食欲缺乏,有的有惊恐发作。许多丧亲者深感内疚,有的感到愤怒并投射其内疚感,责怪他人。居丧者常出现逝人存在的鲜明体验,约有10%的人出现短时的幻觉(Clayton,1979)。居丧者常浸入到对逝者的回忆之中,有时是以映像闯入的形式。许多居丧者会与原来的社交圈疏离。躯体不适症状也很常见。孀妇与对照组相比,其就医行为的频率更高。

第三阶段:上述症状逐渐缓解,日常活动也可恢复。丧亲者逐渐接受亲人已逝的现实,并通过回忆过去与其相处时的美好时光来缅怀死者。不过,在死者的周年忌日丧亲者的症状会暂时再现。

笔记

115

三、病理性悲恸——居丧障碍

如果悲恸过分强烈、持续时间长、有延迟，或者是有抑制或扭曲，就成为病理性悲恸。病理性悲恸通常能满足抑郁障碍或PTSD诊断标准，时间超过6个月。

1. 异常强烈的悲恸   抑郁症状是正常悲恸的常见表现，约35%在悲恸的一定时间内可符合抑郁性障碍的诊断标准。此时在DSM-5中除了考虑重大丧失的正常反应外，也应该仔细考虑是否还有重性抑郁发作的可能。此时DSN-5中两者区分在于：悲恸反应的主要表现是空虚和失去，而重性抑郁发作（MDE）是持续的抑郁心境和无力预见幸福或快乐，这用于鉴别MDE和悲恸反应。悲恸反应中的不快乐可能随着天数或周数的增加而减弱，并且呈波浪式表现。这种波浪式的悲痛往往与想起逝者或提示逝者有关。MDE的抑郁情绪更加持久，并且不与这些特定的想法或担忧相关联。悲恸反应的痛苦可能伴随着正性的情绪或幽默，而以广泛的不快乐和不幸为特点的MDE则不这样的。与悲恸反应相关的思考内容通常以关于思念逝者和回忆逝者为主，而不是在MDE中所见的自责或悲观的沉思。悲恸反应通常保留自尊，然而在MDE中，毫无价值感或自我憎恨的感觉常见。如果悲恸反应中存在自我贬低性思维，通常涉及意识到对不起逝者。如果痛失亲人的个体考虑死亡或垂死，这种想法通常聚焦于逝者和为了跟逝者"在一起而死"；然而在MDE中，这种想法则聚焦于因为自认毫无价值，不配活着，或无力应对抑郁的痛苦而想结束自己的生命。

大部分丧亲者的悲恸在6个月内缓解，约20%的人可持续更长时间。如果病人居丧反应十分强烈，有可能出现自杀观念。丧亲者的自杀率通常在亲人去世后一年内增高，但如果逝者是配偶或父母，5年内的自杀率会增高。年轻或老年的孀妇的自杀率又高于其他丧亲者。自杀观念的存在提示应评估病人的自杀风险。

2. 延长悲恸   通常悲恸超过6个月就是延长（或慢性）的。与正常发展过程不同的是，第一阶段与第二阶段的症状可能持续。由于对正常悲恸的恢复很难设定明确的时间，因此延长悲恸的完全恢复可能需要更长的时间。延长悲恸可能与抑郁障碍有关，也可能单独出现。

3. 延迟悲恸   延迟悲恸是指在亲人去世后2周左右丧亲者才出第一阶段的表现，更常见于突然、外伤性或意外的亲人亡故的丧亲者。

4. 抑制或扭曲   抑制性悲恸是指缺乏正常表现的悲恸，而扭曲的悲恸则指表现（抑郁症状除外）的异常，这些异常或者体现在程度上，如有明显的敌意、过度活动或极端的社会退缩；或者表现在类型上，如出现死者所患疾病的躯体症状表现等。

丧亲者对与死者有关的场景或任何其他提示物的回避，在各种类型的悲恸中均很常见。

四、悲恸的处理

悲恸是正常反应，大多数人可通过家人、朋友、心理医生以及服丧仪式等恢复过来。

1. 心理干预   可提供与其他适应障碍类似的咨询。丧亲者需要交流丧亲的体验，表达对已逝亲人的悲伤、内疚或愤怒之情以及了解正常的悲恸过程。预先告诉丧亲者可能出现的一些不寻常体验（如死者出现以及相关的错觉和幻觉等）对其是有帮助的，否则这些体验可能使其受到惊吓。帮助要点是：①接受丧亲已成事实；②顺利渡过悲恸的不同阶段；③适应逝者已不在的生活。有关心理治疗的研究见Worden（1991）和Jacobs（1993）的综述。

2. 药物治疗   如在悲恸的第一阶段，可短期使用催眠药与抗焦虑药以帮助丧亲者入睡和缓解焦虑情绪；在第二阶段，如果丧亲者符合抑郁障碍的标准，也可使用抗抑郁药物。这一阶段的丧亲者还可能需要短期用药来缓解严重的焦虑。

3. 社会支持   可以组织一些支持性团体帮助新近丧亲者尤其是年轻的孀妇，如英国的一个叫CRUSE的组织。新近丧亲者通过与曾经成功渡过丧亲事件的人分享其体验，可以减轻悲恸、获得实际的建议以及讨论出应付的方式。

笔记

4. 居丧指导（guided mourning） 是指一种程序，它有助于减少被视为会延长悲恸的回避行为。这一技术可帮助丧亲者面对死者的纪念物和进入引发回忆的场景。

五、丧亲研究及进展

Freud 是最早对丧亲提出解释的学者。他认为，当旧有的联结由于逝者离世而消失时，如果心力从关系中被抽离释放出来的话，过度精神投入（hypercathexis）的过程便会开始。生者的情感会随着投入重温与逝者有关的每一个记忆，并持续地发现逝者不再存在这一现实而产生波动与抽离。随着时日的过去，这些经过不断投入和抽离的经历会逐渐转移到新的对象身上，直到生者的哀伤最终可以画上休止符。他还进一步推测，如果这一过程遇到异常的外在或内在干扰，当事人仍然停留在某种与逝者矛盾或被内疚支配的关系下，生者的精力难以转移，因而形成延迟、夸大或病理性的悲伤。在此后半个世纪里，心理学者大多接受了弗洛伊德的看法。Stroebe 将其总结提出"悲伤过程假设（grief work hypothesis）"，即"当事人的一系列认知过程，包括直面丧失、回顾去世前后的事件、在心理上逐步与逝者分离（detachment）的过程。

20 世纪 80 年代后许多研究者认为"悲伤过程假设"界定模糊，难以进行实证研究。于是近几十年来对哀伤进行了广泛、深入的实证研究和理论探讨。如依恋理论、创伤研究、应对研究和情绪的社会功能等研究，出现了更丰富和更具操作性的研究视角。Zisook 等人仔细研究了大量丧偶者的研究数据，发现配偶是自然死亡的，约 10% 的居丧者出现 PTSD；而死于意外事故或自杀身亡的，有超过 1/3 者符合 PTSD 诊断标准（1998）。Horowitz 认为经历创伤后，一方面个体的防御机制发生作用，把创伤信息压抑到无意识中去；另一方面个体又有将新信息整合进预存认知模型的"完型倾向"。认知取向的 PTSD 研究者认为创伤性事件可能动摇或挑战了个人的核心信念，是否能够恢复很大程度取决于丧亲者能否将创伤事件整合到原先的信念中，这与"悲伤过程假设"有相似之处，但侧重点不同。前者强调整合重构（restructuring），后者则强调在心理与逝者逐步分离（detachment）。

阅读 2

反应性依恋精神障碍与去抑制性社会参与障碍

反应性依恋障碍是一种儿童社会心理障碍，直到精神障碍诊断和统计手册（第 4 版）的修订版（DSM-IV-TR）才将反应性依恋障碍界定为"儿童发展显著受阻并在大多数环境中表现出不相适宜的人际互动方式"，病理性照顾是其主要致病因素。反应性依恋障碍形成的环境因素主要包括：身体虐待、忽视、父母酒精依赖或药物滥用；父母有精神疾病；缺乏持续的重要的照顾者，如福利院儿童、孤儿或寄养和收养家庭的儿童，而依恋理论及其研究认为这些因素也可能会导致个体发展出不安全依恋。DSM-5 对依恋障碍的分类和诊断标准进行了较大调整，将 DSM-Ⅳ 包含两个亚型的反应性依恋障碍区分成两个类型的障碍：反应性依恋障碍和去抑制性社会参与障碍，划归"创伤及应激相关障碍"大类之下的两个相对独立类型障碍。

DSM-5 反应性依恋障碍的诊断标准：

A. 对成人照料者表现出持续的抑制性的情感退缩行为模式，有以下 2 种情况：

　1. 儿童痛苦时很少或最低限度地寻求安慰。

　2. 儿童痛苦时对安慰很少有反应或反应程度很低。

B. 持续性的社交和情绪障碍，至少有以下 2 项特征：

　1. 对他人很少有社交和障碍反应。

　2. 有限的正性情感。

笔记

3. 即使在成人照料者非威胁性的互动过程中,原因不明的激惹、悲伤、害怕的发作也非常明显。

C. 儿童经历了一种极度不充足的照顾模式,至少有下列 1 项情况:

1. 社交忽视或剥夺,以持续地缺乏由成人照料者提供的以安慰、激励和喜爱等为表现形式的基本情绪。

2. 反复变换主要照料者从而限制了形成稳定依恋的机会(例如,寄养家庭的频繁交换)。

3. 成长在不寻常的环境下,严重限制了形成选择性依恋的机会(例如,儿童多、照料者少的机构)。

D. 假设诊断标准 A 的行为障碍是由于诊断标准 C 的照料情况所致。

E. 不符合孤独症(自闭症)谱系障碍的诊断标准。

F. 这种障碍在 5 岁前已明显出现。

H. 儿童的发育年龄至少为 9 个月。

DSM-5 去抑制性社会参与障碍诊断标准:

A. 儿童主动地与陌生成年人接近和互动的行为模式,至少表现为以下 2 种情况:

1. 在与陌生成年人接近和互动中很少或缺乏含蓄。

2. "自来熟"的言语或肢体行为(与文化背景认可的及适龄的社交界限不一致)。

3. 即使在陌生的场所中,冒险离开之后,也会很少或缺乏向成人照料者知会。

4. 很少或毫不犹豫地与一个陌生成年人心甘情愿地离开。

B. 诊断标准 A 的行为不局限于冲动(如注意缺陷 / 多动障碍),而要包括社交去抑制行为。

C. 儿童经历了一种极度不充足的照料模式,至少有以下 1 项情况证明:

1. 社交忽视或剥夺,以持续地缺乏由成人照料者提供的以安慰、激励和喜爱等为表现形式的基本情绪需要。

2. 反复变换主要照料者从而限制了形成稳定依恋的机会(例如,寄养家庭的频繁变换)。

3. 成长在不寻常的环境下,严重限制了形成选择性依恋的机会(例如,儿童多,照料者少的机构)。

D. 假设诊断标准 A 的行为障碍是由于诊断标准 C 的照料情况所致(例如,诊断标准 A 的障碍开始于诊断标准 C 的缺乏充足的照料之后)。

E. 儿童的发育年龄至少为 9 个月。

阅读 3

气功所致精神障碍

气功在我国有着悠久的历史,古代称之为吐纳、导引、行气、静坐等,1955 年刘贵珍将其正式命名为气功。气功是我国传统医学中健身治病的一种方法,通过"入静"和"冥想(默念)"达到包括脑部在内全身松弛的目的,与瑜珈、坐禅同属于放松疗法之列。气功的功法繁多,其通常的做法都是维持一定体位、姿势,或做某些动作,使注意集中于某处,通过沉思、默念、松弛及调节呼吸等,进入气功态(入静),也可出现某些自我感觉和体验。

气功所致心理障碍(mental disorders due to qigong)是指由于气功操练不当,处于气功状态时间过长而不能收功的现象,表现为思维、情感及行为障碍,并失去自我控制能力,俗称"走火入魔"或气功偏差。

笔记

一、表现

1. 分裂样精神障碍　多数急性起病,症状表现为丰富的幻觉、感知综合障碍、内感性不适、多种妄想、情感不协调、行为紊乱等。症状内容与气功有可以理解的联系。

2. 类癔症发作　此型最为多见,暗示性强的女性在第一次练功即可出现,特别是在强烈的气氛中(如气功师带功报告或集体练功的情景下)。本身存在恋爱、婚姻或家庭矛盾者更易发生。症状为哭笑、全身或局部不停抽动、缄默不语、自发性动作、感到气在体内乱窜、失声、木僵、视力下降等。起病形式、发作病程和治疗与癔症相似。

3. 类神经症发作　病人感到气在体内乱窜并引起躯体相应部位的不适感,如感到气在头部窜动而出现头痛、头晕、麻木等;气在胸部窜动则出现胸闷、心慌、心前区疼痛等。可伴有紧张焦虑、恐惧、自主神经功能紊乱、失眠、疑病等症状。

4. 类躁狂或类抑郁发作　发作时表现为情感高涨、思维奔逸、言语活动增多或情绪低落、思维缓慢、意志减退、轻生言行等。症状内容与气功有关。

二、病因

1. 意识改变　练功者在暗示或自我暗示的作用下进入自我诱发的意识改变状态,可能是气功偏差基础。

2. 人格因素　有研究报道此症与人格关系密切,而与功法关系不大。表演性人格、焦虑性人格、分裂样人格或既往有精神疾病史、阳性家族史者最易发病。MMPI 显示患者的疑病(Hs)、抑郁(D)、癔症(Hy)、精神病态(Pd)、妄想狂(Pa)、精神衰弱(Pt)、精神分裂症(Sc)评分显著高于正常人。

3. 练功不当　气功界认为气功出偏差是由于练功者个人操作不当,没有掌握练功要领,违反松静、自然原则,过度练功,缺乏自控能力造成的,与气功本身无关。

4. 其他　本身存在有心理障碍,因文化程度低或专业知识面狭窄,轻信,迷信。一些伪气功师的刻意误导等。

三、诊断

根据由气功直接引起的上述临床表现,以及症状内容与气功有着可以理解的关系等特点,不难作出诊断(诊断标准参阅 CCMD-3)。需要注意的是以类似表现作为治病手段、获取财物或达到其他目的,或者可随意自我诱发或自我终止者,不诊断为本病。

四、治疗

1. 停止练习气功,予以科普解释或心理治疗。
2. 对症选用适量抗精神病药、抗抑郁药或抗焦虑药等。

第七章　　神经症性障碍

案例 7-1

她看了十多家医院

　　詹昵，女，48 岁，于一年前出现突发的心慌、胸闷、害怕，伴有濒死感，在当地多家医院均未能确诊。此后频繁发作，每次持续几分钟至十几分钟，伴有呼吸困难、头晕、无力、恶心等。患病后精神痛苦，无法正常工作和社交。詹昵自患病以来求诊于十多家医院，医生大多怀疑心脏和神经系统方面的问题，接受大量躯体检查，包括脑部检查，也服用多种药物，均未能取得满意的疗效。

神经症是变态心理学的重要组成单元，也是临床心理学家的主要工作对象。本章主要介绍神经症的概念、临床描述、理论解释、诊断评估和防治要点等。由于癔症在很长一段历史时间内归类于神经症范畴，故放在本章内一并介绍。

> 🍃 詹昵患了什么病？为何那么多医院都不能诊断？
>
> 🍃 她的异常是如何形成的？影响因素有哪些？

第一节 概　　述

一、神经症的概念

神经症是一组以焦虑、抑郁、恐惧、强迫、疑病，或神经衰弱症状为主要表现的心理障碍。神经症的发生具有一定人格基础，起病常受心理、社会因素的影响，临床表现与患者的现实处境并不相称，但患者感到痛苦和无能为力，自知力完整或基本完整，病程大多迁延，无可证实的器质性病变作基础。类似症状或其组合可见于感染、中毒、内脏、内分泌或代谢和脑器质性疾病，称神经症样综合征。WHO 根据各国的调查资料推算，人群中罹患神经症者约为重性精神病的 5 倍。中国 12 个地区神经症流行病学调查（1982）显示，现患病率为 22.21‰。按照 Shepherd 的报告，神经症占一般医师门诊病例的 63.2%。

神经症概念的诞生已有 200 多年的历史，其内涵一直处于不断变化之中。"神经症"（neurosis）术语最初是由英国医生 William Cullen 于 1769 年提出，限于当时的医学发展水平，它几乎囊括了神经系统的所有疾病，并被认为是器质性的。随后，Pinel 提出神经症可能包括功能性和器质性两大类。19 世纪以后，各种器质性疾病陆续从"神经症"中去除，同时神经症也增添了许多新的类型。1861 年，Morel 提出强迫症（obsession）；1869 年，Beard 创用了神经衰弱（neurasthenia）；1871 年，Westphals 首次使用了广场恐怖症（agoraphobia）一词；1894 年，Freud 将焦虑症（anxiety）从神经衰弱中分出；1898 年，Dugas 提出人格解体神经症（depersonalization neurosis）；二战前，Gillespie 将抑郁性神经症（depressive neurosis）从神经衰弱中分出。此外，加上歇斯底里（hysterical neurosis）和疑病症（hypochondriasis）两个古老的诊断术语，至 20 世纪 50 年代，欧美神经症家族中的具体亚型包含焦虑、歇斯底里、恐惧、抑郁、神经衰弱、人格解体神经症等（DSM-Ⅱ，1968）。

由于各理论流派均从单一角度来解释神经症，对其定义存在较大的差异，导致对神经症及其亚型的诊断标准明显不同，诊断的一致性很低。因此，以大家都能观察到的临床症状群来进行诊断分类的观点成为主流，致使近三十多年来神经症概念的继续变化。1980 年，美国的 DSM-Ⅲ 取消了癔症的诊断名称，新创分离性（dissociative）障碍、躯体形式（somatoform）障碍和躯体化（somatization）障碍等新的诊断名词。随后，DSM-Ⅳ 取消了"神经症"类别名称，而完全采用症状学分类方法，将神经症拆分为焦虑障碍（anxiety disorder）、躯体形式障碍和分离性障碍三个独立的类别；将"抑郁性神经症"归入心境障碍中，命名为心境恶劣障碍；取消了神经衰弱的诊断；癔症被分成转换障碍和分离性障碍，部分被划入躯体形式障碍，还有部分被纳入做作性障碍。ICD-10 则采用折中的办法，将神经症与应激障碍等作为一个类别，称为"神经症性、应激相关和躯体形式障碍"，接受美国 DSM 系统的变革，但仍保留神经衰弱类型，归入其他神经症性障碍中。CCMD-3 继续保留"神经症"这一概念，将症状表现和基本特征有较大差异的"癔症"单列，其他病种、病型与 ICD-10 基本一致。DSM-5 将强迫症从焦虑障碍门类下分出。ICD-10、CCMD-3 和 DSM-5 有关神经症的分类比较，见表 7-1，表中 DSM-5 病种（型）源于不同大类。

笔记

表 7-1 神经症三种分类的比较

CCMD-3 4 癔症、应激相关障碍、神经症	ICD-10 F4 神经症性、应激相关和 躯体形式障碍	DSM-5 （在不同大类中）
40 癔症	F44 解离（转换）障碍	**分离障碍**
40.1 癔症性精神障碍	F44.8 其他解离（转换）障碍	分离性身份障碍（F44.81）
40.2 癔症性躯体障碍	F44.8 其他解离（转换）障碍	分离性遗忘症（F44.0）
43 神经症	F40-F49 神经症	转换障碍（F44.8）
43.1 恐惧症	F40 恐惧焦虑障碍	**恐怖症**
43.11 场所恐惧症	F40.0 场所恐惧症	广场恐怖症（F40.00）
43.12 社交恐惧症	F40.1 社交恐惧症	社交恐怖症（F40.10）
43.13 特定的恐惧症	F40.2 特定的恐惧障碍	特定恐怖症（F40.2）
43.2 焦虑症	F41 其他焦虑障碍	**焦虑障碍**
43.21 惊恐障碍	F41.0 惊恐障碍	惊恐障碍（F41.0）
43.22 广泛性焦虑障碍	F41.1 广泛性焦虑障碍	广泛性焦虑障碍（F41.1）
43.3 强迫症	F42 强迫性障碍	**强迫及相关障碍**
43.4 躯体形式障碍	F45 躯体形式障碍	强迫症（F42）
43.41 躯体化障碍	F45.0 躯体化障碍	**躯体症状及相关障碍**
43.43 疑病症	F45.2 疑病障碍	躯体症状障碍（F45.1）
43.5 神经衰弱	F48.0 神经衰弱	疾病焦虑障碍（F45.21）

二、病因和发病机制

（一）发病原因

大量研究证明，神经症是生物学、心理和社会因素共同作用的结果。有学者认为，某些神经症的发生是生物学因素起主要作用，而另一些则由心理因素起主要作用。

1. **心理应激因素** 许多研究表明，神经症患者较他人遭受更多的生活事件，主要以人际关系、婚姻与性、经济、家庭、工作、生活等方面的问题多见。究其原因，一方面可能是遭受应激事件较多的个体易患神经症，另一方面可能是神经症患者的个性特点导致其更容易对生活"不满"或损害人际交往过程，从而引发生活中的冲突与应激。引起神经症的心理应激事件一般有以下特点：①应激事件的强度并不十分强烈，常是那些反复发生的、使人牵肠挂肚的日常琐事；②应激事件往往对神经症患者具有某种特殊的意义；③患者对应激事件引起的心理困境或冲突有一定的认识，却不能将理念化解为行动；④心理应激事件更多源于患者内在的心理欲求。

2. **素质因素** 与心理应激事件相比，神经症患者的个性特征或个体易感素质对于神经症的病因学意义更为重要。遗传学的研究也指出，亲代的遗传影响主要表现为易感个性。患者的个性特征首先决定着罹患神经症的难易程度，如 Pavlov 认为神经类型为弱型或强而不均衡型者易患神经症，弱型者中属于艺术型（第一信号系统占优势）者易患癔症，而思维型（第二信号系统占优势）者易患强迫症，中间型（两信号系统比较均衡）者易患神经衰弱；Eysenck 等认为个性古板、严肃、多愁善感、焦虑、悲观、保守、敏感、孤僻的人易患神经症。

3. **生物学因素** 生物学的研究表明，中枢神经系统中某些结构或功能的变化可能与神经症的发生有关。例如，中枢肾上腺素能和 5- 羟色胺能活动的增强，抑制性氨基酸如 γ- 氨

笔记

基丁酸的功能不足可能与焦虑性障碍有关；某些强迫症患者脑 CT 和 MRI 检查发现有双侧尾状核体积缩小等现象。但目前的研究结果并不一致，而且这些变化究竟是神经症的原因还是结果也尚无定论。

（二）心理学解释

1. **心理动力学** Freud 认为，神经症是本我欲望与超我和自我之间在潜意识领域冲突的结果。本能的欲望由于某种原因未能得到满足，便被压抑在潜意识中，而它具有动力学特征，在潜意识中时时寻找机会顽强地表现自己，形成内心冲突。当自我无法调节现实、本我和超我之间的冲突时，便会产生一种弥漫性的恐惧感，即焦虑。Freud 认为焦虑是对任何危险威胁的一种必然反应，无论这种威胁是由势不可挡的本能冲动引起，还是由有影响的思想或危险所引起，都是自我遭遇危险的信号，是自我促使个体警惕将要来临的危险，并对其做出反应的一种功能。

Freud 把焦虑视为神经症的核心问题，是所有情感中最痛苦的体验之一。神经症患者具有很强的焦虑体验，他们把很多日常生活中的小问题都看作是有威胁的，并过分地使用防御机制以减轻内心的痛苦和不安。这种带有防御倾向的行为严重干扰了他们应付和解决问题的能力，使其变得只关注自己，很少有精力和耐心关心其他事情，以至于影响了对周围环境的适应。Freud 特别强调童年的心理创伤在神经症发病中的作用，认为某些症状是由于性心理发育受阻，而固着在儿童的某种特定的性心理发展期所致。Freud 通过精神分析，使神经症的症状还原到被压抑的内心冲突状态，然后再使其转入意识状态。由于"能量"还原并被释放，神经症的症状便成了无本之木、无源之水，因而被治愈。

2. **行为主义** 该学派认为，人的行为源于外界的刺激，都是后天学习与环境决定的结果，是通过条件反射习得的。许多神经症（如恐惧症、焦虑症）都是在后天或早年的生活经历中习得和强化形成，所以同样可以通过建立新的刺激与新的条件反射来取代病态行为。因此，Wolpe 的交互抑制学说和系统脱敏疗法，Skinner 的操作条件理论和厌恶疗法、阳性强化疗法等，均是源于行为主义理论而发展起来的治疗方法。

3. **认知心理学** 认知学派的研究者强调，情绪与行为的发生一定要通过认知的中介作用，而不是通过环境刺激直接产生。在情绪障碍中，认知歪曲是原发的，情绪障碍是继发的。由于神经症患者特殊的个体易感素质，常常做出不现实的估计与认知，以致出现不合理和不恰当的反应，这种反应超过一定限度与频度便出现障碍。Beck 认为，神经症患者有许多不恰当的认知方式，如焦虑症者感到躯体或心理将会受到威胁；惊恐发作者灾难化地解释自己的躯体或心理体验；恐怖症者认为某些实际无危险的环境有危险；强迫症者总是不放心、怀疑、唯恐不恰当，穷思竭虑；疑病症者认为患了不治之症而到处求医。所以，认知心理治疗重在分析与改变患者这些错误的认知方式。

4. **人本主义** 人本主义学派认为，每个人与生俱来地拥有自我实现和自我完善的能力，只是由于环境因素的干扰与阻碍，使这些潜力得不到合理的发挥，致使个人的性格形成与认知格局出现歪曲和畸变。神经症的临床表现，都是自我完善的潜力遭到压抑、发生歪曲的外在表现而已。因此，神经症的心理治疗就是要帮助患者恢复真实的自我，释放自我实现潜能，恢复正常的心理活动。

5. **Morita 的观点** 日本精神病学家 Shoma Morita 综合西方的多种心理治疗方法及东方宗教哲学思想，创立了神经症的森田疗法。他认为神经症就是一种神经系统过分敏感的倾向，其症状纯属主观问题而非客观的产物，共同特点是内向性与疑病倾向。患者总是把自己的精神能量投向自身，对自身的变化特别关注与敏感，对一些细微的、常态下可以忽视的生理范围的变化感受得十分强烈，这种不适感又常常会被强化注意，使注意愈发集中并固着于不适感之上，从而形成神经症症状。因此，森田疗法采用"顺应自然"的方法，致力于改变患者的疑病基调,打破精神交互作用,发挥患者生的欲望以达到战胜神经症的目的。

三、神经症的特征

神经症不同亚型的临床表现虽然各异,但却有一些共同的特征。

1. **焦虑** 焦虑情绪是所有神经症患者最常见的主观体验。他们存在一种源于内心的紧张、压力感,自述焦虑、不安、心烦意乱,有莫名其妙的恐惧感和对未来的不良预期。除此之外,伴随焦虑的还有一系列交感神经兴奋性活动。

2. **防御行为** 这是患者常常采取的应付环境变化的一种行为模式,他们逃避现实、否认困难以对抗内心的焦虑。如恐怖症患者逃避引起恐惧的场景和事物;强迫症患者做出种种刻板的行为动作等。神经症行为模式的特点是:这种行为是刻板的和不由自主的,患者不能以轻松的方式完成这种行为,却又不断地做出这种行为,否则会极度焦虑不安。患者为了回避现实矛盾、降低焦虑而做出这种防御行为,后者因暂时降低焦虑而获得强化,神经症的行为模式得以巩固、持续。这种不正常的行为模式又成为新的不良刺激,引起患者更严重的焦虑,迫使患者进一步陷入防御行为中,更多地做出不良反应,患者由此陷入自己制造的恶性循环中。

3. **躯体不适** 几乎所有的神经症患者或多或少都会出现躯体不适,从轻微的疲乏、不适、自主神经功能失调,到紧张引起的背痛和头痛,甚至失明和瘫痪等。这些症状的严重程度往往与临床检查不符,也没有确实的病理学基础,但患者却自述“浑身是病”,并为之紧张、痛苦,需要别人的同情和关心。

4. **人际冲突** 由于神经症患者情绪和躯体的痛苦及不良行为,使他们沉浸在自己的苦恼中,高度的以自我为中心,过分要求别人,不能体谅别人。因此,很难与他人保持良好的人际关系。另一方面,患者若得到亲朋好友过多的同情和关照,可以逃避责任和放任自己,会带来神经症的继发性受益,使其症状更加难以改变。

四、神经症的诊断

神经症的诊断主要根据临床表现,参考定式的诊断标准做出。诊断标准包括总的标准与各亚型的标准,均按照症状标准、严重标准、病程标准以及排除标准而制定。在作出各亚型的诊断之前,任一亚型首先必须符合神经症总的诊断标准(专栏 7-1)。

> 🍐 试根据诊断标准对詹昵进行诊断及分型。

专栏 7-1

CCMD-3 关于神经症的症状标准

至少有下列 1 项:①恐惧;②强迫症状;③惊恐发作;④焦虑;⑤躯体形式症状;⑥躯体化症状;⑦疑病症状;⑧神经衰弱症状。

符合症状标准至少已 3 个月,惊恐障碍另有规定。

笔记

第二节 恐 惧 症

一、概述

恐惧症(phobia)也叫恐惧性神经症(phobia neurosis),是指患者对某种客观事物或情境产生异乎寻常的恐惧紧张,并常伴有明显的自主神经症状。患者所表现出的恐惧强度与其所面临的实际威胁极不相称,往往在某一事物或情境面前出现一次焦虑和恐惧发作以后,该物体或情境就成为恐惧的对象。患者明知这种恐惧反应是过分的或不合理的,但在相同场合下仍反复出现且难以控制。由于不能自我控制,因而极为回避所害怕的事物或情境,从而影响正常的社会活动。Westphal 于 1871 年首先提出广场恐怖症(agoraphobia)的概念。ICD-10 将恐惧症更名为恐惧性焦虑障碍(phobia anxiety disorder)。

恐惧症多见于青少年或成年早期,女性多于男性,起病较急,病程多迁延,有慢性化发展的趋势,病程越长预后越差。儿童起病者和单一恐惧者预后较好,广泛性的恐惧症预后较差。

二、临床表现

恐惧症的表现形式多种多样,按患者所恐惧的对象可分为场所恐惧症、社交恐惧症和特殊恐惧症等。

1. **场所恐惧症(agoraphobia)** 又称广场恐惧症。患者恐惧的对象为某些特定的场所或环境,如商店、剧院、车站、机场、广场、闭室、拥挤场所和黑暗场所等。患者对公共场所产生恐惧而出现回避行为,因为患者在看到周围都是人时,会产生极度恐惧,担心自己昏倒而无亲友救助,或失去自控又无法迅速离开或出现濒死感等。

2. **社交恐惧症(social phobia)** 又称社交焦虑障碍。是一种以明显而持久地害怕可能使人发窘的社交或表演场所为主要表现的神经症。患者害怕某个特定的、或某几个相互联系的社交场合,如当众讲话;或者害怕某些社交行为,如在别人面前吃饭、写字、表演等。社交恐惧症患者的焦虑症状与普通人上台发言、面对陌生人或领导时感到紧张和焦虑有很大不同。其实,社交恐惧症患者真正害怕的并非社交场合本身,而是害怕在社交场合被人注视,担心别人因看到自己的窘相、脸红、发抖或口吃,从而认为其愚蠢、虚弱或不正常。由于患者回避某些社交场所,限制了自己的行动环境,往往导致职业或其他社会功能受损。

3. **特殊恐惧症(specific phobia)** 又称为单纯恐惧症。是一类以持久地害怕某种事物或情境为主要表现的焦虑障碍。当患者接触这些事物或情境时,他们立即感到特有的恐惧,由于害怕而导致对这些事物和情境的回避行为。生活中常见的恐高症、恐血症和对各种动物的恐惧,都属于特殊恐惧症。

三、影响因素

1. **生物因素** 社交恐惧症患者可能遗传了一些广泛性的、容易发展成为焦虑的生物易感性,以及某种出现社会性抑制的生物学倾向。特殊恐惧症具有家族遗传的特性。国外研究证明,大约 31% 的特殊恐惧症患者的直系亲属患有恐惧症,相应对照组亲属中只有 11% 患有恐惧症。而且,似乎每一种恐惧症亚型患者的亲属,都更容易罹患相同亚型的恐惧症。虽然特殊恐惧症的家族遗传方式尚不完全清楚,但是某些特殊恐惧症确实存在着独特的遗传作用。例如,研究者已证实,血液 - 伤害 - 注射型恐惧症患者可能遗传了强烈的对于血

笔记

125

液、伤害或者注射的迷走神经反应,致使血压下降、虚弱无力,才出现这种恐惧症。

恐惧症的发生还有可能与脑内 5-HT 和 NE 减少有关,因为治疗恐惧症的药物大多通过增高脑内 5-HT 和 NE 的浓度来发挥作用。

2. **心理因素** 恐惧症的形成除遗传素质造成的个体易感性和人格特点外,与早期的创伤性经历和后期的社会学习有关。华生曾以条件反射的实验方法,使一名儿童产生了对特定动物的恐惧,继而又以脱敏的方法使恐惧消除,从而有力地证明条件反射和学习机制在本病发生中的作用。例如,3 岁以前表现胆小、羞怯者,在成年后较容易发生社交恐惧症。

回避型人格特征在社交恐惧症患者中普遍存在,其特征表现为在社交场合沉默寡言,感觉自己言行不适当,对于负性评价或者批评极端敏感。Heimberg(1996)指出,56.7% 的广泛性社交恐惧症患者符合回避型人格障碍的诊断标准,他还认为回避型人格障碍也许就是极端严重社交恐惧症导致的结果。许多社交恐惧症患者都对自己和他人有着歪曲的认知。他们常常认为自己的行为表现不适当或者缺乏吸引力,关注自己的焦虑症状,担心别人会有所察觉,往往夸大自己的不良表现。他们认为别人总是挑剔的,自己很难达到别人的标准。

3. **社会因素** 研究提示,社交恐惧症与童年期教养方式和童年期行为特点有关。亲身经历或目睹创伤性的事件可能诱发特殊恐惧症的发生。比如,许多患恐狗症的人曾经被狗咬过;长时间被困电梯的经历令个体患上幽闭恐惧症,从此害怕独自呆在封闭的小空间中。这些亲身经历的危险和痛苦导致了个体对特定事物或情境的高度警觉反应。

除了亲临其境的恐惧体验,目睹他人遭遇创伤性事件或者承受强烈恐惧的经历,也会令个体形成恐惧症。此外,家长反复警告儿童某种情境具有危险,可能引起儿童对这种情境的恐惧。其他的不良信息传递还包括报纸、电视、广播等媒体报道。

四、诊断评估

恐惧症的诊断标准(专栏 7-2),但要注意和正常的恐惧反应相区别,并排除由于幻觉、妄想或器质性精神障碍、分裂症和心境障碍、强迫障碍或躯体疾病导致的恐惧症状及回避行为。

专栏 7-2

CCMD-3 关于恐惧症的症状标准

1. 符合神经症的诊断标准;

2. 以恐惧为主,需符合以下 4 项:①对某些客体或处境有强烈恐惧,恐惧和程度与实际危险不相称;②发作时有焦虑和自主神经症状;③有反复或持续的回避行为;④知道恐惧过分、不合理、或不必要,但无法控制;

3. 对恐惧情景和事物的回避必须是或曾经是突出症状。

病程:符合症状标准至少已 3 个月。

五、防治要点

(一)心理治疗

1. **行为疗法** 行为主义学派认为可以通过建立新的刺激与新的条件反射来取代病态的行为,具体的治疗方法包括冲击疗法和系统脱敏。例如,针对社交恐惧症的冲击疗法旨在破坏患者对于社交情境固有的情绪体验和认知,并帮助个体习得一些社交技能。系统脱敏则采取逐步暴露法,让患者逐渐接触害怕的社交场合,逐渐减轻焦虑,以达到治疗的目的。

2. 认知疗法 认知学派认为神经症起源于患者常常做出不现实的估计与认知,以致出现不合理和不恰当的反应。例如,恐惧症患者总是认为某些实际无危险的环境有威胁。因此治疗的目标在于纠正患者不合理的认知信念,改变患者对自己和他人的看法。

3. 团体疗法 团体疗法对于治疗恐惧症有很多优点。例如,在团体中患者会发现其他人和自己有相似的想法和感受,能利用群体力量挑战歪曲的认知信念。同时团体提供了模拟社交场合的机会,通过示范、预演、角色扮演等方式,患者在社交情境中的行为举止得以训练和提高。认知行为团体治疗(CBGT)是当今较为流行的针对社交恐惧症的综合性治疗方法。

(二)药物治疗

可对症选用三环类抗抑郁剂(TCA)和选择性 5-HT 再摄取抑制剂(SSRIs)等抗抑郁药物。必要时,苯二氮䓬类(BDZ)联合 SSRIs 类药物可能起效更快。5-HT 和 NE 再摄取抑制剂(SNRI)、NE 能和特异性 5-HT 能抗抑郁药(NaSSA)等也可作为首选。

第三节 焦 虑 症

一、概述

焦虑症也称焦虑性神经症(anxiety neurosis),以广泛和持续性焦虑或反复发作的惊恐不安为主要特征,患者预感到似乎要发生某种难以对付的危险,常伴有自主神经紊乱的头晕、心悸、胸闷、呼吸急促、出汗、口干、肌肉紧张等症状和运动性不安,临床分为广泛性焦虑障碍与惊恐障碍两种主要形式。患者的焦虑并非由实际存在的威胁所引起,而是一种没有明确危险目标和具体内容的恐惧。患者往往体验到一种莫名其妙的恐惧和烦躁不安,对未来有不祥预感,同时伴有一些躯体不适。焦虑性神经症的焦虑是原发的,凡是继发于妄想症、强迫症、疑病症、抑郁症和恐惧症等的焦虑都不应该诊断为焦虑性神经症。

二、临床表现

(一)广泛性焦虑障碍

广泛性焦虑障碍(generalized anxiety disorder,GAD)又称慢性焦虑,是一种以缺乏明确对象和具体内容为特征的担心,患者因难以忍受却又无法控制这种不安而感到痛苦,并有显著的自主神经症状、肌肉紧张,以及运动性不安。主要临床表现有:

1. 精神性焦虑 表现为持续存在的过度焦虑和担忧,患者预感到有某种不可避免的、无法应付的危险或威胁将会出现,可又无法说出危险是什么。患者感到提心吊胆和惶恐不安,焦虑和担忧的程度、强度和持续时间与所担心事件的真实程度和可能性不相符合,而且这种担心很难停止或控制。

2. 躯体性焦虑 表现为运动性不安与肌肉紧张。患者时常出现坐立不安、来回走动等运行性不安症状,还有的表现为肌肉紧张、疼痛或酸痛,因此容易产生疲劳。

3. 自主神经功能紊乱 口干、出汗、恶心、腹泻、尿频、震颤等症状,有的患者出现勃起障碍、早泄、性欲缺乏、月经紊乱等。

其他临床表现有睡眠障碍、注意力集中困难、易激惹、高度警觉等。

（二）惊恐障碍

惊恐障碍（panic disorder）又称"急性焦虑"，是一种以反复的惊恐发作（panic attacks）为主要原发症状的神经症。这种发作并不局限于特定的情境，因此具有不可预测性。其典型表现是常常突然产生，患者处于一种无原因的极度恐怖状态：呼吸困难、心悸、喉部梗塞感、震颤、头晕、无力、恶心、胸闷、四肢发麻，有"大祸临头"或濒死感。此时，患者面色苍白或潮红、呼吸急促、多汗、运动性不安，甚至会做出一些不可理解的冲动性行为。病情较轻者可能只有短暂的心慌、气闷，往往试图离开自己所处的环境以寻求帮助。发作的持续时间为数分钟至数十分钟，很少超过1小时，然后自行缓解。在发作间歇期，患者常担心再次发作而惴惴不安，产生期待性焦虑。患者往往害怕自己因为心脏或呼吸系统疾病而致死。不少人认为心悸以及心前区疼痛是心绞痛发作，约20%发作时有晕厥表现。由于发作时过度换气，有可能引起呼吸性碱中毒，从而出现其他与之相关的症状。本章开头案例中的詹昵所患的就是惊恐障碍。

惊恐发作作为继发症状，可见于多种不同的心理障碍，如恐惧症和抑郁症等，并应与某些躯体疾病相鉴别，如癫痫、心脏病发作和内分泌失调等。惊恐障碍的患病率为0.5%~1.5%，约1/3~1/2的惊恐障碍伴发场所恐惧症。

三、影响因素

（一）生物因素

1. **遗传** 据Slater统计，单卵双生子一致性患病率为50%，双卵双生子仅为5%。临床统计发现，焦虑症患者的父母和兄弟姊妹常有焦虑症状或焦虑人格，家庭发病率为15%，远高于一般人群中5%的发病率。

2. **交感神经功能亢进说** 其临床证据有：①焦虑症患者尿中儿茶酚胺（CA）排出量增加；②正常人静脉注入去甲肾上腺素（NE）可模拟出焦虑症的全部躯体症状；③能阻断交感神经β受体功能的普萘洛尔具有显著的抗焦虑效果，并能消除焦虑症的躯体症状；④抗焦虑药（苯二氮䓬类）作用于脑内苯二氮䓬类受体后，导致脑内GABA递质活性增强并间接抑制交感神经活动；⑤焦虑发作的症状，如心悸、胸闷、出汗、头晕等主要为交感神经功能亢进的症状。

3. **脑内5-HT能神经活动障碍说** 临床观察发现，增强脑内5-HT递质活性的药物（如丁螺环酮）抗焦虑有效，因而提出此学说。

4. **脑内DA能神经系统活化说** DA2（多巴胺能神经β型受体）被认为是激动脑精神活动的总开关。当DA2活化时则各种心理活动活化，出现焦虑、恐惧、妄想、幻觉、兴奋和躁动等，用阻断DA2的抗精神病药物（氯丙嗪、奋乃静、氟哌啶醇、利培酮）治疗严重焦虑有效。

（二）心理社会因素

童年期的创伤性经历、较高水平的分离焦虑、不安全的依恋关系等都是焦虑症的易感因素。例如童年时由于溺水、窒息、严重哮喘等原因经历过呼吸困难的人，如果在以后生活中出现焦虑或呼吸急促，就更有可能出现惊恐发作。

惊恐障碍患者在面临问题时容易陷入"大难临头"的思维模式。他们往往夸大问题的严重程度而低估自己的应付能力，常常认为自己无法控制生活和周围的世界。这种消极的思维方式使得他们在遇到困境或难题时，变得非常紧张和担心，自尊水平也随之降低。以后再发生类似的事情时，也会看成是不可控制的、不可预料的和不可能解决的。

此外，社会生活事件如学习紧张、工作压力、人际关系紧张等均可作为情境性刺激或心理应激，诱发焦虑症的发生。

笔记

（三）心理学解释

1. **心理动力学** Freud 认为焦虑症的产生是对本我的恐惧，来源于潜意识的冲突。患者意识到自己的本能冲动有可能导致某种危险，因而伴有失控感或将要发疯感，并有濒死感。焦虑症是由于过度的内心冲突对自我威胁的结果，冲突主要源自三个方面：外界（现实焦虑）、本我（神经症性焦虑）及超我（道德焦虑）。患者本身的自我不健全或发育不良为素质性原因。该学派特别强调童年期的心理体验被压抑在潜意识中，一旦因特殊境遇或压力激发，便成为意识层面的焦虑。

2. **行为主义学派** 该学派认为，引起焦虑的情境可作为条件刺激或信号，当个体感到自己安全受到威胁时，便会诱发出交感神经功能亢进、HPA 轴亢进、海马边缘系统中缝核活化的焦虑反应，此后类似情境刺激时便会产生病理条件反射性焦虑症。焦虑是一种习得性行为，起源于人们对刺激的惧怕反应，由于致焦虑刺激和中性刺激之间建立了条件联系，条件刺激泛化形成焦虑症。

3. **认知学派** 人们对事件的认知评价是焦虑症发生的中介。当个体对情境做出危险的过度评价时便会激活体内边缘系统、交感神经系统和 HPA 轴等引发焦虑反应，产生焦虑症。对情境做出过度危险评价来源于个体童年时期潜意识学习的内隐学习而固着的内隐认知、不合理的信念、错误的思维方法、错误理解、警觉过度、重复检查和回避行为等，而应对失败更加重了对情境过度危险的认知评价，加剧焦虑症并形成恶性循环。

四、诊断评估

典型的焦虑症不难诊断，由于不少患者多在综合医院或基层医疗单位就诊，他们往往只注意到躯体的不适，因此引起误诊，不少急性发作被当成心脏病急诊而不断住院和接受检查。焦虑症的焦虑症状是原发的，凡继发于高血压、冠心病、甲状腺功能亢进等躯体疾病的焦虑应诊断为焦虑综合征。其他精神病理状态如幻觉、妄想、强迫症、疑病症、抑郁症和恐惧症等伴发的焦虑，也不应诊断为焦虑症。CCMD-3 关于焦虑症的诊断标准见（专栏 7-3）。

专栏 7-3

CCMD-3 关于焦虑症的症状标准

43.21 惊恐障碍

惊恐发作需符合以下 4 项：①发作无明显诱因、无相关的特定情境，发作不可预测；②在发作间歇期，除害怕再发作外，无明显症状；③发作时表现强烈的恐惧、焦虑，及明显的自主神经症状，并常有人格解体、现实解体、濒死恐惧，或失控感等痛苦体验；④发作突然开始，迅速达到高峰，发作时意识清晰，事后能回忆。

在 1 个月内至少有 3 次惊恐发作，或在首次发作后继发害怕再发作的焦虑持续 1 个月。

43.22 广泛性焦虑

以持续的原发性焦虑症状为主，并符合下列 2 项：①经常或持续的无明确对象和固定内容的恐惧或提心吊胆；②伴自主神经症状或运动性不安。

病程：符合症状标准至少已 6 个月。

五、防治要点

(一)心理治疗

1. 认知疗法　广泛性焦虑障碍患者之所以会产生过度的、不切实际的紧张和担忧,是因为对世界存在着不合理的认知。因此,倘若要消除情绪症状,必须纠正其错误的认知,使其重新建构对外在世界的合理认知。由于惊恐障碍患者预感到会出现糟糕局面的"预期性焦虑"、"大难临头"、"无法控制"等灾难性思维都会增加惊恐发作的可能性,因此,系统地改变患者的消极思维,减轻那些可以累积并导致惊恐发作的预期性焦虑,挑战患者的灾难性思维,通过改变患者的认知,来减少其对情绪状态的影响或缩短惊恐发作的时间。

2. 行为疗法　通过放松有意识地控制自身的心理生理活动,降低唤醒水平、改善机体功能紊乱。放松疗法假设,个体的焦虑反应包含"情绪"与"躯体"两个部分。倘若"躯体"的反应被改变,"情绪"也会随着改变。因此,治疗者通过训练使患者能随意地使自己的全身肌肉放松下来,以便随时保持心情轻松的状态。患者学会放松训练之后,需要回家练习。治疗师可提供书面指示语或录音磁带,供患者在家练习时使用。若某些患者放松不了,可以采用生物反馈等手段辅助。其他行为治疗技术包括系统脱敏、满灌疗法、生物反馈等。

(二)药物治疗

抗焦虑药物如苯二氮䓬类对控制惊恐发作有较好的疗效,对焦虑症状的控制效果要快于 TCA 和 SSRIs、SNRI 类药物,但有形成依赖的可能,一般主张与 TCA 或 SSRIs 类合用。大多数抗抑郁药抗焦虑作用也很显著,但起效较慢。芳香族哌嗪类抗焦虑药如丁螺环酮主要用于广泛性焦虑障碍,优点是无成瘾性、较安全、不影响认知和运动功能,但起效慢且不能改善睡眠。

第四节　强　迫　症

一、概述

强迫症又称强迫障碍(obsessive compulsive disorder,OCD),其特点是有意识的自我强迫与反强迫同时存在,二者的尖锐冲突使患者焦虑和痛苦。患者体验到冲动或观念来自于自我,意识到强迫症状是异常的,但无法摆脱。强迫症可发生于一定的心理社会因素之后,以典型的强迫观念和动作为主要症状,可伴有明显的焦虑不安和抑郁情绪。部分患者病情能在一年内缓解,超过一年者通常是持续波动的病程,可达数年甚至更长。强迫症状严重或伴有强迫人格特征及持续遭受较多生活事件的患者预后较差。

1838 年,法国精神病学家 Esquiro 报告了历史上第一个强迫症病例,称之为怀疑病,并将其划为单狂(monomania),因为那时以妄想为唯一症状的疾病被称为单狂,可见此时的强迫观念与妄想尚未明确区分。Morel 于 1861 年描述了类似的病例并称之为情绪妄想,1866 年命名为强迫症(obsession)。1878 年,Westphal 将强迫观念定义为:一种不由自主的或与患者主观愿望相对立的思想,而思想对患者来说也是"外来的",它不是任何特殊情感状态的产物,智力也完全无缺。1885 年,Charcot 和 Magana 把他们报告的病例称为"名词狂",因为患者强迫性地追究某些名词或字眼的含义。1895 年,Freud 区分了强迫症与恐怖症,他强调强迫动作对罪感的保护作用,并称之为"禁忌病"。1903 年,P.Janet 指出强迫症患者缺乏真实感和存在强烈的不完善感,对今天我们理解强迫症的症状仍然具有价值。1925 年,K.schneider 将强迫症定义为:一种意识的内容,出现时伴有主观上受强迫的体验,患者无法把它排除掉,平静时患者认为是毫无意义的。1936 年,A. Lewis 指出,认识到无意义并不是必要的特征,主观上感到必须加以抵制才是主要的。因此,各种习俗和宗教仪式不是强

笔记

迫现象,分裂症的刻板言语和思维、脑器质疾病的不随意运动都不是强迫现象。

二、临床表现

强迫症患者往往通过强迫症状来缓解内心的紧张,而这种缓解作用是暂时的,只要内心冲突没解决,导致紧张焦虑的根源就存在,继而引发新一轮的紧张,形成恶性循环。而患者也意识到自己的强迫症状是不正常的,因而会竭力抵制、克服,从而形成新的心理冲突和新的紧张,增加自责、担忧,结果使强迫症状更加频繁和巩固。

(一)强迫观念

是本症的核心症状,主要表现为患者反复而持久地思考某些并无实际意义的问题,既可以是持久的观念、思想和印象,也可以是冲动念头。这些体验虽不是自愿产生,但仍属于患者自己的意识。患者力图摆脱,但却摆脱不了并因此十分紧张苦恼、心烦意乱、焦虑不安,还可出现一些躯体症状。强迫观念的常见形式,见表7-2。

表7-2 强迫观念的常见形式

名称	临床表现
强迫怀疑	如反复怀疑门窗、煤气是否关好
强迫回忆	对过去做过的事反复回忆。尤其是对过去不幸的经历不由自主地反复回忆而苦恼,或是看过某本书中的某个章节、听过某歌曲的片段反复在脑中回荡,无法摆脱而十分苦恼
强迫性穷思竭虑	反复思考生活中或自然界的一些现象,如为什么花朵会有各种颜色?先有鸡还是先有蛋
强迫联想	当看到或听见某一事物或字句时,即出现与此事物有关的联想。如听到"钞票",立即想到这张钞票是经过一位传染病病人之手,带有细菌,是什么细菌呢?传染后又会怎样?越想越紧张
强迫对立思维	出现与自己意愿相反的念头。如佛教信徒在寺院里膜拜菩萨时出现这是妖魔的想法,念经时会出现淫秽的念头,无法自制
强迫意向	出现和自己的内心意愿相反的、违背常理的强迫意向。如走到井边想跳下去,过马路时想冲向汽车等,在高处站立有往下跳的想法

(二)强迫行为

一般继发于强迫思维,大致可以分为两类:

1. **屈从性强迫行为**(yielding compulsion) 这类行为是为满足强迫观念的需要。例如,因怀疑被污染而每天洗手数十次或反复洗涤,因怀疑门未锁好而往返多次进行检查等。

2. **对抗性或控制性强迫行为**(controlling compulsion) 这类行为是为对抗强迫思维、冲动或强迫表象,继发于强迫观念或某个欲望。它可能意在消灭灾祸,或防患于未然。强迫行为的常见形式,见表7-3。

表7-3 强迫行为的常见形式

名称	临床表现
强迫洁癖	常见有强迫洗手、洗衣等
强迫检查	多继发于强迫怀疑之后,如怀疑电视机是否关好、门是否锁好,反复检查
强迫计数	见到电线杆、台阶、汽车、牌照等一些固定物体时,就无法克制地计数
强迫性仪式动作	做出一些具有象征福祸凶吉的固定动作,以此来减轻强迫观念所引起的焦虑不安,比如某患者过马路怕发生车祸,总是在口中默念"一、二、三,三、二、一",以此象征灾难若发生,时光会倒流,就像没发生一样

强迫症患者可以只表现强迫观念或强迫性动作,或两者同时存在。强迫的具体内容会随时间而变化,但与此伴随的焦虑情绪始终存在。正常人偶尔也会发生重复行为,比如出门后担心电源插头未拔或门未锁好,忍不住要回去检查。但正常人的重复行为在确认后不再反复出现,也不会因此而苦恼,更不会影响正常的生活。而强迫症患者因为摆脱不了而深感苦恼和自责,并拼命去压制和斗争,结果适得其反,强迫行为会更加频繁和顽固,他们进而更加烦恼和焦虑,从而陷入一种不能自拔的恶性循环中。

三、影响因素

(一)生物因素

家系调查发现,患者父母中约5%~7%的人患有强迫症。如果将患者的一级亲属中有强迫症状但达不到强迫症诊断标准的病例包括在内,则患者组的父母强迫症状的风险率为15.6%,显著高于对照组父母的2.9%。

1990年,Baxter根据PET及MRI检查,发现强迫症患者有尾核代谢功能亢进的现象,且与强迫程度呈正相关,经抗强迫药物治疗后,在强迫症症状消除的同时,尾核代谢功能亢进现象也随之消失,据此提出强迫症的尾核功能亢进说。

用PET标记法发现,强迫症患者脑内5-HT递质释放减少,而用增高脑内5-HT能神经活动的药物如SSRIs和升高脑内5-HT的三环类、一环类、四环类抗强迫症药物都可有效减弱和消除强迫症状。心理生理学说认为强迫症发病是在遗传和强迫型人格基础上,由于应激引发尾核5-HT变化所致,从而形成了强迫症脑内5-HT能神经元活动减弱说。

(二)心理社会因素

强迫症与强迫型人格有密切关系。强迫型人格的核心特征是缺乏自信和完美主义,他们对自己要求严格、追求完美、胆小怕事、谨小慎微、一丝不苟、优柔寡断、严肃古板、做事按部就班、循规蹈矩、注意细节、酷爱清洁。有强迫型人格的个体在心理压力或生活事件应激下易发展为强迫症。有学者认为强迫症是强迫型人格的进一步发展,约有2/3的强迫症患者在发病之前存在强迫型人格。这种强迫型人格的形成也与遗传、家庭教育和社会环境有关。此外,童年期的创伤性经历、父母过于严厉的教育方式、功能失调的信念往往影响强迫症的发生。

强迫症的发生也与社会因素有关。各种各样的生活事件、心理应激常是发病和症状加重的诱因。询问患者病史常可发现强迫症状与工作紧张、人际关系紧张、家庭不和、夫妻生活不协调、亲人死亡和意外事故等有关。

(三)心理学理论解释

1. **心理动力学** Freud认为强迫症的发生与肛欲期发展受阻有关,所以他把强迫人格称为肛门人格,特征为爱整洁、吝啬和顽固。

2. **行为主义** 认为强迫观念和强迫行为的产生是观念、感觉和动作之间形成条件反射所致。已形成条件反射的强迫观念和行为有可能作为刺激,而焦虑则是对这种刺激的反应。减轻焦虑的仪式性行为和精神仪式则是奖励性强化物,从而导致病理性二级强迫——反强迫条件反射的形成,即产生了强迫症,并使患者的思维、冲动和行为固定于这种学习行为模式。

3. **认知学派** 认为人们经常有重复出现的想法是正常的,如人们经常思考个问题,反复思考以求全面和细致。但如果一个人有不合理的信念,对己对物存在完美主义和过高的责任感要求,在思维方法上又有绝对化、片面性、夸大危险的想象等,则反复思考偏于负性的评价,使重复想法添加了情绪色彩,感到威胁和可能伤害自己而产生焦虑。患者为了避免威胁和伤害自己，采取反强迫回避，于是患者觉得有必要采取象征性的中和行为以缓解自身焦虑，这类行为被操作性条件反射强化，形成了持久的强迫症状。如此恶性循环形成了强迫症患者强迫和反强迫自我搏斗的核心症状：强迫思维、强迫观念→焦虑→减轻焦虑的象征性中和行为及精神仪式→强迫思维、强迫观念。

四、诊断评估

强迫症的诊断需注意排除其他精神障碍如分裂症、抑郁症和恐惧症等继发的强迫症状，排除脑器质性疾病特别是基底节病变继发的强迫症状。强迫症的诊断标准见专栏7-4。

专栏7-4

CCMD-3 关于强迫症的症状标准

1. 符合神经症的诊断标准，并以强迫症状为主，至少有下列1项：①以强迫思想为主，包括强迫观念、回忆或表象、强迫性对立观念、穷思竭虑、害怕丧失自控能力等；②以强迫行为（动作）为主，包括反复洗涤、核对、检查，或询问等；③上述的混合形式。

2. 患者称强迫症状起源于自己内心，不是被别人或外界影响强加的。

3. 强迫症状反复出现，患者认为没有意义，并感到不快，甚至痛苦，因此竭力抵抗，但不能奏效。

符合症状标准至少已3个月。

五、防治要点

（一）心理治疗

有多种心理治疗方法对强迫症有效。认知疗法通过与患者一同探讨一系列与发病原因相关的问题，包括人格特征、家庭互动模式、童年有无心理创伤等，使其对自己的病因有全面的认识。同时，帮助患者找出歪曲观念和失常的认知模式，通过改变认知达到改变情绪、行为的目的。对于有明显仪式性强迫行为的患者，反应阻止和暴露疗法结合的行为疗法疗效较好。高度结构化的心理治疗效果可能优于药物治疗。最近的研究表明，采用暴露和预防行为仪式（exposure and ritual prevention, ERP）治疗强迫症有效，无论是否合并药物疗法，ERP都比单纯的药物治疗效果更好。

（二）药物治疗

三环类氯丙米嗪的有效率约为50%~80%。当前主要使用选择性5-HT再摄取抑制剂（SSRIs），如帕罗西汀等；还有5-HT和NE再摄取抑制剂（SNRI），如文拉法新；对伴有明显焦虑和失眠者可合并使用苯二氮䓬类药物。

将药物治疗与心理治疗结合起来，可以取长补短。

第五节　神经衰弱

一、概述

神经衰弱主要表现为精神易兴奋（如注意力障碍、联想、回忆增多和感觉过敏）和精神易疲劳症状，并常伴有烦恼、易激惹等情绪症状，肌肉紧张性疼痛、记忆减退、头痛、睡眠障碍等心理生理症状群。这些症状不能归因于已存在的躯体疾病、脑器质性病变或特定的心理障碍，但病前可存在持久的情绪紧张或精神压力。神经衰弱的出现常与心理冲突有关，

笔记

大多缓慢起病,症状呈慢性波动性。因此,具有易感素质的个体如果生活中应激事件较多,病程往往波动且迁延,难以彻底痊愈。

1831 年,Kraus 和 Most 在其编写的医学词典里首次收录了神经衰弱(neurasthenia),Beard 于 1869 年采用了这一病名,认为这是一种神经系统功能障碍,没有可证实的病变存在,他还把此病视为美国社会迅速工业化造成的文明病,主要见于中上层白领阶层的脑力劳动者。1894 年,Freud 将神经衰弱归入"真实神经症(actual neurosis)"。美国从 DSM-III 开始取消了神经衰弱的概念;DSM-IV 将神经衰弱作为与文化相关综合征的一个例子,归入未分化的躯体形式障碍;DSM-5 在对躯体形式障碍进行调整的同时取消了未分化躯体形式障碍的诊断。至此,DSM 系统已彻底取消了神经衰弱的概念和诊断,但 ICD-10 和 CCMD-3 仍予以保留。

二、临床表现

1. **脑功能衰竭** 表现在两个方面:一是精神易兴奋、易激惹,如联想和回忆增多、难以自制、注意力涣散、感觉过敏等;二是精神易疲劳,如记忆力差,注意力不集中,患者自述整天昏头昏脑,严重者只要用脑就觉得头疼脑涨,致使学习和工作效率明显下降。

2. **情绪症状** 主要有易激惹、烦恼、情绪紧张和控制力低,可导致人际关系失调,常伴有继发性焦虑。一旦精神兴奋与情绪症状结合,则回忆和联想的内容几乎都是负性事件。

3. **心理生理症状** 表现为睡眠障碍和自主神经功能紊乱等。睡眠障碍包括入睡困难、多梦、易惊醒、醒后觉得不解乏等。患者可出现睡眠觉醒节律紊乱,白天无精打采、昏昏沉沉、全身酸痛或头痛等,夜间则兴奋难眠。自主神经功能紊乱表现为头痛、心悸、多汗、胸闷、气短、食欲缺乏、消化不良、便秘或腹泻、尿频、月经不调等。

三、影响因素

心理压力和个体素质是神经衰弱产生的两大主要原因,此外,神经递质紊乱也是导致神经衰弱的可能原因之一。

1. **心理压力** 神经衰弱主要与精神活动过度紧张有关。如长时间进行紧张繁忙的学习、工作而得不到松弛,亲人亡故、事业受挫、人际关系冲突等各种紧张刺激等。但其根本原因并非学习和工作本身的辛苦所致,而是其压力感、紧张感及种种内心矛盾冲突所造成的心理(情绪性)疲劳。

2. **个体素质** 是指由先天和后天原因形成的生理和心理特征。神经衰弱患者家族中有心理障碍的患者远远高于比普通人群,提示先天遗传素质因素的存在。神经衰弱患者的性格多为敏感、多疑、胆小、自卑、自信心差而依赖性强、自我控制力差、任性好强、脾气急躁等。此外,巴甫洛夫认为,神经类型为弱型的人易患神经衰弱。

3. **CA 升高说** 近年来,有人提出脑内儿茶酚胺类递质升高(NE、DA、AD)是神经衰弱产生的原因,CA 升高可解释精神活动易兴奋,易激惹等症状。

四、诊断评估

神经衰弱的诊断标准(专栏 7-5)。如果神经衰弱症状见于神经症的其他亚型,则仅仅诊断为其他类型的神经症;如果神经衰弱症状见于某种脑器质性疾病或躯体疾病,应诊断为该疾病的神经衰弱综合征;诊断时还要排除分裂症和抑郁症等。

CCMD-3 关于神经衰弱的症状标准

以脑和躯体功能衰弱症状为主，特征是持续和令人苦恼的脑力易疲劳（如感到没有精神，自感脑子迟钝，注意力不集中或不持久，记忆差，思考效率下降）和体力易疲劳，经过休息或娱乐不能恢复，并至少有下列 2 项：①情感症状，如烦恼、心情紧张、易激惹等，常与现实生活中的各种矛盾有关，感到困难重重，难以应付。可有焦虑或抑郁，但不占主导地位；②兴奋症状，如感到精神易兴奋（如回忆和联想增多，主要是对指向性思维感到费力，而非指向性思维却很活跃，因难以控制而感到痛苦和不快），但无言语运动增多。有时对声光很敏感；③肌肉紧张性疼痛（如紧张性头痛、肢体肌肉酸痛）或头晕；④睡眠障碍，如入睡困难、多梦、醒后感到不解乏，睡眠感丧失，睡眠觉醒节律紊乱；⑤其他心理生理障碍，如头晕眼花、耳鸣、心慌、胸闷、腹胀、消化不良、尿频、多汗、阳痿、早泄或月经紊乱等。

病程：符合症状标准至少已 3 个月。

五、防治要点

对神经衰弱的治疗多采用综合性措施，其中心理治疗是最主要的。支持性心理治疗和认知治疗等，可以帮助患者端正对疾病的认识，树立信心，缓解过分焦虑，认识致病原因和机理以及治疗的知识。如果患者存在失眠、焦虑和抑郁，也可配合使用小剂量药物。

第六节　躯体形式障碍

一、概述

躯体形式障碍（somatoform disorders）是一类神经症亚型的总称，其概念由 DSM-Ⅲ 引入。临床特征以患者反复陈述躯体症状，反复进行医学检查，并无视其阴性结果及医生的解释。其症状的出现与生活事件或心理应激有关。有时患者确实存在某种躯体障碍，但不能解释症状的性质、程度或患者的痛苦与先占观念。这些躯体症状被认为是心理冲突和个性倾向所致，但对患者来说，即使症状与不愉快的生活事件、困难或冲突密切相关，他们也拒绝探讨其心理病因。本障碍男女均可患病，经常伴有焦虑或抑郁情绪，为慢性波动性病程。CCMD-3 关于躯体形式障碍的诊断标准（专栏 7-6）。

CCMD-3 关于躯体形式障碍的症状标准

以躯体症状为主，至少有下列 1 项：①对躯体症状过分担心（严重性与实际情况明显不相称），但不是妄想；②对身体健康过分关心，如对通常出现的生理现象和异常感觉过分关心，但不是妄想；③反复就医或要求医学检查，但检查结果阴性和医生的合理解释，均不能打消其疑虑。

病程：符合症状标准至少已 3 个月。

笔记

"躯体化"(somatization)一词来源于希腊语soma。1651年,Burton将躯体形式(somatoform)障碍用于描述抑郁症的一种亚型。1684年,Thomas Willis将躯体形式障碍与癔症区分开来。1765年,Robert Whytt将躯体形式障碍与抑郁症作了区分。1822年,Falret将其称之为个人对其健康状态的异常信念。20世纪初,Steke首次将其用于描述出现躯体障碍和神经症的患者。

躯体形式障碍的核心症状即躯体化。1980年,DSM-Ⅲ将以躯体化为主要症状的精神障碍命名为躯体化障碍。DSM-IV-TR(2000)将躯体化障碍和转换障碍、疑病症、躯体变形障碍等其他以躯体症状为主的精神障碍,合并为一个大类——躯体形式障碍。当时的DSM系统认为躯体形式障碍具有两个基本特征:源自心理冲突的躯体痛苦;医学无法解释的症状。在临床应用中,以这两个特征为核心的诊断标准遇到很多问题,如临床应用性低、定义和标准过于模糊、诊断分类重叠等。因此,DSM-5取消了躯体形式障碍的诊断名称,并以大幅修改的躯体症状障碍及相关障碍(somatic symptom disorders and related disorders)取而代之。DSM-5的躯体症状障碍及相关障碍减少了分类以避免重叠,不再包括躯体化障碍、疑病症、疼痛障碍、未分化的躯体形式障碍等,保留了转换障碍,新增了疾病焦虑障碍,并将做作性障碍(DSM-Ⅳ-TR中独立的一章)移入,将躯体变形障碍归入强迫障碍。

二、临床表现

CCMD-3关于躯体形式障碍的种类包括躯体化障碍(somatization disorder)、未分化躯体形式障碍(undifferentiated somatoform disorder)、疑病症(hypochondriasis)、躯体形式自主神经紊乱(somatoform autonomic dysfunction)、持续性躯体形式疼痛障碍(persistent somatoform pain disorder)、其他或待分类躯体形式障碍(other or unspecified somatoform disorders)。这里主要介绍躯体化障碍和疑病症。

(一)躯体化障碍

躯体化障碍(somatization disorder)的主要特征为表现多样、反复出现、时常变化的躯体症状。患者反复主诉变化不定的躯体症状,常见症状包括:胃肠道症状(疼痛、打嗝、反酸、呕吐、恶心等);皮肤异常感觉(瘙痒、烧灼感、刺痛、麻木感、酸痛等);月经紊乱和性功能紊乱;可伴有明显的焦虑和抑郁情绪。患者通常会夸大自己的躯体不适感,并因为这些症状反复求诊。由于病程呈慢性波动,所以患者有多年的就医史或用药史,同时还可能出现药物依赖或药物滥用。

1859年,法国医生Pierre Briquet首次对躯体化障碍的临床现象进行了描述。他发现一些患者会因为各种躯体不适而就诊,但临床检查结果却并没有发现任何器质性的病变。尽管如此,患者很快又以相同或略有不同的症状前来复诊。100多年来,人们把这种疾病称为Briquet综合征,1980年改称为躯体化障碍。CCMD-3关于躯体化障碍的诊断标准见专栏7-7。

专栏7-7

CCMD-3关于躯体化障碍的症状标准

1. 符合躯体形式障碍的诊断标准。
2. 以多种多样、反复出现、经常变化的躯体症状为主,在下列4组症状之中,至少有2组,共6项:①胃肠道症状。如腹痛;恶心;腹胀或胀气;嘴里无味或舌苔过厚;呕吐或反胃;大便次数多、稀便,或水样便。②呼吸循环系症状。如气短;胸痛。③泌尿生殖系症状。如排尿困难或尿频;生殖器或其周围不适感;异常的或大量的阴道分泌物。④皮肤症状或疼痛症状。如瘢痕,肢体或关节疼痛、麻木,或刺痛感。

笔记

3. 体检和实验室检查不能发现躯体障碍的证据，无法对症状的严重性、变异性、持续性或继发的社会功能损害作出合理解释。

4. 对上述症状的优势观念使患者痛苦，不断求诊，或要求进行各种检查，但检查结果阴性和医生的合理解释，均不能打消其疑虑。

5. 如存在自主神经活动亢进的症状，但不占主导地位。

病程：符合症状标准和严重标准至少已2年。

（二）疑病症

疑病症（hypochondriasis）是最常见的躯体形式障碍之一。患者通常过分关注自己的躯体不适，甚至因为一些轻微的生理症状而担忧。他们频繁地向医生求诊，尽管检查结果显示并无异常，但患者仍然深信自己患有某种严重的生理疾病。疑病症患者的关注焦点几乎涉及所有躯体症状，有些患者甚至关注正常的生理现象，如心率、出汗等。

研究表明，疑病症与焦虑及心境障碍，特别是惊恐障碍有许多相似之处。例如，相近的发病年龄、性格因素、家庭背景等。事实上，疑病症常常与焦虑或心境障碍共病。因为焦虑或恐惧，疑病症患者会对自己的身体状况过分关注，从而导致了对自己身体的生理现象和感觉的曲解，认为某种生理现象或感觉就是疾病的征兆或表现。CCMD-3关于疑病症的症状标准见专栏7-8。

专栏7-8

CCMD-3关于疑病症的症状标准

1. 符合神经症的诊断，至少有下列1项：①对躯体疾病过分担心，其严重程度与实际情况明显不相称；②对健康状况，如通常出现的生理现象和异常感觉作出疑病性解释，但不是妄想；③牢固的疑病观念，缺乏根据，但不是妄想。

2. 反复就医或要求医学检查，但检查结果阴性和医生的合理解释，均不能打消其疑虑。

病程：符合症状标准至少已3个月。

三、影响因素

1. **生物因素** 一般认为躯体形式障碍与遗传易感素质有关。Kellner（1985）报告疑病症有家族性，提示可能有遗传因素参与发病。患者可有疑病型人格或称神经质，表现为敏感而多疑、固执、主观、谨慎、衰弱和不安全感。其他可能的病因包括：神经功能不稳定（弱型神经型）；青春期或更年期内分泌功能不稳定；罹患躯体疾病后，有易罹患器官作为其敏感多疑的靶器官等。

2. **心理因素** 有关心理因素如何引发躯体症状的原因有以下解释：①使一个与社会隔离的人得到了一个辅助的社会支持系统；②患者的角色使之在职业、社会或性角色上的失败得到合理化的解释；③疾病可以成为获得照顾的手段；④疾病可作为控制他人或社会环境的能量来源；⑤身体症状可用来作为一种表达方式或寻求帮助的呼喊；⑥由于躯体疾病相对精神障碍而言少有歧视，宁愿把精神障碍的痛苦表达为躯体疾病；⑦一些人可能对身体症状高度敏感且加以夸大，这种高度敏感性与焦虑或抑郁情绪有关；⑧躯体症状可能表现了儿童时学习到的行为，因为一些父母对患病的孩子会给予更多的关注；⑨创伤，尤其是儿童时的躯体或性虐待，更易于使人通过身体症状来表达精神痛苦；⑩内科医生对症状的

笔记

治疗或诊断,都可能无意间强化了患者患有躯体疾病的观念。

3.心理学解释 心理动力学认为,疑病症患者过分使用了一种或多种防御机制,如隔离、撤退和退化,这些防御机制成为其人格的组成部分;行为主义学派则认为是错误学习的结果,对自己或别人生病的经验或道听途说的不科学的卫生宣传、医务人员的不当言行、不科学的卫生经验形成了病理性条件反射。

四、诊断评估

躯体形式障碍的诊断主要是按照临床特征和病史,要注意排除躯体疾病、其他神经症性障碍(如焦虑、惊恐障碍或强迫症)、抑郁症、分裂症和偏执性精神障碍。另外,还要考虑患者病前的个性特征。

五、防治要点

针对躯体形式障碍的处理原则是要采用有效的手段,在躯体水平上处理实际存在的病理过程;在心理和社会水平上加以干预,做到身、心同治。

1.心理治疗 要努力帮助患者从客观上消除致病的心理社会因素,提高患者对应激的认知水平和应对能力,矫正应激引起的反应。心理治疗的主要目的是让患者逐渐了解所患疾病的性质,改变患者错误的疑病观念,解除或减轻心理因素的影响,使患者对自己的身体状况和健康状态有一个相对正确的评估。

2.药物治疗 由于躯体形式障碍患者常伴有焦虑、抑郁、失眠等症状,且与躯体症状互为因果,形成恶性循环,单纯心理治疗起效较慢。因此,抗焦虑、抗抑郁药应尽早使用。主要使用各种抗抑郁药物,如三环类抗抑郁药及选择性 5-HT 再摄取抑制剂。

第七节 癔 症

一、概述

癔症(hysteria)又称歇斯底里,指一种以解离症状(部分或完全丧失对自我身份的识别和过去的记忆)和转换症状(在遭遇无法解决的问题和冲突时产生的不快心情,转化成躯体症状的方式出现)为主的心理障碍。上述症状没有可证实的器质性基础,通常由明显的心理因素、暗示或自我暗示所致。患者有癔症性人格基础,病程多反复迁延。除癔症性精神病或癔症性意识障碍有自知力障碍外,自知力基本完整。大多在青壮年期发病,常急性起病,消失迅速,躯体症状可呈持续性,如治疗不当,可延续数年至十余年,治疗适当往往能迅速好转。

Hysteria 源于希腊文,即子宫之意,其命名可追溯至公元前 1900 年埃及的记载,当时认为该症的发生是因为子宫在女性体内游走所致。17 世纪,Willis 认为癔症是脑部器质性病变。19 世纪,Charcot 及其学生详细描述了癔症的临床症状,尤其是抽搐大发作,后人称之为"Charcot 大发作"。Freud 和 Breuer(1892)用"转换"(conversion)一词说明癔症的躯体症状是患者的内心冲突以象征的方式表达出来,以避免严重的焦虑不安和痛苦。Freud 明确提出癔症是一种心理障碍,转换和分离都属于无意识防御机制。1992 年,ICD-10 将癔症更名为解离(转换)性障碍并作为独立的疾病诊断。DSM-5 将其分别归入分离障碍躯体症状及相关障碍。

二、临床表现

癔症的临床特征呈多样化和多变性，以躯体症状为主要临床表现者称为转换障碍（conversive disorder）；以精神症状为主要表现者称分离障碍（dissociative disorder）。

（一）分离障碍

分离障碍（dissociative disorder）表现为急骤发生的意识范围狭窄并具有发泄特点的情感爆发、选择性遗忘及自我身份识别障碍等。病前常有心理因素作用，发作后意识迅速恢复正常。常见症状及临床特点，见表7-4。

表7-4　分离障碍常见症状及临床特点

症状名称	临床特点
情感爆发	在精神因素作用下急性起病，表现为哭笑、喊叫、吵闹、愤怒、言语增多等，常以唱小调方式表达内心体验。情感反应迅速，破涕为笑并伴有戏剧性表情动作。有轻度意识模糊，持续时间常受周围言语和态度的影响，事后能部分回忆
分离性遗忘	以对引起精神创伤事件的局限性遗忘较多见，如果只限于某一段时间内发生的事不能回忆，回忆稀少称局限型或选择性遗忘
分离性漫游	患者突然出走、漫游，历时数十分钟至数日，清醒后对其过程不能回忆
分离性木僵	木僵为心理创伤所触发，有较深的意识障碍，一般持续数十分钟自行好转
分离性失神和附体状态	失神状态为明显的意识范围缩小，其注意和意识活动只对环境中个别刺激产生反应。如果其身份为神灵或已死去的人所替代说话，称为附体状态
分离性身份障碍	突然失去对往事的全部记忆，不能识别自己原来的身份，以另一种身份进行日常活动。可表现双重人格或多重人格

其他临床表现还包括癔症性假性痴呆（hysterical pseudodementia）、Ganser综合征、童样痴呆（puerilism）和癔症性精神病（hysterical psychosis）等。

（二）转换障碍

转换障碍（conversive disorder）表现为感觉和随意运动功能障碍，但缺乏器质性疾病的阳性体征，不能为各种检查所证实。症状表现为器官功能的过度兴奋或脱失现象，常见症状及临床特点，见表7-5。

表7-5　转换障碍常见症状及临床特点

症状名称		临床特点
感觉障碍	感觉缺失	各种浅感觉减退和消失，表现形式有全身型、半侧型、截瘫型、手套或袜套型等，以半侧型多见，麻木区与正常侧界限分明，或沿中线或不规则分布
	感觉过敏	如皮肤痛觉过敏、身体某局部剧烈且持续性疼痛，若发生在腹部则易误为急腹症
	特殊感官功能障碍	有暴发性耳聋、视野缩小（管窥）、弱视或失明，嗅觉和味觉障碍等
运动障碍	肢体瘫痪	有截瘫、偏瘫、一个或多个肢体瘫痪，肌张力正常、减低或增强，被动运动时常有抵抗，无肌萎缩，腱反射存在
	震颤	范围可及头、舌、肢体、腹壁等，为阵发性粗大不规则抖动，分散注意时减轻
	起立不能、步行不能	双下肢活动正常，肌力良好，但不能站立，寸步难行
	失声和不言症	患者缄默不语，但可以手势或书写交流笔谈能力完好；失声者说话时声低如耳语。合并耳聋时称癔症性聋哑症

笔记

续表

症状名称	临床特点
痉挛障碍	徐缓倒地,或为四肢挺直,不能被动屈曲,或呈角弓反张状,或挣扎乱动,双手抓胸,揪头发、扯衣服、翻滚、喊叫等富有情感色彩的表现。发作中面色潮红、双目紧闭、眼球游动、瞳孔正常,对光反应存在,意识不完全丧失,事后能部分回忆。一般持续数十分钟,无规律性

其他表现还包括呕吐、呃逆等内脏功能障碍,癔症球、多饮多尿和鼓肠等。癔症的特殊类型(专栏7-9)。

专栏7-9

癔症的特殊类型
---

1. 癔症的集体发病(mass hysteria) 又称流行性癔症(epidemic hysteria),多发生于集体生活且经历、观念基本相似的集体中,如学校、教堂等公共场所。开始时有一人出现癔症发作,周围目睹者心理受到感应,相继发生类似症状。由于对疾病的性质不了解,通常在群体中引起广泛的紧张与恐惧情绪。在相互暗示和自我暗示下爆发流行,表现形式类似。

2. 赔偿性癔症(compensation neurosis) 多发生在不良生活事件后,如工伤、交通肇事、医疗纠纷、集体食物中毒,或火灾、空难、矿难等突发灾难等。这些纠纷及处理结果未达到当事人的心理预期,或者当事人心理深层有持续获得利益的渴求(也可能本人意识不到),加上家属和亲友的不断暗示及本身的性格基础,就可发生赔偿性癔症。此时虽然其伤病早已痊愈,但当事人却持续"扮演"患者角色,保留或发展原有的躯体症状,可由无意识机制引发,因而无法自控,仍四处求医或不断上访。有时罹难者的亲人亦可发病。

3. 职业神经症(occupational neurosis) 是与职业密切相关的运动协调障碍。患者每天都需要紧张地运用其手指的精细协调动作数小时之久,如抄写、打字、弹钢琴等,逐渐出现手部肌肉紧张、疼痛、不听使唤,以致手指活动缓慢而吃力,或出现弹跳动作。严重时由于肌肉痉挛或震颤无法运用手指和前臂,甚至整个上肢。当放弃用手或改做其他工作时,则手指运动恢复常态。这类症状出现于书写时,称书写痉挛。多见于容易紧张、焦虑或对工作感到厌倦或心理负担较重的人。起病大都缓慢,神经系统检查无器质性病变。

三、影响因素

癔症的发生与遗传因素、个性特征和生活事件有关。一般是在某种性格基础上,因精神受刺激而发病,亦可在躯体疾病基础上发病。

(一)生物因素

研究表明,癔症患者的近亲中男女患病率分别为2.4%和6.4%,高于一般群体。根据我国福建地区的报道,患者中具有阳性家族史者占24%。提示遗传因素对部分患者的影响较大。某些躯体疾病或躯体状况不佳也是癔症的发病条件,如颅脑外伤、急性发热性疾病、妊娠期或月经期等。

(二)心理因素

癔症患者往往具有人格基础,即癔症性人格,具体表现为:

1. **高度情绪性** 患者情绪偏向幼稚、易波动、任性、急躁易怒、敏感多疑,常因微小琐事而发脾气或哭泣；情感反应过分且强烈，易从一个极端转向另一个极端，往往带有夸张和戏剧性色彩，对人对事也易感情用事。

2. 高度暗示性 患者很轻易地接受周围人的言语、行动和态度的影响，并产生相应的联想和反应，也有高度的自我暗示性。暗示性高低取决于患者的情感倾向。

3. 高度自我显示性 患者具有自我中心倾向，往往过分夸耀和显示自己，喜欢成为大家注意的中心。病后表现为夸大症状，祈求同情。

4. 丰富幻想性 患者富于幻想，且内容生动，在强烈情感影响下易把实现与幻想相互混淆，给人以说谎的印象。这些病态人格特征在患病后可表现得更加突出，但也有研究认为癔症的发生与癔症性人格并不存在必然联系。

（三）社会因素

癔症大多由急性创伤性心理刺激引发，亦可由持久的难以解决的人际矛盾或内心痛苦引起。尤其是气愤与悲哀不能发泄时，常导致突然发病。通常，心理症状多由明显而强烈的情感因素引起，躯体症状多由暗示或自我暗示引起。首次发病的精神因素常决定以后发病形式、症状特点、病程和转归。再次发作时精神刺激强度虽不大，甚至无明显的客观原因，因触景生情，出现模式相似的发病。

四、诊断评估

癔症的诊断必须详询病史、症状演变进程，与疾病发生、发展有关的因素，并结合详细体检和必要的辅助检查，以排除其他疾病。尤其是儿童和中老年首次出现发作者，或与某些躯体器质性疾病并存时，更应慎重。

鉴别诊断要注意排除器质性精神障碍和诈病，如癫痫合并有癔症表现应并列诊断。具有癔症性症状患者如有分裂症状或情感症状存在，应分别作出相应诊断。诊断标准（专栏7-10）。

专栏7-10

CCMD-3 关于癔症的症状标准

1. 有心理社会因素作为诱因，并至少具有下列1项综合征：①癔症性遗忘；②癔症性漫游；③癔症性多重人格；④癔症性精神病；⑤癔症性运动和感觉障碍；⑥其他癔症形式。

2. 没有可解释上述症状的躯体疾病。

病程：起病与应激事件之间有明确联系，病程多反复迁延。

五、防治要点

癔症首次发作给予及时和充分的治疗对防止反复发作和病程的慢性化十分重要，治疗方法主要包括心理治疗和药物治疗。

1. 心理治疗 心理治疗应作为首选，主要有暗示治疗、分析性心理治疗和行为治疗等。暗示治疗是治疗转换障碍的有效疗法，特别适用于急性起病的患者。使用针刺或电刺激方法结合暗示也有较好的效果。

2. 药物治疗 药物治疗有一定的价值。多数患者在使用抗焦虑药物和抗抑郁药物后，病情得到明显缓解，这可能是因为患者常伴有焦虑、抑郁、疼痛和失眠等症状，而这些症状往往是诱发分离或转换症状的自我暗示的基础。

（郑　铮）

阅读 1

慢性疲劳综合征

慢性疲劳综合征（chronic fatigue syndrome，CFS）是一种以长期极度疲劳为突出表现，同时伴有低热、淋巴结肿痛、肌肉酸痛、关节疼痛、神经精神症状、免疫学异常及其他非特异性表现的综合征。1988 年 3 月，由美国疾病控制中心（CDC）定名。1994 年 11 月，CDC 修订了 CFS 的诊断标准并得到学术界的公认。

CDC 估计，在美国有 100 多万人患有 CFS，女性的发病率是男性的 4 倍。澳大利亚的研究显示，CFS 的发病率 37.1/10 万，其中 40% 以上的患者无法正常工作和学习。香港大学用"疲劳量表"和美国 CDC 的诊断标准对 1 013 名 20 至 50 岁的大众进行调查，发现有疲劳问题的受访者占 57%，其中过半属一般疲劳，16% 属长时间疲劳，20% 属突发疲劳，6.4%（即 65 人）符合 CFS 的诊断标准。CDC 预测 CFS 将成为 21 世纪人类健康的主要问题之一。

CFS 的病因目前尚不清楚。一般认为，由于现代社会工作节奏快、效率高，体力和脑力长期处于紧张疲劳状态，导致机体神经、内分泌、免疫系统功能失调是本病发生的主要原因。生物学证据诸如有关基因、EB 病毒感染和免疫异常等研究仍在深入进行中。

CFS 的诊断要点如下：

1. 主要标准　不明原因的持续或反复发作的严重疲劳、持续 6 个月或以上，充分休息后症状不缓解，活动水平较健康时下降 50%。

2. 次要标准　同时具备下列症状的 4 条或 4 条以上，持续存在 6 个月或 6 个月以上：①记忆力下降或注意力不集中；②咽喉炎；③颈部或腋窝淋巴结触痛；④肌痛；⑤多发性非关节炎性关节疼痛；⑥新出现的头痛；⑦睡眠障碍；⑧劳累后持续不适。

3. 客观标准　至少具有以下症状和体征中的 2 项：低热（37.3~38.0℃）；非渗出性咽喉炎、咽喉部疼痛，持续时间较长；颈部或腋下淋巴结轻度肿大，有压痛。

4. 排除症状性慢性疲劳　如甲状腺功能减退、药物副作用所致医源性疲劳、慢性肝炎等。

CFS 在临床上易被误诊为神经衰弱，但本病常有低热、咽喉疼痛及淋巴结肿大等表现。CFS 可采用药物治疗、心理治疗和行为治疗。药物治疗主要是补充维生素 B 族，特别是维生素 B_6；补充肉碱、镁离子和必需脂肪酸，以改善疲劳症状。此外，强调注重健康的生活方式，有规律地工作、饮食、睡眠、运动等，注意调节情绪和自我减压，保持身心健康。

阅读 2

做作性障碍

患者刘某，女，42 岁。3 年前与丈夫发生争执时突然出现全身无力瘫软倒地，此后每天发作多次，最多达二十多次，每次持续数秒，发作时伴有双臂抖动，呼之能应，无大小便失禁和口吐白沫等，无外伤史。患者入院后接受神经系统检查及脑电图、头颅 CT、磁共振等辅助检查均未见异常。精神检查：神志清，定向力正常，逻辑思维正常，情绪反应与说话内容协调一致。临床诊断：做作性障碍。

做作性障碍（factitious disorder）是指个体为了逃避外界某种不利于个人的情境，摆脱某种责任或获得某种个人利益，故意模拟或夸大躯体或精神障碍或伤残的行为。

DSM-5 将做作性障碍（F68.10）归入躯体症状障碍及相关障碍，包括对自身的做作性障碍以及对他人的做作性障碍两类，具体描述如下：

笔记

142

对自身的做作性障碍

A. 假装心理上或躯体上的体征或症状，或自我诱导损伤或疾病，与确定的欺骗有关。

B. 个体在他人面前表现出自己是有病的，受损害的，或者受伤害的。

C. 即使没有明显的外部犒赏，欺骗行为也是显而易见的。

D. 该行为不能用其他精神障碍来更好地解释，如妄想障碍或其他精神病性障碍。

对他人的做作性障碍

A. 使他人假装心理或躯体上的体征或症状，或者诱导产生损伤或疾病，与确定的欺骗有关。

B. 个体让另一个人（受害者）在他人面前表现出有病的，受损害的，或者受伤害的。

C. 即使没有明显的外部犒赏，欺骗行为也是显而易见的。

D. 该行为不能用其他精神障碍来更好地解释，如妄想障碍或其他精神病性障碍。

在 CCMD-3 中，做作性障碍被命名为诈病(92.2)并归入其他心理卫生情况(F99)，诊断标准如下：

1. 有明显的装病动机的目的；

2. 症状表现不符合任何一种疾病的临床相，躯体症状或精神症状中的幻觉、妄想，及思维障碍，情感与行为障碍等均不符合疾病的症状表现规律；

3. 对躯体或精神状况检查通常采取回避、不合作、造假行为或敌视态度，回答问题时，反应时间常延长，对治疗不合作，暗示治疗无效；

4. 病程不定；

5. 社会功能与躯体功能障碍的严重程度比真实疾病重，主诉比实际检查所见重；

6. 有伪造病史或疾病证明，或明显夸大自身症状的证据；

7. 病人一旦承认伪装，随即伪装症状的消失，是建立可靠诊断的必要条件。

笔记

第八章　情　感　障　碍

案例 8-1

她最终还是选择了死亡

艾琳是某医学院校大一学生，因情绪抑郁到心理门诊寻求帮助。她长相姣好，学业优秀，但情绪一直低落，忧虑、悲伤、痛苦、有自杀观念。

她出身于干部家庭，从记事起就知道父母不和，父亲经常酗酒且性格怪异，常和母亲吵架和打架。在她初一时父母离婚，她和哥哥随母亲生活，生活比较艰难。她的情绪从父母分手后就明显低落，自卑感严重，她的母亲也同样如此。心理医生为她进行了不定期心理治疗，同时使用三环类抗抑郁药物，艾琳的情绪有明显改善。可是天有不测风云，大二时艾琳的母亲自杀身亡，她痛不欲生，而此时她的哥哥已去深圳工作，重新成家的父亲也不管她，她感到十分的孤独。不久，她自行购药实施自杀，幸被同学发现，附属医院在学校领导的直接督促下奋力抢救，三天后方才脱离危险。出院后仍不定期去心理门诊治疗，情绪逐渐稳定，学习成绩优秀，还通过了大学英语六级考试。

可是，在与心理医生失联一年以后，心理医生得到消息：艾琳在那个暑假中在自己的家中自杀身亡。

> 🍎 艾琳怎么了，哪些原因导致了她的异常？
> 🍎 你将如何评估和诊断类似的问题？

第一节 概　述

一、概念

你肯定感觉到了艾琳的异常。一个聪明、漂亮的女孩为什么快乐不起来,却总是处于郁郁寡欢之中? 其实,我们每个人在一生中都有可能会有这样的一段经历:在某些时间里,你感到不高兴,压抑、忧虑、沮丧、茶饭不思,无心参加各种活动,没有快乐感,没有兴趣,内心充满了悲伤……大多数人通过调整,这种消极情绪可能会在较短时间内恢复。但是,有的人却不是这样,他们的消极情绪严重且持久,产生了明显的痛苦体验,干扰了正常的生活和工作,我们将考虑他可能患上了情绪障碍。那么,在正常的情绪沮丧和情绪障碍之间有什么区别呢? 一般来讲,正常的情绪沮丧和情绪障碍之间是一渐进发展的序列,两者的表现类似,症状基本相同,相比之下主要是在程度上和影响方面的差别,后者的症状更严重、更频繁,持续时间也更久(表8-1)。

表 8-1　抑郁反应与抑郁障碍的区别

项　目	抑郁反应	抑郁障碍
应激事件	有	可有或无
持续时间	短,<2周	长,>2周
情绪反应	轻	重
躯体症状	轻微	明显
认知反应	刺激反应因果关系合理	反应过度或无法解释
人际交往	能力及愿望少受影响	愿望与能力减退明显
寻求支持	常有	无
病程变化	随时间减轻	变化小或加重

情感障碍(affective disorder)又称心境障碍(mood disorder),是指各种原因引起的以显著而持久的情感或心境改变为主要特征的一组障碍,其主要表现为情感高涨或低落,并伴有相应的认知和行为改变。可有精神病性症状,心理生理障碍和躯体症状也很常见,有时甚至成为最突出的临床相。

情感障碍是最早被认识的一种精神疾病。早在公元前4世纪,Hippocrates就把抑郁症描述为"厌食、沮丧、失眠、烦躁和坐立不安",创用了忧郁(melancholy)一词,认为这是黑胆汁和痰影响到脑而引起。而对躁狂,古希腊人认为是一种疯狂乱语、情绪兴奋的状态。直到1882年,德国精神病学家Kahlbaum首先提出躁狂和抑郁不是两个独立疾病,而是同一疾病的两个阶段,将慢性抑郁命名为心境恶劣(dysthymia),并把以心境高低波动为特征的障碍命名为环性心境障碍(cyclothymia)。1896年,Kraepelin通过纵向研究发现躁狂或抑郁可在同一患者身上交替出现,因此提出了躁狂抑郁症(mania-depression)的概念。1962年,Leonhard采用双相(bipolar)障碍或单相(unipolar)障碍的划分,双相障碍即在同一个患者身上既有躁狂发作又有抑郁发作,而单相是指只有单一的躁狂发作或抑郁发作。这种单双相的划分与治疗紧密相关,在临床上得到一致的公认。

二、流行病学

有关情感障碍的发病率和患病率的流行病学资料存在着很大的差异,西方国家的流行

笔记

145

病调查发现情感障碍的终生患病率在 2%~25% 之间,欧洲国家与美国情感障碍的患病率在 3%~5% 之间。我国 1982 年的 12 地区联合调查显示,抑郁症的患病率为 0.76‰,时点患病率为 0.37‰。1993 年对上述地区的复查显示,抑郁症的终生患病率为 0.83‰,时点患病率为 0.52‰。由于不同国家诊断标准和概念不完全一致,难以进行直接的比较,但多认为我国抑郁症患病率要比西方国家低(专栏 8-1)。

专栏 8-1

中国抑郁障碍患病率为何较西方国家要低?

与其他类型精神障碍显著不同的是,中国情感障碍的患病率明显低于西方国家,而且相差数很大。原因何在?

第一个原因是诊断标准和疾病分类学的差异。例如,DSM-Ⅳ将各种抑郁障碍一并收入,包括原来归类于神经症的"心境恶劣(抑郁性神经症)"、人格障碍中的"环性障碍",取消了"神经衰弱"概念并将其大多数归入抑郁障碍之中。用"重性抑郁"(major depression)的概念代替以往抑郁症概念。

另一个原因可能是文化差异。如中国人倾向于以"身体语言"代替"心理语言"来表达情绪抑郁,对情绪痛苦有较高的忍耐力,情绪障碍的就诊率较低等;中国社会安全性较高、有较好的家庭和社会支持系统、物质依赖发生率较低等也可能是重要因素。当然,医生和普通人对本病的识别率低等也不能忽视。例如,Kleiman A 在 20 世纪 80 年代初认为,中国精神科医生诊断为神经衰弱的患者如采用 DSM-Ⅲ 进行重新诊断,有 87% 可诊断为抑郁症,6% 可诊断为心境恶劣。此后杨权等报道 50 例神经衰弱患者用 DSM-Ⅲ 标准再诊断,有 58% 符合重性抑郁或心境恶劣障碍的诊断。

但是,北京市的调查发现,北京户籍居民抑郁障碍的终生患病率为 6.87%,时点患病率为 3.31%,而且有继续上升趋势;在抑郁障碍患者中,从未就医者占 62.9%,到综合医院就医者占 31.9%,到精神专科就医者只有 5.8%,对于抑郁障碍知识了解缺乏者高达 71.8%。抑郁障碍的残疾评定结果显示,抑郁障碍患者中能够评为残疾的患者占 56%。研究提示,提高我国医务人员的诊疗水平显得越来越迫切。

值得注意的是,在不同的分类和诊断标准条件下的调查结果是无法比较的。因此,有关中国抑郁症的患病率及其影响因素有待于进一步研究和证实。

许多调查研究发现,情感障碍的流行病学有以下特征。

1. **性别**　女性抑郁症的患病率几乎是男性的 2 倍,其原因可能与内分泌、心理社会应激事件和应对方式的不同有关。但双相障碍的患病率男女几乎相等。

2. **年龄**　发病年龄多为 21~50 岁,双相障碍发病年龄比单相早,双相平均 30 岁,单相平均 40 岁。新近的流行病学资料显示,抑郁症在 20 岁以下人口中有所上升,可能与酒精和物质滥用、不良的家庭教养方式等有关。

3. **婚姻**　人际关系差、离异或单身的人患抑郁症较多,有研究发现婚姻不和谐者抑郁症的患病率较对照组高 25 倍。

4. **社会经济状况和文化程度**　西方国家低社会阶层人群患抑郁症是高社会阶层的 2 倍,郊区比城镇多见。

5. **生活事件和应激**　研究发现,人们在经历可能危及生命的生活事件后 6 个月内,抑郁症发病的危险系数增加 6 倍,丧偶、离婚、婚姻不和谐、失业、严重躯体疾病等可导致抑郁症的发生,其中丧偶是与抑郁症关系最密切的应激源,生活事件起着扳机样作用。

笔记

6. **遗传** 是比较肯定的危险因素。关系越密切,患病的可能性越大。

虽然新型抗抑郁药物的出现显著改善了情感障碍的预后,但仍有明显的复发和慢性化的倾向。例如,首发抑郁约有 1/3 的患者在 1 年内复发,1/2 以上会在 5 年内复发。抑郁症不予治疗一般要持续 6~13 个月,通过药物治疗可将病程缩短为 3 个月。

第二节 情感障碍的类型与表现

关于情感障碍的分类,CCMD-3、ICD-10 与 DSM-5 之间不尽相同(表 8-2,因篇幅所限 DSM-5 有省略)。

表 8-2 情感障碍三种分类的比较

CCMD-3	ICD-10	DSM-5
30 躁狂发作	F30 躁狂发作	**抑郁障碍**(F30)
31 双相障碍	F31 双相障碍	破坏性心境失调障碍(F31)
32 抑郁发作	F32 抑郁发作	重性抑郁障碍(F31)
33 持续性情感障碍	F33 复发性抑郁发作	持续性抑郁障碍(恶劣心境)(F34.1)
39 其他或待分类的心境障碍	F38 其他心境障碍	经前期烦躁障碍(N 94.3)
	F39 未特定的心境障碍	……
		双相障碍
		双相 I 型障碍(F31.9)
		双相 II 型障碍(F31.81)
		环性心境障碍(F34.0)
		……

一、躁狂症

案例 8-2

不知疲倦的丈夫

塞林,男,33 岁,起病前和妻子过着平静的生活。近几个月来不断对妻子说自己浑身充满了精力和新颖的想法,自己以前干邮差工作简直是浪费天才。晚上睡得很少,大部分时间全神贯注地在书桌上"写作"。有一天,很早就出去了,不久又回来了,他告诉妻子,他已辞职,并决定炒股,并要将所有积蓄取出去买股票,认为很快就会成为百万富翁。说完这些,他又出去了,买了许多他认为有用的东西……

在心理门诊,患者称从来没有如此开心过,简直如同置于天堂中,自己浑身是劲,聪明绝顶,能干许多工作,并想出了很多打算和计划……

(一)临床表现

塞林患的就是躁狂症,也称之为躁狂发作(manic episode),是一种异常夸张的欢欣喜悦或愉快的情感状态,典型表现为情感高涨、思维奔逸和意志行为增强(活动增多)的所谓"三高"症状。

1. **情感高涨** 患者主观体验特别愉快,自我感觉良好,整天兴高采烈,得意洋洋,笑逐颜开,不知疲倦,洋溢着欢乐的风采。患者感到天空格外晴朗,周围事物的色彩格外绚丽,自己无比快乐和幸福。患者虽然情感高涨,但情绪不稳,变幻莫测,时而欢愉,时而暴怒,易

笔记

激惹。有的患者以愤怒、易激惹和敌意为特征,可因一点小事暴跳如雷,怒不可遏,甚至有破坏或攻击行为,但转瞬即逝。

2. 思维奔逸 表现为联想加快,内容丰富多变,自觉思维非常敏捷,思潮犹如大海中的波涛;言语跟不上思维的速度,常表现为言语增多,滔滔不绝,口若悬河,即使口干舌燥,声音嘶哑。但内容浮浅,零乱不切实际,主题易转移,有时出现意念飘忽甚至音联或意联。患者自我评价过高,高傲自大,目空一切,盛气凌人,可出现夸大观念,可以认为自己是最伟大的,能力是最强的,是世界上最富有的。

3. 意志行为增强 表现精力旺盛,活动增多,不知疲倦,整天忙忙碌碌,广泛交际。但做事总是虎头蛇尾,有始无终,一事无成;对自己行为缺乏判断力,随心所欲,不计后果,任意挥霍钱财,胡乱送人。如一名患者在一个星期之内花数十万元买了3辆汽车;一位平时节俭的16岁女孩,在一天之内借了3 000多元钱并全部花光,其中太阳镜就买了60副,却没意识到这些东西太多,也不能意识到无力偿还债务。患者还讲究穿着打扮,喜欢招引别人的注意,举止轻浮,性欲亢进。

4. 躯体症状 患者很少有躯体不适主诉,食欲增加,睡眠减少。因患者极度兴奋,体力过度消耗,容易引起脱水,体重减轻等。

> 躁狂发作的主要特点是什么?它与正常人的兴奋有何区别?

患者可有夸大妄想、关系妄想等精神病性症状,也可出现与心境一致的幻觉。

专栏 8-2

CCMD-3 关于躁狂发作的症状标准

以情绪高涨或易激惹为主,并至少有下列三项:
(1)注意力不集中或随境转移;
(2)语量增多;
(3)思维奔逸、联想加快或意念飘忽的体验;
(4)自我评价过高或夸大;
(5)精力充沛、不疲乏感、活动增多、不断改变计划;
(6)鲁莽行为(挥霍、不负责任、不计行为后果);
(7)睡眠减少;
(8)性欲亢进。
病程:符合症状和严重程度一周以上。

(二)躁狂发作的轻重程度类型

一般来说,躁狂发作常起病较急骤,病程相对较短,根据临床表现,可分为轻躁狂、重性(急性)躁狂和谵妄性躁狂。

轻躁狂(hypomanic)症状较轻,患者可存在至少持续数天的心境高涨、精力充沛、活动增多,有显著的自我感觉良好,注意力不集中且不能持久,轻度挥霍,社交活动增多,睡眠需要减少;有时表现为易激惹,但不伴有幻觉、妄想等精神病症状。对患者正常社会生活无明显影响或轻微影响。一般不易察觉。

重性(急性)发作时,符合上面所述躁狂发作的典型表现,患者的主动注意和被动注意均增强,但不持久,随境转移。部分患者的记忆力病理性增强,常将许多细节琐事与当前的大事混为一谈。

当发作更严重时,患者呈极度的躁动兴奋状态,可有短暂片段的幻听,行为紊乱而毫无目的,伴有冲动行为,也可出现意识障碍,还有错觉、幻觉、思维不连贯等症状,称为谵妄性躁狂(delirious mania)。

日常生活中,我们见到有与轻躁狂类似,非常活跃和外向的性格特征的人,称为轻躁狂性格(专栏 8-3)。

专栏 8-3

轻躁狂性格

富兰克林·罗斯福,美国历史上唯一连任 4 届的总统。在 1933 年至 1945 年长达 12 年的任期中,他把美国从经济大萧条中拯救出来,建立了福利国家模式;在二战中,他把孤立主义的美国变成世界大联盟的领导者,由于他的提倡,才有了联合国。罗斯福在美国国民心目中排在历届总统中的第三位,在他之前的是美国的国父华盛顿和美国内战中力挽狂澜的林肯。建立如此功业的杰出政治家在工作上是一位事必躬亲的人,他总有不枯竭的旺盛精力,不断地想出新点子,执行新计划。在一部分析美国历届总统性格的书中,描写的罗斯福生平喜欢铤而走险、孤注一掷,年轻时曾因一时冲动就投巨额资金涉足温泉产业。精力旺盛是轻躁素质的最佳"副产品",而冲动、多动则是这位伟大总统轻躁狂性格的典型表现。

也许,性格中有点儿这样的"疯狂因子",更容易给他们带来现代人所希冀的成功。他们能一无所有还感觉到很幸福,他们精力充沛,积极乐观。轻躁状态下的人们不但情绪高昂,而且思维敏捷、精力充沛、富有自信、积极乐观和热情开朗,在高效率工作的同时睡眠需要却减少……,他们就是人们梦寐以求、想要成为的超人,很多优秀的作家、作曲家和画家,如海明威、伍尔夫、舒曼及梵高等也都是在轻躁期创作下了最多、最优秀的作品。与常人不同,成功人士们会长期处于一种非常轻微的躁狂状态。然而,重躁狂状态下却会一事无成。

可是,有轻躁素质的人比一般人更容易发展成为躁狂抑郁症。

二、抑郁症

(一)概念

抑郁症(depressive disorder)现称之为抑郁发作(depressive episode)或重性抑郁症(major depression),是以显著而持久的情感低落,抑郁悲观为主要特征的一种疾病,抑郁症患者常有兴趣丧失、自罪感、注意困难、食欲减退或丧失和有消极自杀观念和行为,其他症状包括认知功能、语言、行为、睡眠等异常表现。所有这些变化的结果均导致患者人际关系、社会和职业功能的损害,近年来已成为威胁人类健康和影响生活质量的严重疾病(专栏 8-4)。

专栏 8-4

抑郁症的相关知识

1. 据 WHO 的调查推测,约有 1/5 的女性、1/10 的男性在有生之年可能罹患抑郁症,全球目前约有 3.4 亿抑郁症患者。

2. 我国抑郁症患者预计高达 2 600 万人,每年给中国带来的经济负担达到了 621.91 亿元。抑郁症已成为中国第二大疾病负担(第一位为癌症)。

3. 在美国,每年有多于 1 900 万人患抑郁症,因此造成的损失超过 400 亿美元。

笔记

4. 抑郁症是危害身心健康的常见病,世界银行统计,抑郁症为名列第二位的高致残率疾病,专家预测2020年可能要上升为第一位。

5. 抑郁症是与自杀联系最紧密的病因(见第十章),最终会有10%~15%的患者死于自杀,构成所有自杀人口的1/2到2/3。

6. 抑郁症患者偶尔会出现"怜悯杀人"或"扩大性自杀",导致极严重的后果。

(二)临床表现

既往将抑郁症的表现按心理过程内容概括为"三低症状",即情绪低落、思维迟缓和意志活动减退。目前对抑郁症归纳为核心症状、心理症状群与躯体症状群3个方面。

1. **核心症状** 抑郁的核心症状包括情绪低落、兴趣缺乏、精力减退。①情绪低落:可以从闷闷不乐到悲痛欲绝,生活充满了失败,一无是处,对前途失望甚至绝望,存在已毫无价值(无望和无用感),对自己缺乏信心和决心(无助感),十分消极;②兴趣缺乏:对以前喜爱的活动缺乏兴趣,丧失享乐能力;③精力不足,过度疲乏:感到疲乏无力,精力减退,活动费力,语调低沉,语速缓慢,行动迟缓,严重者可整日卧床不起。

2. **心理症状群** 主要有:①焦虑:常与抑郁伴发,可出现胸闷、心跳加快和尿频等躯体化症状;②自罪自责:患者对自己既往的一些轻微过失或错误痛加责备,认为自己给社会或家庭带来了损失,使别人遭受了痛苦,自己是有罪的,应当接受惩罚,甚至主动去"自首";③精神病性症状和认知扭曲;④注意力和记忆力下降;⑤自杀:有自杀观念和行为的占50%以上。约有10%~15%的患者最终会死于自杀。偶尔出现扩大性自杀和间接性自杀(曲线自杀);⑥精神运动性迟滞或激越;⑦自知力受损。

3. **躯体症状群** 表现为:①睡眠紊乱:多为失眠(少数嗜睡),包括不易入睡、睡眠浅及早醒等。早醒为特征性症状;②食欲紊乱:表现为食欲下降和体重减轻;③性功能减退;④慢性疼痛:为不明原因的头痛或全身疼痛;⑤晨重夜轻:患者不适以早晨最重,在下午和晚间有不同程度的减轻;⑥非特异性躯体症状:如头昏脑涨、周身不适、心慌气短,胃肠功能紊乱等,无特异性且多变化。有关抑郁发作的诊断标准(专栏8-5)。

专栏8-5

——— CCMD-3 关于抑郁发作的症状标准 ———

以心境低落为主要特征且持续至少2周,此期间至少有下述症状中4项:

(1)对日常活动丧失兴趣,无愉快感;

(2)精力明显减退,无原因的持续疲乏感;

(3)精神运动性迟滞或激越;

(4)自我评价过低,或自责,或有内疚感,可达妄想程度;

(5)联想困难,自觉思考能力显著下降;

(6)反复出现想死的念头,或有自杀行为;

(7)失眠,或早醒,或睡眠增多;

(8)食欲缺乏,或体重明显减轻;

(9)性欲明显减退。

病程:符合症状标准至少已持续2周。

笔记

（三）特殊类型

1. 隐匿性抑郁症（masked depression） 是一组不典型的抑郁症候群，其抑郁情绪不十分明显，突出表现为持续出现的多种躯体不适感和自主神经系统功能紊乱症状，如头痛、头晕、心悸、胸闷、气短、四肢麻木及全身乏力等。患者因情绪症状不突出，多先在综合医院就诊，抗抑郁药物治疗效果好。

> 🐭 艾琳的表现与上述描述的哪些方面相符合？

2. 更年期抑郁症（involutional melancholia） 首次发病于更年期阶段的抑郁症，女性多见，常有某些诱因，多有消化、心血管和自主神经系统症状。早期可有类似神经衰弱的表现，如头昏、头痛、乏力、失眠等，而后出现各种躯体不适，如食欲缺乏、上腹部不适、口干、便秘、腹泻、心悸、胸闷、四肢麻木、发冷、发热、性欲减退等，生理方面的变化常出现在心理症状之前。典型者有明显抑郁，常悲观地回忆往事、对比现在和忧虑未来，总觉得自己"只会吃饭，不会做事，生不如死"。在此基础上认为自己无用又有罪过，感到人们一定会厌恶她或谋害她，进而形成关系妄想和被害妄想。焦虑、紧张和猜疑突出成为本病的重要特点，而思维与行为抑制不明显。宜用抗焦虑或抗抑郁药物治疗，可配合性激素治疗。

3. 季节性抑郁症（seasonal affective disorder） 这是一类与季节变化关系密切的特殊类型，多见于女性。一般在秋末冬初发病，常没有明显的心理社会应激因素。表现抑郁，常伴有疲乏无力和头疼，喜食碳水化合物，体重增加，在春夏季自然缓解。本病连续两年以上秋冬季反复发作方可诊断，强光照射治疗有效。

4. 产后抑郁症（postpartum depression） 是指产妇在产后 6 周内，首次以悲伤、沮丧、哭泣、易激怒、烦躁、重者出现幻觉、自杀甚至杀人等一系列症状为特征的抑郁障碍（专栏 8-6）。发病率国内报道为 17.9%，国外最低 6%，最高达 54.5%。本症的诱因可能是多方面的，如分娩（或手术产后）的痛苦、产后小便潴留、出院日期推迟等，产妇因为无乳汁或者乳汁分泌少，不时要喂奶影响睡眠，丈夫对其关心和体贴不够，或家庭负担过重等。大多数产后抑郁症患者不需要住院治疗，一般持续几周后逐渐缓解。最主要的是心理治疗，可使用小剂量抗抑郁药。

专栏 8-6

产后抑郁症导致的杀人案

2001 年 6 月 20 日，美国休斯敦一名结婚 8 年的 36 岁的妇女 Andrea Yates 亲手杀死了自己的 5 个孩子，其中最小的只有 4 个月大，最大的也只有 7 岁。事后她主动打电话报警，在接受警方调查时也很合作，交代了用洗澡盆溺死 5 个孩子的经过。

Andrea Yates 在 2 年前生下第 4 个孩子之后就患上了严重的产后抑郁症，此后一直在接受药物治疗。她的丈夫，美国航空航天局电脑工程师 Lothe Yates 在得知这一惨剧后，表示自己仍深爱着妻子，他说妻子是爱孩子的，只是由于受到严重的产后抑郁的影响。Lothe Yates 沉浸在夜不能寐的痛苦中，他说"这是她干的，但又不是，因为那个人已不再是她自己。"

研究证明，孕期心境、焦虑和产后抑郁是产后抑郁症的风险因素。产后杀婴现象多与产后精神病性症状有关。

三、双相障碍

双相障碍（bipolar depressive）是指目前发作符合某一型躁狂症或抑郁症标准，以前有相反的临床相或混合发作，如在躁狂发作后又有抑郁发作或混合发作。双相障碍分为躁狂相、抑郁相、混合相、快速循环型和其他。美国好莱坞女演员费雯丽的生活深受双相障碍的困

笔记

扰(图 8-1)。

与单相抑郁症的女性患病率高于男性不同，双相障碍发作在性别上没有区别。经常在数小时或数天内发生，且没有明显的诱发事件，首次发作常是躁狂而不是抑郁，90% 患者首次发病在 50 岁之前，多在 20~30 岁之间。双相障碍容易反复发作，难以康复，患者极度活跃以及反常的行为会给学习和工作带来很大的麻烦，社会关系很难维持。与单相抑郁相比，双相障碍患者的离婚率更高，酗酒也很常见。约占 20%~50% 的慢性双相障碍患者社交与职业功能受损，自杀率较高，约有 15% 自杀身亡。极少双相障碍的躁狂相比较稳定，抑郁不太严重，患者还能实现较高的成就。

图 8-1　美国好莱坞女演员费雯丽深受双相障碍困扰

四、持续性心境障碍

持续性心境障碍（persistent mood disorders）包括环性心境障碍、恶劣心境障碍和其他或待分类的持续性心境障碍。

1. **环性心境障碍（cyclothymia）**　环性心境障碍是指心境高涨与低落反复交替出现，但程度较轻。轻躁狂发作时表现十分活跃和积极，且在社会生活中易做出一些承诺；但转为抑郁时，则成为痛苦的失败者。随后，可回到正常的状态或转为轻度情绪高涨，一般心境相对正常的间歇期可达数月。本症的主要特征是持续性心境不稳定，心境波动与生活应激无明显关系，但与所谓"环性人格"（cyclothymic personality）有密切关系。诊断标准见专栏 8-7。

专栏 8-7

CCMD-3 环性心境障碍的诊断标准

【症状标准】反复出现心境高涨或低落，但不符合躁狂或抑郁的标准。
【严重标准】社会功能受损较轻。
【病程标准】符合以上标准至少两年，两年中，可有数月心境正常间歇。
（排除标准省略）

2. **恶劣心境（dysthymic disorder）**　指一种以持久的心境低落状态为主的轻度抑郁，不出现躁狂。常伴有焦虑、躯体不适感和睡眠障碍。患者通常是忧郁的、内向的和审慎的，缺乏获取快乐的能力，且精力缺乏，自尊水平低，有自杀的想法，在饮食和思维方面都存在问题。患者的社会学习功能可无明显受损，自知力完整，能主动求医。此症相当于以往的"抑郁性神经症"。此症与生活事件和性格有较大的关系。诊断标准见专栏 8-8。

专栏 8-8

CCMD-3 恶劣心境的诊断标准

【症状标准】持续存在心境低落，但不符合任一型抑郁的症状标准，无躁狂症状。
【严重标准】社会功能受损较轻，自知力完整或较完整。
【病程标准】符合以上标准至少两年，两年中，很少有持续 2 个月的心境正常间歇期。
（排除标准省略）

笔记

恶劣心境和环性心境障碍会在青少年期逐

🍋 恶劣心境与抑郁症如何区分?

渐发生,并可持续终生。从这种意义上说,可认为它们是与心境障碍相联系的一种人格障碍。在一些病例中,它们是抑郁症和双相心境障碍的早期表现。大约10%的恶劣心境会发展成抑郁症,15%~50%的环性心境障碍会发展成双相障碍。对既有恶劣心境又有抑郁发作称之为双重抑郁症(double depression)。典型表现是恶劣心境出现在先且很可能在比较年幼时,然后出现一次或多次抑郁发作。

专栏 8-9

情感障碍的维度

情感障碍由于病因未明,不同的学术观点对其分类一直有不同的角度或区分点,被称为维度(dimensions)。常见的有以下几种划分。

1. 原发性与继发性　这种分类主要基于情感障碍的发生是否继发于其他精神障碍或躯体疾病,或由于酒精中毒或物质滥用等。他们既往无情感障碍发作史;原发性是指患者既往健康或仅有躁郁症病史。有估计原发性情感障碍约占55%,继发性者占33%。

2. 心因性与内因性　由外部应激诱发的抑郁为心因性,多在不良刺激后发生,急性起病,可有焦虑、激惹和恐怖症状,伴有入睡困难,病程较短,可在较短的时间内恢复,预后较好;内因性抑郁缺乏明显的应激事件,有一定的生物学基础,临床上除有抑郁心境、兴趣丧失、自罪自责外,还有食欲下降、体重减轻、性欲低下、早醒及心境的晨重晚轻变化的生物学特征,对抗抑郁药和电休克治疗反应较好。

3. 精神病性与神经症性　两者的主要区分在于与现实接触的能力。精神病性是指患者检验现实能力丧失,伴有幻觉、妄想或木僵等精神病性症状;神经症性抑郁发病有一定的心理因素,由内心冲突引起,是对失望产生的一种过分沮丧的反应,是长期适应不良人格特征的结果。一般来说,精神病性抑郁比神经症性抑郁更为严重,发作间期更短。

4. 早发性与迟发性　在一项抑郁症患者子女的研究中发现,若父母发病时年龄小于20岁,其子女抑郁症的终生发病率约是父母在30岁发病的两倍;而40岁以后发病的患者,其子女的发病率与正常人无异。早发者及其家属会遇到更多的问题:一方面早发者的心境障碍"遗传负荷"更重,另一方面早发者亲属更高的发病率也可能与环境因素有关。因为长期的共同生活,有更多的机会学习抑郁认知和行为方式。

5. 单相与双相　由Leonhard(1962)年首先提出,既有躁狂发作,又有抑郁发作者称为双相障碍;只表现为躁狂或抑郁者为单相障碍。DSM-Ⅳ将双相障碍划分为二个亚型。双相Ⅰ型:有躁狂、抑郁发作史,躁狂发作严重;双相Ⅱ型:有躁狂、抑郁发作史,抑郁发作更严重。

第三节　情感障碍的理论解释

情感障碍的原因尚未明了。近年来,生物、心理和社会学的多维度研究发现情感障碍与以下因素有关。

一、生物学研究

（一）遗传因素

多年来，有关情感障碍患者的家系研究、双生子、寄养子研究和基因连锁研究等发现，本病与遗传有关，患者家族遗传倾向明显，遗传是发病的重要因素。

1. **家系研究** 本病患者有家族史者高达 30%~41.8%，远高于一般人群，且血缘关系越近，患病概率越高。患者一级亲属的患病率可达 10%~16.3%，是一般人群的数十倍。双相障碍患者的一级亲属中患双相障碍的可能性较对照组高 8~18 倍，患抑郁障碍的可能性较对照组高 2~10 倍；而抑郁症患者的一级亲属患抑郁症的可能性比对照组高 2~3 倍，患双相障碍可能性高 1.5~2.5 倍。双相障碍的遗传度也很高，父母一方患有双相障碍，其子女有 25% 的机会患情感障碍；父母双方都患有双相障碍，其子女患有情感障碍的机会是 50%~75%。

2. **双生子研究** 研究发现，双卵双生子同病率为 16%~38%，单卵双生子同病率达 66.7%~92%。单卵双生子双相障碍同病率为 33%~90%，重性抑郁的同病率是 50%；而双卵双生子双相障碍同病率为 5%~25%，重性抑郁的同病率是 10%~25%。尽管每一研究结果有所不同，但均发现单卵双生子的同病率显著高于双卵双生子。

3. **寄养子研究** 寄养子的调查支持情感障碍具有遗传学基础。有学者调查了 29 例双相障碍寄养子的双亲，发现其血缘父母中 31% 存在情感障碍，而其寄养父母中只有 12% 存在心境障碍。

4. **基因连锁研究** 采用限制性酶切片段长度多态性（RFLP）技术，发现与双相障碍相关联的遗传标记包括第 5 号、第 11 号和 X 染色体。如果与情感障碍的生物化学改变共同考虑，发现多巴胺 D_2 受体基因位于第 5 号染色体上。这些研究有待于进一步验证。

（二）神经生化研究

1. **5- 羟色胺假说** 情感障碍的 5- 羟色胺（5-HT）假说认为，5-HT 直接或间接调节人的心境，该功能活动降低与抑郁症患者的抑郁心境、食欲减退、失眠、昼夜节律紊乱、内分泌功能失

> 情感障碍的遗传学研究从哪几个方面进行？

调、性功能障碍、焦虑不安、活动减少等密切相关；而 5-HT 增高与躁狂有关。有研究发现，自杀者和一些抑郁患者脑脊液中 5-HT 代谢产物（5-HIAA）含量降低，5-HIAA 水平降低与自杀和冲动行为有关。单相抑郁症中企图自杀者或自杀者脑脊液 5-HIAA 比无自杀企图者低；另外，脑脊液 5-HIAA 浓度与抑郁严重程度有关，浓度越低，抑郁越严重（第 9 章）。

2. **去甲肾上腺素说** 研究表明，抑郁症患者中枢去甲肾上腺素（NE）能系统功能低下。患者尿中 NE 代谢产物 3- 甲氧基 -4- 羟基苯乙二醇（MHPG）排出降低；而躁狂患者中枢 NE 能系统功能亢进，NE 受体部位的 NE 增多，患者尿中 MHPG 排出升高。

3. **多巴胺假说** 研究发现，某些抑郁患者脑内多巴胺（DA）功能降低，尿中 DA 的降解产物高香草酸水平降低；而躁狂发作时 DA 功能增高。降低 DA 水平的药物可导致抑郁，提高 DA 功能的药物则可缓解抑郁。

4. **乙酰胆碱假说** 乙酰胆碱能与肾上腺素能神经元之间张力平衡可能与情感障碍有关，脑内乙酰胆碱能神经元过度活动，可导致抑郁；而肾上腺素能神经元过度活动，可导致躁狂。

（三）神经内分泌功能失调

1. **HPA 轴** 研究发现抑郁症患者存在下丘脑 - 垂体 - 肾上腺皮质轴（HPA）功能异常，包括：①高可的松血症：皮质醇昼夜分泌节律改变，即不出现正常人的夜半时分的谷底；

②地塞米松脱抑制：即地塞米松不能抑制皮质醇分泌，地塞米松抑制试验（DST）远高于正常人。

2. HPT 轴　下丘脑 - 垂体 - 甲状腺轴（HPT）功能特点与 HPA 轴相似，甲状腺激素释放激素（TRH）兴奋试验曾用于协助诊断抑郁症，抑郁症患者 40% 左右 TRH 阳性，但它与 DST 不完全重叠，将两个试验结合，阳性率可达 70% 左右。

3. 其他激素　生长激素 GH 的分泌存在昼夜节律，于慢眼动睡眠期达到高峰。抑郁症患者这种峰值变得平坦。

（四）神经病理学研究

1. 脑室扩大　CT 研究发现情感障碍患者的脑室较正常对照组大，部分抑郁相严重且伴精神病性症状的双相障碍患者有侧脑室扩大，无精神病症状者仅有第三脑室扩大。但也有学者认为脑室扩大可能是情感障碍的易感因素而非结果。

2. 脑区萎缩　CT 和 MRI 均发现抑郁障碍患者有大量的脑部异常表现，较为一致的发现有颞叶和额叶的体积缩小、海马体积缩小、基底节体积减少等萎缩性改变。在慢性温和性刺激所致抑郁症动物模型中，也发现海马神经元萎缩及海马神经再生受损，而抗抑郁剂可以通过激活促进神经可塑性的细胞内信号传递途径，逆转这种病理改变。

3. 脑血流和代谢改变　功能影像学研究（fMRI、PET、SPECT）已发现抑郁发作患者脑代谢和脑血流的改变，大脑皮层，尤其是额叶皮质血流量减少。通常脑血流和代谢量高度相关，研究发现大脑代谢率低下仅限于单相抑郁组，而躁狂症患者大脑代谢率旺盛。

总之，情感障碍的中枢神经病理学异常支持环路模型，是由于几个脑区的相互作用异常，而不是单个结构的异常。环路涉及额叶和颞叶区域以及基底节和丘脑的相关区域。

二、心理社会因素

1. 生活事件　应激是导致精神障碍发病的原因之一，大多数患者报告了失业、离婚、生子、找工作、亲人丧亡等事件，研究发现早年父母丧亡或成年后配偶丧亡的生活经历与重性抑郁有关。

2. 婚姻　不理想的婚姻和抑郁之间存在着很高的相关，婚姻关系甚至可以作为将来抑郁症的预测指标。高冲突、低支持或两者同时存在的婚姻可引发抑郁。抑郁症（尤其是持续的抑郁发作）会显著破坏婚姻关系。因为人们与一位消极、脾气不好、总是悲观的人相处一起，总会感到难以忍受。

3. 性别　情感障碍的流行病学数据显示出明显的性别差异。有 70% 的抑郁症和恶劣心境患者是女性。另外的研究表明，在许多文化中的女性经历，比如女性更可能遭受身体暴力、性虐待或身处贫穷而又需要抚养年幼的孩子和年长的父母等许多因素，都可能使女性更容易罹患抑郁症。

4. 社会支持　社会支持包括 3 个层面：①社会关系存在与数量；②社会关系的结构；③社会关系所提供的情感交流、相互关心、实际帮助等。

良好的社会支持本身对个体的生理、心理健康和应激情境有保护和缓冲作用；社会支持对已经出现情感或精神问题的个体有治疗作用，如缩短病程、减轻症状。一般来说，一个人的社会关系越融洽，和社会接触的次数越多，频率越高，他的寿命也会越长。同样，社会因素也会影响一个人是否患抑郁。Brown 和 Harris（1986）研究指出：社会支持在重性抑郁的发作中占有重要意义。在对大量经历过严重生活压力的女性所做的研究中发现，在那些有值得信赖的朋友的女性中，仅有 1% 发展成抑郁；而那些缺乏亲密支持关系的女性的患病率高达 37%。其他研究也揭示出社会支持在抑郁康复过程中的重要性。

三、心理学解释

有关情感障碍发生的心理学理论很多,这里列出几种主要理论。

1. **心理动力学观点**　心理动力学观点认为,无意识冲突和童年早期形成的敌意情绪在抑郁的形成中起关键作用。弗洛伊德曾一度被抑郁患者所表现出的自我批评和罪疚感困惑。他相信自我责备的根源是愤怒,本来是指向他人的,后来指向内部,转向自己。这种愤怒被认为与一种特殊的强烈的依赖性童年关系有关联,比如亲子关系中个人的期望和要求不能被满足。成人期真实的或符号式的损失会使敌意情绪重新活跃起来,开始指向个体自身的自我,造成抑郁的特定表现——自责。后期的精神分析理论家,如 Klen 和 Jacobson 比 Freud 更加强调在形成对抑郁症的易感性方面,早期母 - 婴关系特性的重要性。

2. **行为主义观点**　行为学派不是去挖掘抑郁在无意识中的根源,而是集中讨论一个人得到正强化和惩罚的数量的效果。当一个人缺乏充分的正性强化会感到悲哀和退缩,在经历丧失或挫折之后得到不充分的正强化而且经历很多惩

 影响情感障碍的心理社会因素有哪些?

罚后就会导致抑郁。这种悲伤状态可被注意的增加和他人的同情所强化。但是,通常的状况是最初对抑郁患者有支持反应的人开始厌烦他们的情绪和态度,并开始躲避他们。这种反应切断了强化的另一来源,使患者更深地陷入抑郁中。研究表明,抑郁患者倾向于低估正反馈而高估负反馈。

3. **人本 - 存在主义观点**　人本主义心理学家认为抑郁患者常有内疚和负罪感。之所以如此,是他们不能作出选择,不能发挥自己的潜能,对自己的生命不负责任。抑郁是对不真实的存在可以理解的解释,自杀是不真实选择的一个极端。所有自杀者都受到自杀偏向的困扰,这使他们变得退缩,很少与人交往,不负责任,放弃价值观念。

这种不真实的另一面就是害怕孤独,孤独感可能是抑郁的一个重要组成部分。按照存在主义的观点,孤独感不是要加以避免或治疗的情绪,而是应被人们所接受的。正如抑郁患者必须面对孤独一样,自杀者应懂得死亡的意义。死亡赋予生命以绝对的价值,正是因为我们知道死亡不可避免,所以才能严肃的对待生命。

4. **认知理论**　认知观点有两种重要理论:一是由 Beck 提出的负性认知定势理论,另一种由 Martin.Seligman 等提出的习得性无助(learned helpless)模型和绝望(hopelessness)模型。

(1)负性认知定势:负性认知定势"规定"了个体感知世界的模式,使得人们消极地认为自己对生命中的负性事件负有责任。Beck 认为抑郁患者有不同类型的消极认知,称为抑郁认知三和弦(depressive cognitive triad):对自己消极的看法、消极的当前体验和对未来消极的看法。抑郁患者倾向于把自己看作是在某些程度上是没有能力和有缺陷的,对当前的体验作负面的解释,并且相信将来会继续给他带来痛苦和困难。这种负性思维的模式使所有的体验变得异常黯淡,造成了抑郁的其他特征性迹象。一个总是预期负面后果的人不太可能有动机去追求任何目标,这就造成抑郁的重要症状——意志麻痹。

(2)习得性无助模型和绝望模型:习得性无助模型和绝望模型起源于对动物的观察与实验研究,它认为抑郁的根本原因是由于个体的期待,即个体预期会有不幸事件发生,并且自己对此无力阻止。Seligman 等将狗置于痛苦且不可躲避的电击下,无论狗做什么,都没有办法逃避电击,这些狗就产生了"习得性无助"现象。习得性无助的标志是三个类型的缺陷:①动机缺陷——这些狗很慢地开始产生抑制的行为;②情绪缺陷——显得僵化,无精打

笔记

采,惊恐,痛苦;③认知缺陷——在新的情境下表现出不良的学习成绩,即使他们被放回事实上能够回避电击的情境中,他们也不会去学习怎样做。Seligman 相信抑郁患者也是处于一种习得性无助状态,他们有种做什么都无济于事的期望在。当个体认为自己无论做什么都不会对将来的结果产生影响时,他就会产生绝望。对无助的预期会产生焦虑,而无助变成绝望时则会导致抑郁。

按照 Seligman 的观点,人们对应激情境的第一反应是焦虑,抑郁可能是在应对应激生活事件产生明显绝望之后产生的。

> 如何理解认知理论关于情感障碍发生的两种观点?

四、综合模型

临床上的发现表明,大多数个案在抑郁发作之前都经历过生活压力事件。近期比较流行的观点认为生活应激事件激活了应激激素,这种激素对神经递质系统具有广泛影响,尤其是涉及 5- 羟色胺和去甲肾上腺素的递质系统。还有证据表明,如果应激激素活化的时间较长,可能会导致某些基因的"打开",引起脑内长期的结构和化学变化。比如,长期处于压力状态下,也许会导致具有调节情绪作用的海马萎缩。这些结构改变也许会持续影响患者神经系统的调节活动,更广泛的可能会扰乱个体的昼夜节律,使其具有环性心境障碍的易感性。

情感障碍的易感者同时还具有一种心理易感性,主要表现在应对困难时感到自己的能力不足。许多证据表明,这些态度和归因与应激和抑郁的生化标志有关,如去甲肾上腺素的副产品、大脑半球的横向不对性和大脑某些特定回路。这种易感性的原因可以追溯到早年的不幸经历,早期的压力经验可能在心境障碍发作之前就留下了一种较为持久的认知易感性,强化了以后对应激事件的生化和认知反应。

很明显,有些因素(如人际关系)会保护我们免受压力的影响,从而避免情感障碍的发作,或者使我们从这些障碍中尽快恢复。

总之,生物的、心理的和社会因素都会影响情感障碍的发展,一种整合模式,如图 8-2 所示。

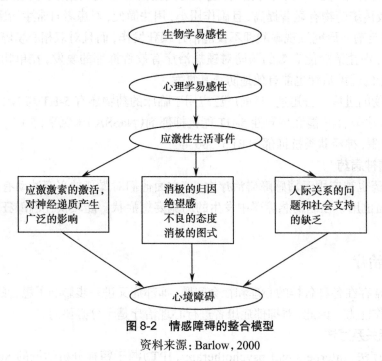

图 8-2 情感障碍的整合模型

资料来源:Barlow,2000

笔记

此模型没有解释那些具有潜在遗传性的个体在经历了生活应激事件后,为什么有的人会发展为双相障碍?而另一些人却发展为单相抑郁?但这一模型表明,情感障碍与焦虑障碍和应激障碍一样,是特定的心理社会情境(如早期习得的经验)与特定的遗传易感性和人格特点发生交互作用的结果。

第四节 情感障碍的防治

情感障碍的治疗根据发作的类型而定,治疗方法主要涉及生物治疗和心理治疗两大类。一般而言,急性期主要以药物治疗为主,恢复期要加大心理治疗的分量。二者结合使用往往能获得更好的疗效。

一、药物治疗

(一)抗躁狂药治疗

1. **心境稳定剂** 锂盐最早在 20 世纪 40 年代被澳大利亚医生 Cade 用于对躁狂症的治疗,一般 7~14 日开始起效,也有患者需 3~4 周。因此常需要合并用药使患者安全渡过这一起效延搁,如合并抗精神病药和电抽搐治疗。

2. **抗惊厥药** 如卡马西平、丙戊酸盐等,广泛应用于治疗躁狂发作、双相心境障碍维持治疗及锂盐治疗无效的快速循环型。

(二)抗抑郁药治疗

1. **三环类抗抑郁剂(TCA)** 1957 年 Kuhn 首先发现丙米嗪有抗抑郁作用,其后一大批结构类似的药相继问世。常用的有丙米嗪、阿米替林和多虑平等。临床研究中发现,这类药物对于抑郁发作的疗效能达到 60%~75%,但其抗抑郁疗效均须 3~4 周才能达到高峰,安全性较差和毒副作用比较大。

2. **选择性 5-HT 再摄取抑制剂(SSRIs)** 20 世纪 90 年代以来,SSRIs 类药物逐渐成为抗抑郁的主力军。这类药物主要有氟西汀、帕罗西汀、舍曲林、氟伏沙明和西酞普兰等。这类药物的抗抑郁作用与三环类药物相当,起效时间需要 2~3 周,但由于其药理作用的高选择性,安全性较传统药物有显著提高,且副作用小,用法简便,对患者日常生活影响较小。

3. **心境稳定剂** 研究发现碳酸锂不仅能治疗躁狂发作,而且对双相心境障碍的抑郁也有良好的作用,锂盐治疗能有效的预防对锂盐治疗有效者抑郁的复发,在单相抑郁发作维持治疗中,锂盐的辅助治疗也能有效地防止其复发。

抗抑郁药物的进展十分迅速,目前广泛应用于临床的药物还有 5-HT 与 NE 再摄取抑制剂(SNRI)文拉法辛、NE 能和特异性 5-HT 能抗抑郁剂(NaSSA)米氮平,$5-HT_2$ 受体拮抗剂(SARI)尼法唑酮,神经肽类抗抑郁剂 RP67580 等。

(三)抗精神病药

抗精神病药也被应用于情感障碍治疗中,一方面他们对躁狂的兴奋冲动有良好的控制作用,另一方面也用于控制情感障碍中发生的幻觉妄想症状。能较快控制躁狂急性发作的症状。

二、心理治疗

抑郁患者常存在各种各样的心理和社会问题,抑郁症又进一步影响了患者的人际交往、家庭和睦和工作能力。因此,对抑郁症患者进行心理治疗是十分必要的。

(一)人际关系疗法

人际关系疗法(interpersonal psychotherapy,IPT)源于精神分析学派的 Sullivan 以及

笔记

Fromm 的相关疗法。人际治疗研究发现,抑郁发生与应激和社会生活事件相关,特别是人际交往丧失、缺乏社会支持、人际关系紧张和婚姻关系不良等因素。而抑郁的发作使人际关系进一步恶化。人际治疗的目标是通过帮助患者改善由于抑郁所引起的人际关系问题,从而减轻抑郁症状。人际治疗着重解决四类问题:①患者由于亲人亡故或其他原因造成的人际交往中断而引起的情绪抑郁,这种悲痛如果持久(超过 2~4 周),影响患者的正常生活和工作就应加以干预。人际治疗帮助患者采取适当的方式寄托哀思,重新建立新的兴趣和人际交往,替代已丧失的人际关系,重新适应环境。②当患者与某人缺乏满意的关系,特别是对患者有重要意义的人际关系失败,如婚姻、亲子、上下级、较亲密的朋友关系等。人际治疗帮助患者确定矛盾焦点,矫正其适应不良的社交方式,重新评价和调整患者对他人的期望值,协调患者与他人之间的关系。③当个人情况变化,如上大学、参加工作、结婚、生子等,而不能适应角色改变时,需要帮助患者认识新的角色,进行必要的社交技能训练,指导患者积极适应环境,建立适当的人际交往,鼓励患者恢复自信。④社会关系缺乏或有社会隔离的抑郁患者,抑郁程度重且不易恢复,人际心理治疗帮助患者分析过去的成功经验,建立起正常的人际交往,并维持这种交往。

(二)认知治疗

认知治疗(cognitive therapy)试图消除患者逻辑上的思维和错误。贝克提出,患者会习惯性地用一些消极的句子来描述自己,这些毁灭性的自动思维会维持抑郁症。认知疗法可以帮助人们确认这些自动思维。当患者学会确认这些自动思维后,认知治疗师就要和患者进行对话,以便找到有哪些证据支持、反对了这种想法。当抑郁症患者面临不幸事件时,他们倾向于将原因归咎于自己,即使他们本不该对此负责任。为了抵消这种不合理的自责,治疗师需要和患者一起重新对这些事件进行审视,从而对责任进行正确归因,这样做并不是为了消除患者自责,而是为了让他看到除了自己的因素,还有很多因素会导致这个不幸事件发生。

认知治疗的最终目标是帮助患者重建认知,其中包括矫正患者对现实个人经历以及对前途作出预测的系统偏见,帮助患者澄清和矫正认知歪曲和功能失调性假设,治疗过程中或纠正否定认知过程中应注意强化肯定性认知。

(三)行为治疗

行为治疗(Behavioral therapy)注重增加强化刺激和改善社交技巧。依据消退理论,行为治疗通常聚焦于增加患者的强化刺激,治疗的目标是让患者重新学会快乐。首先,鼓励患者去做一些有趣的事,比如吃一支冰淇淋、读一个侦探故事;其次,帮他们制订活动计划表,当时间到时,无论喜欢或不喜欢,他们必须做一些事情。患者反复操练,坚持记录自己对这样的快乐旅行的反应。这样不仅可增加患者与强化物的接触,而且可以训练其体验快乐。

行为训练的另一方面是社交技巧训练,目的在于教会患者的一些基本社会技能,以达到令人满意的人际交往。示范怎样开始会谈,怎样保持目光接触,怎样做一个简短的交谈,怎样结束会谈,这些都是社会交往的核心问题。示范之后让患者通过角色扮演来练习这些技巧。

(四)人本 - 存在治疗

人本和存在主义治疗(humanistic existential therapy)家在治疗中尝试帮助抑郁和自杀的患者认识到,他们的情感痛苦是一种真实的反应。患者要学会不能通过过分地依赖他人来获得满足感,真实的生活是自己追求的目标。人本和存在主义治疗家力图引导患者发现,实现个人生活目标是获得更好生活的理由,在治疗过程中,治疗者努力应用所提倡的心理治疗原则,通过共情、理解去倾听抑郁患者的心声。

笔记

（五）团体治疗

团体治疗是目前心理治疗的一个重要趋势。与个别心理治疗相比,团体心理治疗的优点有二:一是高效。一般的团体治疗能对 8 ~12 个患者同时进行治疗,因此效率较高;二是通过团体治疗可以激发和运用患者之间的积极的互动作用,同一种疾病甚至不同疾病的患者,他们具有许多相同的症状、病感、体验、相似的病程和治疗反应(包括药物的副作用),正所谓"同病相怜"。许多共同之处成为患者之间相互理解、相互交流、互相鼓励、互相启发的基础。通过团体治疗师的引导和启发,促进这些互动向积极正向发展,由"同病相怜"发展为"同病相励"、"同病相治",从而提高疗效、信心和依从性。

> 试分析不同的心理治疗在情感障碍治疗中的特点。

三、其他治疗

（一）无抽搐电休克治疗

无抽搐电休克治疗(modified electric convulsive treatment, MECT)源于传统电休克治疗(electric convulsive treatment, ECT),又称为改良电痉挛治疗、无痉挛电痉挛治疗。先适量使用肌肉松弛剂,然后用一定量的电流刺激大脑,达到无抽搐发作而治疗精神疾病的一种方法。用于急性重症躁狂和锂盐治疗无效时,可单独应用或合并药物应用。对严重的内源性抑郁疗效最佳,对有严重自杀企图以及拒食拒饮处于木僵状态者可作首选。

（二）重复经颅磁刺激

重复经颅磁刺激(repetitive transcranial magnetic stimulate, rTMS)在某一特定皮质部位给予重复经颅磁刺激的过程,它能更多地兴奋水平走向的联接神经细胞,产生兴奋性突触后电位总和,使皮质之间的兴奋抑制联系失去平衡。rTMS 不仅影响刺激局部和功能相关的远隔皮质功能,实现皮质功能重建,而且产生的生物学效应在刺激停止后仍将持续一段时间,是重塑大脑皮质局部或整体神经网络功能的良好工具。在抑郁症治疗方面,常用的刺激脑区为左前额叶背外侧区和右前额叶背外侧区,研究发现 rTMS 高频率刺激左前额叶背外侧区或者低频率刺激右前额叶背外侧区,均可对抑郁症起到治疗效果。相比于传统电刺激治疗,rTMS 具有更容易实现颅脑深部刺激、人体不适感很小、与人体无接触、对人体的伤害小等优点。但国外也有患者接受 rTMS 治疗无效而接受 ECT 治疗有效的报道。

（三）睡眠剥夺

睡眠剥夺(sleep deprivation)此法用于抑郁症的治疗是近十几年的事。就时间上说,睡眠剥夺的起效最快,可在 24 小时内使抑郁症状戏剧般的减轻。许多人就此进行探索,并使此法逐渐成为治疗抑郁症简便有效的方法之一。睡眠障碍在抑郁症患者中常见,有人发现有意让患者一夜不眠后,患者的抑郁症状明显减轻。有学者通过样本量约 2 000 人的研究发现,有 54% 的人在一夜睡眠剥夺后症状改善。而被诊断为内源性抑郁的患者 67% 有效,神经症性抑郁 48% 有效。对许多内源性抑郁症患者而言,白天的睡眠与情绪的改善有关,此类患者在早晨醒来时常伴有严重的抑郁症状,经过一个白天后症状逐渐减轻,到了晚上可从症状中相对解脱出来,这一变化与睡眠剥夺后症状减轻相似。一些研究表明,具有晨重夜轻的患者对睡眠剥夺疗法反应较好。

（四）光照治疗

光照治疗对于具有连续两年,每年均在秋末冬初发作,体内抗黑变激素昼夜节律紊乱(正常分泌是昼少、夜多,冬天昼短夜长,故夜晚分泌更多而节律失调)为特征的季节性心境障碍有效。方法是将患者置于人工光源中,光强度为普通室光的 200 倍,每日增加光照 2~3 小时,共 1~2 周(专栏 8-10)。

笔记

专栏 8-10

5-HT 与季节性情感障碍

患季节性情感障碍的患者每天在家中接受一个疗程的光治疗——两个小时的亮荧光灯照射。只有那些接受光治疗后抑郁状态得到缓解的患者（14 人中的 12 人）参加了第二阶段的研究，即检验光治疗影响 5-HT 水平这个假设。实验组患者特殊的膳食可以降低脑中的 5-HT 水平，而控制组的膳食可以维持 5-HT 的水平。结果实验组患者季节性情感障碍出现了反弹，而控制组没有。这种模式表明光治疗通过恢复 5-HT 水平可以使患者不再体验到抑郁情感。

四、维持治疗和预防复发

抑郁症的复发率较高。研究指出，首次抑郁发作后约 50% 的患者不久后可能会出现再次发作，第二次发作会有 75% 复发，第三次 100% 复发。因此对抑郁症复发的预防是一个重要环节。若第一次发作且经药物治疗临床缓解的患者，药物维持治疗时间需 6 个月 ~1 年；第二次发作维持治疗 3~5 年；第三次发作需长期维持治疗，甚至终生服药。但在临床实践中还应根据患者的病情严重度、工作及生活情况、服药的方便等综合考虑。其中病情严重程度是一个重要因素。如果抑郁发作伴有明显的自杀倾向，应考虑较长时间的维持治疗；如果两次发作间隔少于 2.5 年，也应考虑较长时间的维持治疗，如 5 年。维持治疗应尽量采用半衰期长，服用方便，不良反应较少的抗抑郁药。

双相障碍较单相障碍更易复发。追踪研究发现，绝大多数双相患者可有多次复发。若在过去两年中双相障碍患者每年均有一次或以上发作，应长期服用锂盐维持治疗，这可以有效地防止躁狂或抑郁的复发，且预防躁狂更有效（有效率达 80%）。锂盐安全性差，不良反应多，在长期治疗时应每隔半年进行一次甲状腺功能检查（锂盐可导致甲状腺功能低下）。近期的研究显示，丙戊酸钠对双相障碍的维持治疗效果与锂盐相当，且副作用较小，对单纯躁狂发作、混合发作、循环发作的患者疗效较好。

心理治疗和社会支持对预防本病复发有非常重要的作用，应予以尽量考虑和实施。目标为解除或减轻患者过重的心理负担和压力，帮助患者解决生活和工作中的实际困难及问题，学习应对方法和措施，提高应对能力，为患者创造良好的环境。

（朱金富）

阅读 1

经前综合征

经前综合征（premenstrual syndrome，PMS），又称经前紧张症、黄体后心境不良障碍（DSM-Ⅲ-R）、经前期烦躁障碍（DSM-5）等；是指妇女在月经周期的后期（黄体期第 14~28 天，经前 7~14 天）表现出的一系列生理和情感方面的不适症状，在卵泡期缓解，并在月经来潮后自行恢复。主要表现有烦躁易怒、失眠、紧张、压抑以及头痛、乳房胀痛、颜面水肿等，严重者可影响妇女的正常生理。从 PMS 的临床资料看，育龄妇女发病率较高，根据美国妇产医科大学的调查，全世界有 85% 左右的女性受其影响，严重者占 3%~8%（平均 5%）。

1. 表现　PMS 的表现具有多样性，可涉及许多系统。有的人存在多种症状，另一些人可能只有 1 种症状，而且没有一种症状是特异性的。

（1）情绪症状：最常见，主要症状为易激惹，常伴有焦虑、烦躁、紧张、抑郁等不良情绪。

（2）躯体症状：主要有乳腺胀痛，腹部胀满，体液潴留，食欲增加和渴望食物，失眠，疲乏，潮热，头痛和肌肉骨骼不适等。

（3）认知症状：有短时记忆问题，集中困难和不清晰的思维，影响工作效率。

（4）共病：PMS 常与抑郁症相伴发。PMS 患者的抑郁症终生患病率为 60%，65% 的单相抑郁症患者伴发 PMS。PMS 的其他共病还有产后抑郁、避孕药引起的心境不良、连续激素替代治疗后心境不良、绝经后和季节性情感性障碍、心境恶劣障碍、惊恐障碍、焦虑症、酒精和药物滥用、各型人格障碍等。

2. 病因　一般认为 PMS 的发病与生物学因素、脆弱性或易感性环境、社会和人格等因素有关。

（1）生物学因素：目前生物因素的影响作用还没有定论。推测可能涉及类固醇性激素和其他激素系统、神经递质和神经元间机制，性激素和一些神经递质（如 5-HT、DA）等。

（2）心理社会因素：心理社会因素在 PMS 的形成和其表达上发挥重要作用。患者可能具有不同的人格特质，常表现为脆弱性特质。其认知功能与非 PMS 女性也有不同，她们在非心境不良阶段用特异的刺激试验可招致心境不良、焦虑发作或抑郁。一些应激如性骚扰、家庭暴力、贫困、工作压力等，易引起 PMS。女性对月经的期待可能构成一个因素，她们相信自己进入经前期，从而可能体验到经前症状。然而心理社会因素与生物学因素间相互作用机制尚不明。

3. 诊断　诊断 PMS 应具备的条件如下：①在大多数月经周期的黄体期再发性和周期性出现症状；②月经来潮后缓解，在滤泡期不存在症状；③可招致情绪或躯体不适或使日常功能受累；④再发性，周期性，与月经周期相关的时限性，症状严重性和明确间歇期，可用逐日症状监护（用前瞻性逐日评定表格自评）予以证明。

DSM-5 新增的经前期烦躁障碍（premenstrual dysphoric disorder）纳入抑郁障碍中，并制定了诊断标准。

4. 治疗　对 PMS 予以心理治疗和社会支持，调整饮食和活动是必要的。对较重者还要进行药物治疗，分为对症治疗和排卵抑制两个方面。排卵抑制剂所引起的绝经样状态可辅用雌激素和黄体酮予以克服。特殊情况下也有考虑卵巢切除。

阅读 2

围生期抑郁症

围生期抑郁症（peripartum depression，PDN））是指孕期产前抑郁或 / 及产后抑郁或流产后的抑郁发作。其症状同其他时期发生的抑郁症相似。DSM-5 将围生期抑郁症归类于抑郁障碍（未特定的抑郁障碍）中。但要将产后抑郁症与产后抑郁区分开来。产后抑郁在初产妇中有 50%~80% 的发生比例。一般在产后 3~5 天出现，可能表现出如下症状：毫无原因的大哭、情绪大幅波动、焦虑。症状通常会在 1~2 周内消失，无需治疗。这些产妇中只有很少的人患上产后抑郁症。

围生期抑郁症的主要表现是：核心症状群主要包括情感低落、兴趣和愉快感丧失、导致劳累感增加和活动减少的精力降低；心理症状群包括焦虑、集中注意和注意力集中的能力降低、自我评价和自信降低、自罪观念和无价值感、认为前途暗淡悲观、自杀或伤婴的观念或行为、强迫观念、精神病性症状等；躯体症状主要表现为：睡眠障碍、食欲和体重下降、性欲下降和非特异性的躯体症状。

笔记

第九章　　自杀与蓄意自伤

还记得第一章莉莎的案例吗？她成为某市跟踪热炒的焦点人物，不是因为她是明星，而是因为她在不到40天的时间8次自杀未遂引起了关注。自杀行为是个复杂的现象，数百年来一直是哲学、神学、医学和社会学以及文学艺术领域关注的问题。法国哲学家 Albert Camus 在《Sisypbus 的神话》一书中认为自杀是一个严肃的哲学问题。在当今世界，自杀是一个突出的公共卫生问题和社会问题，也是近年来心理卫生研究领域的重要课题之一。全球的年平均自杀死亡率为 10/10 万 ~20/10 万，每年大约有 100 万人死于自杀，自杀是人群前十位的死亡原因之一；而自杀未遂人数至少是自杀死亡人数的 10~20 倍。

自杀者的行为不论是对个人、家庭还是对社会所造成的负性影响均是难以估量的。一般说来，家庭内有一个人自杀死亡，至少会使其 6 名亲友受到严重的不良影响；如果自杀发生在学校

> 莉莎为什么采取自杀行为？
> 你将如何帮助莉莎摆脱困境？

或工作场所，则会对数百人产生不良影响。如果用伤残调整生命年（disability adjusted life year, DALY），这一疾病负担指标来估计自杀所造成的负担大小，1998 年自杀造成的疾病负担占全世界疾病总负担的 1.8%，是糖尿病所致疾病负担的 2 倍，与战争和谋杀所造成的负担相等，预计到 2020 年将达到 4.7% 左右。

在自杀死亡者中，精神障碍及各种躯体疾病患者所占比例最高，西方发达国家有 40%~60% 的自杀者在自杀前曾因各种原因到医疗部门就诊，社区的保健人员也经常与自杀者打过交道；国内的自杀死亡者中，在自杀前有精神障碍者曾经去医疗机构就诊的比例为 28%。遗憾的是，他们的自杀行为因为种种原因而未能得到有效的阻止，事实上，自杀是可

以预防的，前提是提高全社会对自杀行为及其征兆的了解、对自杀行为预防重要性的认识以及对常见处理方法、就诊途径、干预方法的认识。

第一节 概 述

一、自杀的概念

自杀（suicide），又称自杀死亡，其定义很多。法国著名社会学家 Durkheim（1897）在其《自杀论》一书中，把自杀定义为"由死者主动或被动付诸的行为直接或间接导致的各种死亡"。美国心理学家、美国自杀学之父 Edwin S.Schneidman（1975）将自杀定义为"自己引起、根据自己的意愿使自己生命终结的行为"。因此，自杀是指个体蓄意导致自己死亡的行为。美国 DSM-5 在第三部分"待进一步研究的状况"中列入了自杀行为障碍（suicidal behavior disorder）。

关于自杀的理解，学术界倾向于认为，自我伤害行为需同时具备以下三个特点才能称之为自杀：①有想死的主观意愿；②属于自我实施的行为；③行为导致死亡的结局。也就是说，只具备其中一点或两点的意愿或行为，不属于自杀。如，被人胁迫去结束自己的生命，只有自杀意念而未付诸行动，没有死亡的愿望且只是想伤害自己，有死亡的愿望且付诸行动但未导致死亡的结局，或者不是由自己故意采取的致死的行为即意外导致的致死的行为等，均不属于自杀。自杀是个体的一种自我毁灭性的行为，但其行为本身受到生物学、心理、社会、文化、宗教、经济、政治、环境等诸多因素的影响。一般情况下，自杀行为不包括吸毒、酗酒等这类自我毁灭性的"慢性自杀"行为。

二、自杀的流行病学

（一）自杀率

WHO 在其官网或出版物上会定期公布世界各国的自杀率和自杀人数。尽管这些统计数字因受多种因素的影响而比实际发生的数字要低，不同国家的自杀率有很大的差别，但是有一个共同的趋势，即大多数国家在过去的几十年中自杀率是不断上升的。我国近 20 年的自杀率有明显的变化，根据卫生部的样本数据推算出来的我国 1995 年至 1999 年的年均自杀率为 23.2/10 万，2002 年至 2006 年的年均自杀率为 15.1/10 万。根据 WHO 公布的 2015 年自杀数据，把自杀人数最多的前 10 位国家和自杀率最高的前 10 位国家列表统计（表9-1）。由表 9-1 可见，尽管表格右侧所列国家的自杀率高，表格左侧所列绝大多数国家的自杀率排位靠后（韩国、日本和俄罗斯联邦除外），但其自杀人数占全球自杀人数的 65.5%，而中国和印度这两个人口大国的自杀人数占全球自杀人数的 43.8%。

自杀是重要的公共卫生、精神卫生和社会问题。WHO 估计，目前全世界每年约有 100 万人自杀死亡，相当于每 40 秒就有 1 人自杀死亡。每年因自杀而丧命的人数显著多于死于谋杀和战争的人数之和。

（二）流行病学特征

1. **年龄** 14 岁以下儿童的自杀率较低，随年龄的增长至成人期，自杀率急剧升高。自杀是全球 15~19 岁人群的第二位死因，每年至少有 10 万青少年死于自杀。成人期之后自杀率的升高幅度趋缓，但老年期的自杀率升高幅度非常明显。老年人的自杀率最高，其次是中年人，而 75 岁以上老年人的自杀率最高。1995 年至 1999 年，我国 60 岁以上老年人的年均自杀率为 68.0/10 万，35~59 岁中年人为 24.5%，15~34 岁青年人为 26.0/10 万。就自杀人数而言，青壮年的自杀人数最多。根据 2015 年 WHO 的最新资料，其中自杀和自残引起的意外死亡是青少年第三大死因,估计约造成6.7万人死亡。

表9-1　自杀人数最多与自杀率最高的前10位国家(2015年)

按自杀人数多少先后排列				按自杀率高低先后排列			
国家	自杀人数	自杀率(每10万人口)	按自杀率排位	国家	自杀人数	自杀率(每10万人口)	按自杀人数排位
印度	204100	15.7	32	斯里兰卡	7312	35.3	18
中国	140000	10.0	70	立陶宛	941	32.7	85
美国	46014	14.3	39	韩国	16094	32.0	7
俄罗斯联邦	28835	20.1	16	圭亚那	222	29.0	135
日本	24935	19.7	18	蒙古	837	28.3	91
尼日利亚	18038	9.9	72	哈萨克斯坦	4847	27.5	26
韩国	16094	32	3	苏里南	144	26.6	148
巴西	13094	6.3	120	白俄罗斯	2165	22.8	49
法国	10883	16.9	26	赤道几内亚	191	22.6	140
泰国	10873	16.0	29	波兰	8610	22.3	14

资料来源:WHO最新更新数据截至2015年,自杀总人数为782 899人。

2. **性别**　在绝大多数发达国家,男性自杀率显著高于女性(3:1或更高),如美国、英国、瑞典、挪威、澳大利亚等;少数国家男性自杀率略高于女性或男女自杀率接近,如中国、印度、泰国、秘鲁等。20世纪80至90年代,我国年轻女性的自杀率高于男性(约高25%),特别是在农村地区;城市男女自杀率接近,男性略高于女性。进入21世纪后,无论在我国的城市还是农村,男女自杀率接近,男性略高于女性。

3. **季节**　自杀率高低具有一定的季节性变化。许多国家的数据显示自杀率在春季有一个高峰,而另有一些国家的数据显示自杀率在春季和秋季各有一个高峰。芬兰接近北极圈,冬季阴郁漫长,白天日照时间短,但冬季的自杀率最低。

4. **国家和地域**　不同国家的自杀率高低不同。东欧国家的自杀率明显高于西欧国家,且东欧国家男女自杀率的差异更加显著;欧洲区域自杀死亡率最高,为14.1/10万,东地中海区域最低,为3.8/10万,一些太平洋岛国的自杀率也非常低。在一个国家内部,不同地区的自杀率不同。如发达国家一般是城市自杀率明显高于农村;但澳大利亚农村男性的自杀率明显高于城市男性,城市女性的自杀率高于农村女性。我国属于发展中国家,农村的自杀率显著高于城市3~4倍,根据《中国卫生统计年鉴》2002—2013年的统计数据,农村男性自杀率是城市男性的1.63倍,农村女性自杀率是城市女性的1.67倍;城市自杀率为从13.08/10万下降至4.60/10万,农村自杀率从为17.05/10万下降至8.68/10万;近20年来,我国农村的自杀率明显降低,但农村自杀率依然明显高于城市。有关其他发展中国家自杀率的城乡差异报道很少。

5. **种族**　美国青年白种人的自杀率显著高于黑人,特别是男性;美国土著印第安人的自杀率最高;美国黑人女性的自杀率最低。但是美国从1986年至1994年黑人男性自杀率明显增加,使黑人和白人的自杀率差异明显降低。我国不同民族的自杀率差异尚无相关准确数据;但亚洲各国的自杀率差异较大,如韩国、蒙古、日本的自杀率较高,中国、印度的自杀率居中,菲律宾、文莱的自杀率较低。

6. **自杀方式**　个体一般多采用容易得到的工具或方式自杀,且自杀方式的选择与社会文化习俗和环境有关,这就导致不同国家和地区常用的自杀方式不同。美国 60% 的自杀是开枪自杀,这与美国宽松的枪支管理制度有关,如美国宪法修正案认为人民有持有和携带武器的权利。美国一些州在严格管理枪支后,所在州的自杀率会下降。英国 1960 年前后 50% 的自杀是吸入家用煤气,而在家用煤气脱毒处理后,使用这一方式自杀的人数急剧减少,而且全国总自杀率也明显降低。美国从 1968 年开始强行控制汽车尾气的排放标准,吸入汽车尾气(主要是一氧化碳)自杀明显减少。与之相反,英国采用这种方式自杀者却急剧上升(男性采用率 30%,女性采用率 11%)。在南亚和南非的一些国家,服用除草剂如百枯草等自杀的比例非常高;在中国农村,最常采用的自杀方式为服用农药。性别不同,自杀的方式亦有所不同。男性多采用暴力性质的自杀方式,如自缢、开枪、跳楼、撞车、卧轨和溺水等;女性一般采用非暴力的自杀方式,过量服用药物等有毒物质占女性自杀的 30%(男性占 6.7%)。

7. **婚姻**　研究发现在美国、加拿大、挪威、日本,离婚率与自杀率呈正相关。未婚、离婚和丧偶者的自杀率显著高于已婚者;但研究发现婚姻对于自杀的保护作用主要体现在男性人群,而一些国家的研究发现已婚使女性自杀的危险性增高。

8. **其他**　有研究发现宗教信仰对自杀率有影响,如信奉传统天主教和伊斯兰教国家的自杀率较低。但宗教信仰与自杀率高低的关系比较复杂。如公元三世纪以后,犹太教和基督教开始禁止自杀,这是因为当时的宗教领袖认为那时社会的高自杀率与继耶稣之后的殉教行为增多有关。有的宗教或社会接受甚至赞成某些特殊情况下的自杀,如伊斯兰教赞成抗击敌人的自杀式牺牲,日本社会所崇尚的武士道精神下的切腹自杀,我国历史上提倡的"宁为玉碎、不为瓦全""屈原式精神"等。此外,不同职业人群的自杀率不同。美国疾病预防控制中心 2016 年公布数据显示,在农业、渔业和林业行业的个人自杀率最高;而在教育、培训和图书馆行业自杀率最低。此外,移民、受正规教育程度等因素也与自杀率高低有一定的相关关系。

三、自杀学专用术语

个体的自杀行为往往有其独特的发生发展过程:往往先有自杀的想法,根据个体是否付诸行动(马上或逐渐付诸行动),结局可能有四种:自杀想法消失;依然停留在自杀想法层面;出现自杀未遂行为或自杀死亡两种行动结局。常用的自杀学专用术语有以下几种。

1. **自杀意念(suicidal ideation)**　其范围可以很广,可以是短暂地认为生命无价值和有死亡愿望,到一闪即逝的自杀念头,再到有具体的自杀计划及满脑子都是自杀念头。自杀意念可以分为被动自杀意念(被动自杀愿望或念头 passive suicidal desire or ideation)和主动自杀意念(主动自杀愿望或念头 active suicidal desire or ideation)。被动自杀意念,即希望外力或通过偶然的机遇结束自己的生命,而非自己主动去结束自己的生命。如希望自己一觉睡过去,不再醒来;希望自己死去;希望自己出门不慎被车撞死而非自己主动撞车等。主动自杀意念,即希望自己采取行动结束自己的生命。一般狭义的自杀意念是指主动自杀意念,即有伤害或杀死自己的想法,又称自杀意图、自杀念头或自杀想法(suicidal thoughts)。在报告自杀意念时,需描述具体提问的方式、评估的时间范围、自杀意念出现的频度、强度和持续时间,并以此为依据评估其自杀意念的严重性,即其想死的程度。个体有自杀意念时,可伴或不伴有具体的自杀计划。

2. **自杀计划(suicidal plan)**　即个体为实施自杀行为制定了具体计划,如考虑自杀的时间、地点、方式、日期,并安排后事、写遗嘱等。

3. **自杀未遂(attempted suicide)**　是指"个体有明确的死亡意图或者可以推论出其有死亡意图而采取的非致命性的自我毁灭行为"。国内一些文献将 "suicide attempt" 翻译成 "自杀企图",将 "attempted suicide" 翻译成 "企图自杀",这样的翻译不恰当,因为中文"企图"一词不一定需要付诸行动。目前通常采用的自杀未遂定义如下：主动结束自己的生命但未导致死亡的结局，包括决心自杀但未死亡和自杀意图不强而蓄意自伤两种情况。自杀未遂强调的是个体已将伤害自我的行为付诸行动，但未导致死亡的结局。一些学者建议用"蓄意自伤"而非"自杀未遂"，因为前者不必决定个体是否有自杀意图。但选用"蓄意自伤"术语也有其局限性，因为从字面上看，它涵盖了没有自杀意图的自伤行为和有自杀意图的自伤行为，而有无自杀意图的自伤行为在特征上有很大的不同。没有自杀意图的自伤行为，又称非自杀性自伤，常见于青少年。

4. **自杀死亡**（committed suicide or completed suicide） 又称自杀，是指个体以死亡为结局的蓄意自我伤害行为。国内曾有人将其翻译成"自杀完成""自杀成功""完全性自杀"等，鉴于"成功""完成"和"完全"在中文属于褒义措辞，不适合用于描述自杀这一悲剧行为，因此目前国内学术界倾向于采用"自杀死亡"或"自杀"这两个术语。世界卫生组织（WHO）的自杀定义是"自杀是个体启动和实施的一种杀死自己的行为，而死者事先知道或预计到此行为会有致命的结局"。美国常用的自杀定义是指"有明确的死亡意图或者可以推论出其有死亡意图而采取的致命性的自我毁灭行为"。但是，这些定义各有其局限性。个体已经死亡，在一些特殊情况下，比如在没有发现任何遗书、遗言的情况下，推论其是否事先知道会有致命的结局或有死亡的意图很难；有些导致自我死亡的行为可能没有想死的意图，但也不能认为其不属于自杀，例如，原本想威胁他人的自杀未遂，由于安排不慎或不了解自杀方式的致命性而导致自杀死亡，这种情况下当事人虽然没有死亡的意图，但其行为实属自杀死亡。

人们在过去的很长时间内将自杀和自杀未遂看成相同行为，只是结局不同而已。后来随着研究的深入才逐渐认识到两者的差别，以及其中的相互重叠。与自杀有关的术语演变（专栏9-1）。

专栏 9-1

与自杀有关术语的演变

20世纪50年代以前的研究很少在概念上区分自杀和其他自我伤害行为。

1952年，Stengel发现了两者的流行病学差异，提出"自杀未遂"（attempted suicide）术语，以描述有意识的自我毁灭但存活下来的自我伤害行为。他假设自杀和自杀未遂的相同之处是都有一定的自杀意图，而自杀未遂属于"失败的自杀"。

1961年，Kessel等学者提出用"蓄意服毒"（deliberate self-poisoning）和"蓄意自伤"（deliberate self-harm，DSH）代替"自杀未遂"。因为他的研究发现自我伤害行为不一定有自杀的意图，即他们不是为了自杀死亡而采取的行动；很多自杀未遂者是在相信他们的自我伤害行为比较安全或者有非常大的被救活的可能性时采取的行动。

1977年，Kreitman等介绍了"准自杀"（parasuicide）术语，即"个体蓄意引起自我伤害或摄入超过处方用量或超过常规治疗剂量的药物的非致死性行为"。因此，在准自杀的概念中没有考虑个体是否有死亡意图。在欧洲学术界相当广泛地使用"准自杀"这一概念，但也依然在使用"服毒"和"自伤"。

1979年，Morgan建议用"蓄意自伤"（DSH）来涵盖蓄意服毒和蓄意自我伤害（deliberate self-injury）。严格来讲，自杀未遂、准自杀和蓄意自伤三者的概念并不相同，但在临床实际工作中三者的区别不大，三者均包括那些明确有死亡意图最终却存活下来的自杀未遂者。1996年，O'Carroll等学者试图规范自杀学相关术语和定义，之后许多学者在很多学术会议和文章中针对自杀学的相关术语和定义进行了讨论，但学术界依然没有完全达成共识。

笔记

四、自杀的分类

自杀的经典分类往往与创立此分类方法的学者学科背景有关。如法国社会学家、自杀学的奠基人 Emile Durkheim（1951）认为自杀率与社会的整合程度呈负相关,因此从社会和文化背景的角度将自杀分为四类:利己性自杀（egoistic suicide）、利他性自杀（altruistic suicide）、失范性自杀（anomie suicide）和宿命性自杀（fatalistic suicide）。利己性自杀与利他性自杀相对应,与个体参与社会的程度或个体的社会归属感有关,属于从社会（横向）约束力的层面上看;而失范性自杀和宿命性自杀相对应,与社会规范或社会对个体的控制有关,属于从规范（纵向）约束力的层面上看。自杀的经典分类限于当时的学科发展水平,有各自的局限性,已不完全适合在目前的自杀学研究和临床工作。

ICD-10、CCMD-3 和 DSM-5 从临床角度建立自杀的分类和诊断（表9-2）。

表9-2　自杀三种分类的比较

CCMD-3 9 其它精神障碍和心理卫生情况	ICD-10 附录:与精神及行为障碍相关的其它状况	DSM-5 第三部分:需要进一步研究的状况
92.3 自杀 92.31 自杀死亡 92.32 自杀未遂 92.33 准自杀 92.34 自杀意念 92.4 自伤	有意自伤（X60-X80） 包含:有意自行造成的中毒或损伤;自杀	自杀行为障碍 非自杀性自我伤害

第二节　自杀的理论解释

自杀是多因素导致的,是生物、心理、社会、文化、经济和环境等因素共同作用的结果。各因素之间的相互关系十分复杂,有待于进一步深入研究。

一、生物学研究

（一）疾病

1. **精神障碍**　西方国家的研究发现至少有 90% 的自杀者在自杀当时患有某种精神障碍,精神障碍患者自杀的危险性较一般人群要高 60~70 倍;我国的研究发现 63% 的自杀者在自杀当时患有某种精神障碍。在自杀者中,情感障碍（主要是抑郁症）患者居首,占 29%~88%。在国外随后依次是酒滥用或依赖、精神分裂症和其他精神障碍,在国内依次是精神分裂症、酒滥用或依赖和其他精神障碍。酒滥用或依赖是公认的自杀高危因素,在西方国家的自杀死亡者中约有 25%~55% 有物质滥用或依赖,最主要的是酒滥用或依赖。前瞻性的随访研究表明,抑郁症患者最终自杀死亡的几率约为 10%~15%;精神分裂症患者约为 4%~10%;酒依赖者终生自杀的风险为 7%~15%;海洛因依赖者的自杀率比一般人群高近 20 倍。焦虑障碍中的惊恐发作与自杀之间亦存在重要关系,惊恐发作患者自杀的危险性可能与抑郁症患者非常相近,难以忍受的严重焦虑和激越是自杀的触发因素。

人格障碍（如边缘性人格障碍、反社会人格障碍）、脑器质性精神障碍（癫痫、脑外伤、轻度痴呆或痴呆早期）与自杀密切相关。有关自杀者中人格障碍的患病率的研究结果不一致。芬兰的一项全国性自杀研究发现 31% 的自杀者可被诊断为人格障碍。一些有关青少年和

笔记

青年自杀者的研究发现,40%~53% 的自杀者可被诊断为人格障碍。Overstone 报道(1974)在自杀者中有 1/3~1/2 的人能检出人格障碍,他们往往年轻、家庭破裂,且生活在暴力、酗酒或物质滥用的环境中。估计约 5% 的反社会型人格障碍患者死于自杀。到目前为止,我们还缺乏有关人格障碍患者最终自杀死亡的风险方面的研究数据。若多种精神障碍共病,个体自杀的危险性更高。不同精神障碍患者自杀危险性增高的因素也各不相同,见表 9-3。

表 9-3　不同精神障碍患者自杀危险性增高的因素

精神障碍种类	自杀危险性增高的因素
情感障碍	①男性且年龄不到 25 岁;②处于疾病的早期阶段;③合并酒精滥用或依赖;④双相障碍的抑郁相;⑤处于混合状态(躁狂 – 抑郁);⑥伴有精神病性症状的躁狂发作。
精神分裂症	①年轻无工作的男性;②疾病反复发作;③担心病情恶化,特别是高智商者;④多疑、妄想等阳性症状明显;⑤伴有抑郁症状。在精神分裂症的早期、恢复期的早期阶段和复发的早期阶段。
酒滥用或依赖	①发病年龄早;②长期的饮酒史;③酒精依赖程度重;④伴有抑郁障碍;⑤身体健康状况差;⑥工作能力差;⑦有酒精滥用或依赖家族史;⑧最近有严重的人际关系问题或重要的人际关系丧失。
人格障碍	①精神科住院诊治经历;②以前有自杀意念或自杀未遂;③有反社会行为的既往史;④受教育程度高;⑤不愿主动寻求或接受帮助。

2. 躯体疾病　研究表明,躯体疾病在 25% 的自杀中起着重要作用;且人群的年龄越大,躯体疾病在自杀中所占的比重越高。50 岁以上年龄的自杀者中 50% 有躯体疾病,60 岁以上约为 70%,65 岁及以上老年自杀者中 80% 有躯体疾病。自杀率较高的躯体疾病包括神经系统疾病(如癫痫、脊髓和大脑损伤)、癌症、艾滋病、慢性疼痛性疾病、慢性肾病、心脑血管疾病等。躯体疾病患者的自杀也是多因素综合作用导致的,如长期疼痛,精神负担,不能工作,经济困难,有累赘感、恐惧感、自卑感和孤独感,久病不愈。躯体疾病患者如伴发精神障碍,更增加个体自杀的危险性。

（二）神经递质

研究发现,自杀者和自杀未遂者的脑内神经递质发生改变,特别是 5- 羟色胺(5-HT)、去甲肾上腺素(NE)、多巴胺(DA)、γ- 氨基丁酸(GABA)和谷氨酸能系统的异常。Asberg(1984)报道在有自杀倾向的抑郁症患者的脑脊液(cerebrospinal fluid, CSF)中,血清素代谢产物特别是五羟吲哚乙酸(5-HIAA)含量下降;同年 Von Praag 在具有攻击与自杀行为的几种不同临床疾病的患者中,均发现有脑脊液 5-HIAA 含量低下。目前大多数学者认同脑内 5-HT 能神经递质功能失调在抑郁障碍的发病中起一定作用。学者们对一些自杀者的尸体进行研究,也发现脑内 5-HT 和 5-HIAA 的水平低下。

大量的研究发现,自杀者 CSF 中 5-HT 的代谢产物 5-HIAA 的浓度与自杀未遂行为的致死性或严重程度呈负相关,即 CSF 中 5-HIAA 降低越明显,个体自杀未遂行为的致死性就越高。CSF 中 5-HIAA 较低的患者在出院后 12 个月内自杀率较高,提示了 CSF 中的 5-HIAA 似乎有预测自杀的作用。使用暴力手段自杀者 CSF 中 5-HIAA 的浓度比无自杀行为的抑郁症患者或采用非暴力方法(如服毒)自杀者的浓度低。

对自杀死亡者的脑研究结果提示,前额叶皮质 5-HT 活动降低,尤以腹侧前额区最为明显。CSF 中 5-HIAA 低水平状态在伴有自杀的不同精神障碍患者中均存在,因此 CSF 中的 5-HIAA 低水平状态可能是独立于精神障碍的神经生化机制。

外周血小板中的 5-HT 因在摄取、储存、释放等方式与中枢神经系统相似,故其功能也相同。国内有研究发现有自杀行为者的血小板 5-HT 浓度明显低于对照组,且自杀未遂 2 次及 2 次以上者的血小板 5-HT 浓度显著低于自杀未遂 1 次者及对照组(李华芳,2003)。还有学者对刻板行为的研究中发现,自杀与刻板行为显著相关,而刻板行为又与 5-HT 功能相关,是预测自杀的变量(Higley,1992)。

其他神经递质如去 NE 和皮质醇等也与自杀有关。去 NE 与焦虑有关,而过高或过低的皮质醇浓度又反映了机体对急、慢性应激的反应。自杀者死亡后尸检发现,CSF 中促肾上腺皮质激素浓度升高,且皮层前叶的肾上腺皮质激素释放激素(CRH)受体结合位点减少;加之地塞米松在自杀未遂者中脱抑制,均说明皮质醇与自杀行为的相关性。有研究发现重性抑郁症自杀死亡者的蓝斑的去 NE 神经元减少。在情感障碍患者中,CSF 中多巴胺代谢产物高香草酸(HVA)的浓度低;在自杀未遂者中,CSF 中的 HVA 的浓度亦低于正常对照组。多巴胺、谷氨酸、r- 氨基丁酸在脑内是相互连接的。有关神经递质与自杀行为的关系相当复杂,还需进一步的研究结果。

(三)遗传

自杀行为在家庭内部几代人之间高发,于是有些学者推测可能与家族成员中枢血清素系统代谢障碍有关,因而家族内部易患冲动控制障碍或出现高自杀倾向。家系调查和双生子研究表明,自杀行为确实有一定的遗传学基础。Roy 等对 399 对双生子进行了研究,结果显示,单卵双生子的自杀一致率为 13.2%(17/129),显著高于双卵双生子的自杀一致率 0.7%(2/270)。并且,在情感性精神障碍、精神分裂症及酒中毒患者的家系中可有较高的自杀率,因为这些疾病本身有遗传倾向。有些学者指出,仅仅依据家族性自杀史还不能说明自杀的遗传机制,因为家族自杀率高可能是因为家族成员都有相同的心理社会因素。但对寄养子的研究提示,遗传因素可能是个体发生自杀行为的素质基础。家系调查发现,6%~8% 的自杀未遂者有自杀家族史。自杀者一级亲属的自杀危险性是一般人群的 10~15 倍。

实验室的分子遗传学研究结果显示,色氨酸羟化酶(TPH)基因的变异与自杀行为有关。有关 5-HT 系统的基因多态性的研究(专栏 9-2)。

专栏 9-2

5-HT 系统的基因多态性研究

1. 色胺酸羟化酶(TPH)基因 TPH 是 5-HT 合成的限速酶,是 5-HT 系统中最重要的调节因素,TPH 的基因位于 11 号染色体短臂上。Nielsen(1994)首先报道了 TPH 基因内含子 7 的 A779C 多态性的等位基因 L 与冲动性暴力犯罪者的自杀未遂既往史相关;而在有自杀未遂的抑郁症患者中 TPH 基因的 V 等位基因的基因频率明显低于无自杀未遂者。但也有不少学者的实验结果显示与正常对照组无显著差异,故需要进一步研究。

2. 5-HT 转运体基因(5-HTT 基因) 5-HTT 蛋白是一个包含 12 个跨膜区的储钠依赖性转运蛋白之一,其基因定位于 $17q^{11.1}$-q^{12},其基因标点是 SLC6A$_4$,与 D17S98 紧密相邻,是选择性 5-HT 再摄取抑制剂的主要靶位点。5-HTT 可作为 5-HT 神经末梢数量和完整性的指数。重性抑郁患者血小板中 5-HT 转运场所减少,血小板对 5-HT 摄取减少,故而推测 5-HTT 变化可能与自杀有关。目前发现 5-HTT 有 4 个多态性:① 5/ 端调节区存在 44 个 A 碱基对的缺失或插入多态性;②第二内含子上一个可变数目串联重复(VNTR)多态性;③第四内含子上一个突变;④第 763 位碱基 C/A 置换,导致第 255 位氨基酸 Leu/Met 置换,从而影响蛋白质的功能。

3. 5-HT$_{1B}$ 受体基因 在鼠中敲除 5-HT$_{1B}$ 受体基因可见攻击行为、酒及可卡因的摄入增加,提示 5-HT$_{1B}$ 受体基因的功能性改变可能在人类的自杀、攻击、重性抑郁、酗酒、

笔记

物质滥用等精神病理中发挥作用。$5-HT_{1B}$ 受体基因多态性位点是 G861C。还有学者在 $5-HT_{1B}$ 受体基因中发现了少见的突变位点。

4. $5-HT_{1A}$ 受体基因　目前对其是否与自杀相关存在争议，只是发现了 $5-HT_{1A}$ 受体中存在几个多位位点：Cly22Ser 和 Iso28Val 等。许多研究已证实了自杀行为中的 5-HT 功能失调，因此，$5-HT_{1A}$ 受体基因也一直作为相关研究的首选基因。

5. $5-HT_{2A}$ 受体基因　$5-HT_{2A}$ 受体基因定位于 $13 q^{14-21}$，包含三个外显子，基因扫描证实其 20kb 长。$5-HT_{2A}$ 受体基因在静息区 T102C 及编码区 His452Tyr 存在多态性。后有研究证明 $5-HT_{2A}$ 受体基因 T102C 多态性与重性抑郁患者伴自杀意念呈显著相关，而不是与抑郁症本身相关。另外还涉及 $5-HT_{5A}$、COMT、MAO 等受体基因多态性。

近年来研究还发现自杀可能存在遗传传递的心理反应和特殊的人格特征，这些人格特征包括冲动性、攻击性控制不良、暴力倾向等。虽然自杀的候选基因研究还处于初级阶段，但确定基因与疾病的关系可能有更长远意义。

（四）神经内分泌激素

女性体内的神经内分泌激素水平的变化会对自杀行为产生影响。国内外均有研究证实月经期女性有自杀倾向的人数明显增多，约有 2/3 的女性患者自杀发生在月经前期和月经期。在此期间，女性体内雌激素水平较低，自主神经功能紊乱，易出现抑郁和焦虑情绪，易激惹，控制冲动能力下降，故易采取自杀行为。另有研究发现，自杀行为与下丘脑 - 垂体 - 肾上腺素（HPA）轴有关。尽管有关去甲肾上腺素对自杀行为的影响方面的研究结果不像 5-HT 的研究结果那么恒定，但是在急性应激状态下去甲肾上腺素分泌增多，属于状态指标。一些研究发现，自杀者的去甲肾上腺素活动过度，且应激反应过分活跃。因此，有学者建议用可的松代谢水平来检测自杀高危人群。

（五）血清胆固醇

流行病学和临床研究均显示，胆固醇水平、攻击性以及 5-HT 之间存在明显的相关性。国外学者研究较多的是血清胆固醇与 CSF 中 5-HT 的关系。血清低胆固醇水平与脑内的 $5-HT_{2A}$ 受体水平呈正相关，血清中胆固醇水平的下降会导致脑内的 5-HT 活性下降，这是由于低胆固醇血症使细胞膜上胆固醇含量降低，受体则明显减少，从而使中枢 5-HT 功能减退。国内袁浩龙（1996）研究发现，自杀未遂组血清胆固醇水平明显低于无自杀未遂组，且与自杀严重程度呈负相关，也提示胆固醇浓度异常是自杀的危险因素。但是，目前仍无法确定自杀行为的特异性的生物学标志。

二、心理学因素

1. **人格特征因素**　自杀是个体遭遇自己无法克服的动机冲突或挫折情境造成的，具有某些心理特征者更倾向于以自杀方式应对动机冲突或挫折情境。近年来研究发现，自杀死亡者和自杀未遂者具有以下特征：较高的冲动性、两极化思维、认知僵化、缺乏有效应对、自传式记忆（autobiographical memory）或选择性记忆偏倚、存在功能失调性假说（dysfunctional assumption）、绝望以及灾难化预测未来等。较高的冲动性表现为个体将一时的想法立即转化为行为且不计后果。两极化思维即非黑即白、非此即彼、非好即坏，看问题绝对化明显，缺乏中间的连续谱。自传式记忆是个体针对线索词语的反应不能产生具体某一事件的回忆，而是采用概括的方式或过分综合的方式来回忆，即过度概括。这种倾向往往与个体过去经历负性生活事件有关，而这种过分概括化的回忆与问题的解决不良有关。自杀者分析处理问题片面，看不到解决问题的多种方法，认知僵化，易走极端，在挫折和困难面前不能对自身和周围环境做出客观评价，不能成功提取具体且有用的记忆，导致缺乏解决困难的

笔记

技巧和能力。功能失调性假说是指个体源于早年特殊经历形成较多不合理的或适应不良的信念，从而在遇到具体困难时出现上述的认知僵化、两极化思维和过度概括。对将来的灾难化预测是指个体不能考虑将来可能出现的正性事件，看不到事情的希望。自杀者通常长期有各种负性情绪特征，如焦虑、痛苦、抑郁、急躁、厌倦和内疚等；对人、对事、对己、对社会和对未来均倾向于从消极的角度看待，多表现为不稳定、不成熟的个性特征，常以冲动性行为如酗酒、过量用药、自伤自残等方式来发泄自己的情绪；人际关系失调，常缺乏持久广泛的人际交往，心存偏见和敌意，把自己与社会隔离开来，回避社交；缺乏强有力的社会支持；对新环境适应困难等。

2. 潜意识、死亡本能、自杀易感性因素   Freud 认为人类有生存本能和死亡本能两种本能，自杀是死亡本能所致，是无意识冲突的一种表达，即自杀冲动是指向内部的攻击或敌对冲动——对矛盾的、内化的所爱的客体的攻击。Karl Menninger 从敌意的角度对自杀做了进一步的解释，将死亡本能的概念扩展，认为自杀驱力是三种动机的结合，即杀人的愿望、被杀的愿望和死亡的愿望。心理学家 Edwin S.Schneidman 认为自杀者把自杀看作解决其问题的最好的办法。客体关系理论认为自杀倾向代表分离个体化任务的失败，自杀行为就是让自我摆脱那个坏的内在客体，并与理想的、全能的、所爱的客体结合。自我心理学认为，当个体在无法忍受的、强烈的孤独体验或无以平复的隔离体验下，感到有被负性的自我评价（即无价值感和内疚）所征服的危险时，则产生了自杀易感性。

3. 行为学因素   心理学家从习性学（ethology）角度研究发现，动物和人类具有某些共同的行为，例如，处于隔离状态的猕猴被挑逗并被限制其对外界的攻击反应时，就可能发生严重的自伤；在人类，如住院的重症精神病患者和监狱里的罪犯也有类似表现，这是因为其无法逃避且无法对周围实施攻击，只能转为自伤行为（即习得性无助理论）。因此，研究习性学有助于探索理解人类的自杀行为。

三、社会学研究

1. 家庭环境   良好的家庭氛围是构成社会稳固的基石。在我国引起自杀的诱因中，家庭内部矛盾（超过 50%）占第一位，尤其是女性；青少年的自杀行为与家庭功能的紊乱有明显关系。家庭成员关系紧张、家庭冲突、家庭成员之间缺乏支持和帮助、缺乏情感交流、家庭破裂、家庭暴力或谩骂等都是影响青少年自杀的重要因素。在成人的自杀危险因素分析中也不难发现家庭对自杀的影响。夫妻剧烈争吵、父母与子女间的矛盾常常是自杀的直接诱因，失去伴侣等亲人会增加自杀的危险性。此外，中国农村的婆媳矛盾也常常成为自杀行为的导火索。

2. 生活事件   急性与慢性负性生活事件导致的急性应激与慢性心理压力大常常是自杀行为的危险因素。研究显示，自杀者负性生活事件的发生率较对照组高。前面提及的家庭环境不良也是最常见的负性生活事件之一；此外，亲人去世、失恋、其他重要关系中断、遭受欺凌或虐待、财产损失、其他人际关系紧张、失业、经济困难、政治压力等因素等常常是自杀行为的触发因素。当然，负性生活事件也可能诱发精神障碍。因此，精神障碍、自杀和负性生活事件之间的关系十分复杂。比如，人际冲突常常会导致个体产生绝望感、抑郁或焦虑，也可以是自杀行为的诱发因素；在学校遭受威胁或威胁他人的学生中，患有抑郁和出现自杀危险的可能性较高。个体与社会隔绝与其自杀危险性升高有关；与社会隔绝是Durkheim 提出的"自我中心"（self-centeredness）和"疏远"（estrange）的自杀概念的深层次原因。

3. 重大社会事件和社会变革   重大社会事件或变革影响着所在国家和社会的自杀率。在第二次世界大战期间，各个国家的自杀率均明显下降；相反，在 20 世纪 30 年代的经济大萧条时期，很多国家的自杀率达到高峰；而在 20 世纪 80 年代末期，东欧国家发生的政治剧变导致随后几年这些国家的自杀率急剧升高。

4. **失业或无业** 虽然有些生态学研究显示自杀率与失业率呈正相关;但两者之间的关系复杂,而且影响失业的因素很多,失业率的变化并不一定会引起自杀率的波动。

5. **文化习俗和法律法规** 各个国家或地区的文化、习俗和法律法规影响其自杀率的高低。在一些文化环境中,自杀被认为是一种可耻的行为,是怯懦和逃避现实的表现;而在另一些文化环境中,如在日本,切腹自杀被认为是勇敢的表现。社会文化或习俗对自杀的不同态度会对自杀率产生影响,但这种影响相当复杂。由于自杀是个体选择的一种行为,因此社会(包括法律)认可或限制自杀的程度,直接影响自杀的实际发生率和报告率。在那些认可特定情况下自杀的社会,自杀可能会增多;但也可能因为社会认可自杀,个体更愿意暴露自己的自杀想法,这样就有更多的机会寻求乃至获得帮助而避免采取自杀,从而使自杀的发生率降低。在那些不赞成、甚至认为自杀有悖教义或违法的社会,自杀率可能会低,因为不赞成或反对的态度可能起到预防自杀的作用,如伊斯兰教国家的自杀率全球最低。但后者也可能导致个体不愿或不敢报告其自杀想法,从而最终走向自杀之路;一旦发生自杀,家人不愿意对外报告其自杀行为,从而导致报告的自杀率远低于实际发生的自杀率。再如,印度有已婚妇女在丈夫死后殉情自焚这一严重陋习,为避免此种惨剧延续,印度法律规定如果妇女在婚后 7 年内自杀死亡,丈夫家人将被判入狱。此法律实施后,印度报告的自杀率就远低于实际发生的自杀率。

6. **特殊场所** 研究发现监狱服刑人员的自杀率高于普通人群。监狱导致服刑人员自杀的因素较复杂:服刑人员中精神障碍的患病率高,有自杀未遂既往史的比例高,经历更多的负性生活事件,这些与自杀行为有关;并且刑期长和年龄大等因素也可能与服刑人员的自杀行为有关。

四、其他因素

研究表明,独居、自杀未遂既往史、亲友或熟人有自杀行为、生活质量低等因素也是自杀的独立危险因素。

五、自杀的应激素质模型

目前我们已知自杀是多因素共同作用的结果,但是有关自杀的机制方面的研究仍然十分薄弱,目前比较常用的是自杀行为的素质应激模型(diathesis-stress model)。(专栏 9-3)介绍了此模型。

专栏 9-3

自杀行为的素质应激模型

1999 年,Mann 等学者提出了自杀行为的素质应激模型,认为单一因素不足以引起自杀,应激因素与素质因素(即个体的易感性)共同作用才导致个体发生自杀。

他认为素质是通过遗传结构与后天习得的敏感性的共同作用而形成的。早年的创伤经历、慢性疾病(特别是中枢神经系统疾病)、慢性酒精中毒和物质滥用及其他生物学因素等在素质的形成中起着重要作用。对于自杀行为,素质因素是重要的,但并不是不可改变的。急性精神障碍或躯体疾病、严重的酒精和物质滥用、不良生活事件或家庭危机,会加重个体的易感性。当个体体验到应激时,易感个体感到无法应对压力,就会产生焦虑、愤怒、悲痛、沮丧及绝望等显著的生理反应;而良好的生存状况、社会支持、心理治疗会降低个体的易感性。个体的自杀行为受到危险因素、保护因素和素质因素的共同影响。减少危险因素,增强保护因素,就可以预防或减少自杀行为的发生。

笔记

第三节 蓄 意 自 伤

一、蓄意自伤的概念

蓄意自伤(deliberate self-harm, DSH),简称自伤(self-harm),是指个体通过各种方式故意的、直接的对自己身体采取的非致死性的伤害行为。个体无意导致结束生命的结果,即没有死亡的意愿。蓄意自伤又被称作自杀未遂;但细究其概念,结合前面章节介绍过的自杀未遂的概念,可以发现二者的定义不完全相同。针对自杀未遂或蓄意自伤,目前还没有能被各国学者普遍接受的统一术语。有学者制定了蓄意自伤的诊断标准,具体(专栏 9-4);但这一标准尚未被学术界广泛接受。在此章节中,笼统地将蓄意自伤等同于自杀未遂或准自杀,即个体实施的未导致死亡结局的自我伤害行为,无论其当时有无自杀或想死的意图。

美国 DSM-5 在第三章"待进一步研究的疾病"中列入了非自杀性自伤(non-suicidal self-injury),并附有建议的诊断标准。

专栏 9-4

关于蓄意自伤的诊断标准

Pattison EM, Kahan J(1983)报告的诊断标准:①蓄意自我伤害,但没有致死的可能性;②有详细的个人病史;③不包括致死性高的情况如枪伤、上吊、跳楼、吸入煤气等;④不包括过量服药或饮酒致死者;⑤不包括间接性自伤、慢性酒精中毒、长期服药和进食障碍患者;⑥不包括年幼儿童。

二、流行病学

自伤现象非常常见。自伤多发生在社区,相对隐秘;且自伤后的个体不一定需要或会去医疗机构就诊。因此,在社区难以通过广泛建立常规监测系统来收集人群的自伤数据,也就很难获得自伤的社区流行病学数据。到目前为止,一些国家的部分地区针对自伤建立了以医疗机构为基础的、持续的监测系统;个别国家的个别地区建立了以社区为基础的、持续的监测系统。现有的数据显示社区报告的自伤的发生率波动较大,不同国家和地区报告的自伤发生率亦有很大的不同;但一般认为,报告的人群自伤发生率远低于实际的发生率。

1. **一般情况** 人群的自伤发生率随着年代推移有所波动。WHO 和欧洲国家在 1989 年至 1992 年期间开展的准自杀研究发现,不同国家监测到的准自杀率数字高低不一;此期间总的趋势是男性的自伤率降低了 17%,女性降低了 14%;但也有一些中心的监测数据显示当地的自伤率呈现上升趋势。

2. **性别和年龄** 无论男女和不同年龄段,均可出现自伤。女性自伤的发生率显著高于男性,男女自伤人数之比一般为 1:2~3。自伤可出现在 10 岁以前,自伤发生率最高的人群是 15~24 岁的年轻女性;随着年龄的增长,自伤发生率降低;老年人群自伤的发生率最低。但也有研究发现,在男性人群中,25~34 岁年龄段自伤的发生率高于其他年龄段男性。

3. **自伤方式** 自伤方式常常是非致命性的,以超剂量服用药物或其他有毒物质为主,其次为自我切割腕部或前臂;也有少部分案例采用暴力或高致死性的方式自伤而未导致死亡,如从高处跳下、溺水或交通事故等。如欧洲的多中心研究显示 64% 的男性和 80% 的女性采用自我服毒（包括超剂量服用治疗药物）的方式自伤，17% 的男性和 9% 的女性采用自我切割的方式自伤。在我国就诊于医疗机构的农村严重自杀未遂者中，83% 服用农药或鼠药自杀未遂。在印度、斯里兰卡等国家，服药农药、除草剂和鼠药自伤也占相当高的比例。部分自伤者过量喝酒或吸毒自伤，或者在自伤前饮酒或吸毒。

4. **反复的自伤行为**　自伤反复出现或重复发生是蓄意自伤的核心特征之一。自杀未遂者是自杀死亡的高危人群，有 10%~15% 的自杀未遂者最终自杀死亡；而反复出现的蓄意自伤是自伤行为和自杀的极高危因素。在西方发达国家，40% 的自杀死亡者有自杀未遂既往史；在我国，27% 的自杀死亡者曾经有过自杀未遂史。在自杀未遂者中，反复出现的自伤很常见。如，西方发达国家 30%~60% 的自杀未遂者曾经有自杀未遂既往史；而且在自伤行为发生后一年内重复自伤的发生率最高，特别是前 3~6 个月。我国 14%~25% 的自杀未遂者曾有自杀未遂既往史。并且有研究发现，首次与重复自杀未遂者在年龄、性别、受教育年限、婚姻、工作状况以及家庭经济状况等方面的差异无显著性，但后者考虑自杀的时间长，自杀前一个月的生活质量低，自杀意图强度高，慢性生活事件多，慢性心理压力大，精神障碍的患病率高。

5. **其他**　发达国家研究发现，在自伤者中精神障碍的患病率高达 90% 以上；在我国，自伤者中精神障碍的患病率在 40% 左右。与自伤密切相关的精神障碍主要有抑郁障碍、焦虑障碍、人格障碍（特别是边缘性人格障碍）、酒精或物质滥用或依赖等。此外，自伤行为和自杀一样，存在模仿效应，特别是在有负性情绪体验的青少年人群中。

三、蓄意自伤的原因与机制

蓄意自伤同样是多因素相互作用的结果，其原因和机制相当复杂。

1. **自伤的诱发因素**　国内针对自杀未遂的研究发现，绝大多数自杀未遂者经历有急性或慢性负性生活事件，其中最常见的是夫妻吵架或不和（65%）；家庭纠纷在自杀未遂发生中的相对重要性占到 57% 或更高。负性生活事件在自伤组的发生率高，且研究已经证实自伤者解决问题的能力差，因此对于自伤个体来说，负性生活事件所带来的不良影响可能更强烈、更持续。负性生活事件，特别人际关系问题、工作或经济问题等，在自杀和自伤发生中往往起着扳机作用。

2. **自伤的素质因素**　Herper 报道人格障碍患者伴发自伤行为的比例为 78%。自我伤害常与人格障碍有联系，特别是边缘性人格障碍和反社会型人格障碍；并且自我伤害本身就是边缘性人格障碍的诊断标准之一。一些患者在早年生活中与亲人分离、遭受虐待或经历家庭破裂等不良刺激。自伤者普遍存在着认知歪曲和适应问题，约 1/3 有长期的心理适应问题；其解决人际问题和规划未来的能力差；无望和冲动是最常见的两个心理特征。

3. **自伤的条件因素**　良好的社会支持是维持心理健康的基本条件之一。自伤者通常人际交往能力差，缺乏利用社会资源的能力。这样在面对心理冲突时，由于前面提及的心理缺陷导致其无法正常释放或自我调整负性情绪，又由于缺乏社会支持导致其无法从外界获得有效的帮助，自我伤害就成为平衡其心理冲突的主要措施。此外，在社会支持系统中，家庭环境影响着个体自伤行为的易感性。已有证据表明，在自伤者中，早年丧父或丧母、被父母遗弃或有受虐待史的情况更为常见。青春期的自伤多见于女性，她们有人际关系问题，特别是与父母、朋友和同学的关系问题较多；其家庭破裂、家庭成员患精神障碍或童年期遭受过性虐待的比例较高。

4. **生物学影响因素**　对有无自伤的两组精神障碍患者进行比较，前者脑脊液 5-HIAA 水平较没有自伤组低；重复验证后提示，某些类型的自伤与 5-HT 代谢异常、情感性精神障碍有关。此外，有一种罕见的自我伤害叫 Lesch Nyhan 综合征，为 X 染色体连锁隐性遗传

笔记

的先天性嘌呤代谢缺陷病,源于次黄嘌呤 - 鸟嘌呤磷酸核糖转移酶(HGPRT)缺失,使得次黄嘌呤和鸟嘌呤不能转换为 IMP 和 GMP,而降解为尿酸。高尿酸盐血症可引起早期肾脏结石,逐渐出现痛风症状。此综合征患者为男性,智力低下,有特征性的强迫性自身毁伤行为。但自伤的生物学研究结果还有很多不一致之处。

四、蓄意自伤的治疗

自伤的治疗原则与自杀危险的治疗相似,把确保患者的生命安全放在首位。具体治疗方法见下节。研究表明,积极的心理干预对于防治自伤是有效的,包括心理干预和药物治疗。对于人格障碍患者的自伤行为,辩证行为治疗(dialectical behaviour therapy,DBT)在减少自伤的反复发生方面的效果明显;开展问题解决治疗(problem-solving therapy,PST)、提供紧急联络卡(emergency contact card)和提供外展的社区服务有降低自伤行为反复发生的趋势。当然,针对引发自伤的相关因素进行处理也是非常重要的,如对抑郁症患者进行药物或认知行为治疗,对精神分裂症患者进行抗精神病药物治疗等。

第四节 自杀的诊断、评估与防治

一、自杀的诊断

CCMD-3 和 DSM-5 都建立或探讨了自杀与自伤的诊断标准。这里介绍 DSM-5 的诊断标准。

DSM-5 将自杀放在第三部分,作为"需要进一步研究的状况",包括自杀行为障碍(suicidal behavior disorder)和非自杀性自我伤害(nonsuicidal self-injury)。诊断标准分别见专栏 9-5、专栏 9-6。

专栏 9-5

DSM-5 关于自杀行为障碍建议的诊断标准

A. 在过去 24 个月内,个体有一次自杀企图。
　　注:自杀企图是一个自我启动的系列行为,个体在启动时,期待这一系列行动导致自身的死亡。"启动时间"是指涉及应用该方法的行为发生的时间。
B. 该行动不符合非自杀性自我伤害的诊断标准——即不涉及那些指向躯体表面以引起负性感觉/认知状态的缓解,或获得正性的情绪状态的自我伤害行为。
C. 该诊断不适用于自杀观念或准备行动。
D. 该行动不是在谵妄或意识模糊状态时启动。
E. 该行为的采取不仅是为了政治或宗教的目标。

专栏 9-6

DSM-5 关于非自杀性自我伤害建议的诊断标准

A. 在过去一年内,有 5 天或更多,该个体从事对躯体表面的可能诱发出血、瘀伤或疼痛(例如切割伤、灼烧、刺伤、击打、过度摩擦)的故意自我伤害,预期这些伤害只能导致轻度或中度的躯体损伤(即没有自杀观念)。
　　注:缺少自杀观念可能是由个体本身报告,或是通过个体反复从事那些个体知道或已

笔记

经学到不太可能导致死亡的行为而推断出来。

B. 个体从事自我伤害行为有下述预期中的1个或更多：

  1. 从负性的感觉或认知状态中获得缓解。

  2. 解决人际困难。

  3. 诱发正性的感觉状态。

  注：在自我伤害过程中或不久后能体验到渴望的缓解或反应，个体展现出的行为模式
      表明依赖于反复从事该行为。

C. 这些故意的自我伤害行为与下述至少1种情况有关：

  1. 在自我伤害行动的不久前，出现人际困难或负性的感觉或想法，例如抑郁、焦虑、
    紧张、愤怒、广泛的痛苦或自责。

  2. 在从事该行动之前，有一段时间沉湎于难以控制的故意行为。

  3. 频繁地想自我伤害，即使在没有采取行动时。

D. 该行为不被社会所认可（例如，体环、纹身、作为宗教文化节仪式的一部分），也不局限
  于揭疮痂或咬指甲。

E. 该行为或其结果引起有临床意义的痛苦，或妨碍人际、学业或其他重要功能方面。

F. 该行为不仅仅出现在精神病性发作、谵妄、物质中毒，或物质戒断时。在有神经发
育障碍的个体中，该行为不能是重复刻板模式的一部分。该行为不能更好地用其
他精神障碍和躯体疾病来解释 [（例如，精神病性障碍、孤独症谱系障碍、智力障碍、
自毁容貌症）、刻板运动障碍伴自我伤害、拔毛癖（拔毛障碍）、抓痕障碍（皮肤搔抓
障碍）]。

二、自杀的评估

尽管学术界一直试图探索如何准确地识别和预测个体自杀行为的发生，但目前仍未得
到有效解决。即便如此，对个体或患者进行自杀危险性评估，仍是预防自杀的重要环节和
组成部分。

有自杀倾向的个体，在实施自杀行为之前，往往表现出如下三个心理特征：①矛盾性：
想活和想死的愿望在个体的头脑中展开拉锯战；他们并非真的想死，只是觉得生活得太不
快乐了，如果给他们支持，增强其活下去的愿望，自杀的危险性就会降低。②冲动性：自杀
是一种冲动行为，往往持续几分钟到几个小时；日常的负性生活事件可触发这种冲动行为
的发生。消除、减少这些危机事件和拖延其采取自杀行动的时间，就可以降低个体自杀想
死的程度。③僵硬性：一个人在想自杀时，其思维、感觉和行为比较局限。他们不停地考虑
自杀，不能看到解决这一问题的其他出路，认为眼前只有两条路可走：要么痛苦地生活下
去，要么自杀结束一切。因此，了解自杀个体在采取自杀行为当时的这三个心理特征将有
助于我们随后制定出更有针对性的自杀干预措施。

全面详尽的自杀危险性评估包括很多方面，如前面提到的影响自杀的各种因素的评估
以及了解个体自杀想死的意图强度。这些既可以通过详细询问病史、精神科检查来获得，
也可以结合量表测评获得相对客观的评估结果。

（一）临床评估

临床评估包括主诉、现病史、既往史、个人史和家族史，也包括对个体开展的精神科
检查。

  1. **主诉** 了解个体的主要症状、持续存在的时间和病情的变化特征。

  2. **现病史** 主要有：①了解个体目前精神症状的具体表现、持续时间、演变过程以及

对个体功能的影响,过去的就诊经历、具体治疗情况和效果;②心理社会因素:是否存在急慢性心理社会应激因素,特别是人际关系不和(尤其是家庭内部的人际矛盾)、亲友去世或其他丧事、失业或找不到工作、经济困难、社会经济地位的改变、遭受家庭暴力、躯体或性虐待等;③目前的自杀危险性:了解有无死亡想法、自伤或自杀意念、自杀计划、想死的程度以及是否实施过自杀行为。进一步需要了解自杀意念出现的频度、强度,自杀意念最强烈时出现的情景、时间和持续时间,最严重时的绝望程度,对未来的看法、生存和想死的理由。还有是否考虑过的具体自杀方式,采取过的自杀未遂的具体方式和致死性,在自杀冲动最强烈时都曾经做过什么来帮助自己摆脱自杀想法及其效果,以及有无伤害其他人的想法和计划等。

3. 既往史　躯体疾病的既往史和现病史,包括外伤、手术和住院治疗史;精神障碍既往史;自杀未遂、自杀意念和自杀计划既往史;有无童年早期被虐待的经历或其他不良遭遇等。

4. 个人史　了解父母养育过程、个人的成长经历、受教育和工作经历、家庭恋爱婚姻状况、人格特征(特别是冲动攻击特征)、应对方式和社会支持系统。

5. 家族史　精神障碍、自杀未遂、自杀死亡、暴力行为和其他疾病的家族史。

6. 心理检查　评估患者的一般状况(意识状态、定向力、接触情况和日常生活)、知情意(知觉障碍、注意力、思维障碍、记忆力、智能、情感反应、意志和行为活动)以及自知力。

(二)量表评估

1. 自杀意念　贝克自杀意念量表可以评估最近一周和过去情况最严重时个体的自杀意念的严重程度。评估的内容包括自杀意念、死亡的欲望、生存的欲望、两种欲望之间的较量、死的理由、生存的理由(可能的保护因素或人)、计划采用的自杀方法和准备情况、自杀工具的致死性、遗书后事安排等。研究发现,过去情况最严重时个体的自杀意念的严重程度比最近一周的自杀意念严重程度更能预测个体未来自杀行为的发生。也就是说,过去最严重时自杀意念越严重,未来出现自杀行为的可能性越高。此外,还可以用贝克自杀意图强度量表评估自杀想死的程度,见表9-4。

2. 相关危险因素的严重程度　抑郁、焦虑、绝望的严重程度和冲动、攻击性人格特征与自杀的危险性有关。可以选用的量表有贝克抑郁自评量表、抑郁症筛选量表、焦虑评估量表、贝克绝望感量表、冲动性量表、攻击性量表等;量表得分越高,自杀的危险性越高。

3. 精神科诊断　可以采用精神科诊断量表,如"《美国精神障碍诊断与统计手册第四版》(DSM-Ⅳ)轴Ⅰ障碍临床定式检查患者版(SCID-Ⅰ)"评估患者的精神科轴Ⅰ障碍的具体诊断,也可以采用"《美国精神障碍诊断与统计手册第四版》(DSM-Ⅳ)轴Ⅱ障碍临床定式检查患者版(SCID-Ⅱ)"评估患者的人格障碍诊断。如果患者符合轴Ⅰ或轴Ⅱ诊断标准,其自杀的危险性高于普通人群。

> 如何对莉莎进行心理评估?

(三)自杀行为发生前的征兆

自杀者在自杀前,往往通过表情、言语或行为流露出轻生的征兆。当发现某个人有下列情况之一时,应考虑其近期内有自杀的可能性;存在下述情况的条目数越多,近期自杀的危险性越高。

1. 近期内有过自伤或自杀未遂的行动　既往的自杀未遂行为是将来自杀的最佳预测因子,其可能性较无类似行动者要高几十倍到上百倍。暴力程度较轻和致死性不强的自杀行为,特别是以求助为目的的多次自杀未遂,容易使亲友等周围人放松警惕而最终自杀死亡。

2. 近期通过言语或行为表露过自杀的意愿　一些研究表明有61%~83%的自杀者在自杀前向他人表述过轻生的念头。他们可以直接向亲属、朋友、医务人员以及其他人透露,或者通过日记、作品、给他人的信件等表露轻生。一些有自杀倾向者会说，"活着没什么意思"，"我死了一切就都解脱了"，"我会死给他看"，"什么都不重要了"，"一切对我都无所谓了"等；另一些人则没有语言方面的暗示，而是通过行为来表现，如突然将事物整理得井井有条，赠送分发或安排贵重物品或财产等。研究表明，流露死亡的意愿是一个非常危险的信号，早期重视这些消极的言行，及时进行评估和干预对于预防自杀是很重要的。但也有少数患者在自杀前很少向人流露自杀想法，这为自杀干预工作增加了难度。

3. **近期遭受过重大挫折** 如亲人去世，离婚或分居，严重的躯体或心理创伤（性侵害、毁容、下岗、高考落榜）等。

4. **近期的生理变化** 如缺乏活力，有睡眠障碍，食欲下降，性欲减退或消失等。

5. **做自杀前的准备** 如和朋友讨论自杀方法，搜集有关自杀的资料，购买可用于自杀的毒物、药物、刀具、枪支，或常在江河、悬崖、高楼处徘徊等，均提示其可能有自杀计划。当然，也有极少数人有意掩盖自杀意愿，不与人讨论自杀问题，秘密进行自杀前的准备。

表9-4　贝克自杀意念问卷（SSI）

指导语：下述项目是一些有关您对生命和死亡想法的问题。请您思考最近一周是如何感觉的，每个问题的答案各有不同，请您注意看清提问和备选答案，然后根据您的情况选择最适合的答案。

1. 您希望活下去的程度如何？	中等到强烈	弱	没有活着的欲望	
2. 您希望死去的程度如何？	没有死去的欲望	弱	中等到强烈	
3. 您要活下去的理由胜过您要死去的理由吗？	要活下去胜过要死	二者相当	要死去胜过活下来	
4. 您主动尝试自杀的愿望程度如何？	没有	弱	中等到强烈	
5. 您希望外力结束自己生命，即有"被动自杀愿望"的程度如何？（如，希望一直睡下去不再醒来、意外地死去等）	没有	弱	中等到强烈	

如果上面第4或第5项的答案为"弱"或"中等到强烈"，请继续问接下来的问题；否则，请继续做后面的题目。

6. 您的这种自杀想法持续存在多长时间？	短暂、一闪即逝	较长时间	持续或几乎是持续的	近一周无自杀想法
7. 您自杀想法出现的频度如何？	极少、偶尔	有时	经常或持续	近一周无自杀想法
8. 您对自杀持什么态度？	排斥	矛盾或无所谓	接受	
9. 您觉得自己控制自杀想法、不把它变成行动的能力如何？	能控制	不知能否控制	不能控制	
10. 如果出现自杀想法，某些顾虑（如顾及家人、死亡不可逆转等）在多大程度上能阻止您自杀？	能阻止自杀	能减少自杀的危险	无顾虑或无影响	
11. 当您想自杀时，主要是为了什么？	控制形势、寻求关注、报复	逃避、减轻痛苦、解决问题	前两种情况均有	近一周无自杀想法
12. 您想过结束自己生命的方法了吗？	没想过	想过，但没制订出具体细节	制订出具体细节或计划得很周详	
13. 您把自杀想法落实的条件或机会如何？	没有现成的方法、没有机会	需要时间或精力准备自杀工具	有现成的方法和机会或预计将来有方法和机会	近一周无自杀想法
14. 您相信自己有能力并且有勇气去自杀吗？	没有勇气、太软弱、害怕、没有能力	不确信自己有无能力、勇气	确信自己有能力、有勇气	
15. 您预计某一时间您确实会尝试自杀吗？	不会	不确定	会	

笔记

16. 为了自杀,您的准备行动完成得怎样?	没有准备	部分完成(如,开始收集药片)	全部完成(如,有药片、刀片、有子弹的枪)
17. 您已着手写自杀遗言了吗?	没有考虑	仅仅考虑、开始但未写完	写完
18. 您是否因为预计要结束自己的生命而抓紧处理一些事情?如买保险或准备遗嘱。	没有	考虑过或做了一些安排	有肯定的计划或安排完毕
19. 您是否让人知道自己的自杀想法?	坦率主动说出想法	不主动说出	试图欺骗、隐瞒	近一周无自杀想法

量表答案的选项为 3 个,从左至右对应得分为 1、2、3。如果第 4、5 题答案都是"没有",则视为没有自杀意念;如果第 4、5 任意一项选择答案是"弱"或者"中等到强烈",就认定为有自杀意念,需要继续完成后面的 14 个项目。自杀意念的强度是根据量表 1~5 项的均值所得,分数越高,自杀意念的强度越大。自杀危险是依据量表的 6~19 项来评估有自杀意念的被试真正实施自杀的可能性的大小。总分的计算公式是 [(条目 6~19 的得分之和 −9)/33] ∗ 100,分数越高,自杀危险性越大。

6. **重病患者行为反常** 慢性病或重病患者突然不愿接受医疗干预,特别是不愿意住院或接受医学观察,却与亲友交代家庭今后的安排和打算。

7. **某些精神病患者** 抑郁症、精神分裂症、酒精及物质依赖患者是公认的自杀高危人群;有自责自罪、被害妄想,或有命令性幻听、强制性思维等症状者,更易出现自杀行为,应高度警惕。抑郁症患者,如出现不可解释的抑郁情绪"好转",应严防自杀。

三、自杀的防治

自杀研究的目的在于有效预防自杀。自杀是可以预防的,但难度比较大。原因是:①自杀既是一种极为复杂的社会行为,又是多因素共同作用于个体后个体选择的结果。对自杀的危险因素与自杀行为之间的相互作用机制还不完全清楚,难以采取针对性的有效控制措施;②人自杀行为的发生率较低,特别是自杀死亡的发生率更低,任何干预或预防措施需要有足够大的样本量才有可能评估其效果,而开展大样本的人群干预并设立对照组难度很大;③针对高危人群采取的、有效的自杀干预预防措施,只能导致高危人群的自杀率降低而非人群总体的自杀率降低;④自杀评估和有效的干预手段有待完善。

鉴于自杀行为是多因素共同作用的结果,而且是重要的社会问题和公共卫生问题,加上自杀行为的发生率较低,因此 WHO 一直倡导由政府主导的、综合性的人群自杀预防策略。人群自杀预防措施涉及国家和社会的许多机构、组织,以及分工协调和密切合作,如财政、教育、民政、公安、医疗卫生、残联、工商、建筑、文化宣传、学会、非政府组织和社会其他机构之间的合作。自杀的防治工作可以概括为三级预防。

(一)一级预防

一级预防是针对普通大众的预防。

1. **提高心理素质和心理健康水平** 这是预防自杀最根本的措施。包括心理健康教育,普及常见精神障碍、心理行为问题和预防自杀方面的基本知识,提高大众耐挫折、压力疏导和有效应对的能力,以达到预防自杀、早期识别与处理可能的自杀危险的目的。

2. **科学引导自杀个案的媒体报道** 大众传播媒介的快速发展,使自杀案例的报道迅速且深入到社会的各个角落。部分新闻机构和新闻工作者为了满足社会公众的猎奇心理,如果大量、详细报道自杀经过,特别是知名人物如影视明星、政界要人、社会名流、青少年偶像的自杀行为,会导致一些青少年的模仿自杀。如 2003 年 4 月 1 日香港歌星张国荣自杀之后,在短短的9小时之内,香港就有6人跳楼自杀(专栏9-5)。

WHO 指出,减少媒体对自杀事件的渲染就会对降低自杀率产生积极的影响。Etzersdorfer(1992)的一则报道显示了澳大利亚自杀预防协会提出的公共传媒报道自杀指南在预防自杀方面的积极作用。1987年以前,澳大利亚传媒曾渲染性地报道了维也纳地铁的自杀事件,导致地铁内自杀人数明显上升。随着指南的颁布和被传媒所接受,发生在澳大利亚地铁内的自杀人数急剧下降。因此 WHO 就媒体如何报道自杀案例制定了一些具体的指导原则。例如,报道时不要将自杀者描绘成勇敢、值得学习或赞赏的榜样;不在头版头条的醒目位置报道自杀;报道中不应附加个体现场自杀的照片;不对自杀方式进行详尽的描述;也不把自杀事件描绘成无法解释的、浪漫的或神秘的。相反,媒体要对那些引起个体自杀的心理社会环境作详细的报道。报道精神障碍如抑郁症、物质滥用或依赖等对个体造成的影响以及这类疾病的治疗效果,同时要给群众提供相关的求助途径和可获得的帮助类别,并介绍自杀未遂所带来的严重后果或自杀死亡给亲人造成的痛苦或不良影响。

3. **加强环境管控,限制自杀工具的获得**　对环境进行管理和控制是降低自杀率的有效手段之一。个体有了自杀意念之后,还必须有一定的手段和条件才能实施自杀行为。在自杀意念出现到实施自杀行为之间,还有一个准备自杀的阶段。因此,减少自杀工具的易获得性,加强对常见自杀工具或手段、场合的控制和管理,例如,对农药、鼠药、亚硝酸盐等有毒物质的生产、销售、使用和储存等环节进行严格控制,对家用煤气或汽车尾气进行脱毒处理,加强对镇静催眠药等处方药物的销售管理,严格枪支的使用管理制度,对高楼、地铁等危险场所设置必要的屏蔽防护措施等,以达到减少自杀的目的。

(二)二级预防

二级预防是针对高危人群的预防。包括建立健全社区心理咨询和心理保健网,在社区卫生服务中心设立心理咨询或心理保健机构,或者培训基层医务人员开展基本的心理卫生服务,使有心理障碍的患者能够得到及时的诊断和有效的治疗,使处于心理危机的个体及时获得专业支持和帮助。对自杀高危人群提供持续的心理支持和服务,可以增强其解决困难处境的能力,从而降低其自杀行为发生的概率。

(三)三级预防

三级预防是针对自杀和自杀未遂者的预防。

1. **建立预防自杀专门机构**　世界上许多国家成立了各种专门的自杀预防机构、自杀的救助机构和自杀预防基金和资源中心,开设24小时免费的生命线、防止自杀热线、危机干预热线等,为处于自杀危险中的个体提供及时的心理干预服务,与医疗急救和消防急救建立联动,向市民公布电话号码和相关服务机构,利用电话、互联网、甚至入户走访提供自杀干预服务。我国政府非常重视这方面的工作,有关要求体现在《卫生部办公厅关于做好心理援助热线建设工作的通知》(卫办疾控发〔2008〕149号)和《卫生部办公厅关于进一步规范心理援助热线管理工作的通知》(卫办疾控发〔2010〕21号),心理援助热线工作不断发展。

2. **加强对专业人员的培训**　研究表明,有自杀倾向的患者和自杀未遂者常首先求助于初级卫生保健机构或综合医院,这在发展中国家更是如此。然而大多数医务人员缺乏自杀学的基本知识和自杀干预的基本技能,故对这些患者缺乏包括自杀危险性在内的心理方面的评估和干预,对自杀未遂者的处理多局限于躯体治疗和抢救生命。因此,需要对基层和综合医院医务人员进行自杀学基本知识和自杀干预基本技能方面的培训,以早期识别和干预这类患者。

 预防自杀要注意哪些问题?

笔记

专栏 9-7

传媒与自杀：复杂的关联

　　大众传媒与自杀行为之间存在着复杂关联，最早可追溯到 18 世纪。1774 年在歌德的小说《少年维特之烦恼》中，主人公维特为情开枪自杀。小说面世以后，许多青年男子用同样的方法结束生命。因此，该书在某些地区被列为禁书，"维特效应"被用来专指模仿自杀的行为。

　　自杀行为具有传染性，传媒上的自杀新闻会诱发他人效仿，国内外许多的媒介效果研究证实了这一观点。20 世纪 70 年代，美国社会学者 David Phillips 研究发现，报纸与电视上的自杀新闻报道量与随之而来的自杀数量成正比；自杀报道出现在头版比其他版面更易诱发自杀行为；自杀报道的阅读量越高，影响力越大，诱发的自杀率也就会越高、越严重。在电视报道自杀案例后，自杀人数在 10 天内逐渐攀升；如自杀者是名人，在多台、多栏目相继报道，其负面影响及诱导效应尤为明显。例如，据香港大学防止自杀研究中心报告：1998 年，香港传媒曾经广泛报道港岛第一例烧炭自杀案，甚至图文并茂登出自杀者死后的平静面容，让读者误认为烧炭自杀较其他自杀方法更舒适。报道后的短短两个月内，烧炭即成为香港第三位常用的自杀方法；3 年后烧炭占所有自杀方法的比率由 6% 增至 28%；5 年后香港每 4 个自杀个案中，便有一个是烧炭自杀。

　　尽管目前的实证研究尚不能证实自杀新闻与随后的自杀行为之间存在直接的因果关联，但研究者取得的一致共识是：媒介对自杀事件的渲染、煽情、美化、浪漫化等手法会引起自杀率的升高。

　　那么什么是正确的报道自杀事件的态度？英国 BBC 制作人报道守则认为："自杀是一个正常的新闻题材。不过若按真实情况报道自杀消息，有可能导致他人模仿。报道时应避免美化自杀或将自杀的原因简单化，报道不应让悲观的读者更加悲伤，也不应刊登死者照片和自杀方法的细节，特别是当事件中的自杀方法并不常见时，在报道中更应谨慎措辞，这些都非常重要"。WHO 为此出版了相关的指南以引导媒体合理报道自杀。

　　简言之，我们关注自杀现象，但不应炒作自杀个案。对自杀案件进行适度报道，可以引起社会各界关注，通过采访社会工作、心理学、社会学等方面的专家学者，可提供深入的案例分析，找出自杀事件的起因、处理及防范的方法，避免更多的悲剧发生。

（四）临床工作中的自杀防治

　　1. **治疗原则**　根据个体的自杀危险性高低、精神障碍的类别以及心理社会应激因素决定治疗的优先顺序和具体的治疗方法。如果个体有急性或即刻的自杀危险，首先以危机干预为主，必要时给予 MECT 等专门治疗。

　　2. **治疗方法**　应根据患者的具体情况决定治疗方法，如药物治疗、MECT、心理治疗和综合治疗等。由于多数轻生者或自伤者可能没有达到精神障碍的诊断标准，且自杀危险性与心理社会应激因素有关，因此提供恰当的危机干预和心理治疗非常重要。但无论使用何种治疗方法，努力与患者建立良好的治疗关系是有效治疗的前提。

　　（1）药物治疗：应根据有自杀危险者的症状和诊断给予相应的药物治疗，如抗抑郁药、心境稳定剂、抗精神病药和抗焦虑药等。

　　（2）心理治疗：心理社会因素在自杀行为的发生中起着重要的作用，因此需要常规提供心理社会干预和心理治疗。研究证实，认知行为治疗（CBT）及由此派生的问题解决治疗

笔记

（PST）、人际关系治疗（IPT）和辩证行为治疗（DBT）等,能增强患者对治疗的依从性,显著降低自杀意念的严重程度,减少自杀行为的发生及减轻相关症状。另外,针对特定功能缺陷开展心理治疗亦有效,如情绪调节、冲动控制、愤怒管理等。

第五节 危 机 干 预

对于即刻自杀危险高的患者或者最近刚刚采取自杀行为的患者,常常采用危机干预（crisis intervention）。危机干预就是提供急性的心理社会支持,使处于危机中的个体重新获得心理控制,确保其生命安全;有可能的话,使其功能恢复到危机发生前的功能水平。它是近半个世纪逐渐形成的一种有效的心理社会干预方法。

一、危机干预步骤

危机干预的具体步骤一般包括以下几部分。

1. **危机评估** 对有自杀危险者进行检查和评估是危机干预的第一步,尽量在短时间内完成评估,以便及时采取有效措施。主要内容包括:①自杀危机的诱发因素、严重程度、自杀的动机、想死和求生的理由等自杀危险性评估;②个体心理的平衡状态、能动性和自主性;③认知、思维、情绪、意志等精神状况;④可利用的资源和存在的障碍。

2. **制定与实施干预计划** 要根据个体的具体情况,调动其积极性和能动性,与其一起迅速制定出清晰明了、切实可行的危机干预方案,并立即着手实施。危机干预一般分为六个步骤:界定问题、确保安全、提供支持、找出可能的解决办法、制定行动计划（充分考虑如何利用可用的资源并克服存在的障碍）以及获得个体的承诺（即承诺愿意先暂时放弃自杀行为,和我们一起开始按所制定的行动计划采取行动）。危机干预的首要目标是确保个体的生命安全,其次是引导个体合理看待目前的难题或困境,鼓励其宣泄和释放内心的痛苦,回顾既往成功应对类似问题的经验,学习找出解决目前难题的方法,重新获得对生活的掌控感,通过行动从而走出困境。

3. **危机干预的后续随访** 在首次危机干预后,注意在一定的时限内继续引导个体应用新的应对技巧和社会支持系统独立解决问题,使之在连续的危机干预中逐步成长,降低其自杀的危险性,提高其心理健康水平。危机干预的重点是挖掘和利用个体在解决其自身问题中的能动性和自主性,同时要避免个体对危机干预工作者的依赖。

二、危机干预的方式

危机干预方式包括电话服务（热线服务）、面对面帮助、家庭与社会干预以及书信或网络咨询服务等,这几种方式可以相互补充。

1. **电话危机干预（telephone crisis intervention）** 4小时电话危机干预服务是目前国内外应用较多的一种自杀干预方式。电话服务因其及时、方便、经济、匿名、高效和不受地域限制等优点而深受有需要者的欢迎。但现实生活中仍然有部分自杀高危个体因为种种原因没有使用热线电话;在使用热线电话的来电者中,只有少部分有自杀危险,大多数来电者的自杀危险性不高。因此,在电话危机干预服务中,如何使有自杀危险的来电者知晓并愿意使用此项服务是关键。

2. **面对面帮助（face-to-face assistance）** 对有自杀危险者进行面对面的干预是一种常用的自杀干预方式,干预效果比电话干预更直接明了。这类服务的地点常常位于医疗机构或心理咨询服务机构,且主要分布在大中城市。

3. **家庭与社会干预（familial and social intervention）** 社会支持系统对于处于心理危

机中的个体有着非常积极的救助作用。在自杀干预中,着力构建或完善社会支持网络、加强心理健康和自杀预防方面的宣传教育、及时调解处理家庭矛盾或其他人际关系矛盾是降低自杀危险性的重要措施。

4. 书信或网络咨询服务(letter or online counseling) 以前,一些有自杀危险的来电者愿意以信函的方式进行咨询。随着网络的普及,电子邮件或网络在线咨询服务越来越被年轻人接受和使用。这种联系的优点是:求助者可以不用受到通话或面谈所带来的心理压力的影响,畅所欲言。

(乔聚耀)

阅读1

怎样对欲自杀者做心理检查

1. 保持环境安静,不受打扰;留出足够的访谈时间。
2. 冷静,放慢交谈的节奏。
3. 访谈从一般性的开放式问题开始,逐步引导患者主动说出目前的难题或困境,使其感到很受重视。
4. 耐心倾听患者的倾诉,当需要中断其谈话时应礼貌委婉。
5. 尽快建立关心、尊重、信任和平等的合作关系。
6. 忌讳粗暴的、挑战性的或评判性的谈话态度。
7. 言语要考虑患者的受教育背景和宗教信仰。
8. 有疑惑或不明白时,主动询问患者以澄清自己的疑问。
9. 注意患者流露的与自杀有关的一些非语言动作,如郁闷、痛苦或绝望的表情或姿势等。
10. 了解新近发生的和长期存在的负性生活事件以及患者的解释。
11. 全面收集患者的精神障碍史、躯体疾病史、家族史和社会关系史。
12. 评估精神症状。
13. 仔细询问自杀的动机、生存和想死的理由。
14. 确保评估居住环境的安全,谨防发生意外。

阅读2

怎样进行自杀询问

1. **何时询问** 最好在如下情况下询问自杀危险:①建立良好的医患关系之后;②当患者明确表达或流露出负性或痛苦感受时;③当患者负性情绪反应剧烈时。
2. **如何询问** 询问患者的自杀念头并不容易,需要由浅入深逐步切入主题:①你是否感到郁闷或不开心?②你是否感到绝望?③你是否觉得没有人关心自己?④你是否觉得生活没有意义?⑤你是否想到死或者甚至有轻生的念头?⑥你具体是怎么考虑的?
3. **进一步提问** 在确认患者存有自杀念头时,要继续提问,以评估患者自杀念头出现的频率、严重性以及可能自杀的概率;了解患者是否已经制定好自杀计划、是否已准备好自杀的工具。假如一个患者计划好自杀的方法(如服药自杀或跳海自杀),但手头还没有现成的自杀工具(如自杀用的药物)或远离自杀的场所(如生活在内陆地区);而另外一个患者已计划好一种自杀方法而且拥有自杀的工具(如已准备好药物)或者计划好的自杀工具很容易获得(如自己家里一直有药),或者已抵达自杀的场所(如从内陆地区来到海边),那么后者即刻自杀的风险就远高于前者。询问患者时,语气语调应充满关心、尊重和温暖,不附加任何评判或强迫的意味,可能的问题如下:①你是否已计划好如何结束自己的生命?②你打算怎么去实施?③你手头是否有现成的自杀工具(药物/枪支/其他)?④你考虑什么时候采取行动?⑤你对后事做了什么安排或准备?

阅读3

如何接听自杀来电

确保来电者的生命安全是电话自杀干预的首要目的。在接到有自杀危险者的求助电话后,首先,要设法鼓励对方与自己保持电话联系,以关心的方式倾听其诉说,并简单询问情况,以便迅速与之建立初步的信任关系。

其次,了解来电者是否已经采取了自杀行为和自杀行为的致死性,从而决定电话自杀干预的方向:电话指导来电者采取生命急救措施、马上引入第三方急救机构或继续进行心理危机干预。

然后了解对方的处境,独自一人生活还是旁边还有亲友或其他人。同时,对于自杀高危来电者,要尽可能获得来电者信任的亲友的姓名和联系电话,安排另外的人员电话联系其亲友为其提供必要的支持和帮助。

在电话自杀危机干预中,需要冷静引导来电者谈出最困扰的问题,引导其找到自杀以外的其他解决办法,提升其生存的理由和力量。如果对方不愿意交谈,要尽力安慰、鼓励其和自己保持通话联系,从而争取时间,为进一步采取措施创造条件。

在可能危及生命的情况下,立即联系其亲友或第三方奔赴现场,直接进行现场干预。电话干预时要注意尽量不要生硬地打断对方的谈话。无论如何,要尽可能让简短的交流产生立竿见影的效果。

笔记

第十章　进食障碍

案例 10-1

反复呕吐的少女

李莉，女，14岁，初三学生，在父母的陪同下很不情愿地来看心理医生。她因为减肥和控制进食和父母争吵了近1年时间，现已骨瘦如柴，并有压抑、失眠、闭经等症状。按照她的说法，追求苗条身材是一次与女同学们比身材引发的，她极少吃主食，并且主动将已吃下的食物呕出，每天只吃水果……。

医生给她诊断为神经性厌食。

经过了3年的治疗，她基本好转，并考取了治疗师所在的医学院。

> 🍋 根据诊断标准，你还需了解李莉哪些方面的资料？
>
> 🍋 你将如何给李莉制订治疗方案？

第一节 概　　述

一、进食障碍的概念

人类的进食行为系一种本能行为，是个体生命得以存在的基本保证，受生物、心理、社会等因素的影响。进食行为同时满足了个体生理、心理和社会等方面的需要。

进食障碍（eating disorder，ED）是以进食行为异常为主要特征的一组综合征，包括神经性厌食（anorexia nervosa，AN）和神经性贪食（bulimia nervosa，BN）等。国内外对进食障碍的病种及分类有所不同（表 10-1）。

表 10-1　进食障碍三种分类的比较

CCMD-3 5 心理因素相关生理障碍	ICD-10 F5 伴有生理紊乱及躯体因素的行为综合征	DSM-5 喂食及进食障碍
50 进食障碍	F50 进食障碍	异食症
50.1 神经性厌食	F50.0 神经性厌食	儿童（F98.3）
50.2 神经性贪食	F50.1 非典型神经性厌食	成人（F50.8）
50.3 神经性呕吐	F50.2 神经性贪食	反刍障碍（F98.21）
50.9 其他或待分类非器质性进食障碍	F50.3 非典型神经性贪食	回避性 / 限制性进食障碍（F50.8）
	F50.4 伴有其他心理紊乱的暴食	神经性厌食
	F50.5 伴有其他心理紊乱的呕吐	限制型（F50.01）
	F50.8 其他进食障碍	暴食 / 清除型（F50.02）
	F50.9 进食障碍，未特定	神经性贪食（F50.2）
		暴食障碍（F50.8）
		其他特殊类型喂食及进食障碍（F50.8）
		未定类型喂食及进食障碍（F50.9）

二、进食障碍的历史

人类在几千年前就有关于进食障碍的病例记载。大约九世纪时，就有一个叫 St. Jerome 的组织，以宗教为名要求其女性教徒禁食，结果除了消瘦以外，连月经也停了。中世纪开始有了关于自我饥饿的描写。

1689 年，Morton 的《结核病学——消耗性疾病的治疗》中，包含了神经性消耗（nervous consumption）的概念，目前认为那指的是厌食症。

1694 年，英国内科医生 Richard Morton 发表了一篇题为"消耗症的治疗"的文章，是最早对厌食症现象的全面描述。他详述了一位 18 岁的女孩，她没有食欲，有慢性消耗性病容及相应体征，情绪不佳，过度活动，闭经等，治疗很困难，尤其是劝其进食总是失败，当时他将其称之为"神经性消耗"。

1868 年，英国 William Gull 提出了 anorexia nervosa 术语，以描述一些患者对身体形象的扭曲，对体重的过度关注，控制体重，并且导致月经停止、全身无力甚至死亡等症状。

19 世纪后叶，法国 Charles Lasegue（1873）和英国 William Gull（1874）发表了关于厌食症的论著，引起了欧洲医学界的广泛兴趣。William Gull 将这种疾病正式命名为"神经性厌食（anorexia nervosa，AN）"，并将其作为一种心理障碍，归类于癔症的一个亚型。这种观点

笔记

187

的提出，常被作为神经性厌食疾病认识的开始。

1903 年，法国医生 Pierre Jan 报道厌食症者有暴食、呕吐、导泻等症状，后来 Key 和 Leigh（1954）、Meyer 等均有相同的报道，但他们都认为这是厌食症的症状。

1914 年，M.Simmouds 报道了垂体前叶萎缩的患者表现出类似神经性厌食的症状，一度把该病作为原发性垂体功能障碍。直到 20 世纪 30 年代，人们注意到神经性厌食者特有的心理特征，才逐渐把厌食症重新作为心因性障碍来认识。

1959 年，美国 A.J.Stunkard 发表了一篇题为"进食障碍与肥胖"的文章后，才产生概念上的变化，出现"贪食"术语。他报道在肥胖或正常体重的人群中也存在暴食，继之呕吐、导泻等现象，称之为"狂吃综合征"，后改称为"贪食症"并得到公认。

从 20 世纪 60 年代以来，人们对这一类临床现象一直保持着浓厚的兴趣。Dally 发现厌食症有不同的类型，Bruch 报道病人吃大量食物然后再吐出来，Beumont 提出厌食症有节食型和呕吐型两种等。

1979 年，Russel 首先提出"暴食症（bulimia nervosa，BN）"术语，认为此症有阵发性过度饮食、自我引吐与害怕肥胖等症状，是厌食症的一种类型。

1980 年，贪食症首次作为进食障碍中的一组综合征被列入 DSM-Ⅲ中。DSM-Ⅲ采用"bulimia"术语，将暴食、排出和过度关心体形与体重一并列入。1994 年，进食障碍在 DSM-Ⅳ中第一次被作为一个独立病种划分出来。

关于贪食症，尽管现代教科书和各种诊断分类中均采用这一术语，但至今学者们对该综合征的确认及其在诊断分类中的地位等方面仍存在着分歧。争论的焦点是贪食症和厌食症的关系，主要分为以 Gerald Russell 为代表的英国学派和以 DSM-Ⅲ制定者为代表的美国学派。Gerald Russell 在 1979 年发表题为"贪食症：厌食症的变异？"的文章，报告并分析了对 30 名厌食症患者的 6 年随访结果，提出贪食症是厌食症的慢性阶段，是不进行自我控制的厌食症，即认为贪食症可被视为持续的厌食症的延续，两者在精神病理方面是相同的。

目前国际上有很多学者倾向于采纳 Russell 的观点，如 ICD-10 这样描述："神经性贪食这一术语应限定在与神经性厌食相关的一类障碍内，因为二者精神病理相同，这一障碍可被视为持续的厌食症的延续（尽管相反的次序也可能出现）。当以往患厌食症的病人开始出现体重增加，月经也可能恢复，显示病情改善，然而随后便出现一种恶性形式的暴食及呕吐。"这种观点对贪食症的分类和诊断标准等研究有重要影响。Paolo Cotrufo、Augusto Gnisci 等人（2005）研究发现，厌食症和贪食症应该具有相同的心理病理核心，贪食症可以被认为是一种"失败"了的厌食症。

而美国派学者则提出，贪食症是完全有别于厌食症的一种独立的疾病单元，但在 DSM-Ⅲ中强调要排除厌食症后才可诊断贪食症。

三、进食障碍的分类

在当前，有关进食障碍分类（表 10-1）不尽相同，DSM-5 关于进食障碍分类与诊断进行了较大的变革，它认为诊断标准 A 中对神经性厌食的体重设置特定的量化标准，可能不足以反应个体的实际情况，因此将诊断标准 A 定义为：限制能量摄入，目的是将体重保持在其年龄、性别、发育水平及躯体健康状况相对而言属于非常低的体重值。即体重低于正常标准的最低体重，或相对于儿童及青少年而言，低于相对年龄的最低体重的预测值；标准 B 中增加了"阻碍体重增加的持续性行为"，因为临床发现有小部分患者没有害怕体重增加的担忧，而仅表现相关的行为，因此需要强调行为本身会妨碍体重增加；去除了标准中的闭经的必要条件，因为有一些患者存在除了闭经之外的所有厌食症的症状。而且这项标准不适用于部分人群，如男性和未出现月经初潮的女性等；对神经性厌食的两个亚分型提出了更为具体的时间限定：最近 3 个月。而且 3 个月的时间限定也适用于神经性贪食和暴食障碍。

DSM-5 在神经性贪食诊断标准中，把诊断标准 C 暴食及不恰当的补偿性行为的最低发生频率改为"至少每周 1 次、持续 3 个月以上"；将两种亚型的划分删除。DSM-5 还对暴食障碍单独列出，成为与神经性厌食、神经性贪食并列的独立疾病；将暴食行为最低发生频率改为"至少每周 1 次，持续 3 个月以上"。

第二节　神经性厌食

一、概述

神经性厌食（anorexia nervosa，AN）即厌食症，是指个体通过节食等手段，有意造成体重明显低于正常标准为特征的一种进食障碍。其主要表现是强烈害怕体重增加和发胖，对体重和体型极度关注，盲目追求苗条，体重显著减轻，常有营养不良、代谢和内分泌紊乱（如闭经等）。严重患者可因极度营养不良而出现恶病质状态、机体衰竭从而危及生命，有 5%~15% 的患者最后死于心脏并发症、多器官功能衰竭、继发感染、自杀等。

神经性厌食等进食障碍患病率有明显的地域性及性别差异，在一些较不发达的国家中，人们以胖为美（只有富人才能获得食物并长胖），进食障碍比较少见；发达国家发病率高，富裕阶层多见，城市高于农村，以女性患者为主，青少年期发病多等均表明社会文化因素与发病有密切关联。这可能与近几十年来西方国家青少年盲目地追求苗条有关。

图 10-1　WilliamGull（1816~1890）

在美国、欧洲、澳大利亚、新西兰和以色列等地的调查显示：大部分年轻女性和约 1/3 的男性认为自己过重，并且希望能减轻体重。在美国，约有 45% 的女性及 25% 男性为控制体重而节食。19 至 39 岁之间的女性，至少有 31% 每月节食 1 次，有 16% 持续节食。调查显示，美国 10 岁女孩中有 70% 开始节食。

进食障碍在发展中国家相对少见，但随着发达国家影响力的增加，全球范围内（包括发展中国家）进食障碍患病率正逐渐升高。如年轻女性相对更愿意进行节食，因此推断在发达国家的文化价值熏陶下，人们更想保持身材的苗条。在我国，近几十年来各种进食障碍的临床报道呈明显的上升趋势。

西方国家 AN 的患病率为 0.28%，终身患病率为 0.5%，90%~95% 为女性。在世界范围内以美国、加拿大、欧洲、澳大利亚、日本、新西兰和南非等地更常见。

二、临床表现

神经性厌食可分为限制型厌食症和暴食 - 导泻型厌食症两种类型。单纯控制饮食的为限制型。这类患者通常拒绝进食，多数人只是为了生存和迫于他人的压力而每天只吃一点食物，少数人甚至几天都不吃东西；有暴食及使用泻药行为的为暴食 - 导泻型，他们常有正常的食欲，却周期性地陷入暴食 - 导泻的恶性循环中，其"暴食"量往往不大，但却觉得吃了很多要采取导泻措施。

AN 通常在青春期起病，呈慢性病程，可以持续至成年。发病年龄有两个高峰：第一高

笔记

峰在 12~15 岁,第二高峰在 17~21 岁,平均 17 岁。初次发病较少在青春期以前或 40 岁以后,首次发病前常有一系列生理、心理和社会因素的存在。如青春期、成年期的开始;进入高中或大学;亲友死亡或恋爱关系的结束等。发病前常有一段时间的节食,有的有肥胖史。

患者的减肥行为多很极端,往往通过长期节食和过度运动达到体重减轻,甚至发展到恶病质的状态。尽管体重已下降很多,甚至骨瘦如柴,但患者对肥胖的恐惧有增无减。在禁食期间伴有暴食行为者,伴有自我催吐行为,还可能应用大量的缓泻剂、减肥药和利尿剂。

AN 患者的进食行为很特殊,食物种类单调。多有与食物相关的强迫行为,如储存食物、收集菜单和帮厨,也可能从事和食物有关的行业,如服务员、厨师和营养师等。他们害怕在公共场所吃东西。有的患者会做一些与食物有关且生动的梦。

患者有着某些共同且固定的心理特点。他们对苗条不懈的追求,以获得自我控制感和维持人格自主性。他们表面看起来很开心和独立,完全能照顾好自己,实际上存在强烈的无助感和无用感,只有通过进食控制才能保持良好的自控感。此观点首先由 Hilde Bruch 在 1962 年描述,同时还描述了 AN 的另外两种重要特征:一是对自身需求的错误感觉,患者通常无法区别自身的情感及他人的需求;二是对自身体像的感知觉扭曲即体像障碍。尽管已经瘦骨嶙峋,但仍觉得自己很胖。他们的体像障碍有程度上的差异:固执地认为自己非常胖或觉得只是身体的某些部位太胖。感知觉的扭曲强化了其无用感,增加了苗条的追求以获得自控感的需要。

这种对自控力的不自信还伴有人际关系的不信任感。患者常害怕自己会屈从于一种无法抵抗的外力,在进食时会为可能的肥胖而恐惧。患者常会用"绝对"、"极端"一类的字眼描述自己。行为要么是好的,要么是坏的;决定要么是完全正确,要么是完全错误;一个人要么处于控制中,要么是完全失控。他们对该不该吃什么保持着严格的控制,控制体重成为他们唯一的爱好。

限制型患者倾向于对他人的不信任,且拒绝承认自己的问题。暴食 - 导泻型患者则可能有情绪不稳、性活跃、冲动,酒精或药物依赖和自残等问题,其病情更趋向于慢性化。

通常,学者用体重指数(body mass index,BMI)小于 17.5 作为诊断神经性厌食的标准之一。AN 患者拒绝维持正常体重,一般通过节食、大量运动,甚至通过自我催吐、大量使用导泻药物或利尿剂等方式使体重减轻。女性患者在青春期以前起病的可有幼稚型子宫、乳房不发育、原发性闭经或者初潮推迟;青春期后起病的可出现闭经或月经稀少。闭经可出现在体重减轻以后或之前,因为闭经的直接原因是脂肪储存减少而非体重下降。长期闭经会导致骨质疏松。在男性患者中,青春期前起病的,可表现为第二性征发育延迟、生长停滞、生殖器不发育。青春期后起病的可有性欲减退。

由于食物摄入量减少,机体代谢率降低,躯体症状很常见,如消瘦、贫血,低血压(尤其是体位性低血压),心动过缓,低体温,皮肤干燥、脱屑,头发和指甲脆弱,肢端毛发变稀、变软,肢端瘀点、瘀斑,面色灰黄等。反复呕吐可造成水和电解质平衡紊乱,唾液腺肥大(尤其是腮腺肥大),牙釉质腐蚀,以及拉塞尔征(Russell's sign)(因反复将手伸进食管催吐在手背上留下的瘢痕或老茧)。AN 最严重的并发症是心血管并发症,其他还有急性胃扩张甚至胃破裂、肾功能损害、水和电解质平衡紊乱、感染等,甚至造成生命危险。

有 2/3 的 AN 者伴有一种以上的情感障碍。住院患者约 60% 可诊断为抑郁症。约 33% 有焦虑障碍(其中强迫症占 1/2)。据不同报道,AN 者中情感障碍终身患病率高达 84%~98%。有人认为是饥饿导致烦躁、焦虑、强迫和过度活动等,这些情感特点会使精神障碍并发症的诊断复杂化。也说明结束饥饿以及改善营养不良作为治疗第一步的重要性。而且患者家庭成员抑郁症患病率比正常家庭高。推测可能为潜在的情感障碍以进食障碍的形式表现出来,而且针对情感障碍的治疗有助于减轻进食方面症状。

有 20%~80% 的 AN 患者可被诊断为人格障碍。限制型厌食者趋向于表现为 C 型人格障碍,例如回避型、依赖型和强迫型,有时表现为 A 型人格障碍特点,如偏执型和分裂样。而 B 型人格障碍,如表演型和自恋型,通常只存在于暴食 - 导泻型厌食症患者。AN 者(尤其是暴食 - 导泻型)有酒精依赖和药物滥用的危险,并随着进食障碍的病情起伏而变化。青春期前起病的厌食患者可能有更严重的情感并发症。

一些研究提示发病较早(如 13~15 岁)可能预后较好。随访调查显示,45% 病人预后较好,30% 预后中等(如遗留一些症状),25% 预后较差且不能达到正常体重。欧洲的长期调查发现,约

> 试比较厌食症两种类型的异同,分析其危害性大小。

有 50%AN 女性在治疗后 10 年达到痊愈,其余的继续有进食相关问题或其他精神障碍(主要为抑郁症)。目前国内尚无流行病学报告。AN 的死亡率为 5%~8%,常见死因有肺炎或其他感染、心律失常、充血性心力衰竭、肾衰竭以及自杀等。慢性病人或病程持续 12 年及以上者死亡率高达 20%。约有 40% 病人不再有暴食、导泻或食物强迫行为等发病期间行为模式,约 25% 的病人不再有体重恐惧及体像障碍,这表明 AN 的后遗症的影响较大。

三、理论解释

虽然神经性厌食的病因还不是很明确,但是其生物、心理和社会文化因素的交互作用是十分明显的。患病之前常有体重过重,或有不当饮食习惯的易感倾向。

(一)影响因素

1. 生物学因素 AN 在文化氛围迥异的 300 多年前就已经存在,推测生物学因素有一定的作用。可能是因文化因素的不同,其表现形式有所差异。

(1)遗传:进食障碍的发生有家族聚集倾向。神经性厌食和神经性贪食的遗传率分别为 0~70% 和 0~83%,两者在同卵双生的患病率比异卵双生高,在前者的一级亲属中,神经性厌食及情感障碍的危险性增高,以暴食 - 导泻型更为显著。在后者的一级亲属中,酒精成瘾、物质滥用、情感障碍的危险性增高,而肥胖危险性增高不明显。

(2)营养:饥饿导致的胃肠功能改变,胃排空延迟、饥饿感减少和神经内分泌异常等,这些神经内分泌的异常导致抑郁和焦虑等心理改变,使进食障碍得以存在和持续。

(3)神经生化:下丘脑在进食调节中起着重要的作用,下丘脑接收关于机体食物消耗及营养水平的信号,当营养需求满足时发送停止进食的信号。这些信号是由一系列神经递质传递的,包括 NE、5-HT、DA 以及一系列激素如可的松和胰岛素等。该系统的任何一种神经化学物质的失衡及调节障碍或下丘脑的结构及功能的异常,都可能导致进食障碍的发生。如果该系统出现问题时,机体不能正确感知到饥饿,吃饱时也不会停止进食,而这些都是进食障碍者的特征。Brambilla 和 Frank(2001)发现神经性厌食者存在下丘脑功能低下,但尚无法证实这是 AN 的病因还是自我饥饿的结果。下丘脑功能紊乱可导致进食行为异常和体温调节障碍,而下丘脑 - 垂体 - 性腺轴(HPG)异常的女性可有月经异常。

2. 社会文化因素 AN 的患病率在 20 世纪明显增高,并保持上升趋势,如瑞士 20 世纪 50 年代神经性厌食的患病率是 30 年代的 5 倍,美国 70 年代末的患病率是 60 年代的 2 倍,几乎同一时期英国的患病率增加了 1.5 倍。AN 的症状表现存在文化上的差异。尽管欧美国家的白人对肥胖的恐惧是此病的主要特点,但在中国和印度人调查提示病人常常抱怨胃部不适或腹胀,且体像障碍较西方人少,比较能承认自己很瘦。但同样固执地拒绝进食。

进食障碍与不同时期不同文化中美的标准变化相一致,当社会上最富有和最具影响力的人们倡导苗条时,进食障碍就比较流行。几十年前,厌食症和贪食症在美国及欧洲比较

笔记

流行时，在不发达国家却相对少见。近半个多世纪以来，多数国家的女性理想体型是以瘦为美，时尚杂志的模特、亚洲小姐、美国小姐、世界小姐、以及作为美丽象征的芭比娃娃，都越来越苗条了，时尚杂志上的模特往往骨瘦如柴，并成为女性理想体型的榜样。因此女性屈从于社会的要求成为一种趋势。

关注体重虽然有对健康和疾病关注的原因，但节食和减肥的更重要原因是人们想变得更有吸引力，这已经内化为提高自信心的一部分。调查显示，体重轻的女人被认为更有女人味，因此更具有吸引力，而胆敢在公开宴会上（如自助餐）"吃所欲吃"的女人则被认为是没有魅力的。

一般说来，女性进食障碍的患病率远比男性高，这在很大程度上反映女性被鼓励要更加体态轻盈。1992年美国对流行女性杂志和男性杂志的调查显示，女性杂志中关于饮食的文章是男性杂志中的10倍，约半数女人对她们的外表不满，而男士只有1/3。近些年来，女性杂志从单一的关注饮食发展到兼顾健康及锻炼，可是锻炼的目的却是为了更好地控制体重。

但是，并非所有女性都能达到自己的理想体重。关于体型的纵向问卷调查显示，想获得苗条身材的女性更易患进食障碍，从而长久地对自己身材不满并进行节食。研究表明，如果女性反对以瘦为美的观点，并认识到媒体附和这种观点造成的舆论压力，将减轻她们对身材的不满感，会减少节食及暴食行为。

某些特殊的职业罹患进食障碍的风险较高，尤其是一些"美感的"、"体重决定"的项目，如体操、花样滑冰、国标舞、赛马、摔跤和健身等项目的运动员。在加拿大芭蕾舞学校女生中进食障碍患病占7.8%，多数人因担心青春期体型改变而缩短竞技生涯。健身运动员常有体重波动，竞赛时塑造体型，休赛时就开始暴食。有46%男健身运动员有赛后暴食行为，85%在休赛时体重明显增加，而到赛前体重下降。有42%的女健身运动员和女举重运动员在某个时段有厌食，67%害怕变得肥胖，58%对食物无兴趣。

3. 个性因素 MMPI调查发现厌食和贪食患者在神经质、焦虑方面得分高，在自尊方面得分低，在社会规范方面得分高，暗示了其遵守家庭及社会常规。此外，神经性厌食者存在抑郁、社会孤立感及焦虑情绪，而神经性贪食症患者存在更广泛和严重的精神问题。

> 试总结和分析AN上升与社会发展的关系。

神经性厌食者在完美主义得分方面较高。完美主义包括自我导向型（给自己设定高标准）、他人导向型（给他人设定高标准）、社会导向型（努力达到他人制定的高标准）。厌食症患者在自我导向型、他人导向型两方面得分高于对照组。也有学者将完美主义分为正常型（追求成功）和神经过敏型（设定难以达到的高标准），伴有体像障碍的患者在这两方面得分均高。

进食障碍患者人格的某些研究符合与心理动力学观点，他们普遍被认为有低自尊。这与Bruch的理论一致，即厌食症者顺从、压抑以及追求完美。Leon等发现缺乏内感受性意识是进食障碍患者的危险因素，从而证实了Bruch的理论，即他们不善于识别自己的内部状态。

进食障碍同样会影响人格，20世纪40年代末，在半饥饿的基于道德或宗教信仰原因不肯服兵役者的男性中发现，进食障碍患者的人格（尤其是神经性厌食）受到他们体重减轻的影响。在6周的时间内模拟集中营用餐，一天进食两餐，总热量为1 500卡路里，平均每个人的体重减掉了25%。所有人整天被食物所困扰，他们感觉越来越疲倦，注意力无法集中，缺乏兴趣，易激惹，喜怒无常，并且失眠，其中四个人有抑郁倾向，一个人有双相情感障碍。该实验说明限制进食对于人格和行为有影响。对进食障碍患者病前人格的回顾性研究，发现厌食症患者具有完美主义、害羞以及顺从的人格特征，而贪食症患者为戏剧性的、情绪不稳定的、外向等人格。

4. 家庭因素 进食障碍患者与家庭状况有关，例如一些患者自我报道家庭中存在高情绪表达。扰乱的家庭关系似乎是一些进食障碍患者的特征，这些家庭特征可能引起进食障碍，也引起另外一些心理疾病，如抑郁和人格障碍等。进食障碍患者及其父母存在刻板、严谨、情感过分参与、批评性评论、充满敌意等人格特点，经过治疗后患者家庭关系也会得到改善。

5. 儿童性虐待　有临床报道发现患者常有性虐待史，治疗师们努力寻求患者童年期性虐待的经历，并针对这些经历展开治疗。他们认为被虐待者发展为进食障碍是一种自我厌恶，试图以此破坏自我形象，以免继续遭受不幸。尽管进食障碍者性虐待发生率比正常人群高，但不比其他心理障碍患者(如抑郁和焦虑)高，因此性虐待只是进食障碍的危险因素之一。

(二)理论解释

1. 心理动力学观点　心理动力学观点的证据来自以下两个方面：进食障碍患者人格特征的研究及他们家庭特征的研究。因为孩子对于食物的感觉是与喂养他们的父母或其他人紧密联系在一起的，从 Freud 时代起，心理学家就把进食看做个体发展过程中的重要组成部分，精神分析学家倾向于把进食障碍看做情感冲突的反应，认为进食障碍的核心诱因是扰乱的亲子关系，其核心的人格特征为低自尊和完美主义。患者通过严格限制进食，使身体消瘦，通过节食而将身体发育停留在青春期前状态，来避免性成熟及性关系。

后来，Hilde Bruch（1980）提出一些孩子在养育过程中，对自己的权力保障与得到应有的尊重方面失能，为避免这种无助与无能，他们尝试节食，并把节食看做一种获得自主权和身份的象征，通过控制体重来满足自己的操控感。某些家庭，父母把自己的想法强加于孩子而无视孩子的需要，孩子将不会认识并接受自身的情绪及需要，但对他人的意愿及需要却明察秋毫，这样孩子常忽视自身感觉及自我身份，处事时总是在回应别人的要求，而忽略了自己的愿望，他们甚至无法认清身体的感觉如饥饿感，使他们能长时间耐受饥饿，加之社会以瘦为美的观念，他们通常会节食以增加对自身的操控感。

另外，有专家认为神经性贪食症女性患者是在形成充分自我意识过程中受挫所造成的，食物变成了这种失败关系的象征，女性的暴饮暴食和催吐分别象征了对母亲的需要和对这种需要的拒绝。

2. 认知理论解释　进食障碍患者比正常人更关注他人的意见，更想满足他人的意愿，对他人的评价更在意，对自己的要求也更苛刻，思维方式往往比较极端。认知扭曲主要有：①全或无的极端想法，如"不是被我完全控制，便是什么都没有控制"；②选择性概括，即选择事物的次要方面并得出结论，如"只要能变瘦，我就会更有魅力"；③过分概括化，即从一种情况概括到所有可能的情况，如"昨晚我多吃了一块饼干，因此我总会吃得太多"；④夸大，即夸大事件的重要性，如"我多吃了几块饼干，所以把整个减肥计划搞砸了"；⑤内归因，将消极事件归咎于自己，认为是自己原因造成事件的发生，忽略了客观环境和他人的责任，如"因为我很胖，所以别人不想看到我"；⑥情绪推理，将感觉代替事实，如"我觉得我很胖，所以我确实很胖"。他们认为不能打乱严格的进食规则，否则事情会一发不可收拾。他们痴迷于研究进食规划，并能把这些规划落实到细微之处。

> 🐝 试归纳促进进食障碍的几种心理动力学理论。

四、诊断评估

(一)躯体评估

因 AN 会涉及生命安全和躯体健康的当务之急，因而躯体评估最为重要，首先要考虑营养不良或紊乱导致的白细胞减少、贫血、电解质紊乱、肝功能异常、脂肪代谢异常、心肾衰竭及感染等。这些需要通过血液学检查、心电图或心脏超声、胸部影像学检查、肺功能检查等

笔记

来检测。

(二)心理评估

对无生命危险者进行全面心理评估十分重要。他们常缺乏治疗动机且与疾病预后有关，因此心理评估（包括家庭评估、患者个体评估和治疗动机评估）有助于理解患者的心理行为问题。心理评估手段通常包括访谈、自评问卷及自我监测。自评问卷可以提供关于进食障碍症状及相关心理病理特征的详细信息和严重程度，而自我监测则可用于评估日常的进食行为。这里介绍三个最常使用的进食障碍评定量表。

1. **进食障碍检查（Eating Disorder Examination，EDE）** 是评估进食障碍认知和行为症状的结构式访谈。该工具被认为是评估和诊断进食障碍的金标准，得到广泛的研究与应用。EDE 含有 4 个亚量表，分别从饮食限制、进食顾虑、体型顾虑及体重顾虑方面去评估进食障碍的核心心理病理特征，适用于作出进食障碍的临床诊断及评估疾病的严重程度。

2. **进食障碍调查量表（Eating Disorder Inventory，EDI）** 是测量 AN 和 BN 常见心理和行为特征的自评问卷。该量表评估与进食障碍相关的广泛心理病理特征，可用于筛查进食障碍，评定进食障碍核心症状及相关心理病理特征的严重程度，制订治疗目标，监测治疗进展和疗效。

3. **进食态度测试（Eating Attitudes Test，EAT）** 是用于评估罹患进食障碍风险的标准化量表。EAT 适用于初步筛查进食障碍及评估进食障碍典型症状的严重程度。

同时，有必要采用某些量表评估是否存在其他心理障碍。

(三)实验室检查

可见血管紧张素分泌的异常，青春期前患者可有促卵泡激素及黄体生成素的异常，对促性腺释放激素反应低下等。男性有雄激素水平低下。血浆可的松正常生理节律消失或逆转，可的松代谢清除率下降，肾上腺素及可的松的地塞米松抑制试验呈现不完全性抑制。生长激素对胰岛素诱发的低血糖、精氨酸刺激、左旋多巴反应下降。糖耐量曲线低平。血 T_3 水平下降，γT_3 升高。血尿酸及肌酐水平可能升高，可有肾结石形成，肾小球清除率下降可出现肾衰竭。血象异常，包括白细胞减少伴淋巴细胞相对增多，血小板减少以及贫血。骨髓穿刺检查提示细胞增生减少，伴有酸性黏多糖增多。血浆纤维蛋白原水平下降，红细胞沉降率下

> 神经性厌食对人体有哪些危害？严重的并发症有哪些？

降。高胡萝卜素血症、高胆固醇血症、低血镁等也较常见。低磷酸盐血症往往是急性失代偿的表现，提示预后不佳。自我催吐可能引起低钾性碱中毒，也有脑电图（EEG）异常，心电图（ECG）可能有 T 波低平或 T 波倒置，ST 段压低，间隔延长等。治疗时补液过多或过速可能造成水肿或充血性心功能衰竭。

专栏 10-1

DSM-5 关于神经性厌食的诊断标准

A. 限制能量摄入，目的是将体重保持在其年龄、性别、发育水平及躯体健康状况相对而言属于非常低的体重值。即体重低于正常标准的最低体重，或对于儿童及青少年而言，低于相对年龄的最低体重的预期值。

B. 尽管体重过低，仍对增重或变胖有强烈的恐惧，或存在有阻碍体重增加的持续性行为。

C. 存在体像障碍，自我评价以体重及体形为转移，或拒绝承认低体重的严重后果。

笔记

（四）诊断要点

体重下降及体像障碍都是神经性厌食诊断所必需的。如果贪食症者同时符合神经性厌食诊断标准，将只诊断为神经性厌食（如暴食 - 导泻型神经性厌食）。即厌食症的诊断优先于贪食症，因为前者有更高的死亡率。诊断标准（专栏 10-1）。

暴食 - 导泻型神经性厌食和神经性贪食区别的要点是二者的体重，前者的体重为正常体重的 85% 以下，后者的诊断则不包括体重问题。有关上述两型的区别，参照表 10-2。

五、防治要点

（一）早期预防

西方许多大学都在尝试干预可能罹患进食障碍的学生，促使患者尽早就医。最有名的进食障碍预防计划之一是集体健康教育干预：邀请两三个患进食障碍的同学在寝室里或班级上发言，描述进食障碍，给它下定义，并现身说法讲述自己患病及接受治疗的经历。通过这种活动，期望引发关于不良进食行为和态度的讨论，使学生在面对社会压力时能表现得更从容，在食物相关问题上能及时寻求帮助。

这种计划为一级预防，即在进食障碍发生前的预防。集体干预也可以实施在二级预防时期，即患进食障碍者尽早接受治疗，减轻对食物相关行为的羞耻感，坦然地寻求帮助。

（二）治疗要点

患者一般直到极度营养不良、出现医学危象才会求治。如果患者体重小于正常的70%，或者体重迅速减轻，就要建议其住院。他们的主诉多是描述因饥饿造成的一系列生理心理不适，如怕冷、肌肉无力、便秘、腹部不适和精神不振等。患者常常否认进食是主要问题，提供的病史也不一定可靠。因此有必要从其家庭成员那里获得进一步的信息。

使患者接受治疗往往是很困难的，他们觉得别人试图干涉自己因而拒绝治疗，以保证自己的绝对的控制感。因此取得患者的信任并争取患者的配合是首先要解决的问题。住院治疗的第一步是给予紧急干预，拯救患者的生命，如经静脉、鼻饲等给予营养；调整严重的水电解质平衡紊乱；纠正致死性心律失常；防止脏器功能衰竭等。因此，治疗厌食症需要多种手段的联合应用。

恢复体重为治疗的主要目的，需要制订严格的进食方案，治疗中如果体重不增加或增加过慢表示疗效不显著，但增加过快有可能导致胃扩张或充血性心力衰竭。保持体重以一定速度恢复是治疗的关键点。

（三）治疗方法

无论是门诊治疗还是住院治疗，以下是一些常用的治疗方法，常需要多种手段的联合应用。

1. **药物治疗** 抗抑郁剂以及抗精神病药在一定程度上可以改善患者的情绪和思维，氟西汀等可能有助于治疗神经性厌食症。

2. **个体治疗** 对无法察觉并相信自身感觉的患者，应当帮助他们重塑自我意识，摆脱对他人的依赖。只有患者准确了解自己的感觉时，他们才能正确地感知饥饱以及做出正确反应。

3. **行为疗法** 当患者增加进食或体重有所增加，应给予适当奖励。对焦虑可以使用放松技术。

4. **认知 - 行为疗法** 认知 - 行为疗法有益于厌食症的治疗。治疗时间通常为 1~2 年，该疗法的关键在于改变对食物、体重以及自身的歪曲信念，如"除非我很瘦，否则人们不会接受我"。

5. **家庭疗法** 在一些家庭中，治疗师首先需提请家长对孩子进食问题的重视，找出家庭成员相互关系中被控制感的产生模式,如过度保护、苛求完美、不允许表达负性情绪等。纠正家长对孩子的不合理期望,帮助家庭成员增进交流,解决彼此间矛盾。起病年龄较早,病程较短的患者,家庭疗法疗效较好(如19岁之前发病,病程小于3年的患者)。

6. **精神分析** 此疗法对神经性厌食也有效。患者的低自尊,抑郁、焦虑以及家庭问题等可以尝试精神分析方法来解决。

第三节 神经性贪食

案例 10-2

她陷入了不断的进食—催吐循环之中

王珍,女,18岁,某大学外语系一年级学生。在她进入大学后的第二个学期里,在进食时常有一种冲动,即在正常食量以后,仍然不停地食用水果,蛋糕、零食或其他小吃等,她自己也深知这方面的不正常,曾发誓要让自己节食,但屡试屡败。为了防止日渐明显的肥胖,她又不得不在大量进食后,用手指伸至舌根后按压将刚吃进的食物吐出。自诉此病源于情感上的波动与苦恼,近三个月正在努力结束与高中老师的恋爱。她经常独自一人发愣,学习成绩也在下降。同学们的关心和校园的美景均不能唤起她的快乐,学业方面的压力使她无法控制,难以名状的空虚感萦绕她的心头。她不断进食以填补这种内心空虚感。医院的消化系统与神经系统影像学检查均未发现明显异常。

> 王珍与李莉的表现有何不同?
>
> 根据 DSM-5 诊断标准,是否有不符之处?

一、概述

贪食 bulimia 一词来源于希腊语词根 bous(公牛)和 limos(饥饿),意指饥饿到可以吃下一头牛。1959 年,"贪食症"一词首次出现在 Stunkard 的报告中,用于描述一些肥胖个体的行为模式。案例 10-2 是神经性贪食的例子。

神经性贪食(bulimia nervosa, BN)也之为贪食症,是以频繁发生和不可控制的暴食为特点,继而有防止体重增加的代偿行为,如自我诱吐、使用泻剂或利尿剂、禁食等。目前,对暴食的概念仍有争议。DSM-5 强调在短时间内(如 1~2 小时内)吃掉比多数人在同样时间、同样情况下所吃的多得多的食物,同时伴有进食失控感。但是暴食者之间食量的差距非常大,平均暴食量每次可达 4 800 卡路里。暴食行为主要是暴食者对进食的失控,即不存在饥饿感时却"迫使"自己吃大量食物。

BN 远比 AN 常见,约 90% 为女性。其发病年龄多为 15~29 岁,平均发病年龄为 18~20岁,且通常在节食一段时间后发生,大多数病人在发病后 3~5 年才看心理医生。有报道显示,多数患者曾有 AN 病史或肥胖病史。BN 趋向为一种慢性疾病,据对 102 名女性患者的自然病程研究发现:在随访的 5 年时间内,有 1/2~2/3 的患者严重存在进食障碍的某种表现。5 年后仍有 1/3 患者符合诊断标准。病情反复和持续的因素有:儿童期肥胖,对体形和体重过分关注,过度的饮食限制以及对社会的极低适应性。一般认为,BN 较 AN 的长期预后好,恢复率较高,但许多患者在恢复期后还留有部分异常进食行为。

贪食症与厌食症有许多病理和生理的共同点,有关临床表现、发生机制、诊断评估和防治要参照前述 AN 内容。

二、临床表现

BN 和 AN 患者有许多共同的病理机制,他们都存在对肥胖的过度恐惧,都重视自己的体重和体形,他们的自信在很大程度上取决于体形。贪食者并不像厌食者那样有明显的体像障碍,对自己的体形有相对现实的评判,但是仍然对自己的身材和体重不满,持续地想要减肥。

对肥胖的恐惧心理导致了 BN 的发生,在追求苗条的欲望驱使下开始限制饮食。早期患者节食或只吃低热量食物,随后严格限食的决心开始动摇,患者吃一些“禁食”,一般为小吃或甜点,如薯片、蛋糕、冰激凌、巧克力等含糖量较高和容易咀嚼吞咽的食品。但也有专门吃大量蔬菜如胡萝卜的人,以及“饥”不择食,甚至连生面团都吃者。

因为存在焦虑及抑郁等情绪,患者常将进食作为缓解压力的方式。完美主义、全或无的认知特点和低自尊等可使患者采取极端手段来控制体重,这些人格特点在缺乏温情、过度控制和要求完美的家庭中尤为多见。病前人格的回顾性研究,BN 者还存在戏剧性的、情绪不稳定的、外向等人格特征。

患者控制体重的行为包括催吐和使用利尿剂、缓泻剂、灌肠剂、过度运动,甚至绝食等。使用导泻手段(如呕吐和使用缓泻剂)约占 80%,仅仅采取绝食或过度运动控制体重的约占 20%。采用过度运动的患者多不易被察觉,暴食与控制体重的恶性循环方式形成了患者的特有生活方式。

自我催吐是 BN 最常见的症状。有些患者采用咽反射催吐,因此手背上常留有瘢痕。有的患者不需要化学或机械刺激,想吐就吐(与神经性呕吐有些相似)。多数患者是在呕吐时被家人、室友和朋友发现,或因呕吐后的秽物被察觉被发现才就医。由于反复呕吐,胃酸长期腐蚀牙齿常导致龋齿。患者因无法控制暴食 - 导泻行为,总是悄悄地做好暴食和导泻行为的准备。

BN 者的体重往往有很大的波动,他们的体重下降不如 AN 明显,有的甚至为正常体重。女性患者可有月经紊乱,但闭经较少见。

BN 严重者有明显的电解质紊乱,如血尿酸过高、低血钾、碱中毒或酸中毒等。这些代谢紊乱常引起肌肉无力和全身不适等。患者可能有潜在的致命并发症如心律失常、体位性低血压、癫痫发作和胃破裂等。水和电解质紊乱是心律失常和癫痫发作等的直接或间接原因。

> 试分析神经性贪食症对身体有哪些危害?

多数 BN 患者“吃”的代价是“昂贵”的,高额的食品花费可能会诱发偷窃食物的行为。

BN 者有较高的精神障碍共病率,但报道差异较大,从 3% 到 80% 不等。其中,情感障碍占 24%~88%,强迫症也很常见,其他焦虑障碍(如广泛性焦虑、恐惧症和惊恐发作)为 2%~31%。还有药物滥用、品行障碍和人格障碍(尤其是边缘性人格障碍)等。共病人格障碍(22%~77%)可能使 BN 变得更为复杂。以 B 型人格障碍(如表演型、边缘型、自恋型和反社会型)最常见,C 型(回避型、强迫型和依赖型)也较多见,A 型(如偏执型、分裂样和分裂型)相对较少。患者的性活动可能受到影响,表现明显的性活跃或性压抑。患者还有冲动控制方面的问题,如酒精成瘾、物质滥用、偷窃、自残和自杀意图等。

BN 的死亡率较 AN 低。其并发症多因为神经内分泌异常的影响,在有导泻行为者中尤其明显,如牙釉质腐蚀,胃肠道和泌尿系统并发症;缓泻剂滥用引起低血钙、肌痉挛、骨质疏松、皮肤色素沉着、低血镁、水钠潴留、吸收不良综合征、肠功能紊乱等;用手催吐者手上可见拉塞尔征。另一个常见的体征是面部“花栗鼠”征,

> 王珍与李莉的表现分别属于何种进食障碍?
> 各自的核心症状分别是什么?

197

是由于明显肿大的唾液腺造成的。约有25%的患者可有良性唾液腺增生。

三、理论解释

神经性贪食的发生有家族聚集倾向,遗传率为0%~83%,BN同卵双生的患病率比异卵双生高,在前者的一级亲属中,酒精成瘾、物质滥用、情感障碍的危险性增高,而肥胖危险性增高不明显。进食障碍患者中有75%可以同时被诊断为情感障碍,而且患者家庭成员抑郁症患病率比正常家庭高,推测可能为潜在的情感障碍以进食障碍的形式表现出来,而且针对情感障碍的治疗有助于贪食症的好转。

对食物的不良认知是进食障碍患者的共同特点,他们把进食作为情感疗伤的手段。进食障碍患者的情感"饥渴"很常见:对他人赞同的需要,自信心的低下,频繁的抑郁感和焦虑感。贪食行为可能为负性情绪的应付方式:在沮丧的时候,为发泄情绪不满更倾向于暴食。近代历史上,最著名的神经性贪食患者是已故的英国的Diana Spencer,她通过进食来发泄由不幸婚姻带来的悲伤情绪。

四、诊断评估

BN有三个基本特征:反复发作的暴食;反复的不当代偿行为以防体重增加;自我评价深受体形及体重的过度影响。如果贪食症者同时符合神经性厌食诊断标准,将只诊断为神经性厌食(如暴食-导泻型神经性厌食)。即厌食症的诊断优先于贪食症,因为前者有更高的死亡率。评定量表可参照上一节相关内容。诊断标准见专栏10-2。

专栏 10-2

DSM-5 关于神经性贪食的诊断标准

A. 反复发作暴食行为,且有以下特点:1. 在一段时间内(如两个小时内),吃得比大多数人在同样时间、同样情况下吃的要多很多。2. 伴有进食失控感。

B. 为防止体重增加,有反复不当的代偿行为,如:引吐;利尿剂、缓泻剂等药物滥用;禁食以及过度运动。

C. 暴食和不当代偿行为同时存在,至少每周1次,持续3个月以上。

D. 自我评价深受体形及体重的过度影响。

E. 这种异常并不只发生在神经性厌食发作期。

暴食-导泻型神经性厌食和神经性贪食区别的要点是二者的体重,前者的体重为正常体重的85%以下,后者的诊断标准则不包括体重问题。BN的评估可参照前述AN项目做出选择。

五、防治要点

贪食症在治疗上与厌食症有许多不同。单纯的神经性贪食一般不需要住院。如果存在严重的电解质平衡紊乱,或伴有抑郁症自杀倾向,以及治疗反应不佳等可以考虑住院治疗。厌食症与贪食症患者的心理症结不同。贪食症的问题在于如何更有效地处理情绪,控制暴食及导泻行为,形成关于食物及行为的恰当认知。而厌食症的问题往往在于家庭动因,自我控制感的缺失,以及严重的体像障碍。

1. 药物治疗 此类患者常有一些情绪困扰,在治疗中需要使用抗抑郁剂。该类药物能够减少患者暴食发作的频率,也能改善患者情绪以及对于体形及体重的观念。三环类抗抑郁剂和选择性 5-HT 再摄取抑制剂是有一定作用的。单胺氧化酶抑制剂也有一定功效,但因为需要限制饮食以避免并发症,此类药物在临床上并不常用。对具体的病人,往往需要尝试多种药物联合以达到预期疗效。

2. 认知 - 行为疗法 认知 - 行为疗法的依据是,神经性贪食的主要特点是患者对体型及体重的过度关注,治疗师让患者监测自身在暴食或导泻发作时的认知状态,帮助患者面对这些错误认知,用关于体重及体形的恰当认知来代替错误认知。治疗时可引入一些"禁食",帮助患者纠正关于食物的不合理思维,例如"如果我吃了一片面包,接着就会大吃一顿"。此外,患者要养成一日三餐的习惯,改变其进餐导致肥胖的错误思维。本疗法一般需10 到 20 次治疗。接受该治疗的患者抑郁及焦虑减少,社会功能恢复,对节食的控制减少,对体重的关注也要下降。该疗法与药物疗法相比,短期疗效相当;长期看来,该疗法更有利于防止复发。

3. 人际关系疗法 与患者讨论进食行为有关的人际关系问题,帮助患者积极解决这些问题。

总之,任意一种神经性贪食的治疗方法只能部分有效,且复发也非常常见,约有 70% 经过全面治疗的患者有潜在暴食症状的残留。要想达到全面的恢复,可能需要延长治疗的时间。

> 🍋 试比较厌食症和贪食症治疗方案的异同?

第四节 暴 食 障 碍

一、概述

暴食障碍(binge eating disorder, BED)又称为暴食症,它以反复发作暴食行为为特点,该疾病在很多方面和 BN 较相似,但是患者不会采取绝食、过度运动和导泻等行为。此症在 DSM-Ⅳ 中,附录在"未加标明的进食障碍"中,DSM-5 将暴食障碍单列出来,成为进食障碍中与神经性厌食、神经性贪食并列的一种独立疾病。暴食症患病率为 2%。不管是在减肥人群还是普通人群中女性患病率较高,这与 AN 及 BN 是一样的。根据美国本土研究,60%~75% 的患者是女性,且黑人女性比白人女性更常见。BED 有家族肥胖史。

许多证据表明,BED 者比普通肥胖患者精神疾病的共病率要高,包括抑郁症、惊恐发作、酒精依赖和回避型人格障碍等。在对 48 位未经治疗的女性患者进行随访中,发现 18%在 5 年后仍有以暴食为主的进食障碍。该调查显示,BED 的预后比 AN 或 BN 好,但少数也有慢性化的趋势。

二、临床表现

暴食症患者可能在一天中持续不停地吃东西,没有餐数的限制;也可能会在某个时间段内吃大量食物,这样做常作为应对压力、焦虑及抑郁情绪的方法。一般来说,他们吃得很快,且在吃的时候似乎处于一种茫然状态。他们往往明显超重,并表示厌恶自己的身体,对暴食行为感到羞愧。约一半患者在出现暴食行为之前尝试过节食,另一半则是先暴食再试图节食。如一开始就出现暴食行为的患者病情会更严重,也更容易出现其他心理障碍。

BED 者也会像贪食症及厌食症患者一样对自己的体形及体重过分关注。而且,大约有30% 的暴食是为了缓解"坏心情"或者其他负面影响而出现暴食行为的。BED 和 BN 都有一个共同点:患者都无法控制自己的暴食行为,进食量明显超过了自身的能量需求上限。特别是在面对高盐、高糖、高脂肪的可口食物时,这种冲动简直难以遏制。

笔记

BED 者在几个重要的方面不同于贪食症病人,这对治疗有意义。BED 病人比 BN 或 AN 病人的饮食抑制明显要少。因此,大部分寻求治疗的暴食症患者都是超重或肥胖的。此外,暴食症中的男性较厌食症和贪食症为多。许多暴食症者还参加过体重控制项目。

这两种病症最明显的区别,主要在于 BN 患者有代偿行为(比如催吐,错误使用泻药,过度运动等),而暴食症一般没有或者极少有代偿行为。

有关 AN、BN 和 BED 的临床症状特点的比较,见表 10-2。

表 10-2　各类型进食障碍临床症状比较

症　状	限制型神经性厌食	暴食－导泻型神经性厌食	神经性贪食	暴食症
体形关注	体像障碍	体像障碍	过分关注	厌恶感
体重	<85% 正常体重	<85% 正常体重	正常或稍超重	通常明显超重
暴食行为	无	有	有	有
导泻等代偿行为	无	有	有/无	无
进食失控感	无	暴食时有	有	有
闭经	有	有	少有	无

三、诊断评估

暴食障碍涉及个体生理和心理功能,其生理紊乱所致的躯体并发症可累及全身各个系统。因此有必要对患者进行相关的评估。

BED 的诊断标准见专栏 10-3。

专栏 10-3

DSM-5 暴食障碍的诊断标准

A. 反复发作的暴食行为。一次暴食的发作具有以下两种特征:
  1. 不连续的时间段中(例如在任何两小时期间内),摄入比大多数人在同一期间、同样场合内所能摄入的数量确实多得多的食物。
  2. 一种在发作期间难以控制进食行为的感觉(例如,感觉不能停止进食或不能控制吃什么、吃多少)。
B. 暴食发作有以下三种(或更多)特点:
  1. 比平时进食速度快得多。
  2. 一直吃到感觉撑得难受为止。
  3. 在不感到生理饥饿的情况下进食大量食物。
  4. 独自进食,因为觉得自己吃这么多东西很不好意思。
  5. 感觉讨厌自己,心情沮丧,或吃完之后有强烈罪恶感。
C. 对于自己的暴食存在明显的痛苦感觉。
D. 至少每周 1 次,持续 3 个月以上。

四、防治要点

这种计划为一级预防,即在进食障碍发生前的预防。集体干预也可以实施在二级预防时期,即患进食障碍者尽早接受治疗,减轻对食物相关行为的羞耻感,坦然地寻求或接受帮助。

笔记

目前,减少患者暴食发作次数,提高患者自信度和自我接受度是治疗的主要目标。肥胖症患者则要求患者减肥,以避免肥胖相关的健康问题,如高血压、脑卒中和心脏病等。

鉴于厌食症及贪食症有许多共同点,人们开始尝试将一些厌食症相关的治疗手段用于暴食症的治疗中。例如,Marcus(1997)将认知 - 行为疗法用于暴食症的治疗,发现患者大多明显超重,且有一套混乱的进食模式,关于食物摄取有一系列非逻辑的"规则",如把食物严格地分成"好的"和"坏的"两种。他们也有对超重的恐慌,但缺乏促使自己停止暴食的自我意识(低自尊)。尽管大多数患者对自己的身材颇为不满,但他们并不特别关注体重。

对许多患者而言,各种不科学的或不合理的节食计划的失败最终会导致暴食,关于进食的错误信息及理念使他们存在更多的混乱感及挫败感。

抑郁症是暴食症患者常见的并发症,有 60% 的患者被诊断为情感障碍。因此,精心设计的认知 - 行为疗法,以及关于营养及减肥的正确信息,均有益于治疗暴食症。

第五节　神经性呕吐

案例 10-3

他莫名地吐了四十余年

李菲在儿童时期(大约在上小学 1~2 年级时),因不愿上学受父亲训斥和逼迫,从那时就一直有精神紧张时呕吐的症状。恶心,呕吐 40 余年,主要诱发因素是心情紧张(例如要准备面对众人讲话时),遇情绪不佳或身体不适时也可以发作。表现为突然恶心呕吐,严重时可呈喷射状,早晨或早饭后多易发生,精神紧张时最容易发作。尚无其他明显伴随症状,睡眠、饮食及大小便均可,亦无营养不良、体重改变等情况。

一、概念

神经性呕吐(psychogenic vomiting)又称心因性呕吐,是指以自发或故意诱发反复呕吐为特征的心理障碍。此症无器质性病变基础,除呕吐外无明显的其他症状,呕吐常与心理社会因素有关。CCMD-3 将其作为进食障碍的一种类型,ICD-10 将其归类于"伴有其他心理紊乱的呕吐(F50.5)"。它是指以自发或故意诱发反复慢性发作的呕吐,无器质性病变基础,除呕吐外无明显的其他症状,呕吐常与心理社会因素有关。患者往往否认自己怕胖或控制体重的动机。

二、临床表现

神经性呕吐可见于任何年龄,甚至是婴幼儿,以女性为多,通常发生于成年早期和中期。多由于不愉快的环境或心理紧张而发生。呈反复不自主的呕吐发作,一般发生在餐后,出现突然喷射状呕吐,无明显恶心及其他不适,不影响食欲,呕吐后可进食。患者体重多不减轻,无内分泌紊乱现象;常具有癔症性性格,表现为自我中心、好表现、易受暗示等,通常在遭遇不良刺激后发病。严重者可出现反复呕吐,因此引起营养不良和身体虚弱,甚至水和电解质紊乱。

呕吐时伴有夸张、做作,常突然发作,易受暗示,间歇期完全正常。有些患者接触某些印象不良的刺激物,如某些食物、药物,甚至某些特定的景物,也能引起呕吐。不呕吐时依然活跃如常。体检和辅助检查,往往没有器质性疾病的体征。

笔记

三、理论解释

1. **生物学机制** 呕吐是指胃肠道内容物经口腔排出体外的复杂过程,是一种保护性反射。一般认为呕吐反射由三部分组成,即呕吐感受器、中枢整合和运动传出。从背侧迷走复合体(dorsal vagal complex,DVC)到延髓腹外侧区的弓形区域是呕吐中枢,传入的信息在这里进行整合;呕吐运动的传出信息是通过躯体和内脏两条途径至平滑肌和骨骼肌的,两种肌肉的协调舒缩完成呕吐过程。另一化学感受器触发带,位于延髓第四脑室的底面,接受各种外来的化学物质或药物与内生代谢产物的刺激,并由此引发出神经冲动,传至呕吐中枢而引起呕吐。研究发现多种感受器传入都能引发恶心和呕吐,电刺激大脑皮质、下丘脑和丘脑的特定区域也能引起呕吐反射,低血压、疼痛、颅内压增高、颅脑损伤和脑膜炎等都可以通过大脑皮质的不同区域下行刺激呕吐反应区。高级中枢的下行信号,可能主要行使着增强脑干呕吐机制的易化作用。

2. **心理社会因素** 越来越多的研究发现,心理社会因素与此症有比较密切的关系,一些心理因素通过大脑皮质作用于呕吐中枢引起恶心呕吐。神经性呕吐可能与社会节奏加快和生活压力加大有关。引起神经性呕吐的病因有:导致个体情绪混乱的因素,如突然与父母亲分离,强烈的刺激,亲人死亡等;对不愉快或感到憎恶的思想和经验的反应,如女孩上学遇见一因车祸导致脑浆迸出而死亡的行为,以后当看到豆腐类食品便联想到这一情景而发生呕吐;精神过度紧张,如面临考试;作为反对父母的一种手段;作为对家庭施加压力的一种手段,例如害怕上学或上幼儿园,儿童以呕吐达到目的,这往往发生早晨,而周末或假日不发生呕吐;又如母亲强迫孩子进食或喂食过度,小儿亦可以呕吐来进行反抗。

四、诊断评估

神经性呕吐主要根据其临床表现作出诊断,但要注意鉴别诊断。特别要排除各种躯体疾病和精神障碍,需要进行相关检查,包括消化系统、心血管系统、呼吸系统、血液系统、泌尿生殖系统及精神心理状况等的检查。诊断标准见专栏10-4。

患者往往在个性、心理健康状况和应对方式等方面存在着某些问题,可采取相应的心理测评手段等进行评估。

专栏10-4

CCMD-3 关于神经性呕吐诊断标准

指一组以自发或故意诱发反复呕吐为特征的精神障碍,呕吐物为刚吃进的食物。不伴有其他明显症状,呕吐常与心理社会因素有关,无器质性病变为基础,可有害怕发胖和减轻体重的想法,但体重无明显减轻。

【诊断标准】

(1)自发的或故意诱发的反复发生于进食后的呕吐,呕吐物为刚吃进的食物糜。

(2)体重减轻不显著(体重保持在正常平均体重值的80%以上)。

(3)可有害怕发胖和减轻体重的想法。

(4)这种呕吐几乎每天发生,并至少已持续一个月。

(5)排除躯体疾病导致的呕吐,以及癔症或神经症等。

五、防治要点

1. **纠正不良饮食习惯**　指导患者建立良好的生活习惯,减少各种不良因素。

2. **心理治疗**　在建立良好的医患关系基础上,可选择进行暗示治疗、支持疗法和行为治疗,以解决患者的心理问题,改善心理状态。

3. **药物治疗**　可酌情给予小剂量抗焦虑药、抗抑郁药或抗精神病药物,如舒必利,氟西汀等;对呕吐频繁者可用阿托品、东莨菪碱、氯丙嗪等,也可选用半夏加茯苓汤加减等中药方剂和针灸、理疗等方法配合治疗。对胃排空延迟者可给予甲氧氯普胺、多潘立酮或赛庚啶,苯妥英钠等药物治疗;对呕吐造成的生理影响予以躯体支持治疗。

4. **其他治疗**　国内信素英等(2001)应用高电位治疗神经性呕吐11例,经两个疗程治疗,痊愈10例,好转1例,半年后追踪观察痊愈者无复发,1例好转者于3个月后复发。该治疗以高电位治疗仪的电位负荷减轻副交感神经的紧张和调节自主神经的功能。

（郭文斌　刘新民）

阅读1

健康进食的标准

"民以食为天"一直以来是中华民族的传统,但在享受美食的同时,我们应该警惕肥胖、超重、三高等问题。健康进食是身体健康的重要保证。健康进食包括健康的进食行为和合理的饮食结构。2016年国家卫生计生委发布了《中国居民膳食指南(2016)》。指南由一般人群膳食指南、特定人群膳食指南和中国居民平衡膳食实践三个部分组成,其中针对2岁以上的所有健康人群提出6条核心推荐。

1. **食物多样谷类为主**　每天的膳食应包括谷薯类、蔬菜水果类、畜禽鱼蛋奶类、大豆坚果类等食物;平均每天摄入12种以上食物,每周25种以上。

2. **吃动平衡、健康体重**　每周至少5天中等强度身体活动,累计150分钟以上;平均每天主动身体活动6000步;减少久坐时间,每小时起来动一动。

3. **多吃蔬果、奶类、大豆**　蔬菜保证每天摄入300~500克,深色蔬菜应占1/2;水果保证每天摄入200~350克,果汁不能代替鲜果;奶制品摄入量相当于每天液态奶300克;豆制品每天摄入量相当于大豆25克以上,适量吃坚果。

4. **适量吃鱼、禽、蛋、瘦肉**　推荐平均每天摄入鱼、禽、蛋和瘦肉总量120~200克(小于4两),其中畜禽类为40~75克,水产类为40~75克,蛋类为40~50克。

5. **少油少盐、控糖限酒**　成人每天食盐不超过6克,每天烹调油25~30克,每天摄入糖不超过50克;成年人每天喝水7至8杯(1 500~1 700毫升);一天饮酒的酒精量:男性不超过25克,女性不超过15克。

6. **杜绝浪费,兴新时尚**　按需选购食物、按需备餐,提倡分餐不浪费;选择新鲜卫生的食物和适宜的烹调方式,保障饮食卫生。

健康的进食,配合良好的生活方式,是保持身心健康的前提。

阅读2

肥胖症

肥胖症(obesity),是指体内的脂肪总含量和(或)脂肪含量过多,以身体过重为特征。

虽然20世纪80年代DSM诊断系统已将肥胖症从进食障碍中排除,但是,越来越多的研究表明,它同样是与心理行为因素密切相关的综合征。进入21世纪以来,肥胖已成为发达国家和发展中国家面临的最严重的公共健康问题之一，它与艾滋病、吸毒和酗酒共同组成了新的四大社会医学难题，成为危害健康或寿命的慢性疾病。几乎所有器官和系统都会受肥胖的影响，如肥胖会导致糖尿病、高血压、高胆固醇、冠心病、抑郁症和骨骼肌疼痛等问题，肥胖还与某些类型癌症的死亡率有关。最新统计显示，美国肥胖症的直接或间接花费为年均 990 亿美元，占全国健康护理支出的 5.7%。而且，肥胖症患者常承受社会压力和心理压力，尤其是在以瘦为美观念流行的国家里。肥胖儿童常被嘲笑和排挤。肥胖成人在工作时易受歧视，在建立与他人关系时可能会遇到问题，甚至医护人员和心理健康工作者对肥胖者也有偏见，调查表明 24% 的护士会对肥胖病人感到厌恶。肥胖是慢性、进行性疾病。据统计，美国每年有 300 000 人死于肥胖相关的疾病，肥胖成为吸烟之后的美国第二大可预防的死因。

在美国，约有 33% 的成人肥胖（体重指数大于等于 27），如果将体重指数大于 25 定义为肥胖，肥胖者的比例将超过正常人。我国部分地区的调查表明，肥胖症的患病率已达 16% 左右。在 7~18 岁的青少年中，超过 10% 男孩和 5% 女孩过于肥胖，20 岁以上的中国人已有 3000 万人超重。

肥胖症的发生可以归结于热量的摄入多于热量的消耗。当人体进食热量多于消耗热量时，多余的热量以脂肪形式储存于体内，当超过正常生理需要量，且达一定值时就成为肥胖症。如无明显病因者可称为单纯性肥胖症，具有明确病因者称为继发性肥胖症。后者如皮质醇增多症、胰岛素瘤、下丘脑性肥胖、甲状腺功能减退、肥胖性生殖无能症、性腺功能低下等导致的肥胖。这里讲的肥胖症指的是单纯性肥胖症。

一般认为肥胖症属于多基因遗传。研究指出，父母体重正常者其子女肥胖发生率在 10% 以下；父或母一人肥胖其子女肥胖率为 40%~50%；父母均肥胖者其子女肥胖率高达 80%。肥胖的形成还与生活行为方式、摄食行为、嗜好以及社会心理因素有关，尤其是饮食过多而活动过少。

肥胖症的诊断主要依据体征及体重。首先，根据患者的年龄及身高查出标准体重，对照人体标准体重表或按以下公式计算：标准体重（kg）=［身高（cm）-100］×0.9，如果患者实际体重超过标准体重 20% 即可诊断为肥胖症。但要排除由于肌肉发达或水分潴留的因素。

临床上还可采用下列方法诊断：①皮肤皱褶卡钳测量皮下脂肪厚度；②X 线片估计皮下脂肪厚度；③根据身高、体重按体重质量指数（BMI：体重（kg）/ 身高^2（m^2））计算，BMI > 24 为肥胖。

预防肥胖较治疗易奏效且更重要。特别是有肥胖家族史者、妇女产后及绝经期、男性中年以上或病后恢复期者，其方法比较简单，主要是控制进食量，避免高糖、高脂肪及高热量饮食，进行体力劳动和体育锻炼。

肥胖症的治疗以控制饮食及增加体力活动为主。由于目前缺少有效、能够被接受和能长期使用的减肥药物，所以一般不主张用药物来达到控制体重的目的。近年来有专家开始对部分极度肥胖（BMI > 40）的病人实施手术治疗。最常见的手术方式是在食管下端将胃做成一个小胃囊，这在很大程度上减少了食物的摄入，患者术后可以减少 30%~50% 的体重，并且能维持数年。由于手术会造成永久改变，这一疗法适用于严重肥胖并已对身体形成严重威胁的患者。其远期结果仍有争议。

阅读3

代谢综合征

代谢综合征（metabolic syndrome，MS）最早是作为概念出现而不是一个疾病诊断。

1923年Kylin提出了"高血糖、高血压、痛风的内在联系"。之后,Reaven于1988年首先提出代谢综合征这一概念,以后又有学者称之为胰岛素抵抗综合征(insulin resistance syndrome)或X综合征(syndrome X)。1998年WHO在公布的"糖尿病及其并发症的定义、诊断及分类"中强调了建立MS统一定义的重要性,同时对其诊断提出了建议;2001年,美国国家胆固醇教育计划成人治疗组提出了定义,此定义较WHO定义更易于在人群中实施;2005年,国际糖尿病联盟(IDF)提出了MS新的全球诊断标准。因中国人的体质与外国人种存在较大差异,中华医学会糖尿病学分会(CDS)于2004年提出了适合我国人群的专用MS诊断标准,即CDS诊断标准。2013年CDS《中国2型糖尿病防治指南》又对MS诊断指标进行了修订。

MS是心血管病的多种代谢危险因素(与代谢异常相关的心血管病危险因素)在个体内集结的状态。MS的中心环节是肥胖和胰岛素抵抗,其主要组成成分为肥胖症尤其是中心性肥胖、2型糖尿病或糖调节受损、血脂异常以及高血压,但它涉及的疾病状态还包括非酒精性脂肪肝病、高尿酸血症、微量蛋白尿、血管内皮功能异常、低度炎症反应、血液凝固及纤维蛋白溶解系统活性异常、神经内分泌异常及多囊卵巢综合征等,而且还可能不断有新的疾病状态加入。

MS发病机制尚未完全阐明。MS的发生是复杂的遗传与环境因素相互作用的结果,目前一般认为,胰岛素抵抗是MS的中心环节,而肥胖,特别是中心性肥胖,与胰岛素抵抗的发生密切相关。有人认为某些基因易感性与环境因素互相影响引起应激介质如糖皮质激素长期过度分泌导致内脏脂肪蓄积,生长激素分泌减少,雄激素分泌增多均可加重MS。

2013年版《中国2型糖尿病防治指南》诊断标准为以下5条中的任意3条或更多:①腰围:男性>90cm,女性>85cm;②TG>1.7mmol/L或者HDL-C<0.9mmol/L;③血压升高:收缩压≥130mmHg或舒张压≥85mmHg,已接受相应治疗或此前已诊断高血压;④空腹血糖升高:空腹血糖≥6.1mmol/L或糖负荷后2h≥7.8mmol/L或已确诊并接受相应治疗。TG与HDL-C分别作为2条标准。

MS的防治应采取综合措施,主要目标是预防临床心血管病和2型糖尿病,对已有心血管病者则是预防心血管病再发、病残及降低死亡率。MS防治以改善胰岛素敏感性为基础,针对MS的各个组分分别进行治疗,注意减轻体重及全面防治心血管病多重代谢危险因素。首先,倡导健康的生活方式,合理饮食,增加体力活动和体育运动、减轻体重及戒烟是防治MS的基础。在此基础上,结合药物控制血脂异常、高血压、胰岛素抵抗综合征、高凝状态等。此外,还需根据不同年龄、性别、家族史等制订群体及个体化的防治方案。

阅读4

异 食 症

异食症俗称异食癖,其英语词汇pica源于拉丁文,原意是喜鹊。由于喜鹊食性很杂,几乎什么都吃,所以用这个词来描述异食症。

一、临床表现

异食症(pica)是指喜欢吃人们通常认为不能吃的物质的一种病症。这些物质不利于生长发育或为社会习俗所不接受且无营养价值,如染料、黏土和铅笔等。此症常见于儿童,尤其是2岁至5岁的幼儿,男孩多于女孩。一般来说随着年龄增大,异食癖症状将逐渐消失,较少持续到成年。

异食症对患儿的危害主要体现在其合并症上。例如:吞食灰泥可发生铅中毒;吞食污物可引起肠道寄生虫病;吞食黏土可妨碍营养物质吸收,导致高血钾和慢性肾功能衰竭;吞

笔记

食头发、石头，可造成肠梗阻和食物中毒。危害性大小主要与吞食物质的类型及数量有关。

据各种资料显示，异食症者的"食谱"离奇且广泛，其"食谱"中包括了更多令人瞠目结舌的内容，例如：头发、粪便、洗衣粉、塑料、纸、煤、粉笔、木头、石膏、绳子、灯泡、钢针、铁丝、烟头和烧尽的火柴头等。

有关异食症的年龄及其表现常有令人诧异的结果：尼日利亚大学研究人员通过对其首都内罗毕普姆瓦尼妇产医院 1071 名孕妇的调查发现，有 74% 的人每天都要吃一些在常人看来不属于食物的东西。在这些孕妇中，有 89.8% 的人吃一种在当地被称为"奥多瓦"的软质石头，61.2% 的人吃泥土，9.6% 的人吃其他东西。同时吃两种或者更多异物的人占 62.5%。事实上，在肯尼亚，癖好吃石头者在儿童和非怀孕期的妇女中也较为普遍。肯尼亚卫生部（2004）在该国西部地区进行的另一项研究显示，在接受调查的 827 名妇女中，有 65% 的人在怀孕前就已有异食症症状，怀孕期间大多数人保持了这一癖好，但在产后 3 到 6 个月，有异食癖症状的人减少到 30% 左右。

二、原因与机制

生活中常常可以发现幼儿咬玩具、咬衣襟、啃指甲、咬书本、撕纸，但极少吞食。只有那种吞食非食物性异物的欲望达到不能遏制地步的症状才能称为异食症。异食症患儿常常偷偷吞食异物，如在夜间，或独自一人活动时，有机会就吞食。当不让他们吞食时，他们就表现出情绪忧郁，焦躁不安。这些表现或许能从精神分析理论中寻找到答案。

过去人们一直以为，异食症主要是因体内缺乏锌和铁等微量元素引起的。但其因果关系并未得到最终证实。有研究认为，正是因为患儿吞食大量的黏土和异物，才造成他们体内的铁和锌等吸收障碍。更多的资料表明，异食症患儿也较多受到家庭破裂、父母分离、缺少情感关怀、受虐待等心理因素的影响。心理因素和传统习俗等也被怀疑是造成异食癖的原因之一。有关异食症的神经生物学原因有待于进一步研究。

三、治疗

1. 一般性治疗　加强护理，改善环境，纠正不良习惯；给予维生素 B、维生素 B6 等。

2. 心理治疗　主要是行为疗法。如厌恶疗法；也可发辅以电疗、催吐和药物治疗。

3. 家庭治疗　以改善其家庭关系和环境。对家长进行育儿指导，教会家长掌握教育方法等。

笔记

第十一章　睡　眠　障　碍

案例 11-1

失眠症的女士

　　张仪，女性，49 岁，机关公务员。最近 3 个月经常入睡困难，每晚躺在床上辗转反侧，到夜里 12 点以后仍然难以入睡，即使睡着了也是睡得不实、多梦，最多也只能睡 2~3 个小时。第二天头晕脑胀，难以集中精力做事，影响正常工作和生活，为此特别苦恼，每到傍晚就会焦虑不安，担心晚上不能入睡。

　　睡眠障碍（sleep disorder）系指各种心理社会因素引起的一组非器质性睡眠与觉醒障碍，也称之为睡眠 - 觉醒障碍（sleep-wake disorder），包括入睡困难、睡眠不深、易醒、多梦、再睡困难、醒后不适或疲乏感，或白天困倦、白天过度睡眠等。长期睡眠紊乱不仅会降低生活质量，影响个人的工作和生活，还会引发一系列躯体和精神疾病，如心血管病、代谢性疾病、癌症、抑郁症等。睡眠不佳还常常会导致人际关系受损，工作能力与效率下降，以及一些其他的社会性问题。近年来，随着生活节奏的加快和社会压力的增加，睡眠障碍的发生率日益升高。据统计，全球范围内睡眠障碍的发病率为 9%~15%，每年因睡眠障碍导致的经济损失

> 🍃 睡眠障碍就是失眠症吗？
> 🍃 正常睡眠与异常睡眠有何区别？

达数千亿美元。《2013—2017 年中国睡眠指数》报告显示，轻微睡眠困难者占总调查人群的 50.3%，在我国约有 31.2% 的人存在严重的睡眠问题。

笔记

第一节 睡眠概述

一、什么是正常睡眠

(一)睡眠的定义

睡眠(sleep)是与觉醒状态交替出现的生理状态。人类约有 1/3 的时间处于睡眠状态。睡眠时,机体活动减弱并趋于消失,新陈代谢下降,机体仅保留维持基本生命活动的最低能量消耗。在睡眠状态中,我们的感知觉与环境分离并丧失了一些基本的反应能力,但那些涉及机体生存的信息仍然能在"瞬间"唤醒沉睡中的个体,因此睡眠与麻醉或昏迷状态完全不同。

(二)睡眠阶段

正常的睡眠包括了两个主要阶段:快速眼动睡眠(rapid eye movement sleep, REM 睡眠)与非快速眼动睡眠(nonrapid eye movement sleep, NREM 睡眠)。REM 睡眠有时也被称为做梦睡眠(此阶段总与梦联系在一起)或异相睡眠(此时大脑异常活跃)。NREM 睡眠则指一般常识所认为生理与心理活动都减少的睡眠期,见图 11-1。

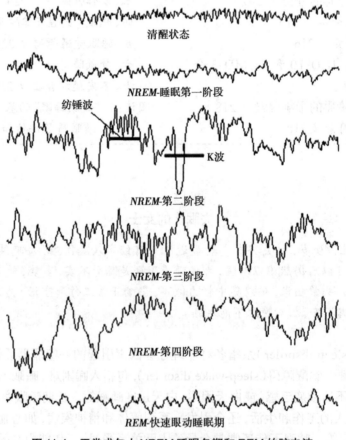

图 11-1　正常成年人 NREM 睡眠各期和 REM 的脑电波

1. **NREM 睡眠**　这一时期又称正相睡眠或高电压慢波睡眠,正常睡眠首先由此期开始。在眼震电图上并无眼球的同向快速运动。随着睡眠由浅入深,脑电图上的波幅由低而高,频率由快而慢。在多导记录仪的帮助下,我们可以据脑电图的不同特点将 NREM 分为四个阶段,见表 11-1。

笔记

表 11-1　NREM 的分期

NERM 睡眠阶段	脑电图特点	占睡眠总时间比例
第一阶段（嗜睡期）	心率减慢，呼吸减缓，肌肉放松。开始时 α 波波幅增高，区域扩大，然后 α 波减少，频率变慢，波幅降低，常为短程或成对出现。	5% 嗜睡状态，注意力下降。
第二阶段（浅睡期）	α 波逐渐消失，初期以低幅的 θ 波和 β 波为主，但在外界刺激下，α 波可重现；后期 θ 波活动增加，并出现高波幅的尖波或慢波，以顶部为主，称为顶尖波，是此期的特点。随着睡眠加深，体温进一步下降，随之出现特征性纺锤波和 K 波。	50%
第三阶段（中睡期）	慢波增多，波幅增高而频率减低，梭形波的出现是此期的特点，并可有中至高波幅不规则 δ 波出现，有时慢波后伴有快活动，称为 K 复合波。	10%~20% 深睡期也被称为 δ 波或慢波睡眠期。
第四阶段（深睡期）	δ 波或慢波的出现，为此阶段的特点。	

NREM 期的生理变化主要有：感官敏感度降低，肌肉放松，动作减少，心跳和呼吸频率减慢，血压降低，消化道分泌减少，口腔、鼻腔、眼睛分泌明显减少，尿量减少，肾上腺素降低，生长激素增加，神经细胞蛋白质合成显著增加，基础代谢率下降（清晨二到四点达最低点，约下降 10%）等。

可见在 NREM 睡眠期，从入睡开始随着睡眠程度不断加深，EEG 慢波（θ 波和 δ 波）便开始出现并逐渐增多。当 δ 波在 EEG 中占优势时，就是深度睡眠阶段。

2. **REM 睡眠**　此阶段也称为异相睡眠或低波幅快波睡眠，个体入睡约 90 分钟后，脑波会突然回到第一期的波型，伴随眼球快速运动，此时脑波图与浅眠期或清醒期相类似，表现为低波幅快波、θ 波及间歇性低波幅 α 波。"做梦"通常发生在此时期，其生理表现包括：脸及颈部肌肉张力消失，身体动作较大，阴茎勃起，呼吸、心跳加快等。

REM 睡眠的特点是出现了高频低幅的不同步脑电波，以及周期性的快速眼动。一般来说，第一个快速眼动期会在入睡后 70~100 分钟后出现，即快速眼动潜伏期。此后，NREM 与 REM 大概每 90 分钟循环一次，在接近清晨时会加快。REM 占整个睡眠时间的 20%~25%，梦多发生在这一时期。一些心理障碍患者的 REM 持续时间明显偏短，如抑郁症、进食障碍、精神分裂症、酒精依赖等。

3. **睡眠周期**　正常成人的睡眠是 NREM 睡眠与 REM 睡眠相互交替的过程。其中，NREM 约占睡眠时间的 75%，REM 约占 25%。在 NREM 中，嗜睡期（第一阶段）占整个睡眠时间

> 人为什么晚上睡，白天醒？梦通常在睡眠的什么时候发生？

的 5%，第 2 阶段占 50%，熟睡期占 20%（包括第三、第四阶段）。正常睡眠周期由 NREM 第一期循序进入第四期，睡眠由浅入深，REM 之后，又进入 NREM，如此周而复始。睡眠的前半夜以 NREM 的第三、四期的熟睡期比例较多，较熟睡不易被吵醒；后半夜的 REM 时间延长，第 3、4 期消失，天亮前会有短暂的清醒。

（三）影响睡眠的因素

1. **年龄**　年龄是影响睡眠的主要因素。睡眠与年龄关系密切（图 11-2）。睡眠时间随着年龄的增长而减少。50 岁以后总睡眠时间可降到 6 小时以下。但是，睡眠入睡潜伏期在成年人各个年龄组是一致的，而老年人夜间醒觉次数和时间普遍增加。

另一方面，年龄对睡眠周期的影响也较大。从睡眠的特点来看，REM 的时间会随年龄

笔记

的增加而逐步减少,在接近成年时达到一个相对稳定的水平,此后将不会再有太大的变化。觉醒状态和 NREM 的第一阶段睡眠时间也会随年龄而逐渐增加,而代表深度睡眠的慢波睡眠(第三、四阶段)在整个睡眠时间中的比例则会随年龄的增加而逐渐减少。儿童及成年早期的慢波睡眠相对固定,所占的比例也很大;青少年期以后,慢波睡眠开始减少,睡眠的深度也将逐步变浅,并最终随着不断增加的年龄而趋于消失。婴儿到青春期时的慢波睡眠时间几乎是中年后个体的 2 倍。老年人的 REM 睡眠稍有减少,而第四期睡眠随年龄增长,呈进行性下降趋势。另外,老年人频繁醒觉,且入睡后的醒觉时间明显增加。NREM 睡眠随着年龄的增加明显减少,因此老年人很少有或没有慢波睡眠。

实际上,许多人至中年以后就开始出现觉醒与睡眠并存的情况。睡眠问题将上升成为仅次于其他的医学问题,作为健康状况的副作用或者成为某种睡眠障碍的特征。老年人睡眠质量下降,其 NREM 睡眠中的深睡眠时间减少,大部分人的深睡眠期几近消失。其原因较多,如睡眠结构失调、夜尿增多、慢性疼痛等。

2. **既往睡眠史** 如果个体存在睡眠问题,其睡眠恢复阶段会出现以慢波为主的睡眠模式;睡眠周期受损的个体恢复过程中,多出现睡眠加深、延长,唤醒阈值增加,第二个或以后的晚上出现 REM 睡眠反跳。因此,相对而言,睡眠受损恢复过程中慢波睡眠较 REM 睡眠更早恢复。

3. **昼夜生物节律周期** 睡眠期间的昼夜时相可以影响睡眠节律,REM 睡眠出现昼夜周期分布,早上高峰时

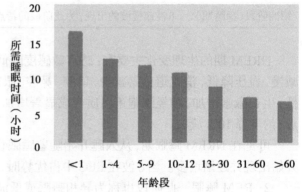

图 11-2　年龄与睡眠时间

与体温低潮一致。所以倒班工作或跨时区旅行的正常人睡眠推迟到昼夜周期的 REM 睡眠时相高峰,起早占优势的 REM 睡眠可以出现在睡眠开始时。对睡眠分布和昼夜节律周期体温时相的研究发现,入睡可以出现体温周期下降的边缘,第二个入睡高峰的出现与下午午睡一致。

4. **温度** 环境的温度在极端状态下也可以影响睡眠,REM 睡眠比 NREM 睡眠通常对温度变化影响睡眠更为敏感。目前研究表明,哺乳动物在 REM 睡眠中温度调节比较微弱,这可能会影响人对温度处于极端状态下的反应。睡眠中 NREM 睡眠的温度变化可以有出汗或颤抖反应,而在 REM 睡眠中则停止反应。表明温度对上半夜影响较小,对以 REM 睡眠占优势的下半夜影响很大。

5. **用药** 睡眠状态和阶段的分布受许多常见药物的影响:①苯二氮䓬类药物有抑制慢波睡眠的倾向,但对慢波睡眠没有持久的作用效果;快速停用苯二氮䓬类药物有可能引起慢波睡眠增加;②绝大多数抗抑郁药会抑制 REM 睡眠;③睡前大量饮酒可抑制上半夜 REM 睡眠,而后酒精代谢导致下半夜出现 REM 睡眠反跳;④快速停用大麻可导致轻微睡眠干扰,REM 睡眠轻微减少;慢性使用可导致长期抑制慢波睡眠。

6. **病理状态** 睡眠障碍与其他非睡眠问题一样可以影响睡眠结构和分布。如,发作性睡病主要表现为 REM 睡眠异常延迟;睡眠呼吸暂停综合征的患者主要出现慢波睡眠抑制或 REM 睡眠抑制。

(四)睡眠、觉醒与睡眠节律
睡眠和觉醒是人和高等动物普遍具有的生理现象,是维持正常生理活动的两个必

要过程。从生理意义上讲,睡眠的主要功能在于促进体力和精神的恢复。在正常情况下,觉醒和睡眠随昼夜周期而互相交替:觉醒时,机体对内、外环境刺激的敏感度增高,并且能作出有目的的和有效的反应;睡眠时,机体对内、外环境刺激的敏感度降低,虽然仍保持着自主神经系统的功能调节,但是脑的一些高级功能,如学习、记忆和思维等都停止。

睡眠与觉醒的变化规律称为睡眠节律,它像潮汐一样有着稳定的规律。与 24 小时昼夜节律相一致,大多数人形成了白天工作学习,夜间睡眠的生活方式。每天正常的睡眠 - 觉醒节律是由人体内源性起搏点进行控制的,此起搏点位于下丘脑的上交叉神经核。该核的传出纤维将神经冲动传到下丘脑 - 垂体结构,进而调节神经内分泌的周期变化和觉醒与睡眠周期的变化。视交叉上核作为多种生物节律调节的重要中枢,调整着觉醒和慢波睡眠间的节律关系。一般来说,出生 4 个月后个体开始形成睡眠节律的各个阶段。睡眠节律会在随后的儿童期、青春期继续变化,这种变化直到中年以后才逐渐稳定下来。

内分泌节律的调节与睡眠 - 觉醒节律也有密切的联系,例如人入睡时体温通常是下降的;生长激素、催乳素的波动式分泌在睡眠的第一个 90 分钟内最高;而皮质醇在入睡后分泌减少,清晨分泌开始增加,太阳升起时达峰值。当睡眠 - 觉醒节律与每日体温调节及皮质醇分泌节律不符合时,人就会感到无精打采,对周围事物兴趣减退。褪黑素与睡眠关系密切,当夕阳西下时,人体褪黑素从松果体中分泌明显增加,进而可增加人的睡眠倾向,但不能直接使人入睡。

24 小时睡眠 - 觉醒模式(睡眠的生物节律)与内环境稳定的程度这两个主要的生物因素决定了睡眠的持续时间与数量。这两大因素随我们的年龄而改变,并调整着我们正常的睡眠过程。

(五)睡眠剥夺

睡眠剥夺主要是作为一种了解睡眠的功能研究工具。许多睡眠功能是通过观察个体在比较长的时间内没有睡眠的情况下其生理反应和行为能力来取得的。睡眠剥夺不只是一种科学研究方法,慢性睡眠剥夺还是一个没有被充分认识的公共健康问题。国外有研究资料认为,大约有 80% 的年轻人有慢性睡眠剥夺情况。

睡眠剥夺研究发现,慢性睡眠剥夺常常对机体产生很大的影响。若 60 小时以上持续不睡,便会出现一系列身心症状:疲乏无力、思睡、头闷胀、头痛耳鸣、复视、皮肤有针刺感;认知能力下降,读、写和思考困难;易激惹、行为杂乱无序等。72 小时以上持续不睡的受试者还会出现错觉、幻觉、妄想和定向障碍,走路形同醉汉;情感淡漠,对外界环境兴趣丧失;嗜睡越来越重,失神状态越来越多,甚至站立和行走之中也会突然入睡。当持续不睡 100 小时以上时,已无法完成脑力工作。嗜睡极为严重,所有手段都难以阻止受试者们的突然入睡。睡眠完全剥夺 200 小时,可能会导致人的情感不稳定、易激惹、注意力涣散、记忆减退、思维迟钝和偏执状态。有的还会出现明显的意识障碍、被害或夸大妄想、人格解体和现实解体等类似精神分裂症的症状。当然,剥夺睡眠后的反应有很大个体差异,有的人会产生明显的"睡眠剥夺精神病",而有的人则仅仅表现为无法克制的睡意,其精神活动仍基本正常。人类具有惊人的恢复能力,即使 200 多个小时的觉醒只要一次足够的睡眠(12~24 小时),就可以得到明显恢复。也就是说,睡眠剥夺反应预后是良好的,通常不会产生不可逆的后果。一些参加体育竞赛项目之后的运动员整夜睡眠增加 18%~27%,仅仅计算慢波睡眠时间,则竞赛后明显增加至 40%~45%。由此可见,睡眠对于解除疲劳恢复体力是十分必要的。睡眠所需时间亦存在着明显的个体差异。一些人需要长时间的睡眠,而另外一些人则可能只需要很少的睡眠就已经足够。比如,虽然很多人认为我们每天需要 8 小时睡眠,但理想的睡眠是因人而异的,有些人每晚睡眠 5~6 小时即感到休息充分;有些人则需要 9 小时

笔记

或更多。其原因现在仍然不清楚。

二、睡眠的生理意义

睡眠是生命延续的必需。实验室中被剥夺了睡眠的动物会死去，人也一样。不正常的睡眠情况会威胁到个体的生存，无论直接的(如致命性家族性失眠症和阻塞性睡眠呼吸暂停)或间接的(如与睡眠相关的车祸事件)都是这样。

2014年，美国国立综合癌症网络(NCCN)生存指南中指出睡眠障碍影响30%~50%癌症患者和其他幸存者，且常伴随疲劳、焦虑和抑郁。2016年，美国心脏科学协会年会(AHA)科学声明也指出，睡眠持续时间和质量对生活行为方式和心血管代谢健康存在影响。患有睡眠呼吸暂停或失眠的个体具有显著增加的心血管疾病和脑血管疾病风险(心律失常，动脉粥样硬化，冠心病，心力衰竭，高血压以及脑卒中等)，还有代谢紊乱疾病的风险(肥胖，2型糖尿病和血脂异常)。有研究显示，每增加一小时的睡眠，体重指数减少0.35个百分点。2015年美国睡眠医学会(AASM)和美国睡眠研究协会(SRS)关于健康成人睡眠时间的共识中也指出：每晚睡眠少于7小时，可使体重增加和肥胖、糖尿病、高血压、心脏病和脑卒中、抑郁症和死亡的风险增加。同时每晚睡眠少于7小时也与免疫功能受损、疼痛增加、表现受损、增加错误和更大的事故风险有关。现在大多数人认为睡眠过少或过多都会导致健康问题，正常的睡眠时间应当在中间状态，即7~8小时之间。

1. **NREM睡眠的生理意义** NREM睡眠是促进生长、消除疲劳及恢复体力的主要方式。白天剧烈活动后，当夜及第二夜NREM睡眠可增加1倍左右。此外，在NREM睡眠期间，动物心率减慢、血压下降、呼吸频率降低、机体能量消耗减少，脑垂体各种激素分泌增多(特别是生长激素)，有利于合成代谢，促进生长发育。

2. **REM睡眠的生理意义** 主要有：①REM睡眠是神经系统发育到高级阶段的产物；NREM睡眠可见于大部分爬行动物，但REM睡眠只可见于哺乳动物及人类，且哺乳动物的REM时间占15%~20%，似乎随脑进化程度提高而增加，因此REM睡眠可能与神经系统的高度进化有关。②REM睡眠与神经系统发育成熟有关。③REM睡眠与记忆有关。④REM睡眠与体温调节有关。⑤REM睡眠与某些疾病有关。REM睡眠出现时常伴随心率、血压、呼吸和自主神经系统活动发生明显而又不规则的变化，因此REM睡眠常常与分娩、心绞痛、急性脑血管病、哮喘等意外事件有关。⑥阴茎勃起是与REM睡眠相关联的一种生理现象。⑦REM睡眠与梦境有关。

三、睡眠的理论

Pavlov在本世纪初，较早地从神经生理学角度提出主动性内抑制的睡眠理论。他认为睡眠的本质是源自大脑皮层广泛扩散的内抑制。这种抑制在皮层中和向皮层下脑结构扩散过程中存在一定的时相差，从而构成了从觉醒到完全睡眠的过渡，即催眠相。睡眠和内抑制有同样的发展和运动规律，即扩散与集中和相互诱导。当然，睡眠和内抑制也有许多不同之处。内抑制是在觉醒状态下发生的，个别皮层细胞群的抑制过程是分散的、局部的。睡眠则是广大皮层区、皮层下脑结构直至中脑的广泛性抑制过程。睡眠时不能保持直立的姿势，肌肉张力大大降低，说明抑制过程波及中脑以下运动系统的功能。睡眠抑制在脑内并不均匀，常常存在某些易兴奋点在警卫着睡眠，哺乳期的母亲在熟睡中不能为雷鸣般巨大声响所唤醒，却极易为婴儿的啼哭声所唤醒。睡眠中脑抑制的不均匀性还成为梦的基础。在广泛抑制的背景上，某些脑细胞群摆脱抑制而兴奋起来，产生了梦的现象。梦的内容可以反映出内外环境刺激因素的性质，睡眠时身体不舒适或心肺功能不畅，常出现噩梦；膀胱充盈常有到处寻找厕所的梦境等。Pavlov阐明了睡眠的本质、睡眠的起源和一些常见的睡

笔记

眠现象如梦等的生理基础,揭露了从清醒到深睡之间催眠相,并以此解释了多种神经精神病的病理机制,还提出了睡眠的保护性医疗作用。

20 世纪 60 年代确立的现代神经生理学,通过孤立头与孤立大脑标本和电生理技术,发现了睡眠起源中皮层下脑干网状结构的重要作用。人们发现,脑干网状系统有一个能接收外界各种信息的激活系统,这一系统对外界信息进行初步加工,然后将其信号发送到大脑,从而使大脑保持觉醒状态。此后人们进一步发现,位于网状结构中的蓝斑核通过去甲肾上腺素和多巴胺两种神经递质来维持觉醒状态;而蓝斑核后面的中缝核则通过产生 5- 羟色胺对睡眠进行控制。

四、睡眠质量评价

正常与异常睡眠间存在许多差异,可从下面几个方面进行判断。

1. **睡眠时间是否充分**　长期以来,不少人认为"每天必须睡够 8 小时才利于身体健康",不少人一旦睡眠时间少于 8 小时就开始焦虑。实际上,对睡眠的需要存在很大的个体差异,健康人群中有的甚至每天只需 4 小时睡眠,而有的则需要睡 10 小时。当然,大多数人的睡眠时间应当在 5~10 小时,过多或过少都有可能对健康造成不利影响。正常与异常睡眠并没有绝对的时间标准,如果你的睡眠时间不影响你的感觉和日常活动,就是正常的。

2. **睡眠是否有规律**　睡眠规律与个体生物钟有很大关系。有人习惯于早起而另一些人习惯于晚起,早起与晚起哪种正常呢?如果形成了习惯,感觉上和活动上都没有问题也都属于正常。但若是已经适应了的睡眠规律被打破,则需要予以关注。

3. **是否伴有异常行为**　如果睡眠期间存在一些异常现象,如严重打鼾、行走、说话等,那么就需要进一步检查。

4. **是否有不良感觉**　自我感觉是判断心理障碍最直接、最重要的指标之一,睡眠同样如此。一般来说,凡是存在睡眠感觉上的问题都值得或需要寻求专业帮助和确认。

5. **是否影响了生活**　这也是判断睡眠异常的一个重要标准,即睡眠的不正常表现是否已经明显影响个体的社会生活,如学习、工作等。

6. **睡眠异常持续时间**　由于影响睡眠的因素很多,偶尔的睡眠问题十分常见,这类情况通过普通措施多能解决。一般认为异常睡眠超过一周都无法通过努力缓解,就需要求助专家。

当前已有成套睡眠质量测评问卷,如《匹兹堡睡眠质量指数》《魁北克睡眠问卷》《St. Mary's 医院睡眠问卷》等。其中,《匹兹堡睡眠质量指数量表》是美国匹兹堡大学精神科医生 Buysse 博士等人于 1989 年编制,适用于睡眠障碍患者和精神障碍患者评价睡眠质量,同时也适用于一般人睡眠质量的评估,具有较好信效度(专栏 11-1)。

五、睡眠分析常用指标

临床为确定诊断,常需对睡眠障碍患者进行多导睡眠脑电图检查。全夜多导睡眠图描记术(PSG)是诊断睡眠障碍的重要方法。记录参数包括脑电图(EEG)、眼动图(EOG)、肌电图(EMG)、心电图(ECG)、血氧饱和度测定、呼吸运动和气流监测等。PSG 可准确而客观地记录睡眠期间相关生理活动,准确判断睡眠周期,对多种睡眠障碍(如原因不明的嗜睡、频繁唤醒、鼾症或睡眠呼吸暂停等)具有重要诊断意义。根据检查结果进行睡眠结构和进程分析,常用的指标包括:

笔记

专栏 11-1

匹兹堡睡眠质量指数量表（PSQI）

　　匹兹堡睡眠质量指数（Pittsburgh Sleep Quality Index，PSQI）是美国匹兹堡大学精神科医生 Buysse 博士等人于 1989 年编制的。该量表适用于睡眠障碍和一般人睡眠质量的评估。

　　指导语：下面一些问题是关于您最近一个月的睡眠状况，请填写或选择出最符合您实际情况的答案。

　　1. 近 1 个月，晚上上床睡觉时间通常是（　）点钟。

　　2. 近 1 个月，从上床到入睡通常需要（　）分钟。

　　3. 近 1 个月，通常早上（　）点起床。

　　4. 近 1 个月，每夜通常实际睡眠时间（　）小时　对下列问题请选择一个最适合您的答案。

　　5. 近一个月，您有没有因下列情况影响睡眠而烦恼

　　　a. 入睡困难（30 分钟内不能入睡）①无 ②＜1 次/周 ③1~2 次/周 ④3 次/周

　　　b. 夜间易醒或早醒 ①无 ②＜1 次/周 ③1~2 次/周 ④3 次/周

　　　c. 夜间去厕所 ①无 ②＜1 次/周 ③1~2 次/周 ④3 次/周

　　　d. 呼吸不畅 ①无 ②＜1 次/周 ③1~2 次/周 ④3 次/周

　　　e. 咳嗽或鼾声高 ①无 ②＜1 次/周 ③1~2 次/周 ④3 次/周

　　　f. 感觉冷 ①无 ②＜1 次/周 ③1~2 次/周 ④3 次/周

　　　g. 感觉热 ①无 ②＜1 次/周 ③1~2 次/周 ④3 次/周

　　　h. 做噩梦 ①无 ②＜1 次/周 ③1~2 次/周 ④3 次/周

　　　i. 疼痛不适 ①无 ②＜1 次/周 ③1~2 次/周 ④3 次/周

　　　j. 其他影响睡眠的事情 ①无 ②＜1 次/周 ③1~2 次/周 ④3 次/周

　　如果有，请说明：

　　6. 近 1 个月，总的来说，您认为自己的睡眠质量 ①很好 ②较好 ③较差 ④很差

　　7. 近 1 个月，您用催眠药物的情况 ①无 ②＜1 次/周 ③1~2 次/周 ④3 次/周

　　8. 近 1 个月，您感到困倦吗？ ①无 ②＜1 次/周 ③1~2 次/周 ④3 次/周

　　9. 近 1 个月，您感到做事的精力不足吗？ ①很好 ② 较好 ③ 较差 ④ 很差

　　每一个问题的得分从 0 分到 3 分，分数越高代表睡眠紊乱越严重。量表作者在他们进行的效度评估试验中，将划界值定为 5，这样可以正确区分出 88.5% 的患者人群。

　　1. **睡眠潜伏期**　开始睡眠至脑电图记录到第一个持续 3 分钟的 NREM 睡眠的第一阶段称为睡眠潜伏期（思睡期），一般为 10~30 分钟，超出则为入睡困难。

　　2. **睡眠觉醒次数和时间**　在睡眠分期的一个时段（如 20~30 秒）中，觉醒脑电的表现超过 50% 以上称为觉醒。通常认为超过 5 分钟的觉醒次数应少于 2 次，夜间觉醒总时间不超过 40 分钟。

　　3. **总睡眠时间**　指个体实际睡眠的总时间。因个人、年龄和生活环境而异，变异很大。

　　4. **觉醒比**　指睡眠中觉醒时间与总睡眠时间之比。

　　5. **睡眠效率**　指总睡眠时间与记录时间（睡在床上的时间）之比，通常使用百分比表示，正常睡眠效率应在 80% 以上，但与年龄有关，如儿童一般睡眠效率较高。

　　6. **睡眠维持率**　指总睡眠时间与入睡开始至觉醒的时间比，通常以＞90% 作为正常参考标准。

7. **NREM 各期比例**　为 NREM 睡眠在各个睡眠阶段所占比例,通常睡眠第一阶段占2%~5%,第二阶段占45%~55%,第三阶段占3%~8%,第四阶段占10%~15%;NREM 睡眠占总睡眠时间的75%~80%。

8. **REM 睡眠的分析指标**　通常包括:① REM 睡眠潜伏期:指从入睡开始到 REM 睡眠出现的时间,年长儿或成人为70~90分钟。此期的缩短主要见于发作性睡病和内源性抑郁症。发作性睡病可以在入睡后不经过 NREM 睡眠而直接进入 REM 睡眠,称为"REM 起始睡眠"(REM-onset sleep)。多数抑郁症患者 NREM 第三、四期睡眠减少,REM 睡眠(特别是第一个 REM 睡眠期)潜伏期缩短,快速眼动的强度增加。REM 睡眠潜伏期的延长多见于睡眠零乱的患者,常因为失眠或因睡眠中呼吸障碍和不自主运动等,NREM 睡眠受到不断的干扰,以致难以进入 REM 睡眠;② REM 睡眠次数:正常成人全夜 REM 睡眠次数一般为4~5次;③ REM 睡眠时间和百分比:正常年长儿或成人 REM 睡眠占全夜睡眠时间的20%~25%;④ REM 活动度、REM 强度和 REM 密度:REM 活动度正常为40~80个单位;REM 强度为 REM 活动度与总睡眠时间之比,正常为10~20,REM 密度为 REM 活动度与REM 睡眠时间之比,正常为50~90。

第二节　睡眠障碍的分类

近40年来,WHO 和睡眠学术团体先后制定了不同版本的睡眠障碍分类及诊断标准。睡眠障碍的表现涉及睡眠的数量、质量、主诉和体验,以及病因等多个维度。关注焦点和简繁程度的差别产生了不同的分类方法。各种睡眠障碍的临床分类方法在评价失眠时须同时考虑睡眠质量和数量两方面的改变,并将患者的主诉和失眠体验考虑在内。这里介绍主要分类。

一、DCSAD 分类

1979年,美国睡眠障碍中心联合会(Association of Sleep Disorder Center)颁布了旨在以睡眠质量为主评价失眠症的睡眠实验室检查及诊断标准,即睡眠和觉醒障碍诊断分类(Diagnostic Classification of Sleep and Arousal Disorder, DCSAD)。DCSAD 是国际上第一个睡眠疾患的诊断分类方法,它将睡眠障碍分为四大类(专栏11-2)。

此分类方法是以失眠主诉或症状为基础的,使用起来较为容易。但在实际工作中暴露出一定的局限性。比如,某些特异性临床表现及多导睡眠监测标准未被包括在内。此外,这是一种基于症状学的分类方法,有时一种病症同时归属两种疾患类别,如"周期性腿动"既可导致睡眠障碍又是过度嗜睡的主要原因之一,这就容易造成临床分类的混乱。

专栏 11-2

睡眠和醒觉障碍诊断和分类(DCSAD)

1. 睡眠起始和睡眠维持障碍,或称为典型的失眠症(insomnia)。
2. 过度嗜睡症(hypersomnia)。
3. 睡眠醒觉周期紊乱(disorders of sleep/wake schedule)。
4. 睡眠行为障碍(parasomnia)。

二、ICSD 分类

（一）1990 年制定的 ICSD 分类

1990 年，美国睡眠障碍联合会（American Sleep Disorder Association, ASDA）制定了《睡眠障碍国际分类》（International Classification of Disorder, ICSD）以及睡眠障碍的《诊断与评分手册》（Diagnostic and Coding Manual）。ICSD 分类与 DCSAD 有两个方面的区别：第一，ICSD 是以病因为分类依据；第二，ICSD 分类法对于每种睡眠疾患均考虑其特异性临床表现和多导睡眠监测诊断标准。

ICSD 将睡眠疾患分为三大类：睡眠障碍（dyssomnia）、睡眠行为障碍（parasomnia）和继发性睡眠障碍（secondary sleep disorder）。睡眠障碍按病因学再进一步分为内源性、外源性和睡眠醒觉周期紊乱性失眠三型。内源性失眠是指与脑功能异常相关性失眠；外源性失眠是由于外界干扰因素导致的睡眠紊乱；睡眠醒觉周期紊乱性失眠是由于睡眠调节障碍所致。睡眠行为障碍是指在睡眠过程中不应发生的行为和躯体活动，常见于睡行症和梦魇。通常情况下，睡眠行为异常不会导致严重失眠。继发性睡眠障碍多与精神、躯体疾病和神经系统疾病有关。ICSD 包括 84 种睡眠疾患，其中 43 种疾患可导致失眠，主要指睡眠障碍和继发性睡眠障碍。

ICSD 是从事睡眠医学的专业人员使用最多的分类方法，ICSD 的分类方法较 DCSAD 有了许多改进，但也存在着一些问题，比如对于疾患的分类尚缺乏病理生理机制的证实。其中某些睡眠障碍的冠名尚缺乏与其他疾患进行严格的区分和推敲，该方案 1997 年作了修订，然而在 2001 年由美国睡眠医学会委员会对睡眠障碍国际分类的临床医师在诊断使用时的情况作调查时发现，由于方便使用和管理，临床医师更愿意使用 1979 年版的《睡眠和觉醒障碍诊断分类》。

（二）2005 年版 ICSD 分类

在 2001 年美国睡眠协会（APSS）会议上，由美国睡眠医学会、睡眠研究会以及来自其他 5 个国家（芬兰、瑞士、法国、德国和日本）的专家强烈要求对 ICSD-1 进行修改，经过全球 100 多位专家近 4 年的反复讨论和修改，于 2004 年定稿并于 2005 年 5 月正式出版了新的国际睡眠障碍性疾病分类《睡眠障碍国际分类第 2 版》（ICSD-2）。ICSD-2 把睡眠障碍疾患分为 8 大类：①失眠；②与睡眠相关的呼吸障碍；③非呼吸睡眠障碍所致嗜睡；④昼夜睡眠节律障碍；⑤异态睡眠；⑥与睡眠相关的运动障碍；⑦单独症候群，正常变异和尚未定义的项目；⑧其他睡眠障碍。第 2 版国际睡眠障碍性疾病分类与第 1 版的分类有着显著的不同，其逻辑性、临床实用性提高，比国际疾病分类法的通用性更强，但一些诊断术语在应用的灵活性降低。

（三）2014 年版的 ICSD 分类

第三版与第二版分类的区别并不大，但是在具体疾病内容中有很大变化。ICSD-2 概括为以病因为导向的分类，寻找失眠的病因，然后根据病因进行处理和治疗失眠。ICSD-3 以病程作为分类，而其他类别的失眠是指患者有失眠问题但不符合慢性和短期失眠的诊断标准。ICSD-2 把失眠分为 8 类：①急性失眠；②心理生理性失眠；③矛盾性失眠；④特发性失眠；⑤睡眠卫生不良；⑥儿童行为性失眠；⑦精神疾病；⑧药物 / 物质所致失眠。第 3 版国际睡眠障碍性疾病分类（ICSD-3）把失眠分为 3 类：①慢性失眠；②短期失眠；③其他失眠性障碍。ICSD-2 中发作性睡病分成猝倒型和非猝倒型，在 ICSD-3 中猝倒型属于 1 型，非猝倒型属于 2 型。另外其他的特发性嗜睡、Kleine-Levin 综合征与躯体疾病、物质使用和精神疾病相关的睡眠不足综合征，都需要进行鉴别。三种 ICSD 分类，见表 11-2。

表 11-2　睡眠障碍国际分类（ICSD）

ICSD-1	ICSD-2	ICSD-3
睡眠障碍　内源性失眠	失眠（病因分类）	失眠（病程分类——慢性失眠、短期失眠、其他类型失眠）
外源性失眠	与睡眠相关的呼吸障碍	与睡眠相关的呼吸障碍
睡眠与觉醒的周期紊乱	嗜睡（猝倒型和非猝倒型）	嗜睡（1型和2型）
	昼夜睡眠节律障碍	昼夜睡眠节律障碍
睡眠行为障碍	异态睡眠	异态睡眠
继发行睡眠障碍	与睡眠相关的运动障碍	与睡眠相关的运动障碍
	单独症候群	单独症候群
	其他的睡眠障碍	其他的睡眠障碍

三、DSM-5、ICD-10 和 CCMD-3 分类

（一）DSM-5 分类

美国 DSM-5 中睡眠 - 觉醒障碍参照了 DSM-Ⅳ以来流行病学、遗传学、病理生理学在诊断和治疗上的研究进展。DSM-Ⅳ将睡眠障碍分为三大类，即原发性睡眠障碍（primary insomnia）、精神障碍相关的睡眠障碍（sleep disorder related to another mental disorder）、其他疾病和活性物质相关的睡眠障碍（sleep disorder related to another general medical condition）。DSM-5 取消了原发性失眠，大类改名为睡眠 - 觉醒障碍，共包括 10 种障碍（表 11-3）。

（二）ICD-10 分类

ICD-10 按器质性和非器质性病因将睡眠疾患分为两大类（表 11-3）。它将失眠症的概念限定为以下三方面内容：①在评价失眠时须将患者在睡眠数量或（和）质量不足的主诉和体验考虑在内，不包括实际睡眠时间较短但无睡眠不足表现（所谓短睡型）。②每周失眠多于 3 次，并至少持续 1 个月。仅为轻度或短暂性睡眠困难者不足以诊断为失眠症，避免将由于日常生活事件或一般的心理应激导致的一过性失眠与临床的失眠症混为一谈。③除睡眠不足的主诉外，常伴随出现心情烦躁，日常生活和工作能力下降。应避免错将失眠症作为其他精神或躯体疾病的一个症状。只要是睡眠障碍导致情绪紊乱和社会功能下降，临床即可诊断为失眠症。

（三）CCMD-3 分类

我国 CCMD-3 的睡眠障碍是指各种心理社会因素引起的非器质性睡眠与觉醒障碍，包括失眠症、嗜睡症、睡眠 - 觉醒节律障碍、睡行症、夜惊（在睡眠中出现受惊的各种表现）和梦魇（反复出现导致个体被惊醒的 - 噩梦）以及其他或待分类非器质性睡眠障碍。

三种睡眠障碍的分类方法有何不同？

三种分类，见表 11-3。

表 11-3　睡眠障碍三种分类的比较

CCMD-3　51 非器质性睡眠障碍	ICD-10　F51 非器质性睡眠障碍	DSM-5　睡眠 - 觉醒障碍
51.1 失眠症	F51.0 非器质性失眠	失眠障碍（F51.01）
51.2 嗜睡症	F51.1 非器质性嗜睡症	嗜睡障碍（F51.11）
51.3 睡眠 - 觉醒节律障碍	F51.2 非器质性睡眠 - 觉醒节律障碍	发作性睡病（G47）

笔记

续表

CCMD-3	ICD-10	DSM-5
51 非器质性睡眠障碍	**F51 非器质性睡眠障碍**	**睡眠 - 觉醒障碍**
51.4 睡行症	F51.3 睡行症(梦游症)	呼吸相关的睡眠障碍(G47)
51.5 夜惊	F51.4 睡惊症(夜惊)	昼夜节律睡眠 - 觉醒障碍(G47)
51.6 梦魇	F51.5 梦魇	非快速眼动(NREM)睡眠唤醒障碍(F51)
51.9 其他或待分类非器	F51.8 其他非器质性睡眠障碍	睡行型(F51.3)
质性睡眠障碍	F51.9 非器质性睡眠障碍,待分类	睡惊型(F51.4)
	G47 器质性 睡眠障碍	梦魇障碍(F51.5)
	G47.2 睡眠 - 觉醒周期障碍	快速眼动(REM)睡眠行为障碍(G47.52)
	G47.3 睡眠 - 呼吸暂停	不安腿综合征(G25.81)
	G47.4 发作性睡病和猝倒症	物质 / 药物所致的睡眠障碍

第三节　睡眠障碍的影响因素

一、生物学因素

1. **遗传因素**　对嗜睡症的家族研究发现,约10%~30%者存在家族遗传性;如果患者的双亲之一患有睡眠障碍,则患者的同胞中约有 1/2 会患病,性别差异不大,且连续几代都有发病者;睡眠障碍与 Hypocretion-2 受体基因有关,嗜睡症可能与第 6 号染色体上的一组基因有关,睡后出现原因不明的猝死与 LQTS 基因缺陷有关,还有研究者怀疑 Smith-Magenis 综合征可能是由于 Perl 基因缺失所致;约有 8%~10% 的发作性睡病患者有家族史,其直系亲属患病的几率为对照组的 10~40 倍;25%~31% 的单卵双生子共患发作性睡病。发作性睡病的病人体内常可侦测到 HLA-DR2 基因。但是不能单以 HLA-DR2 来确诊,因为正常人中有 30% 的人有 HLA-DR2,还有其他疾病也会造成 HLA-DR2 呈阳性反应。另外,睡行症、夜惊和梦魇等也有一定的遗传倾向。

2. **体温变化**　失眠症与人体生物钟对人体体温的控制有关,失眠也可能是因体温调节出现了延迟,体温没有及时下降。失眠症者似乎有更高的体温且变化不大,体温波动的缺乏干扰了睡眠过程。

3. **生物节律**　生物节律是理解睡眠现象的基础,当人的生物节律被打乱时就会出现睡眠障碍,研究认为褪黑激素(melatonin)和光线对生物钟的设置起很大的作用,它影响人们该什么时候睡觉。褪黑激素由松果体腺产生,别名为"Dracula 激素",因为它只能在黑暗中分泌。当我们的眼睛看到黑夜来临时,松果体腺就开始分泌褪黑激素。褪黑激素可用于治疗严重时差型睡眠障碍和其他与 24 小时节律受扰有关的睡眠障碍,但要注意用药指征。人类的生物钟对睡眠 - 觉醒节律的支配较强,但人的意志也能够改变睡眠时间表。那么,盲人的睡眠节律如何呢?(专栏 11-3)。

专栏 11-3

盲人的节律

　　盲人的 24 小时节律是一种自然的经验,因为如你所料,没有阳光的刺激,他们的生物钟始终只有一个时相,从而导致了时差的慢性形式。研究者通过让他们服用褪黑缴素来重新设置他们的 24 小时节律,即使他们的眼睛看不到,通过这种方法也可以告知患者的大脑是晚上了。

笔记

4. 躯体疾病　任何躯体不适均有可能导致睡眠障碍,包括冠心病、肠炎、溃疡病、肺气肿,以及脑外伤、脑梗死等。研究表明内科疾患中约 70% 的患者诉说有睡眠障碍。除疾病本身对睡眠的影响外,患者对自身疾病的担心以及睡眠环境和生活规律改变等因素都可能影响睡眠。所以失眠症常伴发躯体障碍和心理障碍,包括疼痛、躯体不适、白天不愿活动和呼吸问题等。此外,其他睡眠障碍,如睡眠呼吸暂停或周期性肢体运动障碍也可能影响睡眠。

5. 生物易感性　睡眠障碍可能存在生物学上的易感性。如果一个人睡眠浅(夜间易被唤醒)或家族中有失眠症、发作性睡病或阻塞性呼吸系统疾病史,这些因素最终都可能造成睡眠障碍。这些影响因素可能是易感条件,其本身并不一定导致睡眠问题,但与其他因素一起则可以干扰睡眠。

二、心理社会因素

1. 睡眠期待　失眠者对其睡眠需要的时间期望不现实,如"我需要整整 8 个小时";对失眠的后果考虑与现实不符,如"如果我只睡 5 小时,我就不能思考也不能工作"。这是失眠者的认知在起作用,也证明了仅凭人的思维便可以影响睡眠。

2. 文化差异　跨文化睡眠的研究主要集中于儿童。美国的主流文化中主张婴儿独床独睡,而在许多其他文化中则有所不同,如危地马拉、韩国的农村和日本的城镇,孩子在头几年与母亲同房间睡,有时则同床而眠。很多文化中的母亲们认为她们不能对孩子的哭喊充耳不闻,这与美国形成鲜明的对照。美国大多数儿科医生建议父母忽视婴儿夜间的哭喊,原因之一就是文化规则可对睡眠产生负性影响。

3. 内心冲突　精神分析理论认为失眠是未解决的内心冲突的表现。在正常情况下,我们可以恰当地运用各种防御机制来处理生活中的矛盾与冲突。然而,当冲突引起的焦虑叠加了原始焦虑而不能得到恰当处理时就会出现失眠。现实中的每个人都难免产生心理冲突和焦虑,也都在不知不觉地使用防御机制;神经症及神经质的人具有较强的焦虑体验,不当地或过分地使用某种/某些防御机制以减轻内心痛苦和不安,会严重干扰他们应对和解决问题的能力,从而影响社会适应功能。部分失眠患者有明显的心理冲突和神经质倾向,失眠、紧张、焦虑、恐惧等是他们心理冲突的表现形式,由于缺乏成熟的防御机制去解决,会反复强迫性地陷入心理矛盾之中。针对这部分患者,若不挖掘其内心冲突或症结,促进其人格成长,失眠问题将难以解决。

4. 不良睡眠习惯　行为主义心理学认为,睡眠障碍的出现是不良学习的结果(专栏 11-4)。Adan 及其同事的研究发现,夜间频繁醒来的孩子常常在父母在场时睡得很好。即父母在场成为孩子睡眠正常的强化物,一旦这种强化物没有出现,孩子就容易出现失眠。另外,孩子的人格特征、睡眠困难以及父母的反应还存在着相互作用或共同作用,产生睡眠障碍并使之持续存在。因为如果这个孩子脾气相当坏,父母就更有可能为了照顾入睡困难的孩子而出现在孩子的身边。

5. 人格特征　近些年来,人格在慢性失眠的发生和持续中的作用也引起了关注,慢性失眠患者可能存在病理性神经过敏、过分关注身体、缺乏自信、追求完美,以及有较高的控制欲,如过分地要求睡着,结果反而导致紧张,加剧失眠。这些性格特点也可能是其罹患心理疾患的基础。

专栏 11-4

睡眠差是一种习得性行为吗?

通常人们将卧室、床与伴随失眠的挫败、焦虑相联系,导致一到就寝时间就感到焦虑不安。睡眠产生的互动作用也促成了儿童的睡眠问题。例如,研究发现孩子入睡时若父亲或母亲在场,夜间就更易醒。研究者认为一些孩子习惯了只有父母在场时才入睡;一旦夜间醒来,发现独自一人就感到害怕,睡眠也就被破坏了。尽管失眠的习得性作用已得到广泛的认可,但针对此现象的研究却比较少,部分原因可能是由于此类研究需要在特别私密的时间进入家庭和卧室中进行。

6. **错误认知**　认知行为理论认为,患者对偶然发生的失眠现象的不合理信念,是导致失眠长期存在的重要原因。许多患者对夜间失眠怀有恐惧心理,当经过一段时间仍不能入睡时,会变得很焦虑,并伴随相应的负性认知,如对睡眠绝望和自责等。这些负性的思维活动会进一步提高其焦虑水平,导致恶性循环。这些不合理信念包括:①对失眠结果的扩大化:患者常担心失眠会给身体带来持久的实质性伤害,如记忆力和容貌等;或把白天和焦虑、易怒等负性情绪都归咎于失眠,从而增加了失眠的恐惧。②对睡眠时间的不切实际的期望,认识不到睡眠时间和质量上的个别差异,从而强化对失眠的担心。③造成失眠的错误归因:认为失眠主要是外界环境所致,或自己身体存在严重的问题,而忽略了自身心理方面的原因。

7. **感知不良**　主观性失眠患者把在睡眠中发生的精神活动,错判为觉醒时的感觉,从而对睡眠状态的感知不良,是失眠的原因之一。主观性失眠患者对睡眠时间的估计不准确。这种失眠可能是介于正常睡眠和客观性失眠之间的睡眠功能异常,是其前驱状态或转换状态。目前认为在失眠者的睡眠生理过程中,可能确实存在某种细微的变化,但目前的研究与手段还难以发现这些异常。

三、应激与环境因素

1. **生活应激**　急性应激是引起短期失眠的最常见因素。诸如考试、预知的重大事件发生前等往往会在短期内干扰睡眠。在大多数情况下,对急性应激所致的睡眠障碍,患者可通过自我调节缓解睡眠失调。生活方式等长期应激事件亦会干扰睡眠,如退休或缺乏有规律的活动会导致日间睡眠过多等。此外,睡眠障碍在强烈生活事件刺激下易导致创伤后应激障碍(PTSD,专栏 11-5),其发生率可达 60%。失眠和噩梦已被认为是 PTSD 的再体验和警觉性增高的表现。PTSD 睡眠紊乱的确切发生机制尚不清楚,研究发现最广泛的影响是去甲肾上腺素(NE)系统,另外阿片系统也被认为与 PTSD 的回避/警觉性症状有关。

专栏 11-5

PTSD 的睡眠障碍

反复发作的梦魇被认为是 PTSD 的重要症状之一。与正常人正比,失眠的 PTSD 患者更容易被唤醒。PTSD 患者反复被惊醒不仅仅与梦有关,同时也与震惊/惊恐表现紧密联系。除惊醒增加外,PTSD 患者的睡眠时间减少,睡眠效率降低。惊恐障碍患者报告了反复发生的夜间惊恐,而夜间惊恐障碍常常发生在非快速眼动睡眠期,特别是从一个睡眠阶段转向另一个阶段时。夜间惊恐发作突出的病人并不存在社会或职业方面的失能,同时亦很少有病态恐惧。

笔记

2. **睡眠环境**　虽然存在一定的个体差异,但随着年龄的增长,人们对睡眠环境变化的敏感度会逐渐提高。每个人都有一个相对稳定和习惯了的睡眠环境。当这一环境发生改变时,部分人就会出现睡眠障碍。如出差、开会、观光旅游,走亲访友等。其次,绝大多数人习惯在黑暗的环境里睡眠,如果睡眠环境光线太强,一些人则难以入睡,有的人甚至有一点光亮也会失眠。第三,安静是睡眠的必要条件,如果有较大的噪音,自然会影响睡眠的导入。但也有人能习惯一定程度的噪音,甚至于缺乏某些噪音的干扰反而不能入睡,如妻子对丈夫的鼾声等。第四,高温或寒冷也会影响正常睡眠,通常温度在28℃以上或4℃以下就会影响睡眠。

3. **生活方式和睡眠习惯**　不恰当的生活方式和睡眠习惯也会对睡眠产生影响。包括睡前饮茶、喝咖啡、吸烟以及睡前的剧烈运动,观看恐怖电影和从事兴奋的活动等。此外,过度的夜生活,熬夜,刚开始的"倒班"等也会影响睡眠。

四、其他因素

Ford 和 Kamerow(1989)发现,40% 原发性失眠障碍和46.5% 的原发性嗜睡障碍的患者同时存在其他心理障碍,而这些患者中只有16.4%

> 试比较失眠症与其他睡眠障碍的原因有什么异同?

的没有抱怨存在睡眠障碍。焦虑障碍被认为是在失眠与嗜睡中最常见的心理障碍(分别占23.9% 与27.6%),93% 的抑郁症患者存在失眠问题,物质相关障碍也与睡眠异常有关。

第四节　常见的睡眠障碍

一、失眠症

(一)概述

失眠症(primary insomnia)是一种以失眠为主的睡眠质量异常的状况,其他症状均继发于失眠,包括难以入睡、睡眠不深、易醒、多梦、早醒、再睡困难、醒后不适或疲乏感,或白天困倦等。这是临床上最多见的睡眠障碍。患者经常抱怨他们不能入睡或者很容易醒来,这导致了患者对睡眠质量的不满意,白天没有精力、容易兴奋,对家庭生活和社会生活不感兴趣,因此影响生活质量和社会功能,严重者还容易造成工作事故及交通意外。其患病率随着年龄而增高。青年人失眠患病率约为10%,中年人约为20%,65 岁以上老年人约为35%~50%,女性失眠是男性的两倍。睡眠问题与许多躯体疾病呈线性关系。

(二)主要表现

1. **入睡困难**　是最主要的表现。患者常躺在床上前思后虑,久久不能入睡,辗转不安,虽然采用多种措施也无济于事。一般来说,上床30 分钟还不能入睡并且持续了一段时间,就会被认为存在入睡困难。

2. **睡眠不深**　是失眠的第二大特点。主要表现为入睡后睡得浅,似乎处于在一种惊恐不安的情绪状态中,一些细小的干扰,如声响或活动等足以将人从睡眠中唤醒,醒来之后再次入睡则十分困难。

3. **早醒**　睡眠持续时间不长,醒转时间较平常提前2 小时以上,常在凌晨2~3 点钟就醒来,之后再无睡意,这与老年人的早起习惯不同。此外,抑郁症者存在早醒的生物学特点。

4. **担心失眠**　因失眠的痛苦逐渐形成具有极度关注失眠的优势观念。

5. **躯体症状**　常伴有头痛、头晕、头胀、精神疲惫、健忘、乏力、心悸、心慌、易激动、情

笔记

绪急躁、忧虑、记忆力下降、食欲缺乏等症状。

6. 其他问题 长期失眠可导致情绪不稳和个性改变,长期饮酒或使用镇静催眠药物来改善睡眠者还可引起乙醇和/或药物依赖。

(三)影响因素

详见第三节。

(四)诊断评估

诊断失眠症须首先排除各种躯体疾病或其他疾病所伴发的症状,需要考虑的问题有:①主诉是入睡困难、难以维持睡眠还是睡眠质量差?②睡眠紊乱是否每周至少发生三次并持续了一个月?③有日夜专注于失眠并过分担心失眠的后果吗?④睡眠量和/(或)质的不满意引起明显的苦恼或影响了社会和职业功能吗?

诊断标准除了 CCMD-3 外,国际上还有 ICSD、DSM-5 和 ICD-10。这些诊断系统对失眠症及其亚型的诊断交叉重叠且存在一定的差异,但他们的共同点为:①难以入睡、易醒、醒后不易再睡、多梦、早醒等;②社会功能受损及苦恼。晨起无清醒感、精力不充沛,白天疲劳或嗜睡、注意力不集中,由于认知功能受损导致工作或学习能力下降,关注和/(或)担心失眠的后果并产生苦恼;③排除由各种精神、神经和躯体疾病等所致;④失眠病程持续1 个月以上。规定病程标准是为了将偶尔失眠或短时失眠(1 个月以下)区别开来,以避免药物滥用或给患者造成不必要的负担。常用的三个诊断要点/标准,见表 11-4。

表 11-4 三种分类失眠症的诊断标准/要点比较

ICD-10 失眠症诊断要点	DSM-5 失眠障碍诊断标准	CCMD-3 失眠症诊断标准
(a)主诉或是入睡困难,或是难以维持睡眠困难,或是睡眠质量差。	A. 主诉对睡眠的数量和质量不满,伴有下列 1 项(或更多)相关症状:	【症状标准】
(b)这种睡眠紊乱每周至少发生三次并持续 1 个月以上。	1. 入睡困难。	(1)几乎以失眠为唯一的症状,包括难以入睡、睡眠不深、多梦、早醒,或醒后不易再睡,醒后不适感、疲乏,或白天困倦等;
(c)日夜专注于失眠,过分担心失眠的后果。	2. 睡眠维持困难。	
	3. 早醒且不能再入睡。	
(d)睡眠量和/或质的不满意引起了明显的苦恼或影响了社会及职业功能。	B. 睡眠紊乱引起有临床意义的痛苦,如:社交、职业、教育等重要功能受损。	(2)具有失眠和极度关注失眠结果的优势观念。
	C. 每周至少出现 3 晚睡眠困难。	【严重标准】对睡眠数量、质量的不满引起明显的苦恼或社会功能受损。
	D. 至少持续 3 个月睡眠困难。	
	E. 尽管有充足的睡眠机会,仍出现睡眠困难。	【病程标准】至少每周发生 3 次,并至少已 1 个月。
	F. 失眠不能更好地用其他睡眠-觉醒障碍解释,也不仅仅出现另一种失眠-觉醒障碍的病程中。	【排除标准】排除躯体疾病或精神障碍症状导致的继发性失眠。
	G. 失眠不能归因于某种物质的生理效应。	
	H. 共存的精神障碍和躯体状况不能充分解释失眠主诉。	

(五)防治要点

治疗失眠不能单纯依靠药物,而要医患之间多方面的密切配合。包括养成良好的睡眠习惯,消除影响因素,正确理解失眠和坚持执行治疗计划等。长期服用助眠药容易导致药物依赖或药物滥用,所以选择哪种药物都应该在医生指导下尽量短期使用。从长远来看,

笔记

改变个人的心理状态和生活方式等措施显得更加重要。

1. **养成良好的睡眠习惯**　对于经常失眠的患者，白天要采取一些预防措施，以改变生活方式。例如，制定规则的睡醒时间以更易于入睡；避免使用咖啡因和尼古丁等兴奋剂；保持有规律的作息制度，加强体育锻炼。因应激或躯体疾病导致的暂时睡眠障碍很常见，要减轻就诊者的过分担心。

2. **祛除病因**　首先要针对失眠的原发因素进行处理。积极治疗各种导致失眠的躯体疾病，同时要给予耐心地解释，以消除患者因不了解常识引发的焦虑和恐惧。对各种神经症和精神疾病的患者，应评估睡眠异常的原因，进行针对性的健康教育，必要时给予药物协助。

3. **药物治疗**

（1）苯二氮䓬类受体激动剂（BZRAs）：美国睡眠医学会失眠治疗的临床指南推荐首选BZRAs，BZRAs包括苯二氮䓬（BDZs）类和非苯二氮䓬类药物（non-BDZs）。苯二氮䓬类药物有阿普唑仑、艾司唑仑、氯硝西泮等。其优点是过量服用不良反应较少且致死量范围较大，但是由于滥用、药物依赖和药物延迟效应等问题，宜谨慎使用。20世纪90年代以来新型非苯二氮䓬类睡眠药面世，如佐匹克隆（imovane，zimovane）、唑吡坦（zolpidem）和扎来普隆（zaleplon）等。这些第二代睡眠药并不是纯粹的"非苯二氮䓬类"，而是安定受体激动剂，更特异性地作用于亚受体上，其优势为起效快、半衰期短、对生理睡眠影响小、药依赖性低和不良反应较少，某些情况使用的注意事项见专栏11-6。

专栏 11-6

以下情况应慎用苯二氮䓬类受体激动剂（BZRAs）

1. BZRAs恶化阻塞性睡眠窒息，故不用于有阻塞性睡眠窒息者；

2. 多数BZRAs经肝代谢，故肝病者用量宜低；

3. BZRAs和雷美尔通（褪黑素受体激动剂）在妊娠妇女的安全性未经证实，故不用于妊娠妇女；

4. 有酒精中毒或药物滥用史者服BZRAs应仔细监测其依赖形成。

（2）抗抑郁药：小剂量的抗抑郁类药物对有抑郁症状的失眠者较有效，如萘法唑酮（nefazodone）、曲唑酮、米氮平等。研究显示曲唑酮可降低觉醒性，增加慢波睡眠（3，4相睡眠），改善主观睡眠质量；米氮平可改善睡眠发作潜伏期和总睡眠时间。

（3）抗精神病药：典型抗精神病药有增加总睡眠时间和睡眠功效，缩短睡眠潜伏期和睡眠发生后醒来时间。其中氯丙嗪延长快眼动潜伏期，增加慢波睡眠；氯氮平可促使抑郁症患者增加总睡眠时间，缩短睡眠潜伏期、慢波睡眠和觉醒时间；奥氮平增加精神分裂症患者总睡眠时间、慢波睡眠和快眼动睡眠；喹硫平可诱导正常人睡眠，改善睡眠的连续性。

（4）非处方药：褪黑素具有催眠、镇静、调节睡眠 - 觉醒周期等作用。主要用于治疗由于生理节律紊乱引起的睡眠节律障碍，包括睡眠时相延迟综合征、时差反应以及倒班工作所致睡眠障碍等，对老年性失眠患者效果更好。本药的疗效尚不确切，超过生理剂量时理论上会抑制内源性褪黑素的分泌，有加重抑郁的倾向。此外基于良好辨证施治的中医药也可酌情使用。

4. **心理治疗**　单纯用药物来改善睡眠存在着缺陷和局限性。研究证明针对失眠的心理疗法会比其他方法更有效，但不同的疗法适用于不同的睡眠问题或不同的患者。这里介绍认知行为治疗和森田疗法。

（1）认知行为治疗（cognitive behavioral therapy，CBT）：是通过一定的技术手段并加强训练，以弃除不良行为，重新建立健康的睡眠方式。见表11-5。

表11-5　认知行为治疗失眠症的常用技术

技术手段	主要目的/策略	具体操作
刺激控制技术 （stimulus-control treatment）	建立快速入睡和卧室与床之间的条件反射联系，主要通过减少影响睡眠的活动来实现。	①只有感到困倦时才上床；②卧室和床只用于睡觉和性生活；③如超过20分钟不能入睡，则起床到另外的房间，直到有睡意再回卧室；④每天早晨按时起床，保持良好睡眠节奏；⑤白天睡眠时间不宜过长，尽量避免日间小睡。
睡眠限制治疗 （sleep restriction therapy）	在床时间过长会加重失眠，使睡眠质量下降。最恰当的睡眠是充分利用在床时间提高睡眠质量。	①通过睡眠日记（≥2周）确定日均总睡眠时间；②根据日均总睡眠时间限定在床时间；③每周通过睡眠日记计算睡眠效率（睡眠时间/在床时间×100）；④当睡眠效率超过90%时，增加在床时间15分~20分钟，当睡眠效率低于80%则减少15~20分钟（老年患者睡眠效率的下限为75%）；⑤每周对在床时间进行调整，注意每晚在床时间不少于5小时，以避免诱发不良事件及白天嗜睡。
认知疗法 （cognitive therapy）	改变患者对睡眠的不合理信念和态度。	①不切实际的睡眠期望；②对造成失眠的原因的错误看法；③过分夸大失眠的后果等。要通过认知矫正、对不合理信念的挑战、认知重构等技术改变错误认知，增强"自己能够有效应付睡眠问题"的信心。
放松训练 （relaxation training）	基本目的是进入一种广泛的放松状态，而非直接达到特定目的。	①反复、持久地将注意力集中于一个特定的词、声响、短语、禅语、身体的感觉、肌肉的动作；②对闯入的思想不予理会，仍集中注意力于原有的事物，以引起一种特定的生理状态，降低代谢率。

（2）森田疗法：由日本的森田正马创建于20世纪20年代，它通过绝对卧床期、轻作业期、重作业期和社会康复期解除病人精神上的烦闷和苦恼。该疗法阐明了人类原有的期望、不安和情感的心理结构，要求顺其自然，学会与生来即有的不安和冲突共存；重视生活中的每一天，不只是消除烦恼，而是带着烦恼做生活中应该做的事。由于睡眠欠佳，患者常会有许多身体上的不适，他们大多存在某种程度的疑病倾向，并追求完美，对自己的健康状况过分担心，并因此对睡眠问题更敏感，使焦虑程度更高，睡眠状况进一步恶化，形成恶性循环。森田疗法强调顺其自然，不去过多关注自己的睡眠，以此打破恶性循环，达到治疗的目的。

5. **物理治疗**　包括经颅磁刺激治疗、脑功能治疗、脑波治疗、高压静电场治疗等。

（1）经颅磁刺激治疗（rTMS）：是通过线圈产生高磁通量磁场无衰减地穿过颅骨，对神经结构产生刺激作用。它不仅可改善多种临床症状如睡眠障碍、焦虑症和抑郁症等，还可以提高患者的记忆力和认知功能。一般维持4周的rTMS治疗疗效更好，10~15天为一个疗程。失眠因多与情绪有关（如入睡困难常与焦虑有关，早醒与抑郁有关），rTMS可在改善情绪的同时改善睡眠。

（2）脑功能治疗：是以脑生理学、磁生物学及临床脑科学治疗为基础，通过头部佩戴的磁疗帽，用交变电磁场刺激颅脑（脑细胞、脑血管），产生感应电流，促进脑部血液循环、增强

笔记

脑血管弹性,磁化含铁红细胞,降低血液黏稠度。可治疗焦虑、抑郁、恐惧、强迫等心理障碍引起的失眠。

（3）脑波治疗：脑波同步治疗简称脑波治疗,是采用生物模拟技术,用电脑模拟各种频率的脑电波,并调制成声光信号同步的脑电波。临床证明,该治疗对顽固性失眠和神经衰弱等有很好的疗效。

二、嗜睡症

嗜睡症(hypersomnia)又称原发性过度睡眠。指白天睡眠过多,不是由于睡眠不足、药物、酒精、躯体疾病所致,也不是精神障碍的症状。国外报道嗜睡障碍占睡眠障碍的5%~10%,成人日间嗜睡约为 0.5%~5%,原发性嗜睡的终身患病率约为 16%。患者表现为白天思睡,夜间却整夜不眠或睡眠时间显著缩短,睡中易醒等。由于白天嗜睡,严重影响患者日间功能,同时伴发神经精神症状和认知功能改变,表现为精神萎靡、头昏、头胀、反应迟钝、记忆力下降等。有以下几种类型。

1. 反复发作性过度睡眠(recurrent hypersomnia) 亦称周期性过度睡眠、克莱恩 - 莱文综合征、青少年周期性嗜睡症,患者在睡眠发作时,每昼夜的睡眠时间可长达 18~20 小时,觉醒时间仅用于快速进食大量食物与排泄,进食与排泄后又进入睡眠状态,但无尿失禁。部分患者出现性欲亢进及异常行为,如易激惹和攻击行为。

2. 特发性过度睡眠(idiopathic hypersomnia) 发病年龄从 10~50 岁不等,主要表现为长时间的打瞌睡后出现日间过度睡眠,并可不分场合甚至在需要十分清醒的情况下也出现不同程度、不可抗拒的入睡,持续 1h 或以上,小睡后并不能恢复精力,可伴有自主神经功能障碍,如头痛、直立性低血压、雷诺现象等。

3. 创伤后过度睡眠(posttraumatic hypersomnia) 又称继发性过度睡眠,指在中枢神经系统创伤后 1 年内出现的日间睡眠过多。可见于任何年龄,主要表现为脑创伤后出现的日间睡眠过多,常与其他症状(如头痛、疲劳、记忆障碍等)同时发生,少部分可见睡眠类型或觉醒改变。

4. 其他原因继发嗜睡症 许多问题都有可能导致睡眠过多,如失眠症患者就可能因夜间睡眠不足而出现白天困倦嗜睡,睡眠呼吸暂停也可能引起睡眠过多等。但这些情况却不构成嗜睡症的诊断。因为嗜睡症患者的嗜睡现象并不是因为夜间睡眠不足所导致。关于嗜睡症的诊断标准 / 要点,见表 11-6。

表 11-6 嗜睡症三种分类诊断标准 / 要点比较

DSM-5	ICD-10	CCMD-3
A. 尽管主要睡眠周期持续至少 7 小时,自我报告的过度困倦(嗜睡)至少有下列 1 项症状:①在同一天内反复睡眠或陷入睡眠之中;②过长的主要的睡眠周期每天超过 9 小时,仍然感到休息不好(即感到精力不足);③突然觉醒后难以完全清醒。 B. 嗜睡每周至少出现 3 次,持续至少 3 个月。 C. 嗜睡伴有显著的痛苦,或导致认知、社交、职业或其他重要功能的损害。	(a)白天睡眠过多或睡眠发作,无法以睡眠时间不足来解释;和 / 或清醒时达到完全觉醒状态的过渡时间延长(睡眠酩酊状态); (b)每日出现睡眠紊乱,超过一月,或反复的短暂发作,引起明显的苦恼或影响了社会或职业功能; (c)缺乏发作性睡病的附加症状(摔倒,睡眠麻痹,入睡前幻觉)或睡眠呼吸暂停的临床证据(夜间呼吸暂停,典型的间歇性鼾音等等);	【症状标准】 （1）白天睡眠过多或睡眠发作; （2）不存在睡眠时间不足; （3）不存在从唤醒到完全清醒的时间延长或睡眠中呼吸暂停; （4）无发作性睡病的附加症状(如猝倒症、睡眠瘫痪、入睡前幻觉、醒前幻觉等);

笔记

续表

DSM-5	ICD-10	CCMD-3
D.嗜睡不能用其他睡眠障碍来解释，也不仅仅出现在其他睡眠障碍的病程中。 E.嗜睡不能归因于某种物质的生理效应（例如，滥用的毒品、药物）。 F.共存的精神和躯体障碍不能充分解释嗜睡的主诉。	（d）没有可表现出日间嗜睡症状的任何神经科及内科情况。如果嗜睡症仅仅是某种精神障碍（如情感性精神障碍）的一个症状的话，诊断只应是该精神障碍。然而，如果嗜睡症状在患有其它精神疾患的病人的主诉中占主要地位，那么就应加上心因性嗜睡症的诊断。如果其它诊断不成立，本编码应单独使用。	【严重标准】病人为此明显感到痛苦或影响社会功能。 【病程标准】几乎每天发生，并至少已1个月。 【排除标准】不是由于睡眠不足、药物、酒精、躯体疾病所致，也不是某种精神障碍的症状组成部分。

5. **实验室检查**　多导睡眠图和脑电图仍是主要的检测手段之一，反复发作性过度睡眠会出现脑脊液和尿液 5- 羟色胺及其代谢产物含量的增加。在发作性睡病和特发性过度睡眠中，体内常可侦测到人类白细胞相关抗原（HLA-DR2、HLA-Cw2）基因，见表 11-7。

表 11-7　三种嗜睡症常见检查的异同

	发作性睡病	反复发作性过度睡眠	特发性过度睡眠
多导睡眠图	正常睡眠类型被破坏 睡眠潜伏期短 觉醒次数增多 NREM 第 1 期延长	普遍性低幅慢波 睡眠潜伏期缩短 NREM 第 3、4 期比下降	睡眠数量和质量正常 睡前潜伏期缩短
脑电图	矛盾性 α 波*	弥漫性 α 波 阵发性同步 θ 波	—
脑脊液、尿液	—	5-HT 及代谢产物增加	—
基因学检测	HLA-DR2	—	HLA-Cw2

注：* 部分发作性睡病患者日间常规脑电图检查，睁眼时可见弥漫性 α 波，称为矛盾性 α 波。

三、发作性睡病

发作性睡病（narcolepsy）是指白天出现不可克制的的发作性短暂性睡眠。多见于15~25 岁，典型表现为白天过度睡眠、猝倒发作、睡眠瘫痪、睡眠幻觉，称为发作性睡眠四联症。Gelinau 于 1880 年首先命名并报道本病。病因与遗传和环境有关。主要表现为：

1. **白天过度嗜睡**　指白天任何情况下出现难以抑制的睡意和睡眠发作，一段睡眠后可使精神振作。

2. **猝倒发作**　猝倒发作常由强烈情感刺激诱发，表现躯体肌张力突然丧失但意识清楚，不影响呼吸，能完全恢复。

3. **睡眠麻痹**　睡眠麻痹指从 REM 睡眠中醒来时发生的一过性的不能讲话或全身不能活动，但呼吸和眼球运动不受影响。

4. **入睡前或醒后幻觉**　睡眠幻觉指从觉醒向睡眠或睡眠向觉醒转换时，为视、听、触或运动性幻觉，多为生动的不愉快感觉体验。DSM-5 关于发作性睡病的诊断标准见专栏 11-7。

专栏 11-7

该病目前尚无满意的治疗方法,只能以对症治疗为主。可适度应用中枢兴奋剂激活网状激活系统,如哌甲酯、右旋安非他明等。也有使用抗抑郁剂治疗猝倒发作、睡眠麻痹和入睡前幻觉,如氯丙米嗪通过抑制 REM 睡眠改善猝倒发作。对于反复发作者,可采用兴奋剂改善白天的嗜睡症状,也可使用卡马西平、碳酸锂进行预防。特发性过度睡眠者同样可采用中枢兴奋剂及抗抑郁剂治疗。此外可以配合行为治疗,如严格遵守作息时间,准时入睡和起床,白天定时小睡等。还可通过行为疗法规范其行为。

四、睡眠 - 觉醒节律障碍

睡眠 - 觉醒节律障碍(circadian rhythm sleep disorder)是指睡眠 - 觉醒节律与需求不符,导致对睡眠质量的持续不满,有忧虑或恐惧,并引起精神活动效率下降,妨碍社会功能。多见于成年人。它以睡眠紊乱为特征(包括失眠和白天睡眠过多),可以分为以下三种亚型。

1. **睡眠时相延迟型**(delayed sleep phase type,DSPS) 长期存在入睡时间与觉醒时间延迟,伴随不能在早一点的时间入睡或醒来。与时差型和倒班型睡眠障碍不同,睡眠时相延迟问题与一些外部因素有关,如长途旅行和工作选择等。如"夜猫子"们熬夜到很晚,起得也很晚,其睡眠障碍为延迟性睡眠时相型,睡眠时间比正常时间延迟或晚一些。另一个极端是提前性睡眠时相型(advanced sleep phase type,ASPS)睡眠节律障碍,表现为"早睡早起",即睡眠时间比正常时间提前。

2. **时差综合型**(jet lag type) 在与当地不恰当的时间出现的睡眠与清醒,一般发生于快速经过多个时区时。患者常常称在该睡的时候难以入睡,白天感到疲劳无力、思睡,而晚上却觉得精力旺盛,不能入睡。有趣的是,老人、内向的人和早起的人几乎不受时差改变的影响,原因不明。

3. **轮班型**(shift work type) 在主要睡眠阶段出现失眠,或在主要觉醒期出现过度睡眠。这一分型常与夜间轮班或经常改变轮班时间相联系。医生、护士、警察和急救人员等,由于晚上工作或者工作时间不规律,常会出现失眠或者工作时入睡。在非常规时间工作(保持清醒)不仅会引起此后的睡眠问题,还可引起胃肠道症状,增加酒精滥用的可能,以及

笔记

能降低工作士气、干扰家庭生活和社交活动,还会进一步诱发其他问题,如导致患者的社会功能受损等。

如果睡眠 - 觉醒节律障碍是某种躯体疾病或精神障碍(如抑郁症)症状的一个组成部分,不诊断为睡眠 - 觉醒节律障碍。DSM-5 关于睡眠—觉醒节律障碍的诊断标准(专栏 11-8)。

专栏 11-8

DSM-5 关于昼夜睡眠—觉醒节律障碍的诊断标准

A. 一种持续的或反复发作的睡眠中断模式,主要是由于昼夜节律系统的改变,或在内源性昼夜节律与个体的躯体环境或社交或职业时间表所要求的睡眠—觉醒周期之间的错位。

B. 睡眠中断导致过度有睡意或失眠,或两者兼有。

C. 睡眠紊乱引起有临床意义的痛苦或导致社交、职业和其他重要功能的损害。

治疗主要是要调整患者入睡和觉醒的时间以恢复正常睡眠节律。可逐步调整或一次性调整并需不断巩固、坚持下去。为防止反复,常需结合药物巩固效果,如褪黑素治疗等。

1. **一般治疗** 规律作息时间、维持足够的日光照射。对于睡眠时相延迟,最有效的疗法是时间疗法(chronotherapy)。它是一种行为疗法,按照人体生物节律的天生后移倾向,把上床时间系统地延迟。如将每天上床时间顺延 3 小时,然后尽量维持这个上床时间。研究显示,光照可有效治疗倒班工作引起的生物节律障碍,且明确的时间提示(日光等)有助于时差综合征患者更快适应所处时区的昼夜节律。

专栏 11-9

DSM-5 关于睡眠觉醒障碍的诊断标准

A. 反复发作的从睡眠中不完全觉醒,通常出现在主要睡眠周期的前三分之一,伴有下列任 1 项症状:

1. 睡行:反复发作的睡觉时从床上起来和走动。睡行时,个体面无表情、目不转睛;对于他人与他或她沟通的努力相对无反应;唤醒个体存在巨大的困难。

2. 睡惊:反复发作的从睡眠中突然惊醒,通常始于恐慌的尖叫。每次发作时有强烈的恐惧感和自主神经唤起的体征,如瞳孔散大、心动过速、呼吸急促、出汗等。发作时,个体对于他人安慰的反应相对无反应。

B. 没有或很少有梦境能被回忆起来。

C. 存在对发作的遗忘。

D. 此发作引起有临床意义的痛苦,或导致社交、职业和其他重要功能方面的损害。

E. 该障碍不能归因于某种物质(例如,滥用的毒品、药物)的生理效应。

F. 共存的精神和躯体障碍不能解释睡行或睡惊的发作。

2. **药物治疗** 研究显示,褪黑素可以促进机体节律的再适应,能够显著缩短时差综合征的时间,提高睡眠质量,缩短睡眠潜伏期等。对于倒班工作者,褪黑素可从根本上解决光照扰乱给机体带来的不良影响,加强内源性节律与环境周期的同步效应。有研究显示睡眠时相延迟型的患者通常褪黑素分泌节律后移,故而服用褪黑素治疗具有较好的疗效。多导睡眠图显示,患者服用褪黑素治疗后,睡眠潜伏期显著缩短,睡眠结构不受影响,晨醒后清晰度高,可显著改善生活质量。

五、睡眠觉醒障碍

睡眠 - 觉醒障碍（sleep-wake disoders）在 DSM-5 中称之为非快速眼动睡眠唤醒障碍，主要表现为由睡眠向觉醒移行过程中，意识尚未完全清醒状态下出现的轻微行为障碍。此时患者的行为动作已经进入了觉醒状态，但是其认知功能仍未完全清醒，表现为对时间和地点定向障碍、精神活动迟钝、说话颠三倒四等，最常见于夜间睡眠的前 1/3 阶段，其发生与 NREM 睡眠期密切相关，可持续数分钟至数小时，次日对夜间发生的事毫不知情。下面介绍几种常见的睡眠觉醒障碍。DSM-5 关于睡眠觉醒障碍的诊断标准见专栏 11-9。

（一）睡行症

睡行症（sleepwalking disorder）又称梦游症或夜游症，是一种在睡眠过程中尚未清醒而起床在室内或户外行走，或做一些简单活动的睡眠和清醒的混合状态。发作时难以唤醒，刚醒时有意识障碍、定向障碍、警觉性下降、反应迟钝等。以患者在睡眠中行走为基本临床特征，不论是即刻苏醒或次晨醒来均不能回忆，可伴有夜惊症及遗尿症。近年来的研究证明，睡行症并非发生在梦中，主要见于非快速眼动睡眠（NREM）的第三与第四期，故以前梦游症的称谓名不符实。本症在儿童中发病率很高，可达 1%~15%，男孩多见，成人低于 1%。睡行症可发生于儿童学会行走后的任何时候，首次发生年龄多在 4~8 岁之间，高发期为 12 岁左右，其后随年龄的增加而下降。

1. **病因**　睡行是一个十分古老的话题。W. William Shakespeare 在几个世纪以前就已经在他的名作《麦克白》中对睡行进行了准确的描述："你看，她的眼睛睁着呢。嗯，她的视觉却关闭着"。但被认为是一种病理生理现象却是最近一百年的事。早期的精神病学家多认为睡行是歇斯底里或分离障碍的表现；而神经生理学家则认为是癫痫病的表现。直到 60 年代快速眼动睡眠发现以后，人们才认识到睡行的原因并非如此。

人们发现睡行症有一定的遗传性，一项研究发现同卵双生子出现睡行症的一致性达到 0.55，而异卵双生子亦达到 0.35；还发现 DQB1 基因可能与睡眠及梦魇有关。一些心理社会因素亦与睡行有关，早年生活事件较多的心理障碍患者可更易出现睡行症；研究发现 70% 以上的睡行症患者同时患有其他精神障碍，特别是人格障碍。睡行症患者 MMPI 的癔症（Hy）得分明显偏高。睡行患者外在的敌意行为较多。有研究发现睡行症的发作与暴力行为有关，如杀人或自杀。其他可能有关的因素包括极度疲劳、睡眠剥夺、镇静和催眠药物的应用以及压力等。

2. **临床表现**　睡行症是一种睡眠中出现多种异常行为的睡眠障碍。患者入睡后不久（通常发生在初入睡的 2~3 小时内），突然从睡眠中坐起，意识蒙眬，睁眼或闭眼，可仅在床上做出摸索不停等重复动作，少数喃喃自语；或缓慢起床，不言不语，下地不确定地反复徘徊，然后再回到床上睡去；也可能在下地后双目凝视，做出一些日常的生活活动，如梳洗、上厕所、饮水进食、外出游逛等，可以躲避障碍，但由于意识不清，患者对环境的变化往往不能主动意识，当身处危境时因不能觉察可能发生意外，极少发生奔跑或者试图逃避某种可能威胁行为。大多数睡行期间的行为都是固定的并且复杂程度较低，但也有开门甚至操作机器的报告。患者会在觉醒时发现自己披着毯子或被子坐在床上，更多的是患者醒来后发现自己在洗手间、屋子外面、楼梯上，甚至在很远的地方。儿童睡行症患者还可能会有一些不寻常的行为，如在箱橱之类的物体里撒尿等。

患者在睡行期间有可能会与别人对话，甚至回答问题，但是语言常不清楚，难于理解。睡行者会在别人的要求下中止自己的行为并重新回到床上睡觉，但是这些行为表现的敏捷性明显降低。

睡行多发生在睡眠前三分之一的 NREM 深睡期，所以发作时很难唤醒患者，即使被唤醒也会迷惑几分钟才能恢复正常,不能回忆所发生的情况,强行唤醒时常出现精神错乱,事后常完全遗忘。虽然个体在醒来时可能发现自己在另一个地方,或者留下了一些晚上活动的证据,但全然记不起究竟发生了什么。有时患者可能会模糊地记得一些片段,却想不起整个的情况。大多数睡行持续数分钟或数十分钟。发作时脑电图可出现高波幅慢波,但在白天及夜间不发作时脑电图正常。

3. **诊断**　根据临床表现诊断不难,本症没有痴呆或癔症的证据,可与癫痫并存,但应与癫痫发作鉴别。癫痫发作常有伸舌、舔嘴、咀嚼等自动症,且癫痫幼年患者,多伴有癫痫大发作和小发作,伴有典型的脑电图改变。睡行症可与夜惊并存,此时应并列诊断。

4. **治疗**　儿童期偶有睡行发作,大多数在青少年时期自行停止,无需治疗。睡行症的治疗以预防伤害为主,当患者发生睡行行为时,应引导他回到床上睡觉,不要唤醒他,隔天早上也不要告知,更不要责备,否则会造成患者的挫折感和焦虑感。同时要注意患者的卧室和睡行行为经常发生的场所不要摆放危险物品,以防意外。频繁发作者可选择苯二氮䓬类药物如:阿普唑仑、艾司唑仑、氯硝西泮等在睡前服用,以减少发作,也可用三环类抗抑郁剂中的阿米替林、氯米帕明等睡前口服。年轻的患者可同时配合自我催眠和放松训练等行为治疗。

(二)夜惊

夜惊(night terror)又称睡惊(sleep terrors),是一种常见于儿童的睡眠障碍,为反复出现从睡眠中突然觉醒并惊叫、哭喊,伴有惊恐表情和动

> 🐝 睡行症和癫痫有什么区别?

作,以及心率增快、呼吸急促、出汗、瞳孔扩大等自主神经兴奋症状。大约有 5% 的儿童经历过夜惊,一般始于 4~12 岁间,以 4~7 岁儿童最常见,并在青春期逐渐缓解。但其他年龄也可发生。成人发病率低于 1%,多始于 20~30 岁间,并会持续多年,其频率与严重程度可有变化。儿童患者中男性较多,成人男女性别比例相当。夜惊发作有家族聚集的倾向。

1. **临床表现**　主要有:①通常以尖厉的叫声开始并有反复发作倾向,极其不安,常常大汗淋漓、心率加快。虽然夜惊与梦魇相像(哭喊并感到害怕),但夜惊发生在 NREM 睡眠期,因此不是噩梦所致。②多持续 1~10 分钟。③发作期间儿童不易被唤醒,且常感到不适,有如在梦魇中。④患者自己往往不能回忆夜惊的经过,常记不起刚刚做过的梦,或只能记起一些片段。大多数在被惊醒后并不会立即醒来,而是会继续睡觉,醒来时会出现对梦境的完全遗忘。

2. **治疗**

(1)一般治疗:其发生可能与过度疲劳、压力过大、过分担心或睡眠不足等有关,故需保证患者的总睡眠时间,帮助患者将注意力集中在正性想法与情感方面。

(2)药物治疗:如果问题频繁出现或持续很长时间,建议使用抗抑抑郁剂或苯二氮䓬类药物,但疗效尚未得到明确的证明。

(3)心理治疗:心理治疗对夜惊引起的焦虑有所帮助,在非对照临床研究中显示:在年轻患者中,心理治疗联合药物治疗疗效更佳。

(4)制订觉醒列表:研究人员对每晚出现夜惊的儿童的父母进行指导,教会他们在孩子典型发作前 30 分钟左右唤醒孩子。这项技术几乎可以完全消除夜惊症状,几周之后就可以停用。

六、梦魇障碍

梦魇障碍(nightmare disorder)是指睡眠中被噩梦突然惊醒,以恐怖不安或焦虑为主要特征的

> 🐝 梦游症是怎么回事? 如何摆脱总做噩梦的困扰?

梦境体验,且对梦境中的恐怖内容能清晰回忆,并心有余悸的一种睡眠障碍。通常在夜间睡眠的后期发作。梦魇可发生于任何年龄,但以 3~6 岁多见。儿童发病率为 20%,成人为 5%~10%;女性出现梦魇的比例是男性的 2~4 倍。

1. **病因**　儿童白天听恐怖故事,看恐怖影片后,可能诱发梦魇。成人在受到精神刺激后可经常发生噩梦和梦魇。睡眠姿势不当也可发生梦魇,如睡眠时手臂压迫胸部会感觉透不来气,出现憋气、窒息、濒临死亡的梦魇。有些药物如镇静催眠剂等也常引起梦魇。突然停用镇静安眠药可能诱发梦魇。频繁的梦魇发作可能与人格特征有关,有 20%~40% 的梦魇患者存在分裂型人格障碍、边缘型人格障碍、分裂样人格障碍或者精神分裂症症状,但其中 50% 以上的人并不符合精神病的诊断标准。也有研究提示,高频率的终生性梦魇具有家族性。

2. **临床表现**　梦魇的最大特点是反复出现一些让人感到恐怖的噩梦。梦的内容以感到将出现某种躯体危险(如被追赶、被抢劫、被伤害等)为主,如被猛兽追赶,突然跌落悬崖等;也有感到自己面对失败或困窘等场面;还有重物压身,不能举动,欲呼不出,恐惧万分,胸闷如窒息状等。发生于创伤事件后的梦魇往往重复原先的经历,但大多数梦魇并非如此。

一般来说,梦魇发生于 REM 睡眠期。因此,患者醒来后还能详细描述梦中的细节。梦魇会让个体在被惊醒时警觉性明显提高。那些童年期就经常出现梦魇的人,在成年后更有可能出现焦虑、抑郁等症状。但是,身体运动和出声并不是梦魇的特征性症状,因为 REM 期个体的骨骼肌张力消失。但这些行为可能会发生于那些伴有创伤后应激障碍者身上,因为这些人的梦魇可能发生于 NREM 睡眠期。

3. **诊断与治疗**　根据临床表现作出诊断,诊断标准见专栏 11-10。偶尔发生的梦魇不需要特殊处理,发作频繁者应予以干预。

(1)病因治疗:对于梦魇发作频繁的患者,应详细检查其发病原因,给予相应处理,如睡前不看恐怖性书籍和电影,缓慢停用镇静安眠药,睡前放松调整睡姿保证良好睡眠。躯体疾病和精神疾病引起者,应当积极治疗相关疾病。

(2)认知心理治疗:认知心理治疗有助于完善梦魇患者的人格,提高其承受能力;由生活事件引起的梦魇,认知心理治疗能帮助他们了解梦魇产生的原因,正确认识梦魇以消除恐惧心理。

(3)行为治疗:用多种方式描述梦境,可以采用"意象复述技术(imagery rehearsal technique)"对经常出现的噩梦内容,通过回忆和叙述将梦境演示或画出来,然后加以讨论,解释,同时配合放松训练技术减少此过程中的焦虑和恐惧情绪的影响,常可使梦魇症状明显改善或者消失,明显减少对于梦魇的恐惧感。

> "鬼压床"是怎么回事?
> "鬼压床"、梦魇、睡眠麻痹症有什么区别?

专栏 11-10

DSM-5 关于梦魇障碍的诊断标准

A. 反复出现的延长的极端烦躁和能够详细记忆的梦,通常涉及努力避免对生存、安全或躯体完整性的威胁,且一般发生在主要睡眠期的后半程。

B. 从烦躁的梦中觉醒,个体能够迅速恢复定向和警觉。

C. 该睡眠障碍引起有临床意义的痛苦或导致社交、职业或其他重要功能方面的损害。

D. 梦魇症状不能归因于某种物质(例如,滥用的毒品、药物)的生理效应。

E. 共存的精神和躯体障碍不能充分地解释烦躁梦境的主诉。

笔记

七、不安腿综合征

不安腿综合征（restless leg syndrome，RLS）是指于静息状态下出现难以名状的躯体不适感，而迫使肢体发生不自主运动。不安腿综合征的病因尚不明确。临床观察报告发现1/3~1/2的患者具有阳性家族史，故推测本疾病与遗传有关。此外，多巴胺能神经介质在本病的发病中可能起重要作用，使用多巴胺类药物治疗此病的体感异常疗效显著，能够明显减少不安腿综合征的症状。由于本病有感觉和运动方面障碍，人们推测患者可能存在大脑中枢神经系统异常。本病可见于任何年龄，最多见于中年人，老年人也可首次出现，婴儿罕见。普通人群患病率为10%，老年人患病率较高。有文献报道本病见于5%~15%的正常人、11%~27%的孕妇、24%~42%的缺铁患者、15%~20%的尿毒症患者、近30%的类风湿性关节炎以及17%的糖尿病患者。

（一）临床表现

最具特征性症状为静息状态下出现难以名状的下肢不适，患者难以忍受，而迫使下肢发生不自主的运动。运动时，下肢不适感可短暂的部分或全部缓解，停止运动后不适感再次出现。通常表现为虫爬行、蠕动、拉扯、刺痛、震颤、发痒、沉重、抽筋、发胀或麻木等，通常为双侧性，但严重程度和发作频率可不对称，一般于静息状态或身体放松时出现，夜间较多。下肢不适常干扰睡眠，以至于出现入睡困难，易醒，醒后再次入睡困难，最终引发睡眠障碍。而睡眠障碍可恶化躯体不适感，导致病情逐渐加重。DSM-5关于不安腿综合征的诊断标准（专栏11-11）。

专栏 11-11

DSM-5 关于不安腿综合征的诊断标准

A. 移动双腿的冲动，通常伴有对双腿不舒服和不愉快的感觉反应，表现为下列所有特征：
    1. 移动双腿的冲动，在休息或不活动时开始加重。
    2. 移动双腿的冲动，通过运动可以部分或完全缓解。
    3. 移动双腿的冲动，在傍晚或夜间比日间更严重，或只出现在傍晚或夜间。
B. 诊断标准 A 的症状每周至少出现 3 次，持续 3 个月。
C. 诊断标准 A 的症状引起显著的痛苦，或导致社交、职业教育、学业、行为或其他重要功能方面的损害。
D. 诊断标准 A 的症状不能归因于其他精神障碍或躯体疾病，也不能用行为状况来更好地解释（例如，体位性不适、习惯性顿足）。
E. 此症状不能归因于滥用的毒品、药物的生理效应（例如，静坐不能）。

（二）治疗

药物治疗有：①多巴胺能药物，如：左旋多巴、卡比多巴可减轻症状与减少发作频率；②苯二氮䓬类药物，如氯硝西泮、地西泮、阿普唑仑等均可减少腿部痉挛，同时可以改善睡眠。氯硝西泮对肌肉和四肢运动疗效较好；③阿片类药物对肌肉痉挛、身体不安和睡眠质量下降有轻度或中度的疗效；④抗惊厥药物（卡马西平、丙戊酸钠）、部分抗抑郁药物（阿米替林、曲唑酮）有一定疗效。

入睡前热水浴可明显改善症状。此外，加强睡眠卫生，帮助患者确定符合实际的治疗目标，积极处理影响睡眠的因素（焦虑、抑郁、睡眠呼吸暂停综合征）等也很重要。

（彭龙颜）

阅读 1

"健康睡眠"的基本知识

一、什么是"世界睡眠日"?

进入 21 世纪,人们的健康意识空前提高,"拥有健康才能有一切"的新理念深入人心,因此有关睡眠问题引起了国际社会的关注。人一生中有三分之一的时间是在睡眠中度过,五天不睡眠就会危及人的生命,可见睡眠是人的生理需要。睡眠作为生命所必须的过程,是机体复原、整合和巩固记忆的重要环节,是人体自我修复的必要过程,良好的睡眠可以使人头脑清醒、反应敏捷、精力充沛、减少失误、提高效率,是健康不可缺少的组成部分。

睡眠是人体的一种主动过程,可以恢复精神和解除疲劳。充足的睡眠、均衡的饮食和适当的运动,是国际社会公认的三项健康标准。WHO 调查,27% 的人有睡眠问题。为唤起全民对睡眠重要性的认识,2001 年,国际精神卫生和神经科学基金会主办的全球睡眠和健康计划发起了一项全球性的活动,将每年初春的第一天—3 月 21 日定为"世界睡眠日"(World Sleep Day)。此项活动的重点在于引起人们对睡眠重要性和睡眠质量的关注。2003 年中国睡眠研究会把"世界睡眠日"正式引入中国。

二、培养良好睡眠习惯的方法

1. 制定一套就寝规则。

2. 制定规则的睡眠时间和觉醒时间。

3. 在睡前 6 小时内禁止食用任何含有咖啡因的食物和饮料。

4. 限制饮酒和吸烟。

5. 睡前喝点牛奶。

6. 平衡饮食,控制肥胖。

7. 只在睡眠时上床,一旦 15 分钟后不能入睡,就离开床。

8. 睡前几小时内不要锻炼或参加剧烈的活动。

9. 制订每周白天的锻炼计划。

10. 限制床上活动有助于入眠。

11. 减少卧室的噪音和灯光。

12. 白天充分接触大自然和明媚的阳光。

13. 避免卧室温度变化过大(如太热或太冷)。

三、健康睡眠对人体的重要性

尽管不少人因睡得少而洋洋得意,认为这表明他们精力充沛,但实际上睡眠不足不仅危害健康,还可能影响个人事业,并危及他人利益。据德国《经济周刊》日前报道,缺乏睡眠会扰乱人体的激素分泌。若长期每天睡眠不足 4 小时,人的抵抗力会下降,还会加速衰老、增加体重。法国卫生经济管理研究中心的维尔日妮·戈代 - 凯雷所作的一项调查表明,缺觉者平均每年在家休病假 5.8 天,而睡眠充足者仅有 2.4 天。前者给企业造成的损失约为后者的 3 倍。缺觉还会降低人的满足感。美国佛罗里达大学管理学教授蒂莫西·贾奇 2006 年曾记录睡眠不足是如何令人们厌恶工作的。结果表明,人们对上司的厌恶感随睡眠时间的减少而增加。缺觉还可能导致他们厌恶工作。还有不少研究表明,因缺觉而感到沮丧的人严重破坏工作气氛,他们会降低身边同事的工作热情,影响企业的经营业绩。美国哈佛大学医学院的查尔斯·蔡斯勒教授是世界著名睡眠研究者之一,他呼吁企业为提高工作效率实施有助于保障员工睡眠充足的制度。主要原因如下:

第一,困倦如同醉酒。专家认为,因过度疲劳而犯错误的几率同酗酒后犯错的几率一样高。对企业管理人员来说,缺觉大大提高了错误决策的风险。第二,睡眠使人聪明。许

笔记

多人认为贪睡的人蠢，但新近的研究所证明的恰恰相反，贪睡的人在深度睡眠中能加深对所学知识的长期记忆；人在夜晚入睡前的学习效率最高。第三，睡眠助人解决难题。爱因斯坦在睡梦中构思出相对论的大部分内容，因为在宁静夜晚环境中的充足睡眠，能让人排除情绪干扰，推动思维进程，解决瞬间想不通的难题。第四，睡眠充足的人工作效率更高。研究表明，人人都有自己独特的生物钟。因此专家建议企业灵活安排工作时间，尽量让员工按各自的生物钟工作。可见，健康的睡眠对我们有多么重要。

四、什么是健康的睡眠呢？多睡好还是少睡好？

睡眠质量好坏的标准，不是睡眠时间的长短，而在于第二天的精神状态，只要第二天感觉精力充沛，没有觉得不舒服，这就表明睡眠是健康的。不同年龄的人群所需的睡眠时间是不同的。大体如下：

1．新生儿期至生后3~5个月　每日总睡眠时间约16小时，快速眼动睡眠（REM）约占50%。

2．6~23个月的婴儿　每日总睡眠时间约13~14小时，快速眼动睡眠（REM）约占30%~40%。

3．3~5岁幼儿　每日总睡眠时间约11~12小时，快速眼动睡眠（REM）约占20%~30%。6~9岁儿童每日总睡眠时间约11小时，快速眼动睡眠约占20%。

4．青少年和50岁以前成人平均每日总睡眠时间约8小时。

5．50岁以后每日睡眠时间约7个小时左右。同年龄男女睡眠时间无明显差别。

睡多与睡少是相对而言的。每个人的睡眠需要量称为"睡眠定额"，它没有绝对的标准。有的人每天只有五、六个小时，却精力充沛，身体也很健康，而患有睡眠呼吸暂停综合征的患者，可以一天十几个小时都在睡觉，却仍然感到疲乏、嗜睡。一般来讲，差异不超过2小时都在正常范围。

睡眠定额主要由遗传因素决定，但又与长期的后天因素有一定的关系。有调查报告3040青年学生（13~20岁）中，"早睡早起"的成绩好者占96%。"晚睡觉醒慢"的学生，白日里嗜睡者多一些，注意力不集中者多一些，成绩差者多一些。两组相比之下，有显著性差异（$P < 0.01$）。

阅读2

睡眠质量评估和自测

一、正常与异常睡眠的判别

1．睡眠时间是否充分　长期以来，不少人认为"每天必须睡够8小时才利于身体健康"，不少人一旦睡眠时间少于8小时就开始焦虑。实际上，对睡眠的需要存在很大的个体差异，健康人群中有的甚至每天只需4小时睡眠，而有的则需要睡10小时。当然，大多数人的睡眠时间应当在5~10小时，过多或过少都有可能对健康造成不利影响。正常与异常睡眠并没有绝对的时间标准，如果你的睡眠时间不影响你的感觉和日常活动，就是正常的。

2．睡眠是否有规律　睡眠规律与个体生物钟有很大关系。有人习惯于早起而另一些人习惯于晚起，早起与晚起哪种正常呢？如果形成了习惯，感觉上和活动上都没有问题也都属于正常。但若是已经适应了的睡眠规律被打破，则需要予以关注。

3．是否伴有异常行为　如果睡眠期间存在一些异常现象，如严重打鼾、行走、说话等，那么就需要进一步检查。

4．是否有不良感觉　自我感觉是判断心理障碍最直接、最重要的指标之一，睡眠同样如此。一般来说，凡是存在睡眠感觉上的问题都值得或需要寻求专业帮助和确认。当然，也有不必要的担心。

5. 是否影响了生活　这也是判断睡眠异常的一个重要标准,即睡眠的不正常表现是否已经明显影响个体的社会生活,如生活、工作和生活。

6. 睡眠异常持续时间　由于影响睡眠的因素很多,偶尔的睡眠问题十分常见,这类情况通过普通措施多能解决。一般认为异常睡眠超过一周都无法通过努力缓解,就需要求助专家。

二、睡眠质量的自测

采用国际公认的阿森斯(Athens)失眠量表(AIS)。本量表用于记录您对遇到过的睡眠障碍的自我评估。对于以下列出的问题,如果在过去一个月内每星期至少发生三次在您身上,就请您圈点相应的自我评估结果。

1. 入睡时间(关灯后到睡着的时间)

　0:没问题;1:轻微延迟;2:显著延迟;3:延迟严重或没有睡觉。

2. 夜间苏醒

　0:没问题;1:轻微影响;2:显著影响;3:严重影响或没有睡觉。

3. 比期望的时间早醒

　0:没问题;1:轻微提早;2:显著提早;3:严重提早或没有睡觉。

4. 总睡眠时间

　0:足够;1:轻微不足;2:显著不足;3:严重不足或没有睡觉。

5. 总睡眠质量(无论睡多长)

　0:满意;1:轻微不满;2:显著不满;3:严重不满或没有睡觉。

6. 白天情绪

　0:正常;1:轻微低落;2:显著低落;3:严重低落。

7. 白天身体功能(体力或精神:如记忆力、认知力和注意力等)

　0:足够;1:轻微影响;2:显著影响;3:严重影响。

8. 白天思睡

　0:无思睡;1:轻微思睡;2:显著思睡;3:严重思睡。

答案:如果总分小于4:无睡眠障碍;如果总分在4~6:可疑失眠;如果总分在6分以上:失眠。

第十二章 人格障碍

案例 12-1

她的生活充满了不确定性

　　35 岁的埃伦·法伯是一名单身的保险公司经理,她来到一所大学医院的精神科急诊室,主诉有抑郁和驾车冲向悬崖的想法……,她报告在 6 个月时间里持续心境恶劣、无精打采、丧失乐趣,并且情况越来越严重。法伯女士感到自己"像是铅做的",最近每天有 15~20 个小时躺在床上。她也报告每天都会有暴食发作,那一刻她可以吃下"能找到的任何东西",包括整个巧克力蛋糕和很多盒饼干。她报告从青春期开始就有间歇性暴食问题,但是近来发作频率提高了,这导致她在过去几个月体重增加了 20 磅……。

　　法伯女士把症状的恶化归因于经济困难。她两个星期前被解雇了,她声称那是因为她"欠了一小笔钱"。当被询问更多细节时,她自述欠了雇主 15 万美元,另有一笔 10 万美元的欠款分散在当地多家银行,这些钱都被她挥霍了。

　　除了有生以来的空虚感,法伯女士描述她一直不确定自己在生活中想做什么,以及想和谁成为朋友。她与很多男性和女性有过短暂而亲密的关系,但是她的急性子导致双方频繁争吵甚至动手。尽管她一直认为自己的童年是快乐和无忧无虑的,但是当她变得抑郁时,她开始回忆起童年时被母亲虐待的片段。一开始,她说梦到母亲把她推下楼梯,当时她只有 6 岁。后来,她又开始报告先前没有想起来的被母亲殴打或责骂的记忆。

> 🍃 法伯女士的诊断是什么?
> 🍃 她的个性存在什么问题?

第一节 概　　述

一、人格障碍的概念

人格(personality)或称个性(character),是一个人固定的行为模式及在日常活动中待人处事的习惯方式,是全部心理特征的综合。人格的形成与先天的生理特征及后天的生活环境均有密切的关系。童年生活对于人格的形成有重要作用,且人格一旦形成具有相对的稳定性,但重大的生活事件及个人的成长经历仍会使人格发生一定程度的变化,说明人格既具有相对的稳定性又具有一定的可塑性。

人格障碍(personality disorder)是指明显偏离正常且根深蒂固的行为方式,具有适应不良的性质,其人格在内容、特质等整个人格方面的异常,使患者感到痛苦和(或)使他人遭受痛苦,或给个人和(或)社会带来不良影响。人格的异常妨碍了他们的情感和意志活动,破坏了其行为的目的性和统一性,给人以与众不同的特别的感觉,在待人接物方面表现尤为突出。人格障碍通常开始于童年、青少年或成年早期,并一直持续到成年乃至终生。部分人格障碍患者在成年后有所缓和。

人格障碍不同于人格改变。人格改变(personality change)是获得性的,是指一个人原本人格正常,而在严重或持久的应激、严重的精神障碍及脑部疾病或损伤之后发生,随着疾病痊愈和境遇改善,有可能恢复或部分恢复。人格障碍没有明确的起病时间,始于童年或青少年且持续终生,人格改变的参照物是病前人格;人格障碍主要的评判标准来自于社会和心理的一般准则。

二、人格障碍的由来

有关人格障碍的描写自古有之,科学研究始于19世纪初,直到20世纪50年代才有明确的分类和描述。

1806年,法国Pinel首先报道一名成年男性被一名女性言语触怒而将其投入井中的案例,此人是"软弱而放纵的母亲之子,幼年时有求必应,及至成年骄纵跋扈,动辄引起强烈的愤怒,狗到近前时踢死,马不安时无情鞭打"。Pinel将其命名为"不伴妄想的躁狂症"(manie sans delire),将这一术语用于那些易出现不可理解的暴怒或冲动爆发者,即反社会型人格障碍,也可能还包括一些没有妄想的精神疾病。

1835年,英国J.C.Prichard提出"悖德狂"(moral insanity)的概念,他将此定义为"表现在自我感觉、情感、爱好、性情、习惯、道德水准和本能冲动诸方面的失调,其智能、逻辑能力无损害,没有明显的临床疾病表现,也没有任何幻觉或妄想。"很清楚,Prichard定义的范围更为广泛,因此他又说:"有时偷窃症是悖德狂的一种表现。如果不是唯一的特征,也可以说是一种继发的表现形式。"同Pinel"不伴妄想的躁狂症"类似,Prichard的悖德狂可能包括情感性障碍,在他的著作中有这样的描述:"悖德狂最典型的病例中相当大的一部分表现有明显的苦闷或悲凄特征倾向。"而且,"苦闷和忧郁偶然会转为异常的兴奋状态。"Prichard也将现在认为是反社会型人格障碍的人包括在内。他写道:"行为的怪癖、奇异或荒谬的习惯,对生活中的事务采取与众不同的处理方式,是许多悖德狂的特征。但是,这些所谓的特征很难作为诊断的充足证据。不过,通过观察我们可以看到,这种现象与倔强、任性的性格、社会特性的衰退、个体道德品性的改变有关"。

1891年,S.Koch提出了接近现代概念的术语"精神病性卑劣"(psychopathic inferiority)。用于那些没有精神疾病或智力缺陷但存在明显行为异常者。后来,卑劣(inferiority)由人格（personality）一词代替以免引起武断的泛想。1913 年，德国 E.Kraepelim 在其《精神病学》教科书第 8 版中首次引用称之为 "病态人格"（psychopathic personality）。他描述了兴奋、不稳定、怪癖、说谎、欺骗、反社会及好争辩等 7 种不同的类型。1923 年，德国 Schneider 认为 E.Kraepelim 只描述了因人格异常危害社会的情况，没有包括只给自己带来损失及痛苦的人格异常，据此提出变态人格的概念应包括所有危及社会和危及本人的各种情况。这使变态人格产生了两层含义，即狭义和广义的概念。他还指出："变态人格不是真正的精神病，只不过是一种具有特殊或异常人格的人"。

到 20 世纪 50 年代，美国的 DSM 和国际 ICD 诊断系统才对人格障碍作了比较明确的分类和描述。

三、人格障碍的原因

（一）生物学因素

1. **遗传因素**　人格特质无论健康还是不健康都具有一定的遗传性，孪生子研究发现正常人格特质的遗传度为 30%~50%，而人格障碍的总体遗传度也大致如此。

2. **脑影像学**　具有攻击行为脑电图有脑发育延迟的特征，如慢波活动等，多见于反社会人格障碍和边缘型人格障碍。

3. **神经递质**　主要有：①内啡肽有与外源性吗啡类似的效应，如止痛和抑制警觉。Sadock 等（2006）发现高内啡肽水平可伴发于无情型人格；② 5- 羟色胺（5-HT）与人格障碍的攻击和冲动性呈负相关，非灵长类哺乳动物（鼠）攻击行为的与 5-HT 有重要关联。Brown 等（1979）发现 CSF 中 5-HIAA 与人格障碍者终生攻击行为成反比；③ Seinberg 等（1997）观察 10 例边缘型人格障碍在输入乙酰胆碱酯酶抑制剂毒扁豆碱后的改变，发现乙酰胆碱可能介入边缘型人格障碍者的情感不稳定特质。

4. **激素**　冲动特质的人往往显示高水平的睾酮、17- 雌二醇和雌酮。在灵长类，雌激素增加攻击和性行为的可能性，但睾酮对人类攻击行为作用不明。

5. **血小板单胺氧化酶（MAO）**　猴实验表明低血小板 MAO 水平与猴的活动和社会性相关。低血小板 MAO 活性的大学生会花更多时间在社会活动上。分裂型人格障碍有些患者血小板 MAO 活性低。

6. **自主神经系统**　反社会型人格障碍者在自主性唤醒维度上处于低水平，并具有不稳定的特点。临床研究和实验室研究都认为被试缺乏焦虑和自罪感。

（二）心理社会因素

如上所述，在人格特质成因中，分别来自先天遗传与后天环境。一般认为后天因素越多，心理治疗就越有作用。

1. **依附（attachment）**　依附与人格形成有关。依附障碍与人格障碍的形成也有关联，如不安全依附（insecure attachment）在很大程度上导致了边缘型人格障碍。另有研究表明成人的正常 / 异常人格特质与依附障碍的联系越来越少，使 Freud 的 libido 理论对异常人格特质的影响受到质疑。

2. **家庭环境**　父母养育方式（parenting style）偏差对异常人格特质的形成影响较大，尤其在年轻患者中。其中最重要的是父母亲的关爱和呵护，与多型人格障碍密切相关。如果父母采用严厉的管教方式并且 "剥夺" 子女的日常处理事务主动权，也会给人格障碍的形成增加机会。

3. **社会认知（social cognition）**　社会认知模式偏差对异常人格的形成及对他们的态度十分重要。直接关系到人格障碍的心理治疗。负性的社会认知模式主要有：

（1）个人价值（self value）：每个人都有独立的尊严，正所谓 "爱人如己"。当一个人爱自

笔记

己、照顾自己和体贴自己的时候,同时应当思考该不该也要如此地对待别人?而扭曲的社会认知则认为人和人之间有三六九等之分,为了自己的地位采取卑劣手段,是反社会型人格障碍者推崇的认知模式。

(2)经历寻求(experience seeking):人生经历对人格发展十分重要。边缘型和表演型人格障碍者常有这些方面的表现,他们在尝试新鲜事物、搜寻新奇感觉时,只注重和推崇个人兴趣,而不管他人。

(3)自由(freedom):自由是人类的普遍追求,对"自由"的曲解会让人陷入困惑中。扭曲的认知会主导着患者的情绪发放模式,边缘型人格障碍者便是如此。

(4)爱(love):爱是一种向外的投射,而被投射的对象应该包括可爱的和不可爱的人。扭曲的爱被表达成为"自私的"和"必须相互等价交换的",这种信念使家庭和社会中很难接纳那些不会表达爱的弱者或只会表达恨的患者。在人格障碍的治疗中常常遇到这些情况。

(5)家(family):最美的家应当充满宁静、温馨,正如伊甸园(Eden)那样。家的根基应该建立在爱的基础上,而不是民主的基础上。如果家中只讲民主,家庭成员们各执己见,家庭便成为法庭辩论的场所。民主的夸大会使人对包容、谦让和自我权力的放弃等不屑一顾。这可以通过家庭系统疗法或夫妻疗法进行校正。

(6)孝敬(filial duty):孝敬父母是世界各民族的美德。反社会型人格障碍者对孝的理解只限于物质供应。

上述这些扭曲的认知,常常带来负性的结果。人格障碍患者的这些信念起源于他们的早年时期,使他们在经历长期伤害后形成的一套自我保护的、避免痛苦经历再现的方法。在某些不良刺激或社会环境中,这些认知模式得到了正强化,进一步彰显出来。认知重建是心理治疗的重要任务。

第二节　分类与表现

CCMD-3、ICD-10 与 DSM-5 的人格障碍分类不尽相同(表 12-1),这反映了人格障碍问题的复杂性,也说明了当前此领域研究的活跃。例如,ICD-10 的环性人格在 F34.0,分裂型人格障碍在 F21;DSM-5 将环性人格障碍归入双相及相关障碍中。

表 12-1　人格障碍三种分类的比较

CCMD-3	ICD-10		DSM-5
60.1 偏执性	F60.0 偏执型	A 类	偏执型(F60.0)
60.2 分裂样	F60.1 分裂样		分裂样(F60.1)
60.3 反社会性	F60.2 反社会型		分裂型(F21)
60.4 冲动性	F60.3 情绪不稳定型	B 类	反社会型(F60.2)
60.5 表演性	.30 攻击型		边缘型(F60.3)
60.7 焦虑性	.31 边缘型		表演型(F60.4)
60.8 依赖性	F60.4 表演型		自恋型(F60.81)
60.6 强迫性	F60.6 焦虑(回避)型	C 类	回避型(F60.6)
60.9 其他或待定	F60.7 依赖型		依赖型(F60.7)
	F60.5 强迫型		强迫型(F60.5)
	F60.8 其他特定型	其他	其他躯体疾病所致的人格改变
	F60.9 其他非特定		(F07.0)

笔记

关于人格障碍的诊断，最有力的依据是在异常人格特质的表现上。因此必须同时套用诊断标准和对异常人格特质的监测，使我们同时认识人格障碍的类型和不同患者之间的个体差异。现行诊断标准被称为界定型（categorical）描述，而特质的确定被称为维度型（dimensional）描述。如果我们遇到了一些难以治愈的表面心理障碍，应当重点考察其人格特质。如果一位患者同时符合几种人格障碍的诊断，所有的诊断都要按主次关系罗列出来。

本章介绍两种分类法：第一种是临床沿用至今的界定型分类；另一种是临床和科研都注重的维度型分类。但学者们认为这两种分类方法的融合势在必行。

一、界定型分类

前面提到过，比较细致的人格障碍的分类是 DSM-IV 系统。它把人格障碍分为三大簇（十种类型）。

表 12-2　人格障碍界定型分类

分类	特征	人格障碍	特点
A 簇（A cluster）	怪异型	偏执型、分裂样、分裂型	疑神疑鬼
B 簇（cluster B）	野蛮型	反社会型、边缘型、表演型、自恋型	明显的不良冲动行为
C 簇（cluster C）	依附型	回避型、依赖型、强迫型	对人或环境有特殊要求

二、维度型分类

在正常和异常人群中使用量表进行研究发现，有五种障碍人格特质是重复性的出现。研究发现按 DSM-IV 所述的人格障碍类型，可以按特质的方式重新排列，这种方式与报道的五种障碍人格特质有以下的近似关系：

1. 情绪失调型（emotional disregulation）　对应 DSM-IV 分类中的边缘型、回避型和依赖型。

2. 社交紊乱型（dissocial）　对应 DSM-IV 分类中的偏执型、反社会型、表演型、自恋型和被动-攻击型。

3. 去抑制型（disinhibition）　对应 DSM-IV 分类中的分裂样和部分分裂型。

4. 强迫型（compulsive）　对应 DSM-IV 分类中的强迫型。

5. 奇异寻求型（peculiarity seeking）　对应 DSM-IV 分类中的大部分分裂型。

三、维度-界定型分类

DSM-5 以一个混合的维度-界定模型评估、诊断人格障碍。在 DSM-5 中有五个高级病理性人格特质单元，每个单元包含多种人格特质（共有 35 种），每种人格障碍包含相应的病理性人格特质。这些病理性人格特质单元包括负面情绪（negative emotionality）、分离（detachment）、敌意（antagonism）、去抑制（disinhibition）和强迫（compulsive）、精神质（psychoticism）。

DSM-5 将人格障碍分成 6 个具体类型：反社会型（antisocial）、回避型（avoidant）、边缘型（borderline）、自恋型（narcissistic）、强迫型（obsessive-compulsive）、分裂型（schizotypal）。

笔记

案例 12-2

非常人物：一位被禁锢的女孩

苏珊娜·凯森，18 岁，抑郁，浑噩度日，无休止地与父母和老师对抗。她曾试图自杀，最后进了医院，在那里待了将近两年。后来，凯森发现她被诊断为边缘型人格障碍。在自传《被禁锢的女孩》(Girl, Interrupted) 中，她对这一诊断提出了许多疑问。

……我不得不找一本《精神障碍诊断与统计手册》，查找边缘型的介绍，看一下上面对我到底是怎么描述的。

它是对 18 岁的我的真实写照，除了一些怪癖，如鲁莽驾驶和暴食……我忍不住去反驳，但那样我就会被进一步指控为"防御"和"阻抗"。

我能做的就是增加细节：带注释的诊断。

……"自我形象、人际关系和心境的不稳定性……不能确定……长期目标或职业选择……"难道这不是对青春期的极好描述吗？情绪化、浮躁、好赶时髦、不安全感：总而言之，不可救药。

"自残行为（例如割腕）……"我跳过了一点内容。当我坐在书店的地板上看我的诊断时，这一条信息突然引起了我的注意——割腕！我想这是我创造的。撞击手腕，准确点说……

"个体经常因为长期的空虚和厌倦感而体验到这种自我形象的不稳定性。"我长期的空虚感和厌倦感而体验到这种自我形象的不稳定性。"我长期的空虚感和厌倦感来自这个事实：我的生活建立在无能的基础上，这些无能不计其数。下面列出了一部分。我不能做和不想做的事：滑雪、打网球或上健身课；参加学校开设的除英语和生物学之外的任何课程；写命题文章（我在英语课上写了诗而不是文章，我得了 F）；打算上大学或者申请大学；对这些拒绝给出一个合理的解释。

我的自我形象并非不稳定的。我能非常准确地看待自己，我与教育和社会系统格格不入。但我的父母和老师并不认可我的自我形象。在他们看来我的形象是不稳定的，因为它脱离了现实，脱离了他们的需要和期望。他们对我的能力评价并不高。我的能力的确很少，这是事实。我读了很多书，不停地写东西，我有很多男朋友……

我经常会问自己是否疯了，也这样问其他人。"这样说是不是很疯狂？"在说一些其实可能并不疯狂的事情之前，我也会这样问。

我说话时经常用"也许我是疯了"或者"也许我有精神病"来开头。如果我做出任何超出常规的事——例如一天洗两次澡——我会对自己说：你疯了吗？(Kaysen, 1993,)

凯森的《被禁锢的女孩》(1999 年被拍成电影，薇诺娜·赖德主演)，再度引发了对边缘型人格障碍诊断有效性和伦理性的长期争论。

> 苏珊娜·凯森只是一个处于迷茫的青少年吗？父母对她有太高的期望，当她没有遵从时就被关起来？或者她是一个有深层问题的年轻女性，在医院接受治疗阻止了她心理上的彻底恶化？边缘型人格障碍的诊断合理吗？还是说它仅仅是我们给反抗者贴的一个标签？

（一）人格障碍的共同特征

人格障碍患者具有下列共同特征。

1. 异常行为开始于童年、青少年或成年早期，并一直持续到成年乃至终生。没有明确的起病时间，不具备疾病发生发展的一般过程。

2. 可能存在脑功能损害，但一般没有可测查的神经系统形态学病理变化。

3. 人格显著的、持久的偏离了所在社会文化环境应有的范围，从而形成与众不同的行为模式。个性上有情绪不稳、自制力差、与人合作能力和自我超越能力差等特征。

4. 主要表现为情感和行为的异常,但其意识状态、智力均无明显缺陷。一般没有幻觉和妄想,可与精神病性障碍相鉴别。

5. 对自身人格缺陷常无自知之明,难以从失败中吸取教训,屡犯同样的错误,因而在人际交往、职业和感情生活中常常受挫,以致害人害己。

6. 一般能应付日常工作和生活,能知晓自己的行为后果,也能在一定程度上认识社会对其行为的评价,可以有主观上的痛苦。

7. 各种治疗手段效果欠佳,医疗措施难以奏效,教育效果有限。

(二)人格障碍的类型

1. **偏执型人格障碍**(paranoid personality disorder) 偏执型人格障碍以猜疑和偏执为特点。始于成年早期,男性多于女性。表现对周围的人或事物敏感、多疑、不信任,易把别人的好意当恶意;经常无端怀疑别人要伤害、欺骗或利用自己,或认为有针对自己的阴谋,因此过分警惕与抱有敌意;遇挫折或失败时,则埋怨、怪罪他人,推诿客观,强调自己有理,夸大对方缺点或失误,易与他人发生争辩、对抗;常有病理性嫉妒观念,怀疑恋人有新欢或伴侣不忠;易记恨,对自认为受到轻视、侮辱、不公平待遇等耿耿于怀,引起强烈的敌意,常有回击、报复之心;易感委屈,评价自己过高,自命不凡。总感自己怀才不遇、不被重视受压制、被迫害,甚至上告、上访,不达目的不肯罢休。对他人的过错更不能宽容,固执地追求不合理的利益或权力。忽视或不相信与其想法不符的客观证据,因而很难以说服或事实来改变其想法。

> **案例 12-3**
>
> ### 他的固执让人感到太离谱
>
> 张铭,男,28岁。本人不愿意求治,也拒绝承认自己心理方面存在问题,后在心理医生的耐心说服下他自述了自己的情况:我18岁时读高三,学习成绩相当好。平常我虽然常与人交往,但我总觉得他们嫉妒我的才能,总用一种异样的目光看我。虽然他们否认对我的嫉妒,但我觉得他们说的不是真话,是在为自己辩解。我爱顶撞班主任,我觉得他的想法经常是错误的,他却反而说我错,你看多可笑。我一向我行我素,说话办事全凭个人意愿,因为我具有比他们更强的能力和智慧。当然,有时候结果不理想,但那并不是因为我的能力存在什么问题,而是客观原因造成的。现在工作了,也有人搞我,最近我被调离机关去了一个下属公司当了一名普通工作人员。为什么要调离我?他们肯定嫉妒我的才干,我为此感到愤愤不平,我觉得领导这样对我很不公平。我已经给上级部门写信,直述了我所蒙受的耻辱,并且直述了我对那个领导的看法,我非把他搞垮不可。我女朋友不让我这样做,她劝我不听,她就说我有病,我有什么问题,我看是她变心了,我注意到她每次来单位,有位领导看我的眼神都很特别。

2. **反社会型人格障碍**(dissocial personality disorder) 以行为不符合社会规范,经常违法乱纪,对人冷酷无情等特点。男性多于女性。本组患者往往在少儿期就出现品行问题,如经常说谎、逃学、吸烟、酗酒、外宿不归、欺侮弱小;经常偷窃、斗殴、赌博、故意破坏他人或公共财物,无视家教、校规、社会道德礼仪,甚至出现性犯罪行为,或曾被学校除名或被公安机关管教等。成年后(18岁后)习性不改,主要表现行为不符合社会规范,直至违法乱纪。如经常旷课、旷工,不能维持持久工作或学习、频繁变换工作;对家庭亲属缺乏爱和责任心,不抚养子女或不赡养父母,待人冷酷无情;经常撒谎、欺骗,以获私利或取乐;缺乏自我控制,易激惹、冲动,并有攻击行为,如斗殴等;没有道德观念,对善恶是非缺乏正确判断,且

笔记

不吸取教训，无内疚感；极端自私与自我中心，往往是损人利己或损人不利己，以恶作剧为乐，无羞耻感，导致其家属、亲友、同事、邻居感到痛苦或憎恨。

案例 12-4

他为何老是与别人发生冲突

周迪，男，31岁，初中文化，经常给人一种不成熟的感觉。他幼年丧母，无人管束，经常发生无礼打人等行为。大约从六七岁起他开始偷拿家里人的钱，并且撒谎，逃学，在学校欺辱幼小，不按时完成作业，学习成绩较差。在家中也是横行霸道，如家中餐桌上的一道菜自己很喜欢吃，就不准家中其他人吃。初中毕业后不再上学，学会开车后被分配到运输公司工作，跑长途，经常旷工，工作时间很短，与其他司机关系较差，被领导批评后干脆不再上班。27岁时因涉及扰乱社会秩序而收审。他在案发前几日，已多次恃强凌弱殴打他人，抢夺他人物品，肆意进入酒店纵情白吃白喝，无理与他人发生冲突，并任意砸毁店内设施等，虽经派出所干警传唤教育，然竟于次日再次窜入该店实施打砸与抢夺行为，还3次窜入医院寻衅滋事，辱骂并任意殴打多名医务人员。在收审关押后又任意殴打3名同监犯，破坏监房设施。经查证，该男17岁时涉嫌"故意伤害罪"，19岁时曾因"扰乱社会秩序罪"被判处有期徒刑2年。25岁时又因实施扰乱社会秩序行为而被行政拘留15天。随后因"行为怪异反常"等两次被送入当地精神病院，经观察未见其有重性精神障碍。

---

3. **分裂样人格障碍**（schizoid personality disorder） 以观念、行为、外貌装饰的奇特、情感冷漠、人际关系明显缺陷为特点。男性略多于女性。表现为性格明显内向或孤独、被动、退缩，与家庭和社会疏远，独来独往，除生活或工作中必须接触的人外，基本不与他人主动交往，缺少知心朋友；面部表情呆板，对人冷漠，对批评和表扬无动于衷，缺乏情感体验，甚至不通人情；常不修边幅，服饰奇特，行为古怪，不能顺应世俗，行为不合时宜或目的不明确；言语结构松散、离题，用词不妥，模棱两可，繁简失当，但非智能障碍，系由文化程度所致；爱幻想，独出心裁，脱离现实，有奇异信念（如相信心灵感应、特异功能、第六感觉等）；可有牵连、猜疑、偏执观念及奇异感知体验，如一过性错觉或幻觉等。因此，常被人称为怪人。

案例 12-5

他的行为怪异的让人看不懂

刘绅，男，30岁，未婚，工人，高中文化。母孕时体弱，足月顺产。8岁上小学，18岁高中毕业，学习成绩一般。毕业进入服装厂，工作能力一般。从小个性孤僻，很少与人讲话，家里来客不打招呼，行为怪异。放学或下班回家即独坐，不与家人交谈。对家里的事不关心，缺乏感情，生活被动，衣服不知换洗，需要人督促，甚至夏天洗澡也需家人催促。乃至年长，无兴趣爱好，对自己婚姻恋爱也不关心，家人给介绍对象表现冷淡毫无反应。所穿衣服需要家人购买，缺乏知心朋友。精神检查发现意识清晰，表情淡然，反应迟钝，接触被动，记忆力及智能初检正常，未引出明显的幻觉和妄想，称日常生活悉由父母照顾，对家人令其读报或换洗衣服感到厌烦；情绪波动小，平时也无特殊爱好，做事古板。

---

4. **冲动型人格障碍**（impulsive personality disorder） 以阵发性情感爆发，伴明显冲动性行为为特征，又称攻击性人格障碍。男性明显高于女性。常表现情感不稳，易激惹，易与他人发生冲突，可因点滴小事爆发强烈的愤怒情绪和攻击行为，难以自控，事前难以预测，发作后对自己的行为虽懊悔，但不能防止再发；人际关系强烈而不稳定，时好时坏，几乎没

有持久的朋友；激情发作时，对他人可作出攻击行为，也可自杀、自伤；在日常生活和工作中同样表现出冲动性，缺乏目的性，缺乏计划和安排，做事虎头蛇尾，很难坚持需长时间才完成的某一件事。

案例 12-6

他总是控制不了自己的冲动

古强，男，16岁，初中生。由于和社会上的不良人员混在一起，他经常组织打群架，并多次受伤住院。他在家中排行第二，与其姐姐跟着爷爷、奶奶在老家长大，父母在外地做生意。小强13岁时，父母把他从县城接到大城市上学。经过了解得知，小强性格孤僻、内向，话也不多，曾因个子矮，说家乡方言在学校里遭同学欺负。父母也因忙于生意无暇去管教他。他在第二年休学，发誓要报仇，外出学习武术一年。15岁又回到学校上学，声称要保护弱小的同学。从此打架斗殴成为他生活的主要内容。问及打架的理由，他认为都是别人先对不起他的，或者有什么不顺心事时，以此发泄。现在发展到有一个小团伙，威霸一方。

5. **表演型人格障碍**（histrionic personality disorder） 又称癔症型人格障碍（hysterical personality disorder），以过分感情用事或夸张言行以吸引他人注意为特点。患病率两性无明显差异。表现情感体验较肤浅，情感反应强烈易变，常感情用事，按自己的喜好判断事物好坏；爱表现自己，行为夸张、做作，犹如演戏，经常需要别人注意，为此常哗众取宠、危言耸听，或在外貌和行为方面表现过分；常渴望表扬和同情，经不起批评，爱撒娇，任性、急躁，胸襟较狭隘；自我中心，主观性强，强求别人符合其需要或意愿，不如意时则强烈不满，甚至立即使对方难堪；暗示性强，意志较薄弱，容易受他人影响或诱惑；爱幻想，不切合实际，夸大其词，可掺杂幻想情节，缺乏具体真实细节，难以核实或令人相信。喜欢寻求刺激而过分地参加各种社交活动。

案例 12-7

累不累，追求完美，极端细致

王知，女，38岁，因情绪低落、浑身不适而在丈夫的陪伴下来到某大医院住院治疗。刚刚走进病房见到接待她的主管医生，她就喋喋不休地讲述自己是多么不幸和痛苦，声称自己已经几天几夜没睡着觉、吃不进东西；说自己身体内的水分几乎消耗殆尽，皮肤也没有了光泽和弹性；还说多走几步路就感到十分吃力，说明身体已经极度虚弱。但医生观察发现，她精神很好，身体健壮，口唇也不干燥，说话时虽然有气无力，但表情丰富而夸张，似乎在极力渲染悲伤的气氛。当护士把王女士领到分配给她的床位前时，她拒绝接受，要求调换床位，声称不能睡在临窗的床位上，因为怕风吹后身体更加虚弱，又说靠门的床位也不能给她，因为夜晚病友进出开关门的声音会吵着她。护士没有答应她这么过分的要求，她就委屈地来找医生哭诉，说这里所有的人都欺负她，看不起她是外地人等。后来医生从王女士的丈夫嘴里了解到，她在家中也是凡事以自我的需要为第一，平时事无巨细，都要丈夫顺着她，否则就是争吵和哭闹，不达目的决不罢休。

6. **强迫型人格障碍**（obsessive-compulsive personality disorder 或 anankastic personality disorder） 以过分要求严格与完美无缺为特征。男性多于女性2倍，在强迫症中，约72%的患者在病前具有强迫性人格。常表现为对任何事物都要求过严、过高，循规蹈矩，按部就班，不容改变，否则感到焦虑不安，并影响其工作效率；拘泥细节，甚至对生活小节也要程序化,有的好洁成癖,若不按照要求做就感到不安,甚至重做;常有不安全感,往往穷思竭虑或反复考虑,对计划实施反复检查、核对,唯恐有疏忽或差错;主观、固执,比较专制,要求别人也要按照他的方式办事,否则即感不愉快,往往对他人做事不放心;遇到需要解决问题时常犹豫不决,推迟或避免作出决定;常过分节俭,甚至吝啬;过分沉溺于职责义务与道德规范,责任感过强,过分投入工作,业余爱好较少,缺少社交友谊往来。工作后常缺乏愉快和满足的内心体验,相反常有悔恨和内疚。

案例 12-8

他的情绪之变让人无法理解

朱宁,男,35岁,已婚,大学文化水平,职员。父亲为县级官员,对子女要求严格。父亲为人做事按部就班,为政清廉,一丝不苟,时间观念强,从不迟到早退。患者酷似其父,在幼儿园即与一般孩子不同,上学前一定穿得整整齐齐,书包内文具用品安排有序。回家后脱下的衣服和鞋子放在固定位置。刻苦读书,兴趣和爱好不多,学习成绩优良。毕业后到机关工作,做事认真负责,严格要求自己,做事要求完美无瑕,反复检查,致工作速度不如他人。又一次与同事外出买衣服,总是拿不定主意,跑了许多家店也未买成。办公桌上文具用品有一定摆法,如果他人无意挪动了位置便不快,甚至发脾气。因此,办公室内其他同事都不敢动他的东西。

朱某表现出的是明显的强迫性人格特征,过分自我关注和责任感过强,平时拘谨,小心翼翼,过分迂腐,刻板与固执。

---

7. **边缘型人格障碍**(borderline personality disorder) 以反复无常的心境和不稳定的行为为主要特点的人格障碍。国外统计发病率为1%~2%,女性3~4倍于男性。他们的人际关系强烈而极不稳定。情绪也不稳定,常感空虚,有冲动性地引起自我伤害的可能,并有潜在性地自我毁灭的倾向,如酗酒、吸毒、淫乱、豪赌、鲁莽驾车等。他们的自我角色经常突然变化,常突然中断学业或反复失业或离婚。他们常合并有情感障碍、多动障碍、进食障碍、物质滥用等。

> 🍂 简述边缘型人格障碍者对待恋爱的态度与表现。

8. **焦虑型人格障碍**(anxious personality disorder) 又称回避型人格障碍,发生率低于人口总数的1%,男性与女性发生率相当。其特征是社交抑制,自感能力不足,对负性评价敏感。这类人外表上表现出漠不关心,内心却具有高度的敏感性,经常因为害怕批评而会回避一些人际交往较多的活动,社交活动表现比较被动和自卑,在众人面前表现拘谨,经常感到紧张、提心吊胆、不安,总是需要被人喜欢和接纳,对拒绝和批评过分敏感,因习惯性地夸大日常处境中的潜在危险,所以有回避某些活动的倾向。惊恐障碍和广场恐惧症经常合并焦虑性人格障碍。社交恐惧症与焦虑性人格障碍也有很大的重叠性。

9. **依赖型人格障碍**(dependent personality disorder) 临床人口学中发生率大约3%,女性是男性的3倍。特征是依赖、不能独立解决问题,怕被人遗弃,常感到自己无助、无能和缺乏精力。这类人情愿把自己置于附属地位,一切听从他人安排。为了获得别人的帮助,随时需要有人在身旁,每当独处时便感到极大的不适。如果暂时失去了这种爱和帮助,他们便会感觉现实生活失去了意义,常伴有焦虑和抑郁症状。需要注意的是,依赖型人格障碍在诊断前要充分考虑文化和社会因素的作用。

第三节　理　论　解　释

在关于人格障碍的讨论中形成众多的人格障碍理论。这些观点来自心理分析学、人际关系学、神经生物学、行为学、认知学、现象学和文化宗教等。这些理论从不同角度展示了对人格障碍的认识，为我们更好地分析和治疗人格障碍提供了基础。

一、精神分析理论

在人格障碍的概念出现之前，有性格病理学。在口语使用中，性格关联于个体对道德或社会传统的尊敬。然而，在心理分析中，性格指自我"把由内部要求和外部世界所呈现的任务平衡的习惯方式"。尽管 Freud 的著作主要集中在一些特定的症状上，他还是暗示了性格分类可以建立在本我、自我和超我的结构模型上。性格的类型由本我的要求来支配，如自恋的类型由自我主导，没有其他人或本我、超我的影响。

二、行为学习理论

行为主义的基础可能和 Watson 的理论更相关，尽管在学习理论历史上 Watson 放在其他重要人物如 Thorndike 和 Pavlov 之后。同时行为主义也和 Skinner 的观点最相关。根据 Skinner 的行为主义理论，没有必要的、假想的和不可观察的感情状态，或认知期望的存在可用来解释人格障碍患者的行为及其病理学。

三、认知心理学理论

几乎所有异常心理都涉及认知因素，调查显示认知疗法的使用很广泛，认知模型还具有操作化和流程化属性。例如，特质理论家使用人格维度解释个体，大五因子模型就是其中的一个例子。认知模型和行为模型和不同：行为治疗师评估和治疗在同样的信息水平上操作，被评估的行为就是最终被治疗的行为；认知治疗师评估和治疗可发生在不同的水平，评估是在行为水平上进行的，但其本质由认知理论来指导，寻求打开适应不良的信念和属性的大门，治疗改变不是发生在个体行为水平，而是在核心的认知结构水平。

Beck 发展了各种人格障碍的认知理论，描写了这些有障碍的个体的经验和行为的认知框架。扭曲的认知框架提供了适应不良相互影响的策略，反过来，这些策略也引发了个体日复一日的生活中的自动思维。例如，依赖型人格障碍对失去爱和帮助的可能性过度敏感，并迅速表达失去这些的迹象，来表明它的真实性。而反社会型人格障碍好像有一个不发达的认知框架，他们对自己的行为违反了道德没有感到罪恶。Beck 发现了一些人格障碍的一系列"原始的"策略，这建立在对自己、他人的观点、主要信念和策略的认知分类上。Alford 和 Beck（1997）力求扩大认知疗法的综合范围，指出来源于临床观察的认知疗法理论和认知心理学之间的大量相似性。后来他们陈述"认知理论是一个关于角色的理论，即在人际关系中认知的角色"。

四、生物学理论

气质经常被比喻为土壤，是人格的生物学基础。我们可以预料，一个性子比一般人慢的孩子不太可能发展一个表演型人格障碍，而那些特别随和的孩子不太可能发展为反社会型人格障碍。

尽管我们存在的经历是一种连续统一的意识，神经系统结构的研究表明它由许多不连续的单元——神经元组成。神经递质搭建神经元之间的空隙并允许这个系统作为一个整体工作。一些神经递质似乎对应某些功能，建立在神经递质类型基础上的分类可能与人格有特定的相关性。人格因而将被缩小到神经递质的维度，通过改变某种特定神经递质水平影响人格。研究表明，边缘型人格障碍者所表现的多种认知功能失常和症状可能是由于 N-甲基-D-天（门）冬氨酸（NMDA）神经传递调节障碍引起。这种损伤是由NMDA 神经传递介导的生物脆弱性和环境影响结合而成的。从一个相对宏观的角度看，心理治疗对大脑有特定的可测量的影响，这暗示记忆可以通过心理治疗干预来修改。神经科学研究的进步使我们对心理治疗怎样影响大脑的功能有了更深刻的理解，这些进步为心理治疗的研究开辟了一条新的道路，从而形成了针对大脑特定功能区域而设计的特别模式。

第四节　诊 断 评 估

诊断人格障碍通常需要人格的既往资料，需要 18 岁以前的个人史资料，但有时较难得到。从临床实际出发，一个人的行为模式（尤其是人际关系模式）已经持续两年以上，既不与某种精神障碍或症状直接联系，又没有任何相反的证据（数年前和现在大不相同的证据），便可认为是人格特性的表现。多轴诊断系统的建立，使人格障碍自我评估和人格障碍临床定式（或半定式）检测工具得到了迅速发展，这对人格障碍实现标准化诊断和提高检出率与诊断一致性有重要意义。

一、人格障碍的评估

（一）人格障碍临床定式检测

人格障碍的临床定式检测被认为是较有效的诊断评估方法，这种方法需要检测者与被试面对面会谈，通过临床会谈的技巧，探测被试是否符合某型人格障碍的标准。

1. IPDE（国际人格障碍检查/International Personality Disorder Examination） 是一个与 ICD-10 和 DS M-III-R 诊断系统匹配使用的半定式人格障碍检测工具，可评估 8 种人格障碍。

2. SCD-II（DSM-III-R 人格障碍临床定式检查/Structured Clinical Interview for DSM III–R Personality Disorders） 是与 DSM-III-R 诊断系统匹配的人格障碍临床半定式检测工具，涵盖 12 型人格障碍诊断（10 型正式诊断，2 型提议性诊断）。

3. PDI-IV（ DSM-IV 人格障碍测查/Personality Disorder Interview） 用于评定 DSM-IV 中 12 型人格障碍的半定式检测工具。

（二）自陈式调查表（问卷）

虽然对自陈式调查表能否作为评估人格障碍的可靠指标一直存在着争议，但研究者们尤其是心理学家仍乐于采用。自陈式调查表的作用在于：①其计分结果将使临床工作者对没有预料到的问题或领域产生警觉；②对评估被试难以与检测者进行公开讨论的特质很有作用；③在临床诊断中不一定要对每一被试都要采用半定式检测工具逐一进行评估。

1. SCID-II PQ（SCID-II Patient Questionnaire） 是与 SCID-II 匹配使用的简短的自陈式调查表。

2. PDQ-R（Personality Diagnostic Questionnaire-Revised） 是与 DSM-III-R 诊断系统匹配的人格障碍自陈式调查表。

二、人格障碍的诊断

（一）CCMD-3

CCMD-3 的症状标准为个人的内心体验与行为特征（不限于精神障碍发作期），在整体上与其文化所期望和所接受的范围明显偏离，这种偏离是广泛、稳定和长期的，并至少有下列一项：①认知（感知及解释人和事物，由此形成对自我及他人的态度和形象的方式）的异常偏离；②情感（范围、强度，及适切的情感唤起和反应）的异常偏离；③控制冲动及对满足个人需要的异常偏离；④人际关系的异常偏离。

（二）ICD-10

ICD-10 认为特异性人格障碍是个体人格学特质与行为倾向上的严重紊乱，通常涉及人格的几个侧面，几乎总是伴有个人和社会间显著的割裂。人格障碍多在儿童后期或青春期出现，持续到成年并渐渐显著。因此在 16 或 17 岁前诊断人格障碍不合适。适用于所有人格障碍的一般性诊断要点如下，每一亚型都有补充描述。

ICD-10 的诊断要点为，不是由广泛性大脑损伤或病变以及其他精神科障碍所直接引起的状况，符合下述标准：①明显不协调的态度和行为，通常涉及几方面的功能，如情感、唤起，冲动控制，知觉与思维方式及与他人交往的方式；②这一异常行为模式是持久的、固定的，并不局限于精神疾患的发作期；③异常行为模式是泛化的，与个人及社会的多种场合不相适应；④上述表现均于童年或青春期出现，延续至成年；⑤这一障碍会给个人带来相当大的苦恼，但仅在病程后期才明显；⑥这一障碍通常会伴有职业及社交的严重问题，但并非绝对如此。

在不同的文化中，需要建立一套独特的标准以适应其社会常模，规则与义务。对下列大多数亚型，通常要求存在至少三条临床描述的特点或行为的确切证据才能诊断。

（三）DSM-5

人格障碍是指自我身份发展能力和人际关系功能的丧失，无法适应个体生存的环境和准则，即存在适应不良；这种适应不良包括自我身份认同失调和无法有效地进行人际交往功能，并且和多种人格特征相关，不伴随时间或情景的改变而改变，一般能追溯至青少年期；也不是其他精神疾病、物质滥用或器质性疾病的后果。

诊断某种人格障碍需满足以下标准：①自我（同一性或者自我导向）及人际（移情或亲密）功能的显著受损；②具一个或多个病理性人格特质单元或者特质面；③在人格功能及个体人格特质表达方面的受损在不同时间和不同情境中都是相对稳定的；④个体表现的这些人格功能及个体人格特质表达方面的受损在他自身发展阶段或者社会文化环境中都是不适宜的；⑤人格功能及个体人格特质表达方面的受损不是单纯由于某种物质的直接生理影响（例如药物滥用、药物治疗）或者是一般的疾病状态（例如严重的头部创伤）（专栏 12-1）。

ICD-10 是当前我国医疗机构病案首页填写的唯一标准，是国家卫生行政部门进行流行病学、卫生经济学等的依据。CCMD-3、ICD-10 和 DSM-5 均对人格障碍有明确的诊断标准。三种诊断标准首先要求符合人格障碍一般标准，然后还要符合特定类型的症状标准。CCMD-3 中人格障碍的诊断强调临床表现的人格偏离是广泛、稳定和长期的，其列出的四项人格特征，至少要具备一项才可以诊断；ICD-10 诊断人格障碍至少具备七项中的三项才可以诊断；DSM-5 人格障碍是指明显偏离患者所在文化应有的持久的内心体验和行为类型，具有指定四项特征中的两项，且符合严重性、影响程度等方面的规定才可以诊断。WHO 的 ICD-11 计划 2018 年正式出版。可以预测，未来 DSM-5 和 ICD-11 诊断系统会逐渐融合。

专栏 12-1

人格障碍何时才能确诊?

本章开始的案例 12-1 中，法伯女士表现出心境障碍的体征，伴有心境恶劣、缺乏精力或乐趣，还有自杀的念头。她的睡眠和饮食模式也发生了急剧的变化。这可能表明她患有抑郁症，然而她的故事中的其他细节指出了某种人格障碍的可能性。法伯女士的挥霍行为、紧张甚至暴力的人际关系、空虚感以及不稳定的自我感和人际关系，表明她可能有边缘型人格障碍。这一案例显示了临床医生在做出人格障碍诊断时面临的一个普遍问题：往往要到出现危机时，人格障碍个体才会被心理健康专业人士注意到，因此，很难诊断他们是只患有像抑郁症这样的急性障碍，还是同时患有或仅患有人格障碍?

第五节 治疗及预后

人格障碍的治疗仍然是一个难题，临床心理学界和精神病学界的学者们为此作出了大量有益的探索。然而截至目前为止，药物有效地治疗人格障碍的证据不多。其原因是人格特质形成中，同时有天然和养育的因素。虽然药物在去除轴 I 表面的心理病态，如焦虑、抑郁或强迫等时，确实有一定的功效，但它很难改变一个人在认知模式上的扭曲。每当药物撤去后，患者的临床症状还会反弹。可喜的是近 20 年来，Beck 父女等通过对人格障碍患者所对应的自动思维、推理和行为方式的掌握，有力地将认知 - 行为疗法推入对人格障碍的治疗；Linehan 在认知 - 行为方法上建立起来的辨证行为疗法（dialectical behavioral therapy）有效地控制了边缘型人格障碍患者的类自杀行为。

一、心理治疗

（一）认知 - 行为疗法

人格障碍患者的个体差异虽然较大，以特质为观察基础，我们还是可以发现他们的一些共性，现将较为成熟的四型维度的特点总结于表 12-3 中，此表中列出的有关个人的自动思维多数是极端的，他们表现出了一种过度发达的行为策略来补偿性地保护自己，或弥补自己在感觉上的缺陷。启动这些推论的结果是给患者带来情绪上的不快，也会伤害人际关系。掌握这些特点后，可以使我们更有的放矢地为人格障碍患者实施心理治疗。

表 12-3 各型人格障碍在认知和行为上的特点

类型	对自己的认识	对别人的认知	自动思维	行为模式
情绪失调型（边缘型、回避型、依赖型）	我不完美；我易受伤害；我不受人欢迎；我没有能力自助。	其他人将要抛弃我；人们都不可靠；别人应当照顾我。	如果我依靠自己，我将无法生活；如果我相信别人，他们会不会将抛弃我?	摆动在行为的极端上；避免与人亲近；或过分依赖亲人等。
反社会型（偏执型、反社会型、表演型、自恋型）	我易受伤害；我无用；我低人一等。	别人都怀着恶意，都在利用他人；别人不会单独来衡量我的价值。	如果我相信别人，他们会伤害我；如果我不首先行动，我会被伤害。	过度地猜疑；利用别人；表演；要求别人特别对待自己。

笔记

续表

类型	对自己的认识	对别人的认知	自动思维	行为模式
抑制型（分裂样、分裂型）	社交场合中我不适合；我不完美。	其他人对我不会有任何帮助；其他人是危险的。	如果我与别人保持距离，我会生活地不错；他人正在恶意地对待我。	使自己与别人保持距离；推测隐藏的动机。
强迫型	我本人的世界要失去控制。	其他的人不会负责。	如果我强行加入刻板的规则和整体性模式，事情会向好的方向转变。	刻板地控制别人。

  人格障碍者中认知 - 行为疗法有一些特殊性。掌握每一型人格障碍的病态中心意念、对待自己及别人的看法、相关的推论和行为模式，是有效实施认知 - 行为疗法的关键。心理治疗师要给患者树立标准，并加以校正。当然这种校正是长期的，也需要患者本人和家人的积极配合。这些校正的具体实施不能仅仅局限于治疗时间内，更重要的是借助于家庭作业而体现在日常生活中。治疗师开始就要向患者及其家属解释说明患者的病情、治疗时可能的反复，以及配合等，不断引导患者走出自我"设定"的病态环境，走进清晰的现实生活，最终达到康复的目的。研究显示，对人格障碍治疗时间可能要持续 2~3 年，严重者可长达 7~8 年。如果治疗次数较少，治疗师宜教导患者应对自己病态意念和行为的方法，让他们在疗程结束后，能继续自我寻求解决问题的方法。

（二）辩证行为疗法

  这种疗法建立在认知 - 行为疗法的基础上，其精髓在于让患者和心理治疗师都能及时有效地配合，随时调整疗法的模式，也让患者及时学习日常生活或功能技巧。治疗师应当注意以下几点：

  1. 了解每位患者的不良认知和他所处的家庭、人际关系和社会环境等。

  2. 对患者及其家人进行心理教育，包括对所患疾病的病因、病理等方面的认识。

  3. 对有需要的患者进行技能培训，如社交、谈话、理解别人面部情绪的技巧等。

  4. 增加患者愿意改变认知、行为和情绪释放模式的动力。

  5. 分步骤地鼓励患者走入新的自然和人际关系的环境。

  6. 帮助患者及其家庭将所处的环境按照心理治疗师的要求而重新布置，以利于进一步深入治疗。

  7. 治疗师在治疗中根据当时的情况，提升自己的能力，以便更有效地治疗患者。

  这种疗法可以适用于各种类型的人格障碍，尤其是边缘型人格障碍。

（三）精神分析疗法

  从精神分析的角度理解，人格的形成过程是一系列欲望和防御相互的对抗和妥协，同时也是一系列内在自我和他我的角逐过程。精神分析从"内驱力优势"的分析模式，逐渐转换到客观相关性的分析方法，同时在阐述人际关系问题上也有其独特的见解。在移情 - 反移情的治疗关系中，这种分析被实际检验证明是有效的。面对一个人格障碍的患者，治疗师最重要的策略是对医患关系中呈现出来的相互关系给以足够重视。当患者试图建立一个特殊的交流时，治疗师注意观察患者的态度、感觉、想法和他对治疗师的幻想。

（四）夫妻疗法

  夫妻疗法（couple therapy）适用于因夫妻一方的反社会型、边缘型、表演型或依赖型等人格障碍引起的夫妻关系危机中。夫妻各自角色的认同在这个疗法中举足轻重。夫妻关系是圣洁的，夫妻关系的不稳定会危及到对子女的教育和对父母的赡养，进一步还会影响社

会稳定。社会学家发现,夫妻关系的类型大体上有:

1. **互补型** 这是古今中外最常见的一种类型,夫妻双方对家庭内外的贡献为互补式,各自在隐私上和经济上相对独立。

2. **互让型** 夫妻双方间有共同的价值观和信仰,在家中尽量避免强烈的情绪发放,各自拥有极少的隐私,能够相互体恤,均十分注重家庭和孩子。

3. **好友型** 夫妻双方各自隐私较少,相对注重性关系的和谐,强调夫妻在权利和义务上的平等,强调在家中建立民主模式,极端时常常把家庭当作法庭上的辩论场所。

4. **情绪释放型** 夫妻双方注重生活的浪漫和性关系的情调,双方均较为情绪化,时而十分亲密,时而十分冷淡,是边缘型、表演型或被动攻击型的人格障碍患者的夫妻模式。

在这些类型中,"互让型"的夫妻关系最稳定,"情绪释放型"的夫妻关系容易破裂。配偶不同于朋友,否则一位"恰当"异性朋友便可以代替自己的另一半;夫妻关系也不仅仅是性伴侣的含义,否则普遍性未婚同居现象就会更进一步抬升社会犯罪率。称职的丈夫不仅给妻子提供人身安全或经济方面的基本保障,还要关心爱护自己的妻子,不要拥有对不起妻子的思想和行为。称职的妻子也不能只在衣食上照顾丈夫,同时要满足自己丈夫的性要求,更要尊重自己的丈夫。通常情况下,心理治疗师教导有问题的夫妻双方逐步提高最基本的表达和交谈技巧,并将这些技术逐步地运用在生活实践中,以应对各种问题。具体步骤中可以包括以下五步:制订日程和目标、双方各自提出问题的症结、角色认同和学习、技巧的学习和运用以及对起初计划的评估和修正。

(五)其他心理疗法

适合人格障碍的疗法还有家庭系统疗法(family systems therapy)、团体治疗(group therapy)和支持疗法(supportive therapy)等。家庭系统疗法对各种人格障碍均有较大的帮助,因为家庭系统是实践和操练爱和宽容最理想的地方。团体治疗对边缘型、表演型和自恋型人格障碍的疗效较为突出,因为在集体中,每一位患者都要学会正确地看待自己和别人的需要,并且学会有效和基本的交谈技巧。进入支持疗法的患者在治疗师的帮助下,可以逐步学会减轻躯体症状和轴I症状,增强自信,尊重他人和学习生活中必需的技巧等。

(六)疗效评价

在四种基本类型(情绪欠稳型、抑制型、反社会型和强迫型)的人格障碍中,病态思维模式会导致患者的情绪(心境)的变化,因此让患者认清自己的思维模式是上述心理治疗方法的第一步。对于任何一种疗法,两次治疗期间的家庭作业的有效实施都十分关键,因为它可以促使患者思考,实践治疗师的信息,实习学到的技巧,处理突发事件,矫正认知模式,有意地接触影响情绪的敏感点等。上述的疗法都是积极向上的,治疗师运用它们,迫使患者采取积极的态度对待生活和人际关系,而非逃避现实。经过正规心理治疗的患者,在进入自己的现实生活和人际关系时,会显得较为轻松。必须指出,对人格障碍的心理治疗没有固定不变的程序,即使是同一种疗法中,治疗师针对每一位患者的操作方式也不尽相同,因此千篇一律的疗法是最差的设计。

> 你认为心理治疗人格障碍的关键点是什么?

二、药物治疗

现代临床基础研究越来越多表明不正常的人格结构往往伴有生物化学异常,这些为药物治疗提供了依据。首先要明确,药物不能改变人格结构,但对人格障碍的某些表现可能有一定效果。目前精神药理学研究认为,抗精神病药、MAOI、锂盐、卡马西平、苯二氮䓬类

笔记

药物、抗癫痫药、β受体阻滞剂、5-HT类药物等对人格障碍有疗效。其中,研究最多的是分裂型人格障碍及边缘性人格障碍的药物治疗。抗精神病药对分裂型人格障碍有效,主要对病人的精神病性症状、抑郁、焦虑、人格解体及社会隔离等症状有改善作用。

根据患者的症状选择有效的药物,制订药物治疗计划应考虑有无共患疾病。例如,伴发物质滥用,则会对药物治疗反应不佳。选择新型的抗精神病药物可改善认知及感知觉障碍;情感稳定剂和抗抑郁药物可用于改善情绪症状;而抗焦虑药物可缓解焦虑症状,减轻敌意,也降低患者的易激惹。上述药物的使用要根据患者既往用药的经验而慎重选择,联合用药成为策略之一。在使用药物之前,充分告知药物的利弊,同时要与患者共同商量、共同决策。

三、教育和训练

多数学者指出惩罚对这类人是无效的,需要多方面紧密配合对他们提供长期而稳定的服务和管理,特别是卫生部门和教育系统的配合,以精神科医生为媒介组织各种服务措施。丹麦有处理此类人的特殊中心,由精神科医生、社会工作员和律师组成,由一全日工作的管理人员主持日常工作,并经常与精神病福利官员、社会治安部官员、职业介绍所官员等取得联系。管理人员根据不同情况召开会议请部分有关人员参加。这类中心不仅起矫正诊室(clearing house)和整顿中心(sorting center)的作用,而且提供全日门诊咨询服务,给这类人以持续的关照和支持。在那里管理人员与寄宿舍、监护车间、日间医院、工业复员部门、综合医院、急诊室等机构取得密切配合,实践证明这种做法对慢性人格障碍是有益的。

四、预后

过去认为人格障碍是无法治愈的,只能给予适当的管理和对病症处理。人格障碍患者中发生自杀未遂高于一般人口,还有较高的伴发酒精中毒和物质滥用的风险。偏执性人格障碍的病

> 🍂 你如何看待人格障碍的预后?
> 🍂 你认为哪种治疗方法最好?

程是漫长的,有的可延续终生,有的可能是偏执型精神分裂症病前人格特征。随着年龄的增长,人格趋向成熟或应激减少,偏执性特征可能会有所缓和。反社会人格障碍一旦形成后呈持续进程,在少年后期达到高潮。随着年龄增长,一般在成年后期违纪行为即趋减少,情况有所缓和。

目前一些学者认为不仅药物治疗和环境治疗能改善人格缺陷,而且随着年龄增长,无论类型如何,一般均可逐步趋向缓和。

Sturup(1918)指出,经过综合治疗后,住在 Herstedvester 刑事机构中的冲动型和攻击型人格障碍患者有87%可获得满意恢复并出狱,适应社会良好。McCord等(1956)认为环境治疗可改善少年精神病态的行为,增强内在的羞愧感,从而提高对反社会行为的控制能力。Rappoport(1961)追踪 Henderson 医院经治疗性社区(therapeutic community)处理后出院的人格障碍患者,1年后41%恢复工作,适应社会和环境的能力得到改善。Maddock(1970)对人格障碍进行5年追踪,他发现这类人的犯罪随年龄增长而减少,但到晚年仍有3/5需建立适当的社会功能。Whitley(1970)指出有以下情况者,人格障碍的预后往往良好:①既往学习成绩良好者;②既往工作和人际关系良好者;③伴有情感体验能力者;④参与其所属的社区各项活动者。

（刘华清）

阅读 1

人格障碍的整合模型

本章讨论到几种人格障碍,都与儿童逆境史有关,包括虐待和忽视、不稳定的养育和心理病态。这种联系有很多可能的原因。或许是遗传因素的结果,这既会造成父母的心理病态(导致忽视和虐待的教养方式以及家庭不稳定),也会造成孩子易患人格障碍。虐待和忽视以及遗传倾向,可能会引起一些儿童大脑发育的永久性改变,这些改变导致产生某些人格障碍的症状。父母的心理病态造成的虐待、忽视和不良教养方式,也会导致儿童以适应不良的方式看待自身和世界,而且其调节情绪的能力也很差。遗传因素可能还会导致儿童产生适应不良的认知和情绪调节策略。有人格障碍早期症状的儿童更难养育,这也可能导致其父母产生更多的敌意和忽视行为。另一方面,那些生来就有人格障碍症状易感性的儿童,如果父母认可孩子的情绪体验,对他们的需求做出回应,帮助他们建立恰当的自我观念、处理压力和与世界相处的适应性方式,那么他们可能永远都不会发展出达到诊断标准的人格障碍。

阅读 2

Cleckley 关于反社会型人格障碍的描述

Cleckley 的《正常的假面具》(1976 年第 5 版)已成为世界闻名的重要著作。他在大量临床经验的基础上,系统地阐述了反社会人格的十六条明显特征,下面主要是他的描述。

1. 外表迷人,具有中等或中等以上智力水平。初次相识给人很好的印象,能帮助人消除忧烦、解决困难。

2. 没有通常被认为是精神病症状的非理性和其他表现。没有幻觉妄想和其他思维障碍。

3. 没有神经症性焦虑。使一般人心神不宁的情境,对他们不以为然。

4. 他们是不可靠的人,对朋友无信义,对妻子(丈夫)不忠实。

5. 对事情不论大小,都无责任感。

6. 无后悔之心,也无羞耻之感。

7. 有反社会行为但缺乏契合的动机;叙述事实真相时态度随便,即使谎言将被识破也是泰然自若。

8. 判别能力差,常常不能吃一堑长一智。

9. 病态的自我中心,自私,心理发育不成熟,没有爱和依恋能力。

10. 麻木不仁,对重要事件的情感反应淡漠。

11. 缺乏真正的洞察力,不能自知自己问题的性质。

12. 对一般的人际关系无反应。

13. 酗酒或不酗酒,做出幻想性的或使人讨厌的行为。对他人给予的关心和善意无动于衷。

14. 无真正企图自杀的历史。

15. 性生活轻浮、乱搞;方式与对象都与本人不相称;性顺应障碍。

16. 生活无计划,除了老是自己和自己过不去外,没有任何生活规律,没有稳定的生活目的。他们的犯罪行为也是在突然迸发的时间中构成,而不是在严密计划和准备下进行的。

Cleckley 认为这些反社会人格特征在青年早期就出现了,最晚不迟于 25 岁。当然,对具体人并非要求 16 条都具备,只要符合其中最主要的特点就可下此判断,其中以第 5 至第 12 条最为重要。

笔记

第十三章　性　障　碍

案例 13-1

窥视异性下身的兴趣——张菏的告白

　　我住在县城里的一个热闹地区，小时候和小朋友一起玩就发现异性的差异，对性有一种朦胧意识，而且那时有几个比我长几岁的男孩，就常带着几个小男孩一起做性游戏，我便是其中的一个。可是，我十分厌恶同性，喜欢和异性小朋友一起玩"过家家"。当时由于小，穿的都是开裆裤，所以时常看见小女孩的外生殖器。我产生了一种奇怪的念头，想去触摸那地方，也真这样做了，觉得很舒服。后来让父母发现，被狠狠地揍了一顿，从此，不敢再动手，只是继续与女孩作对比显示游戏。我教小女孩们站着尿尿，可是她们不行,尿了一腿,我才明白女孩为什么蹲着小便……

不知不觉,我上了初中,随着青春发育的成熟,我也长大长高了,第二性征明显突出。可是,由于我生性胆小,夜间不敢外出上厕所,就在外边先咳嗽一声。奇怪的是上完男厕所,对女厕所有没有人也不放心,还要伸头探望一下,如果女厕所没有人就进去溜一圈。如果遇到女厕所有人,我就偷看几眼(当然是向下边看),这样持续了一年多。

大约16岁那年,不知谁在男女厕所之间的墙上开了个小洞,刚好看见女厕所的情况。一开始我不想看,后来我想小时候可以随便看,长大了又是什么样子的呢?出于好奇就情不自禁地看起来,那时心里依然是一种"对比"的想法,不过随着这种行为的加剧,心理上也发生巨大变化。从对比好奇到产生冲动,以致出现不看不行,非看后才能入睡的情况,这时我出现了冲动射精现象。心里知道这是不道德的可耻行为,但一去厕所就控制不住自己,直到自慰满足。路过女厕所总有走进去的念头,只是由于风险太大,未敢轻举妄动,可是我真的没有把握,说不定有一天闯入女厕去,为此我很苦恼。如今我已是20多岁的小伙子,也该是交女友搞对象的时候,每当想到这些时,我心里总是有一种强烈的自责感,认为自己是个罪人,不配与姑娘交往。觉得如果改不掉这毛病,这辈子只好打光棍了。

资料来源:网络心理咨询,标题为作者所加。

> 🍋 张菏的心理与行为正常吗?他是什么问题?
>
> 🍋 他的心理异常是如何形成的?原因有哪些?
>
> 🍋 你将如何帮助他?

当你看了本章的标题和张菏的经历后,显然知晓了这一章涉及的是人类最隐秘的性问题。我们在日常生活中,可以直白地大谈特谈吃、喝、穿、用,差不多可以随心所欲地付诸行动。可是,对性的问题却遮遮掩掩、羞羞答答和讳莫如深,许多想法或欲望都作为不可告人的秘密而深藏于内心世界,甚至默默地承受着长期的痛苦。张菏就属于这种情况,他实际上患了某种性障碍。本章介绍这方面的问题。

第一节　概　　述

人的性心理活动是生物、心理和社会三因素共同作用的结果,性生理发育正常,为性心理的发展奠定了物质基础,心理整合调节性心理变化并支配其功能的发挥,社会因素规定性心理发展方向,制约评价其功能发挥的效果,从而适应于社会的需要。另一个描述性的英文"sexual"一词,差不多包含了性具有的生物、心理与社会三个层面的意义。这三个因素中任何一种的异常均可导致性障碍。

一、性障碍的概念

成熟的男女之间,由于情感所驱而发生的心理、行为和动作,称为性行为。这些行为包括情侣之间深情依偎、温柔的爱抚、亲密的拥抱、热烈的亲吻,以及男女之间以性器官接触为主的性交活动,这些都是正常性行为。但是,真正要定义什么样的性行为是正常或是异常,却不是一件容易的事,需要视具体情况而定。现代社会更倾向于接受各种不同的性的表达方式。

性障碍(sexual disorder)是各种异常性心理与性行为的统称。本章根据其临床特征分为性功能障碍、性身份障碍、性心理障碍、性胁迫和性成瘾五个方面。前三类为ICD-10、DSM-5和CCMD-3的正式内容,并有详细的描述。性胁迫和性成瘾还未列入疾病之中,在命名、概念、性质、归类以及作为综合征的存在有待于进一步研究和讨论,但它们肯定是临

笔记 🖊️

床心理工作者经常要面对的问题。

性心理障碍（psychosexual disorder）又称性变态（sexual deviation），也称性欲倒错（paraphilia），是性障碍的研究重点。它是指性行为明显偏离正常的一组心理障碍，表现为以异常的性行为作为满足性需要的主要方式，从而不同程度地干扰了正常的性活动。性心理障碍主要包括性身份障碍、性指向障碍与性偏好障碍。性心理障碍一般不包括器质性的性功能障碍，也不包括由于境遇造成的暂时的替代性生活的行为。继发于某些精神疾病和神经系统疾病的异常性行为，被统称为继发性性变态（secondary sexual deviation），应视为该疾病的症状之一。性心理障碍的表现形式多种多样，这里列出了 CCMD-3 、DSM-5、ICD-10分类，见表 13-1。性功能障碍分类的比较见表 13-2。

表 13-1　性心理障碍三种分类的比较

CCMD-3 性心理障碍（性变态）	ICD-10 成人人格与行为障碍	DSM-5 性及性别身份障碍
62.1 性身份障碍	F64 性身份障碍	性欲倒错障碍
62.11 易性症	F64.0 易性症	窥阴障碍（F65.3）
62.19 其他或待分类的性身份障碍	F64.1 双重异装症	露阴障碍（F65.2）
62.2 性偏好障碍	F64.2 童年性身份障碍	摩擦障碍（F65.81）
62.21 恋物症	F64.8 其他性身份障碍	性受虐障碍（F65.51）
62.211 异装症	F64.9 性身份障碍，未特定	性施虐障碍（F65.52）
62.22 露阴症	F65 性偏好障碍	恋童障碍（F65.4）
62.23 窥阴症	F65.0 恋物症	恋物障碍（F65.0）
62.24 摩擦症	F65.1 恋物性异装症	异装障碍（F65.1）
62.25 性施虐与性受虐症	F65.2 露阴症	其他特定的性欲倒错障碍（F65.89）
62.26 混合型性偏好障碍	F65.3 窥阴症	未特定的性欲倒错障碍（F65.9）
62.29 其他或待分类的性偏好障碍	F65.4 恋童症	性别烦躁
62.3 性指向障碍	F65.5 施虐受虐症	儿童性别烦躁（F64.2）
62.31 同性恋	F65.6 性偏好多相障碍	青少年或成人性别烦躁（F64.1）
62.32 双性恋	F65.8 其他性偏好障碍	其他特定的性别烦躁（F64.8）
62.39 其他或待分类的性指向障碍	F65.9 性偏好障碍，未特定	未特定的性别烦躁（F64.9）
	F66 与性发育和性取向有关的心理及行为障碍	
	F66.0 性成熟障碍	
	F66.1 自我不和谐的性取向	
	F66.2 性关系障碍	
	F66.8 其他性心理发育障碍	
	F66.9 心理发育障碍，未特定	

二、性障碍的判别标准

性行为由正常到异常可以看做是一个连续谱，两级是正常和异常，中间存在正常的变异形式，属于正常的变异。正常人可以见到某种短暂时间的行为异常表现。例如，由于客观环境缺乏机会、无条件接触到异性的男人，偶然的发生一时性偏好行为（如兽奸）是不能列入性障碍之内的。

笔记

人类的性行为除符合生物学需要和心理需要外,也受传统观念、种族、社会文化和法律的制约,凡不背离上述条件的都属于正常性行为。反之,由于违背对方意志的性行为,给对方造成心理和躯体损害,或违背国家法律规定者,都属于不正常的性行为。在 CCMD-3、DSM-5 及 ICD-10 诊断标准里,所有性障碍都不符合当地的法律和道德规范并给别人和自己带来痛苦,同时还要符合医学的"疾病"标准。人类性行为因为受不同时空(不同历史时期、不同国家或种族)社会文化的制约,评价性行为的正常与否必须注意这些不同时空的社会规范要求。这使判定性行为正常与否没有绝对标准,只有相对标准,主要有:

1. **以生物学特点为准则**　从生物学角度考察,两性动物的性爱心理与行为特征,是以发育成熟的异性为对象,并以性器官活动为中心。性行为应符合生物学需要与特征,反之则是异常或变态的。

2. **以社会性道德规范为准则**　凡是符合特定历史阶段某一社会所公认的社会道德规范或法律规定的,就是正常的性行为,反之则是异常性行为。

3. **以对他人或社会的影响为准则**　如果一种性行为使性对象遭受损害并感到痛苦,其性行为就是异常的。

4. **以对本人的影响为准则**　倘若一种性活动使其本人受到损害或感到痛苦,例如名誉、地位的损害,内心世界性冲动与社会道德之间的强烈冲突,或因此导致的悔恨、焦虑、抑郁等,则是异常的。

另外,诊断性心理障碍必须排除器质性疾病和其他精神障碍所引起的性行为异常。因为性心理障碍可以以特殊症状形式单独出现,也可以作为躯体疾病、精神疾病的伴发形式出现。如内分泌器官、性器官疾患、中枢神经系统疾病、毒品等都可能造成性行为的异常。

第二节　性身份障碍

一、概述

性别身份(gender identity)是指个人对自己是男性身份还是女性身份的主观感受和心理上的认同,也就是清楚地意识到"自己是男人还是女人"。性别身份认同的发展受以下因素的影响:①生物学因素。包括遗传、性激素和大脑等一些先天的解剖生理结构;②社会文化因素。通过社会各领域中存在的性别角色刻板印象而发生作用。性别身份建立的关键期是 1.5~3 岁之间,性别认定是生理上的认同,性别认同是心理上对自己性别的认同。

性身份障碍(gender identity disorder, GID)又称性别认同障碍,是指个体对自身性别的认同与解剖生理上的性别特征相反而导致的心理障碍。有变换自身性别的强烈欲望者被称为易性症,是性身份障碍最主要的临床类型,有时作为 GID 的同义语使用。

GID 具有两个特点:性别焦虑(对自己的性别特征感到厌恶和痛苦)和对变成另一种性别的渴望(持续存在改变自身性别与解剖生理特征的强烈欲望,不断追求做变性手术,以达到心和身的和谐统一)。GID 的患病率大约 0.001‰~0.05‰。我国目前无此方面的统计数据。

二、临床表现

(一)童年性身份障碍

童年性身份障碍(gender identity disorder of children)是指 15 岁以下未成年人持续对自己的性别感到痛苦,渴望成为异性或坚持自己属于异性成员的病症。通常在入学之前就已

257

出现,青春期前就已十分明显。患者排斥自己性别的服装及活动,偏爱异性的服装和活动。尽管这些儿童会因与家庭的期望相冲突而苦恼,也会因别人的嘲笑、排斥而痛苦,却并不因为性身份的障碍而感到痛苦和烦恼。男孩童年性身份障碍多于女孩,往往在上学前几年起就沉湎于女孩的游戏和活动,偏爱穿女孩或妇女的服装。洋娃娃常是他们喜爱的玩具,女孩子是他们偏好的玩伴。这种情况在童年中期达到顶峰,青春期开始会有所减轻。这类男孩有1/3~2/3在青春期及青春期后表现出同性恋倾向。然而,在成年后表现为易性症者却极少。有性身份障碍的女孩偏爱男孩的游戏和活动,结交男伙伴,喜好体育运动和激烈争斗的活动。她们对女孩的玩具没有兴趣,在游戏中不愿扮演女性角色。接近青春期时,她们中的大多数会减少对男性活动和服装的过分追求,但还是有一些人仍然保留男性性别认同,逐渐显露出同性恋倾向。

有少数儿童性身份障碍者伴有对本身性别解剖结构的排斥态度。女孩反复声称有阴茎或将要长出阴茎,拒绝蹲姿排尿,声称不愿乳房发育或不愿来月经;男孩反复声称自己的身体将发育成女人,声称阴茎和睾丸令人讨厌并将要消失。

据DSM-IV统计,如果儿童时期出现"性身份障碍"而又未能正视和及时处理,成年后又没有接受任何治疗的话,这些人中有75%将会发展出同性恋或双性恋倾向。另外约5%~12%会有变性的要求,约1%~5%虽是异性恋却是异装症患者,即爱穿异性的服装。

(二)易性症

易性症(transsexualism)的特征是在心理上对自身性别的认定与解剖生理性别特征相反,持续存在改变本身性别的解剖生理特征以达到转换性别的强烈愿望,其性爱倾向为同性恋。易性症与异装症不同,前者为同性恋,虽异性着装但不产生性兴奋,更无手淫行为。这种对异性的强烈性认同以及易性的欲望是主要特征。

在早年文献中,易性症被称为"男扮女装症"(eonism)。Esquirol(1838)和Kraft-Ebing(1886)曾详细描述过此症。1966年,Harry Bezamin提到他1938—1953年最早的10例报道,到20世纪70年代末他共见到1850例。此症发生率男性多于女性。Walinder(1968)估计在瑞典男性约每37 000人中有1人,女性每10 300人中有1人;在英国,男性每34 000人、女性每108 000人中有1人(Hoenig & Kenna,1974)。近年来易性症的发生有增长的趋势。男性病人比女性病人多4倍。

易性症的特征主要有:①深信其内在是真正的异性;②希望周围的人按其体验到的性别接受他(她);③强烈要求医生为他(她)作变性手术;④易性症未作变性手术前,往往具有强烈的抑郁及焦虑情绪,无法通过心理治疗来缓解。

易性症通常开始于青春期,在儿童期多与同性儿童为伍,爱穿异性衣着并模仿异性行为、姿势和声调等,喜好异性习惯性作业,如男性患者喜爱从事缝纫、做饭、料理家务等。他们厌恶自己的性器官并且有持续性的阉割企图以改变性别。易性症的心理变态严重,其性格未能证明具有特殊类型,但可有自我中心,寻求注意且往往是特别难以对待。约有1/3是结婚的男性,但有1/2最后离婚(Roth & Ball,1964)。他们开始常用性激素做改变性别的尝试,继而发展为要求医生施行变性手术,有的以自杀或自行阉割为威胁并付诸行动,约有16%的患者伴有抑郁状态(Walinder,1997),自杀率较高。

易性症分为素质性和境遇性,素质性或称真性性别改变症,自幼年起即开始表现出性别认同的紊乱,并持续终生,他们的性爱对象是同性。境遇性易性症或称假性性别改变症,起病较晚,可出现在成人期的任何阶段,不一定持续终生,其原因可能缘于生活中的挫折,在此之前,他们过着符合自己解剖生理上的性别生活,并结婚、生育。

变性手术(sex reassignment surgery)开始于1926年,二战后在美国等一些国家广泛应用,至少已有数千人进行了这样的手术,通常是从男性变为女性,并有连续20年以上的追踪观察研究。较一致的结论是该手术所伴发的自杀率约占 2%，约有 10%~15% 的患者术后不满意，最终转回到术前既往性别角色是极少数的（Astred Junge et al., 1988）。女性变男性手术成功率（通过各种对患者满意程度的测量）只有 50% 左右，较男性变女性手术的成功率要低得多。我国上海、北京等地也曾做过变性手术。目前对易性症的手术治疗仍在争论中，有待于进一步探索。

（三）其他性身份障碍

双重角色异装症（dual-role transvestism）是在生活中的某一时刻穿着异性服装，以暂时享受作为异性成员的体验，但无永久改变性别愿望的病症。患者穿着异性服装时，并不伴有性兴奋，而是基于对异性性别的偏爱，认为只有着异性装扮才符合其性身份。

三、理论解释

性身份障碍发生的原因目前认为与性心理身份的障碍有关。所谓性心理身份，又称为性别同一性，指人对性属（男性或女性）的意识。它是受生物、心理和社会环境等多种因素所影响的。

（一）生物学研究

易性症的病因研究至今未明，目前对性染色体及内分泌检查均无异常发现，遗传因素的作用也无可靠证据。部分易性症患者外生殖器有发育不全的现象，可能与胎儿时睾丸内分泌物质分泌失调有关。Hyde（1977）曾报告家族性易性症病例，揭示易性症与遗传因素亦有一定关系。妊娠期间母体内分泌含量异常假说只有间接证据，即在猕猴孕期大量使用雄激素后，产出的幼猴有自身性别认定障碍，最初在 3~4 岁时即表现出来，说明有较强的生理原因，但有待进一步研究。易性症的这种对异性的强烈性认同以及易性的欲望是其主要特征。

Hoening（1979）对 46 例易性症患者进行包括过度换气和闪光刺激诱发在内的脑电图检查，发现异常者 33 人，女性异常率 75%，高于男性的 38%，约半数脑电图异常位于颞叶。有学者认为易性症是先天因素多于后天因素，从而主张只要不违背社会道德规范，做变性手术是应该可以理解的。

（二）心理学解释

1. **心理动力学观点**　通常把 GID 归因于父母 - 婴儿纽带的失调。对于男性来说，这种情况是指与母亲之间时间过长的共生关系，由此在婴儿时期产生了女性性别认同。女性 GID 被认为由于缺乏母亲身体或情感上关爱，结果女孩转而对父亲产生认同。Stoller（1975）认为，与父母中异性一方的"愉快的共生"是这种核心认同的一部分。Meyer（1979）认为 GID 是发展失败导致的结果，并且他相信，心理分析方法是一种适当的治疗方法。

2. **行为主义观点**　认为 GID 是一种长期细微过程所产生的结果。在这个过程中，儿童的性别角色行为被一位重要的照料者塑造成异性的方式。遵循这种理论所得治疗方法就是停止对跨性别行为的强化，并且对正常性别行为方式进行强化。John Money 提出 GID 可能是对父母中异性一方印记式的性别固着导致的结果，这种固着发生在一个决定性的发展阶段，然后经过强化印记下来（Money, 1957）。

3. **环境教养因素**　婴儿出生后其生殖器解剖和形态向周围的人发出有关其性别的信号，首先受影响的是其父母，从而构成双亲对婴儿特别的态度，使周围人按其解剖性别来对待他（她）或评价他（她），从而限定了孩子的性心理行为方式。但是人类稳固建立性心理身份，还需要一段时间，有赖于环境教养因素的影响。性指定和教育，影响性心理改变。如双亲在男孩出生后即以女孩相待，取女名、玩女孩游戏等，可招致男孩性心理女性化。另一方面,父母、玩伴、社会文化等不断给孩子发出性别归属的信息,有的是公开的,有的是隐蔽的,通过条件反射机制,也会影响其发生性心理身份的障碍。

四、诊断评估

(一)诊断

GID 的诊断应根据病史,并参照诊断标准作出。CCMD-3 诊断标准见专栏 13-1。

专栏 13-1

CCMD-3 关于 GID 的诊断标准

女性:

(1)持久和强烈地因自己是女性而感到痛苦,渴望自己是男性(并非因看到任何文化或社会方面的好处,而希望成为男性)或坚持自己是男性,并至少有下列 1 项:

①固执地表明厌恶女装,并坚持穿男装。

②固执地否定女性解剖结构,至少可由下列 1 项证实:明确表示已经有,或将长出阴茎;不愿取蹲位排尿;明确表示不愿意乳房发育或月经来潮。

(2)上述障碍至少已持续 6 个月。

男性:

(1)持久和强烈地为自己是男性而痛苦,渴望自己是女性(并非因看到任何文化或社会方面的好处,而希望成为女性)或坚持自己是女性,并至少有下列 1 项:

①专注于女性常规活动,表现为偏爱女性着装或强烈渴望参加女性的游戏或娱乐活动,拒绝参加男性的常规活动。

②固执地否定男性解剖结构,至少可由下列 1 项证实:断言将长成女人(不仅是角色方面);明确表示阴茎或睾丸令人厌恶;认为阴茎或睾丸即将消失,或最好没有。

(2)上述障碍至少已持续 6 个月。

(二)评估

目前对性身份障碍有多种手段进行评估,心理测量是重要的方法之一。

1. 根据人们的态度取向、行为表现和兴趣爱好将人们划分为相对男性气质和相对女性气质,相关测量的量表有 S.R.Hathaway 等编制的男性气质-女性气质量表(MSF)和 H.G.Cough 编制的加利福尼亚心理测试量表(CPI)。

2. 美国心理学家 S.L.Bem 根据 Rossi 双性化性别角色概念于 1974 年发表了贝姆性别角色量表(BSRI),这是第一个用来测量相互独立的性别角色的测验工具,用于对双性化和心理健康的研究。由 Orlofsky 于 1981 年编制的性别角色行为量表(SRBS)是目前唯一的测量人们男性角色行为和女性角色行为的量表。

五、防治要点

对 GID 治疗的主要任务是帮助患者自己决定解决性别两难状况的方法。

(一)变性手术治疗

变性是改变身体去适应性别认同,需要通过手术才能做到。20 世纪 50 年代丹麦医生 C.Hamberger 施行了第一例变性手术之后,引起了医学界的关注。经过近几十年精神科与整形外科的合作,人们基本上肯定了变性手术的价值。

哈里·本杰明国际性别焦虑者协会(The Harry Benjamin International Gender Dysphoria

笔记

Association，HBIGDA，1990）是一个致力于研究和治疗 GID 的组织，这一协会发表了一套看护标准，它可能代表了理想化的设想，包括心理治疗选择、激素治疗、现实生活测试和手术等几个阶段。患者在接受一位受过 GID 相关培训并具有相关治疗经验的心理健康专家详细的评估后，他会接受至少三个月的心理治疗来了解他们有哪些选择，并且决定他们真正想要什么。如果患者仍然选择变性，那就为他们进行荷尔蒙治疗来引起生理上的变化。接下来就是现实生活测试，患者必须完全以自己所渴望的性别的方式来生活，以那种角色展现自己。这个过程至少要持续一年时间，其目的是让患者在做出任何不可逆的改变之前明白，变成那种性别到底意味着什么。

变性在 1/3 到 9/10 的患者中产生了有所改善或是满意的效果。患者认为改善最多的地方是自我满足感、人际关系和心理健康，而对他们工作生活的改善不大。对性功能的影响还不太清楚。不过有人做完手术后会后悔，可出现严重的心理崩溃。产生不良结果的比例大概是 8%。Junge（1986）经过 20 年的追踪观察，发现约 10%~15% 的术后病人感到不满意，自杀率为 2%。以前的心理健康状况也是治疗成功的一个预测因素。那些曾经患有严重心理障碍的人很难通过变性完全治愈。

（二）心理治疗

心理治疗的目的是改变这种认同感而去适应身体，然而，许多心理动力学和行为学治疗者都已经尝试了多种办法，没有证明其有效性。大多数患者不愿通过心理治疗改变自己去适应其生理特点，一些患者在接受手术前后，心理治疗对手术的选择，术后新生活的适应都有非常重要作用。手术让过去最令人痛苦的问题得到解决，也带来了更多的社会心理问题。这些问题如处理不好就会产生新痛苦。

（三）药物治疗

药物治疗主要是指性激素治疗，主要是通过服用雄性和雌性激素改变第二性征。另外对伴有情绪障碍的患者，可服用抗焦虑或抗抑郁药物等对症治疗。

第三节　性偏好障碍

一、概述

性偏好障碍（disorders of sexual preference）是指选择性伴或欣赏异性时对异性的某个或某些方面特殊喜好，远远偏离了以性器官活动为中心的性满足。性偏好障碍指的是对不寻常的刺激物如儿童或其他不被允许的人、物体、疼痛或耻辱产生性唤起，并妨害患者的正常性心理及社会功能。典型的性偏好障碍有以下特点：①排斥正常的男女性生活，至少对偏好的追求远超正常男女性生活。如恋物症的恋物行为；②性偏好异常强烈，以致病人将过多的时间和精力投入在性偏好的满足上，甚至有些病人不择手段和不顾后果，以至于被道德法律所不容。如窥阴症的偷窥行为；③追求满足的行为频繁而持久，性偏好障碍可表现在性欲的唤起、性对象的选择、满足性欲的方式等几个方面。

性偏好障碍的类型很多，主要有：①恋物症；②异装症；③露阴症；④窥阴症；⑤恋童症；⑥兽奸症；⑦摩擦症；⑧施虐症；⑨受虐症；⑩其他少见的性偏好障碍，如恋尸症、恋尿症、恋粪症等。

研究发现，性欲错乱者一般不会只有单一的性欲错乱的性唤起模式，他们常常呈现出两种、三种或更多的方式，但往往以一种为主。而且，较为常见的是，患者往往还有心境障碍、焦虑和物质滥用。

二、临床表现

（一）恋物症

恋物症（fetishism）是指反复出现以异性使用的物品或异性躯体某个部分作为性满足的刺激物，几乎仅见于男性。他们通过吻、尝、抚弄该物品获得性满足，这些物品包括乳罩、内裤、月经带、内衣、头巾、鞋、丝袜、发夹等，异性的头发、足趾和腿等也可成为眷恋物。

恋物症是最富有代表的性象征现象，1888 年法国 Binet 首次应用这一概念。轻微限度的恋物现象并非是病态。但是恋物症的恋物过于强烈，成为专一的对象或全神贯注的事物，且眷恋物不但足以激发性欲，而且可以完成解欲过程，无须正常的性活动也足以满足。恋物症开始可能是偶然的，以后逐渐形成为习惯。他们多数是异性恋，但大多性功能低下，对性生活胆怯，因而千方百计地寻觅眷恋物，经常采取偷窃的手段。对伴有强烈性兴奋的偷窃，称之为偷窃色情狂（kleptolagnia）。恋物症患者也可以是一种预后较好的青春期的性尝试行为。部分恋物症患者在结婚后具有异性性活动，恋物症症状自行消失。如果是单身汉、慢性酒精中毒及正常性生活受阻者往往预后不良。

恋物症初始于性成熟期，条件反射学说认为这些物体曾与引起性冲动的女性相伴出现，后来可以单独引起性欲，也与异性恋在某种方面受到抑制有关。Binet 于 1877 年提出性兴奋偶然地和眷恋物结合在一起，后来形成为恋物症的眷恋物。Rachman（1966）用实验证明了这一发生机制。Freud（1930）认为，被选择的物品是该儿童认为是母亲曾具有的阴茎的代替物。气味对于产生恋物症对象很重要，行为主义者指出一个被选择物品的气味完全可能成为性欲唤起的暗示。

（二）异装症

异装症（transvestism，异性装扮症）的特征是具有正常异性恋者反复出现穿戴异性装饰的强烈欲望并付诸实施，通过穿戴异性装饰可引起性兴奋，抑制此种行为可引起明显不安。主要见于男性，多始于童年或青春期，开始时偶尔穿着一两件异性服装，以后逐渐增加件数。患者着异装时往往有手淫活动，或以此作为性交前的性兴奋形式。很多异装症患者具有稳定的夫妻关系，症状的出现往往使完好的婚姻产生较为严重的冲突。他们除异性装扮外，不要求改变自身性别解剖生理特征。异装症者通常强烈地体验到一种难以遏制的紧张感和痛苦感，故 Trick 和 Tennent（1981）称这种类型为强迫性异装症。对于产生于同性恋者和易性症者的异性着装，Trick 等称之为症状性异装症。但同性恋者异性装扮的目的是为了吸引同性对象，其本身并不引起性兴奋。Hamburger（1953）的分类为：①症状性易装症，是同性恋的一种表现；②简单型（Simple transvestism），指的是不属于性心理障碍的正常男人穿着异性衣着或在男装下着女装；③与易性症相互交叉。此外，还有人提出恋物症性异装症，其特殊性在于其目的是装扮成异性外表，常是异性全副装备包括假发、乳罩、卫生带、女式服饰鞋袜等，当性兴奋低落后，强烈希望脱去异性穿戴。这种恋物症性异装症在早期阶段常可有易性症历史。有人指出异装症可在以后发展成易性症，但两者是分别独立的。由此可见，异装症的分类及其原因仍有待于进一步探讨。

有关异装症的心理动力学理论强调的是一种受干扰的母子关系以及认为一个侵犯性的母亲是一种否定阉割恐惧的手段；认为一个有权威的和严厉的父亲是一种否定阉割恐惧的手段，在女性异装症中被认为是很普遍的。行为理论强调的是泛化强化物的作用，例如当性格形成时期穿异性的衣服时"做作行为"和情欲高潮与乔装打扮行为的最终配合（起初常常是偶然的）。

（三）露阴症

露阴症（exhibitionism）是较多见的性心理障碍，其特点是反复出现在异性面前暴露自身的性器官,以获取性满足,可伴有手淫,但无进一步性活动的要求。几乎仅见于男性,国外报道偶有女性露阴者。通常发生在青春期,高峰期为 25~29 岁。露阴症多见于春季,以白天的户外公共场合最多。他们选择人少或十分拥挤且有机可乘的场所,以突然暴露勃起的阴茎,通过受害人出现情感或行为反应(如愤怒、害羞、恐惧、逃避等)来获取性满足,无进一步性要求。每次露阴之前有急剧产生的、强烈的、难以遏制的欲望并伴有强烈的紧张感,露阴之后即获轻松。其发生频率少的可数月或一年仅几次,多则数日一次。露阴症与强奸犯的露阴行为作为性挑逗的一种手段,进而实施强奸行为有本质的区别。因智力低下、酒精中毒、脑器质性疾病等或精神疾病产生的露阴行为不诊断为露阴症。

早在公元 4 世纪古希腊哲学家就描述了露阴症。E.C.Laseque(1877)、Kraft.Ebing(1893)和 Gelder(1983)等认为露阴症者无性暴力行为。患者可以露阴行为作为唯一的性欲出路,有的则同时有夫妻生活,但后者的性生活常或多或少地存在障碍,露阴行为常在夫妻矛盾或冲突加重时变得更为频繁。美国马萨诸塞州东剑桥地区法院在 1956 年—1980 年先后检查审理了 214 例猥亵露阴犯,对其中 37 例做了系统的随访治疗,发现绝大多数有性功能障碍。在全部 21 例已婚男性罪犯中,每月性生活平均次数少于 1 次。

精神分析学派认为,露阴症是在一种创伤应激条件下,性心理社会发展受挫而退行,固定于儿童早年的幼稚和不成熟阶段——性心理社会发展的恋母情结阶段。露阴症者似乎想证明他确实是个男人,藉此以减轻他的潜意识的焦虑。Otto Fenichel(1945)提出凡是性心理发展遭遇挫折或困难时,如患者运用自我心理防御机制予以处置,可呈现神经官能症症状;如果退行以婴幼儿性行为方式表现时,可出现性心理障碍。有学者认为有些露阴症者是为了证实他们是真正的男子汉。心理动力学理论提示,露阴症并不需要性接触,而是需要显示他的男性化特征。但是,这种人在表现男性角色活动时又常常遭到失败,这些增强了被压抑的潜在冲突引起的焦虑被一种象征性方式实现和替代,即性器官的暴露。有研究发现患者与他们的双亲存在某种不适宜的关系。如加腾飞明(1960)研究的 25 例患者中,对父亲怀有敌意的有 13 例(占 52%);Rickler(1950)的研究说明露阴症者与母亲有一种不适宜的过分密切关系,但与父亲没有良好的相互关系。另一些学者认为此种人多数是胆怯的和害羞的,害怕结交女性和缺乏坚持性,他们的社会关系一般也是受遏制的。行为主义心理学认为露阴症是后天习得的一种行为。P.Roper(1966)提出露阴症可以被看成一种适应不良的行为,按照 Pavlov 和 Hull 的理论观点,这种满足性欲的越轨行为可以看做是具有易损伤性人格与周围环境偶然结合的一种后果,性满足后又产生了强化效应,以致不断巩固和持久化。Erans(1968)研究的 52 例性心理障碍包括 10 例露阴症者,发现其中有 79% 有手淫现象。

近些年来,有人发现露阴症者的外周血中性粒细胞分叶核上鼓槌体的出现率明显高于正常男性及慢性精神分裂症患者。鼓槌数增多的产生机理至今无确切解释。而对露阴症者的脑诱发电位观察,发现 AEP、VEP 和 CNV 的变异,主要表现为 P_2 波幅增大,是否为露阴症的特征表现尚待进一步研究。

(四)窥阴症

窥阴症(voyeurism)的特征是反复出现暗中窥视异性下身、裸体和性活动行为,以达到性兴奋的强烈欲望,可伴有手淫,或事后回忆窥视景象同时手淫,以获取性满足。窥阴症者在西方通常被称之为窥视者汤姆(Peeping Tom),此名来源于一个传说:11 世纪英国考文垂郡主 Earl Leofric 提出,如果他夫人裸体骑马穿过该城,就可以减免老百姓一项重税,他的夫人 Lady Godiva 为了百姓的利益答应了这件事。全城人出于对她的尊敬和感激,在 Lady Godiva 裸体骑马穿过城市时,均严闭门窗在家中,但一个名叫 Tom 的裁缝却开窗偷看,结果被刺瞎眼睛。这个故事说明了偷窥历来已久和人们对偷窥者的反感。

窥阴症者几乎均为男性,通常开始于 15 岁之前,并且会持续一生。他们反复寻求厕

笔记

所、浴室和卧室偷看，甚至不顾污臭，携带反光镜钻进粪池，或伏在水沟中、房梁上、窗户边窥视，一般没有进一步的性攻击行为。但对于公开的、公众性的异性暴露无明显性兴趣。他们中的大多数不是异性恋，只有少数是已婚男性，但是夫妻性生活多不满意。窥阴症者中多有焦虑和内疚感，也可有抑郁。

上述露阴症的近代心理动力学和行为主义理论的解释适用于本症。

（五）摩擦症

摩擦症（frotteurism）的特征是在拥挤场所或乘对方不备，以生殖器或身体某些部位摩擦女性躯体或触摸异性身体的某一部分，以引起性兴奋。摩擦症仅见于男性。他们多在公共汽车内、地下铁道、车站和影剧院等场所与异性进行躯体接触和摩擦，可有射精行为。但没有性交的要求，没有暴露自己生殖器的愿望。

关于摩擦症的机制，精神动力学派认为与性心理发育的停滞或倒退有关，挨擦行为是克服潜意识"阉割焦虑"的表现。行为学派认为摩擦症是一种条件反射行为，患者过去曾在拥挤场合偶然挨擦异性躯体并获得性兴奋，尔后为了重温这份快感而有意地多次重复行事，终于养成挨擦行为的不良习惯。摩擦症患者虽可以结婚，但很难与女性维持良好的关系，而且非常害怕被拒绝。挨擦行为则提供了一种相对没有威胁的性接触方式。挨擦行为由于骚扰他人而构成对治安的危害，患者因此常受处罚，但惩罚本身不能戒除挨擦行为。摩擦症也被认为是强迫谱系中的一种。

（六）性施虐症和性受虐症

性施虐症（sexual sadism）的特征是向性爱对象施加虐待以取得性兴奋，绝大多数为男性。性受虐症（sexual masochism）是指接受性爱对象虐待以获得性兴奋。两者可以单独存在，也可并存。他们的性功能一般较弱，可以不通过性交获得性满足。性施虐和受虐症可能有密切的联系。Schrenck-Notzung 提出概括两者的新名词"虐待淫"（algolagnia）。以后Kraft-Ebing 把虐待分为性施虐症、性受虐症和性施虐 - 受虐症（sade-masochism）。有关性施虐症和性受虐症的由来见专栏 13-2。

专栏 13-2

性施虐症和性受虐症的由来

令人奇怪的是，历史上一些杰出的思想家、文学家或艺术家也有"性施虐"或"性受虐"的行为或心理倾向。

性施虐症名称最初由 Kraft-Ebing 取自于 18 世纪 Marquis de Sade（1774—1814）的姓名，Sade 是一位法国作家与军官，因为经常对女性进行施予暴力的性行为而一再入狱。他在他的作品中描述了喜欢向性对象加以身体上或精神上的虐待现象，他还从那种认为他妻子公然不贞洁的幻想中获得刺激。

"受虐症"的英文名称 Masochism 就是以 Leopold V.Sacher Masoch（1836—1905））的姓为字源，他是典型的受虐症患者，而且还写了不少受虐小说，其中最有名的一部叫做《披兽皮的维纳斯》。

Masoch 他温文儒雅，在某大学里担任历史讲师。婚后不久，他即对名门淑媛的妻子提出受虐请求。妻子吃惊地拒绝了，但也无可奈何，只好同意让女仆鞭打丈夫，而自己则在一旁观看。后来女仆辞职，妻子拗不过 Masoch 的苦苦哀求，只好自己充当鞭笞手，夜夜鞭夫。但他对此似乎还不满足，竟得寸进尺，渴望更大的羞辱，开始竭力怂恿妻子对自己不忠，鼓励她红杏出墙。妻子当然是无法苟同，结果他竟在报纸上刊登广告，声称"有一位年轻貌美的女士急欲征求精强力壮之男子为友"云云。妻子在忍无可忍的情况下，

笔记

终于离他而去。

Masoch 的这种怪癖显然和他的天生气质及早年经历有关。他从小就对种种残酷的事物倾心入迷,常常凝视着描绘迫害的图画想入非非。10 岁那年,一次意外的遭遇将他推向不归路。

原来他有个亲戚伯爵夫人交游广阔,风流美丽。一天,Masoch 和姐妹们在伯爵夫人家玩捉迷藏游戏,他跑到伯爵夫人的卧室内,躲到衣架后面。就在这个时候,伯爵夫人带着她的情夫走进卧室,两人就在沙发上颠鸾倒凤起来。Masoch 不敢出声,兴奋地屏息静观。没多久,伯爵带着两位朋友突然闯进来,但伯爵夫人不仅没有羞愧之意,反而是跳起来,一拳打在丈夫脸上。伯爵踉跄退了几步,但夫人怒气未消,随手抓起一条鞭子,将三个败坏她性致的男人轰了出去,而她的情夫也在混乱之中逃之夭夭。躲在衣架背后的 Masoch 既恐惧又紧张,不小心碰倒了衣架,正在气头上的伯爵夫人立刻将他揪出来,推翻在地,用鞭子没命地狂抽毒打。此时,Masoch 固然是疼痛难当,却体验到一种奇特的快感。就在这个时候,伯爵去而复返,竟跪在地上祈求妻子的原谅。Masoch 利用此机会逃出房间,但没跑几步又恋恋不舍地回转,想窥探卧室内进一步的发展。可是房门已经关上,但在门外,他仍清晰地听到夫人嘶嘶的鞭声和伯爵的呻吟声,他也因此而兴奋得战栗不已。Masoch 在婚后哀求妻子鞭打他,似乎就是想重演童年时代那曾令他难忘的经验。

法国著名的文学家和思想家 Jean-Jacques Rousseau(1712—1778)在《忏悔录》里就说到他 8 岁时由于淘气而遭到女教师兰贝尔斯小姐的鞭罚所带来的“肉欲的快感”,鞭挞在心灵上留下了难以磨灭的影响,“正是这种惩罚注定了我终生的趣味、欲望和感情”。自此以后,Rousseau 专爱同年轻姑娘厮混,一心渴望着她们的鞭打,甚至成为他一生中最大的“性趣”。

在性施虐症和性受虐症中,一种以割对方或自己的皮肤使其流血,通过吸吮血液,以增加性交时的快感,达到性满足的方式,称为嗜血淫症(vampirism),另一种通过罩上塑料袋或勒颈,在部分缺氧的同时手淫,称为窒息自淫症(autoerotic asphyxia),由此引起死亡称为性窒息(sexual asphyxia)。

正常人在性生活中略有轻度的掐捻、压按或口咬等动作以增加快感的调情行为,而性施虐症者通过对配偶或其他性对象的鞭打、针刺、绞勒、撕割躯体等,导致性对象明显痛苦,以增加性快感或作为性满足的唯一方式。Quinsey V(1990)指出典型的性施虐症者常常是害羞和被动的,存在对妇女有极端的偏见。Brittain R(1970)提出了性施虐症性病态人格者,其特征是“内向的、孤僻的、女性化的,缺乏男性气概,胆怯、羞耻心强、易发窘的人……难以相处,常在自尊心受到伤害时产生暴力行为。”Revitch(1965)复习了大量文献后,指出这种人具有性卑劣感,对妇女怀有仇恨心。Trick 等(1981)认为性施虐症常常是一种强迫性人格障碍,他们认为同性恋施虐症男性似乎比异性恋性施虐症具有更大的危险性,因为他们经常处于强烈欲念和强烈付诸行为的压力威胁之下。他们在幼年时往往有虐待动物或兽奸史,成年后在性生活中屡次虐待对方,虐待程度可逐步升级,可造成对方性器官损伤和肢体骨折,甚至死亡。虐待行为多数发生在性交之前,借以增强欲念或作为引起性高潮的唯一刺激物,也可以发生于性交以后,即仍不满足而继续施行虐待。

性受虐症者唯一关心的是作为痛苦结果的唤起。多见于女性异性恋者,也见于男性同性恋者。男性患者通常不能与女性建立异性恋的相互关系,因此主动要求性对象在性活动时对其施加痛苦,受虐的方式通常是针刺、切割乳房、捆绑躯体和勒颈等,有的是通过与厌恶的恋物症有关的附加物刺激,如嗅或舔衣服上或躯体上的污物,如尿液、粪便以取得性快

笔记

感。有人认为女性受虐者多是人格障碍者。性受虐症者把痛苦作为一种偿还对获得快乐的内疚的方法来寻求。Freud 认为性受虐症起源于一种对幼稚的性行为的固恋或退化，它集中于转而对自我的愤怒上。人际关系理论家把受虐症视为一种促进同情心和亲昵行为的方法。

有学者认为施虐症是一种强迫障碍，而受虐症则是一种人格障碍，女性受虐症者往往是癔症性人格障碍者。施虐者在童年期大多遭受过较严重的躯体虐待或性虐待，有些人成年后在恋爱方面也备受挫折与凌辱，这种施虐行为是一种象征性行为，代表对权威的反抗和对障碍的摧毁。受虐症者在童年期大多曾遭受躯体虐待而引起过精神创伤。

精神动力学派还认为施虐症是潜意识对自身所受虐待的报复行为，其中有些人所采用的是与虐待者"认同"的潜意识防御机制。而受虐症者正是因为这些精神创伤影响了客体心理与性心理发育，致使"存在焦虑"、"分离焦虑"与"阉割焦虑"长期保持在潜意识中，受虐行为便是为了减轻这些焦虑，增强"自我凝聚"。

行为学派则认为施虐症是因童年期置身充满暴力的家庭或社区环境中，由于近墨者黑的模仿、学习作用而养成不良行为模式。受虐症则是早年经历形成习惯即条件反射。成年人中也有被诱导而成为受虐症者的报道。

（七）恋童症

20 世纪 90 年代美国一项研究表明，恋童症者大约 90% 为男性，10% 为女性，77% 的受害者都是小女孩。首次出现变态性行为的年龄一般较其他性偏好障碍晚，通常在 30 岁以后。很多人结婚成家并已有子女。但通常都有婚姻关系长期失和、性生活不和谐的历史，使患者对成年异性的性欲显著减退，并逐渐转以儿童为性爱对象。所恋对象多在 10~16 岁之间，也有 3 岁以下者。他们所追求的多数是异性儿童或少年，但也同性或男女性均可的。恋童症者的对象一般都是原已熟识的，例如亲戚、朋友或邻居家的小孩，或是经其他渠道原已结识者。

恋童症者往往以糖果、零钱或其他小恩惠引诱儿童或少年上钩，多数情况下只是进行猥亵，如接吻、抚摸、相互玩弄外生殖器等，但也有将阴茎部分或全部插入受害者的阴道或肛门并射精者。他们通常不会使用身体暴力行为，而是以成年人的权威说服儿童顺从他们的要求。

恋童症者通常会伴随有其他性欲倒错行为。有一部分恋童症者同时还患有自恋型人格障碍和反社会型人格的倾向，后一部分人除对儿童进行猥亵之外，有时还对受害者施加躯体摧残与虐待，与施虐症兼而有之。

三、理论解释

在上述性偏好障碍的临床描述中已经讨论了原因与机制，迄今为止，性偏好障碍的病因不明，有生物学遗传、心理和环境等假说。这里概括介绍几种理论观点。

1. **生物学研究** 性偏好障碍的生物学研究侧重于病因和机制研究，在某些患者的血液中，发现睾酮含量增高，但还没有普遍性意义。

2. **精神动力学理论** 认为性偏好障碍者是在正常发育过程中，由于异性恋发展受挫，性的生殖功能不能整合为一种成熟的发展方式，产生心理冲突，表现出各种焦虑，导致退行到儿童早期幼稚的性心理发展阶段。其性行为则表现为一种幼稚的不成熟的儿童性取乐行为，如玩弄生殖器，暴露阴茎，手淫或摩擦阴部，偷看异性洗澡等。

3. **学习理论** 条件反射理论认为，一些无关刺激通过某种偶然的机会与性兴奋相结合，由于性快感的强烈体验，在主动回忆当时情景时仍会出现性快感，通过对性快感情景的回忆和性幻想强化了无关刺激，形成了条件联系。

4. 整合模型　Abel 等于 1986 年提出了整合模型，主张从不同理论中可部分地整合在一起加以应用。首先，要对性障碍的激发因素（instigator）加以了解和掌握，这些因素可能是早期生活中的首次性经验，或是对别人性偏离行为的模拟，也可能来自儿童早期的性虐待；其次，在社会化过程中所发展的对性的认知、信念，对性问题的态度和行为方式也至关重要；最后，其本人的性心理、行为是否为社会、家庭成员所接受或认可而导致内心冲突等多因素结合起来而导致性心理障碍。

四、诊断评估

性偏好障碍的评估要在患者同意的基础上，尽可能详细地作出。除了病史，还应包括下列步骤。

1. **性行为细节**　无论是正常还是异常的性行为，过去还是现在。要注意是否存在不止一种障碍。

2. **性兴奋的意义**　注意患者性偏好障碍的其他意义，以便治疗方法与步骤的正确选择。

3. **求助动机**　如因某种现实压力而求助，或者是内心的负罪感的驱使，而非真正的改变要求。

4. **心理测验**　如个性测验、智力测验、心理健康测验等酌情使用。

5. **心理生理检查**　应针对可能需要选择使用，如用多导生理仪或阴茎描记法评估性兴趣等。

性偏好障碍诊断可根据其临床表现，按诊断标准进行。但要注意排除某些精神障碍，尤其是对首次发生性偏好障碍的患者。因为性偏好障碍可继发于痴呆、酒中毒、抑郁症和躁狂症等疾患。

五、防治要点

性偏好障碍的治疗常常需要采取个性化的综合性措施。在做好一般性处理基础上可选择的治疗方法主要有心理治疗和药物治疗。

（一）心理治疗

是当前的主要治疗方法。行为治疗可以直接或间接地减少异常性行为，如隐蔽致敏法（covert sensitization）等。心理动力学治疗通过寻求其症状的潜在意义纠正不良行为。部分患者需要婚姻和家庭治疗。

（二）药物治疗

药物治疗主要有两个方面：一是激素治疗。有人发现降低雄性激素水平是心理治疗有效辅助手段，如使用睾酮拮抗剂乙酸环丙孕酮（cyproterone acetate）或乙酸甲羟孕酮（medroxyprogesterone acetate）。这两种药物对某些露阴症者和恋童症者有效。二是针对患者存在的情绪障碍对症用药，如氟西汀等。

第四节　性指向问题

一、概述

性指向问题是关于性爱对象是同性还是异性的性心理问题，主要指同性恋。现代主流精神障碍分类系统已经取消了这一疾病术语，但作为一种性心理问题仍然是专业人员临床服务中，经常要面对的问题。

性指向障碍（sexual orientation disorders）是在合理异性成员存在的情况下，性爱或性

笔记

兴趣的中心对象脱离了异性成员,而指向同性的一种性心理现象。性指向障碍主要包括同性恋、双性恋,最常见的是同性恋。至于那些无法确定自己的性取向,如不清楚自己是异性恋、同性恋还是双性恋者,称为性成熟障碍,也属于性指向障碍。

在当今不同的社会文化中,同性恋是否看作性指向障碍仍有不同看法(参见本书第二章表2-4)。1974年4月,美国精神病学会(APA)认为,同性恋者的性兴趣主要指向同性,他们既不为此而苦恼,也不希望改变这样的性定向。同性恋本身并不是精神障碍,而属于"性定向障碍"。1975年美国心理学会发表声明予以支持。到1980年,《精神障碍诊断和统计手册》(第三版)(DSM-Ⅲ)已不再视同性恋为精神障碍,但是自我认同困难同性恋(ego-dystonic homosexuality 指对自己同性恋取向不满意、且感到持续和明显的困扰)仍归属于性心理障碍(psychosexual disorder)之中。1987年美国DSM-Ⅲ-R彻底放弃了同性恋的诊断。ICD-10也取消了这一诊断。我国的CCMD-3编制时仍将同性恋作为性行为障碍的一种,但明确表示:从性爱本身来说性指向障碍不一定是异常。但某些人的性发育和性指向可伴发心理障碍,如个人不希望如此或犹豫不决,为此感到焦虑、抑郁,以及内心痛苦,有的试图寻求治疗加以改变。这是CCMD-3纳入同性恋和双性恋的主要原因。2001年4月,中华医学会精神病分会将"自我认同型的同性恋"从《中国精神障碍分类与诊断标准》中删除。也就是说,目前认为同性恋作为性体验与性行为的变异,只有在一定的条件下,特别是陷入个人或社会冲突时,才作为心理障碍来处理。

二、临床表现

同性恋(homosexuality)的特点是性爱指向对象是同性而非异性,即在正常条件下对同性持续表现性爱倾向,包括思想、情感和性爱行为。

同性恋可见于各种年龄,以未婚青少年多见,男性多于女性。Kinsey等1948年调查5300名成年男性白人,其中青春期以后有过同性恋经验者占37%,绝对同性恋占4%,兼有同性恋和异性恋为18%,有同性恋冲动但无同性恋行为13%;在35岁以上尚未娶妻者,有半数从青春期以后一直有同性恋。1953年Kinsey又发表对5 940名白人妇女的调查报告,同性恋占13%,绝对同性恋为3%。1985年国外报道男同性恋为4%~6%,女性为2%。中国卫生部门2006年公布,处于性活跃期的中国男性同性恋者,约占性活跃期男性大众人群的2%~4%。研究表明,从绝对同性恋到绝对异性恋之间是一个连续统(continuum),Kinsey提出一个同性恋-异性恋七级比例表,对了解这种性行为的分布有一定帮助。结合其他人的研究,其数据如下:单一的异性恋(0型)占35%,偶尔的同性恋(1型)35%,数次的同性恋(2型)20%,同性恋和异性恋相等(3型)2%,数次的异性恋(4型)2%,偶尔的异性恋(5型)2%,单一的同性恋(6型)4%。

同性恋可以从不同角度进行分类:①男同性恋与女同性恋。男同性恋注重性乐的追求,关系较不固定,有时随遇随散。而女同性恋更为隐蔽,感情比较专一,同性恋关系多能长期维持,因失恋而发生"情杀"的基本上都是女性;②精神性同性恋与实质性同性恋。前者只有性爱心理或性欲,但无实质性性行为,后者则兼而有之;③主动性同性恋与被动性同性恋。前者以扮演"丈夫"角色为主,后者以扮演"妻子"角色为主。其中,被动性男同性恋和主动性女同性恋往往是绝对性同性恋;④绝对性同性恋与相对性同性恋。前者只有同性恋,而无异性恋,又称单相同性恋,他们即使迫于压力与异性结婚,也无正常性功能,有的只有借助性幻想把配偶当作同性进行性活动。相对性同性恋又称双相同性恋,他们不仅有同性性爱活动,也有异性性爱活动。

还有一种称为境遇性同性恋(facultative homosexual)或代偿性同性恋,是由于环境条件的限制,合理异性成员并不存在或无法接触而出现一时的性取向异常,主要见于长期与异性隔绝的特殊环境,如军营、海轮、监狱、修道院以及男女分开的学校等,不属于真性同性恋。如果同性恋者对同性恋行为感到可以和谐接受并不感到痛苦,而另一部分人感到内疚与痛苦,又把真性同性恋分为自我和谐性同性恋和自我不和谐性同性恋。

三、理论解释

(一)生物学解释

生物学研究发现,大多数哺乳动物(特别是雄性动物)都有类似同性恋行为,推测这与遗传或激素水平的缺陷有关。人们普遍认为低水平的睾丸激素可能增加同性恋行为,或导致全面缺乏性欲唤起,但研究表明多数同性恋者并没有激素水平异常。

一项研究结果表明,当兄弟中有一人是同性恋时,另一人为同性恋的比例在同卵双生子中为52%,异卵双生子中为22%,领养的兄弟中为11%。一个与此类似的以女性为对象的研究发现了相同的模式。

(二)心理社会因素

一般以为,同性恋倾向的发生发展与生活事件、父母类型或个人心理特征相关。同性恋者比其他人的性吸引力差,而不愉快的异性恋经历,或者缺少吸引异性的能力。有证据表明,一些男性同性恋在儿童时期就有较明显的女孩子的行为特点。在追踪了总共27个女性化的男孩直至青少年期,发现40%~50%的研究对象变成了同性恋者或异装症者。

(三)精神分析理论

这是解释同性恋的主要心理学理论。它认为儿时的经历和与父母的关系均是产生同性恋的原因。精神分析的创始人Freud认为"同性恋是性心理发展中某个阶段的抑制或停顿"。他认为在人类个体发展的进程当中,4~6岁期间是性别认同和性别角色发展的关键时期,在此期间男女儿童怀有强烈的"恋母情结"和"恋父情结",对异性父母有强烈的、本能的依恋情感,表现出强烈的性渴求,同时对同性父母产生敌对情绪。在此期间,父母如果对儿童的这种性本能既不过分抑制也不过分刺激,儿童就会在"阉割恐惧(恐惧)"和"阴茎妒慕"的作用下发生对同性父母的认同,从而顺利通过这一阶段。相反,如果儿童在此期间遭受心理创伤,就可能隐藏在潜意识里边,并在青春期的时候表现出来,发展为同性恋。新精神分析理论认为,幼儿时期的特殊母子关系是形成同性恋的重要原因,认为男同性恋往往生活在一个母强父弱的家庭环境当中,他们往往和母亲有异乎寻常的亲密的关系,并成为母亲生活中最重要的人,取代父亲成为母亲的施爱对象。Bieber(1962年)综合了许多精神分析学家的临床资料后认为,导致同性恋的主要原因来自下列家庭双亲模式:一个疏远和具有敌意的父亲和贬低丈夫的母亲;或一个冷淡和具敌意的母亲与过分亲密而有失身份的父亲;或一个漫不经心的父亲和灰心丧气的母亲;或一个强悍的母亲和软弱的父亲。由于上述这些不和谐的家庭背景使成长中的孩子造成了性别认同社会化过程的障碍,或惧怕女性或男性,或与同龄群体交往发生困难。最终导致成年后的性对象倒错。

四、诊断评估

虽然同性恋已经不作为异常性行为的诊断类别,但不意味着同性恋者绝对不存在与性恋相关的心理困扰。正如进食是每个人都具备的正常行为,但吃得太多或太少有可能是进食障碍那样。何况还有"失和谐"的同性恋,他们不清楚自己的性恋倾向,有的人想改变自己的性恋倾向,或是性教育的需要等,都需要对性恋倾向进行评估甚至诊断,同时根据同性恋的临床表现进行评定。还可以采用相关的心理量表进行测试。如《男性气质 - 女性气质测验》(Masculinity-Femininity Test, M-F)、贝姆性别角色量表(Bem Sex Role Inventory, BSRI)等。国内刘婷等也编制了《男性同性恋倾向评估量表》(MASHC, 2010)。

笔记

五、干预要点

1. **处置原则** 对同性恋的正常与否的社会认识是随着历史发展不断变化的。到 20 世纪中叶，人们对同性恋的社会态度开始发生根本的转变。此前，医学和心理学一直试图治愈这种"疾病"。在 19 世纪，甚至开展诸如切除生殖器这类外科手术。1951 年，脑白质切除术曾被作为对同性恋的一种"治疗方法"。心理治疗、药物疗法、激素治疗、催眠、电击疗法和厌恶疗法都曾被使用过。当今，认识的进步彻底推翻了同性恋是病态的观念，成为人们可以自行选择的正常性行为方式之一。只有在同性恋者在个人性指向或性发育过程中，感到焦虑、抑郁，甚至痛苦，或者感到犹豫不决，或者希望改变时，方才提供治疗和帮助。

> 有关同性恋正常与否的变迁，对认识性行为异常与否有何启示？

2. **同性恋者** 对于确认无疑的同性恋的心理困惑，专业工作者要帮助他们接受自己的性取向，使其明白同性恋者的智力和能力并不比异性恋者差，同样可以正常生活并实现自我价值。当然也要说明对家庭与社会的压力准备。

3. **青春期同性恋取向者** 首先要作准确的性取向的检查评估，帮助他们确立和谐的性身份认同。当然异性恋作为生物学和社会学的主流性取向，应优先考虑。

4. **要求改变同性恋取向者** 可进行心理治疗，其中行为疗法较为有效。Gold 和 Neufeld（1965）应用想象性内隐致敏法（overt sensitization），即想象达到兴奋高潮的性变态渴求体验场景结合厌恶条件化疗法取得更好的疗效。采用认知疗法并结合中西药物治疗同性恋也有成功报道（刘新民，1993）。

专栏 13-3

性心理障碍的其他类型
---

1. 自恋（narcissism） 指对自己的迷恋。

2. 恋兽症（zoophilia, bestiality） 以与动物进行性活动作为偏爱甚至是唯一满足性欲的方式。

3. 恋尸症（necrophilia, necromania, necrophisim） 是指与异性尸体发生性活动作为经常的、偏爱的甚至是唯一的满足性欲的方式，包括猥亵、尸奸和毁伤尸体，也包括食尸症（necronhagio）。

4. 恋童症（pedophilia） 又称"嗜童癖"、"诱童狂"，以异性或同性的儿童为性欲对象的一种性心理障碍。

5. 淫语症（coprolalia） 指特别喜欢在异性面前说污言秽语，并因此感到性满足。

6. 色情狂（erotomania） 指过多、过滥、胡乱交配的行为。

7. 反物恋（antifetishism） 特别憎恨某种物体的一种性心理障碍。

8. 性窒息（sexual asphyxia） 通过附加制造大脑缺氧以达到性高潮的危险性行为。

9. 金莲症（foot-fetishism） 对女人小脚的极端迷恋，是古代中国特有的性文化现象。

10. 拔毛症（trichomania） 对体毛厌恶以至于要拔掉的一种性心理障碍。

11. 嗜粪尿症（corprophilia and urophilia） 需要接触粪便或尿液才能引起性兴奋的性心理障碍。

12. 匹格美林现象（Pygmalionism） 又称"雕像恋"，一般对异性的雕塑或相片过分迷恋。

笔记

13. 意淫（psychic masturbation） 借助单纯的性想象达到性满足的性行为。

14. 恐女症（gynophobia） 不敢接触女性,见有女性便退避甚至产生恐慌心理。

15. 恐男症（androphobia） 不敢接触男性,见到男性便退避甚至产生恐惧心理。

16. 恋老人症（gerontophilia） 强烈迷恋老人而对同龄异性冷淡的性心理障碍。

17. 细腰症（thin waist fetishism） 对于女性细腰的一种病态的审美。

第五节 性 胁 迫

一、概述

性胁迫（sexual coercion）又称性强迫,也称性攻击（sexual aggression, sexual assault）。性胁迫是包括多种性伤害或攻击行为的连续统一体（continuum）,有很多不同的形式。目前尚无确切的定义能包含性胁迫的多种行为和情况,更不能包括可以被受害者感知的不情愿的性行为。人们比较认可的定义由 Struckman-Johnson、Struckman-Johnson 和 Anderson（2003）提出：“使用压力、酒精或药物,或暴力在违背某人的意愿的情况下与其进行性接触。”

在多数情况下,性胁迫是指借助于暴力、威胁、言辞、强求、欺骗、风俗习惯或金钱诱惑等手段,违背他人的真实意愿,强迫（或诱骗）与之发生性关系的性行为。性强迫具有手段复杂、受害面广、年龄跨度大、内容广泛且行为隐蔽等特点,是一个严重的公共卫生问题。不少性胁迫如强奸、强制性接触和儿童性骚扰等,被许多法律认定为犯罪;但是其他一些形式如威胁、言辞或强迫结婚却在文化上能被容忍,甚至有时能被宽容。

性胁迫可发生于任何年龄和一个女性生活中的任何时间,如几个月大的孩子被强奸或者被性骚扰,甚至老年妇女也不能幸免。有 70 多岁甚至更老的妇女被强奸的报道。但约 1/3~2/3 的性胁迫发生在 15 岁以下的女性青少年。据 WHO 资料（1999）,女性青少年的性胁迫发生率约 5%~20%。许多性胁迫发生在相互认识的人群中,如配偶、家庭成员、恋人或者熟人。

二、临床表现

（一）强奸

强奸（rape）的广义是违背他人的意志,使用任何手段与他人发生性交行为。狭义的强奸特指男性使用暴力或非暴力手段,违背女性的意愿,强行与她发生性交行为,是一种常见的犯罪行为。在美国有 1200 万女性在她们的一生中曾报告被人强奸,但大多数的强奸案并没有报告给警方。当被自己熟悉的人强奸时（约会强奸）,受害者特别容易犹豫是否报告警方,这也许是因为她们会更多地责备自己,或者是因为害怕他人认为她们对强奸的发生负有责任。在 1998 年对 81 247 名 9~12 年级学生的调查中,9% 的女孩报告曾经历过符合法律定义的强奸行为,6% 的男孩报告曾作过符合法律定义的强奸行为（包括未遂的强奸和约会强奸）。

Krauss 和 Bernbaum 根据强奸者动机分为三类：①愤怒型强奸。是一种表达并发泄个人愤怒的手段,时间发生在强奸犯沮丧、冲突或激奋的时间之后;②权力型强奸。目标是征服,使他重拾个人的安全感,保持男人的感觉;③虐待型强奸。性满足和暴力交织在一起,用造成对方痛苦的方式寻找自我的兴奋和刺激。根据强奸者身份分类有陌生人强奸、熟人

笔记

强奸、约会强奸、团伙强奸、婚内强奸、男性或女性强奸等。

强奸给受害者带来的心理伤害是巨大的。她们有可能会患上许多心理障碍——首先是性功能失调和创伤后应激障碍；同时会有一系列的身体的损伤。在 Resnick 等（2002）的一项研究中，90% 的女性强奸受害者害怕会因此而感染 HIV 病毒。同时，许多报案的女性发现，伸张正义让她们感到羞辱。如美国纽约州的法律要求，定这一罪行要有一个目击证人，绝大多数报告警方的强奸案都不会受到审判，原因多是无法确定强奸犯身份或证据不足。因此不仅正义得不到伸张，而且女性会遭到报复。如果这样的案子进入开庭审理，受害者会觉得受审判的是她自己而不是罪犯。她的穿着方式、她的性经历、她的"名声"都会受到别人的怀疑。因而，审判可能和被强奸一样具有创伤性。

（二）儿童性虐待

儿童性虐待（child sexual abuse）是一种通过暴力的或非暴力的手段与儿童发生接触性的或非接触性的性活动，包括胁迫、引诱儿童观看色情影像或他人性活动的侵犯性行为，而不论儿童是否同意或是否知道这种活动的意义。在美国的《儿童虐待防治法案》中，儿童性虐待被定义为：雇佣、使用、说服、诱导、怂恿或胁迫儿童从事或者协助他人从事任何明确的或模仿性的性行为，包括强奸、骚扰、卖淫或其他形式对儿童进行性攻击或性剥削行为，包括与儿童的乱伦。

根据性活动的方式，儿童性虐待可分为两个层次：①接触性性活动，包括从抚摸、亲吻到生殖器接触及性交的所有性行为；②非接触性性活动，如露阴、窥阴、观看色情影视片、目睹成人性交行为等。

以严重程度分为：①重度性虐待：包括各种暴力的或非暴力的生殖器或肛门性交，以及对生殖器和肛门的口交，不论是否成功；②中度性虐待：包括各种暴力或非暴力的手段对生殖器的触摸，或裸体接触乳房等，而不论是试图如此还是已经实施；③轻度性虐待：包括暴力或非暴力的带性色彩的亲吻、抚摸大腿、臀部或抚摸乳房和生殖器。这三个等级都是接触性的性虐待。

儿童性虐待是一种严重的创伤性事件，对儿童的情感、认知及行为都具有明显的影响，是导致受害者发生各种心理障碍的主要危险因素。这些心理障碍包括：①焦虑障碍。是最常见的症状之一，表现焦虑不安、睡眠障碍、梦魇和躯体不适等，而且成年后出现惊恐障碍的比例较高。有研究说明侵犯者越亲近受害者，其心灵创伤越严重。②分离障碍。分离反应是一个人对心理创伤的一种原始的防御机制。受性虐待的儿童的早期分离症状是伴有记忆减退的遗忘，过多的幻想和白日梦，梦游症和短暂的意识丧失。多重人格障碍是分离症状的最严重类型。③物质滥用。受虐待者常在青少年和青年时期就开始滥用药物和酒精，因为这些物质可帮助他们淡忘有关的痛苦记忆与情感体验。④其他问题。如难与他人建立稳固的关系，情绪不稳、容易走极端、缺乏安全感，性行为问题增多等。

（三）性骚扰

性骚扰（sexual harassment）是指不受欢迎的性求爱、性好感邀请，以及其他带有性性质的言语和身体行为。这是美国就业机会平等委员会（EEOC）下的定义。美国一项调查中，有 42% 的女性和 15% 的男性在两年的工作中遭受性骚扰。性骚扰中占优势的骚扰者为男性（78%），表现为直接对女性身体的攻击，但是大多数呈一种无形的性侵扰和频繁的难以摆脱的、令人厌恶的和强迫接受的性企图。

1. 分类　在美国，法律公认的性骚扰有两类：①交易性性骚扰。当个人屈从或拒绝性求爱或性含义的行为影响到个人的聘用或作为聘用的交换条件时，这些行为就是交易性性骚扰；②敌意环境性骚扰。当不受欢迎的性行为妨碍了个人的工作业绩，或营造了敌意、胁迫或无礼的工作环境，就构成了敌意环境性骚扰。

2. **方式**　性骚扰的方式通常有三种：①口头方式。即以下流语言进行性骚扰；②行动方式。是以触摸碰撞异性身体敏感部位达到目的；③设置环境方式。指在工作场所布置淫秽图片和广告等，使对方感到难堪。

3. **分型**　依据性骚扰者的行为特点可分为六种类型：①补偿型性骚扰。是因性饥渴导致的一时冲动之举；②游戏型性骚扰。多是有过性经验的男人，将女性视作玩物；③权利型性骚扰。多发生在老板对雇员或上司对下属，尤以女秘书居多；④攻击型性骚扰，多半在早年有不愉快的性关系史，有蓄意的伤害性或攻击倾向；⑤病理型性骚扰。因各种疾病，尤其是性心理障碍所致；⑥冲动型性骚扰。多为青年，性好奇心强，自制力差，往往有人格缺陷。

4. **后果**　绝大多数性骚扰后果是严重和持久的。性骚扰除了对受害者人格的侮辱和人权的侵犯，影响受害人的经济利益和职业发展，造成婚姻和工作的不稳定之外，大多数性骚扰对受害者造成的后果主要表现在心理方面，调查显示90%以上的受害者会出现心理和生理障碍。

任何形式的性骚扰均可使受害者表现自尊心和自我评价降低。与其他性虐待的生理和心理反应相似，存在着创伤性体验，如果性骚扰的状况得不到改变，心理创伤将逐日积累并不断增强，给受害者造成了沉重的精神负担，使受害者对人际关系产生恐惧心理。突出表现在两个方面：一是导致受害者产生消极情绪和精神创伤，背上沉重的心理包袱，经常体验到焦虑、紧张、恐惧、躁狂和抑郁等，导致PTSD、适应障碍和性功能障碍等，还使受害者自信心和自尊心下降，产生悲观、沮丧甚至绝望等情绪；二是造成受害者的人际交往能力下降。由于性骚扰会使受害者对他人的信任感降低，这种心理的泛化会对周围的人都持怀疑和猜忌的态度，进而增加了人际交往的距离，严重影响他们的人际关系，而且被性骚扰者可能遭到周围人的指责和嘲笑，违心地辞去工作，导致夫妻感情不和甚至离婚。

三、理论解释

导致性胁迫发生的因素有很多。钟细华和赵鹏飞（2002）从流行病学角度分析，将发生性胁迫行为的决定因素分为前置因素、强化因素和促成因素。这里也包括受害者的心理。

（一）前置因素

前置因素（predisposing factors）是指为性行为发生提供依据、动机和原因的因素，先于行为的发生，包括知识水平、信念、态度和价值观念等内容。主要包括下列方面。

1. **知识、态度和观念**　文化程度低、性知识较少甚至缺乏，辨别是非的能力较低，往往容易遭受或强迫他人发生非意愿性性行为；长期接触黄色信息，处于不健康的有关性的交流氛围，使人对性胁迫持容忍甚至支持态度，助长了性胁迫的发生。

2. **个体因素**　童年受到性、肉体或感情虐待，母亲的头胎生育年龄较小，将影响个体对性的看法和观念，增加性胁迫的机会，甚至出现经常性性胁迫行为。因个性、智力结构不同，对此问题的看法和处理能力不同，如自尊心较强、智力较好的人遇到性胁迫问题，往往能自行解围，而软弱、智力发展水平较低的人则很难解围。

3. **家庭因素**　家庭经济贫困、父母文化程度低和家庭教育质量差，家长观念封建保守易造成孩子性格孤僻或自尊心降低、少女卖淫、遭受社会歧视和各种性胁迫等问题，子女离家出走或在外留宿，将会接触到更多的危险因素。

4. **其他因素**　强奸者的感情压抑或性欲强烈、体内相关激素水平高、幼年有性侵害或被欺侮创伤史、个人表达能力欠佳或是与异性相处能力薄弱，易唤起性胁迫欲望。

（二）强化因素

强化因素（reinforcing factors）指行为发生后的反馈影响，后于行为的发生，影响行为是否能持续存在,分正负强化因素。

正强化因素是对该行为持容忍或支持态度,如社会性别差异和权势影响,两者在性胁迫中常表现为:女性难以拒绝非婚性行为、缺乏性行为决定权、被动并依赖于男性,在家庭和社会中男女权利不平等,另外"拜金主义"和"金钱至上"的观念也起到正强化的作用。

负强化因素是持否定或反对态度,并力图控制该行为的发生。包括国家法律法规和风俗习惯的约束力,性文化对性胁迫持反对态度,可遏制施暴者;女性恐惧疼痛、怀孕和人流,曾遭性强迫,非意愿性行为发生年龄小,酒后性过程中遭到性伴侮骂或殴打,将促使女性加强防范。

(三) 促成因素

促成因素(enabling factors)指完成一项行为所需要的技能和资源,在行为发生前即已存在。主要包括以下几个方面。

1. **主观条件** 情绪不稳、心理障碍被人利用而造成强迫性性行为。

2. **客观条件** 性行为前采用性诱骗技巧,如观看色情作品、酗酒、吸烟、吸毒、蒙骗、撒谎、发伪誓、胁迫、送礼物、言语纠缠、使用暴力或凶器等;性伴侣年龄差距大,体力差异较大,两性之间感情表达方式不同等都是潜在的危险因素;不同外界因素也有不同的影响,如室内易遭到熟人攻击,公共场所易遭陌生人攻击,不同季节(如夏季着装少,易激起施暴者的性欲)和举止(举止不当和随意给施暴者假性暗示的效果),不同的时间(如晚上活动隐蔽性强,不易发现);另外流动人群接触危险因素的可能性更大,女性在约会中自感形象不佳,心理上迁就迎合对方,往往易遭受性胁迫。

据上述决定因素的存在与否、存在数量和时间及其危险程度,可判断某人群处于性胁迫的危险状态。总之,接触危险因素越早,数量越多,暴露程度越强,暴露时间越长,就越容易发生性胁迫。

四、分类

性胁迫可分为可容忍性、过渡性和非法性三个连续的范畴。可容忍性指违背他人意愿,但受到当地社会规范支持,或尚未列入违法范围的强迫性性行为;非法性指同时违背他人意愿和当地社会规范及法律的强迫性性行为;而过渡性介于两者之间。实际上,在不同的社会规范和法律制度下,三个范畴无法严格区分,其涵盖的具体内容有重叠。

1. **可容忍性** 包括强奸妓女、男性酒后施暴、强迫有"性需求"且屈从于男方的女性、利用单身成熟女性从事性行为、惩罚性性行为、婚前性胁迫和婚内强奸等。

2. **过渡性** 包括约会期间发生性胁迫、婚内强奸、雇主性骚扰、妇女出借或换妻等。

3. **非法性** 包括被陌生人强奸、诱奸和乱伦等。

五、防治要点

对性胁迫的预防是一项社会系统工程,而不是单纯的专业技术工作。处理原则是依据有关法律法规分别予以不同的处置,如强奸往往按照法律予以惩处;对有病理心理的性胁迫者可考虑行为治疗;甚至有对性欲亢进的违法行为者考虑"化学阉割"(专栏13-4)。

专栏 13-4

――――――― 化 学 阉 割 ―――――――

"化学阉割"属于内分泌治疗,又称药物去势。黄体生成素释放激素(LHRH)可刺激脑垂体释放黄体生成素(LH)。人工合成的超活性 LHRH 类似物(LHRH A)可在用药早

笔记

期刺激脑垂体释放黄体生成素(LH),使脑垂体的 LHRH 受体下降调节,受体减少,反而抑制了 LH 的释放,睾酮的产生减少,最终使睾酮下降至去势水平,从而起到与手术去势相似的疗效,称之为药物去势,是一种标准的前列腺癌内分泌治疗方法,也被一些国家用于打击性犯罪者。

2012 年 8 月 26 日,韩国政府和新世界党决定制定性犯罪综合对策,包括全面扩大"化学阉割"对象。国际上部分国家主要是对有恋童癖的罪犯实行化学阉割,以降低其性欲和异常性行为。

第六节 性 成 瘾

一、概述

性成瘾(sexual addiction)又称强迫性性行为(compulsive sexual behavior),用以描述这类现象的词汇很多,有性爱成瘾、色情狂等。此概念主要用来指一个人强迫性地寻求性体验,当性行为不能满足时就会出现行为异常的情况。

美国梅约医疗中心的定义为:表现出对性的压倒一切的需求,使整个精神状态被这种需求与关注强烈地占据,以致正常的工作和关系被干扰。他们在性活动方面倾注过量的时间而忽视其他日常生活中的重要方面,如社交、职业、休闲娱乐等。想要控制或改善这种状态的努力往往遭受不断的失败。

二、临床表现

存在性成瘾的人不能控制他们的性冲动,包括性幻想和性行为,结果使性欲望和性行为超常增加,尽管患者有反复试图终止。性的极度兴奋与快乐的感觉是他们寻求性行为的动机,但是在没有性高潮的情况下,他们有时也会寻求性刺激。性成瘾者将性行为变成了人际关系或生活需要的主要基础,对其社会生活、职业生涯或婚姻产生不良的干扰和影响,甚至为了性行为可以轻易抛弃家庭和事业等。

性成瘾的特征主要有:①不受控制的行为;②性行为导致医学、法律和人际关系等严重的不良后果;③持续追求自毁性或高危性性行为;④反复想限制或停止性行为;⑤性强迫和性幻想是主要的应对机制;⑥需要增加性活动的数量;⑦与性活动有关的严重心境变化,如抑郁或欣快;⑧用大量时间获得性、性交或从性体验中恢复;⑨性行为干扰社交、职业和娱乐活动。

美国梅约医疗中心提出性成瘾的一般性模式:①有多位性伴侣或婚外私通;②寻求匿名性伴侣或付费性行为;③在性关系中避免感情投入;④使用商业性质的色情电话和互联网性爱;⑤过量手淫;⑥频繁使用色情文学材料;⑦性受虐狂和虐待狂的性行为;⑧公共场合自我裸露。

性成瘾的个体往往会出现强烈的、被迫的连续性或周期性的性冲动行为,如果这些性冲动得不到满足,就会产生焦虑不安的痛苦感觉。研究表明,不少性成瘾者都来自婚外,他们寻求强烈的刺激和新奇感,婚内的性行为对其已起不到强刺激的作用。这种"性成瘾者"不仅对自己、家庭有破坏力,对社会也会有不良影响,因为无节制的性行为可能会导致犯罪行为的发生。

1983 年,Patrick Carnes 在其《走出阴影:了解性成瘾》中,根据文化上对性瘾行为接受

笔记

的程度将其分为三个级别：一级包括那些得到容忍的行为，如手淫、网络性爱和私通等，并未侵害他人的利益。二级则涉及一些侵犯他人的性活动，如露阴症（exhibitionism）和窥阴症（voyeurism），尽管这些行为对受害人造成恶心和厌憎情绪，但一般来说人们认为这只是"让人讨厌的"，还未造成直接的严重伤害。三级包括强奸（rape）、乱伦（incest）以及儿童性侵犯等，这被认为是严重犯罪，往往会严重影响受害者的生活。

从事瘾症研究的英国格拉斯哥大学心理学家 Robert Ian F Brown 认为：性成瘾与其他类型的成瘾是一样的。有性成瘾的人将性活动作为调节心情和逃避现实的一种方式。虽然有人实际上付诸行动的次数可能并不很多，但是这种念头一天到晚从不间断，对个人造成了困扰。一旦染上性成瘾，一般来说就会沉湎于各种与性有关的活动中。但是，要把过多的性行为视为成瘾行为还缺乏证据和说服力。

三、理论解释

多数性学专家把性成瘾看做是一种心理问题。它主要发生于男性，男女之比为 4∶1，其中 80% 的人具有其他类型的嗜好，如酗酒和赌博等。究其原因，性成瘾可能是儿童期受虐待的悲剧性后果之一。受虐待儿童不仅觉得生存无价值，而且也会认为侮辱和羞耻是正常性表达的一个组成部分。

性成瘾的外因是家庭和社会环境的影响，导致心理发育出了偏差。如色情书刊和影视的诱惑；长辈的不良示范；精神压力过大一时又找不到更好的减压办法，不得不求助于性爱，最终形成心理依赖等。还有的人是想利用性来证明自己的魅力。因为性伙伴越多越能让他自信，而爱情只不过是一种装饰而已。

研究发现性成瘾者较多来自没有适当亲密关系的家庭。性成瘾是一个心无安全感的人在寻求激励和自身价值的确认。当事人在成长过程中没有被爱填满，以致于寻求可以让自己麻木的东西，去挑选不同的成瘾方式，如抽烟、喝酒、赌博，或者是性爱。

四、诊断评估

到目前为止，性心理学家们对性成瘾的存在还没有达成一致，赞成性成瘾存在的有两种观点，一种观点认为性成瘾是一种成瘾行为，另一种观点认为性成瘾是一种强迫行为。这两种行为是一连续谱系的两极，因此诊断依靠相关的成瘾标准或强迫标准。

五、防治要点

对性成瘾的预防涉及个体、家庭和社会的多项教育举措。治疗主要包括心理矫正和药物治疗。

1. 心理治疗　主要有认知治疗、行为治疗、精神分析治疗及团体心理治疗，家庭治疗和婚姻治疗也常使用。

2. 药物治疗　抗抑郁剂及抗焦虑药物常常被对症使用；抗雄性激素会有一定的疗效。

第七节　性功能障碍

一、概述

性功能（sexual function）是指男女性活动的整个过程，包括性欲、准备、性交、性高潮和射精等环节。性功能障碍（sexual dysfunction）表现性唤起障碍、性兴奋障碍、性高潮障碍等多种表现形式，是比较多见的心理障碍。

　　当然，目前对性功能障碍还难以给出完美的定义。人类性活动中究竟怎样才算是"正常"呢？不同的人，即使是同一个人，性兴趣和性表现都会有很大的变化范围。其次，性功能障碍的存在要看当事人或其伴侣是否认为有问题存在。此外，许多病人就诊时常以其他原因作为就诊的理由，如主诉为自主神经功能症状、情绪恶劣等。这里所讲的性功能障碍主要指所谓"非器质性性功能障碍"。

二、临床表现

　　表 13-2 列举了 CCMD-3、ICD-10 及 DSM-5 非器质性性功能障碍分类。性功能障碍常见类型及其表现如下。

（一）性欲减退

　　表现为持续性、蔓延性的性兴趣缺乏和性唤起抑制。女性远多于男性，她们没有任何性欲，在性生活中也完全处于被动状态。日常生活也常显得刻苦、拘谨且古板。有资料表明，在已婚妇女中患性冷淡者约占 15%，还有资料报告有 25%~30% 的女性具有性冷淡现象。

（二）性兴奋障碍

　　表现为以男性射精和女性阴道润滑作用障碍为特征的异常，如阳痿、冷阴等。

　　1. 阳痿（impotence）　男性虽有性欲，但在性交时难以产生和维持满意的阴茎勃起。性交时阴茎不能勃起或勃起不充分，或勃起的历史短暂，因而完不成性交活动。阳痿患者在手淫时或睡梦中和早晨醒来时常可勃起。阳痿是男性最常见的性功能障碍，据国外资料介绍，阳痿患者约占全部男性性功能障碍的 37%~42%。约 10%~15% 的阳痿是器质性的，85%~90% 属心因性。

表 13-2　非器质性性功能障碍三种分类的比较

CCMD-3 非器质性性功能障碍	ICD-10 非器质性障碍或疾病引起的 性功能障碍	DSM-5 性功能失调
52.1 性欲减退	F52.0 性欲减退或缺失	男性延迟射精（F52.32）
52.2 阳痿	F52.1 性厌恶及性乐缺乏	男性勃起障碍（F52.21）
52.3 冷阴	F52.2 生殖器反应丧失	女性性高潮障碍（F52.31）
52.4 性乐高潮障碍	F52.3 性高潮功能障碍	女性性兴趣、唤起障碍（F52.22）
52.5 早泄	F52.4 早泄	生殖器 - 盆腔痛、插入障碍（F52.6）
52.6 阴道痉挛	F52.5 非器质性阴道痉挛	男性性欲低下障碍（F52.0）
52.7 性交疼痛	F52.6 非器质性性交疼痛	早泄（F52.4）
52.9 其他或待分类性功能障碍	F52.7 性欲亢进	其他特定的性功能障碍（F52.8）
	F52.8 其他性功能障碍，非器 质性障碍或疾病所致	未特定的性功能失调（F52.9）
	F52.9 未特定的性功能障碍， 器质性障碍或疾病所致	

　　2. 冷阴（failure of female genital response）　指成年女性有性欲，但性交时难以产生或维持满意和需要的生殖器的适当反应，如阴道湿润和阴唇膨胀，以致性交时阴茎不能舒适地插入阴道。冷阴与性冷淡和性高潮缺乏应属不同的障碍，冷阴者并不缺乏性欲望，这与性冷淡不同；但也可以在没有明显润滑的情况下通过刺激阴蒂，或使用振荡器的机械刺激而引起性高潮。

笔记

（三）性高潮障碍

表现为男性能勃起和女性能出现正常的性兴奋期，但性高潮障碍反复发生并持续存在，或者不适当地推迟，如早泄、射精延迟和女性性高潮缺乏。

1. **早泄**（premature ejaculation） 指持续地发生性交时射精过早，导致性交不满意，如阴茎未插入阴道或刚插入时就射精，它在男性性功能障碍中发病率占第二位，约22%。

2. **不射精** 指阴茎插入阴道持续很长时间的性交，仍达不到性兴奋高潮、不能射精，也无性高潮体验，其表现正好与早泄相反。

3. **女性性高潮缺乏**（female orgasmic dysfunction） 指女性在性活动中没有或很难有性兴奋和性高潮的体验。

（四）其他性功能障碍

1. **阴道痉挛**（vaginismus） 是一种影响妇女性反应能力的心理生理综合征，又称性交恐惧症。即在试图性交时，围绕阴道口的肌肉群发生不随意的痉挛反射，于是肌肉强烈的收缩成一个环状肌肉团块，结果使阴道口紧闭，使性交无法进行。甚至连妇科医生的常规检查都无法进行。此时的肌肉收缩是不由自主的和无法控制的，通常会由实际的性交，或由想象或预感到将要发生性交而引发。

2. **性交疼痛**（dyspareunia） 指性交引起女性或男性的性生殖器疼痛。女性的性交疼痛有时仅在外阴部，有时又可在阴道内，甚至会经常伴有下腹部疼痛，疼痛剧烈且反复发作，时间长短不等，有时在性交数小时后才消退，常不得不拒绝性交。男性的疼痛多限于阴茎。

三、理论解释

性反应是一种心身过程，正常的性活动除了要有正常的生殖器官、内分泌系统、神经系统和性染色体等生理结构和功能维持以外，还必须要有适宜的心理状态，必要的性知识对性活动也有作用，很多疾病、药物和心理因素都对性功能产生干扰。因此，性功能障碍的产生原因和机制是很复杂的。以往人们原以为大多数性功能障碍是心因性的。但是，近几十年来诊断技术的进步，使器质性因素受到更多的注意。

由于心理及躯体过程通常都在性功能障碍的发病中起作用，尽管有时辨认心因性或器质性病因时可以做到，但是对大多数性功能障碍者，如勃起不能或性交疼痛等问题，则很难确定心因性还是器质性因素哪种因素更重要。因此，进行综合性原因的考虑更为合理。例如，某种阳性检查结果如多普勒 - 回波描记或海绵体注射等尚难以解释所有现象。同样，对心理冲突也不应孤立地看待，而是要不断地与器质性检查结果联系起来进行考虑。实际上，对于性功能障碍的"功能性"与"器质性"是很难分得很清楚的。一方面，目前对性功能障碍的病因学研究知之甚少；另一方面，性功能障碍常常是功能性与器质性两种因素交织在一起；再者，"功能性"与"器质性"本身也是相对的概念。性功能障碍的发生常常是多种因素相互作用的结果。

原发性性欲缺乏大多数以躯体因素为主要病因。如果首先表现为勃起障碍，则受心理反应性因素的影响为多。无论如何，心理因素是心理学家要重点考虑的。例如，女性性体验的暂时性波动既取决于男性的性行为，也依赖于过去的手淫经验，尤其是男女双方性兴奋的不一致。性的学习缺陷、性敌视教育以及相应的焦虑，对女性的作用往往比男性要持久。在社会性方面，女性性行为与情感活动的联系更紧密。在迟缓性性心理发育中，要看到深层的神经症性形成因素的影响，不自觉地担心污染和伤害，在性爱与性的感受不协调的情况下可妨碍美满的夫妻关系。在心理动力学方面应考虑到家庭教育和儿童早期性的经历的影响。在夫妻或伴侣关系中，担心被男性利用也可使体验能力受到损害等。

笔记

四、诊断评估

对性功能障碍进行细致和全面的心理评估是非常重要的,尤其是对后续治疗方法的选择与控制。评估包括临床面谈、心理测评与心理生理评估三个方面内容,包括必要的身体检查。心理测评量表有《戴氏性功能问卷》(Derogatis Sexual Functioning Inventory, DSFI)、双方适应量表(Dyadic Adjustment Scale, DAS)、性观念调查(The Sexual Opiniion Survey, SOS)等。通过多方法获取数据整合,找出条理化的个案构架(case formulation),为治疗提供依据。

性功能障碍的诊断主要是根据临床表现,参照诊断标准做出。ICD-10 诊断原发性性功能障碍采取以下几个标准:①患者不能参与本人所希望的性生活;②性功能障碍频繁发生,但个别情况下却没有出现;③性功能障碍持续至少 6 个月;④性功能障碍不能完全解释为生理疾病、药物作用或者其他精神和行为方面的障碍。DSM-5 指出,这种障碍会造成严重的抑郁或者人际交往的困难。DSM-5 允许使用其他疾病或药物记录来诊断(比如由于糖尿病而引起的男性阴茎勃起困难)。

五、防治要点

性活动不仅是人类种族保存的必需,也是生活的必需,性行为的和谐美满关系到人的生活质量和家庭幸福。然而性生活的正常进行必须以性功能的正常为条件,因此对性功能障碍的治疗是必须的。临床实践证明,几乎所有的性功能障碍都有可能通过治疗得到改善或痊愈,最简单的"教育"也可能有效。应鼓励性功能障碍者及早求治。在有关性行为的知识和疗法中,1970 年 William Madters 和 Virginia Johnson 的《人类性功能失调》(human sexual inadequacy)最为重要,它为性功能失调提供了简单直接的治疗方法与计划。治疗性功能障碍的具体方法很多,这里仅简单讨论一些基本规律和原则。

(一)治疗原则

1. **全面掌握夫妻双方相关资料**　如性解剖、性生理、性心理和性行为等,特别要区别是器质性还是心因性?是原发还是继发?这关系到治疗方案的制定和实施。

2. **消除对性行为的恐惧**　对性行为的恐惧是引起性功能障碍的重要因素:降低性生活的兴趣,丧失自信心,引起紧张和压力,干扰和抑制性行为。性治疗的中心任务之一,就是强调性活动是一种自然本能活动,使患者减少恐惧,轻松并主动进行性生活。

3. **夫妻共同参与治疗**　性治疗的首要目的是建立满意的夫妻关系。性功能正常与否是夫妻双方的事,且会互相影响,某一方的态度和行为常会导致另一方的性的功能和对性的满足程度,治疗需要双方配合。如果只单独改变一方,常常使治疗无法进行。性治疗的任务之一就是通过沟通,改善夫妻间的相互关系。

4. **注意其他方面的问题**　除对患者性功能障碍的准确把握之外,还应了解和关注有关性问题的其他情况,如对性问题的错误态度,以及性知识的缺乏和错误等。

5. **保密**　这里强调的是夫妻间的保密。虽然性治疗更关注夫妻间的交流和沟通,但并不排除一方有不想让配偶知道的隐私,此时治疗必须为患者保密,即使在治疗结束后。

(二)对不同性功能障碍的特殊处理

1. **阳痿**　在治疗早期就要公开患者关于性的焦虑,让其明白此种焦虑是能够克服的。在练习感觉集中(sensate focus)时可以触摸任何部位,但双方都不要考虑性交,只把注意力集中在身体感觉上。当出现阴茎勃起时不要急于性交,而是停止抚摸让勃起消退。重复练习使之再勃起,经过此段锻炼,使病人体验到自己的勃起功能是正常的,从而减轻焦虑,增强自信心。经过以上练习,可逐步发展为女上位的性交。应鼓励病人在性活动过程中,不要观察和分析自身的行为,而是把注意力集中到对方身体的某一部位。

2. 早泄 首先要减轻焦虑,然后可采用系统脱敏法。早泄是射精所需要的刺激阈值太低,因此当刺激阴茎到快要射精时,应停止刺激,待兴奋消退后重复刺激,以提高阈值。也可在高度兴奋或性高潮快到来时,向下牵拉阴茎和睾丸以延缓射精。以后再进行,可取女上位姿势,逐渐延长性活动的时间。

3. 阴道痉挛 开始时让双方明白这是一种非自主的异常肌肉收缩。让丈夫陪伴作阴道检查,并鼓励病人经过镜子自己观察。教患者作会阴部肌肉的收缩-松弛训练,逐步将手指插到阴道,或用阴道扩张器,并在家中做感觉集中训练,同时进行语言交流。使用阴道扩张器应由细到粗,用到4号扩张器时,如无不适,即可性交,以女上位姿势较好。

4. 性高潮缺乏 主要目的是帮助病人认识到性兴奋是自然出现的,从而消除其忧虑。在感觉集中训练时,应强调非语言交流方法,如用手表示"请摸得重一点"等。如果手法刺激已经使对方体会到性高潮,便可进行女上位的性交。

5. 性欲减退 重点是改善夫妇性生活的关系,要反复讲解并使他们明白和做到:性活动的满足和乐趣并不一定要由最初的性兴趣决定;性生活要有变化,丰富多彩;性活动并不一定要引起性交和性欲高潮;打消裸体即意味开始性活动的联想;在感觉集中训练时,要逐步让病人认识到夫妇双方都可以发起性活动,健全的性生活是增进感情和彼此的必需。

(张聪沛)

阅读 1

双 性 恋

双性恋(bisexuality)又称"混合性同性恋",即既爱异性又爱同性。多数双性恋者时而是同性恋者,时而是异性恋者,有不同寻常的性适应能力。境遇性同性恋者容易显示双性恋行为,但终身同时保持双性恋者极少。其中 Caesar 是最著名的双性恋者。据西方权威人士估计双性恋者的比例在 5%。双性恋者的信仰倾向表现在鼓吹"一性化",即认为两性的区分造成了男女的性对立和性压迫。双性恋者的性角色是当基本倾向为异性恋时,则与同性做爱时倾向主动角色;当基本倾向为同性恋时,则在与异性做爱时常乐意被动接受。双性恋的评估与处理参见同性恋部分。

阅读 2

无 性 恋

无性恋(asexuality)是指一些不具有性倾向的人,即不对男性或女性任一性别表现出性倾向的一种倾向,无性恋是否是种性倾向一直还有争议。无性恋者对男性和女性都持着较冷淡的态度,不会对任何一方产生兴趣,但会因自己的性别或日常经历而对某一性别多出一些好感。无性恋者难以对某一性别的人产生很多好感,亦不多会对这种性别的人表露出多少厌恶(Prause, Nicole; Cynthia A. Graham. "Asexuality: Classification and Characterization". Archives of Sexual Behavior. August 2004, 36(3): 341-356 [31 August 2007])。

据加拿大布鲁克大学的安东尼·博格尔特教授研究发现,目前无性恋者占世界总人数的 1% 左右,全球共有 7 000 万左右的无性恋人群。无性恋被称为继异性恋、同性恋、双性恋之后的第四种性取向,亦称为"第四性"。安东尼等人从 1994 年起就开始着手进行性取向调查,在 1994 年到 2004 年的 10 年间,共有 1.8 万名英国男女接受了问卷调查,有超过 1% 的人坦承他们不会对任何性别产生性幻想。安东尼分析,无性恋者分两类,A类"无性恋"者仍有性冲动,但只对自己产生性驱动力,绝对不会把这种冲动向同性或异性表现出来,因此不会与任何人发生性行为;B类"无性恋"者则是彻底感受不到性冲动,他们不会对任何人产生性驱动力,当然也包括自己。因此无性恋者无论是对异性还是同性都是彻彻底底无"性趣"(Bogaert, Anthony F. (2006). "Toward a conceptual understanding of asexuality". Review of General Psychology 10(3): 241-250. Retrieved on 31 August 2007)。

大多数有性恋者认为只有植物才涉及无性恋。然而,无性恋者却宣称自己的恋爱是这样的:我可以爱你,但别指望我跟你上床;就算我跟你上床,那也不一定表示我爱你。如果我爱你,那并不是因为你是男人或是女人;如果我不爱你,那也不是因为你是男人或是女人——你可以是男人、女人或者都不是,我不在乎。因为我是无性恋。这就是无性恋者的行为心理。

无性恋,并不是身体有毛病,或是性别取向不确定,也不是害怕亲密关系,或暂时失去性趣……,都不是无性恋,简单来说,就是"对性爱,没有兴趣"。在心理学中,不管一个人的性取向是什么,都不是心理疾病的体现,当今社会,性取向的不同,也可能成为一个人个性特点的体现。无性恋不等于性无能和性冷淡。许多无性恋者对待性是持很开放的态度的,他们并不是害怕性,或是觉得不好意思,他们就是简单地对它缺乏渴望。无性恋这个群体作为人类社会成员真的没有被理解和尊重,甚至连为之呼吁的人都少之又少,认为他们都是生理上有性功能障碍,实际真正意义的无性恋者的生理功能都是正常的。性残疾者是被动的无性,而无性恋者是积极主动的放弃性接触。

目前心理学界对无性恋还缺乏很深的了解,也有人反对把无性恋作为一种性取向(Melby, Todd. "Asexuality gets more attention, but is it a sexual orientation?". Contemporary Sexuality. November 2005, 39(11): 1, 4-5 [20 November 2011])。因此心理医生们大多想要"医治"无性恋者,让他们变为"正常"。英属哥伦比亚大学研究无性恋的专家表示,没有任何迹象说明无性恋源于童年时遭到性侵犯。性只是生活的一部分,跟运动一样,如果你不喜欢,那又怎样? 因此,无性恋者只是性取向的不同,不是疾病,更不需要医治。

无性恋作为第四种性取向正在快速增长。数据表明越来越多的人正在成为无性恋,甚至在完全不了解这个概念的情况下。在关于性倾向的调查中,勾选"对任何性别都不感兴趣"的人数从1994年的1%增加至现在的3%。由于其思想和两性化的主流趋势明显不同,因此无性恋者常有与世隔离之感。

阅读3

乱 伦

乱伦(incest)指社会禁止的近亲家庭成员之间的性行为。Freud最初假定许多形式的心理病状都起源于对实际乱伦的抑制,后来他修改了这种观点,认为许多形式的心理病状只是起源于对被幻想的乱伦的抑制。

Kinsey等(1953)年报告,在他的样本中只有3%存在乱伦关系,但后来的研究表明在人群中乱伦的比例要高得多,达到7%~17%。

乱伦通常分为三类:①父母与子女间的乱伦;②兄妹之间的乱伦;③其他。在所有乱伦行为中,父女之间的性关系所占比例最大,其次是兄妹之间。父女乱伦的发生总是与问题婚姻有关,男性可能会折磨他的妻子和孩子,当妻子拒绝他的虐待时,就转而对女儿实施性侵犯。妻子可能会假装不知,因为她害怕丈夫的暴力行为。她常常会因长期患病或身体虚弱而与家庭其他成员疏远。而乱伦受害者成了家庭的管理者,甚至扮演了替代性妻子角色。乱伦受害者患一系列心理障碍的风险很高,特别是抑郁、焦虑、自杀倾向和药物滥用。

　　乱伦行为方式可以分为身体接触型和非身体接触型两种。大多数乱伦行为都属于接触型，其具体行为可以包括亲吻、爱抚、触摸生殖器官和性交等。非身体接触型的乱伦行为包括露阴、窥阴、色情语言和让孩子旁观的各种"性游戏"等。一般来说，大多数侵害者都是中年人或老年人，他们更多地采用爱抚的手段来达到性的满足。开始可能只是一般的身体接触，以后逐渐集中于性器官，直至达到某种形式的性交。年轻的侵害者常倾向于选用暴力对待受害者，有的乱伦行为实际上已演变为虐待狂式的行为。

　　乱伦行为的出现有一定的主观和客观因素。从主观因素方面来说，乱伦者多有一些心理异常或变态的倾向，或者有某种精神疾患，少数还染有吸毒和酗酒等恶习。他们大多性格孤僻，缺乏安全感和责任感，心情抑郁。他们的内心往往充满了自我想象和自我崇拜，具有以自我为中心的生活观，甚至认为自己的行为根本不属于乱伦。大多数乱伦者的性功能正常，而且有正常的性欲望。

　　乱伦者往往生活于不正常或不幸福的家庭关系之中，许多人都有着共同的家庭生活历史，他们的童年生活往往是不幸福的，家庭环境中充满了堕落的因素，自己有时也是乱伦行为的受害者。乱伦行为在家庭成员之间的相互影响是十分明显的，而且这种行为模式往往会代代相传。这些早期家庭生活中的影响是他们后来堕入乱伦行为的重要因素之一。

　　家庭经济及教育状况与乱伦行为之间有一定的关系。生活在下层社会而且受教育较少的人更容易卷入乱伦行为。但也有不少家庭条件优越而且受过良好教育并在社会上受人尊敬的人涉足乱伦。这些人缺乏有关责任的道德观念和对性冲动的控制能力，虽然已步入成年，却不具备成年人的识别能力的控制能力。

　　一些环境因素增加了乱伦的可能性。这些因素包括家庭在地理上的隔离，父女间的长期分离，家庭中裸体或半裸体的家庭模式，母亲长期离家以及酒滥用。

　　尽管家庭治疗常常被用于乱伦的治疗，但是在某些情况下却促进了家庭的瓦解。

阅读4

色情杀人狂

　　在性变态中，有几种后果严重的性变态，包括性施虐症、性虐待毁装与毁容，还有所谓色情杀人狂等。

　　在性施虐症中，最严重的变态为色情杀人狂（lust murder），他们为了获得最大的性满足千方百计地杀害女性，往往是先将女性杀死，再进行奸尸，或在强奸中虐杀对方，或只是破坏或肢解女性的性器官或尸体满足其性需要。国外有报道连续残杀百名以上的女性才被破案，国内在20世纪80年代也有连续残杀死伤20多名女性的案例报道。

　　施虐症病人残酷行为的对象可以是同性。国外有人曾报告在第一次世界大战中，有一个罪犯无故杀死了30~40个男孩，是一个同性施虐症的例子。

　　残酷行为也可施行于动物身上，属于恋兽症的施虐症。

　　以毁坏女性服装、面容或身体的性心理障碍也属性施虐症范围，被称为性虐待毁装或性虐待毁容。

第十四章　智 力 障 碍

案例 14-1

他为何容易遭受别人欺负?

　　王昱今年 15 岁,他出生时候没有什么异常,后来发现他的心理行为发育较其他孩子晚,1 岁多才能独坐,3 岁才能站立,3 岁半才会行走、叫爸爸妈妈。6 岁多才能讲述一个句子。8 岁上小学后学习成绩一直不好,小学一年级几乎从来没有及格过。二年级留级一次。之后还是经常考试不及格。老师建议其退学,家长不同意,就一直跟着升级,后来也不参加考试。王昱不知道怎样和同学交流,不喜欢参加集体活动,因总是出错使同学都不愿意和他在一起玩,他在班里还经常被调皮的男同学欺负。在家中,基本做不来任何家务,只能独自玩一些简单的玩具。以后只要他走到街上,经常会有一些孩子喊他:"傻子! 傻子!"有时会被人欺侮。

　　心理医生发现王昱表情单调,语言少,交流时词汇缺乏。不能说出一年有几个月,分不清四季,只能计算 10 以内的加减法。其母亲在怀孕时因感冒发热使用过抗病毒药物治疗。韦氏智力测验(WISC-R)结果:总智商为 42,言语智商 45,操作智商 39。结合适当能力等检查,诊断为"中度智力障碍"。

🌰 王昱受人欺负的原因何在? 如何发现?

🌰 我们可以为他提供哪些帮助?

笔记

第一节 概 述

一、概念

智力又称智能，是人的学习能力与适应能力的统称。智力障碍是指各种原因引起智力落后于一般人，并对其生活和社会能力有明显影响的综合征。国内外通常以 18 岁为界线，将其划分为两大类：发生于发育成熟之前的智力障碍，发生于发育成熟期以后的痴呆（dementia）。后者在第 18 章中讨论。

智力障碍或智力残疾（intellectual disability, ID），又称智力发育障碍（intellectual developmental disorder, IDD）。在我国其分类、定义和命名尚不统一，精神科将其称为精神发育迟滞（mental retardation, MR），儿科医生则习惯称"智力低下"或"智力残疾"，而教育部门惯用"弱智"这个词语来称谓。世界各国对智力障碍也有过许多定义，其内涵有一个发展的过程。

1908 年美国学者 Tredgrod 最初提出智力落后的定义，后不断被修正和描述。美国智力与发展障碍协会（American Association on Intellectual and Developmental Disabilities, AAIDD）推出的 2010 年版的《智力障碍定义、分类与支持体系手册》中提出：智力障碍是指智力功能和适应行为两方面明显受限而表现出来的一种障碍，适应行为表现为概念性、社会性和应用性技能；智力障碍应出现在 18 岁以前。这一定义已经得到比较广泛的认可。

我国结合国内外智力障碍研究领域的实际，在 1987 年进行全国残疾人抽样检查时，经国务院批准，由全国残疾人抽样调查领导小组印发的《残疾标准》一书，对智力障碍定义如下："智力发育期间（18 岁以前），由于各种有害因素导致精神发育不全或智力迟缓；智力成熟以后，由于各种有害因素导致的智力损害或老年期的智力明显衰退。"我国的定义既强调智力发育期间（0~18 岁）发生的智力落后，也注意 18 岁以后由各种因素造成的智力损伤或智力明显衰退（一般称之为痴呆），从而强调了智力障碍是在人生中任何年龄阶段都可发生的残疾。因此，我国的定义更符合智力落后领域内的实际情况。而 DSM-5 中的智力障碍是指在发育阶段出现的障碍。

二、流行病学

智力障碍的流行率指的是实际存在的智力落后儿童总人数与学龄儿童总数之比。我国对智力障碍流行率的报道不尽相同。如 2006 年我国残疾人抽样调查公报显示，我国残疾人总数为 8296 万，智力障碍者人数为 554 万，占残疾人总数的 6.68%。1991 年，国家教委初等教育司主编的《特殊教育文件、经验选编》中的有关文章报道说，浙江省弱智儿童占学龄儿童总数的 2%，辽宁省占 1%，而山东省则占 1.46%。总体患病率为 1.3% 左右。农村儿童患病率高于城市儿童。国外报道一般在 1% 左右。

大部分国内外的调查都表明，在各个年龄阶段，男性智力障碍儿童都比女性智力障碍儿童多。有的调查其绝对数，男女轻度智力障碍儿童之比为 1.5~1.8:1，而男女重度智力障碍比例为 1.2:1。原因的解释有：男性比女性更容易发生与 X 染色体有关的缺陷；男性比女性对于脑损伤有更强的易患性；社会对男性的生活自理或自立的要求比女性高，男孩比女孩更容易被认为有适应行为方面的缺陷。

从文化特点来看，智力障碍在发达国家的发生率较高，美国的发生率约为 3%，而一般的国家的发生率只有 1% 左右，可能的原因有：经济欠发达国家的智力障碍儿童死亡率较高；发达国家有较好的医疗资源和检测手段，导致轻度智力障碍儿童检出率较高。

从发现的年龄看，学龄前儿童发现率低于1%，85%的智力障碍患者为学龄儿童，多处于9~18岁；但之后的比例大幅度减少，只有10%左右。原因是人们在入学年龄阶段才易发现并进行测试，在18岁以后，严重的智力障碍者可能已经离世，而那些轻微的智力障碍患者已经通过训练融入了社会。

从严重程度方面来看，约90%的智力障碍者为轻度的智力障碍，仅有10%为中度以上的智力障碍。

第二节　智力障碍发展历史

当前发达国家多采用智力障碍（intellectual disability，ID）这一术语。智力障碍概念的变化，从美国智力与发展障碍协会的更名史中也能反映出来。AAIDD最早发端于1876年的美国白痴低能儿养育院医疗官员协会，之后数度更名，历经1906年的美国低能儿研究协会、1933年的美国智力缺陷学会（AAMD），而后于1987年改为美国智力落后协会（AAMR），直至2007年采用目前的名称。

一、早期名称演变

在过去2 500年中，曾有多样的术语来描述智力障碍，例如几十年前就曾使用白痴（idiot）、愚钝（moron）、傻瓜（fool）等词语来描述不同等级的智力障碍。1908年，Tredgold首次将这一群体赋予一个"mental retardation"名称并定义为：是一种由于大脑不完全发育而在个体自出生或幼年期产生的智力缺陷状况，致使其无法履行作为社会成员所应尽的各种职责。1937年，Tredgold对早期定义进行了修订，把智力落后重新定义为：缺少他人的监督、控制与外部支持时，个体不能适应其同伴环境和维持生活的一种不完全的智力发育状态。此定义侧重强调了患者的个人行为能力。1941年，Doll将智力落后的定义进一步修订为：个体在生长发育时期由于体质发展迟滞而造成的一种社会无能状况，而且其根本无法医治或矫正。Doll主张对智力落后进行描述与定义时必须考虑六个核心维度：社会化能力缺乏、智力低于正常、发展停滞、生长发育期出现、器质性原因、根本无法治愈。该定义的前四项基本涵盖了目前智力落后的诊断标准，在当时被奉为最为重要的智力落后的定义之一。Tredgold的定义则过于强调社会无能，因为社会调节标准的主观性很强，如果采纳这一标准就不可避免地将相当一部分神经症患者、精神病患者和罪犯误诊为智力落后。智力落后早期定义的一个重要特征是强调智力障碍是不可治愈的，认为智力落后是一种永久的状态。"医学模式"下的早期定义强调遗传和环境因素对于智力落后的影响，主张对智力落后者进行隔离，这种非人道立场与当时优生学受到热捧的时代背景是一致的。

之后，美国智力落后术语与分类委员会分别在20世纪60年代到90年代多次修正智力落后的定义，直到1983年AAIDD出版了智力落后分类与术语手册第8版，提出智力落后是指一般智力功能明显低于平均水平，同时伴有适应行为障碍，且在生长发育期出现。其中，明显低于平均水平是指智商为70或以下，适应行为要素表述方式没有变化，生长发育期是指妊娠期到18岁之间。为保障内容的逻辑性、操作性与可接受性，AAIDD在手册内容出版之前经过详细研究和慎重考虑。并且手册拟定者还事先与WHO以及美国心理学会（APA）的代表进行了沟通合作，试图使不同专业组织的智力落后定义体系尽可能具有可比性。

二、新时期的定义

（一）20世纪90年代后期定义

1992年，美国智力落后术语与分类委员会推出了智力落后的第9版定义。对以前大家熟识的定义进行了大刀阔斧的修改，将智力落后定义为：现有的功能存在实质性的限制，其智力功能明显的低于平均水平，同时伴有以下各项适应功能中的两项或者两项以上的限制：沟通交际、自我照顾、居家生活、社会技能、社区运用、自我指示、健康安全、实用性学科技能、休闲娱乐和工作，并且智力落后发生在18岁之前。

同时，智力落后分类与术语手册提出了应用该定义的四个假设：①有效评价应考虑文化和语言的多样性以及沟通和行为因素的差异性；②适应行为限制产生在具有典型同龄群体特征的社区环境中，并且作为个体个别化支持需求的指标；③特定适应能力缺陷往往与其他优势适应技能或者个人能力共存；④通过一定期限内持续不断地提供恰当的支持，智力落后者的生活能力会逐步提升。

第9版的定义最大变化是用10个适应行为领域代替了适应行为，强调诊断、分类和支持系统的认定等三个步骤，突出了基于心理因素、身体健康因素、环境因素以及认知功能和适应行为的支持模式。该定义由过去的"缺陷模式"向"支持模式"转换。然而，新定义受到了专业人士的批评，原因是此定义存在一些问题：①多数适应行为领域缺乏有效的标准化测量工具；②定义中将IQ分数的临界值界定为70~75，由于存在5分的标准误差，导致单纯依据IQ诊断出的智力落后人数增加了一倍以上；③新定义废止了依据智力分数所做出的智力落后分类体系，而代之以四种基于支持强度的分类模式，尽管这种分类方法比较适合于制定系统计划和提供服务，但是缺乏客观性使得它在医学研究中难以应用推广。

（二）进入新世纪后的定义

进入新千年，AAIDD在分析1992年版定义的优点与不足的基础上，提出了2002年版的定义：智力落后是指智力功能和适应行为两方面明显受限而表现出来的一种障碍，适应性行为表现为概念性、社会性和应用性技能；智力落后出现在18岁以前。

同时，应用该定义必须具备5个重要假设：①当前功能的缺陷，必须置于具有典型同龄群体和文化特征的社区环境中来考虑；②有效的评价应当考虑文化和语言的多元性以及在沟通、感知、动作和行为等方面的差异；③同一个体内部，局限往往与优势并存；④对个体局限进行描述的重要目的是构建所需要的支持方案；⑤通过一定阶段内适当的个别化支持，智力落后者的生活功能通常能得以改进。

第10版定义强调智力落后是一种智力状态，适应行为的概念更加具体化。该定义更强调功能导向和人与环境的互动，以实现从医学模式到支持模式的彻底转变。另外，定义中加入了对于智力落后条件多元化的理解，在认同第9版所提出的根据支持强度分类的方式的同时，提出了多重分类系统并存的必要性与可能性，即可以基于所需要的支持服务的强度、病因、智力水平以及适应行为水平等不同的角度对智力落后者加以描述。

2002年版定义受到各界普遍认可，AAIDD术语与分类委员会主席Schalock曾予以高度评价，认为它与国际趋势相吻合：生态化视角；障碍被看作是一种功能受限；智力障碍具有多元性；评估与干预相结合；强调临床诊断的重要性。

然而，不少专家仍指出该版定义体系的不足。例如，多重分类系统应更具操作性，应简化支持模型，对智力障碍构成的探讨应顾及具有较高智商的和涉及刑事审判的智力障碍者，以及亟待开发有效测量适应性行为的工具等。

2010年，AAIDD组织来自医学、精神病学、法律以及特殊教育等领域的18名知名专家历经 7 年研究,推出了第 11 版的智力障碍定义分类与支持体系手册,第一次提出了智力障碍的官方定义。2010 年版定义沿用了第 10 版的定义,同时采用了相同的 5 个假设,并且在数量、等级、类型、障碍持续时间以及对个别化服务与支持的要求等完全一样,任何符合智力落后诊断标准的个人,同样也符合智力障碍的诊断标准。AAIDD 新定义强调临床诊断在智力障碍的诊断、分类和支持计划制订中的重要性,主张对智力落后者在不同的环境(学校、家庭、法庭、服务机构、政策领域等)中进行谨慎评估,倡导依据智力功能、适应行为、健康以及参与等个体功能实施多维分类系统。这为法律工作者、学校心理工作者等提供了全新的思维视角。

新定义重视对较高智商智力障碍者(people with intellectual disability who have higher IQ)的诊断、评估和支持,强调在个人功能框架内考虑个别支持需求,以减少功能与环境要求之间的不匹配,进而能最大程度地参与日常生活。定义手册提出了终身支持的理念,主张支持系统(涵盖公共政策、认知支持、矫正整形术以及知识技能等)的构建及对个别化支持进行评估、计划和监督的步骤。另外,对定义手册在学校环境中的诊断、分类应用和支持模型构建等进行了详细的阐述。

(三)DSM-5 标准

美国精神医学学会在广泛听取了 AAIDD 的建议,并考虑美国联邦法律的相关要求,使用智力障碍一词替换了精神发育迟滞,并且在研究期刊中也要求使用智力障碍一词。由此,智力障碍成为医疗、教育和其他行业,以及普通大众和利益团体共同使用的专有术语。

DSM-5 中依然将智力障碍分为轻度、中度、重度和极重度四类。明确指出,不同严重程度的水平是基于适应功能来决定的,而非智商分数。因为是适应功能决定患者所需要的支持程度。此外,在智商区间的下限上,智商评估的有效性也比较低。所以在其诊断标准中不刻意强调智商分数这一标准,反而在概念领域、社交领域和适用领域三个方面给予全面完整评估进而确定患者的智力障碍等级。

第三节 智力障碍病因及影响因素

导致 ID 的原因多而复杂,已知的影响因素高达上百种之多。WHO 将其分为十大类:①感染和中毒;②外伤和物理因素;③代谢障碍或营养不良;④大脑疾病(出生后的);⑤不明的孕期因素和胎内疾病;⑥染色体异常;⑦未成熟儿;⑧重性精神障碍;⑨心理社会剥夺;⑩其他和非特异性的病因。概括起来主要有两方面的原因引起智力障碍,即遗传因素和环境因素。智力障碍者更易共患其他精神障碍导致适应行为能力进一步下降。

一、遗传因素

智力肯定具有遗传性。有研究表明母亲的智商愈低,小孩低智商的可能性越高,虽然还不能证明两者的因果关系。例如母亲的低智商也可以影响儿童智力发展的环境。遗传因素导致智力障碍的主要原因是染色体畸变和隐性基因遗传疾病。

(一)染色体畸变

人体有二十二对常染色体和一对性染色体。任何一对染色体产生错乱,都可能产生智力障碍。

1. **常染色体畸变** 当父母的染色体正常的分裂且配对时(减数分裂),父亲的精子与母亲的卵子产生不正常结合的情形,例如当受精时第 21 对染色体有三体,结果导致唐氏综合征(Down's syndrome)。

唐氏综合征有三种障碍:①生命短暂,患儿容易受到心脏和循环疾病的侵袭,这些儿童在出生后六个月内有很高的风险。而现代医学的发展提高了六个月的存活率，而且许多唐氏综合征的儿童，如经历早期的风险而活到一岁，则可预期活到成年；②身体外貌独特，如双眼眶距宽、双眼外角上斜，耳位低，鼻梁低，舌体宽厚，舌面沟裂深而多，手掌厚而指短；③大多数智商低于50。

2. 性染色体畸变　人类第23对染色体决定受精卵的性别，女性有两个X染色体，男性有一个X染色体和一个Y染色体。当女性只有一个X染色体时，会产生Turner症，异常的身体特征为成长迟滞和没有第二性征，约20%有智力障碍；如果男性多一个X染色体（核型为47,XXY），被称为Klinefelter综合征，以身材高、睾丸小、第二性征发育不良、不育为特征，部分有轻度智力落后；如果多了一个Y染色体，被称为XYY综合征，可见于男性或女性。以后又发现了更多的X染色体，被称为多X综合征，X越多智力障碍越严重。

（二）隐性基因遗传疾病

隐性遗传是指父母携带某种基因但不发病，其基因遗传给后代则使其发病，近亲结婚生下的孩子有更大的患病几率。隐性基因是形成下列智力障碍的主要原因。

1. 苯酮尿症　这类患儿因先天缺乏苯丙氨酸羟化酶，体内的苯丙氨酸不能转化成酪氨酸而引起的一系列代谢紊乱。最后的结果是严重损害正在发育的脑神经系统，进而形成智力障碍、痉挛、多动等异常行为。

2. 半乳糖血症　由于1-磷酸半乳糖转变成1-磷酸葡萄糖的过程受阻或乳糖聚积在血液、组织内，对肝、肾、脑等多种脏器造成损害，除引起的躯体症状外，还有智力缺陷。

二、环境因素

（一）妊娠、产期有害因素

1. 怀孕期感染　因病原微生物透过羊水传染给胎儿，导致胎儿脑部受损。如梅毒（细菌引起）、风疹（病毒）、巨细胞病毒尿（病毒）以及寄生虫等。孩子出生后表现智力障碍。怀孕最初三个月里，有50%患感染性疾病的母亲会将疾病传染给胎儿。

2. 胎儿酒精综合征　因母亲怀孕时饮酒过量导致胎儿脑部受损，最常见的是小头症（脑部过小），有轻度到重度的智力障碍。还有注意力、学习、多动和行为问题。

3. 药物滥用　孕期服用药物对母体伤害很小，但对胎儿的影响却很大。如激素类药物、抗生素、非甾体类消炎药和各种成瘾药物等。特别是怀孕早期服药，因为孕初三个月是胎儿神经系统发育的重要时期。

此外，妊娠期间接触一些有害射线，如X光线、雷达射线等也将对胎儿大脑发育不利；接触环境中重金属，以及不良情绪、疲劳等因素也可能影响胎儿的智力发展。

（二）新生儿、婴幼儿时期的有害因素

约占中、重度智力障碍中的5%~10%，包括新生儿、婴幼儿时期严重的中毒、感染、缺氧、外伤、营养不良等因素。大部分的轻度智力障碍也与此期有关，如早期文化和情感的剥夺，缺乏刺激，被忽视的隔绝，生活在偏远贫困、文化落后、交通不便的地区等。研究认为，绝大多数轻度智力障碍最重要的影响是环境因素（以出生后的因素为主），或者是遗传和环境的相互作用。所谓"家庭-文化背景落后"或"心理-社会条件不良"，此术语强调轻度智力障碍不是某种具体原因引起，而是诸多因素交互作用的结果。

笔记

专栏 14-1

狼孩的故事

在 20 世纪 70 年代，一个名叫伊莎贝尔的女婴，因为是私生女而被家人扔在森林里。当时她还不满一岁。一只狼仔被豹子吃掉的母狼在寻找小狼的时候，发现了这个女婴。母狼的奶头无意碰到了她的小手和嘴巴，饥渴难忍的伊莎贝尔立即用小手抓住奶头往嘴里塞，接着就拼命地吸吮起来。母狼的奶水缓缓地流进了伊莎贝尔口中。而母狼的母性也被这一举动激发。就这样母狼一直哺育到她长大断奶，能够自己捕食，能够独立生存为止。在狼的环境中，她"狼化"的很快，不仅学会了像狼一样四肢飞快地奔跑，而且学会了像狼一样嚎叫。后来为了适应寒冷的天气，她的身上还长出了长长的毛。伊莎贝尔已经是一头名副其实的"人形狼"了。一天，伊莎贝尔正追逐一头小羚羊时，一名老猎人发现了她这个人形怪物。经过一番搏斗，将她制服，并用绳索将她牢牢捆住。就这样她被带回了人间。重返人间之后，因为她兽性根深蒂固，常常见人就咬。由于她被捕捉时已经 10 岁，是迄今为止人类发现的年龄最大的"狼孩"。由于种种原因，狼孩重返人间后，通常都活不长，而且智力低下。一个心理学家小组承担了改造狼孩的任务，他们为狼女取名叫劳拉。心理学家们通过 3 个月的努力，终于教会劳拉吃熟食。可是劳拉还是用手抓食物，甚至用嘴撕咬食物。并将自己身上的衣服撕碎。通过将近 20 年的努力，奇迹终于发生。后来，连最难过的语言关也被攻克。劳拉的行为、习惯、生活方式和思想感情都慢慢恢复了人性。他们最终给她整容并改名为伊莎贝尔。并最终结婚生子，恢复成为了一个正常的人。

三、共病

智力障碍者易共患其他精神障碍。有研究报道伴有轻到重度精神障碍的高达 50% 以上：30% 伴有癫痫性精神障碍，17% 伴有精神分裂症，10% 伴有情感障碍。据统计 15% 的癫痫人群伴有重度智力障碍。通常，智力水平越低，癫痫程度越重，控制癫痫发作越困难，合并的行为问题和个性障碍更加明显。

在智力障碍患者中，精神分裂症患病率较一般人群高 2~3 倍，而且发病年龄早。其共患的精神分裂症主要以行为和情感症状突出，而一般精神分裂症是以认知障碍为主。但也有学者提出，精神分裂症不会发生在智商 < 50 的重度智力障碍患者中。

有报告指出，大约 3/4 的孤独症儿童有智力障碍。智力障碍合并孤独症者有更严重的社交等行为问题，预后更差。孤独症、阿斯伯格综合征儿童与智力障碍儿童的异同，见表 14-1。

表 14-1 孤独症、阿斯伯格综合征与智力障碍儿童的异同

项目	阿斯伯格综合征	孤独症	智力障碍
脑部疾病	是	是	是
智力发展	无问题	70% 有智障	普遍存在
心理年龄	较低	低	很低
自理能力	比较差	差	很差
交往意愿	无	无	有，愿意交往
语言障碍	无	有	无，愿意诉说要求
情绪控制	较差	很差	较好
环境适应	较强	较差	较强
超常能力	有	有	无
表达情感	无	无	善于表达

笔记

第四节　智力障碍等级及表现

一、智力障碍的等级

当前较普遍使用的是 DSM-Ⅲ-R 的四级分法：轻度、中度、重度和极重度。由于缺乏更适合的测量方式，DSM-Ⅲ-R 以智商作为区分严重程度的基础。在不同层次之间的边缘之处，诊断者可根据观察的性质而定。具体分类情况见表 14-2。

表 14-2　智力障碍的四级分类表

分级	智商水平	相当智龄	适应能力缺陷	所占比例（%）
轻度	50~69	9~12 岁	轻度	85
中度	35~49	6~9 岁	中度	10
重度	20~34	3~6 岁	重度	4
极重度	＜20	＜3 岁	极重度	＜1

二、智力障碍的表现

智商是一个可区分的客观指标，ID 新版定义强调适应行为对于患者的影响，DSM-5 强调使用适应性行为作为诊断分级的标准，而非智商分数。不同等级 ID 行为表现如下：

1. **轻度**　语言、行走发育稍晚，小学开始成绩接近正常，之后下降明显，一般难以完成中学学习。成年后可做简单工作。脾气稳定性者较安静，多数能掌握一定的劳动技能；不稳定性喋喋不休，惹是生非，令人讨厌或遭戏弄。常依赖别人，容易上当受骗。

2. **中度**　会一般的语言，但不能表达复杂事物，口齿不清，接受能力及理解能力差，大概能接受二年级教育。经过训练可以自理生活并从事一些简单劳动。但需别人指导和照顾。

3. **重度**　出生后就能发现有躯体及神经系统异常，只能学会简单语言，只能在监护下生活，不能完成工作。

4. **极重度**　出生时即有明显的躯体畸形及神经系统异常，不能学会走路和说话，感觉迟钝，缺少反应，常因其他先天性疾病或继发感染而夭折。

适应行为包含可测量的成熟、学习能力和社会适应能力三个方面，见表 14-3。

表 14-3　智力障碍患者适应行为特点

年龄 严重程度 表现	学龄前（0~6 岁） 成熟和发育领域	学龄期（6~21 岁） 训练和教育的效果	成年期（21 岁~） 社会责任感及职业表现
一级（极重度）	总体迟滞，感知运动领域能力极差，需要监护。	不能在生活自理能力训练中受益，需要监护。	某些运动能力及言语得到发展，不能自理，需要完全的看护和监督。
二级（重度）	运动发展很差，言语能力有限，难以从生活自理训练中受益，交流能力极差甚至没有语言及言语能力。	会说话及学习交流，通过训练能养成一般的健康习惯，能从系统的健康习惯训练中受益。	在充分监督下能做到部分生活自理，能发展一些低限度的自我保护技能。

续表

年龄 严重程度 表现	学龄前（0~6岁） 成熟和发育领域	学龄期（6~21岁） 训练和教育的效果	成年期（21岁~） 社会责任感及职业表现
三级（中度）	会说话并学习交流，社交意识很差，运动发展尚可，只能从某些生活自理能力训练中受益，需中等程度的监护。	通过特殊教育，到青年晚期大致能学会四年级的课程。	在技术性不强的岗位能做到半自理，即使在很轻微的社会压力和经济压力下也需要监护和指导。
四级（轻度）	能发展社交技能和交流技能，感知领域发展有些迟缓，较晚才会与同龄人之间表现出差异。	到青年晚期只能学会六年级课程，不能学会普通中学课程，在中学阶段特别需要特殊教育。	在恰当的教育下足以胜任社交和职业情境，在严肃的社会经济情境中需要监护。

资料来源：摘自 Sloan, Birch. Mental Retardation. 1955：190

　　适应行为是个体适应社会环境要求的能力，是后天习得、可以被矫正的行为。将适应行为引入智力障碍定义有积极意义，因为它可以经过训练得到矫正或改善。多数 ID 儿童，特别是那些轻度者，经过较长时间的教育和训练，成年后都能较好的适应社会和职业的要求，能积极主动的参与社会生活。

第五节　智力障碍诊断和评估

一、诊断分类

　　在 ICD-10、CCMD-3 和 DSM-5 中均使用精神发育迟滞术语，DSM-5 使用智力障碍和智力发育障碍一词，其诊断主要根据智力、社会适应能力和发生年龄三项指标评定，再确定其等级。其分类与等级见表 14-4。

表 14-4　智力障碍的三种分类的比较

CCMD-3 精神发育迟滞 与童年和少年期心理发育障碍	ICD-10 精神发育迟滞	DSM-5 智力障碍 （智力发育障碍）
70 精神发育迟滞	F70 轻度精神发育迟滞	轻度（F70）
71 言语和语言发育障碍	F71 中度精神发育迟滞	中度（F71）
72 特定学习技能发育障碍	F72 重度精神发育迟滞	重度（F72）
73 特定运动技能发育障碍	F73 极重度精神发育迟滞	极重度（F73）
74 混合型性特定发育障碍	F78 其他精神发育迟滞	
75 广泛性发育障碍	F79 未特定的精神发育迟滞	

　　CCMD-3 的诊断标准概括于表 14-5。

表 14-5　CCMD-3 中关于精神发育迟滞诊断分类及特征

分级	智商	心理年龄	学习劳动能力	生活能力	语言能力
轻度	50~69	9~12岁	学习成绩差或不及格	生活能自理	无明显语言障碍
中度	35~49	6~9岁	不能适应普通学校学习，可进行个位数加减法	可学会自理简单生活，但需督促、帮助。可从事简单工作，效率差	可掌握简单生活用语，但是词汇贫乏

笔记

续表

分级	智商	心理年龄	学习劳动能力	生活能力	语言能力
重度	20~34	3~6岁	显著的运动损害或其他相关的缺陷,不能学习或劳动	生活不能自理	言语功能严重受损,不能进行有效的交流
极重度	<20	3岁以下	社会功能完全丧失,不会逃避危险	生活完全不能自理,大小便失禁	言语功能丧失

二、诊断步骤

1. **收集病史**　全面收集母孕期及围生期的状况,出生史如产伤、窒息等;出生后生长发育情况,语言和行为发展情况(与同龄儿童比);抚养情况,家庭经济状况,以及教育环境;身体健康与疾病等。

2. **体格检查和实验室检查**　了解生长发育指标(身高、体重、皮肤、手掌、头围等),需要时可选择内分泌及代谢检查、脑电图、头部 MRI 等,以及染色体及脆性位点检查。

3. **心理发育测评**　包括智力测评与适应能力测评。

(1)智力测验:韦克斯勒儿童智力测验量表(WISC-R)是最常用的量表。对于 4 岁以下儿童,可选用国内修订的格赛尔婴幼儿发展量表。该量表测评动作能、应物能、言语能、应人能四个方面的智能,得到婴幼儿发展商数(Development Quotient, DQ)。DQ 值低于65~70 存在智力发育落后。

(2)适应行为测验:常用的有儿童适应行为量表(姚树桥、龚耀先根据 AADM 适应行为量表修订与编制),包含感觉运动、生活自理、语言发展、个人取向、社会责任、时空定向、劳动技能和经济活动等 8 个分量表,适用于 3~12 岁小儿;大于 13 岁可选用)成人智残评定量表(由龚耀先和解亚宁等于 1986 年编制),适用于 16 岁以上年龄,向下可降至 13 岁少年。还有瓦因兰社交成熟量表、多元文化适应行为量表、儿童适应行为目录以及其他一些量表。如不适合测验,可以用同年龄、同文化背景下的人群为基准,判断其能达到的独立生活能力和履行社会职能的程度。

第六节　智力障碍的防治

目前,对智力障碍的认识有了很大的发展,早期诊断、精准诊断以及病因学诊断越来越被人们重视。其根本目的就在于尽早发现以利于早期预防、发现和矫治。

一、病因治疗

对于一些先天性代谢疾病(如苯丙酮尿症)和地方性克汀病,如果早期发现并开始饮食疗法和甲状腺素类药物治疗,是可以防止后来的智力障碍发生。对于某些内分泌不足的性染色体畸变者,及时给予性激素可以改善性特征并有利于促进智力水平的发展。对某些先天性颅脑畸形如狭颅症、先天性脑积水等,手术治疗可减轻大脑压迫,有助于其智力发育。用于帮助脑发育和增强智力的药物尚在研究中,有报道脑活素(cerebrolysin)对促进言语及运动功能发育。

二、对症治疗

ID 患儿易共患其他精神障碍,导致活动过度、注意障碍、情绪障碍,甚至精神病性症状

笔记

等,会加重智力障碍,社会适应能力进一步受损。可使用相应的精神药物对症治疗。

三、教育训练

对 ID 的教育和训练是当前矫治的最重要的方面,对任何类型、任何程度、任何年龄的患者都很重要。通过学校、家庭、社区、特殊教育机构等多方面的教育,使患者学习各种文化知识,掌握生活和劳动技能,使其能够自食其力、独立生活;通过训练,可以矫治行为问题,提高社会适应能力。

四、心理治疗

心理治疗的主要目的是解决患者的内心冲突、增强自信和提升社会适应能力,促进患者积极心理的形成等。实践证明,只要具有基本的言语或非言语交流能力,患者就可以从各种形式的心理治疗中获益。还有研究表明,一些表达性的心理治疗对于 ID 儿童有着更好的效果,如音乐治疗、绘画治疗、沙盘治疗等。而国外进行的一些代币训练对于提升智力障碍患者的社会适应能力有很好的效果。

五、预防

如前所述,智力障碍的原因有遗传性和环境性两种,预防措施主要针对这两个方面进行。

1. **减少遗传问题**　做好婚前检查,对高龄初产妇应及时做唐氏筛查以避免唐氏综合征的发生。若父母患有遗传疾病或子女中也有遗传性疾病,应进行遗传咨询,进行必要的行产前诊断。

2. **改善环境因素**　包括整个妊娠期和围生期。如怀孕前保证叶酸的摄入,保证胎儿神经系统发育,怀孕早期避免病原微生物感染,怀孕期间的营养,禁酒、禁烟,适当锻炼身体,注意心理卫生,注意环境等。婴儿出生后,还需为其提供一个温馨健康和适宜的教育环境。

3. **早期发现与防治**　如婴儿出生后有可疑时,应进行心理行为方面的筛查。如采用丹佛儿童发育筛查测验(Denver Developmental Screening Test, DDST)测评,该量表由美国丹佛学者 W.K.Frankenburg 与 J.B.Dodds 编制的,适用年龄为 0~6 岁,可测查四个能区:①应人能,即对周围人们应答能力和料理自己生活的能力;②应物能,是视看、用手摘物和画图的能力;③言语能,是听、说和理解语言的能力;④动作能,是坐、走、跳跑等粗动作能力。其优点在于能筛查出一些可能的问题,对无症状的患儿也可以通过筛查以证实或否定;对高危婴幼儿(如围生期有过问题的)进行发育监测,还可以辨别患儿各能力区发育迟情况以便予以早期帮助。

(张　欣)

阅读 1

情商、智商和适应商

情商(EQ, emotional quotient),反映的是一个人情绪商数的高低。随着社会经济的多元化发展,人与人之间的交往越来越频繁,与此同时,传统的智慧商数(IQ)的权威性被彻底动摇,取而代之的是一种全新的人生社会成就的衡量标准。有研究证明,一个人 IQ 对其事业成功只能起到 20% 的作用,而其 EQ 则起到了 80% 的作用。

情商是由美国耶鲁大学心理学家彼得·塞拉斯和新罕布什尔大学的琼·梅耶两位心理学家在 1990 年首次提出的,用来诠释人类了解、控制自我情绪,理解、疏导他人情绪,并通过对情绪的调节控制,以提高发展和生存的质量和能力。我国学者结合我国国情又进一步将

笔记

情商概括为五个核心因素：自我认识、管理自我、自我激励、识别他人情绪、人际交往。情商与智商不同，智商只是一种潜在的认识和创造能力，这种潜能发挥得如何还要看他的情商能力。情商和智商一样是衡量和培养人才的重要心理指标，是内在的心理现象，需要通过行为来评价。一般来说，人的智商很难改变，但是，人的情商是在漫长的生活中培养和造就的，是可以通过后天的努力不断提高的。

智商 IQ，全称是"智力商数"。智商是衡量个体智力发展水平的一种指标。公式是：智商 =（智龄 / 实足年龄）×100。

智商有一定的稳定性，但目前认为智商也是可以有所改变的，即在良好的环境下，受到良好的教育，可以有一定程度的提高。反之，可因疾病、营养不良、恶劣的环境及教育不良等，导致智商下降。由于智商是基于智力年龄的得分，当个体发展到一定年龄，智力不再增长时，年龄仍在增长，这时智商便不再有什么意义了。

适应商即社会适应能力，是指人为了在社会更好生存而进行的心理上、生理上以及行为上的各种适应性的改变，与社会达到和谐状态的一种执行适应能力。从某种意义上来说就是指社交能力、处事能力、人际关系能力。是反馈一个人综合素质能力高低的间接表现，是人这个个体融入社会，接纳社会能力的表现。适应商的高低反映的是一个人社会适应能力的强弱。个体在遇到新情境时，一般有 3 种基本的适应方式：问题解决，改变环境使之适合个体自身的需要；接受情境，包括个体改变自己的态度、价值观，接受和遵从新情境的社会规范和准则，主动地作出与社会相符的行为；心理防御，个体采用心理防御机制掩盖由新情境的要求和个体需要的矛盾产生的压力和焦虑的来源。适应商越高的人，这三种适应方式使用愈灵活，心理适应性愈强大。

阅读 2

"自闭 / 白痴学者"现象

自闭 / 白痴学者，（savant-syndrom/autistic savant）俗称为白痴天才。这些人有认知障碍但在某种艺术或学术方面却有高于常人的能力。他们的 IQ 大部分低于 70，而天赋有多种不同的形式，如演奏乐器、绘画、记忆、计算及日历运算能力等。

白痴（idiot / idiocy）系源自希腊字的 idiotos，意指无法在公共生活上承担责任的人。白痴学者（idiot savant）一词是 100 多年前由英国医师 Langdon Down 创用，当时白痴一词是可以接受的医学与心理学名词；学者（savant）一词源自法语，指学习或学者。白痴学者与自闭学者是智能障碍与自闭症儿童及青少年中特有的现象，至今尚无精确的定义。白痴学者（idiot savant）侧重于指个体存在智力障碍，自闭学者（autistic savant）侧重于个体性格或情感上的异常。

精神病学家 Horvitz 对"白痴学者"（idiot savant）下过一个定义："智力低于正常而其他心理功能方面有高度发展者，可称为白痴学者"。大多数白痴学者智商一般在 35~70 之间，而真正的白痴，智商往往更低。1941 年 Horvitz 发现 2 例智商介于 60~70 的单卵双生子白痴学者。这对孪生兄弟具有相同的遗传物质，通过将复杂的数字进行分解，从而计算日历能力横跨了 6000 年。遗传学家里夫和辛德研究了 33 例白痴学者，他们的结论是：精神发育迟缓是遗传的，白痴学者特殊能力也是遗传的。白痴学者是同时遗传一种特殊才能和精神发育迟缓的疾病。

我国的胡一舟，出生于 1978 年 4 月 1 日，被诊断为 21 三体先天愚型。即唐氏综合征患者。他的智能只有三岁（智商 30），不会做十以内的加减法，分不清钱的面值，不识字（很长时间只认识胡一舟三个字）。但他的音乐感觉极好，指挥具有大师风范。先后和世界上知名的乐团合作，指挥过波士顿交响乐团，先后到美国、韩国、日本、新加坡及东南亚等多地巡回演出几百场。他在美国演出时曾被誉为"世界独一无二的指挥家"。

有学者认为，白痴学者是缺陷补偿与强化记忆的典型例证。正由于白痴学者总体智力的低下，才使得他们某一方面的特点得以超常发展，符合了"缺陷补偿理论"。此外，还有"智力构成学说"和"熟悉块学说"的解释。但人们一直无法得到一种能使关于白痴学者的全部神秘得到解释的"学说"。

第十五章 成 瘾 障 碍

案例 15-1

挡不住的诱惑

　　方垚，男，36岁，因反复吸食海洛因10年余、停止吸食后全身不适伴有烦躁不安被朋友送往精神病院就诊。

　　患者于10年前因为做生意结交了一些不良朋友，出于好奇和诱惑，尝试吸食海洛因，开始时并没有感到愉快，只是恶心甚至想吐，后来就上瘾了，吸食后感到欣快、飘飘欲仙，很快要加量才能有快感，如果一天不吸或者少吸食便会出现流鼻涕、流眼泪、打哈欠、出冷汗、心慌胸闷、四肢酸痛、全身起鸡皮疙瘩，而且烦躁、坐立不安。有时候为了达到飘飘欲仙的感觉将毒品直接注入血管，常因为弄不到海洛因就到医院伪装急症如肾结石绞痛等，骗取医生使用杜冷丁来替代海洛因。

　　患者自从开始吸毒后便停做生意，将辛苦赚来的几百万元家产在短短的1年内吸光，曾经的幸福家庭破裂了。几年里曾先后戒毒数次，出院后均无法坚守底线，挡不住毒友的诱惑，加上好逸恶劳，经济窘迫，不仅复吸，甚至参与贩毒。

　　随访此患者，几年后因贩毒被收监，由于多年的吸毒使全身多系统发生病变，最后因机体免疫功能受损继发感染，经治疗无效而死亡。

> 你认为方垚吸毒的因素有哪些？
> 你有没有更好的办法阻止方垚复吸？

方垚是一例典型的阿片类成瘾的案例，本章介绍诸如此类的成瘾障碍。

第一节 概　　述

成瘾障碍包括物质成瘾障碍和非物质成瘾障碍，二者的核心特征为失控、渴求、耐受性与戒断状态。两者皆表现为反复出现、具有强迫性质的行为特点，并产生躯体、心理、社会的严重不良后果。因此将两者放在同一章节中描述。

物质成瘾又称精神活性物质所致的精神障碍，是指精神活性物质不当使用引起的成瘾行为，精神活性物质既包括毒品（如鸦片类、大麻类、兴奋剂和致幻剂等），也包括一些非毒品（如酒、烟草、镇静催眠药等）。非物质成瘾是与使用化学物质无关的一种成瘾行为，指控制不住地反复进行会产生不良后果的冲动行为，包括网络成瘾、病理性赌博、购物成瘾等。

据联合国毒品和犯罪问题办公室（UNODC）《2016 年世界毒品报告》显示，全球有 170多个国家和地区涉及毒品贩运问题，130 多个国家和地区存在毒品消费问题，2.5 亿人沾染毒品。2014 年有 20 万 7 千人由于使用毒品而死亡。截至 2016 年底，我国现吸毒人员 250.5万名，同比增长 6.8%。全球每年用于戒毒治疗费用高达 2000 亿 ~2500 亿美元，占全球国内总产总值的 0.3%~0.4%。物质滥用与依赖是全球关注的社会及医学问题。

一、基本概念

1. **精神活性物质**（psychoactive substances）　又称成瘾物质或成瘾药物，是指来源于体外、能够影响人类精神活动（如思维、情绪、行为或改变意识状态），并可导致依赖作用的所有化学物质。使用者使用这些物质的目的在于获得或保持药物带来的某些特殊的心理和生理状态。这里讲的"物质（substances）"不仅包括类似海洛因和可卡因等"毒品"，还包括很多平常合法使用的物质，如酒精、香烟、催眠药和麻醉药、咖啡和巧克力中的咖啡因等。

"毒品"是社会学概念，指有法律规定的具有很强的成瘾性并在社会上禁止使用的化学物质，如阿片、可卡因、大麻和苯丙胺类兴奋剂等。

2. **依赖综合征**（dependence syndrome）　是一组认知、行为和生理症状群，表明个体尽管明白使用成瘾物质会带来明显的问题，但还在继续使用，导致耐受性增加、戒断症状和强迫性觅药行为（compulsive drug seeking behavior）。强迫性觅药行为是指使用者不顾一切后果使用药物，是自我失控的表现，并非人们常常理解的意志薄弱和道德败坏问题。

依赖分为躯体依赖（physical dependence，也称生理依赖）和精神依赖（psychological dependence，也称心理依赖）两种形式。躯体依赖是指由于反复用药导致的一种病理性适应状态，表现为耐受性增加和躯体戒断症状。精神依赖是指对药物的行为失控、强烈渴求（craving），以期获得用药后的特殊快感，呈现强迫性觅药行为，是依赖综合征的根本特征。

成瘾（addiction）与依赖可以交互使用，但也有人认为成瘾更偏向心理渴求、行为失控，而依赖更偏向于躯体依赖方面的问题。

3. **戒断状态**（withdrawal state）　是指停止使用药物或减少使用剂量，或因使用拮抗剂占据相应受体后出现的特殊的令人痛苦的心理和生理症状群。是由于用药导致成瘾后突然停药引起的适应性反跳（rebound）。一般表现为与所使用药物的药理作用相反的症状。

4. **滥用**（abuse）　指长期过量使用具有依赖性潜力的药物，违背了公认的医疗用途和社会规范，"滥用"强调的是社会不良后果，未出现依赖的表现。DSM-5 将依赖与滥用合并，统称物质使用障碍（substance use disorder）。滥用在 ICD-10 分类系统中被称为有害使用（harmful use）。

笔记

5. **耐受性**（tolerance） 是指药物使用者必须增加使用剂量方能获得既往效果，或使用原来的剂量已经达不到使用者所追求的效果。

二、成瘾的分类

CCMD-3、ICD-10 和 DSM-5 有关成瘾障碍的分类，见表 15-1。DSM-5 将兴奋剂及可卡因统一归入兴奋剂类（主要是苯丙胺、可卡因），同时增加了咖啡。CCMD-3 和 ICD-10 将病理性赌博归于习惯与冲动控制障碍。只有 DSM-5 将赌博障碍作为"非物质相关障碍"归入"物质相关及成瘾障碍"，但对网络成瘾因为考虑到相关研究不足，将"网络游戏成瘾"列入"尚待进一步研究的状况"。

表 15-1　物质与非物质成瘾三种分类的比较

CCMD-3 精神活性物质或非成瘾物质所致的精神障碍	ICD-10 使用精神物质所致的精神和行为障碍	DSM-5 物质相关及成瘾障碍
10.1 酒精所致精神障碍	F10 使用酒精所致的精神和行为障碍	酒精相关障碍（F10）
10.2 阿片类物质所致精神障碍	F11 使用鸦片类物质所致的精神和行为障碍	咖啡因相关障碍（F15）
10.3 大麻类物质所致精神障碍	F12 使用大麻类物质所致的精神和行为障碍	大麻相关障碍（F12）
10.4 镇静催眠药或抗焦虑药所致精神障碍	F13 使用镇静催眠剂所致的精神和行为障碍	致幻剂相关障碍（F16）
10.5 兴奋剂所致精神障碍	F14 使用可卡因所致的精神和行为障碍	吸入剂相关障碍（F18）
10.6 致幻剂所致精神障碍	F15 使用其他兴奋剂包括咖啡因所致的精神和行为障碍	阿片类物质相关障碍（F11）
10.7 烟草所致精神障碍	F16 使用致幻剂所致的精神和行为障碍	镇静剂、催眠药或抗焦虑药相关障碍（F13）
10.8 挥发性溶剂所致精神障碍	F17 使用烟草所致的精神和行为障碍	兴奋剂相关障碍（F14/ F15）
10.9 其他或待分类的精神活性物质所致精神障碍	F18 使用挥发性溶剂所致的精神和行为障碍	烟草相关障碍（F17）
	F19 使用多种药物及其他精神活性物质所致的精神和行为障碍	其他（或未知）物质相关障碍（F19）
		非物质相关障碍（F63）

物质滥用所致精神障碍的临床症状有多种表现，ICD-10 归纳为 10 种（专栏 15-1）。我国 CCMD-3 与其类似，DSM-5 无残留性或迟发性精神病性障碍类别诊断。

专栏 15-1 ━━━━━━━━━━━━━━

━━━ **物质滥用的临床状态（ICD-10）** ━━━

F1X.0　急性中毒
F1X.1　有害性使用
F1X.2　依赖症状群
F1X.3　戒断状态

F1X.4　伴随谵妄的戒断状态

F1X.5　精神病性障碍

F1X.6　遗忘综合征

F1X.7　残留性或迟发性精神病性障碍

F1X.8　其他精神和行为障碍

F1X.9　未特定的精神和行为障碍

第二节　成瘾的危害

一、对躯体的影响

物质对机体产生毒性作用而继发引起的有害的生理、生化和病理变化,表现为急性中毒和慢性中毒及戒断综合征。非物质成瘾对躯体的直接影响较小,主要表现戒断反应。

1. **急性中毒**　是物质成瘾最常见并且危害最严重的表现,患者的意识水平、认知、知觉、情绪或行为明显紊乱,可能伴随组织损害或其他并发症,严重者导致死亡。大部分致死原因为过量使用引起的呼吸抑制。可卡因过量中毒可见谵妄和幻觉,伴有冲动、伤人和自杀企图;苯丙胺过量可产生以妄想为主要症状的精神障碍;镇静催眠药急性中毒最典型的是中枢神经系统抑制症状;滥用大麻过量可产生急性抑郁反应或中毒性谵妄;饮酒过量可引起呼吸衰竭致死;致幻剂滥用可出现攻击行为等。

2. **慢性中毒**　长期物质滥用可导致多系统、多脏器损害,不同物质对不同脏器功能损害程度不一(表 15-2)。注射用药常引起局部或全身感染,近年来发现药物滥用是继同性恋传播艾滋病后的第二大危险因素。

表 15-2　常见物质依赖引起的躯体损害

物质依赖	躯体损害
海洛因	中枢神经、心血管、呼吸、消化、免疫等多系统损害,猝死、艾滋病等传染病
酒精	间脑综合征、威尼克脑病、多发性神经病变、癫痫发作(多为大发作)、心肌肥大、心律不齐、消化性溃疡、糖代谢紊乱、脂肪肝、肝硬化、免疫系统损害
苯丙胺	反射亢进、运动困难和步态不稳、口腔黏膜的磨损和溃疡
可卡因	心脑血管意外
大麻	呼吸道癌症、脑血管意外、月经周期紊乱、生殖功能下降
烟草	多系统肿瘤发生率高、缺血性心脏病、糖尿病
咖啡因	血中胆固醇水平增加、增加心血管疾病的可能性
氯胺酮	尿路症状、肾功能损害、鼻部疾病

3. **戒断综合征**　当使用某种物质已形成躯体依赖,一旦戒药即出现躯体和精神症状,轻者感到难受和全身不适,重者可威胁生命。戒断症状大部分因停药引起,也可因使用拮抗药导致药物的作用暂时减弱或阻断引起,后者称诱发性戒断综合征(precipitation of abstinence syndrome)。引起典型的躯体依赖的药物包括吗啡、巴比妥类和酒精。非物质成瘾戒断时也会有躯体的不适反应出现。

二、对心理的影响

1. 人格改变 在无从制止的驱力促使下,成瘾者形成难以矫正的成瘾行为,人格也逐渐随之改变,变得极端自私,甚至道德沦丧殆尽。此类人格改变的原因与脑功能障碍有关。

2. 记忆及智能障碍 阿片类、大麻、苯丙胺和氯胺酮等物质均可引起认知功能损害,酒精依赖者可出现 Wernicke 脑病,一部分转为 Korsakoff 综合征,成为不可逆的疾病,还可引起酒精性痴呆。非物质成瘾一般不会出现智能障碍。

3. 其他心理障碍 药物滥用者心理障碍的发生率远高于一般人群,往往为急性发作,物质停用后迅速缓解,长期使用者可能会一直存在或再次出现。女性滥用者更容易出现抑郁和焦虑症状。部分滥用者会有幻觉和妄想。在物质成瘾者中有其他精神障碍的比例:海洛因成瘾约 30%、可卡因成瘾约 40%。使用苯丙胺可出现分裂样精神障碍、躁狂 - 抑郁状态及人格和现实解体等。患者在妄想支配下可有冲动、自杀或杀人等暴力行为。非物质成瘾者则多伴有情绪障碍。

三、对社会功能的影响

各种成瘾皆可影响到社会功能。成瘾者多存在性格改变及与伦理道德等高级情感活动相关的扭曲或障碍,易引起家庭破裂以及违法乱纪行为,如海洛因成瘾者往往涉黑及贩毒;酒精依赖者常导致子女受虐待或教养不良、自杀率或离婚率增加等。

第三节 成瘾的机制

物质与非物质成瘾不仅与个体的生物学因素有关,还与心理社会因素有关,另外物质滥用与依赖还与药物的特性直接相关。这些因素不仅影响物质滥用的发生(初始用药)及发展(持续用药),也影响物质滥用的预后与转归。

一、生物因素

物质成瘾的神经生物学机制和遗传学基础研究有以下发现:

1. 脑的奖赏机制 中枢神经系统中存在固有的趋利避害辨别系统,精神活性物质模拟了有利于个体生存和种族延续的刺激,引起机体成瘾。

2. 代偿性适应 此代偿性适应涉及不同脑区、核团、神经环路、神经递质、细胞及分子。

3. 神经通路 药物成瘾经历了从偶然用药到规律用药、最后到强迫性用药的过程,各种精神活性物质虽然初始靶点不同,但都能导致多巴胺水平的升高,激活中脑腹侧被盖区 - 伏隔核奖赏环路,该环路是成瘾启动的共同通路。随着用药量的加大和时间的延长,药物的作用逐渐扩展到间脑的学习记忆环路、前额叶皮质等。在奖赏的同时,产生机体敏化、对药物相关刺激的异常学习记忆,以及高级认知功能障碍等。

4. 神经递质 多巴胺(DA)系统在成瘾的启动中发挥重要作用,而谷氨酸系统由于其介导长时程记忆可能在成瘾的维持和复吸中占主要地位,内源性阿片肽、γ- 氨基丁酸、5- 羟色胺(5-HT)、内源性大麻素等神经递质也具有重要的调节作用。5-HT 水平与冲动行为有关。病理性赌博涉及多个神经递质系统,如 DA、5-HT、去甲肾上腺素(NE)、阿片系统。

5. 基因学研究 发现个体对物质滥用依赖的易感性有 40%~60% 来自于遗传,研究者已初步界定影响毒品依赖的一些特定基因,还探讨了基因、个性和环境因素及其相互作用对青少年吸毒行为的预测作用,一些结果发现特定基因会影响青少年对问题同伴的选择和低自我控制感,进而影响青少年多种吸毒行为的发生和保持。

6. 环境因素和遗传因素的作用　一般认为,环境因素在使用初期、规律性用药到强迫性用药及复吸的不同阶段均有重要作用,遗传因素在最终发展为强迫性使用中起到了至关重要的作用。家系、双生子、收养及连锁分析研究发现,物质滥用的易感性因素是由基因决定的。

二、心理因素

(一)行为学习理论

1. 条件反射理论　Pavlov 实验室研究发现,让某实验员反复给一只狗注射吗啡并使之成瘾。此后,成瘾狗只要一见到该实验员,无需注射吗啡,就会条件反射性地开始流涎和呕吐,甚至出现镇静和嗜睡等类似吗啡引起的反应(专栏 15-2)。

专栏 15-2

　　最早应用条件反射理论(conditioning theory)解释物质依赖与复发问题的是美国学者 Araham Wikler(1965 年),他视成瘾为一种动作训练的结果。他在给一批住院物质滥用者进行团体心理辅导时发现,他们在一起总是反复谈到毒品、毒品的作用、各自的滥用方式及体验等,尽管这些人脱毒治疗已达数月之久,但不少人仍不时会出现类似戒断反应的表现。如不由自主地打哈欠、吸鼻涕和揉眼睛等。一些治疗后的物质滥用者之所以重蹈覆辙,也与条件反射作用有关。Wikler 注意到,从医院或康复机构出来的滥用者,一踏上原先熟悉的环境就可能触景生情,出现戒断症状,从而产生强烈的用药冲动,使大多数人难以自持。

2. 强化理论　强化指伴随于条件刺激物之后的无条件刺激的呈现,是一个行为前的、自然的、被动的、特定的过程。Crowley 认为,阿片类药物之所以具有极强的滥用潜力,是由于它们具有原发性强化作用。

　　药物除直接产生愉悦作用(正性强化)外,还可改变滥用者的行为。如果这种行为改变恰好符合用药者的期待,则构成继发性强化。比如,阿片类药物可降低攻击冲动行为,改善人际交往,这也许是滥用者期望的结果。

　　负性强化在物质滥用过程中也同样起作用。对滥用个体而言,戒断综合征是非常令人痛苦的,许多人因忍受不了或惧怕戒断综合征的折磨而继续滥用毒品。而吸食毒品缓解了戒断综合征,又使滥用模式进一步强化和固定。正性强化主要造成对药物的精神依赖,负性强化主要造成对药物的躯体依赖。

　　实施某些成瘾性质的行为(如过度购物、运动狂、病理性赌博、玩电脑游戏)能够产生快感(正性强化作用),否则会有不良情绪存在(负性强化作用)。

3. 社会学习理论　Bandura 认为,人类的许多行为都是依靠观察习得的(模仿而得),行为结果包括外部强化、自我强化和替代性强化。替代性强化是指观察者看到榜样或他人受到强化,从而使自己倾向于作出榜样行为。例如孩子从父母处学习饮酒行为,也能模仿其饮酒模式,在同伴群体中学会了抽烟或饮酒。

(二)精神分析理论

　　早期的精神分析理论文献大多关注物质滥用与力比多(libido)的关系。Freud 曾经指出,对成瘾者而言,吗啡充当了其性满足的替代品。在 20 世纪 30 年代,Rado 称物质滥用是一种自恋障碍,是"对天然自我结构的人为破坏",具有依赖潜力的药物可产生双重效应,即减轻痛苦和(或)产生欣快感。潜在的滥用者多具备如下特征:易紧张、焦虑,对痛苦的耐受力差。情绪紧张和焦虑者容易体验到药物的好处,因为他们迫切需要解脱目前的困境。当药物作用消退之后,用药者的抑郁情绪便会再度出现,与用药引起的情绪愉悦和高涨形成鲜明对比,个体自然会产生强烈的用药渴求。精神分析学派认为,药使内心的紧张得以释放,自我的完整性得以恢复。

20 世纪 60 年代,Savitt 发现物质滥用其根本原因在于童年期母爱不足以及父亲的被动和无能的人格特征,"阴盛阳衰"的家庭易于产生滥用药物的子女。滥用者对母亲常有抵触情绪,他们用药(吸毒)的目的,是以此来逃避现实。Savitt 还发现,容易滥用药物的人多不能忍受"延迟的满足",他们之所以青睐药物,在于用药后即刻便可获得强烈的满足感。

近代精神分析学者更倾向于物质滥用不是单纯的退行表现,而是一种不恰当的应对方式。成瘾者早期发展过程受到干扰,从而使其无法将父母的形象适当内化,最终发展为自我照顾能力缺陷的一种反应。20 世纪 70 年代中期,Khantzian 等认为物质滥用与自我功能受损有因果联系。滥用者之所以用药,是因为他们未学会运用恰当的适应性防御机制,无法应付日常生活中的各种难题,一遇挫折和冲突,便会求助于药物,以此改变情绪,产生"解脱"的假象。

此外,成瘾者常常在客体关系中出现问题,导致成瘾者将物质视为抚慰性内在客体的替代物,因此成瘾者反复用药,消除无力无助感,并期望补偿自我调节功能的缺损、低自尊及人际关系问题。多药滥用可能有更不稳定的童年,他们以滥用药物作为"自我治疗"的方式。

精神分析理论的部分解释也适合于非物质成瘾。

(三)人本理论

Maslow 认为个体成长发展的内在力量是动机,动机由多种不同的需要所组成,很多心理学家从人本主义角度分析青少年网络成瘾问题。青少年通过虚拟网络可以消除无力应付现实环境中的不安全因素造成的威胁;网络上社交互动性服务项目可以使青少年找到归属感;游戏可以满足游戏者的地位和权力。Maslow 将自我划分为理想自我和现实自我,当二者接近时,人格处于和谐状态;当二者冲突时,个体就有可能在使用物质或网络的过程中构建自我想象世界,以迎合自己的心理需求。

(四)认知理论

Beck 认为人脑中那些错误的自动化思维,往往造成认知歪曲,从而产生不良的情绪和行为。使用物质是后天习得的行为,随着反复进行,逐渐形成自动思维和特定的行为模式。物质滥用者常常将歪曲的认知与客观真实现象相混淆,作出错误判断,个体也会夸大对物质使用积极结果的期待,并且将负面结果发生的可能性最小化。成瘾者面临压力时,习惯性使用物质解决情绪问题,回避遇到的困难,从而导致恶性循环。

三、社会因素

(一)人口学特征

1. **性别**　男性酒精、药物成瘾者多于女性,目前未发现不同性别在成瘾方面的生物学差异,但是性别的社会角色差异被广泛认可。我国的研究显示非法成瘾物质的使用中,男性与女性的比例为 5.1∶1;Wilsnack 发现在美国的一些女性亚群体中酒精使用障碍有所增加,这些群体包括年轻女性、未婚同居及遭受躯体虐待的女性等。

2. **种族**　相关研究显示酒精使用障碍存在种族差异,可能与乙醛脱氢酶有关,我国不同民族的饮酒情况同样存在较大差异,朝鲜族酒精依赖患病率最高,其次是满族,汉族最低,可能与不同民族对待饮酒不同态度有关。

3. **年龄** 英国的调查发现在青壮年中药物依赖者最多,特别是 16~24 岁的青壮年男性,还有研究发现多数物质使用的真实年龄在 25 岁以下,酒精使用障碍的风险最高的是 19 岁年龄组,并且风险率随着年龄的增长而不断下降。首次饮酒年龄越小,酒精滥用、依赖发生的风险越高;低龄吸烟与酒精滥用以及酒精依赖有关,非法药物使用发生率最高的年龄为青少年晚期和成年早期。

(二)社会文化背景

文化因素不仅决定是否可以接受物质,也对物质滥用和依赖的患病率起到重要影响,犹太教和天主教规定特定的仪式中必须使用酒品,而伊斯兰教对酒严令禁止的社会环境下酒精依赖少见。欧洲文化影响较大的地区对酒持欢迎态度,但是不鼓励过量饮酒,仅少数国家和地区,比如法国,饮酒问题较其他国家严重,酒精的消费量及酒精相关问题的死亡率很高。

我国酒文化深入到平民百姓的日常生活,如婚丧嫁娶、重要节假日,以酒助兴已成为当代中国社会普遍认可的行为,近年来我国酒精滥用有逐年增高的趋势。吸烟往往被中国男性作为一种社交手段。

(三)社会生活环境

1. **社会压力** 社会心理学中的"失范论",是社会压力下人们使用物质的一种解释。失范(anomie)一词源于希腊语,最早为社会学家 E. Durkheim 所用,原指一种反常的社会状态,即在危机到来时社会的凝聚力变弱,人们丧失了明确的行为和道德规范。

处于失范状态的人通常会有如下几种反应方式:①大多数人逐渐降低自己的抱负,调整期望值,以符合目前的现实和社会规范;②有些人采取叛逆和反抗的做法,拒绝接受现实及现有的社会常规,试图通过政治运动等建立"新的社会秩序";③有些人采取非法手段获取成功,尤其是指通过专业犯罪及有组织犯罪的手段;④也有些人采取逃避的做法,他们并不想遵守社会常规,却愿意采取偏常的适应行为。这些人中不少容易成为毒品的俘虏。

2. **犯罪亚文化** 所谓犯罪亚文化(delinquent subculture),是指社会中一些违法犯罪少年集团独特的生活和行为方式。此概念最早由 Cohen(1958)提出,认为其主要特征是,其成员不顾任何规章制度的约束,以追求快乐为目标,行为具有冲动、破坏性及非功利性。相关研究发现其成员多具有如下特点:①易惹麻烦,出现各种违法行为;②粗鲁且过于大胆;③善于欺骗他人;④易激动,好冒险;⑤怨天尤人;⑥我行我素,不愿受外界约束。这些人滥用药物的危险明显高于一般人群。

3. **家庭环境因素** 物质滥用的家庭理论(family theory)兴起于 20 世纪 70 年代末到 80 年代初,其核心是将家庭视为各成员间相互作用的有机整体,其中某一个体出现物质滥用问题应视为家庭系统运行障碍的表现,而不应孤立地看待。Stanton 及其同事在考察家庭成员的药物依赖时,引入了家庭内稳态机制及反馈机制,即一旦其中某成员受到威胁,便会采取某些异端行为,这些异端行为具有一定的保护性,病态地维持家庭的稳定。

研究发现家庭关系不良对儿童成瘾行为的形成与持续产生重要影响,缺乏家庭成员之间的支持以及受体罚的青少年更容易形成成瘾行为;父母一方(多与子女性别不同)情感过度卷入(over involvement),另一方则对子女情感疏远,儿童青少年很容易有成瘾行为。

成瘾的家庭特点主要有:①家庭中物质滥用或行为依赖(如病理性赌博)者较多;②对冲突的表达方式较为原始而直接;③母亲的养育行为与子女的行为具有"共生性";④家庭中早夭者较多;⑤家庭各成员多具有虚假的个人独立性。成瘾者在家庭之外有团伙,在家庭出现冲突后,有逃避、容身之处,强化其虚幻的自主感。根据家庭理论,在对成瘾者进行

笔记

治疗和康复时,做好家庭的介入是成功的关键因素。

总之,成瘾是多因素相互作用的结果,但是否成为"瘾君子",还与个体的生物易感性有关,而社会心理因素在成瘾中起诱发因素等作用。

第四节　常见的物质成瘾

一、烟草成瘾

烟草使用是世界上导致可预防性死亡和疾病的最主要原因。WHO 统计,烟草导致全球每年有近 600 万人丧生并造成数千亿元的经济损失,成为全球最大的健康负担之一。全世界烟民已超过 10 亿(中国约占 1/3),如果没有有效的控制措施,估计到 2025 年全世界吸烟者将达到 13 亿~17 亿。我国吸烟人数已达 3.01 亿且仍以每年 2% 的比率增长。我国 20 岁以上男性吸烟率为 52.8%,女性为 2.8%。烟草使用是目前全球所面临的最大公共卫生威胁之一。

1. **吸烟的危害**　尼古丁是香烟中最关键的物质,导致许多吸烟者很难维持长期戒烟状态,尼古丁具有强化作用,既能增加正性情绪又能减少负性情绪。尼古丁依赖后会出现耐受性增加、戒断症状和行为失控表现。吸烟是多种癌症(肺癌、口腔癌、喉癌等)、心脏病、脑卒中、慢性阻塞性肺疾病等的风险因素。在长期吸烟者中,肺癌发病率比不吸烟者高 10~20 倍,喉癌发病率高 6~10 倍,冠心病发病率高 2~3 倍,循环系统疾病发病率高 3 倍,气管类疾病发病率高 2~8 倍。患肺癌的风险随吸烟频率和时间延长而增加,吸烟年龄越小风险越大;全世界肺癌死亡率的 70% 是由吸烟引起的;全球 10% 的心血管病由吸烟引起的;吸烟还会增加糖尿病、传染病、危害胎儿的风险。有研究表明,与吸烟者共同生活的女性患肺癌的几率比非共同生活的女性高 6 倍。

2. **戒烟的方法**　包括简单的戒烟建议、药物治疗、心理治疗和其他戒烟干预等。

(1)戒烟建议:通过健康教育劝阻吸烟者戒烟是有效的,改变认知的综合方法能减少烟草使用,专业医护人士提供的建议能够将戒烟率提高到 30%。以 WHO 为代表的卫生健康部门一直同各国政府及烟草工业进行交涉,起草了烟草控制框架条约(Framework Convention on Tobacco Control),希望能通过框架条约的实施,减少吸烟对健康的危害。各国政府为了提高公众对吸烟危害的意识,特制定法律限制烟草广告、规范烟草工业行为及提高烟税等。

(2)药物戒烟:①尼古丁替代疗法,于 20 世纪 90 年代初由瑞典卫生部首先应用,如尼古丁贴片、尼古丁咀嚼胶、鼻喷雾剂、吸入剂、透皮贴剂、舌下片、雾化电子烟等,可使吸烟人数下降 1/2 左右;②非尼古丁替代戒烟药,如盐酸安非他酮、酒石酸盐伐尼克兰等,可以减轻烟瘾和戒断症状,并可以减少复吸。

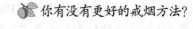
你有没有更好的戒烟方法?

(3)预防:可通过认知行为治疗、团体治疗、加强健康教育等多途径进行预防干预。

二、酒精成瘾

酒文化是一种特殊的文化形式,在不同的国家有不同的地位,饮酒是历史悠久且普遍的生活习惯和社会风俗之一,与饮酒有关的负性后果业已突出,如今已经成为重要的公共卫生和社会问题。2010 年疾病风险因素已经从第 6 排位升至第 3 位,仅次于高血压和吸烟,同时还会导致大量的社会伤害,如犯罪及家庭暴力等。WHO2014 年报告统计,男性酒依赖患病率为 4.5%,女性为 0.1%。

笔记

（一）临床表现

1. **类型**　分为急性酒中毒和慢性酒中毒两大类,其主要类型及临床表现,见表15-3。

表15-3　酒中毒的临床表现

急性酒中毒	慢性酒中毒
（1）单纯醉酒:又称普通醉酒状态,是因一次大量饮酒引起的急性中毒,严重程度与血液酒精含量及酒精代谢速度有关,但有个体差异。初期表现自制力差、兴奋话多等,随后出现言语凌乱、困倦等,可伴有轻度意识障碍。重者出现呼吸抑制导致死亡。	（1）依赖综合征:反复饮酒引起的一种特殊心理障碍,病人有对酒的渴求和不断需要饮酒的强迫感,可持续或间断出现,若停止饮酒则出现心理和生理戒断症状。
（2）病理性醉酒:一种小量饮酒引起的精神病性发作。病人饮酒后急剧出现环境意识和自我意识障碍,多伴有片段恐怖性幻觉和被害妄想,高度兴奋、极度紧张惊恐。	（2）酒戒断性谵妄:因长期饮酒后骤然减少酒量或停饮所致,迅速产生短暂的意识障碍,自主神经系统功能紊乱。死亡率约5%。 （3）酒精性幻觉症:长期饮酒引起的幻觉状态。一般在突然减少或停止饮酒后24小时内出现大量丰富鲜明的幻觉,以幻视为主。 （4）酒精所致妄想症:在意识清晰的情况下出现嫉妒妄想与被害妄想,以前者多见。
（3）复杂性醉酒:醉酒过程比普通醉酒更强烈,迅速产生强烈且急速加深的意识混浊,迅速出现精神运动性兴奋,无礼无节,行为与平时表现反差明显,持续时间更长。	（5）Wernick脑病:因维生素B₁缺乏所致,眼球震颤、眼球不能外展和明显的意识障碍,伴有定向、记忆障碍和震颤谵妄等。 （6）科萨可夫精神病(Korsakoff's psychosis):又称柯萨可夫综合征,表现为近记忆缺损突出,学习新知识困难,常有虚构和错构。
（4）酒所致遗忘:是一种短暂的遗忘状态,多发生在醉酒后,当时没有明显的意识障碍,次日醒酒后有完全遗忘。	（7）酒精性痴呆(alcoholic dementia):长时间饮酒以及多次出现震颤谵妄逐渐发展而来,表现高级皮质功能损害,如记忆、思维、理解、计算、定向力和语言功能等。

2. **精神依赖**　酒依赖者把饮酒作为第一需要,患者难以自制地渴求饮酒,不顾一切,而且耐受性增加。酒依赖者往往不计后果,不顾别人的劝告,不顾家庭和工作,甚至已患有与酒相关的肝病,仍置若罔闻。

3. **躯体依赖**　躯体依赖是指当停止饮酒或骤减酒量时,机体出现一系列特征性的戒断症状。为了避免戒断而饮酒。

4. **耐受性**　饮用原来的酒量达不到预期的饮酒效果。酒耐受性形成的影响因素主要有:①个体素质;②饮酒的类型、饮酒方式、速度及饮酒量等。酒依赖发展到后期,大多数人的耐受性会有所降低,部分原因是大脑适应能力的下降,部分原因是肝脏功能的严重受损。

5. **躯体并发症**　当酒依赖进展到一定阶段,几乎全身所有器官系统都会受累。从肝病和心肌病、胎儿酒精综合征、Korsakoff综合征到较少见的皮肤科和眼科病症都可出现。

上述酒依赖的特征有助于临床确立或排除诊断。但酒依赖者对自身的问题多予以否认或搪塞,使早期病史的获取及诊断治疗都面临很大的困难。

（二）影响因素

1. **生物因素**　许多双生子与寄养子以及一些染色体研究结果提示,酒依赖者的个体存在着遗传易感性。酒精的遗传学危险因素为53%,涉及很多基因,其中与酒精代谢相关的乙醇脱氢酶和乙醛脱氢酶基因的作用最为显著。在寄养子研究中还发现,出生自双亲酒依赖家庭而后发展为酒依赖者风险远远高于出身自双亲非酒依赖家庭者。在性别方面,男性较女性的遗传易感性更明显。孕妇纵酒时有可能使其胎儿在子宫中产生酒依赖,致使胎儿娩出后出现以神经生理功能障碍为主要表现的断酒综合征,甚至成年后更易于酒滥用。

笔记

2. **心理因素** 精神分析理论认为早年心理创伤可以形成受压抑和痛苦的心理冲突。酒滥用行为可视为个体抑制功能的释放,使受压抑的各种心理冲突得以表现。酒依赖者以饮酒作为解脱焦虑的开始,以获得良好的情绪体验。当酒精作用消退时,抑郁情绪会再度出现,个体便会产生更强烈的饮酒渴求。

3. **社会因素** 社会因素对酒滥用有诱导和促发作用,对物质滥用和依赖的患病率有重要影响。社会的酒文化和家庭的酒文化在酒依赖的成因与演变中起重要作用,家庭成员之间的关系的一种不稳定状态也会影响酒的滥用。

(三)防治要点

对酒精依赖者治疗的目的是防止过度饮酒对心身的危害和对社会的不良影响。酒精依赖的治疗及康复措施应灵活多样,以脱瘾、戒酒和康复为相互衔接的三个治疗阶段。往往需内科医生、精神科医生、心理学家、家庭成员和社会工作者等共同处理。其中,家庭在酒依赖的治疗中起着重要作用,是影响治疗成败的关键因素之一。

三、阿片类成瘾

阿片类药物(opiates)是指天然的或(半)合成的、对机体产生类似吗啡效应的一类药物,可分为三类:①天然阿片生物碱,是从罂粟果中提取的粗制脂状渗出物,包括吗啡和可待因在内的多种成分,吗啡是阿片中镇痛的主要成分,大约占粗制品的 10%;②半合成阿片衍生物,如海洛因;③全合成阿片类衍生物,如二苯甲烷类等。2015 年我国记录在案的吸毒者中,滥用阿片类为 145.8 万人。

(一)临床表现

长期和反复使用阿片类物质,不但导致心理行为改变(以成瘾综合征为特征),也常导致躯体损害和社会功能损害。心理渴求是阿片类成瘾的重要特征,是导致复吸的重要原因。阿片类物质停止吸食或减少吸食量或使用阿片类受体拮抗剂后可出现阿片戒断综合征。

使用阿片类物质的剂量、使用时间、使用途径、停药速度及对中枢神经系统作用的程度等不同,戒断症状强度也不一样。短效药物,如吗啡和海洛因一般在停药后 8~12 小时出现,极期为 48~72 小时,持续 7~10 天。长效药物,如美沙酮戒断症状出现在 1~3 天,性质与短效药物相似,极期为 3~8 天,症状持续数周。

典型的戒断症状可分为两大类:①客观体征,如血压升高、脉搏增加、体温升高、"鸡皮疙瘩"、喷嚏、发热、瞳孔扩大、流涕、震颤、腹泻、呕吐、失眠等;②主观症状,如恶心、肌肉疼痛、骨头疼痛、腹痛、不安、食欲差、无力、疲乏、发冷、渴求药物等。

(二)影响因素

阿片类物质成瘾是用药者的个体因素、阿片类物质和社会环境因素三者相互作用导致的慢性复发性脑病。

1. **生物学因素** 1973 年以来相继发现在人脑内和脊髓内存在着阿片受体。这些受体分布在痛觉传导区以及与情绪和行为相关的区域,集中分布在脑室周围灰质、腹侧被盖系统、中脑边缘系统和脊髓罗氏胶质区(substantia gelatinosa)等区域。阿片受体已知有 μ、κ、δ 等多型,其中以 μ 受体与阿片类的镇痛与欣快作用关系最密切,在中枢神经系统分布也最广。阿片类滥用的遗传度为 54% 以上。

阿片类物质以非脂溶性形式存在于血液中,一般难以透过血 - 脑屏障。但是,当吗啡被乙酰化成为海洛因后,则较易透过血 - 脑屏障,这也许能解释为什么静脉注射海洛因体验到的瞬间快感比注射吗啡更为强烈的原因;阿片类药物可分布到机体的所有组织(包括胎盘),对阿片类依赖的母亲所生下的婴儿对阿片类具有依赖性,如果在出生后不给予阿片类物质,也可以出现戒断症状;阿片类药物平均代谢时间是 4~5 小时,故依赖者必须定期给药,否则会发生戒断症状;阿片类药物具有镇痛、镇静作用,能抑制呼吸、咳嗽中枢及胃肠蠕动,同时具有兴奋呕吐中枢和缩瞳作用。

2. **心理因素** 青少年应激压力高于成年人,50%青少年感到不能很好控制压力时,往往会借助药物来缓解;伴有的焦虑和抑郁的比例是普通人群的2倍以上。

3. **社会环境因素** 物质滥用的亚文化特征主要表现为年轻化、边缘性、逆反性和享乐性。家庭成员中有酒精滥用或犯罪行为的,其子女物质滥用风险因素增加;同伴对成长中的青少年有强大的影响力,滥用行为会以"分享"和"身份认同"等形式在熟人圈中流行。

（三）防治要点

阿片类物质成瘾的治疗是一种以"生物-社会-心理"医学模式为基础,以患者为中心,全面、系统和综合的治疗过程。主要帮助成瘾者停止或减少非法物质的使用,降低阿片类对使用者的危害,恢复成瘾者的家庭,职业和社会功能。包括急性期的脱毒治疗和脱毒后防止复吸及社会心理康复治疗。

1. **脱毒治疗** 脱毒(detoxification)指通过躯体治疗减轻戒断症状,预防由于突然停药可能引起的躯体问题,以达到戒毒的目的。阿片类的脱毒治疗一般要在封闭的环境中进行。

（1）替代治疗:利用与毒品有相似作用的药物来替代毒品,以减轻戒断症状的严重程度,使病人能较好的耐受,然后再将替代药物逐渐减少直至停用。常用的替代药物有美沙酮(methadone)和丁丙诺啡(buprenorphine)。

（2）非替代治疗:主要有:①可乐定(clonidine)为α_2受体激动剂;②中草药和针灸;③镇静催眠药和莨菪碱类等。

2. **防止复吸和社会心理康复** 有两种措施:①阿片类拮抗剂:如纳曲酮,通过阻滞阿片类的物质的正强化作用,减少觅药和用药行为;②社会心理干预:如认知治疗、行为治疗、家庭治疗、团体治疗和麻醉药品滥用者互助协会(Narcotics Anonymous, NA)等,以及各种形式的社会干预措施。

四、苯丙胺类成瘾

苯丙胺类兴奋剂(amphetamine-type stimulants, ATS)是对中枢神经系统具有显著兴奋作用的精神药物,能上调高级皮质活动,导致精神活动暂时增加的物质,主要包括AST和可卡因等。AST包括苯丙胺(安非他明,amphetamine)、甲基苯丙胺(冰毒,methamphetamine)、3,4-亚甲二氧基甲基安非他明(MDMA, ecstasy,摇头丸)、麻黄碱(ephedrine)、芬氟拉明(fenfluramine)、哌醋酯(利他林,methylphenidate)、匹莫林(pemoline)、伪麻黄碱(pseudoephedrine)等。2012年联合国世界毒品报告,AST已成为世界范围内使用人数仅次于大麻的毒品,《中国毒品形势报告》指出,截至2014年底,全国滥用冰毒人员达119万人。

（一）临床表现

1. **急性中毒** ATS急性中毒的临床表现为中枢神经系统和交感神经系统的兴奋症状。大剂量时引起收缩压和舒张压升高、心动过速和心律失常、呼吸速率及深度增加、出汗,可同时出现头痛、发热、心慌、疲惫、瞳孔扩大和睡眠障碍等,部分会出现咬牙、共济失调、恶心和呕吐等;低剂量时反射性地降低心率。静脉注射的滥用者,很快出现头脑活跃、精力充沛和能力感增强,可体验到难以言表的快感,所谓腾云驾雾感(flash)或全身电流传导般的快感(rush);数小时后,使用者出现全身乏力、压抑、倦怠、沮丧而进入"苯丙胺沮丧期"(amphetamines blues)。可出现血糖升高、血液凝集速度加快、固体食物吞咽困难,骨骼肌张力增加,腱反射亢进,重者惊厥、谵妄、昏迷、心律失常甚至死亡。使用苯丙胺后体验到快感或者焦虑不安,同时自我意识增强、警觉性增高、判断力受损、兴奋话多,重者可出现幻觉

307

和妄想以及冲动和攻击行为。

2. 慢性中毒　由于滥用期间厌食和长期消耗致体重下降；由于磨牙动作致口腔黏膜有磨伤和溃疡；神经系统症状表现步态不稳、运动困难；精神症状表现情绪波动，注意力和记忆力损害。一般认为，ATS 较难产生躯体依赖而更容易产生心理依赖，因此对 ATS 的戒断症状只需对症处理。

（二）影响因素

ATS 均具有强烈的中枢神经兴奋作用，根据化学结构不同与药理、毒理学特性分为四类：以兴奋作用为主、以致幻作用为主、以抑制食欲为主、具有兴奋和致幻混合作用。其成瘾与多因素有关。

1. 生物因素　ATS 可能通过增强边缘系统伏隔核内的多巴胺神经传递，通过多巴胺转运体介导的反向转运或阻断多巴胺转运体对多巴胺的再摄取来发挥作用。另外非多巴胺转运体介导机制也参与了兴奋剂引发的多巴胺释放和行为效应，如通过其他神经递质系统。

2. 心理因素　青少年及成年早起，心理发育不完善，自控能力差，不能抵制诱惑，再加上学业和工作及生活的压力，更容易去寻求毒品。首次使用可能因为好奇，同时对 ATS 等新型混合毒品的成瘾性和危害性认识不足而致。

（三）防治要点

AST 使用的治疗原则是对症治疗、心理社会干预及提供安静的治疗环境与场所。

五、镇静催眠药成瘾

镇静催眠药物是指一组抑制中枢神经系统活动，具有镇静、诱导睡眠、抗惊厥和辅助麻醉等的一类药物，包括巴比妥类、苯二氮䓬类药物及非苯二氮䓬类安眠药等。苯二氮䓬类成瘾是公共卫生问题，据统计，欧洲和美国有 10% 的人口使用苯二氮䓬类作为抗焦虑或镇静剂，长期使用往往造成躯体依赖或成瘾，研究显示即使低剂量、不超过三个月，仍有 23% 的使用者可发生依赖。我国有调查发现 24.3% 的阿片类物质成瘾者合并镇静催眠药及抗焦虑药物。

（一）临床表现

不同种类的镇静催眠药在中毒、过量时的症状和体征相似，均可产生镇静到深度昏迷，单一药物中毒致死率 3.8%。过量中毒表现：昏睡、言语含糊不清、眼球震颤、共济失调、低血压，重者昏迷、呼吸抑制、心搏骤停和呼吸停止。苯二氮䓬类成瘾表现：耐受、戒断症状、强制性觅药行为，以及不顾有害后果持续使用苯二氮䓬类药物等。

苯二氮䓬类药物常见戒断症状如下：恶心、呕吐、失眠、噩梦、视觉和痛觉敏感、肌肉酸痛、头痛、震颤、严重者出现肌肉痉挛甚至癫痫发作；情绪焦虑、低落、烦躁不安、入睡前幻觉、惊恐、人格解体、非真实感，重者出现精神病性症状及年轻者自伤和自杀行为。苯二氮䓬类药物还有"点燃效应（kindling）"，即反复戒断后，戒断症状有逐次增加的现象，故戒断次数越多的患者，其戒断症状就越重。

（二）发生机制

苯二氮䓬类药物主要通过对 γ- 氨基丁酸 -A 受体的阳性变构作用，调节腹侧被盖区多巴胺神经元的活动，对奖赏有调节作用。可避免出现不愉快的戒断反应和精神疾病如焦虑、紧张以及停药后的反跳是再次使用的原因，负强化机制对成瘾起到主要作用。药物源自机体的"反向适应"效应，对 γ- 氨基丁酸的去敏化、受体下调以及对兴奋性神经传递的逐渐增敏形成耐受性，其中镇静催眠作用被迅速耐受，止痉和肌松弛数周后产生耐受。

（三）防治要点

苯二氮䓬类成瘾的预防在于限制处方，治疗主要是对过量中毒的处理以及对戒断症状的治疗，心理支持和认知行为治疗起到治疗和预防复发的作用。

六、氯胺酮成瘾

氯胺酮（ketamine）又称 K 粉，其滥用由美国首先报告（1971）。此后，粉剂和片剂氯胺酮陆续出现在黑市中。近年来，"娱乐性使用"（recreational use）氯胺酮的滥用问题日益严重。2014 年我国登记在册的氯胺酮滥用者人数 22.2 万人，仅次于海洛因和冰毒，居第三位。而登记在册是实际滥用人群的"冰山一角"。氯胺酮滥用严重损害滥用者身心健康，导致艾滋病等传染病蔓延，还引发各种家庭问题，影响社会安全。

（一）临床表现

氯胺酮导致多种临床问题，如急性中毒、成瘾、引起精神病性症状和各种躯体并发症，具有致幻作用、躯体戒断症状轻的特点。

急性中毒表现兴奋话多、自我评价过高、理解判断力下降、自伤和伤人等行为症状；有的出现焦虑紧张、惊恐及烦躁不安、濒死感、幻觉妄想等症状；有的会出现心悸、大汗淋漓、血压增高、眼球震颤、肌肉强直、构音困难、共济失调等躯体症状，严重者意识障碍、谵妄、高热、抽搐发作、颅内出血、呼吸抑制、甚至死亡。长期使用，耐受性增加，在停药后 12~48 小时后可出现烦躁不安、精神差、皮肤蚁走感、失眠、手震颤等戒断症状；同时滥用者有不同程度心理渴求，有强迫性觅药行为。

氯胺酮滥用常出现精神病性症状，临床上与精神分裂症非常相似，主要表现幻觉妄想、行为紊乱等症状，反复使用可导致精神病性症状反复和迁延。长期使用，认知功能受损，较难逆转。躯体并发症常见泌尿系统损害和鼻部并发症，如慢性鼻炎、鼻中隔穿孔和鼻出血等。

（二）发生机制

氯胺酮是苯环己哌啶的衍生物（属分离性物质），这种分离性物质是指主要对 N- 甲基 -D- 天冬氨酸（NMDA）受体具有拮抗作用的一类化合物，这种化合物使边缘系统与丘脑新皮质之间的电生理分离而产生分离性麻醉效应，即选择性的阻断痛觉（镇痛），但对边缘系统呈兴奋作用，使意识模糊但不完全丧失，呈现意识与感觉分离的状态。此外还有拟精神病作用、拟交感作用、抗胆碱能效应、对 μ 阿片受体弱激动作用等。氯胺酮是 NMDA 的受体拮抗剂，NMDA 受体参与介导多种药物的奖赏效应，这种奖赏效应可能是药物依赖的重要原因。

（三）治疗要点

氯胺酮无特异性的解毒剂，主要是对症治疗、重建健康的生活方式、预防复发等为原则。

七、大麻类成瘾

大麻滥用在全球非常普遍，《2015 年世界毒品报告》显示，目前大麻已经成为全球滥用最为广泛的成瘾物质。2013 年全球使用大麻的人数为 1.28 亿~2.32 亿。我国滥用大麻的人数较少，主要分布在新疆地区。医用目的使用大麻也可能是导致大麻滥用的原因之一。

（一）临床表现

滥用的急性反应是意识状态改变：异常的欣快、幸福感和放松等体验，可有性欲增强、认知功能障碍、焦虑紧张、恐惧、注意力、协调能力、空间距离的判断能力都会受损，甚至出现谵妄和幻觉等症状。可出现心肌梗死或严重的心血管副作用。

滥用大麻的远期效应是影响细胞和免疫系统，导致罹患呼吸道癌症等；动物研究显示影响生殖系统。长期、大剂量使用大麻会产生耐受性，多数大麻成瘾患者在戒断后会出现心瘾、睡眠障碍、食欲减退、体重下降和情绪不稳定等。

（二）发生机制

大麻中主要精神活性物成分是四氢大麻酚（tetrahydrocannabinol, THC），它通过大麻素（cannabinoids）的两个 CB1 和 CB2 受体发挥作用，大麻依赖性与剂量相关，通过抑制腺苷酸

笔记

环化酶来改变使用者的心境和认知。

（三）防治要点

对急性中毒可对症处理，如治疗焦虑、抑郁和精神病性症状。同时给予心理治疗和教育。其中，行为列联管理（contingency management, CM）可以鼓励患者的戒断行为，即当患者达到预期目标时给予一定的刺激和奖励，鼓励患者维持目前的行为状态；认知行为治疗和动机强化治疗可以用于预防。

常见物质依赖的主要特征，见表15-4。

表15-4　常见物质依赖的分类与特征

类型	药品	持续时间（h）	躯体依赖	心理依赖	耐药性	中毒症状	戒断症状
吗啡	海洛因、鸦片、吗啡、哌替啶、美沙酮、镇痛剂	3~6（美沙酮12~24）	+++	+++	+++	嗜睡、感觉迟钝、瞳孔缩小、可有呼吸抑制现象	流涕、流泪、呵欠、瞳孔放大、胃肠功能障碍、震颤、痛性痉挛、虚汗
巴比妥		1~16	+++	++	++	看似酒醉、嗜睡、运动失调、说话迟缓、侧视、眼球震颤、定向障碍、可有呼吸抑制	激动、焦虑、失眠、震颤、狂躁、惊厥、高热、急性脑病综合征、痉挛、可能死亡
苯丙胺	苯丙胺、右苯丙胺、盐酸脱氢麻黄碱	2~4	++	+++	++	妄想、兴奋、失眠、食欲缺乏、瞳孔放大、心跳加快、心律不齐，血压升高、可出现高血压危象、痉挛等急性器质性脑症状群	昏睡、抑郁、淡漠、定向障碍
可卡因		1~2	可疑	+++	−	同上	同上
大麻	北美大麻、印度大麻、四氢大麻酚	2~4	可疑	++	+	欣快、松弛、嗜睡、急性精神障碍、妄想、定向障碍	可有失眠、焦虑
致幻剂	LSD及制剂、仙人球毒碱、色胺类	8~12	−	+	+	时间、空间、图像扭曲与幻境、危险行为、瞳孔放大	未见报告
酒精		不定	++	++	+	运动失调、急性精神障碍、嗜睡、兴奋、行为异常	类似巴比妥类
烟草		不定	−	++	+	呼吸系统、心血管系统、免疫系统的慢性损害	头痛、易怒、肌痛、胃肠功能紊乱
挥发剂溶剂		不定	可疑	+	可疑	呼吸抑制窒息、器官损伤、骨髓抑制、神经衰弱综合征	未见报告
氯胺酮		1/6~/4	+	++	++	谵妄、意识模糊、定向障碍、精神病性症状、自伤伤人等	烦躁不安、疲乏、心慌、震颤、皮肤蚁走感

第五节 非物质成瘾

一、概述

非物质成瘾（non-substance addiction）是与使用物质无关的一种行为成瘾形式，指反复进行和无法控制并产生不良后果的冲动行为，故又称之为行为成瘾。如赌博成瘾、网络成瘾、购物成瘾、性（爱）成瘾、摄食成瘾等，这些行为已明显地影响了其社会功能（如工作、学习、生活和人际关系等），或是给自己和/或他人带来很大的痛苦，甚至也给其身体造成不良后果，尽管成瘾者也明知此行为所产生的不良后果，有时也想摆脱，但是无法控制。

行为成瘾类型不一，临床表现有其共同点：①明知道该行为对自己不利，但是不能控制；②没有什么社会目的，仅仅是心理生理上的自我满足，或是为了摆脱现实中的苦恼和失意；③行为实施前可有紧张兴奋，实施中如释重负或产生极度快感，实施后常有失望与懊悔；④行为反复发生，严重影响了患者的社会功能，甚至造成违法；⑤成瘾常合并其他精神障碍，例如情感障碍、焦虑障碍和注意缺陷/多动障碍（attention-deficit hyperactivity disorder，ADHD）、酒精精滥用以及人格障碍等。

非物质成瘾的产生机制还不太清楚，一般认为非物质成瘾和物质成瘾的大脑的成瘾机制比较相似，都是大脑负责奖赏系统（reward system）机制出了问题。行为成瘾可能是通过某种行为本身，唤起大脑奖赏回路/内啡肽回路等的激活，以及中神经递质（如多巴胺等）的改变。某些脑成像研究似乎能够证明这种结果。还有研究发现5-羟色胺转运体基因、多巴胺受体基因和单胺氧化酶A基因等可能与行为成瘾有关。行为成瘾具有强迫和冲动的性质，与强迫障碍和冲动控制障碍的关系有待于进一步研究。

二、赌博成瘾

赌博成瘾（gambling addiction）又称为病理性赌博（pathological gambling，PG），DSM-5称之为赌博障碍（gambling disorder），是一种持续反复发作、无法自控的赌博冲动行为，常严重影响了个人、家庭和社会风气。其发生率尚没有确切的统计数据，据对赌博成瘾的彩民的调查，男性占75.0%，18~30岁占44.4%，高中以下占75.0%，自由职业者稍多（22.2%），每天购买彩票半小时以上者占77.8%、每次花费人民币100元以上者占19.4%。还有调查发现男性赌博成瘾似有遗传性。

赌博成瘾的主要临床特征如下：

1. **耐受性增加** 成瘾后，特别是赌输以后，多数会加大赌注，并且会越来越大，赌博次数会越来越频繁。

2. **戒断反应** 当输钱后，因数额太大、手头无钱或借不到钱时，会出现坐立不安、心神不定和易怒纠结；一旦有了钱会立即参与赌博，上述反应很快消失，是难以戒掉赌博的原因之一。

3. **渴求** 对赌博时刻不忘，特别是输钱后总想着翻本或追回损失。

4. **逃避压力** 当感到痛苦或压力时（无助、内疚、焦虑、抑郁和愤怒等），会选择赌博逃避现实。

5. **社会功能降低** 赌瘾发作时控制能力下降，记忆减退，判断错误，计划性与认知灵活性受到影响，缺乏深思熟虑，容易冒险。造成赌瘾反复发作，病程迁延。

对赌博成瘾需采取综合防治策略，药物对症治疗可缓解情绪问题，心理治疗更为重要，如精神动力学治疗和行为治疗。认知治疗可用于提高自我控制能力；婚姻家庭治疗可用于提升其生活的积极性；教育和帮助也很有必要。

三、网络成瘾

网络成瘾（internet addiction，IA）又称网络成瘾障碍（internet addiction disorder，IAD），也称病理性互联网使用（pathological internet use，PIU）等，是由于各种原因导致个体上网时强迫性的经常使用网络，沉迷于网络上活动而难以摆脱，表现为过度使用互联网而造成个体明显心理和社会功能损害。

"网络成瘾障碍"概念首次由美国精神病学家 Ivan Goldberg（1995）提出。对这一现象的命名及认定存在很长时间的争议，在 ICD-10 和 CCMD-3 诊断系统中尚未列入，DSM-5 仅在第三部分"尚待进一步研究的状况"中首次提出了"网络游戏障碍"（internet gaming disorder）的"建议诊断标准"，主要采纳我国学者陶然制定的诊断标准。由于此类成瘾的广泛性与危害性，接受这一心理障碍为期不远。

网络成瘾的表现形式有过度游戏、性关注、聊天、邮件或信息发送等，也包括电脑游戏成瘾等；成瘾者有异常的满足感、强烈的渴求、耐受性增加、断网难受；逃避责任或是排遣郁闷解决苦恼情绪。长期上网会导致行为改变，如孤僻懒散、撒谎、逆反敌对、兴趣狭窄等，还可引起身体的损害，如腕管综合征、疼痛、身体消瘦、睡眠颠倒等，更多地引起学业下滑、逃学旷课、辍学甚至违法行为（网络犯罪、性引诱、性侵害、金融诈骗等）。

网络成瘾障碍包括强迫行为和冲动控制障碍问题，根据其表现特点可将其分成五类：①网络色情成瘾（cyber-sexual addiction）；②网络关系成瘾（cyber-relational addiction）；③网络强迫行为（net compulsions）；④信息超载（information overload）；⑤计算机成瘾（computer addiction）。

网络成瘾多见于 15~45 岁，男性多于女性。国内大学生人群中的发生率约 9.8%~13%；国外自愿填写调查问卷的来访网民中发生率约 6%~14%。

目前对于网络成瘾障碍的矫治主要采用心理治疗方法，尤其是认知治疗和行为矫正法，但仍不能对所有人有效。因此，必须针对个体不同情况采取不同的措施，往往是多种方法的综合运用。

> 网络成瘾的主要原因是什么？
> 请你为网络成瘾青少年设计一个心理干预方案。

四、购物成瘾

强迫性购物（compulsive buying CB），又称病理性购物、购物狂等。O'Guinn 及 Faber 将强迫性购物定义为一种慢性、难以阻止、反复性的购买行为，表现为对负性事件或负性情感的反应，并最终会导致不良后果。

购物特点如下：①购物目的：为了满足一种心理需求，通过购物欲摆脱孤独、自卑、焦虑等情绪；所购物品多半不是生活必需品或是礼品；②购物地点：地点不定，随环境便利性而变；③数量巨大：购物数量每次巨大，花费较多，而且 1 个月内不购物者很少；④购物失控：患者试图自我控制，但都以失败告终，易出现冲动性购物发作。强迫性购物与精神障碍共病率较高，共病抑郁 25%~50%，共病焦虑障碍 21%~30%，共病强迫症 4%~35%，共病物质滥用 10%~45%。

强迫性购物目前的治疗多为经验治疗，而且要考虑共病精神障碍的治疗。情绪稳定剂属基本性治疗药物，根据共病选择相应的药物，以及结合心理治疗、经济管控（如对患者信用卡、现金等管理），学会冲动的自我控制，可能是较好的方法。临床实践中情绪稳定剂常常合并新型抗精神病药物、抗焦虑药物和新型抗抑郁药物治疗。预防尚无资料介绍。

（周晓琴）

阅读 1

新 型 毒 品

1. **什么是"新型毒品"** 所谓新型毒品是相对海洛因、大麻和可卡因等半合成的传统毒品而言,主要指人工合成的毒品。是由国际禁毒公约和我国法律法规所规定管制的、直接作用于人的中枢神经系统,使人兴奋或抑制,连续使用能使人产生依赖性的一类毒品。由于新型毒品大部分是化学合成类毒品,所以又名"实验室毒品"。因为其滥用多发生在娱乐场所,所以又被称为"俱乐部毒品"、"休闲毒品"和"假日毒品"等。常见的有冰毒、摇头丸、氯胺酮(K粉)、咖啡因、安纳咖、氟硝西泮、麦角酰二乙胺(LSD)、三唑仑、γ-羟基丁丙酯(GHB)、丁丙诺啡、麦司卡林、苯环己哌啶(PCP)、止咳水、迷幻蘑菇、地西泮、有机溶剂和鼻吸剂等。

2. **新型毒品的分类** 根据其毒理学性质,可以将其分为四类:第一类以中枢兴奋作用为主,代表物质包括甲基苯丙胺(冰毒)在内的苯丙胺类兴奋剂;第二类是致幻剂,代表物质有麦角酰二乙胺(LSD)、麦司卡林和分离性麻醉剂(苯环己哌啶和氯胺酮);第三类兼具兴奋和致幻作用,代表物质是亚甲二氧基甲基苯丙胺(MDMA,我国俗称摇头丸);第四类是一些以中枢抑制作用为主的物质,包括三唑仑、氟硝西泮和γ-羟基丁丙酯。

3. **新型毒品的危害** 新型毒品会严重损害人体组织器官功能,形成难以逆转的病变。冰毒和摇头丸等可以对大脑神经细胞产生直接的损害作用,导致神经细胞变性、坏死,出现急慢性精神障碍。在妄想以及幻听等病理性精神症状作用下,吸毒者极易实施暴力行为。有研究表明,82%的苯丙胺滥用者即使停止滥用8~12年后,仍然有精神病症状。

当前,新型毒品迅速流行,一些人尤其是青少年容易接受"娱乐消遣品"的忽悠而上当受骗。事实上新型毒品从来就没有给人类带来任何益处。相反却引发了大量违法犯罪活动以及多种疾病的扩散流行,不仅影响了人民群众的健康幸福,更影响了社会稳定和经济建设。为此,必须对全民特别是青少年进行新型毒品知识教育,使其远离新型毒品,健康成长。

阅读 2

成瘾行为与强迫行为的区别

项目	成瘾行为	强迫行为
定义	是一种额外的超乎寻常的嗜好和习惯性,通过刺激中枢神经而造成兴奋或愉快感。	往往是为减轻强迫观念而引起的焦虑,患者不由自主地采取的一些顺从性行为。
特征	明知有害罢不能;对瘾源有强烈的渴求;不择手段;反复戒断、屡屡失败;惩罚收效甚微。	源于自我强迫行为,没有必要且异常的,违反自己的意愿,强迫与反强迫的冲突导致痛苦和焦虑,但无法摆脱。
表现	一种不可抗拒地使用瘾源,不择手段获得或实施;产生心理依赖/躯体依赖;对个人和社会都产生危害。	一再重复或刻板的行为,不能导致愉悦也没有意义;防范不大可能的事件;努力抵抗,导致焦虑,很痛苦,但多不影响社会。
分类	物质成瘾(酒精、鸦片、苯丙胺类等);非物质成瘾(赌博成瘾、网络成瘾等)。	强迫检查、强迫洗涤、强迫性仪式动作、强迫询问等。
机制	生物-社会-心理多因素综合作用的结果,犒赏效为主要作用。	生物-社会-心理多因素综合作用的结果,无犒赏效应。
性质	公共卫生问题。	疾病问题。
治疗	综合防治措施,患者被动接受治疗,往往被强制戒毒。	综合治疗措施,多数主动接受治疗。
预后	差。	一般。

笔记

第十六章　精神分裂症及其他精神病性障碍

案例 16-1

无法摆脱：恐怖的声音

　　大约从半年前开始，我感觉周围的环境发生了改变，我似乎被一种恐怖的气氛所包围，令我窒息、害怕。我说不清恐惧具体来自何处，总觉得跟周围的人很难沟通，他们都用一种凶狠的眼神看着我，无论我走到哪里都会有人跟踪我。我不敢看他们的眼睛，不敢和他们说话，甚至不敢上班，不敢出门，每天把门窗紧锁，窗帘也拉得严严实实。即使这样也不行，总是有许多熟悉的、不熟悉的声音在说："杀了他，他是个十恶不赦的坏人！"我找不到说话的人，于是戴上耳塞，声音仍然存在；我找不到说话的人，只好和声音辩论："我不是坏人，我没做过任何伤害别人的事情！"可他们根本不听我的解释，还用一种电波干扰我的思想，我觉得整个人都被他们控制了，我想什么、做什么他们都一清二楚。开始时家人对我还不错，后来也被他们收买，在我的饭里下毒，有几次我吃完饭就感到胃肠不舒服。我

- 诊断精神分裂症的依据是什么？
- 如何区分精神病与非精神病？
- 影响精神病疗愈的因素有哪些？

笔记

不敢吃他们做的饭,不敢喝他们给我的水……我不知道他们为什么这么做,我被他们逼得走投无路,精神快要崩溃了,还不如死了算了。

医生诊断该患者为精神分裂症。

第一节 概 述

一、精神病

精神病(psychosis)是指一组具有精神病性症状的精神障碍,包括器质性和功能性两大类。后者包括精神分裂症、情感性精神病、偏执性精神病等最严重的精神疾病。精神病一般具有三个显著特征:①认知功能障碍:即对客观现实有严重歪曲的认知,如出现幻觉、妄想等精神病性症状;②社会功能受损:病人不能保持与环境的现实接触,因而难以从事正常工作或生活;③自知力丧失:病人不知道或根本不承认自己患有精神疾病,因而不主动求医,甚至抗拒治疗。近几十年来,精神医学认为"精神病"概念不够确切,使用"精神障碍(mental disorder)"成为主流用语(详见第一章、第三章)。本章主要讨论精神分裂症,并适当介绍几种精神病性障碍,但不讨论器质性精神病(第十八章)。

二、精神病性症状

精神病性症状(psychotic symptom)是指精神病所特有的一类症状,包括幻觉、妄想、思维逻辑障碍和某些严重意识障碍等,其共同特点是严重脱离现实并缺乏自知力;非精神病性症状(non-psychotic symptom)即除精神病性症状以外的各种心理症状,亦可称之为非精神病性精神障碍(non-psychotic mental disorder),如神经症,人格障碍和智力低下,以及焦虑、恐惧、强迫、疑病等。精神病性障碍(psychotic disorder)是指以精神病性症状为主要临床相的一组综合征,相当于以往"精神病(psychosis)"的概念。虽然现代精神病学试图淡化此概念,但在临床上区分精神病性症状和非精神病性症状有重要意义,因为患者有精神病性症状,就要考虑精神病,需要抗精神药物治疗;各种心理治疗均难以对精神病性症状获得直接的疗效。

三、三种分类的比较

CCMD-3、ICD-10、DSM-5 三种诊断标准系统中关于精神分裂症及其他精神病性障碍的诊断目录,见表16-1,以供对照。

表 16-1 三种分类系统的比较

CCMD-3 精神分裂症(分裂症)和 其他精神病性障碍	ICD-10 精神分裂症、分裂型 障碍和妄想性障碍	DSM-5 精神分裂症谱系及 其他精神病性障碍
20 精神分裂症	F20 精神分裂症	分裂型(人格)障碍(F21)
20.1 偏执型分裂症	F20.0 偏执型分裂症	妄想障碍(F22)
20.2 青春型(瓦解型)分裂症	F20.1 青春型分裂症	短暂精神病性障碍(F23)
20.3 紧张型分裂症	F20.2 紧张型分裂症	精神分裂症样障碍(F20.81)
20.4 单纯型分裂症	F20.3 未分化型分裂症	精神分裂症(F20.9)
20.5 未定型分裂症	F20.4 分裂症后抑郁	分裂情感性障碍(F25)
20.9 其他型或待分类的分裂症	F20.5 残留型分裂症	物质/药物所致的精神病性障碍

笔记

续表

CCMD-3 精神分裂症（分裂症）和 其他精神病性障碍	ICD-10 精神分裂症、分裂型 障碍和妄想性障碍	DSM-5 精神分裂症谱系及 其他精神病性障碍
21 偏执性精神障碍	F20.6 单纯型分裂症	其他躯体情况所致的精神病性障碍 （F06）
22 急性短暂性精神病	F20.8 其他分裂症	与其他精神障碍有关的紧张症(F06.1)
22.1 分裂样精神病	F20.9 分裂症，未待定	其他特定的精神分裂症谱系及其他 精神病性障碍(F28)
22.2 旅途性精神病	F21 分裂型障碍	未特定的精神分裂症谱系及其他精 神病性障碍（F29）
22.3 妄想阵发	F22 持久的妄想性障碍	
22.9 其他或待分类的急性短暂精神病	F23 急性而短暂的精神 　　病性障碍	
23 感应性精神病	F24 感应性妄想性障碍	
24 分裂情感性精神病	F25 分裂情感性障碍	
29 其他或待分类的精神病性障碍		

第二节　精神分裂症

一、概述

精神分裂症（schizophrenia）可简称分裂症，是一组病因未明的精神疾病。它具有思维、情感和行为等多方面的障碍，以精神活动和环境不协调为特征。通常意识清晰，智能尚好，部分病人可出现认知功能损害。因其多起病于青壮年，常缓慢起病，病程迁延，并且对于自我认识的确立，持久关系的建立以及社会功能均会造成严重影响，也被认为是最严重的精神疾病。多数病人有慢性化倾向和衰退的可能，部分病人可保持痊愈或基本痊愈状态。上述案例讲述的是一位精神分裂症病人的被害体验。

19世纪中叶，法国医生 Morel（1856）描述了一例早年发病，临床表现为行为怪异、退缩、最终出现精神衰退的病例，他用"早发性痴呆（demence precoce）"一词描写患者的症状。Hecker（1871）将发病于青春期而具有荒谬、愚蠢行为的疾病，称之为青春痴呆（hebephrenia）。德国 Kahlbaum（1874）描述了伴有全身肌肉紧张的特殊精神障碍，称之为紧张症（catatonia）。直到19世纪末，德国的 E Kraepelin（1896）正式提出了早发性痴呆（dementia precox）的诊断命名，他认为上述描述只是同一疾病的不同类型，包括有紧张型、青春型和偏执型。其后，1911年，瑞士精神病学家 E Bleuler 在 Kraepelin 工作的基础上对本病进行了长期和细致的临床观察，指出联想障碍、情感淡漠、矛盾症状和内向性是该病特有的基本症状，并指出人格改变是本病重要的临床特点。其结局并不一定是痴呆，因此建议命名"精神分裂症"。

精神分裂症是精神病中患病率较高的一种，其患病率为 1.4‰~4.6‰，发病率为 0.16‰~0.43‰（Jablensky，2000）。由于在流行病学研究中所使用的诊断标准、筛查工具、病例确定方法、危险人群的年龄范围、人口年龄结构和迁移率等因素的不同，各国甚至同一国家的不同地区精神分裂症的年发病率差异很大。我国1982年12个地区精神疾病流行病学调查显示，总的患病率城市为 7.11‰，农村为 4.26‰；城市分裂症的时点患病率为 6.07‰，农村为 3.42‰；城市高于农村，女性高于男性。

二、临床表现

精神分裂症的临床表现纷繁复杂，不同个体、不同阶段、不同类型的临床症状有很大的差异,正确识别临床症状对本病的诊断有决定性意义。这里将其分为阳性症状、阴性症状、认知功能障碍、情感障碍和行为障碍等五个症状群来描述。

(一)阳性症状(positive symptoms)

是由于脱抑制或功能代偿或神经细胞受刺激而出现的症状,以知觉障碍和思维障碍为主。

1. **知觉障碍** 主要有幻听、幻视、幻嗅、幻触、幻味、内脏幻觉和运动性幻觉等,以及各种类型的感知综合障碍。

2. **思维障碍** 既有思维形式障碍,如思维散漫、思维破裂、词的杂拌、思维中断、思维云集、象征性思维和语词新作等,也有思维内容障碍——妄想,如关系妄想、被害妄想、嫉妒妄想、非血统妄想、影响妄想、被控制感、思维扩散和思维被广播等。

(二)阴性症状(negative symptoms)

是指正常心理功能缺失所表现出来的各种障碍,如思维贫乏、情感平淡或情感淡漠以及意志活动的减退等。

(三)认知功能症状

认知功能是指感知、思维、学习的能力,包括智力、从外界环境获取经验、判断、计划并能对环境做出正确反应,解决实际问题的能力。主要包括:

1. **智力损害** 在急性期往往存在多方面的损害。

2. **学习和记忆损害** 记忆力与注意力受损导致回忆困难,表现为工作记忆受损。

3. **注意损害** 表现在主动注意和被动注意能力受损两个方面。患者不能集中注意力从事各种活动,以致工作能力下降;对外界刺激的敏感性下降,注意转移困难等。

4. **言语损害** 言语流畅性较正常人差,交谈时词汇缺乏,用词不确切,交流困难。

5. **自知力损害** 存在不同程度的自知力缺陷,是判断病情严重程度和治疗效果的重要指标。

(四)情感症状

主要表现为情感反应不协调、情感淡漠、情感倒错和矛盾情感等。一部分患者出现抑郁,严重者有自杀或伤人意念。

(五)行为障碍

表现为行为紊乱,冲动伤人、毁物或发呆、孤僻、懒散、退缩等,还有的有自杀行为。有些患者表现为紧张综合征,如木僵、违拗和刻板行为等。

三、临床分型

在既往,ICD-10、DSM-Ⅳ和CCMD-3均对精神分裂症做了进一步的分型(表16-1)。但经验性研究显示诊断亚型在时间上存在着不稳定性,且亚型间有明显的症状重叠。故DSM-5中关于精神分裂症诊断较前有了较大的变化,取消了精神分裂症的亚型,采用维度方法界定了几种精神病理症状:①妄想;②幻觉;③言语紊乱;④明显紊乱的或紧张症行为;⑤阴性症状。并对每个维度的进行严重性评估。即将推出的ICD-11也将同样放弃精神分裂症亚型思路,选择维度等其他的替代思路。由此可见,维度的思路可能会成为国际精神疾病诊断标准未来的主导取向。

(一)偏执型

偏执型分裂症(paranoid schizophrenia)以往称之为妄想型,约占精神分裂症病人的一半以上。病人开始表现敏感多疑,逐渐发展为妄想。妄想内容荒谬离奇,脱离现实,以关系、被害、嫉妒、钟情、夸大、自罪、非血统和物理影响妄想多见。这些妄想常与各种类型的幻觉合并存在。患者的情感和行为受幻觉妄想的支配,可出现恐惧、冲动、自伤和伤人等行为。本型发病年龄较晚,一般在青壮年起病,大多起病缓慢,早期难以发现。病程多呈渐进性,部分病人可在某种程度上自行缓解,治疗效果和预后较好。案例16-1便是此型患者。

笔记

（二）青春型

青春型分裂症（hebephrenic schizophrenia）多在青春期急性或亚急性起病，以思维破裂、情感和行为极不协调为主要临床表现，包括思维联想障碍，如思维零乱、散漫破裂，可有生动幻觉，阵发而不固定的妄想内容荒诞且离奇；情感肤浅、倒错，行为混乱，如作态、喜怒无常，变化莫测，荒唐幼稚，本能欲望亢进，性色彩浓厚，可有不拘场合的猥亵行为，也可出现意向倒错，如吃脏东西，甚至吃大小便。本型虽可自然缓解，但极易复发。如不治疗，病程进展较快，迅速出现精神衰退（案例16-2）。

案例 16-2

她完全变了，无法让人理解

李奥，女，20岁，1周前因同学不小心弄脏了她的衣服而与其发生口角，当晚彻夜失眠。第二天即出现自言自语，语言内容凌乱，无法听懂，上课中突然哭泣，一会儿又哈哈大笑，或者旁若无人地走出教室。老师和同学都感到她精神异常，随即送入医院。在精神病院异常兴奋，到处乱跑，举止轻浮，不知羞耻，甚至脱光衣服到处走动，生活自理困难，个人卫生很差。

入院诊断：精神分裂症，青春型。

（三）紧张型

紧张型分裂症（catatonic schizophrenia）有紧张性兴奋和紧张性木僵两种基本表现形式，可单独发生，也可交替出现。紧张性兴奋为不协调的精神运动性兴奋，患者行为明显增多而杂乱，不可理解，突然发生，常无目的性，可有冲动伤人、自伤或毁物行为，有时可自行缓解或转入紧张性木僵；紧张性木僵表现为精神运动性抑制，患者缄默不语、不吃不喝，静卧不动，或肌张力增高，出现蜡样屈曲、空气枕头等症状，任唾液顺口角流淌甚至大小便潴留也无动于衷，对周围环境刺激缺乏反应。患者的意识并未丧失，木僵解除时患者能回忆整个经过。有些病人则表现为被动性服从，或违拗、模仿语言、刻板动作，偶可伴幻觉妄想。木僵表现可持续数周、数月，可自行缓解，也可突然转变成紧张性兴奋。本型大多起病于青壮年，急性或亚急性起病，呈发作性病程，自然缓解率较其他类型高。近20年来本型发生率越来越少，确切原因不明（案例16-3）。

案例 16-3

她怎么全身都僵直了

唐琰，女，35岁，2年前因一些家务琐事和丈夫生气，以后逐渐表现自言自语，自笑，行为紊乱，并疑心邻居议论她，说她坏话。认为邻居家看电视是故意把声音调得很大影响她，认为邻居关门是故意向她示威，为此向邻居家扔砖头以示抗议，碰到邻居门口经过就进行谩骂。不久住院治疗，诊断"精神分裂症"，治疗后症状缓解，生活基本恢复正常。一月前，患者无诱因出现失眠，生活懒散，说话、活动都较以前减少，家人以为她心情不好，并没在意，症状逐渐加重，最后卧床不起，不言不语，拒绝进食，全身紧张，四肢僵硬。入院后问话不答，全身肌张力增高，有"空气枕头"现象。

入院诊断：精神分裂症，紧张型。

（四）单纯型

单纯型分裂症（simple schizophrenia）以阴性症状为主，从不出现或极少出现阳性症状。

表现为日益加重的思维贫乏、情感淡漠和意志减退。开始表现话少，不愿与人接触，逐渐变得孤僻、被动、生活懒散、意志减退，常无故旷课或旷工；对亲人疏远、冷淡，对任何事情都不感兴趣，行为退缩，脱离现实，无法适应社会生活。诊断时病程要求不少于2年。本型青少年发病，起病潜隐，持续进展，很少自发缓解，几年后出现精神衰退。由于起病潜隐，早期不易被发现，且对抗精神病药物不敏感，故疗效欠佳，预后差（案例16-4）。

案例16-4

他为何这样懒惰

张巢，男，24岁，5年前正读高中时突然辍学回家，自述不想上学，开始还能帮家里人做些体力活，可随着时间推移，变得越来越懒惰。早晨晚起，不讲卫生，衣服脏了不知换洗，甚至不梳头、不理发，洗澡也要别人督促；不关心家人，常独自发笑，自言自语，家人问起不知所以。开始时其父母认为他变懒了，后经别人提醒，方带其就诊。

入院诊断：精神分裂症，单纯型。

（五）未定型

未定型分裂症（undifferentiated schizophrenia）具有精神分裂症的一般表现，可以同时存在以上各型的部分症状，但又不符合上述任何一型。又称未分化型。

（六）各型分期

各型精神分裂症在长期演进中，每一阶段的临床表现会有很大的不同，为描述这些状态，CCMD-3列出5个分期，就某一时点看，也可称为类型（表16-2）。

表16-2　精神分裂症各期类型及其特点

类　型	特　点
分裂症后抑郁	近一年内诊断为分裂症，分裂症病情好转而未痊愈时出现抑郁症状；且持续至少2周的抑郁为主要症状，虽然遗有精神病性症状，但已非主要临床相；排除抑郁症、分裂情感性精神病。
分裂症缓解期	曾确诊为分裂症，现临床症状消失，自知力和社会功能恢复至少已2个月。
分裂症残留期	过去符合分裂症诊断标准，且至少2年一直未完全缓解；病情好转，但至少残留下列1项：①个别阳性症状；②个别阴性症状，如思维贫乏、情感淡漠、意志减退，或社会性退缩；③人格改变，社会功能和自知力缺陷不严重；最近1年症状相对稳定，无明显好转或恶化。
慢性分裂症	病程至少持续2年、符合分裂症诊断的患者。
分裂症衰退期	符合分裂症诊断标准，最近1年以精神衰退为主，社会功能严重受损，成为精神残疾。

此外，首发于儿童期和老年期的精神分裂症，临床表现难以用上述类别概括，所以把首发于14岁以下和45岁以上的病人分别称为儿童精神分裂症和晚发性精神分裂症。

四、理论解释

精神分裂症的确切原因和发病机制至今未明。从20世纪90年代以来，大多数学者都认为精神分裂症是一种多因素影响的遗传性疾病。

> 精神分裂症的经典分型与分期有何关系？请举例说明

（一）遗传因素

大量的家系调查、孪生子和寄养子研究，已经证明遗传因素在本病的发生中的作用。

笔记

Rudin(1916)发现精神分裂症同胞兄弟患病率较高,Kallmann(1946)发现单卵孪生子(MZ)中同病率为69%(120/174),而双卵孪生子(DZ)中同病率为11%(34/296)。Heston(1966)将本病患者母亲的47名子女自幼寄养出去,由健康父母抚养,与50名双亲健康者的子女作对照。至成年后,实验组有5人患精神分裂症,22人有人格障碍;对照组无精神分裂症病人,9人有人格障碍。由此可以证明遗传因素对精神分裂症的影响。近些年来,关于染色体和多巴胺、5-羟色胺等候选基因及基因扫描方面的研究方兴未艾,但大实验研究结果尚不一致,多认为精神分裂症可能是多基因遗传的叠加作用所致。

(二)心理和社会因素

精神是大脑对客观存在的反映,病理的精神现象也必然如此,所以精神分裂症的发生不能忽视环境的作用。美国一项研究发现,生活在芝加哥城区内贫穷人群的精神分裂症首次住院率最高,低经济水平阶层的患病率最高;幼年丧亲,早年的亲子分离也被认为能使发病率显著增加;个体早期不良的生活经历,家庭成员间的紧张关系,母孕期的病毒感染,围生期合并症,以及躯体疾病、药物、外伤等都与本病的发生有一定的关联。还有证据表明,孤僻内向性格和分裂样人格是精神分裂症的发病的素质基础之一。

(三)神经生化研究

近几十年来,精神药理学和脑成像技术迅速发展,使神经生化方面的研究取得了诸多成果,主要有以下三方面的发现。

1. **多巴胺(DA)功能亢进假说** 研究发现基底神经节和伏隔核多巴胺 D_2 受体数目增加,且与病人的阳性症状呈正相关;高香草酸(HVA)是 DA 的代谢产物,有研究发现血浆 HVA 与病人的精神症状呈正相关;研究发现拟精神药物苯丙胺能使正常人产生精神病性症状,其药理机制可能是中枢突触部位 DA 的再摄取受到抑制,使受体部位 DA 的含量增高。许多抗精神药物就是通过阻滞 DA 受体功能发挥作用,其效价与 D_2 受体亲和力的强弱有关。

2. **5-羟色胺(5-HT)假说** 5-HIAA(5-羟吲哚乙酸)是 5-羟色胺(5-HT)生成的无活性酸性代谢终产物,早期研究已经发现精神分裂症患者尿中 5-HIAA 排出量较正常人高,经治疗后降低。据测定患者血浆中游离色胺酸(HTP)平均值和游离与总 HTP 的比值都较正常人高,也有人认为血液内 5-HT 含量的高低与病情表现急性或慢性有关,血液 5-HT 和尿内 5-HIAA 含量与精神病的严重程度有关。近年来发现患者前额叶皮质内存在 5-HT 能改变,阻断 $5-HT_{2a}$ 受体可改善阴性症状。

一般认为,精神分裂症的生化机制是脑内 DA 系统活动过强,5-HT 系统活动过弱,或两者之间不平衡所致。同时具有改善这两方面功能的抗精神病药物利培酮的成功应用,为这一学说提供了佐证。

3. **谷氨酸生化假说** 谷氨酸是皮质神经元的主要兴奋性递质,是皮质外投射神经元和内投射神经元的氨基酸神经递质。研究发现精神分裂症病人谷氨酸受体结合力在边缘皮层下降,但在前额部增高。某些谷氨酸受体拮抗剂,如苯环己哌啶可引起一过性精神症状,出现幻觉和妄想。前额叶皮质谷氨酸能低下可通过 GABA 中间神经元引起阴性症状。近来的研究发现,刺激 DA 机制增加感觉输入和警觉水平,而皮质纹状体谷氨酸系统则起抑制作用,因此推测精神分裂症可能是由于皮质下 DA 功能系统和谷氨酸功能系统的不平衡所致。

4. **其他** 头颅CT和MRI研究发现,部分患者可见侧脑室扩大,脑皮质、额叶和小脑结构较小,胼胝体异常等脑结构异常;脑功能显像研究患者额叶血流量下降;组织病理学研究发现病人的海马、额皮层、扣带回和内嗅脑皮层有细胞结构的紊乱。此外诱发电位研究发现患者 P_{300} 改变(提示有认知功能障碍)以及平稳眼追踪运动功能障碍。Andreasen 认为额叶病变引起以阴性症状为主的临床表现,颞叶病变可引起以阳性症状为主的症状,丘脑病变引起认知功能障碍,而小脑病变则引起精神活动的不协调。

总之,精神分裂症的病因和发病机制尚不十分明了,一些研究结果出现前后不一致或相互矛盾的情况。

五、诊断评估

精神分裂症按照临床表现进行诊断并不困难。ICD-10、DSM-5、CCMD-3 对精神分裂症的认识基本一致。ICD-10 的诊断标准见专栏 16-1。

专栏 16-1

ICD-10 关于精神分裂症的症状学标准

具备下述 1~4 中的任何一组(如不甚明确常需要两个或多个症状)或 5~9 至少两组症状群中的十分明确的症状。

(a)思维鸣响、思维插入、思维被撤走及思维广播。

(b)明确涉及躯体或四肢运动,或特殊思维、行动或感觉的被影响、被控制或被动妄想、妄想性知觉。

(c)对患者的行为进行跟踪性评论,或彼此对患者加以讨论的幻听,或来源于身体某一部分的其他类型的幻听。

(d)与文化不相称且根本不可能的其他类型的持续性妄想,如具有某种宗教或政治身份,或超人的力量和能力(如能控制天气,或与另一世界的外来者进行交流)。

(e)伴转瞬即逝或未充分形成的无明显情感内容的妄想,或伴有持久的吵架观念,或连续数周或数月每日均出现的任何感官的幻觉。

(f)思潮断裂或无关的插入语,导致言语不连贯,或不中肯或语词新作。

(g)紧张性行为,如兴奋、摆姿势,或蜡样屈曲、违拗、缄默及木僵。

(h)阴性症状,如显著情感淡漠、言语贫乏、情感迟钝或不协调,常导致社会退缩及社会功能下降,但须澄清这些症状并非由抑郁症状或神经阻滞剂治疗所致。

(i)个人行为的某些方面发生显著而持久的总体性质的改变,表现为丧失兴趣、缺乏目的、懒散、自我专注及社会退缩。

DSM-5 的诊断标准见专栏 16-2。

专栏 16-2

DSM-5 关于精神分裂症的诊断标准

A. 两项(或更多)下列症状,每一项症状均在 1 个月中有相当明显的一段时间里存在(如经成功治疗,则时间可以更短),至少其中一项是 1,2 或 3:
1. 妄想。
2. 幻觉。
3. 言语紊乱(例如,频繁的离题或不连贯)。
4. 明显紊乱的行为或紧张症的行为。
5. 阴性症状(即,情绪表达减少或动力缺乏)。

B. 自障碍发生以来的明显时间段内,一个或更多的重要方面的功能水平,如工作、人际关系或自我照料,明显低于障碍发生前具有的水平(或若障碍发生于儿童期或青少年期时,则人际关系、学业或职业功能未能达到预期的发展水平)。

笔记

C. 这种障碍的体征至少持续 6 个月。此 6 个月应包括至少 1 个月(如经成功治疗,则时间可以更短)符合诊断标准 A 的症状(即活动期症状),可包括前驱期或残留期症状。在前驱期或残留期,该障碍的体征可表现为仅有阴性症状,或有轻微的诊断标准 A 所列的两项或更多症状(例如,奇特的信念、不寻常的知觉体验)。
……

六、防治要点

对精神病的预防措施主要是做好三级预防,此外早期发现非常重要。大多数患者在起病初期常表现某些非特异症状,如责任心下降、学习和工作效率降低、兴趣减少、不明原因地回避社交。有的表现为情绪障碍,如情绪不稳,易激惹,与周围人关系不融洽,或者有一些稀奇古怪的想法等。这段时间被称作"前驱期"。由于症状不明显,处于该期的患者往往得不到及时治疗而发展至活动期。此期患者可出现各种精神分裂症的特征性症状,如幻觉、妄想、怪异或幼稚行为及不协调性情感等,患者如果及时治疗,多数能得到有效控制。

抗精神病药物治疗是精神分裂症治疗的基础,结合运用支持性心理治疗及社会心理康复治疗等也非常重要。在疾病发展的不同阶段,治疗的侧重点有所不同:急性期以药物治疗为主,当症状得到基本控制以后,要进行心理治疗,以恢复病人的自知力,促进其社会功能的恢复。

你认为与单纯生物学治疗相比,合并心理治疗对于精神分裂症预后的改善有什么不同?

精神分裂症患者的结局大致有三:一是经过治疗后彻底缓解;二是症状部分得到控制,发展至残留期;三是治疗效果差,精神活动衰退。影响精神分裂症患者预后的因素很多,现归纳如下(表 16-3)。

表 16-3 影响精神分裂症患者预后的因素

影响因素	预后良好	预后不良
起病形式	急性	亚急性或慢性
诱因	有	无
起病年龄	较大	较小
发病至接受治疗时间	短(1 年之内)	长(1 年以上)
病前个性	和谐	分裂样人格
症状特点	阳性症状为主	阴性症状为主
对药物的反应	好	差
维持治疗	依从性好	依从性差
家庭和社会支持	良好	差

笔记

第三节　偏执性精神障碍

一、概述

案例 16-5

不告赢他们决不罢休！

顾荫，51 岁，未婚。患者自幼发育良好，适龄入学，成绩优秀。中学毕业后进入某专科学校学习。平时个性较强，与同学之间关系不是很融洽，大部分时间用在学习上。一天，室友因丢了东西问她是否见到，她认为室友是在跟自己过不去，非常生气，大吵了一次，此后同学关系更加紧张。如哪位同学说话不小心涉及她，就认为是同学们要合伙欺负自己。

毕业后分配到现单位办公室做文书，一开始有不少人追求或为其介绍对象，但总是因为得不到她的信任而告吹，故一直是单身。平时很少和同事一起活动，独往独来，上班只干自己份内的事，如有人让其打水或扫地，就认为别人故意指使自己，拒绝去做。领导找她谈话，她认为是同事是在诬陷自己，后来认为领导也在陷害她，于是开始反映、告状和上访，法院经调查得知事实并非如此，劝她好好工作，她便认为法院和自己的领导是同伙，就跑到县委申诉。单位领导只得让她在家待岗，却更强化了她的被迫害想法，扬言要到中央告状，单位无奈将送其送进精神病院。患者在医院住了半年，疗效不佳，症状如故，但日常生活自理尚好。

出院后 2 年再次入院，症状同前。仍不断在上诉……

该患者存在着顽固且系统的被害妄想，并在妄想的支配下到处告状，不达目的决不罢休，可谓不屈不挠，为"公道"而斗争到底。这是偏执性精神障碍的典型表现。

偏执性精神障碍（paranoid disorder）是指一组以系统妄想为主要临床特征而病因未明的精神障碍，若有幻觉则历时短暂且不突出。在不涉及妄想的情况下，无明显的其他心理方面异常。病程进展缓慢，但人格保持相对完整，且较少出现精神衰退。

二、临床表现

偏执性精神障碍起病隐袭，进展缓慢，贴近现实，早期不易为周围人所察觉。其临床特点是以系统妄想为主要临床症状，并伴有相应的情感和意志活动，人格保持较完整（专栏 16-3）。

在被害妄想支配下的诉讼狂比较多见，本案就是一个被害妄想和诉讼妄想伴随存在的例子。病人认为有人蓄意谋害她，所以四处告状，而不惜牺牲工作和钱财。有嫉妒妄想的病人，会毫无根据地怀疑配偶对自己不忠，进行盘问、跟踪、检查衣服和电话，千方百计搜集证据，甚至用暴力手段逼迫配偶承认有外遇。有钟情妄想的病人坚信某男子喜欢自己，无论对方说话、做事都在向自己表达爱慕之情，当患者示爱遭到拒绝时，反倒认为是对方在考验自己的决心。别人越是劝说，就越是认为自己的判断正确，更加肆无忌惮地骚扰对方。

本病多在 30 岁以后发生，症状持续发展，但极少出现精神衰退。

笔记

专栏 16-3

偏执性精神病的几种临床类型

1. 诉讼狂（litigious paranoia） 是较为多见的一种类型。患者往往为了一些自认为是声誉、权力或利益受到侵害，而不屈不挠地上访、申诉与控告。他们陈述的理由在局外人看来是不充分，甚至是非常可笑的，但病人却坚信意义重大，不惜倾家荡产也要争个你死我活。进行没完没了的上告，病人的整个身心都沉浸在申诉辩论及附带诉讼中。医生很容易因言语不当被卷入成为诉讼对象。

2. 色情狂（erotomania） 也称为被钟情妄想症，多见于女性。患者坚信对方爱上自己，以特有的敏感和洞察能力，将对方的一举一动、一语一笑都当作示爱于己的证据。她们总是强调因为对方首先表达了爱慕之情自己才予以回应，但由于某些客观原因——如双方地位或年龄相差悬殊、已有家庭、相距遥远等——才不得不采取隐喻的、不为别人读懂的方式来表情达意，反正他们自己是心知肚明的。当患者采取行动，大胆试探，遭到对方拒绝时，反认为是在考验自己的忠贞，虽屡受挫折而毫不退缩，更坚信自己推断的正确性。在病情进展过程中常可见到病人经历希望，苦恼和怨恨的三个时期。在怨恨阶段，往往可衍生出主题之外的一些关系妄想或被害妄想。

3. 夸大狂（grandiose paranoia） 患者自命不凡，认为自己才华出众，孜孜不倦地进行研究、创造和设计，声称有惊人的成就和财富，发现了真理，解决了世界难题，马上就要获得诺贝尔奖。也有自感精力充沛，智力超群，有卓越的组织管理能力，要创建新型的、理想的社会政治制度，自己的所作所为都是在为人类幸福与世界和平作贡献。

4. 嫉妒狂（jealous paranoia） 患者对自己的配偶不信任，捕风捉影地探寻、搜集、追究配偶与情敌相好的证据。常采取跟踪，检查配偶的信件等以发现通奸者，甚至限制其行动自由，不允许单独外出等以防与情人相会。对孩子的血统亦深感怀疑，坚持做亲子鉴定加以确认。病人百般警惕，不断以各种方法来试探对方的内心，即便是真相大白也难相信，仍然诱逼配偶亲口承认，甚尔转向攻击臆想的情敌，有时可发生暴力行为。男性嫉妒狂对配偶有较大的暴力倾向。

三、理论解释

偏执性精神障碍起病年龄一般在 30 岁以后，女性未婚者居多。患者病前大多具有特殊的个性缺陷，如主观、敏感、多疑、好嫉妒、自尊心强、自我中心和不安全感等。在此基础上，患者遭受刺激时，不能正确地面对现实，不能妥善地处理人际关系和对待生活中的挫折，歪曲地理解事实并逐步形成被害妄想。在妄想的影响下，患者与周围环境的冲突加剧，反过来又强化了妄想。研究表明，文化背景、生活环境的改变、被监禁及社会隔绝状态等，都可能与此病有关。

四、诊断评估

依据系统妄想为主要临床症状和病前的性格缺陷，同时伴有自知力丧失和社会功能受损，诊断并不难。但要注意排除器质性精神障碍、精神活性物质和非成瘾物质所致精神障碍及精神分裂症和情感性精神障碍，尤其是与精神分裂症相鉴别。偏执性精神障碍的妄想内容较固定，内容不荒谬，并有一定的现实性。如不涉及妄想内容，病人的其他方面尚能保持正常。CCMD-3 中关于偏执性精神障碍的症状学标准（专栏 16-4）。

笔记

专栏 16-4

CCMD-3 中关于偏执性精神障碍的症状标准

以系统妄想为主要症状，内容较固定，并有一定的现实性，不经了解，难辨真伪。主要表现为被害、嫉妒、夸大、疑病和钟情等内容。

符合症状学标准和严重标准至少已持续3个月。

五、防治要点

目前尚无针对偏执性精神障碍有特殊疗效的药物。抗精神病药物可以稳定患者情绪，改善睡眠。但因患者往往拒绝合作，所以治疗往往难以顺利进行，心理治疗因难以取得合作，所以难以实施。

第四节　急性短暂性精神病

案例 16-6

不要抓我，我没有犯罪

顾皿，女，58岁，退休教师。半年前女儿因经济问题被拘捕，2周前被判刑，女婿同时提出离婚，对患者刺激很大，近1周彻夜不眠，常掀开窗帘向外窥视，讲话低声细语，称不能让公安局监视的人抓住把柄。逐渐发展至不讲话，以写纸条、打手势示意。近3天不肯进食，不断开门关门，并对楼道大声叫骂，声称在回击。有时大声哭泣，流露出轻生念头。有时又化妆，穿新衣，说不能让人看笑话。入院后时而卧床不语，时而围着桌子转圈，口中念念有词。给予氟哌啶醇肌注，1周后基本恢复正常。

顾某起病较急，在被监视感、被害妄想等精神病性症状的基础上，继发恐惧、悲观甚至消极的情绪以及冲动、怪异行为，病前有一定的心理社会因素影响，经抗精神病药物治疗后迅速得到缓解，是急性短暂性精神病的典型表现。

一、概述

急性短暂性精神病(acute and transient psychosis)是一组具有下列共同特点的精神障碍：①起病急骤；②以精神病性症状为主：包括片段妄想，片段幻觉或多种妄想、多种幻觉，言语紊乱，行为紊乱或紧张症；③多数病人可缓解或基本缓解。

二、临床表现

该病以精神病性症状为主，包括片段妄想，片段幻觉或多种妄想、多种幻觉，言语行为紊乱或紧张症等，多数病人可经药物治疗后得到缓解或基本缓解。有的患者临床表现以精神分裂症性症状为主，如果病程不超过1个月，可诊断为分裂样精神病。有的患者在长途旅行中发病，出现意识障碍，片段的幻觉、妄想及言行紊乱等表现，停止旅行、充分休息后数小时或数周内自行缓解，可诊断旅途性精神病。

笔记

三、理论解释

急性短暂性精神病患者多在病前存在一定的心理社会因素作为诱因，有的伴有明显的精神应激、过度疲劳、缺氧或睡眠不足等问题。此外，该病还与文化和环境、病前性格、遗传素质等因素有关，文化程度偏低和性格内向者易感性较高。

四、诊断评估

急性短暂性精神病通常起病急骤，以精神病性症状为主，多数病人能缓解或基本缓解。CCMD-3 的诊断（专栏 16-5）。鉴别诊断如下：

1. **急性应激反应** 发病前突然遭受异乎寻常的应激性生活事件，而无其他精神障碍的影响。症状的出现与应激源之间必须有事件上的明确联系，一般为几分钟至几小时内发病。临床症状主要分为两类状态：精神运动性兴奋，伴恐惧性情绪、自主神经系统症状；精神运动性抑制，伴有一定程度的意识障碍，甚至呈木僵状态。病程短暂，预后良好。

2. **精神分裂症** 精神分裂症患者的妄想内容较荒谬、离奇，思维、情感和行为不协调。病程迁延，可有精神衰退。

3. **适应障碍** 该类患者发病多在应激性事件发生后 1~3 个月内，临床表现以情绪和行为异常为主，常见焦虑、烦躁、抑郁心境、易激惹、注意力不集中及心慌和震颤等躯体症状，也可出现适应性不良行为而影响日常活动。

专栏 16-5

CCMD-3 关于急性短暂性精神病的诊断标准

【症状学标准】至少需符合下列 1 项：

1. 片段妄想，或多种妄想。

2. 片段幻觉，或多种幻觉。

3. 言语紊乱。

4. 行为紊乱或紧张症。

【严重标准】日常生活、社会功能严重受损或给别人造成危险或不良后果。

【病程标准】符合症状标准和严重标准至少已数小时到 1 个月，或另有规定。

【排除标准】排除器质性精神障碍、精神活性物质和非成瘾物质所致精神障碍、分裂症，或情感性精神障碍。

五、防治要点

对症支持治疗，增加环境舒适度，给予足够的社会支持，保证充分的休息和饮食等，可予以小剂量抗精神病药物；配合心理治疗，让患者了解相关的疾病知识。部分患者可自行缓解。

> 急性短暂性精神病有哪些特点？治疗时应注意哪些问题？

笔记

第五节　感应性精神障碍

案例 16-7

姐妹三人都感染了母亲的病

万焱,女,52岁,10年前无明显诱因疑心别人议论她,感到她和家人遭到村里人的谋害,因此不敢出门且不让家人出门。因其丈夫不予理睬,便坚持离开丈夫和儿子,带着平时很听自己话的三个女儿搬了出去。从此,母女四人形影不离,一起下地,一起回家,回到家就关起门不和任何人打交道,就连去水井打水,四人也要一起前往,每隔一段路站一个人,以接力的方式将水提到家。三个女儿行为变得与其母亲一样怪异,她们整天担心被谋害,连麦子也不敢去磨,而将麦子煮着吃。其丈夫和儿子送去的面粉和肉,都被她们扔掉。

后来,母女四人被当地妇联强行送入医院,母亲被诊断为"精神分裂症",三个女儿被诊断为"感应性精神病"。医院将四个人分开居住,经抗精神病药物及心理治疗,三个女儿很快痊愈出院,其母缓解较慢。

本案例中,母女四人同时患有精神病,可称为"四联性精神病",属于感应性精神障碍。

一、概述

感应性精神障碍又叫感应性精神病(induced psychosis),是一种以系统妄想为突出表现的疾病,往往发生于同一环境或家庭中长期相处密切联系的亲属或挚友中,如母女、姐妹、夫妻或师生等。先发病的患者称为原发者,受原发者的影响而出现与原发者极为相似症状的患者称为感应者。如有两例患者,一例原发者,一例为感应者,被称为二联性精神障碍,依此类推。上述案例中,母亲即为原发者,三个女儿都是感应者。

二、临床表现

感应性精神障碍以系统妄想为主要临床症状,而且原发者与被感应者表现为同一妄想内容,其妄想内容常具有可能性,内容不甚荒谬,容易被人理解,不像分裂症那样离奇和荒诞。以被害妄想多见,也可见关系妄想、物理影响妄想或鬼神附体妄想等。妄想内容较固定,且常支配患者的行为,并伴有相应的情感流露,部分患者可出现片段的幻听。

三、理论解释

感应性精神障碍原发者与感应者之间的密切关系是发病的关键因素。原发者与感应者长期生活在一起,互相关怀,互相体贴,相依为命,有深厚的感情基础。原发者一般处于主导地位,年龄较大或地位较高,而被感应者则处于依赖和从属的位置,原发者在其心目中有着较高的威信。另外,该病还与文化和环境、病前性格、遗传素质等因素有关,文化程度偏低和性格内向者易成为感应者。目前此病已不多见。

四、诊断评估

排除偶然同时或先后发病,但彼此没有明显影响的精神分裂症病例。CCMD-3 中关于感应性精神障碍的症状学标准(专栏 16-6)。鉴别诊断如下:

1. **癔症集体发作**　也有原发者和继发者,但原发者与继发者不一定关系密切,且原发

笔记

者也不占据主导地位；临床症状表现为意识障碍、痉挛发作、转换性症状等。集体发作人数较多，经暗示治疗大多能缓解。

2. **精神分裂症**　精神分裂症患者的妄想内容较荒谬、离奇，思维、情感和行为不协调。病程迁延，可有精神衰退。

3. **偏执性精神障碍**　该类患者的妄想也较系统固定，但没有原发者，且预后较差。

专栏 16-6

CCMD-3 关于感应性精神障碍的症状学标准

（1）起病前已有一位长期与其相处、关系极为密切的亲人患有妄想症状的精神病，继而病人出现精神病，且妄想内容相似。

（2）病人生活在相对封闭的家庭中，外界交往少。被感应病人与原发病人有思想情感上的共鸣，感应者处于权威地位，被感应者具有驯服、依赖等人格特点。

（3）以妄想为主要临床相。

五、防治要点

首先要将患者与原发者隔离，避免原发者的影响，部分患者可自行缓解；如不能自行缓解者，可予以小剂量抗精神病药物；配合心理治疗，让患者了解相关的疾病知识，自觉与原发者隔离或避免受其影响。

> 感应性精神障碍有哪些特点？治疗时应注意哪些问题？

（杨甫德）

阅读 1

DSM-5 与 ICD-11(草案) 关于精神分裂症分类的比较

DSM-5 精神分裂症谱系及其他精神障碍		ICD-11 精神分裂症及其他原发精神障碍	
B00	分裂样人格障碍	B00	精神分裂症
B01	妄想障碍	B01	分裂情感障碍
B02	短暂精神障碍	B02	急性短暂性精神障碍
B03	物质滥用所致精神障碍	B03	分裂型障碍
B04	因其他医学原因所致精神障碍	B04	妄想障碍
B05	紧张性障碍	B05	其他原发性精神障碍
B06	分裂样精神障碍	B06	未确定分类的原发性精神障碍
B07	分裂情感障碍		
B08	精神分裂症		
B09	未分类精神障碍		
B10	未分类紧张障碍		

笔记

阅读 2

分裂样精神病

分裂样精神病（schizophrenia-like psychosis, schizophreniform psychosis, SFP）由 G.Langfeldt 于 1937 年首先创用，它是将症状标准、严重程度标准和排除标准都符合精神分裂症（SP）诊断标准而病程不足的患者诊断为 SFP。SFP 是一个独立的疾病，还是一个过渡性的诊断，目前尚有争议。临床上对 SFP 的诊断归属主要存在 3 种观点：① SFP 是 SP 的过渡诊断；② SFP 是 SP 的临床亚型；③ SFP 是 SP 谱系疾病中具有自身特点的疾病单元。

分裂样精神病在临床上有其独有的特点，它通常起病较急，病前多有较明显的社会心理应激因素，阳性症状（如思维散漫、不协调性兴奋、冲动毁物等）较多，而少有破裂性思维、原发性妄想、情感淡漠和意志减退，其认知功能水平要好于精神分裂症患者，同时社会功能恢复较好，迟发性运动障碍（TD）发生率低。国外有研究表明，大约 1/4 的首发精神病患者在发病 6 个月内被诊断为分裂样精神病。5 年后，这些真性的分裂样精神病患者的社会功能恢复较首次发作的精神分裂症或情感性精神障碍患者要好，但大多数分裂样精神病将转归为精神分裂症。

阅读 3

旅途性精神病

案例：在严重超员的 6 号车厢，35 号座位的乘客突然从口袋里掏出一大叠人民币撒向空中，惊恐万分地不停说着"别杀我，别杀我！我把钱全给你们……"据了解，这位男子在广州打工 2 年多，怀揣一大笔血汗钱上火车后，精神一直高度紧张，加上列车超员，旅途疲劳，导致精神紊乱，产生幻觉，感到有人拿刀威胁要抢他的钱，于是便发生了向空中撒钱的事。

旅途性精神病（travelling psychosis）是指在旅行途中，由于明显应激因素的作用，急性起病的精神障碍。主要表现为意识障碍，恐怖性错觉，片段妄想、幻觉或行为紊乱，可有暴力行为。此病病程短暂，一般经停止旅行与充分休息后，数小时至 1 周内可自行缓解。

旅途性精神病多在易感体质的基础上，在长途旅行的特殊境遇中，在心理和躯体的持续应激下急性发病。应激因素主要有：列车过分拥挤、饥饿状态，单调的环境，列车轰隆而沉重的声音，缺水缺食，单调、寂寞等，患者无法进行充分的休息和睡眠，精神和体力常常达到极度疲倦状态，许多人在心理和生理上都达到忍受的极限，精神处于崩溃的边缘，处于这种状态下最容易发病。

据国内学者调查，旅途性精神病的发病率为 2/ 万，多发生在运行 48 小时以上的旅客列车上，平均上车 25 小时后发病，随着列车运行时间的延长发病率逐渐升高，夜间高于白天，前半夜高于后半夜。97% 的患者是在列车超员状态下发病。

笔记

第十七章　常见于儿少期的心理障碍

案例 17-1

真的有"问题少年"吗

　　家栋，17岁，高二年级，被作为"问题少年"被送来就诊。他的不良行为从初一开始，起初是欺负同学，聚众打群架，后来发展到持刀威胁他人、入室偷窃等。他几乎天天烟不离嘴，还经常逃学，不做作业，考试几乎都是倒数第一，同学们在背后称他"小痞子"。智商测验提示其智力正常。

　　家栋的父母在他很小的时候就离异了，母亲再婚后和他很少有联系。他和父亲一起住，父亲因经商少有时间管束他，等到后来想管教时已经来不及。父子二人经常发生冲突，随着青春期的

> 家栋存在哪些心理与行为问题？
> 如果要对家栋进行心理干预，你认为如何操作才行之有效？

笔记

330

到来,家栋的脾气愈加暴躁,常咄咄逼人,父亲无奈只得放手。后来他曾因聚众斗殴被判6个月的拘役,所在学校正在考虑将其开除的问题。

第一节 概　述

儿童期和青少年期(以下简称儿少期)是个体身心发展巨变的重要阶段,不仅身体生长发育旺盛,心理发展也是一生中易感性和可变性最大的时期,成长发育的心理问题纷纭复杂,多种心理障碍频发,这对人格的形成和毕生发展都有重要影响。本章介绍儿少期患病率较高的几种心理障碍。

一、儿少期身心发展的特点

儿少期是个体身心发展的关键时期,我国研究者发现:中国的儿童青少年各类心理行为问题的发生率已达16%~32%。该结果表明促进儿童、青少年的健康成长是相当迫切的现实需要。如何做到早期发现、有效预防这一转变期可能出现的身心问题,帮助儿童、青少年的健康成长,我们需要从了解和掌握儿少期身心的变化特征开始。儿少期包括6~12岁的儿童期和11、12~15、16岁的少年期。在儿童期(学龄期)生理心理稳步发展的同时儿童需经历从家庭到学校,进入社会学习和人际关系的实践中,该时期对自我意识的发展、同伴关系和师生关系的发展有重要影响;在少年期,身体形态和功能急速发展,性生理快速发育到性成熟,自我意识的迅速变化,生理心理发展的不平衡等产生诸多的心理发展问题:成人感与幼稚性,独立性与依赖性,闭锁性与开放性,成就感与挫折感等。这都是各种心理障碍发生的生理与心理基础。

二、儿少期心理障碍的特点

儿少期是儿童、青少年身心快速发展的时期,其发展速度存在个体差异;儿童与青少年处于身心发展与完善的过程中,受生理、心理、社会影响与依赖的程度远大于成年人,因此对儿少期心理障碍的原因分析及其治疗,要紧密结合其身心发展特点进行评估与判断。例如,有些孩子在3岁后依然不断有尿床行为,其原因是行为发展缓慢还是因为病理心理因素造成? 另外,儿童的心理行为问题有时会因特定情境而具有特异性,例如儿童可在家里表现出暴怒和好斗,却在学校表现的温文尔雅和有礼貌;或是在学校表现过度活跃,却在家里安静少动。因此在评估和判断儿少期的心理障碍,需要综合性考虑儿童的特质、发育特征和具体情境等,以得出正确的结论并为治疗提供扎实的基础。

三、儿少期心理障碍的原因

儿少期心理障碍往往是多因素共同作用的结果,总体上多是先天易感因素与后天环境因素相互作用所致。出生前的障碍可能是遗传因素或胎儿期的问题所致,焦虑障碍更多的显示创伤性经验。一个易感的孩子是否最终罹患某种行为障碍,在很大程度上取决于环境与孩子心理承受能力的共同作用。儿童出生时的家庭生活质量、稳定性和教养方式等,都会影响孩子的心理发育和行为障碍的形成。例如,孩子的父母是瘾君子,会严重忽视子女的情感甚至施以暴力,这样的家庭环境易诱发孩子出现心理障碍。儿童期心理障碍的患病率还存在着性别差异,如男孩的分裂样行为、注意缺陷多动障碍等患病率较高;而女孩则在进食障碍、抑郁和焦虑障碍等的患病率较高。

笔记

331

四、儿少期心理障碍的分类和诊断

早期分类系统没有设置儿童青少年精神障碍类别，DSM-III-R 首先将通常在婴儿、儿童、或青少年期首次诊断的精神障碍单独作为一个类别。ICD-10 将儿童精神障碍单独分类，对明显既见于儿童又见于成人的精神障碍，则置于成人项目之中。CCMD-3 也是如此。新近出版的 DSM-5 将类别名称改为神经发育障碍。三种诊断方案分类见表 17-1。

表 17-1　儿童精神与行为障碍三种分类的比较

CCMD-3	ICD-10	DSM-5
7 精神发育迟滞与童年和少年期心理发育障碍	F70-F79 精神发育迟滞	**神经发育障碍**
	F80-F89 心理发育障碍	智力障碍（智力发育障碍）
70 精神发育迟滞	F80 特定的言语和语言发育障碍	交流障碍（F80）
71 言语与语言发育障碍	F81 特定的学校技能发育障碍	孤独症（自闭症）谱系障碍（F84.0）
72 特定性学校技能发育障碍	F82 特定性运动功能发育障碍	注意缺陷/多动障碍（F90）
73 特定性运动技能发育障碍	F84 广泛性发育障碍	特定学习障碍（F81）
74 混合性特定性发育障碍	F90—F98 通常起病于童年与少年期的行为与情绪障碍	运动障碍（F82）
75 广泛性发育障碍		抽动障碍（F95）
8 童年与少年期的多动障碍、品行障碍、情绪障碍	F90 多动性障碍	**排泄障碍**
	F91 品行障碍	遗尿症（F98.0）
80 多动障碍	F92 品行与情绪混合性障碍	遗粪症（F98.1）
81 品行障碍	F93 特发于童年的情绪障碍	**破坏性、冲动控制及品行障碍**
82 品行与情绪混合障碍	F94 特发于童年与少年期的社会功能障碍	对立违抗障碍（F91.3）
83 特发于童年的情绪障碍		间歇性暴怒障碍（F63.81）
84 儿童社会功能障碍	F95 抽动障碍	品行障碍（F91）
85 抽动障碍	F98 通常起病于童年和少年期的其他行为与情绪障碍	
86 其他童年和少年期行为障碍		
86.1 非器质性遗尿症	F98.0 非器质性遗尿症	
86.2 非器质性遗粪症	F98.1 非器质性遗粪症	

（张　虹）

第二节　学习障碍

案例 17-2

他为何学习不好

方劲今年 10 岁，男，五年级，看上去很可爱。他解决问题的技巧和能力非常强，擅长通过心算解决加减法试题。如让其解决 32+65 的问题，他可以按照 5 个或 10 个分为一组来正确得到结果："我考虑 30+60，通过 10 个一组，得到 90；再从 5 中拿 5，得到 95；然后从 32 中再拿 2，得到 97"。但是他不知道在纸上如何做进位的加法，因此学习成绩不佳。这使老师和家长百思不得其解。

方某存在哪方面的障碍？
如何改善他的学习成绩？

笔记

一、概述

学习障碍(learning disabilities, learning disorder)是指在学习和使用学习技能的获得与发育(展)障碍。有不同的称谓和术语,ICD-10 使用学习技能发育障碍(academic skill development disorder, ASDD);CCMD-3 使用特定学校技能发育障碍(specific development disorder of scholastic skills);DSM-Ⅳ使用学习障碍(learning disorder);新近的 DSM-5 使用特定学习障碍(specific learning disorder),见表 17-1。

当前,学习障碍被定义为在学习和使用学习技能(阅读、写作、算术或数学推理)上存在困难,经标准化成就测量和临床评估,学业技能低于实际年龄的预期并影响日常功能。患儿从发育的早期阶段起,获得学习技能的正常方式受损,此损害不单纯是缺乏学习机会、智力障碍、后天脑外伤或躯体疾病的结果,而是源于认知加工过程的异常,以大脑发育过程中的生物功能异常为基础。其临床类型包括阅读、拼写、计算、运动等学校学习技能障碍,其中阅读障碍(reading disorder, RD)是最多的类型,约占 4/5,其他学习技能障碍大多与之伴发。有关学习障碍的概念见专栏 17-1。

在美国,儿童学习障碍的患病率在 10%~25% 之间,大约 5% 的公立学校学生被确认患有学习障碍(APA,2000)。阅读障碍的发生率为 5%~15%,男生约占 60%~80%。美国学龄儿童阅读障碍患病率估计为 4%,数学障碍约为 1%。国内此方面资料缺乏,据长沙的调查,儿童学习障碍的发生率为 7.4%,男女比例为 2.1∶1。

学习障碍常常会导致儿童学业不佳,进而使儿童的自我评价降低,阻碍儿童社交技能的发展,以及导致不良情绪等。如果没有得到适当的处理,学习障碍会一直持续到成年,影响成年期的社会功能。国外报道,学习障碍者的辍学率接近 40%;他们的被雇佣率大约在 60%~70% 之间;他们在成人后还会在职业及社会适应中存在困难;有大约 10%~25% 的人存在其他的行为障碍,如行为紊乱、违拗等。

专栏 17-1

学习障碍的概念宜慎用

学习障碍(learning disabilities)的概念,由美国教育心理学教授 Kirk 于 1962 年首次使用。由于学习障碍涉及心理学、医学、教育学等众多学科及政府公共政策等,近半个多世纪以来,与学习障碍有关的术语及定义已达 90 种以上。

学习困难(learning difficulty)源于教育学,最初注意到的是智力问题。以后发现智力障碍并不是学习困难的唯一原因,于是进一步提出了新的"学习障碍"(learning disabilities、learning disorder)名称。这些概念常用的英文缩写均为"LD"。

有关学习障碍的概念除了在使用上可能会产生混乱以外,还有一些用语带有歧视性,易造成儿童的心理伤害。还有人可能将某些概念加以扩大化,给那些学习落后的学生随意贴上标签。因此,关于学习障碍的研究,不仅仅是个学术问题,更是一个关系到教育公平和教育伦理问题。

二、临床表现

学习障碍主要表现在听、说、读、写、推理以及计算能力的获得和应用方面存在一种或一种以上的特殊性障碍。它并非因感觉器官和运动能力缺陷造成的,也不是智力发育迟滞或后天的脑外伤或躯体疾病的结果,而是一种源于一组障碍所构成认识处理

笔记

过程的异常。学习障碍患儿的学业表现明显低于同年龄、同学校以及智力水平相当的学生。

1. **特定阅读障碍** 主要是认读、拼读准确性差和(或)理解困难,表现为拼音、词汇分辨、读音准确性差,再认困难、拼读、拼写错误、朗读不流畅,常常出现漏读、停顿、歪曲、添加或替代,不能默读,读完后不能理解、回忆所读内容。声调、读音不准确,阅读速度慢、重读同一行或跳行等。汉字形-音、形-义解码识别的准确性、速度障碍和(或)词句阅读理解困难,常常伴有写作和算术应用题的理解、列式困难。常常有字不会写,错、别字多难以纠正、拼音不好、听写、默写困难、背诵困难。有的还伴有字写不好、写字吃力、容易疲劳、抄写错误等。此外,凡是需要阅读技能参与的日常生活和作业均明显受累。

2. **特定拼写障碍** 特点是书写能力明显低于与其年龄、智力、受教育年限相当的同龄人。儿童可在拼写方面出现许多问题,在写作时几乎每句话中都出现语法错误,或者篇章零乱,缺乏统一组织,以及经常写错字,字迹潦草等。

3. **特定计算技能障碍** 亦称数学障碍,主要表现为数量、数位概念混乱,数字符号命名、理解与表达、计数、基本运算和数学推理障碍,以至严重影响日常生活和学习。数学障碍会导致一系列能力受损,如言语方面(如理解、命名数学词汇,以及对数学理论的理解,对数学符号的识别等)、知觉方面(如组织或读出数字符号、将事物归类)、计算方面(如计数、遵循数学计算的步骤、学会乘法表)等。

单纯的阅读障碍、书写障碍或数学障碍很少见,临床上多见三方面障碍共同存在于某个儿童身上,称之为"混合性学校技能障碍"。

三、影响因素

1. **遗传因素** 双亲中有一位患者,孩子患阅读障碍的比率为23%~65%。对同卵双生子的研究发现,如果双生子中的一个被诊断为阅读障碍,另一个几乎有100%的诊断可能。但其确切的生物学机制尚未了解,可能与某些基因有关。

2. **神经生物学因素** 最常见的看法是认为学习障碍由中枢神经系统受损所致。大脑在掌握认知技能的时候具有协调作用,但学习障碍的患儿却因某种缺陷或失调引起协调失效。患儿可存在胚胎期神经系统发育不良。在识别不同类型的阅读和书写困难时,有人发现这些障碍可能不是因单一神经受损,可能是由来自不同的神经认知受损,或是几个大脑区域无法一起协调工作。

3. **脑及脑功能因素** 各种轻微脑损伤也被认为可能是学习障碍的原因,研究表明患者的大脑与健康儿童的大脑具有结构性和功能性差异。许多研究发现小脑、胼胝体、枕叶及右脑等也与阅读障碍有关。

4. **心理动力学解释** 认为学习不佳是儿童无法解决潜意识冲突而出现的一种神经质表现。因为大部分心理能量被消耗在控制冲突所致的焦虑上,以致无法将更多的精力用于学习,因而出现各种类型的学习障碍。

5. **认知因素研究** 研究发现患者视觉-空间认知缺陷、言语理解表达不足、注意集中困难、汉字再认困难、抽象信息的感知、加工处理能力受损等,是言语型学习障碍儿童的主要认知特征;而视觉-运动和空间认知障碍、神经心理缺陷、精神运动能力及性格、行为缺陷、社会认知缺陷等,是非言语型学习障碍儿童存在的主要认知特征。其他和学习障碍有关的认知变量包括:基本学习能力(如言语、交往、视觉和运动能力等)、学习动机和方法等,这些变量的缺陷均可导致学习障碍。

6. **社会和家庭因素** 社会经济地位、父母的期望、社会支持以及老师或父母的教育方法等因素,对学习障碍的发生有重要影响。国内研究发现,家庭收入越低,学习障碍的发生

笔记

率越高；未得到家庭足够的关怀、处于不良教育环境和方式下的儿童，学习障碍的发生率显著高于正常环境中的儿童。

四、诊断评估

学习障碍的诊断主要根据临床表现，按照诊断标准进行评定与诊断。CCMD-3诊断标准见专栏17-2。

学习障碍的评估的测验种类非常丰富，具体类别有智力测验、学习能力测验、心理过程测验、神经心理测验和人格测验等，还有各种学习障碍筛查量表。各项测验的选用要根据学习障碍儿童的问题类型与程度决定。

儿童学习障碍的评估与诊断是一项复杂的工作，其经历了从动态评估到功能性诊断、从多层筛选干预到多层服务传输、从教育实践应用到认知神经论证等阶段的发展。在美国，对学习障碍的评估诊断先后出现了智力-成就差异模式、动态评估模式、干预反应模式，以及建立在Cattell-Horn-Carroll理论基础上的假设检验CHC模式等。近年来针对学习障碍鉴别标准的模糊性和干预效果问题，干预反应模式走向综合化、智能化可能是未来发展的趋势。

专栏 17-2

CCMD-3 关于特定学校技能发育障碍的诊断标准

（1）存在某种特定学校技能障碍的证据，标准化的学习技能测验评分明显低于相应年龄和年级儿童的正常水平，或相应智力的期望水平，至少达到2个标准差上；

（2）在学龄早期发生并持续存在，严重影响学习成绩或日常生活中需要这种技能的活动；

（3）不是由于缺乏教育机会、神经系统疾病、视觉障碍、听觉障碍、广泛发育障碍，或精神发育迟滞所致。

五、防治要点

学习障碍的治疗，通常发生在教育场合。教育措施有：①直接改善基本问题的措施（如教导一些理解视、听觉材料的技巧）；②对听、说、理解和记忆进行教育训练，以改善其认知技巧；③教给学生行为技能，以弥补阅读、数学、或者书写表达方面存在的问题。

虽然学习障碍病因复杂，但仍然需要尽量明确其可能的原因，采取有针对性的治疗措施。对于那些信息识别过程存在障碍的儿童，可采用行为训练技术，如设计现场乐器演奏的音乐活动或音乐游戏来帮助儿童区别不同的声音（音乐治疗）；对于那些在信息的组织与加工上存在障碍的儿童，则需要关注其学习策略和认知与元认知能力的训练，如通过反复阅读，对他们读过的内容提问，或者教以有效学习的程序、规则、方法、技巧等，以强化对知识的理解与记忆。

药物治疗仅限于那些同时伴有注意缺陷多动障碍的个体。因为这一障碍表现为冲动和不能保持注意，患儿的注意力很难集中，冲动性很难控制。氟哌啶醇、利培酮等精神药物有助于改善他们的冲动性等症状。

预防措施要从优生开始，加强围生期保健，加强早期的教育训练，促进心理技能全面发展；还要注意早期发现、早期诊断和早期治疗。

克服儿童学习障碍是需要长时间的矫正过程，老师和家长的相互配合格外重要。

（韩　璐）

第三节 多 动 障 碍

案例 17-3

　　计伦从 3 岁开始就是家里的淘气包，经常将家里的物品翻个底朝天，即使受到惩罚，很快就会忘记，注意力很不集中。一个新玩具从来玩不到三分钟，总是拆散或破坏。上学后，他的杂乱无章的行为更加多样化：与同学冲突，不遵守秩序，不断捣蛋，随心所欲，经常打架。上课时无法安静，东张西望，小动作不停，骚扰他人，甚至随意离座，抢同学的书或文具。平时很难完成作业，一会玩一会写，字迹歪七扭八，常抄错题目，漏做作业，学习成绩不好。

> 🍎 计伦的表现符合多动障碍的表现吗？
> 🍎 我们如何考虑他的教育和治疗？

一、概述

　　多动障碍（hyperactive disorder）又称注意缺陷/多动障碍（attention-deficit/hyperactivity disorder, ADHD），是以活动过多、注意力不集中、冲动任性为主要特征的神经发育障碍。美国报道患病率约为 5%，成年人患病率约为 2.5%（DSM-5），我国不同地区报告的患病率从 1.3% 到 13.4% 不等。多于 3 岁左右发病，往往要在 7~9 岁才被诊断和治疗。ADHD 虽然是儿童期发病较广的一类神经发育障碍，但在少年期（12~17 岁）发病率为 4.2%~6.0%，青年期（18~23 岁）发病率为 1.2%~2.6%。罹患 ADHD 的儿童到了青春期可能还会表现反社会行为，严重时会被进一步诊断为品行障碍。关于 ADHD 的预后，美国的调查显示随着年龄的增加其症状会有所缓解，但近 60% 成年后符合成年人 ADHD 的诊断标准。

二、临床表现

　　多动障碍无法安静听课，不能较好地完成作业，活动过度，任性冲动等。症状可发生在各种场合（如家里、学校和社区）。主要表现有以下三个方面：

　　1. **注意障碍**　注意力难集中，注意时间短暂，即使在游戏中也难以维持注意力。无法安静下来集中注意力完成任务，常常不明白自己要做什么，行为目的混乱，丢三落四；很难在学习中跟随老师的节奏，无法关注细节，东张西望，心不在焉，或貌似安静实则"走神"，视而不见听而不闻。做作业时，边做边玩，随意涂改，潦潦草草，错误百出，把加减号或"b"和"d"弄错是家常便饭。

　　2. **活动过多**　不论在何种场合特别是在需要安静的场合，总是控制不了多动，小动作不断：敲桌子，摇椅子，咬铅笔，掐橡皮，撕纸片，随意走动，扯同学的头发和衣服等。平时走路急迫，爱奔跑，动作不协调；排队/轮流活动迫不及待，常无目的地乱闯，手脚不停无法控制；常说一些使人恼怒的话，好插嘴和干扰他人，易引起他人的厌烦。经常胆大不避危险，翻墙爬高，不顾后果，情绪激动时冒险冲动。也可有不良行为，如说谎、偷窃、打架、逃学、玩火或称王称霸等。

　　3. **冲动任性**　由于自控力差，冲动性高，不服管束，惹是生非。高兴时又喊又叫，又唱又跳，情不自禁，得意忘形；不顺心时容易激怒，好发脾气。这种喜怒无常，冲动任性，常使同学和伙伴害怕或讨厌，避而远之。

　　他们因无法控制行为，以及极差的注意力，使他们形成学习困难和社交困难的窘境。其考试成绩波动不定，到三四年级时常常跟不上学习进度。但多数患儿智能正常，如课后能得到正确的治疗和辅导,成绩可能有改善。有些孩子以多动为主,还有一些则是混合型的临床表现。

三、影响因素

1. 遗传因素 大约 40% 的多动障碍患儿的父母、同胞和其他亲属也患过此症,单卵双生子中多动障碍的发病率较异卵双生子明显增高,多动障碍同胞比半同胞(同母异父、异母同父)的患病率高,也高于一般儿童。有人认为遗传因素中与多巴胺受体基因 DRD4 有关。

2. 神经生物学因素 脑内神经递质(如 NE、DA)浓度降低,可影响中枢神经系统的抑制活动,使患儿动作增多,注意力集中与维持困难。而有的治疗多动障碍的药物,可增加 NE 的含量,使患儿动作减少,注意力增强。

3. 神经系统发育 轻微脑损伤的证据如神经系统软体征、共济运动失调、脑功能不足的某些细微体征等,提示中枢神经系统的早期发育损害可能与本病有关。

4. 脑组织器质性损害 可能的原因有:母亲孕期疾病(如高血压、肾炎、先兆流产和感冒等);分娩过程异常(如早产、窒息和颅内出血等);出生后早期中枢神经系统感染以及外伤等。

5. 心理社会因素 环境、社会和家庭不良因素,对多动障碍有一定的影响。包括不良的环境、家庭虐待、父母患精神障碍等。

6. 其他 如摄入人工染料和含铅量过度的饮食也可能与此症有关。

四、诊断评估

对于多动障碍的诊断,主要依据家长和老师提供病史、临床表现特征及其检查。要注意正常儿童因顽皮好动与多动症的鉴别(表 17-2)。ADHD 诊断标准参见专栏 17-3。

表 17-2 多动障碍与正常顽皮儿童的区别

项 目	多动障碍儿童	正常顽皮儿童
注意力	任何场合都难以集中	可以在某些有兴趣事上集中
行动目的性	杂乱,冲动,有始无终	较有目的、计划及安排
自控力	无控制力,"不识相"	在严肃的陌生环境中能控制
服用哌甲酯	注意力集中,多动减少	兴奋和多动

专栏 17-3

CCMD-3 关于多动障碍的症状标准

1. **注意障碍** 至少有下列 4 项:①学习时容易分心,听见任何外界声音都要去探望;②上课很不专心听讲,常东张西望或发呆;③做作业拖拉,边做边玩,作业又脏又乱,常少做或做错;④不注意细节,在做作业或其他活动中常常出现粗心大意的错误;⑤丢失或特别不爱惜东西(如常把衣服、书本等弄得很脏很乱);⑥难以始终遵守指令,完成家庭作业或家务劳动等;⑦做事难于持久,常常一件事没做完,又去干别的事;⑧与他说话时,常常心不在焉,似听非听;⑨在日常活动中常常丢三落四。

2. **多动** 至少有下列 4 项:①需要静坐的场合难于静坐或在座位上扭来扭去;②上课时常小动作,或玩东西,或与同学讲悄悄话;③话多,好插嘴,别人问话未完就抢着回

笔记

答;④十分喧闹,不能安静地玩耍;⑤难以遵守集体活动的秩序和纪律,如游戏时抢着上场,不能等待;⑥干扰他人的活动;⑦好与小朋友打斗,易与同学发生纠纷,不受同伴欢迎;⑧容易兴奋和冲动,有一些过火的行为;⑨在不适当的场合奔跑或登高爬梯,好冒险,易出事故。

病程:起病于7岁前(多在3岁左右),符合症状标准和严重标准至少已6个月。

五、防治要点

以往认为,多动障碍可随年龄增长自然消失。但追踪研究发现仅部分患儿可以自愈,约70%患者的症状持续至青春期,30%的患者一直延续至成年。而且治与不治、早治与晚治对疗效和预后有明显的差异。目前的看法认为多动障碍是一种终身性疾病,应及早给予综合治疗。治疗方法除了针对病因和临床表现外,还要根据患儿和家庭情况综合考虑。

(一)药物治疗

哌甲酯(利他林,methylphenidate)是目前治疗 ADHD 的常用药物。该药物可提高注意力,减少过度活动,从而达到改善症状的目的。随着行为的改善,学习成绩也会有所提高,与他人的冲突也会减少。用药可随年龄增长,情况好转,逐渐减少药量,直至停药。六岁以下或青春期以后原则上不用药,节假日一般也不用药。托莫西汀(Atomoxetine)是一种新型非中枢兴奋药物,对多动障碍有肯定的疗效,其副作用少,不产生药物依赖,对身体发育没有影响,是国内多动障碍诊疗指南中的一线推荐用药。此外,氟哌啶醇和利培酮等对控制多动和冲动行为也有一定效果。

(二)心理治疗

心理治疗和教育训练是主要的治疗方法,无论是否用药都不能少。

1. **家庭治疗** 针对亲子关系和家庭养育模式有问题的家庭,使家长了解有关疾病知识,不责备、怪罪、歧视、打骂孩子,做到耐心教育和正面引导。同时家长应和学校老师保持联系,及时了解孩子在校的情况,保证孩子在家在校都有一致的教育方式。

2. **行为治疗** 对他们的适宜行为及时给予奖励,以鼓励改变;对不适宜行为加以漠视或暂时剥夺某些权利,促使不良行为的消失。

3. **感觉统合与注意力训练** 感觉统合已得到广泛应用,目前通过新型多媒体能提供多样的康复环境,让患儿通过自身的感观获得不同的感觉信息(视、听、嗅、味、触、前庭和本体觉等),实现大脑与身体功能的联系与协调,从而促进大脑与身体的发展。此训练可通过心理功能和症状的评定,制订个体化的有针对性的方案。

(三)学校融合教育

指针对班主任或任课教师进行培训,使他们能正确地认识此症的特点,运用科学方法对患儿进行教育和帮助。

> **思考题**
>
> 🍂 如何区别 ADHD 与学习障碍儿童?
> 🍂 治疗 ADHD 有哪些方法行之有效?

(张　虹)

第四节 品 行 障 碍

一、概述

品行障碍（conduct disorder, CD）是指在儿童青少年期反复／持续出现的反社会型行为、攻击性行为的心理障碍。这些异常行为严重违反了与其年龄相适宜的社会行为规范与道德准则，既影响儿童自身的社会功能，又损害他人的基本权益或公众利益。国内调查发现品行障碍的患病率为 1.45%~7.35%，男女之比为 9∶1，发病的高峰年龄为 13 岁。英国调查显示，10~11 岁儿童中患病率约为 4%。美国的统计患病率达到 9.5%，18 岁以下男性患病率为 4%~16%，女性患病率 2%~9%，城市患病率高于农村。本章案例 17-1 中的家栋便是品行障碍者。

品性障碍患者通常是男性，更多地表现对他人躯体上的攻击等异常行为，很少有朋友，容易从品行障碍发展为成年的反社会人格障碍。青春期发病的患者对他人的侵犯性小，通常有较正常的人际关系，可有知心朋友，成人后很少发展为反社会人格障碍。

二、临床表现

品行障碍的核心症状是反社会行为和攻击行为。前者是指严重不符合道德规范和社会准则的行为，如经常性地夜不归宿、逃学、离家出走，参与社会不良团伙故意欺诈、偷盗和破坏他人财产等；后者包括经常性欺负、威胁或恐吓他人，殴打、伤害、及虐待他人或动物（如烧烫、刀割等），性攻击、抢劫等行为。

最早可发生在 4~6 岁，表现为咬人、咬物，打人、虐待小动物等。这些行为通常显示其麻木不仁，缺乏同情心。

品行障碍者的行为具有下列特点：①反复持续出现；②这些行为不仅偏离正常儿童该有的轨迹，在严重程度及持续时间上均超过同龄儿童社会行为规范与道德准则；③具有社会环境适应困难的特征；④不是由于躯体疾病或精神障碍所致；⑤内在的生物学缺陷可能是行为的基础，但这些行为的形成与家庭及学校教育和社会环境等因素有关。

这类儿童非常好动，情绪易激惹，自我中心，好表现自己，好惹是生非和戏弄他人。当受到挫折或自己的愿望不能满足时，常以破坏物品发泄心中怒气，对老师及家长常不服从，经常出现违纪等行为。男孩多表现躯体性攻击行为，女孩则表现为语言性攻击行为。这种不良行为如得不到及时纠正，会形成一种固定持久的行为模式，构成严重适应困难，不能为群体所接纳，易与社会流氓结成团伙，产生违法犯罪活动。

三、影响因素

目前的研究认为品行障碍是生物学、心理、社会等因素相互作用的结果。

1. **生物因素** 双生子和养子的研究都证明品行障碍具有遗传性。其父母的反社会人格大于正常儿童的父母；Thomas 等（1968）指出，此症在婴儿出生就表现有气质差异，约有 70% 的困难型气质（difficultytemperament）儿童会产生行为问题。部分品行障碍儿童存在言语表达问题和轻微神经生理缺陷，神经生理缺陷可能与自我控制缺陷相关，包括保持注意、计划性、自我检查和控制无效或冲动行为，这可能成为后来的品行障碍的行为基础。另外，新生儿脑缺氧、婴幼儿期感染、中毒、外伤、慢性腹泻和严重营养不良等，也可能影响脑的正常发育，导致大脑皮质功能失调。

2. **心理因素** 品行障碍者易产生攻击性行为的前提，往往存在有消极且狭隘的认知图式。如对方弄丢了他们的橡皮等用品，该儿童总认为这是故意的，而考虑不到可能是意外；

笔记

若是其攻击行为遭到反击,会进一步刺激他的攻击性。

3. 家庭因素 家庭养育方式也与品行障碍相关,问题行为孩子的家庭养育方式的特点有:无效的父母养育、拒绝、严厉的但又缺乏一致的惩罚等。还有研究发现父母的感情忽略、父母的婚姻不和谐、父母本身易受情绪困扰或者父母本身有反社会行为等,对儿童品行障碍的形成有不可忽略的影响。此外,儿童受虐待与品行障碍也有密切的关联。

4. 社会文化因素 品行障碍儿童更多的生活于较低的社会经济阶层。研究显示,落后的教育条件,高犯罪率的城乡、破碎的家庭、父母有犯罪史、家庭社会地位低等都可能是负性影响因素。

四、诊断评估

品行障碍的界定,需要注意该症状是否持久而频繁的出现并且性质严重。诊断必须要考虑到儿童-青少年的发育水平,不能单纯因为某一过激行为下诊断。如某一男孩经常不听父母的话,常常和父母或老师对着干,报复心强,容易记恨,但该男孩的行为并没有表现出极端的攻击性,就不宜考虑为品行障碍。部分品行障碍患儿成人后可发展为反社会人格障碍。多数品行障碍的儿童同时伴有抑郁和焦虑情绪,并与物质滥用、多动症等有共病倾向。

ICD-10 诊断手册中认为确定品行障碍的存在应考虑到儿童的发育水平,并且根据不同场所环境细分为局限于家庭内的品行障碍、未社会化的品行障碍和社会化的品行障碍。在 DSM-IV-TR 与我国的 CCMD-3 中将品行障碍分为两种类型:反社会性品行障碍(dissocial conduct disorder, DCD)和对立违抗性障碍(oppositional defiant disorder, ODD)。在 DSM-IV-TR 中认为 ODD 较品行障碍要来得轻微,亦属于长期持续的不当行为。但关于 ODD 的研究结果尚存在许多争论。而来自全球的许多研究则证实,品行障碍存在童年期持续至成年的模式与青春期才开始出现不当的问题行为,成年后又恢复正常的两种模式。因此在 DSM-5 中将品行障碍按起病时期分为儿童期起病型;青少年期起病型;未特定起病型。

CCMD-3 诊断标准见专栏 17-4。

五、防治要点

1. 家庭治疗 关注有问题的家庭模式,改变攻击性等非适应行为的家庭干预已被证实行之有效。治疗强调改变儿童所处的环境,通过一致的方式教育孩子,增加家庭成员之间的交流与互动等;通过改变家长对孩子的反馈方式强化孩子的适应性行为:直接采用亲社会行为方式管理和教育模式。这种家庭功能的改善和父母管理训练是最有代表性的治疗方法之一。

专栏 17-4

CCMD-3 品行障碍的诊断标准

品行障碍的特征是反复而持久的反社会性、攻击性或对立性品行。当发展到极端时,这种行为可严重违反相应年龄的社会规范,较之儿童普通的调皮捣蛋或少年的逆反行为更严重。如过分好斗或霸道;残忍地对待动物或他人;严重破坏财物;纵火;偷窃;反复说谎;逃学或离家出走;过分频繁地大发雷霆;对抗性挑衅行为;长期的严重违拗。

明确存在上述任何一项表现,均可作出诊断。但单纯的反社会性或犯罪行为本身不能作为诊断依据,因为本诊断所指的是某种持久的行为模式。

病程:符合症状标准和严重程度至少 6 个月。

注:CCMD-3 将品行障碍分为"反社会性品行障碍"和"对立违抗性障碍"两型,并有具体的诊断标准。

2. **认知 - 行为治疗** 通过阳性强化和惩罚改善患儿的不良行为,采用基于社会学习理论的认知 - 行为治疗抑制攻击和冲动行为。这些治疗需要父母的参与并给予支持,否则当儿童回到家庭,容易导致问题行为的复发。

3. **药物治疗** 主要是对症治疗,如使用抗抑郁药减少易怒和焦虑,精神药物抑制攻击性行为,情绪稳定剂控制情绪问题。对共病多动障碍的患儿也可使用相关药物治疗。

> 🐾 试针对家栋的表现设计一套治疗方案。

品行障碍的治疗涉及家庭、学校、社会和专业机构。需要采取多种综合性措施,持之以恒方能见效。

(张　虹)

第五节　儿童孤独症(自闭症)

案例 17-4

小孩为何如此冷漠

风茵是个 4 岁的小女孩,在她 10 个月大时,母亲发现她不喜欢被自己拥抱,即使被抱起亲热也没有高兴的表现,反而总是身体后仰回避母亲的亲吻。她 1 岁时就喜欢独处,或目光凝视一处,独自发笑,发出的咿呀声里没有语音的成分,不喜欢和同龄的幼儿一起玩耍。2 岁时家人发现她喜欢无目的的乱跑,有时还踮着脚尖走路,坐在椅子上喜欢左右不停摇摆身体;她搭积木的速度非常快,喜欢把自己的玩具按照自己的喜好摆放,当家人制止或是收拾时,会表现出非常焦虑,用力揪自己的头发,或者大声尖叫,直到按照她的摆放方式复位,否则不会停止哭闹。她特别喜欢会旋转的物品,比如陀螺和杯盖等,也特别爱看旋转的物品,如电风扇,会目不转睛地盯着看很久。心理测验表明其非言语发展水平等同 3 岁半的儿童,语言理解能力相当于 2 岁儿童水平。

一、概述

儿童孤独症(childhood autism)又称自闭症,是广泛性发育障碍的一种亚型。男孩患病率是女孩的 3 倍以上,通常起病于婴幼儿期,最早被称为婴儿孤独症,主要表现为人际交往障碍、兴趣狭窄和行为方式刻板。患病率约为 2~20/ 万,近些年来的发病率呈上升趋势。据欧美国家 1987—1999 年调查,其患病率从 5.8/ 万增加到了 14.9/ 万,英国(2002)报道 5~17 岁儿童孤独症的患病率为 67/ 万,美国 CDC 调查(2014)为 14.7/1000 人。国内福建省(1996)报道其患病率为 2.8/ 万,天津(2004)为 10/ 万。

约有 3/4 的患儿伴有智力障碍,近半数属于重度到极重度,约 1/4 属于轻度到中度,其余多处于边缘状态,少数正常智力甚至超过正常。通常,IQ 越高的患儿病情越轻,预后越好,他们被学者称为高功能孤独症。少数患儿在记忆、音乐等方面会表现出少有的天才,甚至还会在机械记忆、计数、推算等方面具有超常功能。

DSM-5 对此症进行了革新,采用了儿童孤独症(自闭症)谱系障碍(autism spectrum disorder, ASD)的诊断术语,其概念是指一类给儿童若干发展领域带来持续性损害的神经发育障碍,包括儿童孤独症、卡纳式孤独症、阿斯伯格综合征、未特定广泛发育性障碍、非典型孤独症等。基本特征主要体现为社会交往和人际沟通、语言能力、兴趣爱好和活动能力等方面的缺损。

341

二、临床表现

儿童孤独症的主要临床表现包括社交功能缺陷,语言沟通缺陷,以及刻板行为。被称之为 Kanner 三联症。

1. **社交缺陷** 是孤独症的核心症状,主要表现为缺乏交往的基本技能和兴趣。他们似乎永远生活在自己的空间中,对任何其他外在的东西都缺少兴趣。如案例 17-4 中的风茵,她似乎从来就没有产生过与同伴交往的愿望。患者从不主动与别人交流和游戏,就算别人想要亲近他们,他们也不会表现出欢迎或高兴,却往往会表现出冷漠、回避甚至是愤怒。他们在父母到来或离开时亦不会有相应的情绪变化,以至于一些研究者怀疑这些儿童是否知道自己的父母与他人的区别。但近来的研究发现,在紧张情景下,孤独症儿童更愿意靠近母亲。

2. **沟通困难** 绝大多数孤独症患者存在严重的沟通困难,近一半的患者从来没有学会有效的交流技能。言语发展极其缓慢,有的虽能讲个别词,词汇量也非常有限。他们说话显得单调、平淡,很少抑扬顿挫,也缺乏表情配合。对言语的理解也存在困难:轻者尚能借助背景信息或讲话人的手势明白一些简单指令,受影响的仅仅是对抽象概念和词义差别的准确理解;重者根本不能领会别人讲话的意思,即使在模仿或重复别人的话,也多不理解其含义。患者一般不用言语,而倾向以手势或其他动作表达愿望和要求。即便是那些言语发育比较好的患者,在言语的理解和表达上仍有许多的困难。患儿有要求时,一般直接拉着大人走到想要的东西跟前,既不会用言语,也不会用手势来表达。

3. **行为刻板** 孤独症儿童的兴趣狭窄、奇特,他们过分关注某些特殊的物品,或某种特殊的形式,对正常儿童喜欢的玩具和游戏大多不感兴趣,但对一些特殊物品的依恋却又异常固着,时刻不肯丢下。患儿还会表现出一系列与强迫症儿童类似的刻板重复性动作或仪式。如要求吃同样的菜,穿同样的衣服,坐同一个位置,走同一条路线。如果仪式被打断或阻止,他们就会出现明显的烦躁和不安,甚至强烈的情感爆发。

其他还有感知觉异常、智力和认知缺陷等。

三、影响因素

自 1943 年霍普金斯大学 Kanner 首次提出早期孤独症这一概念开始直到现在,有关成因解释变化多样。最初从心理动力学观点出发,认为是父母特别是母亲的冷漠养育方式所致,采取精神分析法治疗但没有任何疗效。现在,人们更关注于大脑的功能障碍,从生物学、神经生理、心理社会因素等方面加以分析。

1. **生物学因素** 越来越多的证据表明,遗传因素在孤独症发病中有重要作用,但遗传模式尚不清楚。生育过孤独症患儿的父母有 3%~5% 的再生风险,普通人群的比例却只有0.02%~0.05%。双生子研究发现,同卵双生共患孤独症的概率为 60%~80%,异卵双生的共患率为 3%~10%,同胞患孤独症的概率为 3%~5%,是一般人群患病率的 50~100 倍。从孤独症家族聚集性、患者同胞再患的危险度和同卵双生异卵双生共患的差异推断,90% 以上的孤独症是由遗传造成的。

研究发现患儿 5- 羟色胺(5-HT)水平异常,多巴胺(DA)、去甲肾上腺素(NE)含量升高等。服用抑制多巴胺的药物酚噻嗪可以减轻很多自闭症的症状,包括自我刺激和重复行为。

2. **神经生理因素** EEG 和 ERP 研究显示,患儿脑电异常,提示神经性损伤。借助于 MRI技术,研究者发现孤独症者的大脑比同龄人体积更大。对患者尸检结果亦提示其脑结构有所改变,如杏仁核、小脑、海马等部位的大多数神经细胞结构发生改变,普肯耶细胞消失等。

3. **心理和社会因素** Kanner 等的早期调查发现,孤独症患儿多来自社会经济地位较高

笔记

的家庭,他们的父母多具有高智商和高度的抽象思维能力,但情感冷淡,缺乏与人交往的兴趣,亲子之间缺乏沟通。因此认为本病的发生与父母的人格和不良的亲子关系有关。但该研究结果在 1963 年被 Mike Lader 先天性认知功能障碍的研究结果否定。

由于孤独症儿童不会使用人称代词(如你、我、他),或者容易混淆人称代词的使用,因此有人认为孤独症可能存在自我意识缺乏,尤其是自我同一性和统一性的缺陷。但是,后来的研究却发现那些具备一定认知能力的患者,表现出了完整的自我意识,且伴随整个疾病发展进程。

目前,人们普遍认为生物学与神经生理因素是孤独症的主要病因。值得关注的是针对孤独症患者的心理治疗,有较药物治疗更好的治疗效果的报道。

专栏 17-5

天宝·格兰丁(Temple Grandin)—— 与自闭症握手

天宝·格兰丁博士 1947 年出生于美国波士顿,1970 年在富兰克林·皮尔斯学院获得心理学学士学位,1975 年在亚利桑那州立大学获得畜牧学硕士学位,1989 年在伊利诺伊大学获得畜牧学博士学位,目前是科罗拉多州立大学的动物学教授。因为她的自闭症使得她的思维方式异于普通人,她能够从牛的视角出发,设计安全又能使牛感到舒适的畜牧设施。美国各地 1/3 的畜牧设施都是由她设计的。

1950 年格兰丁三岁时被诊断为孤独症,但幸运的是他的母亲没有放弃,坚持给她找好的老师,鼓励她说话和社交。在家人的支持和不懈努力下,格兰丁获得了今天令人仰慕的成就。

1995 年,格兰丁博士出版了自传《形象思维》一书,她在书中描述了自己是如何用形象思维代替言语思维的。

2008 年《我心看世界:天宝解析孤独症》一书。该书为每一位家长、老师和身在孤独症中的人们,展现了一个真实的自闭症世界。天宝从她身为成功的孤独症人士的视角,结合大量最新研究成果,给读者提供了有益的建议,具体的实施策略和生活实用技巧。以天宝·格兰丁的人生故事改编的电影《自闭历程》(Temple Grandin)荣获美国电视艾美奖、美国电视电影金球奖以及美国演员工会奖等多项大奖。

格兰丁博士在一次演讲中,说过这样的一段话:"即使我咬一下手指就可以不再是自闭症患者,我也不会这么做。因为那样的话,我就不是我了。自闭症就是作为我而存在的一部分。"

四、诊断评估

目前儿童孤独症作为一个独立的疾病体系,其诊断标准要求更加具体,因此在做出准确的诊断前,需做好充分的评估工作:如需进行全面的精神检查和必要的心理评估;充分掌握该障碍的临床特征;了解儿童疾病的发展水平、了解有关分类系统的诊断标准等。只有全面地对该儿童进行评估才能更好地了解该儿童存在的症状及严重程度,才能做出正确的诊断,为后续的治疗奠定基础。专栏 17-6 为 CCMD-3 的诊断标准。

针对儿童孤独症使用的评估工具较多的是使用量表进行筛查。较常用的评估量表有:儿童孤独症筛查量表(Check List for Autism in Toddler, CHAT),儿童孤独症行为量表(Autism Behavior Checklist, ABC)等;主要的辅助诊断量表为儿童孤独症评定量表(Childhood Autism Rating Scale, CARS)。

专栏 17-6

CCMD-3 关于儿童孤独症的症状标准

在下列（1）、（2）、（3）项中，至少有7条，且（1）至少有2条，（2）、（3）项至少各有1条：

（1）人际交往存在质的损害，至少2条：①对集体游戏缺乏兴趣，孤独，不能对集体的欢乐产生共鸣；②缺乏与他人进行交往的技巧，不能以适合其智龄的方式与同龄人建立伙伴关系，如仅以拉人、推人、搂抱作为与同伴的交往方式；③自娱自乐，与周围环境缺少交往，缺乏相应的观察和应有的情感反应（包括对父母的存在与否亦无相应反应）；④不会恰当地运用眼对眼的注视、以及用面部表情，手势、姿势与他人交流；⑤不会做扮演性游戏和模仿社会的游戏（如不会玩过家家等）；⑥当身体不适或不愉快时，不会寻求同情和安慰；对别人的身体不适或不愉快也不会表示关心和安慰；

（2）言语交流存在质的损害，主要为语言运用功能的损害：①口语发育延迟或不会使用语言表达，也不会用手势、模仿等与他人沟通；②语言理解能力明显受损，常听不懂指令，不会表达自己的需要和痛苦，很少提问，对别人的话也缺乏反应；③学习语言有困难，但常有无意义的模仿言语或反响式言语，应用代词混乱；④经常重复使用与环境无关的言词或不时发出怪声；⑤有言语能力的患儿，不能主动与人交谈、维持交谈，及应对简单；⑥言语的声调、重音、速度、节奏等方面异常，如说话缺乏抑扬顿挫，言语刻板；

（3）兴趣狭窄和活动刻板、重复，坚持环境和生活方式不变：①兴趣局限，常专注于某种或多种模式，如旋转的电扇、固定的乐曲、广告词、天气预报等；②活动过度，来回踱步、奔跑、转圈等；③拒绝改变刻板重复的动作或姿势，否则会出现明显的烦躁和不安；④过分依恋某些气味、物品或玩具的一部分，如特殊的气味、一张纸片、光滑的衣料、汽车玩具的轮子等，并从中得到满足；⑤强迫性地固着于特殊而无用的常规或仪式性动作或活动。

病程：通常起病于3岁以内。

五、防治要点

几乎所有的研究都强调对自闭症的早期发现和早期治疗的重要性。一般来说，人的大脑在其发育的早期具有较强的可塑性。此外，我们已知患者脑和神经系统的发育出现了问题，可以采用药物进行缓解；从心理社会生态学角度可以看到，人类大脑的发展和成熟不仅仅是生理驱动（如基因）的过程，大脑皮质结构也受到学习经验的质和量的影响。也就是说，积极创造适合患者与外界的互动的环境，采用适合患者的心理行为教育是行之有效的。因此结合药物治疗与心理社会治疗是目前最恰当的治疗方案。

1. **药物治疗** 酚噻嗪类药物可以减轻自闭症的症状，包括自我刺激和重复行为。抗精神病药物如氟哌啶醇能够缓解强迫行为和重复行为，兴奋类药物能够提高患儿的注意力，还有研究发现阿片类药物受体拮抗剂能减少 ASD 患儿的多动水平。

2. **心理治疗** 行为治疗是较为有效的治疗方法，目前广泛使用的有 ABA 行为分析疗法（applied behavior analysis）。创始人 Lavas 将要教授的复杂行为技能分解成可执行的小单元行为，通过回合式教学的方法对每一个行为单元进行培训直到掌握，最后把已掌握的小单元行为串联起来复原成原来复杂的行为。例如日常生活中对患儿而言复杂的生活自理行为：刷牙、洗脸、穿衣、系鞋带等。

结构化教育是 1970 年由 Eric Schople 创建。是针对孤独症者视觉作用大于听觉效果而设计的一套运用实物、图片、相片、色彩等可视性强

> 儿童孤独症如何才能做到早期发现？

笔记

的媒介,来标明要学习的内容及步骤,帮助他们克服困难从中学习,体现了以儿童为本的思想和扬长避短的原则。其最基本的运作原理依旧是通过刺激来使反应得到强化。

其他训练治疗方法还有感觉统合训练、音乐治疗、中医按摩治疗、瑜伽治疗等。我们还应考虑到,由于照顾这些孩子的压力巨大,其父母也需要帮助。随着孤独症孩子的长大,干预将集中于帮助他们融入社区,这些措施包括支持性的生活管理和工作安置等。

专栏 17-7

多重感官刺激的音乐治疗方法

Dorita 的研究提出,多重感官统合的音乐治疗较单纯的音乐治疗,在治疗自闭症儿童方面有更明显的疗效,多重感官刺激是指融合听觉、视觉、动觉等于一体的多项感官刺激的集合,包括听觉与视觉的整合、听觉与动觉的整合,身体活动的协调。在歌曲中加入肢体动作,孤独症儿童可以在集体音乐治疗活动中,边唱边活动身体,在模仿治疗师的动作时达到集中注意力的目的。音乐本身就是多重感官的刺激,并突出表现在听觉刺激上,加入肢体动作后即融合了视觉刺激,包括眼手的配合、协调。用听、看的形式指导身体完成相应的动作,达到治疗的目的。

(张 虹)

第六节 抽动障碍

案例 17-5

刘鑫,男,12岁,上初中一年级时由母亲带来诊室。据其母亲介绍,刘某是个乖孩子,喜欢老师和同学,性格比较活泼。但是,刘某最近出现一个怪毛病,就是经常控制不住地摇头,尤其是老师提问的时候,心情比较着急的时候,或者完不成作业妈妈批评的时候。睡着了后不再出现这样的情况。除了摇头,与其他人交流时,如果特别着急想说出心里的话时,还会挤眉弄眼。现在,很多同学都开始模仿他的怪异表情和动作,老师也感觉到不理解,建议家长带来看医生。

一、概述

抽动障碍(tic disorder)是一种起病于儿童和青少年时期,具有明显遗传倾向的神经精神性疾病。主要表现为不自主的、反复的、快速的、刻板的单一或多部位肌肉运动抽动和发声抽动,并可伴有注意力不集中、多动、强迫性动作和思维或其他行为症状。运动和发声抽动可分为界限不清的简单或复杂两类。各种形式的抽动均可在短时间受意志控制,在紧张情况下加重,睡眠时消失。CCMD-3 根据发病年龄、临床表现、病程长短和是否伴有发声抽动而分为三类:①短暂性抽动障碍/抽动症(transient tic disorder);②慢性运动或发声抽动障碍(chronic motor or vocal tic disorder);③ Tourette 综合征(Tourette's syndrome),又称抽动秽语综合征。

抽动障碍多发于儿童期,典型的发病年龄是 7 岁。国内报道 8~12 岁人群中抽动障碍患病率 2.42‰。男女患病比率为 3:1~4:1。国外报道学龄儿童抽动障碍的患病率 12%~16%。学龄儿童中曾有短暂性抽动障碍病史者占 5%~24%,慢性运动或发声抽动障碍

笔记

患病率 1%~2%，Tourette 综合征终身患病率 4/万~5/万。

大多数抽动障碍患者的症状到青春期后会趋于缓解，但完全或持续缓解只占 8%。

二、临床表现

抽动是一种不随意的突发、快速、重复、非节律性、刻板的单一或多部位肌肉运动或发声。与其他运动障碍不同，抽动是在运动功能正常的情况下发生，抽动的表现复杂多样，其中运动性抽动是指头面部、颈肩、躯干及四肢肌肉不自主、突发、快速收缩运动；发声性抽动实际上是口鼻、咽喉及呼吸肌群的收缩，通过鼻、口腔和咽喉的气流而发声。运动性抽动或发声性抽动可进一步分为简单抽动和复杂抽动两类，有时二者不易分清。通常，简单抽动持续时间很短，不超过一秒，复杂抽动持续时间长，从几秒到数分钟。不同类型的表现和特点，见表 17-3。

三、影响因素

（一）遗传因素

研究已证实遗传因素与抽动障碍的发生有关，但遗传方式不清。家系调查发现 10%~60% 患者存在阳性家族史，双生子研究证实同卵双生子的同病率达 75%~90%，明显高于异卵双生子（20%），寄养子研究发现其寄养亲属中抽动障碍的发病率显著低于血缘亲属。研究认为男性患者中有 45.9% 存在家族史，女性患者则高达 62.2%；国内报告为 27.9%。研究人员正在确定一些可能的基因位点，如 18q22 区域被认为可能与本症有关。

表 17-3　抽动障碍的分类及特点

类　型	特点及表现	起病及持续
短暂性抽动障碍	急性简单抽动为主；常限于某一部位一组或两组肌肉；眨眼、扮鬼脸或头部抽动。	起病于学龄早期，病程不超过 1 年；4~7 岁儿童常见，男孩多见。
慢性抽动障碍	以一组肌肉或两组肌肉群发生运动或发声抽动（但两者不并存）为特征；可以是单一或多种不自主运动抽动或发声，可以不同时出现，常 1 天发生多次，每天或间断出现。	18 岁前起病，至少已持续 1 年；持续 1 年以上，并且没有持续 2 个月以上的缓解期。
抽动秽语综合征	多部位运动和发声抽动，常伴秽语或异常发声，部分患儿伴有模仿言语、模仿动作，或强迫、攻击、情绪障碍，及注意缺陷等行为障碍。	男孩居多，2~15 岁起病，病程迁延，重症会影响智力发育和学业表现。

（二）神经病理学因素

抽动障碍可能存在 DA、NE、5-HT 等神经递质紊乱。多数学者认为抽动秽语综合征的发生与纹状体 DA 过度释放，或突触后多巴胺 D2 受体的超敏有关，DA 假说也是抽动秽语综合征病因学的假说。有学者认为本病与中枢 NE 能系统功能亢进、内源性阿片肽、5-HT 异常等有关。分子与细胞层面的病因现在还不清楚，但人们发现基底神经节结构以及皮质-纹状体-丘脑-皮层环路可能在抽动障碍的形成中发挥着重要作用。现在已经确定了这一环路在功能和解剖上的差异，并发现它们与感觉运动、躯体活动、眼球运动和认知有关。另外，背侧纹状体与前额皮质区的联结系统被认为可能是导致抽动障碍的主要区域。

（三）环境因素

一些环境因素，如出生时婴儿低体重，母孕期的应激事件或怀孕期间的严重呕吐，以及罹患传染病等都可能影响抽动障碍的发生。还有人发现环境污染区发病率高于非污染区，

笔记

市区高于区县。

（四）社会心理因素

有报告 13.9% 的抽动障碍儿童是在心理受到刺激后发病的，如受到打骂、责罚、惊吓等。临床观察亦发现抽动受情绪影响，当患者处于愤怒和高兴状态时，抽动的严重程度最低；处于悲伤或恐惧情绪时，病情中等；而当患者处于焦虑、情绪不稳定或情绪低落状态时，病情最为严重，转移注意力可减轻。另外，抽动障碍患儿在性格上一般表现为不安静、冲动、急躁、固执、孤僻、易受惊吓，并常伴有多动、遗尿、夜惊等行为障碍。

虽然许多抽动症患者能够过正常生活，但不时的抽动发作，会严重降低患者的自我评价和自信心，影响其人际关系。严重的抽动障碍患者往往会因为抽动难以控制而痛苦不堪，他们常常会因此而变得易怒、富于攻击性，以及抑郁、物质滥用和反社会行为。另外，严重的运动性抽动还会导致许多自我伤害的后果；严重的发声抽动则会导致患者在说话、呼吸以及吞咽方面出现困难，这种影响甚至会持续一生。

四、防治要点

（一）药物治疗

超过 70% 的患者需要药物治疗。常用的有氟哌啶醇，对慢性者疗效可达到 60%~90%。中等剂量的兴奋剂对抽动障碍亦有作用。

（二）心理治疗与社会干预

心理治疗在抽动障碍的治疗中有重要意义，结合社会干预在处理与其他障碍共病时特别有用。

1. **自我监控训练** 由 Nellson（1977）发展出来的治疗攻击行为的一种方法，后被广泛用于抽动障碍的治疗。要求儿童对每次抽动发作进行记录，最终学会抽动发生时能准确地加以确定，明确发生的具体场景。除了对抽动全天进行记录外，还可以采用每 5~10 分钟记录一次的方法。

2. **放松训练** 因主动控制抽动行为会增加紧张情绪并增加抽动行为的发生次数。因此在主动控制的同时还应教患者学会放松。放松训练基于个体不可能同时处于紧张和放松状态。因此，教会患者以放松去抵消因抽动而造成的紧张。

3. **密集消退技术** 此技术认为，当个体主动持续进行某种行为时会感到疲劳，因此会对该行为产生抑制作用，进而减少该行为出现的可能性。当前，密集消退技术已经成为治疗抽动障碍最广泛的一种策略。让儿童尽可能快速地在固定的时间内表演抽动行为，间断休息。此方法能减少 60% 以上的抽动行为，但长期效果有待观察。

4. **习惯扭转技术** 是帮助患者主动减少抽动发生的整合技术。其策略包括觉察训练、放松训练、习惯控制动机训练、行为泛化训练和对抗行为训练等。伴随对抗行为训练，还要教儿童学会让肌肉紧张来主动对抗抽动的出现。

5. **行为弱化技术** 是一种行为治疗方法。其基本假设是当一种行为未得到强化的情况下（如父母及周围同学、老师等），该行为发生的频率将会趋于减少；其次儿童抽动发生时，父母责骂实际上是一种变相的关注，当儿童希望获得父母注意时，就有可能以抽动的方式表达。行为弱化技术在操作上要求家长和老师不要当着患儿的面提及他的病情，在患儿抽动发作时不要提醒或训斥，而是采取分散注意力的方法。

> **思考题**
>
> 🫘 如果你需要向学校老师或家长介绍抽动障碍，你打算从哪些方面进行介绍？
>
> 🫘 抽动障碍的诊断需要注意哪些问题？
>
> 🫘 抽动障碍与多动障碍有什么区别？

笔记

（三）外科手术

手术的目标部位涉及额叶（如额叶切断术）、边缘系统（前部扣带回切开术）、丘脑和小脑。但目前手术的效果尚不成熟。

（韩　璐）

第七节　排泄障碍

案例 17-6

柯强，男，8岁。他没有学会控制好大便，经常会将大便排到内裤里，通常是在白天。在家里，他总是与父母发生冲突，因为他的爸爸不断强迫他到厕所排便，但他很反感。他的妈妈为他放了一堆干净的内裤在浴室里，但除非有人告诉他身上有臭味，否则他不愿更换弄脏的内裤。算起来，他的遗粪已经有 4 年多了，其父母感到非常痛苦。

一、概述

身体发育的一个很重要的方面是控制膀胱和肠的功能。排便控制是个体在出生后 5 年内逐步学会的基本能力。虽然存在个体差异，但是多数儿童都会遵循一个大致相同的发展过程，多数儿童 4 岁时已经能够控制大便，5 岁时多数能控制小便。女孩比男孩更早学会。如果一个儿童在 4~5 岁后仍不能控制大小便，他们有可能存在排泄障碍。CCMD-3 中将排泄障碍分为遗粪症与遗尿症两种主要的类型。

二、临床表现

（一）遗粪症

遗粪症（encopresis）亦称非器质性遗粪症，是指反复随意或不随意地在社会文化背景不能认可的地方大便，大便的物理性状通常正常或接近正常。可以是正常的婴儿大便失控的异常伸延，也可在学会控制大便之后又丧失了此功能，还可以是在大便控制正常的情况下故意在不适当的地方大便。如果是故意的，将还有可能出现品行障碍或行为紊乱。据报道，5 岁儿童大便失禁的发生率约为 10%，8 岁儿童为 7%，以后每增加 1 岁递减 1%。

诊断此症要求年龄或智龄在 4 岁以上，反复出现在不恰当的地方排便（如裤子里、地板上），大便性状通常正常或接近正常；每月至少有 1 次遗粪，至少已持续 6 个月。

患有遗粪症的患儿经常感觉到自己丢脸并尽量避免社会交往。他们可能会被同伴排斥，也可能会成为包括家长在内的愤怒、惩罚和拒绝的对象。这些患儿有更高的焦虑、抑郁和行为问题。

（二）遗尿症

遗尿症（enuresis）也称非器质性遗尿症。是指 5 岁以后的儿童在白天或 / 和夜间仍有不自主排尿的现象。分为原发性遗尿症和继发性遗尿症。原发性遗尿症指的是儿童从来没有成功克制自己排尿的情况，继发性遗尿症是指患儿曾经能克制住排尿但随后丧失了这种控制力。大多数遗尿儿童既无泌尿生殖系统解剖结构的异常，也无心理因素，且白天能控制排尿，故又称单一症状性夜尿症。原发性夜间遗尿症或尿床是这种疾病的常见形式。男孩多见。

笔记

正常儿童在 1 岁左右就已经能够在白天控制排尿,但夜间仍难免尿床。据调查,4~5 岁时儿童尿床者约占到 10%~20%,9 岁半约 5%,15 岁时有 2% 存在尿床现象。有部分遗尿症患儿不接受治疗就能康复,但有关研究却很少。

正常儿童在 5 岁以后,即使是遗尿也是偶尔的。遗尿症儿童的遗尿每月至少会发生 2 次,并已经持续数月。对智龄低于 4 岁的儿童通常不作遗尿症的诊断。如遗尿症伴有某种情绪或行为障碍,只有在不随意排尿至少每周数次,而且其他症状在时间上随遗尿而消涨时,才构成遗尿症的诊断。

遗尿可发生于睡眠的各个时相,患儿较正常儿童更不容易被唤醒。遗尿症可能作为单一症状存在,也可能伴有其他情绪或行为障碍。约 2/3 的家长认为尿床是很严重的问题,约 1/3 的家长通过体罚来处理尿床孩子。因此,情绪问题常常是遗尿症所造成痛苦的后果。此外,遗尿也是其他精神障碍的表现,或与其他情绪、行为障碍相关联。

三、影响因素

(一)生理因素

1. **遗传**　大约 70% 的遗尿症儿童的直系亲属有过遗尿病史,其中父母亲均有遗尿病史的孩子遗尿症发生率为 77%,父母亲一方有遗尿病史者其子女的发生率为 44%,父母亲均无病史者为 15%。

2. **膀胱功能发育障碍**　主要指功能性膀胱容量(FBC)减少、逼尿肌不稳定和尿道梗阻致逼尿肌过度收缩。有研究发现膀胱功能障碍患儿在遗尿症患儿中占 40%。

3. **神经内分泌因素**　睡眠过深,中枢神经抑制过程占优势,膀胱充盈时的刺激不能使中枢兴奋能导致排泄障碍的发生。

4. **组织器官因素**　约 1%~3% 的排泄障碍由此引起,如肛门直肠感觉与运动功能异常、巨结肠、脊柱裂以及大脑麻痹等,遗尿与尿道感染、尿道异常、功能低下的膀胱容量以及便秘等也有关联。

(二)心理社会因素

至少有 1/3 以上的排泄障碍患者存在不良的心理因素,包括应激、家庭冲突(特别是母子冲突)、心理障碍以及个性缺陷等。

1. **应激与创伤**　患者承受应激的能力较弱,排泄障碍就是其中的一种替代反应。一些应激事件,如意外灾害,家庭破裂,弟妹出生、亲人亡故,被剥夺母爱,失去亲人照料,居住环境改变等都会引起儿童产生焦虑情绪,因此而引起排泄障碍。另外,许多患儿还容易在上学考试、剧烈运动、过度劳累后出现排泄障碍。儿童也可能因母子冲突,出于报复心理或为获得父母的关注而出现排泄障碍。

2. **个性因素**　排泄障碍易发于胆怯、温顺、被动、孤僻、情绪不稳定,过于敏感和易于兴奋的儿童。有研究发现男性患儿活动水平较高、节律性差、适应性差、反应强度较强烈、坚持性低、注意易分散等;女性遗尿症儿童活动还存在情绪消极和坚持性低。

3. **心理障碍**　如抑郁、多动、抽动症等亦常伴有遗尿症。

4. **其他因素**　如睡眠过深不易唤醒也可能导致遗尿。冬天寒冷,保暖不足,皮肤血管收缩,晚餐多饮亦是诱发因素之一。此外,独生子女、父母过分溺爱、缺乏定时排尿的训练或方法不当,强制儿童夜间控制排尿等,都可能导致排尿障碍。

(三)心理学解释

1. **心理动力学理论**　排便障碍被认为是内心无意识冲突(主要源自肛门期不良的亲子关系)的一种表现。在排便训练过程中,父母过度放松和忽视对儿童的训练,或者过度压抑和控制儿童,都可能导致出现排便障碍。父母的忽视可能会导致儿童压抑自己的攻击性,

笔记

转而通过排便来加以表达；而父母强制性控制则可能造成儿童对大便的焦虑，继而造成伴有拉稀或便秘。因此，动力学派的治疗师往往采用游戏、艺术、及儿童精神分析来帮助儿童表达并解决造成其排便障碍的内心情感冲突。心理动力学治疗有助于增加儿童的自尊及自我效能感。

2. 行为主义理论　行为理论强调不恰当的强化在原发性遗尿和遗粪中起重要作用。该理论认为，患排泄障碍的儿童，由于未能将膀胱充胀及括约肌松弛等信号条件化为进行排便的特异性辨别刺激；同时，当他们出现适宜的排便行为时，又没能得到充分的强化，于是他们的排泄障碍就被固定了下来。父母对儿童大小便失禁的关注也可能无意识地强化了这些排便障碍。遗尿和遗粪的消极后果，还会造成儿童的习得性无助感和低自我效能感，并因此而强化了不当的排泄行为。

3. 家庭系统理论　此理论认为排便障碍是父母的不当教育方式导致的，如果父母一方对儿童过度保护，而另一方则批评和忽视儿童，那么就会造成孩子内心世界的冲突，进而以排泄障碍的方式来表达。该理论还认为儿童出现排便障碍后，会与父母或监护人陷入一种应激压力的三角关系中。所以，必须帮助家庭使父母与患儿采用合作的方式，以代替不良行为模式。

四、防治要点

（一）药物治疗

大多数遗尿症儿童在夜晚睡眠时，血浆中的抗利尿激素分泌不足，这会导致夜间多尿，临床上采用人工合成的抗利尿激素来治疗遗尿症，有较好的效果。还有醋酸去氨加压素（DDAVP），它能减少夜间尿的生成和排尿次数，但是停药后只有很少的患儿能继续"保持干燥"。其他的药物包括抑制副交感神经兴奋的抗胆碱能药物，以及三环类抗抑郁药物、中枢神经兴奋类药物等也可选用。

用药物治疗遗粪症包括用灌肠剂去清理肠道和用泻药去治疗，并且结合行为干预"促成适当的如厕行为"，药物-行为干预效果要优于单独使用药物治疗。

（二）心理与行为治疗

1. 遗尿报警器　基于操作性条件反射的原理，增加膀胱功能性容量使得遗尿症儿童从熟睡中醒来，在膀胱括约肌收缩下继续排尿。当出现效果时立即给予正强化，且随着症状的改善，正强化逐步加强，最终消除遗尿行为。

2. 保持力训练　目的是帮助儿童在清醒时增加正常的膀胱容积能力。保持力训练要在每天事先规定的时间里，让儿童喝一些流质食品，当他们想上厕所时，父母予以干预。开始时保持3分钟，然后逐渐加长，直到能坚持45分钟，并给予奖励。

3. 超量学习　目的是帮助儿童在睡眠时增加正常的膀胱容量。方法是在儿童连续14个夜晚没有尿床后，让儿童睡前15分钟喝一杯水。如果儿童能够连续两个晚上不再尿，那么再增加喝水量，直到儿童睡前喝水的数量等于自己的年龄加2。连续14个晚上没尿床后方可停止。

4. 干床训练　是将排尿练习、保持力控制训练、报警训练以及清洁训练等方法综合起来的一种策略。在遗尿报警器法的基础上，让父母来干预患儿尿床行为，父母督促孩子入睡前多排尿，入睡后每间隔1小时就弄醒患儿，如未尿床（干床）就给予表扬，再饮更多的水；如发生尿床，就让患儿自己换床垫和衣物，并反复进行排尿训练。

笔记

专栏 17-8

遗 尿 警 报

对于遗尿症而言,最受实证支持的治疗方法是遗尿警报(enuresis alarm, Mikkelsen, 2001),1902 年最早提出时被称作警铃 - 尿垫法(Pander, 1902, Cited in Jalkut et al.2001)。这套系统由电池驱动的警报器或振动器和一根贴附在儿童内衣、睡衣或寝具上的细电线组成。当排尿开始的时候,警报器就会叫醒儿童,然后他就会上厕所。逐渐地,患儿就会对膀胱充盈非常敏感,并在排尿前就能醒来。遗尿警报的平均成功率(连续 14 个晚上床单是干爽的)是 65%(Butler & Glasson),但是平均复发率是 42%。当治疗时间很短的时候(少于 7 周),复发率很高。

(韩 璐)

阅读

青少年违法与犯罪

按照变态心理学最广义的定义和判别标准,违法(delinquent)和犯罪(crime)行为也在其范围之内,因为这类行为违背了社会规范,伤害了别人,也可能导致自己痛苦,属于"正常"人的偏移。但是,违法犯罪并没有列入心理障碍的分类和诊断系统。因为它不具有心理障碍的疾病学属性:"人们是由于自己没有任何错误患得这些疾病的"。大多数违法犯罪行为属于正常人本应能够辨别和控制的范围,因此本人必须为之承担责任。

一、少年犯罪处理常规

美国犯罪心理学家 Martin R.Haskell 和 Lewis Yablonsky(1974)认为,少年犯罪人(juvenile delinquent, juvenile offender)与成年犯罪人(adult criminal)有下列区别:①大多数司法机关通常把年龄作为区分少年犯罪与成年犯罪的界限,分界年龄通常是 18 岁,18 年以下的犯罪人是少年犯罪人;②一般认为,少年犯罪人对其行为的罪责少于成年犯罪人,因此,给予的处罚也轻于成年犯罪人;③在处理少年犯罪人时,更多地注意他们的人格在违法行为中的作用,而较少注意违法犯罪行为本身,这与成年犯罪人时的做法相反;④对少年犯罪人的处理更多地应用矫正治疗方法,而不是惩罚;⑤在处理少年犯罪人时,更加注意运用非正式的和个别化的法庭程序,而不是严格遵循司法程序。这方面已有一些改变。

二、违法犯罪的原因

确实,违法犯罪行为与心理障碍有一定的关系,例如品行障碍患者更容易触犯法律等,这在犯罪心理学和司法精神病学中占有很大的分量。但是,若把犯罪与品行障碍等同起来的做法是错误的,尽管这两种情况具有很大程度的重叠,但并非属于一类问题。一方面,许多违法犯罪者并不存在品行障碍或其他心理障碍;另一方面,许多品行障碍患者并不犯罪。也就是说,少年违法犯罪有"正常"少年犯罪和"异常"少年犯罪之分。少年犯罪原因复杂,以下简要予以概括。

1. 社会因素 犯罪是与社会阶层低下、贫穷、居住条件不良以及受教育程度低下密切相关。社会风气等消极文化的污染和媒介的误导会造成少年道德滑坡,导致他们的人生观和价值观的偏离。学校在教育导向、教育方式和教育管理方面的漏洞和误区对违法犯罪也有影响。此外,预防犯罪的社会控制体系不健全,也导致了少年自我约束的弱化。学者们为此提出了许多犯罪的社会学理论,但没有一种理论能够提供完全满意的解释(Farrington, 2000)。

笔记

2. **家庭因素**　家庭是青少年初次社会化的重要场所,父母通过教养子女来塑造其行为规范,引导其融入社会。家庭结构、家庭观念和家教模式的不恰当会导致子女的心理扭曲,而引发犯罪行为。无论男女,儿童期受虐待和忽视会显著提高其在以后生活中暴力犯罪的危险性。许多研究发现,犯罪具有家族聚集性(Farrington et al.,1996)。例如,约有50%的犯罪男孩的父亲也曾犯罪,而只有20%的犯罪男孩的父亲没有犯罪记录(West & Farrington,1977)。违法犯罪多见于来自破裂家庭的人群,这在很大程度上反映了儿童早期和中期家庭的不和睦是造成犯罪的原因(Rutter & Madge,1976)。

3. **遗传因素**　与成人的严重犯罪相比,遗传因素与违法犯罪确有一定的关联,但主要是对严重和持续的犯罪有意义,并与犯罪类型有关,如财产犯罪的这种遗传关系强于暴力犯罪(Brennan & Mednic,1993)。犯罪与轻度智力低下、教育和阅读困难均有重要关联(Rutter et al.,1976)。但总体来说,躯体的异常可能在诸多犯罪的病因学中只起很小的作用。

4. **自身因素**　在遗传和环境诸多因素作用下,个体形成的心理状态和特征在违法犯罪行为中有重要作用。包括性格、情绪、态度、人生观和价值观等。

5. **精神障碍**　如品行障碍、精神发育迟滞、儿童精神分裂症、冲动控制障碍和癫痫等均与违法犯罪有关。

三、违法犯罪的干预

近年来,对于儿童和少年,法律的主要目的已不再是惩罚或拘留,而是干预。如果存在有心理障碍并且确定其与违法犯罪行为有关,那么更应该重点考虑治疗而不是处罚。

目前已有大量犯罪学的研究来确定这些干预的效果,但总的结论不令人鼓舞,因为犯罪与儿童自身以外的因素关系密切,包括家庭的瓦解、父母的反社会性行为以及恶劣的环境等。再次犯罪的发生率在有过出庭或拘留经历的儿童中比在没有上述经历的犯罪儿童中更高(West & Farrington,1977)。

在考虑如何对犯罪儿童和少年进行干预时,专业人员应当了解国家的法律体系。包括罚款、要求父母和监护人采取适当的控制、社会工作者的监督、在特殊中心待一段时间,以及将儿童送到权威机构进行看管等。通常对第一次较轻微的犯罪行为采用轻微的干预与坚决否定的态度相结合的措施;对于反复发生的小的犯罪行为也可采用这种方法;对于严重的反复发生的犯罪行为则需要采用更加有力的手段。为此,常采用一种基于社区的计划,重点在于改善家庭环境、减少有害的团伙影响、帮助犯罪者发展良好的解决问题的技能,以及提高个体的教育和职业成就。这些方法都失败后,可以考虑对犯罪者进行监管。

第十八章　器质性精神障碍

案例 18-1

他为何总是反复无常

　　张坪,男,33 岁,原本外向开朗、孝顺懂事,但不知什么原因,他和妻子离了婚,房子、车子和孩子都没有要,几乎净身出户,后来知道他一直想挽回这段婚姻。但是,在他妈妈看来,儿子近几年脾气变了,经常为小事发很大的脾气。而且,工作也不能做好,与单位的老板和同事都处不好了,更谈不上挣多少钱了。

　　近期张坪的变化更让二老忧心忡忡。春节时,在外跑运输的他突然回到了宜昌的老家。开始时张坪表现得很阳光,将父母家的电视换了个更好的,修理家里的电器,每天通过微信与前妻联系,似乎谈到了复婚。父母很是高兴。但好景不长,还不到一周,张良出现失眠,接着出现一阵阵的"发呆"和无故发怒。这种"发呆"突然发生,无论在做什么都会"定"住了,不能说话、也不能动弹。"发怒"也很突然,往往毫无前因,如在与母亲谈心时会突然"嚷"了起来,随后会一拳打过去。"发呆"和"发怒"几分钟后,张坪好像从梦中突然醒来一般,完全记不得自己刚才的表现,看到粗暴对待父母的后果是万分的内疚和懊悔。后来这种"发呆"和"发怒"越来越频繁。于是张坪父母带着他开始了辗转求医的过程,直到经历了 4 家医院的诊疗,张坪的病情才开始得到控制。

　　原来张坪分别在11年前和4年前出现过短暂的昏迷,4年前的那一次昏迷还伴有左侧肢体的抽搐,当时医院进行全面的身体检查后发现张坪的动态脑电图提示出现广泛的慢波改变。
　　这两次的昏迷都被诊断为"病毒性脑炎"。其实从第一次昏迷之后,张坪就有了一些性格的改变,从一个活泼的人变成了一个沉默寡言的人。但通过半年的治疗之后,他的性格又慢慢恢复到了以前一样。但是4年前的那次脑炎之后,他的性格改变更加明显,多疑、敏感、易怒,让身边的人都觉得他越来越难以相处。

> 　　张坪的心理有哪些问题?这与他11年前的病毒性脑炎有关吗?
> 　　你觉得还需要做哪些检查及病史资料?

第一节　概　　述

　　人的异常心理行为表现千变万化、纷纭复杂,按其性质可分为功能性与器质性两大类,后者是实质性的病变所致,常可找到生物学证据,治疗要优先考虑对原发病因的消除。正如张坪案例求医过程那样,如果误诊为功能性精神障碍,发现不了其器质性原因,将会犯方向性的诊疗错误。本章介绍此类精神障碍。

一、概念

　　器质性精神障碍(organic mental disorders)是指人脑因某种致病因素的作用,导致大脑代谢紊乱或病理变化,产生精神活动失常。它包括脑器质性精神障碍(原发于脑部疾病所致的精神障碍)和躯体疾病所致的精神障碍(如心源性脑病、肝性脑病、肾性脑病及肺性脑病,内分泌、代谢疾病、颅外感染等)。

二、临床特征

　　尽管器质性精神障碍的病因各不相同,但大多数患者具有共同的临床特征。器质性精神障碍通常急性期以意识障碍为主要特征,如果脑部损害严重,范围广泛,患者的昏迷时间长,则病变具有不可逆性。在意识障碍恢复之后,将产生不同程度的智能及记忆力损害和人格改变,可伴有行为与精神症状等精神综合征。此外还可能出现神经运动功能的损害。其主要临床综合征类型包括:

　　1. **谵妄**(delirium)　即急性广泛性认知损害。它以意识受损为主要临床表现,多伴随有弥漫性脑功能紊乱,然而其病因却多在颅外(如呼吸衰竭引起的缺氧等)。

　　2. **痴呆**(dementia)　即慢性广泛性认知损害。其主要病因多在颅内,常为变性疾病所引起。病程的早期,患者的认知损害常有选择性,随着病情进展而逐渐表现为广泛性受损。

　　3. **特殊的神经精神综合征**　包括局灶性脑损害综合征、遗忘综合征以及表现为感知与心境等选择性损害的器质性障碍。

三、诊断分类

　　器质性精神障碍的诊断分类原则是按照病因、病理、病机进行分类。尽管如前所述,在CCMD-3和ICD-10分类系统中,器质性精神障碍采用了器质性(包括症状性)精神障碍一词(症状性精神障碍是指躯体疾病所致的精神障碍),而DSM-5分类系统则归纳为神经认知障碍(neurocognitive disorder, NCDs),相应类别则命名为"谵妄、痴呆及其他认知障碍"。表18-1是三个诊断分类系统的比较。

表 18-1　器质性精神障碍三种分类的比较

CCMD-3 器质性(包括症状性)精神障碍	ICD-10 器质性(包括症状性)精神障碍	DSM-5 神经认知障碍
00 阿尔茨海默病	F00 阿尔采末氏病性痴呆	谵妄
01 脑血管病所致精神障碍	F01 血管性痴呆	由于躯体疾病所致的谵妄(F05)
02 其他脑部疾病所致精神障碍	F02 见于在它处归类的其他疾病的痴呆	由于多种病因所致的谵妄(F05)
02.1 脑变性病所致精神障碍		药物所致的谵妄(见物质成瘾障碍章节)(F1x)
02.11 Pick 病所致精神障碍	F02.0 Pick 病性痴呆	——物质中毒性谵妄
02.12 Huntington 所致精神障碍	F02.1 Creuzfedt-Jakob 病性痴呆	——物质戒断所致谵妄
02.13 Parkinson 病所致精神障碍	F02.2 Huntington 病性痴呆	未特定的谵妄(R41.0)
	F02.3 Parkinson 病性痴呆	重度或轻度神经认知障碍
02.2. 颅内感染所致精神障碍	F02.4 HIV 所致痴呆	由阿尔采末氏病所致 NCDs(F02.8x/G31.84)
02.3 脱髓鞘脑病所致精神障碍	F03 未特定的痴呆	伴有行为紊乱(F02.81)
02.4 脑外伤所致精神障碍	F04 器质性遗忘综合征,非酒精和其他精神活性物质所致	不伴有行为紊乱(F02.80)
02.5 脑瘤所致精神障碍		轻度神经认知障碍(G31.84)
02.6 癫痫所致精神障碍	F05 谵妄,非酒精和其他精神活性物质所致	可能由阿尔采末氏病所致 NCDs(G31.9)
02.9 以上未分类的其他脑部疾病所致精神障碍	F06 脑损害和功能紊乱以及躯体疾病所致的其他精神障碍	额颞叶神经认知障碍(F02.8x/G31.84)
03 躯体疾病所致精神障碍		Lewy 体所致神经认知障碍(F02.8x/G31.84)
03.1 躯体感染所致精神障碍	F06.0 器质性幻觉症	血管性神经认知障碍(F01.5x)
03.11 HIV 所致精神障碍	F06.1 器质性紧张性障碍	由创伤性脑损伤所致 NCDs(F02.8x/G31.84)
03.2 内脏器官疾病所致精神障碍	F06.02 器质性妄想(精神分裂样)障碍	HIV 所致 NCDs(F02.8x/G31.84)
03.3 内分泌疾病所致精神障碍	F06.03 器质性心境(情感)障碍	朊病毒病所致 NCDs(F02.8x/G31.84)
03.4 营养代谢疾病所致精神障碍	F06.4 器质性焦虑障碍	Parkinson 病所致 NCDs(F02.8x/G31.84)
03.5 结缔组织疾病所致精神障碍	F06.5 器质性分离性障碍	Huntington 病所致 NCDs(F02.8x/G31.84)
	F06.7 轻度认知障碍	
03.6 染色体异常所致精神障碍	F07 脑疾病、损害和功能紊乱所致的人格和行为障碍	由其他疾病所致 NCDs(F02.8x/G31.84)
03.7 物理因素所致精神障碍		
03.9 以上未分类的其他躯体疾病所致精神障碍	F07.0 器质性人格障碍	由多种因素所致 NCDs(F02.8x/G31.84)
	F07.1 脑炎后综合征	
09 其他或待分类器质性精神障碍	F07.2 脑震荡综合征	由物质/药物所致 NCDs(见物质相关及成瘾障碍章节)
	F09 未特定的器质性或症状性精神障碍	未特定的神经认知障碍(R41.9)

第二节 谵 妄

一、概述

谵妄(delirium)是一组可以由多种因素导致的临床综合征,其实质是一种意识障碍状态。因其往往急性起病、发展迅速,故又称为急性脑病综合征(acute brain syndrome)。谵妄可见于任何年龄,但发生频率随年龄的增长、现患脑病(如脑血管意外、头部外伤)和严重的内科疾病(如恶性肿瘤、肝功能衰竭)而增加。谵妄是综合医院中最常见的一种精神障碍,占内科、外科患者的 5%~15%,在重症监护病房高达 80%。尤其常见于老年人。谵妄患者的死亡率高达 20%~30%,因此需提高正确识别谵妄的能力。

二、临床表现

谵妄表现为定向障碍、失忆、意识不清,以及集中、维持或转移注意力障碍。这些症状常突然出现,而且在一天中的表现起伏不定,多在夜间加重。症状持续时间很少超过一个月。患者常焦虑不安,易受惊吓,睡眠-觉醒周期混乱,语无伦次,可有错觉或幻觉。

谵妄初起时多表现为时间知觉障碍。多不能正确回答当时的时间和年份。随着病情加重,方位知觉也出现障碍。病情继续恶化会无法识别熟悉的人,包括丈夫和子女。如果不存在定向障碍(时间、地点和人物)或者近记忆障碍,谵妄的可能性很小,因此要经常检测患者的定向能力。

谵妄可突然发生和变化,如沉默寡言者可突然变得吵闹、污言秽语和好斗,一个合作的患者会试图拔掉输液管,并且难以使他安静下来。有时谵妄是微妙而难以判断的,只表现正常人格特征的夸大,如手术后恢复期突然大吵大闹,抱怨护士的服务。医护人员往往认为这种暴怒只是个性问题或与恢复要求有关,这增加了谵妄的早期识别难度。若发作期与清醒期轮番出现,且在夜间加重,应考虑谵妄。

有时谵妄症状只表现轻微迷糊,患者在和熟人打招呼时叫错称谓,或者忘了如何前往熟悉的地点(如自己的房间)。谵妄可导致从床上跌落或者走进机动车道,加强监控和保护防止意外非常重要。

谵妄是严重疾病的信号。如果谵妄的持续时间越长,患者就越有可能发生永久性的脑功能损伤。

> 如何识别谵妄?
>
> 谵妄症状的特点是什么?常见诱发谵妄的因素有哪些?

三、影响因素

谵妄是非特异性的脑器质性综合征,常常涉及多种因素的共同作用。任何疾病,甚至治疗剂量的药物反应都可能是其病因。谵妄的易患因素很多,包括大脑老化、脑器质性疾病、机体调控内稳定的能力降低、应激反应、视觉和听觉损害、对急慢性疾病的抵抗能力下降、失眠、感觉丧失以及身心紧张、对陌生的环境不能适应等。大多数患者是在易患素质的基础上,由一种或多种因素诱发。引起谵妄的主要因素见表18-2。另外,高龄、焦虑、药物依赖以及各种类型的脑损害也很容易发生谵妄。谵妄的确切病理机制尚不清楚,可能由多种结构或生理上的损害引起。有研究提示,肝性脑病和酒精脱瘾患者,主要原因是可逆性脑氧合代谢的损害和神经递质异常(如多巴胺、5-羟色胺、γ-氨基丁酸、乙酰胆碱等)。

表 18-2　谵妄的若干原因

药物中毒和撤药	酒精、抗胆碱药、镇静催眠药、皮质醇、抗癫痫药、洋地黄、恶性综合征(抗精神病药所致)、毒品、重金属、农药及一氧化碳中毒;酒精和有镇静药等撤药反应
脑器质性因素	颅内各种感染(如脑炎、脑膜炎、脑脓肿、神经梅毒、艾滋病等);颅脑外伤、脑血管性疾病、颅内肿瘤、癫痫
躯体疾病	内分泌及代谢疾病(如甲状腺病和低血糖后状态等);严重肝脏疾病、肾脏疾病、心血管疾病等;各种躯体感染和自身免疫系统疾病(如系统性红斑狼疮等)
维生素等营养缺乏	维生素 B_{12} 及维生素 B_1 缺乏、叶酸缺乏
医源性因素	手术后谵妄;药物性谵妄
心理因素	创伤和应激
其他	疼痛;睡眠剥夺;感觉剥夺等

四、诊断评估

谵妄的临床特征涉及认知、心境、警觉性以及躯体功能,具有波动性病程与症状骤然变化的特点。DSM-5 关于谵妄的诊断标准(专栏 18-1)。

专栏 18-1

DSM-5 关于谵妄的诊断标准

A. 注意(即指向、聚焦、维持和转移注意的能力减弱)和意识(对环境的定向减弱)障碍。

B. 该障碍在较短时间内发生(通常为数小时到数天),表现为与基线注意和意识相比的变化,以及在一天的病程中严重程度的波动。

C. 额外的认知障碍(例如,记忆力缺陷,定向不良,语言,视觉空间能力,或知觉)。

D. 诊断标准 A 和 C 中的障碍不能用其他先前存在的、已经确立的或正在进行的神经认知障碍来更好地解释,也不是出现在觉醒水平严重降低的背景下,如昏迷。

E. 病史、躯体检查或实验室发现的证据表明,该障碍是其他躯体疾病,物质中毒或戒断,或接触毒素,或多种病因的直接的生理性结果。

五、防治要点

1. **预防**　主要措施有:术前精神科访谈,充足的饮食和睡眠、适当活动,避免不当使用镇静催眠药、麻醉药、抗胆碱能药等,以及加强对患者睡眠 - 觉醒周期的管理。

2. **治疗**　早期发现谵妄是极其重要的。要及时就诊,优先保证其生命安全,消除其影响因素,防止对大脑的损害。要防止患者自我伤害,严密监控患者的状况,防止他们跌倒或危险行为,必要时采取约束措施。对异常行为可小剂量使用抗精神病类药物,更重要的是查明病因并进行治疗。

3. **护理**　家人及医护人员要帮助患者熟悉和适应环境,与患者进行适当的言语交流,予以心理支持,提醒日期和时间,告知地点和身边人的身份,介绍治疗方案。还可在房间内放置钟表、日历和家庭成员的合影照片等,促进患者的恢复。

第三节　痴　呆

一、概述

痴呆(dementia)是一种由大脑病变引起的综合征,临床特征为记忆、理解、判断、推理、计算和抽象思维等多种认知功能减退,可伴有幻觉、妄想、行为紊乱和人格改变。严重者影响工作、生活和社交能力,一般无意识改变。痴呆多见于老年期,最常见的是由阿尔茨海默病(Alzheimer's disease)引起。痴呆在65岁以上人群患病率为2%~5%,会随年龄的增长而升高,估计85岁以上人群患病率20%左右。

案例18-2

他为何遗忘的如此离谱

李格,男,63岁,已婚,农民,高中文化。平素少语,生活简朴,劳动积极,49岁时曾被评为劳动模范。4年前家人发现其经常丢三落四,东西放下即忘,夜间失眠,有时还说耳旁有人唱歌,但听不清内容。近3年来忘事更严重,种地常常将锄头忘在田里,赶集将所购物品忘在摊子上,后来发展到去自留地却找不到地方,出门迷路找不到自己的家。

近两年来忘记了原本熟练的编筐、扎扫帚等手艺,育地瓜苗技术也遗忘了。患者怕家人说他笨,经常擦拭他的劳模奖状镜框,讲述如何当上劳模的故事。近年来病情日益加重,认不出来看他的女儿,外出只会沿着墙根向右拐弯,喜欢捡废物放入衣袋中。

现在已经不会穿衣,家人帮他反而生气,不主动进食,吃饭时不会搭配饭菜。不主动与人交谈,不过问家务事,不会关心家人。

> 该患者有哪些痴呆表现?
> 痴呆的记忆损伤特点是什么?如何识别?

二、临床表现

李先生已经逐渐丧失了基本的记忆能力、语言表达能力和生活自理能力,患的就是痴呆这一最常见的认知障碍。

痴呆的突出表现为广泛性认知功能的障碍,主要有五个方面的表现(表18-3)。认知功能缺损会导致社会生活功能全面减退,从早期职业能力的下降,逐步发展到生活不能自理。

痴呆患者还常有情绪和人格改变:判断力和冲动控制力降低,甚至出现盗窃行为和裸露身体行为,可因自己认知功能减退而抑郁,但通常没有自知力且不承认自己的问题。患者常常怀疑家人和朋友,发脾气,认为是他们阻碍了自己的愿望和自由,把东西放错了地方却指责别人所为,还可能认为其他人在合谋对付自己,因此爆发冲突。

表18-3　痴呆的认知损害表现

问题	临床表现
记忆障碍	最早/最明显的是近事遗忘,学习能力下降;随后远记忆受损,最终忘记所有事件,包括自己的名字
失语	语言功能受损,在说出事物或人名时非常困难
失用	不能做已习得的技能,执行能力受损,如不会穿衣、不会挥手告别等
失认	不能识别事物或人,如帽子、手套等,忘记熟人、妻子、儿女等
执行功能障碍	不能做计划和创新性工作,不能依规则行事,不能统筹安排

三、理论解释

引起痴呆的原因很多,主要包括中枢神经系统变性疾病和非神经系统变性疾病(表18-4)。老年痴呆常见类型有阿尔海茨默病、血管性痴呆、额叶痴呆及帕金森病所致痴呆,以前两种最为常见。其他年龄组则无突出的病因,因此对较年轻的患者应尽可能全面考虑病因。

四、临床评估

痴呆的诊断要有可靠的病史、精神检查和神经系统检查,以及必要的辅助检查如脑CT或MRI,以及腰穿等,实验室检查以排除梅毒、中毒、代谢和营养问题和内分泌疾病等。痴呆的早期诊断比较困难,尤其是轻度痴呆患者和较高文化水平者,需要时可进行神经心理测验。较常用的老年痴呆筛查工具(专栏18-2)。

表18-4　常见痴呆的原因

神经系统变性疾病	非神经系统变性疾病
阿尔茨海默病	血管性痴呆
额-颞叶痴呆	颅内占位性病变:肿瘤等
Pick's病	感染:脑膜炎、神经性梅毒、HIV等、朊毒体病
帕金森病	脑外伤
路易体痴呆	正常颅压脑积水
亨廷顿病	代谢障碍:甲状腺功能减退、垂体功能减退、库欣综合征等
Wilson's病	营养障碍:叶酸、烟酸、维生素B_1、B_{12}等缺乏
进行性核上麻痹	中毒:酒精、重金属、一氧化碳、药物等 缺氧:肺部疾患或心律失常

专栏18-2

简易智能精神状态检查量表(MMSE)

姓名:　　年龄:　　性别:　　文化程度:		
定向力 现在是　　　星期几?　　　几号?　　　几月?　　　什么季节?　　　哪一年? 我们现在在在哪里:　省?　　市?　　医院?　　科室?　　第几层楼?	分数 ( ) ( )	最高分 5 5
记忆力 现在我要说三样东西的名称,在我讲完后,请您重复一遍。请您记住这三样东西,因为几分钟后要再问您的。(请仔细说清楚,每一样东西一秒钟)。 "皮球"、"国旗"、"树木" 请您把三样东西说一遍(以第一次答案记分)	( )	3
注意力和计算力 请您算一算100减去7,然后从所得数目再减去7,如此一直计算下去,请您将每减一个7后答案告诉我,直到我说"停止"为止。(若错了,但下一个答案是对的,那么只记一次错误)。 93　　86　　79　　72　　65	( )	5
回忆能力 现在请您说出刚才我让您记住的那三样东西? "皮球""国旗""树木"	( )	3

笔记

续表

语言能力		
(出示手表)这个东西叫什么?	( )	1
(出示钢笔)这个东西叫什么?	( )	1
现在我要说一句话,请您跟着我清楚的重复一遍。		
"四十四只石狮子"	( )	1
我给您一张纸请您按我说的去做,现在开始:"用右手拿着这张纸,用两只手将它对折起来,放在您的大腿上"。(不要重复说明,也不要示范)	( )	3
请您念一念这句话,并且按它的意思去做。(见背面)	( )	1
您给我写一句完整的句子。(句子必须有主语、谓语、宾语)	( )	1
记下所叙述句子的全文。_____		
(见背面)这是一张图,请您在同一张纸上照样画出来 (对:两个五边形的图案,交叉处有一个四边形)	( )	1
闭上您的眼睛		

共30项题目,每项回答正确得1分,回答错误或答不知道评0分,量表总分围为0~30分。测验成绩与文化水平密切相关,正常界值划分标准为:文盲>17分,小学>20分,初中及以上>24分。

五、防治要点

1. **一般处理** 评估患者目前功能障碍的性质和严重程度,以及社会资源情况,围绕怎样改善日常功能制订治疗计划,缓解引起患者痛苦的症状,为患者及照料者提供帮助。重视患者的个人卫生、安全性、活动以及营养情况等。

2. **病因治疗** 根据原因给予具有针对性治疗。但大多数痴呆呈进行性且不可逆转,往往在出现认知功能障碍之前大脑已有病理性改变。因此早发现和早治疗十分重要。

3. **综合处理** 包括药物治疗、心理治疗和行为干预。药物治疗主要是改善认知受损症状和精神症状;心理治疗主要是改善和提高生活质量。对轻度痴呆者要加强心理支持和行为指导,以保持生活自理及交往能力;鼓励患者适当参加活动和锻炼,并辅以物理治疗、康复治疗、作业治疗以及记忆和思维训练。对重度患者应加强护理,注意营养,预防感染。

4. **照料者的心理干预** 调整家人等看护者的心态,以认知-行为治疗为基础的家庭干预有助于减轻护理者的心理负担。

第四节 特殊的神经精神综合征

一、局灶性脑损害综合征

当大脑受到各种有害因素的损害时,可出现急功能紊乱和慢性改变,如谵妄和痴呆。但大脑不同区域又有不同功能,当脑外伤、肿瘤及病原体等伤害局部区域时,会导致相应区域功能的改变或丧失,表现皮层功能、记忆、心境和人格等选择性异常的局灶性脑损害综合征。此内容属于神经病学范畴,这里仅通过(专栏18-3)介绍额叶综合征。其他综合征可参阅神经病学和神经心理学教科书。

笔记

专栏 18-3

额叶综合征(frontal lobe syndrome)

额叶综合征是额叶受损或与其联系受阻碍的脑区出现的精神障碍。一般有自控力、预见性、创造力和主动性的下降，表现易激惹或情感迟钝、自私、缺乏怜悯心和责任心、注意力下降、行动迟缓，但不一定有可测定的智能或记忆减退。病情发展往往取决于病前人格，如果以前为精力充沛、忙忙碌碌或积极进取之人，会变得冲动、自负、暴躁、愚蠢，以及不切实际的雄心。

双侧额叶病变时，临床表现有三种类型：一是以人格改变为主，表现为行为放纵或不伴欣快幸福感的轻躁狂状态；二是不伴悲痛或偏见的抑郁状态；三是混合型，即上述两种改变交替或并存。

二、遗忘综合征

（一）概述

遗忘综合征(amnesia syndrome)是一种选择性或局限性认知功能障碍，表现为学习新信息(顺行性遗忘)和回忆往事(逆行性遗忘)存在困难的障碍，这一障碍缺乏全面性智能障碍的基础。病理改变多源于丘脑中央内侧核、近中线结构或双侧海马的损害。俄罗斯 Korsakov 首先描述这一组综合行征，故被称为 Korsakov 综合征(Korsakov syndrome)，主要表现为严重的记忆缺损、虚构及易激惹。Korsakov 综合征有狭广两种含义：狭义系指由维生素缺乏所致；广义者系指各种病因所致的一组类似表现，又称 Wernicke-Korsakov 综合征。Wernicke(1881)曾报告一种急性神经精神综合征，表现为急性起病的意识障碍，伴有记忆缺损、失定向、共济失调、眼球震颤及眼肌麻痹，又称 Wernicke 脑病。病理改变位于第三、第四脑室及导水管周围灰质部位出血。在 Korsakov 综合征患者病程中常有一次或多次 Wernicke 脑病的发作。Wernicke 脑病和 Korsakov 综合征可分别作为本综合征急性与慢性发病的典型表现。

（二）临床表现

突出表现为严重的近记忆障碍，核心是情景记忆的严重受损。Wernicke-Korsakov 综合征与双侧丘脑中央内侧核损害所引起的"间脑性遗忘"表现相似，主要有：时间定向障碍、自传性记忆(可波及多年)信息丧失、虚构以及严重的包括言语和视觉材料在内的顺行性遗忘。患者的瞬间记忆无损，但过了数分钟或数小时后便不能回忆。如果让患者做数字广度测验，最初几秒钟的复述可完全正常，通常 10 分钟后就可发现其损害。患者学习新知识的能力明显受损，但逆行记忆往往呈时间依赖性的阶段变化。因遗忘所致的记忆空白往往会由虚构的事实来填补，患者对真实记忆、幻想或对不同场合所发生的往事不能加以区别，而是把它们凑合在一起编成生动的虚构事件。患者呈易暗示性，检查者给予一些新的提示，就可诱导患者编造出新的虚构内容。其他认知功能相对保持完好，因此易误以为正常，但在深入接触与会谈能发现其记忆的损害。

（三）原因

遗忘综合征可能由脑损伤引起，包括脑卒中、颅脑外伤、长期营养不良、中毒(例如 CO 中毒)，或者长期滥用药物。柯萨科夫综合征是丘脑损伤导致的遗忘性障碍，往往与长期酗酒有关，可能是饮酒引起营养不良，导致维生素 B_1 的缺乏。

笔记

三、继发性精神综合征

许多精神症状包括人格、知觉和心境等的改变,均可由脑或多种疾病引起的脑功能异常所致,其临床表现与原发性精神疾病类似(如精神分裂症、抑郁症和焦虑症等)。单纯根据症状并不能作为鉴别诊断的依据,通常要从精神症状与原发脑及躯体疾病的关系(时间和程度等)来推断。

关于器质性精神障碍的分类,在CCMD-3和ICD-10中,把它归类为因脑损害或脑功能障碍或躯体疾病引起的其他精神障碍,在不同精神综合征前加上"器质性"一词(表18-1)。而在DSM-5中,只要症状学标准符合,则直接划入相应精神障碍类别,但需标注是什么原因所致(专栏18-4)。

专栏 18-4

DSM-5 关于器质性人格改变的诊断标准

A. 一种持续性的人格障碍,代表与个体先前特征性的人格模式相比的变化。注:在儿童中,该障碍涉及显著偏离正常发育或儿童常见行为模式的显著变化,且持续至少1年。

B. 来自病史、体格检查或实验室检验的证据显示,该障碍是其他躯体疾病的直接的病理生理性结果。

C. 该障碍不能用其他精神障碍来更好的解释(包括由于其他躯体疾病所致的其他精神障碍)。

D. 障碍并非仅仅出现于谵妄。

E. 该障碍引起有临床意义的痛苦,或导致社交、职业或其他重要功能方面的损害。

第五节 常见的器质性精神障碍

一、阿尔茨海默病

(一)概述

1995年,前美国总统Ronald Reagan的家人宣布他患上阿尔茨海默病。尽管他们决定对这位前总统的病状作为隐私处理,但还是引起了人们对这种疾病的关注。

阿尔茨海默病(Alzheimer's disease, AD)是一种起病隐匿的进行性发展的痴呆,临床上以记忆障碍、失语、失用、失认和执行功能等认知障碍为特征,同时伴有精神行为异常和明显的社会生活功能减退。AD的病程为3~7年,少数可存活10年或更长的时间。1906年德国神经病学家Alzheimer首次报道了1例51岁女患者,大脑病理解剖发现了老年斑,以后他又补充报道了该病具有神经原纤维变化。Kraepelin(1913年)将该病命名为阿尔茨海默病。此类痴呆占痴呆发病总数的55%~80%。

(二)临床表现

AD发病初期表现为轻度记忆力下降,但是随着病情加重,患者记忆力大幅度衰退,思维混乱。有2/3的患者表现有焦虑、易怒、冷漠和烦躁等症状。随着病情恶化,患者变得很暴力,并产生幻觉和错觉,再到生活不能自理。AD多在65岁后发病,如果患者在65岁之前发病,被称为早发性阿尔茨海默病,它比65岁之后发病的(晚发性)的病情发展更为迅

笔记

速。AD 患者大多在确诊之后的 8~10 年间死亡,死因多为身体机能衰弱或者其他老年疾病,如心脏病等。AD 主要由家人照顾,成为家庭的沉重负担,给看护者带来很大的困难,看护者的心身状态也会影响 AD 患者的病情和预后。

(三)影响因素

阿尔茨海默病的病因至今没有完全清楚,相关因素有病毒感染、免疫系统失调、铅中毒、维生素叶酸缺乏和脑外伤等。当前的研究大多集中在致病基因的遗传和形成斑块的淀粉状蛋白上。研究发现,25%~50% 阿尔茨海默病者的亲属最终患上这种疾病,无家族史的老年人患病率只有 10%。患者的神经递质也存在异常,包括乙酰胆碱、去甲肾上腺素、5- 羟色胺、生长激素抑制素和 Y 型缩氨酸等。乙酰胆碱的异常尤其值得注意,因为它对记忆功能非常重要,AD 的认知功能衰退程度与乙酰胆碱的异常密切相关。服用提高乙酰胆碱水平的药物可延缓某些 AD 患者的认知功能衰退速度。

(四)诊断评估

由于 AD 病因未明,临床诊断仍以病史和症状为主,辅以精神检查、认知工具和神经系统检查,确诊则需要通过病理诊断(包括尸检和活检时发现神经纤维缠结和老年斑)。

(五)防治要点

治疗的主要方法为非药物干预和药物治疗。前者包括行为治疗、环境治疗、音乐治疗、照料者干预、记忆训练及生活技能训练等;药物治疗可延缓认知功能衰退,目前推荐使用的药物有胆碱酯酶抑制剂和 N- 甲基 -D- 天冬氨酸受体拮抗剂。对精神行为症状用药,遵循"低剂量起始,缓慢加量,定期评估,适时调整方案"的原则。AD 患者的看护者多处于年幼子女和日渐衰老父母公婆之间的"三明治"时期,其抑郁和焦虑的发生率都很高。帮助他们解决情绪问题,舒缓其压力,提供护理培训和心理支持很有必要。

二、血管性痴呆

(一)概述

血管性痴呆(vascular dementia, VD)是由于脑血管病变引起的痴呆,既往称多发性梗死性痴呆(multi-infarct dementia, MID)。VD 是老年期痴呆的第二位原因,占老年期痴呆的20%~30%,仅次于阿尔茨海默病。VD 多见于 60 岁以上伴有动脉硬化的老年人,男性多于女性。此病一般进展缓慢,常因卒中发作(stroke)导致症状急性加剧,病程呈阶梯式发展,常可伴有局限性神经系统体征。

(二)临床表现

VD 患者在初期无明显痴呆表现,主要有躯体不适感,以头疼、头昏、肢体发麻、失眠或嗜睡、乏力和耳鸣较多见。可出现情绪易激动,自我克制力减弱,情感脆弱及轻度抑郁。

VD 一般是在某次脑卒中后使痴呆症状变得明显,少数慢性起病。开始为情绪改变,以后才有记忆和智能损害。VD 患者的认知功能损害程度常有波动,这可能是脑血管代偿或发作性意识模糊所致。患者的认知缺陷和情绪变化与脑组织受损的程度和部位有关。智能损害可呈"斑片状",只涉及某些局部的认知功能,如计算、命名等。患者的人格在早期可保持完好,判断力亦可在相当长的时间无损害,还可保持一定程度的自知力。患者可因意识到自己的衰退而产生严重的焦虑和抑郁。痴呆明显的患者表现为情绪不稳,有时情感爆发、强制哭笑。多数患者有神经病学定位体征。每次脑卒中都可使痴呆症状加重,呈阶梯式加重。

(三)影响因素

VD 是因为脑血管病变引起脑组织血液供应障碍,导致脑功能衰退。VD 的发病机制是多种脑血管疾病的结果,其发生与血管病变的性质和部位有关。有人认为,多发性小梗死灶对痴呆的发生有重要作用,小梗死灶越多则出现痴呆的机会越多;还有人提出痴呆的发生与脑梗死的容积有关,当容积超过50ml时容易出现。

尽管脑卒中常导致认知障碍,但研究发现只有26%的脑卒中患者发展成痴呆。患者年龄越大,受教育程度越低,有脑卒中病史,或有糖尿病,则更可能患痴呆症。有追踪调查发现,脑卒中后3个月未患痴呆者在以后的52个月内有1/3会发展为痴呆,而非脑卒中人群的患病率为10%。

(四)诊断评估

VD的诊断要求具有脑血管疾病的症状或实验室证据。神经成像技术,如PET和MRI能够检测出脑内组织损坏和供血不足的区域。

(五)防治要点

预防比治疗更重要,平时应注意高血压及动脉硬化症的防治。发病时应重视急性期溶栓治疗,控制血压,消除脑水肿,减少并发症,降低死亡率。改善脑血流可使用血管扩张剂,以促进脑代谢,阻止恶化,改善和缓解症状。促进缺失脑功能的恢复应从急性期开始,尽早开始肢体被动活动、主动运动和各种功能活动;针对性开展运动、言语、认知等康复治疗;调动病员主观能动性、家庭和社会的积极性,坚持功能锻炼;根据病情和客观条件进行针灸、推拿、体疗、理疗、气功、心理治疗和言语治疗等。

三、病毒性脑炎所致精神障碍

(一)概述

病毒性脑炎(viral encephalitis)所致的精神障碍,主要为病毒感染导致脑组织病变,包括病毒的直接损害和组织的病理反应。目前临床大多按起病形式和病理改变的特点分类,包括:①急性病毒性脑炎。如流行性乙型脑炎、单纯疱疹病毒脑炎等;②慢病毒性脑炎。如亚急性硬化性全脑炎、进行性多灶性白质脑病等。本病多发于青壮年,男女性别无差异,无明显季节性。临床表现呈多样性,有1/3的患者以精神障碍为首发症状。经治疗预后一般较好,但可遗留程度不同的神经衰弱综合征、智力障碍、抽搐发作、行为障碍及人格障碍等,可持续数月至数年之久。

(二)临床表现

多为急性或亚急性起病,大多数两周内症状达到高峰。部分病例发病前有上呼吸道感染或消化道症状,如头痛、发热、恶心、呕吐等。精神障碍出现率大于80%,可出现在病程的各个时期。其中以意识障碍最多见,嗜睡、朦胧、浑浊、谵妄等为主要表现,病情加重也可有昏迷。可有精神分裂样症状、活力减退、情感淡漠、反应迟钝、懒散、言语活动减少甚至缄默不语。智力障碍也较多见,包括轻度记忆障碍、注意力涣散、错构、虚构甚至严重的痴呆状态。躯体及神经系统症状可与前驱症状同时发生或间隔数天发生,脑神经损害可见中枢性面瘫、视神经盘水肿等症状。运动性功能障碍中,约有半数的患者以癫痫发作起病,以大发作最多见,其次是局灶性发作和肌痉挛发作。自主神经功能障碍中,出汗多是特征性表现之一。

(三)影响因素

病毒性脑炎可能是病毒直接入侵引起的脑组织的炎性变化,也可能是免疫机制障碍引起。肉眼检查可见受损的脑膜和脑实质有弥漫性或局灶性病变,脑组织水肿,脑回增宽,脑沟变窄,脱髓鞘和软化灶形成,部分血管出现严重的血管炎。显微镜检查可见神经细胞变性、被吞噬、消失和包涵体出现。

(四)诊断评估

急性或亚急性起病,有感染的症状或明确的病前感染。化验室检查提示外周血白细胞增多或减少,脑脊液压力轻度升高;有核细胞增多,早期以中性粒细胞为主,后期以淋巴细胞为主；脑电图提示弥漫性高波幅慢波，以单侧或双侧颞、额区异常更明显；MRI 表现为相应脑部位高信号，但在疾病早期 MRI 可能正常。

（五）防治要点

本病以病因治疗为主，给予积极的支持疗法，联合抗病毒治疗及免疫疗法。针对患者出现的精神症状可用小剂量抗精神病药物。针对患者慢性期症状及后遗症，进行心理干预及功能锻炼。

四、癫痫所致精神障碍

（一）概述

癫痫性精神障碍（mental disorder in epilepsy）是指癫痫患者在癫痫发作前、发作时、发作后或发作间歇期表现出的精神异常。在癫痫患者中，精神障碍的患病率远高于正常人群。

（二）临床表现

1. **发作前精神障碍**　部分患者会在癫痫发作前数分钟、数小时乃至数天出现焦虑、紧张、易激惹、冲动、抑郁、淡漠、恶劣心境等症状，使患者感到发作即将来临，称之为前驱症状。

2. **发作期精神障碍**　主要是指精神运动性发作，多存在于部分发作和部分性癫痫中，特别是复杂部分性发作和颞叶癫痫。包括：①知觉障碍：多为原始性幻觉，如看到闪光、冒金花、黑矇，或是内容单调的幻听（如耳鸣），嗅幻觉（难闻的气味）；②记忆障碍：似曾相识感，旧事如新感，或是失真感；③思维障碍：感到思维突然停止，思维不受自己的意志支配，强制性思维；④情感障碍：恐怖、抑郁、欣喜及愤怒，发作性恐怖最常见；⑤自主神经功能障碍：如头痛、头胀、流涎、恶心、腹部不适、呼吸困难、心悸、出汗等；⑥自动症：常见于复杂性发作，核心症状为意识障碍，在此基础上有一些目的不明确的动作和行为，如反复咀嚼、咂嘴、吞咽、舔舌，甚至咳嗽、吐痰，或是无目的的走动、跑步、搬动东西等。整个发作过程可长达半分钟到数分钟之久。

3. **发作后精神障碍**　最多见于 30~40 岁的患者，癫痫发作后的朦胧状态常发生于全身强直 - 阵挛性发作及部分性癫痫发作后。可出现意识模糊、定向力障碍、幻觉、妄想及兴奋等症状。

4. **发作间歇期精神障碍**　此类精神障碍与癫痫发作并不直接相关，精神症状具有迁延性，可持续数月至数年之久。包括慢性精神病状态如精神分裂样精神障碍、人格改变等。

（三）影响因素

主要有：①由癫痫的脑器质性或结构性病变引起；②癫痫发作时脑缺血缺氧，大脑兴奋性神经递质及炎性介质聚集所致；③癫痫长期不愈的"病耻感"对心理的不良影响；④治疗癫痫药物的影响。

（四）诊断评估

主要依据既往有癫痫发作史，精神症状病程为发作性，发作时伴有不同程度的意识障碍；脑电图检查对癫痫诊断有重要价值；需要明确精神症状和癫痫发作的关系。

（五）防治要点

调整好抗癫痫药物的种类和剂量，控制癫痫的发作，同时控制精神症状。抗精神病药物剂量宜小，注意引起癫痫发作药物的副作用（如氯氮平）。对人格改变者，可给予心理治疗等康复措施。

五、其他脑器质性精神障碍（表 18-5）

表 18-5　其他脑器质性精神障碍

疾病名称	临床表现	病因与病机	防治要点
帕金森病	认知功能减退、抑郁、幻视，晚期出现痴呆；躯体症状有少动、肌强直和静止性震颤。	纹状体黑质多巴胺系统损害。	对症用药；控制神经运动症状；控制情绪；缓解躯体症状。
亨廷顿舞蹈病	早期远/近记忆同时受损，逐步发展为痴呆；情感淡漠，迟钝，抑郁，人格改变；运动障碍由坐立不安发展到舞蹈样动作。	常染色体显性基因遗传病；脑细胞神经元持续退化。	预防为主；对症处理；苍白球切除术。
朊毒体病（prion diseases）	记忆困难、智能低下、痴呆。	朊病毒通过聚合，形成自聚集纤维，在中枢神经细胞中堆积，破坏神经细胞。	积极预防；对症治疗；支持治疗。
颅脑损伤所致精神障碍	急性期以意识障碍为主，有脑震荡、脑外伤性谵妄；后期有智能障碍，人格改变，精神病性和神经症症状。	颅脑外伤引起；心理社会因素及伤前人格特征对其表现、病程与预后有影响。	评定躯体和社会功能；了解伤前性格和心理社会因素；控制精神症状；给予心理/行为治疗和教育训练。
颅内肿瘤所致精神障碍	智能障碍、幻觉等；症状与肿瘤位置有关，如嗜睡是间脑肿瘤的特征症状，第三脑室附近肿瘤的典型症状是遗忘综合征。	颅内肿瘤压迫脑实质或脑血管，造成颅内压增高，出现局灶性神经系统症状、癫痫发作或精神症状。	手术治疗或非手术治疗；对症用药；支持性心理治疗。
HIV/AIDS 所致精神障碍	心因性恐惧、焦虑、抑郁等，痴呆常见且发展迅速；神经系统症状和免疫缺陷感染症状。	HIV 直接侵犯中枢神经系统。	艾滋病防治；抗病毒、抗感染及抗肿瘤，恢复免疫力；控制精神症状；心理支持。

六、躯体疾病所致精神障碍

　　躯体疾病所致精神障碍（mental disorders due to physical diseases）是由脑以外的躯体疾病，如躯体感染、内脏器官疾病、内分泌障碍、营养代谢疾病等，引起脑功能紊乱而产生的精神障碍。临床表现主要包括意识障碍、认知障碍、人格改变、精神病性症状、情感症状、神经症样症状，或以上症状的混合状态。不同的躯体疾病所致的精神障碍有一些共同的临床特征：①精神障碍与原发躯体疾病的病情呈平行关系，发生时间上常有先后顺序的关系；②急性躯体疾病常引起意识障碍，慢性躯体疾病多引起智能和人格改变，在急性期、慢性期均可叠加出现精神病性症状、情感症状及神经症状等；③同一疾病可表现不同的精神症状，不同疾病又可以表现有类似的精神症状；④积极处理原发病可使精神症状得到改善。

　　常见的躯体疾病所致精神障碍（表 18-6）。

表 18-6　躯体疾病所致精神障碍

疾病名称	临床表现	病因及病机	防治要点
躯体感染所致精神障碍	意识障碍、幻觉、妄想等症状；恢复期有疲乏，情绪不稳，注意力不集中，记忆力减退。	细菌、病毒等病原体感染引起。	抗感染治疗；对症治疗精神症状；心理支持。
冠心病所致精神障碍	急性期有类惊恐发作症状；康复期以疑病观念、抑郁为主。	冠心病的应激反应；焦虑和抑郁是该病独立危险因素，通过HPA轴影响冠心病。	降压降脂，改善心肌缺血缺氧；早期发现心肌梗死；抗抑郁药；心理治疗。
肝豆状核变性（Wilson病）	进行性锥体外系症状、角膜色素环、肝硬化、肾功能损害；情绪高涨、行为异常、人格改变、幻觉和妄想。	铜代谢障碍致脑基底核变性和肝功能损害。	驱铜和阻止铜吸收；对症控制锥体外系症状；精神药物对症治疗。
慢性肾衰竭所致精神障碍	多为脑衰弱综合征、睡眠障碍、焦虑抑郁等情绪障碍；后期有人格改变和意识障碍。	各种原因造成慢性肾实质损害，代谢产物潴留。	纠正酸中毒和水、电解质紊乱；降压降脂；肾移植，透析治疗；精神药物治疗。
库欣综合征（Cushing综合征）	向心性肥胖、满月脸、多血质；精神症状以情绪低落多见，还有认知障碍，幻觉、妄想。	皮质醇分泌过多引起严重代谢紊乱；现多认为库欣病符合心身疾病特点。	降低皮质醇水平治疗，精神药物对症治疗。
甲状腺功能亢进	高代谢症状群，如怕热、汗多、食欲亢进、体重下降；躁狂/精神分裂综合征；甲状腺危象时可有谵妄。	甲状腺激素分泌过多；PHT轴功能的不稳定与患者出现焦虑或激惹有密切关系。	抑制甲状腺素的合成和释放；对症治疗控制精神症状；稳定HPT轴的功能。
甲状腺功能减退	抑郁综合征；情感平淡或情感淡漠；幻觉、妄想；智能障碍；黏液性水肿性昏迷。	甲状腺激素合成、分泌不足或生物效应缺陷。	甲状腺素替代治疗；精神药对症治疗；促进智能恢复；加强营养和护理。
类风湿性关节炎所致精神障碍	常见精神症状：焦虑、抑郁等情绪障碍；非甾体抗炎药（NSAIDs）可引起幻觉、妄想、兴奋等精神症状。	血管和结缔组织慢性炎症改变累及多系统；类风湿关节炎相关的功能障碍引起负性情绪。	精神药物对症治疗，免疫治疗；心理治疗；缓解疼痛；避免加重功能受限的药物。
系统性红斑狼疮（SLE）	躯体症状：面颊部蝶形红斑；多器官受损症状：狼疮肾炎、肺炎等；可出现多种类型的精神症状。	与遗传、内分泌、感染、免疫、环境因素有关，自身抗体与抗原结合形成免疫复合物沉积，导致机体的多系统损害。	去除诱因，休息和锻炼，消除心理因素；抗炎和免疫抑制治疗；精神药物对症治疗；控制并发症；避免阳光暴晒和紫外线照射。

（胡晓华）

阅读 1

轻度认知损害

轻度认知损害（mild cognitive impairment, MCI）系指老年人出现轻度记忆或者某项认知功能障碍，但不足以诊断痴呆的临床综合征，介于正常老人和轻度痴呆之间的一种认知障碍综合征。其特点是患者出现与其年龄不相称的记忆力下降，也可出现不同程度的认知功能轻度损害，但日常生活不受影响。

笔记

中华医学会神经病学分会推荐 MCI 研究标准：①主诉记忆障碍，可被知情者证实；②有记忆损害的客观证据（记忆测验成绩低于年龄和文化程度匹配的正常对照 1.5 个标准差）；③总体认知分级量表轻度异常，如总体衰退量表（global deterioration scale, GDS）2~3 级或临床痴呆评定量表（clinical dementia rating, CDR）0.5 分；④一般认知功能正常；⑤日常生活能力保持正常；⑥不够痴呆诊断标准并除外任何可以导致脑功能紊乱的躯体和精神疾病。

MCI 是一种不稳定的过渡阶段，具有发展为痴呆的高风险。国内外调查发现 MCI 患者第一年约有 10% 发展为 AD，第二年约 23% 发展为 AD，第 3 年约 33% 发展为 AD，第四年约 44% 发展为 AD，而到第 9.5 年时已全部发展为 AD。因此如果在 MCI 阶段能给予治疗干预，有可能降低老年性痴呆发病率。积极控制危险因素，如糖尿病、高血压、高胆固醇血症、抑郁等，以及调节生活方式，适当的运动锻炼，合理的膳食结构是有效的干预措施。认知训练包括记忆技巧训练及认知重建，可改善记忆功能。

阅读2

躯体疾病并发抑郁障碍

躯体疾病中的抑郁障碍和抑郁症状均十分常见。研究表明，许多内科疾病伴有抑郁障碍，在内科病人中患病率高达 22%~33%。在临床各科疾病中，若并发抑郁障碍，会增加患者的心理社会功能损害，使疾病的康复和治疗变得复杂。当躯体疾病严重、疼痛或卧床不起时抑郁症状更为突出。抑郁障碍可以使躯体疾病恶化，加重致残性，增加死亡率。因此，躯体疾病中的抑郁障碍必须积极识别和尽早干预。

躯体疾病伴发抑郁障碍的发病机制可能有以下 4 种模式：①有共同的病因基础；②躯体疾病引起抑郁障碍；③抑郁障碍引起躯体疾病；④各自单独发生，呈现二元化临床特征。然而，不管是哪种因果关系，其病理机制仍不清楚。

躯体疾病引发抑郁障碍的生物学机制：①调节情绪的神经化学通路受阻。当神经网络受到功能性或结构性阻断时，会影响情绪、认知过程和运动功能。这可发生在神经科疾病，如帕金森病、亨廷顿氏病、多发性硬化或脑卒中；②神经递质的影响。如有些肿瘤细胞释放的一种蛋白质能诱发同 5-HT 受体结合的抗体，从而减弱 5-HT 神经递质作用；③免疫功能受损。抑郁症状通常发生于感染后，也许因为白细胞介素的释放或其他免疫机能紊乱；④内分泌功能紊乱。抑郁症状继发于甲状腺功能低下或库兴氏综合征之后。

躯体疾病引发抑郁障碍的心理社会机制：①疾病对病人的影响。躯体疾病常伴有疼痛、痛苦、健康及社会地位的丧失，病人可能经历了类似于失去亲人后的悲伤状态，而且将经历否认、抗争、愤怒、讨价还价、最终接受的时期；另外，个体对身体关心的程度是决定疾病产生情绪反应严重程度的关键。②社会支持。抑郁障碍社会支持作用更加复杂。社会支持差也许是抑郁障碍的决定因素，并且由于躯体疾病增加了个体对支持的需求，缺少这些支持能导致抑郁障碍。但个体对社会支持的需求差异很大，人格因素在很大程度上影响了这些需求。

无论躯体疾病发展为抑郁障碍的原因如何，在大多数病例中抑郁障碍是能被成功治疗的。与原发的抑郁症不同，这种继发的抑郁症状可表现为各种躯体不适，如：如慢性疼痛（特别是头痛、腹痛、骨盆疼痛）、耳鸣、睡眠障碍、心悸、胸闷、胃肠道不适、食欲下降、性功能减退，自主神经功能紊乱等。而对于非精神科医生而言，在识别继发性的抑郁症状上容易陷入误区，如认为"患者的心理症状是可以理解的，故而不是病态的"，或是"当躯体疾病诊断成立之后，不应再给予抑郁障碍的诊断"。

笔记

阅读 3

麻痹性痴呆

麻痹性痴呆是由梅毒螺旋体侵犯大脑实质引起的中枢神经系统器质性损害,属于神经梅毒的晚期表现。以神经麻痹、进行性痴呆及人格障碍为特点。起病隐匿,缓慢发展,通常在感染后15~20年内出现,病前有冶游史。

梅毒主要通过性传播。临床上梅毒可划分为一期梅毒、二期梅毒和三期梅毒。三期梅毒包括良性梅毒瘤、心血管和神经梅毒。大约10%未经治疗的梅毒患者发展为神经梅毒。一期梅毒和二期梅毒称为早期梅毒,三期梅毒为晚期梅毒。

关于梅毒的发源地,有两种说法。一种认为它来自西印度群岛,另一种则认为它来自美洲大陆。但是总的来说是来自新大陆。一些极端的观点甚至认为哥伦布就是第一位梅毒患者。第一个提出这种观点的是"塔斯克基梅毒研究"发起人之一托马斯·帕伦,他认为:"哥伦布胸部以下全身水肿,像是心脏瓣膜受损所引起,四肢瘫痪,脑部受到影响,精神错乱,这些都是梅毒末期的症状"。1506年5月20日,哥伦布死于西班牙的巴利多利。哥伦布的病例与他本人的日记所表现出来的症状,都很符合梅毒的特征。帕伦之后的研究人员小心谨慎地提出梅毒的可能性。克里斯托弗·威尔斯问道:"哥伦布身染梅毒,是否可以解释其精神逐渐错乱?1504年底,他最后一次航行回到西班牙,显然已经精神错乱,双腿也瘫痪了。"菲利普·戴尔大胆提出:"这可能是梅毒。"安东·卢格尔也赞成:"他的症状很像麻痹性痴呆,这些都是梅毒末期的症状。"这位开拓世界另一方大门的英雄,很可能就是倒在梅毒的戕害之下。

在古今中外的历史上,很多名人都在患病的名单上,他们的名字几乎等同于历史本身。贝多芬、舒伯特、舒曼、波德莱尔、林肯、福楼拜、莫泊桑、梵高、尼采、英国亨利八世、乔伊斯、希特勒……。

在我国的历史上,梅毒被认为是"杨梅疮"、"花柳病"。历史上华佗的《华佗神医秘传》中记载了前阴溃烂、脱落、鼻柱脱落这些可怕症状,并记载了15种治疗梅毒的处方。但现代医学普遍认为梅毒是在1505年葡萄牙商人进入广州后,在华南一带首先出现,以后蔓延遍及各地。公元1513年释继洪氏的《岭南卫生方》,其卷三末记有"治杨梅疮方"。"霉疮"病名首见于公元1522年《韩氏医通》。1632年陈司成著《霉疮秘录》是我国第一部论述梅毒最完善的专著。该书肯定了梅毒的外来性,在治疗上除了用水银外,还用了丹砂、雄黄等含砷药品,为梅毒治疗做出了特殊的贡献。

第十九章 相关的行业、法律和伦理问题

　　在这一章的内容开始之前，我们需要思考什么样的行为符合心理健康行业的伦理要求，在何种心理状态下的伤害性行为需要负法律责任。请对下面的案例进行思考。

案例 19-1

一位来访者的投诉

　　某日，我来到草草心理咨询中心，与一位姓董的咨询师做了 1.5 个小时的心理咨询。咨询后我的感觉很不好，我觉得该咨询师非常不专业，在咨询的过程中至少犯了三个错误：第一，我迫切想知道自己问题的性质和严重性，但是，直到咨询结束，该咨询师也没有针对我的问题究竟是什么以及程度是否严重进行解释，却告诉我需要进行长期心理咨询。第二，在咨询过程中，咨询师进行了大量的自我暴露，诉说她的烦恼和不幸，流露出气愤、悲伤和担心等负面情绪。这些自我暴露并不是针对我的问题，却占用了很多咨询时间，我觉得她是在发泄自己的情绪。我甚至弄不清楚，我们两个究竟谁是来访者？谁是咨询师？第三，由于咨询师做了过多的自我暴露，用去了很多时间，但是，咨询结束后，他们按照 1.5 个小时进行收费，我觉得很不妥当，这位咨询师应该付给我咨询费，至少我们应该扯平！她让我听了很久她的痛苦，让我觉得她病得比我还厉害，却还要我付咨询费，这合理吗？

　　来访者认为草草心理咨询中心让这样一位心理咨询师给来访者做咨询，就像让一个从来没上过解剖课的人给患者做外科手术一样，极度缺乏职业道德。咨询后的第二天，来访者打电话到草草心理咨询中心进行投诉。

> 🔑 请你思考这位来访者的投诉有道理吗？董咨询师违反了哪些伦理原则？

第一节　心理健康行业与伦理问题

上述案例把我们带回到现实的工作之中,使我们认识到心理咨询师和治疗师在履行职业责任、保护来访者不受伦理问题伤害的同时,也面临潜在的压力和可能的危机,不知何日自己也可能成为被正式起诉的对象。心理咨询与心理治疗的工作对象是独特而复杂的个人,每个人都有其独特的既往经历、问题表现、人格特征等。因此,面对诸多的责任、复杂性和不确定性,心理咨询和治疗工作者在工作中时刻保持对伦理学问题的警觉显得尤为重要。

Freud曾提出心理治疗好比外科手术,它是一个逐渐深入的过程。来访者允许治疗师在心理上"开刀",是希望通过心理治疗使病情好转或促进心灵创伤的愈合。心理治疗能够行之有效的前提和关键,除了治疗师必须具备必要的专业理论知识和扎实的专业操作技能外,还有来访者对治疗师的充分信任;同时治疗师能够正确的履行专业职责,遵循相关的伦理学原则,正确处理工作实践中遇到的各种伦理学问题,亦是至关重要的。

一、胜任力

案例 19-2

心理治疗师能否对求治者的突然死亡负责

李乾,35岁,物理学副教授。1年前,他晋升为副教授之后的1个月,妻子突然离他而去,与另外一个男人同居。之后他变得非常抑郁,近4个月来,他又出现焦虑、烦躁、注意力难以集中等症状。李先生的生活和工作变得没有规律,个人卫生懒于自理,虽想改变,但力不从心。李先生前来咨询寻求帮助,与刘治疗师约定每周进行两次门诊心理治疗。几次会谈后,李先生感觉病情缓解了一些,能够坦白地说出自己的心事,但仍然十分焦虑。在接下来几个月的心理治疗中,他开始谈及童年的一些创伤性经历(traumatic experience),但注意力却更加难以集中,李先生的症状甚至有所加重。刘治疗师认为这不足为怪,因为来访者开始回忆痛苦记忆的时候会出现注意力短暂性难以集中等现象。她建议把治疗性会谈改为每周3次,李先生同意了。但此次会谈后1个月,李先生突然死亡,尸体解剖发现其脑内有一个较小,但是正在增大的肿瘤压迫了血管,致脑血管破裂出血死亡。

几个月后,李先生的家人起诉刘治疗师。因为没有考虑到来访者的注意力困难也有可能是器质性因素(organic cause)引起,并且没有建议来访者转诊或找神经科医生会诊,或者内科医生进行医学检查,最终导致误诊,刘治疗师被指控为渎职罪。

> 🖋 请你思考刘治疗师需要为李先生的死负伦理或法律上的责任吗?

胜任力意味着一个人可以有效使用心理咨询技能及其他专业能力,并且符合可被接受的标准。胜任力并非要求完美,因为完全的胜任是难以企及的。与此相反,胜任力应该被认为是从完全不胜任到完全胜任的一个连续体,如图19-1所示。专业的胜任力是一个持续和发展的过程,从最低水平开始,随着新的发展和要求的出现,随着专业领域的成长和变化,咨询师首先获得基本的胜任力,接着保持、更新并逐渐增强胜任力。作为咨询师,应该总是致力于达到更高的胜任水平。

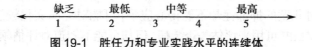

缺乏	最低	中等		最高
1	2	3	4	5

图 19-1　胜任力和专业实践水平的连续体

笔记

对于胜任力的全面和准确界定（专栏 19-1），美国心理学会（APA）伦理守则中对于胜任力的规定。

专栏 19-1

───── **美国心理学会（APA）伦理守则中对于胜任力的规定** ─────

2. 01 胜任力的界限

（a）心理学工作者在经过恰当的教育培训、督导、咨询、研究和专业经验的基础上，应在自己的专业能力范围内为他人提供相关领域的服务、教学和从事行为研究。

（b）要在心理学领域有效地提供服务或进行研究，有时需要具备与年龄、性别、性别认同、民族、种族、文化、国籍、宗教、性取向、残疾、语言或社会经济地位有关的知识，心理学工作者应受过有关的培训，有相关的经验，接受过咨询和督导，从而保证自己有足够的专业能力提供服务，否则就需要进行恰当的转介。

（c）当心理学工作者想要提供的服务、教学或进行的行为研究中涉及的人群、地域、技术或技巧不为他们所熟悉时，他们要提前接受相关的教育培训、督导，进行咨询和学习。

（d）对于无法获得恰当的心理健康服务的个体，而心理学工作者又没有足够胜任能力，则由接受过与之相关的培训或有过类似经验的心理学工作者应为其提供服务，从而保证不会拒绝为有需要的人提供服务。

（e）在一些新兴领域，尚未建立起被广泛认可的培训合格标准，心理学工作者要尽力保证自己有足够的胜任力，不能对来访者/患者、学生、被督导者、研究参与者、机构中的来访者或其他人造成伤害。

2. 02 提供紧急服务

在紧急情况下，当来访者无法立即获得其他心理卫生服务时，虽然心理学工作者之前未接受过必要的培训，但为了确保来访者能及时得到帮助，因此仍应提供咨询服务，而不能加以拒绝。紧急情况一结束或是一旦有人能提供恰当的服务，这种咨询服务就要立刻中止。

2. 03 保持胜任力

心理学工作者要不断努力保持并不断提高自己的专业水准。

当来访者决定接受心理咨询和心理治疗时，他们最基本的要求就是从业者能够胜任工作，不会滥用权利。心理治疗师的行为对来访者具有相当大的影响，这就要求心理治疗师必须具备一定的处理、控制和驾驭治疗局面的能力，即有责任或义务来胜任其本职工作，拥有一定的专业能力和情感能力。因此，对于自己所从事的本职工作是否胜任，是做好工作的最重要、最基本的要素。

（一）专业能力

专业能力是指保证心理治疗师有效应用临床治疗的方法、策略和技术，它强调心理治疗师应该具有广博的人文与社会知识，以及灵活运用各种专业知识和技术的能力。心理咨询和治疗师的专业能力包括以下几个方面。

1. 知晓心理咨询和治疗是什么　在培训、实习、督导和继续教育中，心理治疗师应该学习各种与实验研究、理论、干预及与工作相关的知识，学会对理论质疑，评估其有效性以及对特别情况和人群是否适用，学会创造和检验评估和干预的假说。

2. 知晓自己的专业特点　即擅长和不足之处。如有些心理治疗师可能对成人抑郁症的治疗独有专长，但对儿童的抑郁症却不能得心应手；可能对亚洲文化较熟悉，但对其他文化却知之甚少；理解 MMPI 可用来评估是否装病，但却可能不知道对评估领导能力是否适用。

3. **学会怎样去做临床工作** 怎样做心理咨询和治疗不是单纯从书本或课堂中就能完全学会的,这方面的能力要通过认真而严格的实践和督导才能获得,即从实践中学习与积累。

(二)情感能力

情感能力包括自我认识、自我接受和自我督导,要求心理治疗师认识和承认自己是现实生活中独特而难免有错误的人,知道自己情感方面的力量和弱点、需要和资源、临床工作的能力以及局限性等。因为心理治疗过程中经常会对心理治疗师及来访者造成强烈的情感震撼,如果心理治疗师不能承受这种情感压力或治疗工作中应尽的责任,则其帮助别人的良好意愿就会差强人意,甚至会给来访者造成伤害。

每个治疗师都有其独特的个人史。从心理动力学的角度考虑,一个人以往经历的总和,通过内化过程,构成了一个人独特的情结和人格,进而会影响和决定一个人的动机、情感和行为,进而影响着现在的生活。心理治疗师的情结和人格的影响,是在心理治疗的过程中通过与来访者建立的关系反映出来的。任何特别的经历都可能会影响治疗师的情感模式和价值观念的形成,可能使治疗师带着某些情绪去工作。对于治疗师而言,重要的是意识到这种经历怎样影响自己的生活和情感能力。治疗师可以回顾或假想一些临床情境,并自问:"你的感觉如何?"对每种情况进行深入反思和理解,

> 请你思考本章前面的案例,刘治疗师胜任自己的专业工作吗?如果不胜任,他欠缺哪种能力?

以促进治疗师对自己的情感反应有真实的认识,这是训练情感能力的一个重要方面。同时营造一个安全的环境使参与者可以无所顾忌的表露和坦诚地说出真实的情感反应和内心活动,这种相互尊重并认真的讨论和质疑,对发展情感能力非常有帮助。同事们可以组成互助小组,以避免或及时纠正错误、识别压力或发现左右个人情感的困境,提出新的主意和新的设想。

二、保密原则

案例 19-3

美国著名的 Tarasoff 案件

1969 年,美国加利福尼亚大学的研究生 Poddar 向同学 Tarasoff 表达爱意被断然拒绝后,感到情绪抑郁而接受心理治疗。在治疗过程中,Poddar 向心理治疗师透露了想在Tarasoff 度完暑假后杀死她的想法。心理治疗师考虑到 Poddar 的潜在危险性,通知校园警察,建议他们带 Poddar 到精神卫生机构接受治疗。但校园警察与 Poddar 访谈以后,认为他是有理性的,在 Poddar 承诺远离 Tarasoff 之后就释放了他。之后 Poddar 终止了心理治疗。不久,Tarasoff 被 Poddar 杀害。但由于 Poddar 被确认患有偏执性精神分裂症,最后被从轻判为过失杀人罪,而不是谋杀罪。

Tarasoff 的父母对学校提出控告,认为在事件发生之前病人曾经向心理治疗师透露过要杀害死者的犯罪企图,但是心理治疗师没有采取合理的措施告知死者或其亲属,以避免危险的发生。美国最高法院裁定,当心理治疗师有理由认为来访者对他人构成威胁时,有责任向可能的受害方提出警告。此例是美国向可能遭受威胁的人员告知危险性的最著名的案例。

> 你认为 Poddar 的心理治疗师履行保密例外原则时,除了通知警方外,是否还应该通知可能的受害者呢?

公元前 4 世纪的希波克拉底誓言称:"涉及他人生活,凡我所见所闻,无论有无业务关系,不应为外界所知者,我将保持沉默,视为不可侵犯之秘密。"保密是心理咨询和治疗的基石,因为它可以让来访者放心地分享自己的经历,而不必担心信息的不正当泄露。维持

373

保密是一个关系性的过程,保密提供了一个框架,在其中来访者可以表露和探索他们自身或他们的关系中有问题的、造成个人痛苦的方面,而这些如果在咨询之外为人所知,可能会造成尴尬或伤害。从根本上说,保密确保咨询过程对来访者来说是安全的。如果来访者在咨询关系中没有受到保密的专业规定和法律规定的保护,那么很难想象还有谁会去咨询。来访者相信他们对其个人世界和情绪世界所进行的表露受到咨询师的保护,不会被透露给任何其他人。真正的咨询过程取决于这种信任关系的发展程度,保密是其基础的核心部分。保密是治疗师或助人者与患者或来访者之间一种神圣的信任,其价值自古以来就受到承认。

专栏 19-2

美国心理学会(APA)伦理守则中对于保密的规定

4 隐私和保密性

4.01 遵守保密原则

心理学工作者有责任采取适当的措施保护通过各种方式获得的保密信息,要对法律或机构制度以及在专业和科学关系中的相关限制有所了解。

4.02 讨论保密原则的限制

(a)心理学工作者应同与自己有专业或科研关系的人或机构(如果可能的话,包括与法律上不能给予知情同意的人或是他们的法律代表)讨论以下问题:①保密原则的限制;②工作中可能使用信息的地方。

(b)除非条件不允许,否则在关系建立之初就应与他们讨论保密问题。

(c)那些通过电子沟通的方式来提供服务、产品与信息的心理学工作者,也需要告知来访者或患者保密原则的限制。

4.03 记录

只有在征得当事人或其法律代表的同意后,才能记录服务对象的声音和形象。

4.04 尽力避免侵犯隐私权

(a)心理学工作者在书面和口头报告以及咨询中,只能记录与其沟通目的紧密相关的信息。

(b)心理学工作者只能出于正当的科研或专业目的对工作中获得的保密信息进行讨论,并且只能同与该问题有明确关系的人进行讨论。

4.05 披露信息

(a)心理学工作者如果需要披露保密信息,必须征得机构或个体的来访者/患者,或代表来访者/患者的法律授权人的许可,法律允许的情况下除外。

(b)心理学工作者只有在法律授权的情况下或是出于法律规定的正当目的,才可以不经过当事人的同意披露保密信息。这些正当目的包括:①提供所需的专业服务;②获得适当的专业咨询;③保护来访者/患者、心理学工作者或其他人不受伤害;④向来访者/患者支付服务费用。不过,披露信息要尽可能限制在能达到预定目的的最小的范围内。

4.06 咨询

与同事进行商讨和咨询时:①心理学工作者不能披露可能识别与自己有保密关系的来访者/患者、研究参与者或其他人组织身份的保密信息,除非征得本人或机构的同意或是披露信息的行为不可避免;②只能出于同事商讨,披露相关的信息。

4.07 出于教学或其他目的使用保密信息

心理学工作者不得在其著作、讲座或其他公开出版物中披露其来访者/患者、学生、研究参与者、机构的来访者或其他服务对象的可识别身份的信息,除非:①采取适当的措施隐去个人或组织的信息;②个人或组织有书面同意;③得到法律授权。

笔记

（一）保密与来访者改变之间的关系

基于保密、安全和信任，咨询框架的一致性有利于发展出持续的、安全的依恋，有可能改写来访者早先不安全依恋的模板。不安全的依恋关系有一种在关系性环境之间迁移的倾向，因为大脑参与了这个过程，动用神经系统使人容易焦虑烦躁，或是反应过度，或是不恰当地、迟钝地忽视关系问题。即使是面对最初不安全的儿童期依恋，咨询过程也可以提供一个环境，让大脑可以开始重新组织神经网络，为来访者提供一整套更好的应对方式，而非他们基于不安全的早期依恋产生的贫乏应对套路。咨询背景和过程是矫正性的环境，而这种环境建立于保密之上。在尊重保密原则、产生安全和信任的地方，大脑会将咨询中完成的工作标记为积极的情绪，来访者能够开始发展更为详细的、提升性的自我叙述，这反映了更为丰富的大脑神经重组。图 19-2 展示了保密、安全、信任、自我表露增加之间的关系，大脑将安全的咨询经验认可为有利于生存，因此情绪上变得积极，并最终促成来访者改变和成功的咨询结果。

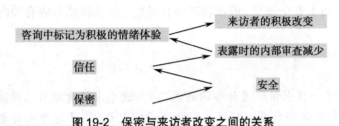

图 19-2　保密与来访者改变之间的关系

（二）心理咨询和治疗中的保密例外及其处理

1. 保密例外的类型　在咨询中，主要有九种可以打破保密的例外情况，见表 19-1。

表 19-1　心理咨询和治疗中的保密例外

1. 来访者要求得到保密信息，或同意将保密信息泄露给他人
2. 法庭要求心理咨询师提供保密信息
3. 针对心理咨询师的伦理投诉或法律诉讼
4. 来访者希望采用咨询和治疗问题作为起诉另外一方的民事诉讼的依据
5. 基于成文法律对保密问题的限制，如报告儿童和老年人虐待
6. 可能对自身或他人造成即刻伤害或死亡威胁的危险来访者
7. 在未来有犯罪行为倾向的来访者
8. 患有危及生命的传染性疾病的来访者，如 HIV 病毒感染来访者，并且来访者的行为会导致他人面临即刻的感染风险
9. 处于生命尽头的来访者希望加速自身的死亡

2. 保密例外的处理原则　在保密例外的情况下，专业人员必须决定是否需要通知有关人员，特别是来访者企图伤害的人，以免发生不幸。这种决定常常建立在预测的基础上，危机干预工作者要判断来访者的危险程度，通知有关人员，从而保证来访者和他人的安全。有鉴于此，下面提供一些原则，以指导咨询工作人员在面对来访者有自杀、自伤或伤害他人的可能性时可以采取的行动。

（1）事先说明：在开始干预前，要明确表示为来访者保密，但也有例外。一定要先告诫来访者，一旦他们有威胁他人或伤害自己的企图或想法时，不能再替他隐瞒。

（2）征求意见：在做决定前，先征求负责人、专家或其他有关人员的意见，同时制订处理计划，面对不同的来访者，该做什么以及如何做。

第十九章
相关的行业、法律和伦理问题

（3）请求会诊：如果不能确定来访者的威胁性，则立即与其他专业人员商量或请示负责人，并做好记录。如果这样做了之后，仍然不能确定，则请其他专业人员来会诊。会诊也是一种法律和伦理保护，特别是当这种威胁不明确时。如果因故不能找到其他专业人员，一般原则是先确定目标是否有危险，是否有确定的受害对象、动机、方法以及计划。如果来访者不能理解他现在要做的是什么、不能自我控制以及不能与工作者合作的话，同样也有危险。

（4）采取行动：如果来访者的威胁明确、具体，则应该采取行动。如果知道受害者会是谁，即有责任去告知和提醒。同时帮助来访者稳定情绪，以保证安全。要告诉来访者你在做什么，以及为什么要这样做，告诉他你准备让他住院治疗，并保证其在住院期间与其他人待遇一样，目的在于保护来访者和可能的受害者的安全。当然，来访者有时会把治疗师看成是"敌人"。如果来访者情绪激动或爆发，要避免直接冲突，可以通知警察和保安人员。如果他们不能及时赶到，则向其他同事求助，直到有关救援人员赶到。

（5）不惧怕：即使来访者用法律来威胁，也不应该成为阻碍专业人士将其危险性告知他人的理由。不过，为了安全起见，应该将其潜在危险、自杀和暴力的有关内容记录在案，以作为证据。

> **案例思考 1：**
>
> 一位咨询师给一位来访者进行咨询的第二天，这个来访者给自己的父母和兄弟姐妹依次打了电话，之后跳楼自杀。那位咨询师事后回忆说，由于这个来访者在 1 年前也在他这里做过 6 次心理咨询，而且有非常明显的自杀意念，但没有自杀行动。因此，这次来访者突然来咨询，虽然也提及自杀的想法，咨询师判断他实施自杀的可能性不大，没有告知相关的人。
>
> 试问：①你的直觉反应如何？②你觉得这位咨询师的行为恰当吗？因为以前讲过自杀却没有实施，就可以无视后面的自杀言论吗？③你觉得这位咨询师要为来访者的自杀死亡负责任吗？为什么？④如果你是这位咨询师，接待这样一位曾经扬言要自杀的来访者，此次又来咨询，也声称要自杀，你会怎么做？

（三）心理治疗病历的保存和处理

在心理治疗工作中，不但要求治疗师对来访者的病情资料保密，而且要求治疗师能妥善保存和处理来访者的病历和档案。我国的精神疾病患者专科门诊就诊记录是要求专门保管的（在所就诊的精神卫生中心），不在医保病历中记录，但可以享受医疗保险；但心理治疗病历目前相当一部分仍由来访者自行保管，因为来访者有知情权和自知力。

1. 来访者的档案　美国伦理学规范虽然提出了治疗师的保密原则和标准，但却没有具体规范如何做到保密，即缺乏可操作性指导。一般来说，治疗师在治疗中要做到以下两点：①来访者的病历资料存放于安全的地方，确保文件在病历内，病历夹应关闭，来访者的名字不应显露在外面；②如果病历放在没有人看管的地方，则应该上锁保存。

2. 病历的处理　对于来访者的治疗记录和相关文件的处理，国内尚无具体细则。美国出版的《心理工作者法律手册》中提出："不应该把治疗记录随便丢弃在垃圾堆里，而应撕碎或销毁。因为在垃圾的收集和处理过程中，路人可能无意间看到并阅读记录和保密的资料"。美国 APA 咨询师《工作服务指南》中规定：在结束治疗或最后一次治疗性会谈后，要求治疗师保留所有的治疗记录至少 3 年，并另外保存记录或病历的摘要 12 年；咨询师要保留全部记录至少 4 年，记录或病历摘要另外再加 3 年。

20 世纪 90 年代以来，随着电脑应用的普及和网络技术的发展，美国伦理学规范规定："如果已把保密的治疗记录输入电脑数据库或记录系统进行资料备份，则应该加用密码或其他保密技术,避免被他人辨认出来。因为电脑应用技术的提高,治疗师必须警惕和防止保密资料未经过来访者同意被他人窃取"。

3. 发表病例研究　以病例研究或大众文章的形式发表病例资料时必须十分小心和慎重,只改换来访者的名字或某些病情细节是不够的。美国学者曾报道,1名治疗师由于出版了1本描述来访者治疗过程的书而遭到起诉,来访者声称治疗师没有征得她的同意而写出她的治疗过程,而且没有很好的掩饰她的个人史,最终来访者胜诉。

4. 心理测验材料　因为心理测验的专业特点,要保证其应用信度、效度及长期性,就不可能将其推而广之。因此,心理学工作者有责任和义务对测验工具保密,在伦理学规范中明确提出:"从业者有责任按照法律、治疗合同及伦理学法规的要求,保持心理测验和评估技术的完整性和安全性"。

5. 已去世来访者的病历　许多从业者认为来访者的去世即标志着隐私、保密及权利的终结。但是,专家论证无论来访者是否还活着,治疗师都有责任保护测验资料和治疗记录的安全。

三、界限与利益冲突

案例 19-4

帮助朋友

蓝馨是一个私人开业的心理咨询师,晓红是某医院心理科的心理治疗师,她们认识已经有近20年。两人都是同一座城市的临床心理学会的骨干。由于晓红近2、3年一直受睡眠不好的困扰,在进行了一些处理无效后,她决定请蓝馨给她进行心理咨询。晓红坚持要见蓝馨而不是其他心理治疗师,是因为她相信蓝馨的临床判断在这个领域是最棒的。

> 请思考你认为蓝馨应该为晓红进行心理治疗吗?为什么?

案例 19-5

接受礼物可以吗

李山是一位拥有千万资产的老板,钱峰是一位资深心理咨询师。钱峰为李山咨询了18次。在他们最后一次正式咨询即将结束的时候,李山觉得咨询非常有效,送给钱峰一份礼物来表达自己的感激之情。这份礼物是李山公司出产的名酒,价值几千元。尽管钱峰通常不接受来自于来访者的贵重礼物,但他决定接受这份礼物。钱峰的理由是,对于李山这种地位的人来讲,两瓶名酒只不过是一点小小的心意,就像来自于一个大学生来访者的一朵花或一本平装书一样。

> 你觉得钱峰应该接受来访者李山的价值几千元的两瓶名酒吗?为什么?

界限可视为咨询关系的框架和限制,它规定了来访者和咨询师的角色和规则。鉴于咨询师和来访者之间存在权力差异,加上来访者是自愿参与咨询的,适当的界限可以保护来访者的权益。来访者在咨询中暴露自己在情感、认知、人际上的需求和困难,相对咨询师而言,来访者的力量更弱,更容易受到伤害。因此,咨询师在伦理上有责任觉察到这种权力的不平衡、来访者的脆弱,遵守伦理原则,提升来访者的福祉和健康。

在心理咨询和治疗中,利益冲突是指在与来访者工作时,咨询师或治疗师的某种利益干扰其专业判断能力和技巧而产生的冲突。当咨询师的需求和利益占了上风时,即其需求和利益先于来访者的需求和利益时,就会出现权力滥用、界限侵犯等典型的利益冲突。因此,界限问题在咨询中很重要,界限的概念是理解利益冲突的核心,维持单一的咨询师和来访者之间的关系尤为重要。美国心理学会(APA)伦理守则中对于咨询中的人际关系有明确的规定,见专栏19-3。

专栏 19-3

美国心理学会(APA)伦理守则中对于人际关系的规定

3 人际关系

3. 01 不公平的歧视

在从事心理学工作时,心理学工作者不能因为年龄、性别、性别认同、民族、种族、文化、国籍、宗教、性取向、残疾、语言或社会经济地位有关的因素差异,抑或是任何法律禁止的因素不公平对待他人或是歧视他人。

3. 02 性骚扰

心理学工作者不得对他人进行性骚扰。性骚扰是指性诱惑,与性有关的身体上的接近,或是具有性实质的言语、非言语行为,一旦这些行为是发生在心理学工作者作为专业人员进行工作时,他们的行为是侵犯他人的、不被允许的,会造成有敌意的工作或教育环境,对被骚扰者造成严重的或强烈的伤害。性骚扰包括激烈、严重的行为,也包括持久、渐进的行为。

3. 03 其他方式的骚扰

心理学工作者不得因以下原因故意骚扰或侮辱他人:年龄、性别、性别认同、民族、种族、文化、国籍、宗教、性取向、残疾、语言或社会经济地位有关的因素。

3. 04 避免伤害

心理学工作者必须采取合理的步骤以避免对来访者/患者、学生、被督导者、研究参与人员、机构来访者以及其他工作对象造成伤害,并尽可能降低可预见的或不可避免的伤害。

3. 05 多重关系

(a)多重关系的发生是指心理学工作者作为专业者的角色而,同时有以下情况之一①在同一时间和同一个人有其他关系;②在同一时间跟与自己服务对象有亲密关系的人关系密切;③允诺未来与此人或其亲近的人发展其他关系。

如果多重关系可能阻碍心理学工作者的客观性、能力或工作表现,或是有可能对自己的工作对象造成剥削或伤害,心理学工作者就要避免发生此类多重关系。那些不会产生阻碍或是导致剥削和伤害的多重关系并不违反伦理。

(b)如果心理学工作者发现由于不可预见因素已经产生了有潜在伤害性的多重关系,心理学工作者要采取合适的方法解决这个问题,尽可能保证受影响的人的最大利益,并最大限度遵从伦理守则。

(c)如果法律、机构政策或其他特殊情况要求心理学工作者在行政和司法诉讼中扮演多重角色,在其开始即要澄清各种角色的期望、保密程度,以及随后可能的改变。

3. 06 利益冲突

心理学工作者在下面两种情况下应避免承担专业责任,即当个人、科学、专业、法律、经济或其他利益和关系会:①阻碍自己作为心理学工作者专业角色的发挥,影响其客观性、胜任力或工作效率;②对与自己有专业关系的个人和机构造成剥削或伤害。

3. 07 第三方的服务要求

如果在第三方要求下,心理学工作者同意为他人或实体提供服务,则一开始就需明确自己与其他人和组织的关系性质。要明确心理专家的角色是治疗师、咨询师、诊断者还是

笔记

作证专家,明确来访者的身份,恰当利用获得的服务和信息,并且明确保密的局限性。

3.08 剥削关系

心理学工作者不能利用与之有督导与评价权利的那些人,比如来访者 / 患者、学生、被督导者、研究参与者、雇佣人员等。

3.09 与其他专业人员的合作

为了更有效、更合理地服务于来访者 / 患者,心理学工作者可以与其他专业人员进行恰当的合作。

（一）界限侵犯

界限侵犯指咨询中剥削或者有害的行为,咨询师为了自己性、情绪或经济方面的获益,不当地利用咨询师和来访者的权力差异,破坏适当的界限,做出不符合专业标准的行为。界限侵犯被认为是伦理和界限损坏过程中最严重的情况。在心理咨询中,界限侵犯被认为是一个过程,而不是孤立的、具体的事件。界限侵犯很少是咨询师对抑制不住的欲望的自然反应,而是一种为了满足自己的需要所做出的一系列故意的、有计划的行为。最开始出现的是单纯的界限跨越行为表现,即咨询师诉说自己也经历过孤单、丧失的痛苦,接着出现升级的行为,即拥抱来访者,延长几分钟的咨询时间。在以后的咨询中,咨询师可能会称赞来访者具有吸引力,暗示可以一起吃饭,之后,又升级为更具性意味的行为。这些看似无伤大雅的界限跨越行为有一个共同点,即咨询师关注了自己的需求和利益,而不是来访者的。涉及和不涉及性的界限侵犯举例,见表 19-2 和表 19-3。

表 19-2　涉及性的界限侵犯举例

1. 咨询师向来访者暴露个人的、私密的性感觉、性幻想和性行为;
2. 咨询师暴露其对来访者特有的性吸引、性唤起和性感觉;
3. 在咨询期间对来访者进行性暗示或开下流的玩笑;
4. 握手、拥抱或安慰来访者,主要为了满足咨询师的性需求或唤起来访者的性需求;
5. 对来访者的外表或穿着做诱惑性的评论;
6. 色眯眯地看着或盯着来访者的身体和 / 或穿着;
7. 引出详细的性历史,对解决来访者现有的问题不适合、非必要;
8. 咨询师对某个来访者有性期望,并在为其咨询时特意打扮。

表 19-3　不涉及性的界限侵犯举例

1. 暴露详细的个人生活或者与咨询无关的想法或情绪,主要是为了咨询师的利益;
2. 从来访者处接受贵重的礼物,并不是文化上象征感激或尊重的礼物;
3. 与来访者在咨询以外的情境下会面(喝咖啡或吃饭),与咨询目标无关;
4. 在咨询中愉快地谈论咨询师和来访者的共同兴趣,比如政治、电影、书籍或其他话题,但并不符合咨询目标;
5. 并非因为临床需要而增加来访者的咨询次数,或者安排更频繁的会面;
6. 暗示来访者有问题,但来访者并未觉得有困扰,为此延长咨询;
7. 对他们目前或可能的行为给予个人的、道德上的建议或评判;
8. 在咨询中没有保持咨询时间的界限,咨询时间超出正常的范围,在两次咨询会谈之间给来访者打电话以满足自己的需要,但都不是为了治疗的目的;
9. 没有尊重来访者的隐私,将来访者的故事告诉其他人,而这些人不应当涉及临床案例,如与配偶、重要他人或朋友闲谈时详细述说来访者的故事,即便隐藏了来访者的身份。

案例思考2：

吕咨询师正在参加孩子所在小学的家长会，孩子的班主任王老师过来跟吕咨询师攀谈，因为他知道吕咨询师是一位小有名气的心理咨询师。这位王老师询问吕咨询师是否可以给他的一个朋友进行咨询，他的朋友有多年的焦虑和抑郁问题，经过用药和多次心理咨询效果都不理想。吕咨询师把自己的名片给了王老师，并答应了王老师的要求。

试问：①你的感觉如何？②你认为这个案例潜在的问题是什么？③你觉得吕治疗师应该接受孩子的班主任的咨询要求吗？

（二）界限跨越

界限跨越是经过深思熟虑和计划之后与来访者的一种关系，其目的在于增强咨询关系，最终提高治疗效果。人本主义、行为主义、认知—行为主义、系统和多元文化模型均要求咨询师更为主动、投入，这与传统心理分析要求与来访者保持距离相反。界限侵犯和界限跨越的差异很大，界限侵犯一般对来访者有害，而界限跨越通常会对来访者有利。表19-4列举了许多界限跨越的例子，这些例子或是与特定咨询模型有关的界限跨越，或是咨询师为了增进咨询关系所做的某些行为。

表19-4　界限跨越举例

1. 咨询中拥抱孩子来表示支持，或者回应孩子拥抱的要求；

2. 与成年人打招呼或道别时拥抱来访者，在文化上象征尊重和认可；

3. 接触来访者的手、手臂或肩膀，拥抱来访者（不带性的意味），表示支持和感谢；

4. 在行为暴露疗法或现实脱敏法中陪伴来访者外出，如陪来访者乘坐地铁里较陡的扶梯或者去可以抚摸爬行动物的公园；

5. 有限、审慎地进行自我暴露，目的在于达到治疗目标；

6. 做驻家的家庭治疗时，在来访者家里的自然环境中会面，可能和他们一起吃饭；

7. 进行深入的驻家父母教育时，咨询师参与来访者的日常生活，如帮孩子准备上学，准备一顿饭，以此对父母进行教育、示范；

8. 叙事疗法中，咨询师会持续给来访者写信，鼓励社区中的其他人与来访者通信，以此来让大家认识到来访者有不同的身份、角色；

9. 在其他地方对青少年进行咨询，如散步或者在公园休息小坐时；

10. 在住院治疗中心进行环境疗法时，和来访者一起吃饭，在休息期间与他们交谈；

11. 参加对来访者很重要的宗教仪式，若不参加，在文化上是一种侮辱；

12. 在生物反馈和神经反馈疗法中，接触来访者，将电极或其他感应器接到来访者的许多部位；

13. 使用指导性想象、形象化、放松技术时，让来访者觉察身体的感觉、收缩和放松肌肉；

14. 新兴的躯体中心疗法，要求接触来访者的身体或者帮助来访者关注体内的感觉或者躯体过程，如呼吸；

15. 在物质滥用的治疗中，一个正在康复的咨询师进行大量、详细的自我暴露，以促进来访者的治疗，增进咨询关系；

16. 在小社区中，平时遇到来访者时，如购物、参加宗教仪式时，友好地跟来访者打招呼，进行简短的交谈；

17. 选择自己或家人认识的咨询师，而不一定为了避免双重关系而选择一个不认识的咨询师。这与医生为自己或家人选择最有能力的医生一样。

笔记

案例思考3:

周兵是一所大学的心理咨询教师,在同一所大学同一个学院的一名教授打电话询问他是否能预约咨询。周兵认为他虽然不认识这位教授,但是他知道这位教授是同一所大学同一个学院的教师。因此,周兵建议这位教授预约其他咨询师。尽管周兵向该教授解释了为什么要把她转介给自己的同行,但是这位教授还是很生气,并且拒绝预约。

试问:①你的感觉如何?②你认为周兵的行为恰当吗?③他在履行伦理的多重关系规定时,是否过于程式化?

(三)突破界限并建立多重关系的弊端和危害

许多文献和临床经验表明,多重治疗关系会影响治疗师的临床判断、伤害来访者利益及不利于治疗效果的取得,有关弊端和危害如下。

1. **危及治疗性医患关系** 双重关系会对心理治疗医患关系的本质造成严重伤害,使治疗师与来访者不能保持一定的界限和距离。因为当治疗师同时又是来访者的爱人、雇主、亲密朋友时,治疗关系的本质就改变了,它会严重影响治疗的进程。

2. **影响客观评估** 双重关系还可能产生利益冲突,影响准确的专业判断。治疗师应该时刻牢记把来访者的利益放在第一位,如果在治疗中产生另一种关系,便有了除疗效之外的利益。此时,治疗师会更关注其自身的需要或利益,而把来访者的利益放在次要的地位。如义务为一位朋友做心理治疗,期间可能不情愿、也不允许来访者对原有的社会关系做出选择;或许治疗师出于想与来访者有条件交换,企图达到某些自我的目标,这样就可能使得治疗师会操纵或影响来访者,对来访者造成伤害。

3. **影响来访者的认知判断** 双重关系可能会影响来访者的认知过程,使得其原有的治疗目标产生动摇或对治疗的过程产生怀疑,甚至治疗的依从性受到影响。

4. **关系的不平等** 双重治疗关系的存在,会使得原先强调的平等治疗关系被打破,导致来访者与治疗师不平等。如果来访者认为治疗师在工作中有违规行为或对自己造成伤害,众所周知可以申请司法鉴定或诉诸法律,通过正当途径来解决。但是,如果存在双重关系,来访者与治疗师还有在商业、经济等方面联系的话,即使来访者发现治疗师有严重的经济或违法行为,他想举报但可能会面临很多烦恼,因为治疗师也掌握了来访者许多隐私和秘密(在心理治疗期间获知的),可能会作为自己的辩护或交换的条件;甚至会强加某些精神障碍的诊断给来访者。

5. **改变治疗的性质** 如果治疗师与来访者的关系是建立在商业、经济或职业等基础上的话,则治疗的性质从一开始就改变了。治疗师可能会利用双重关系来掩饰与来访者的治疗真实情况,以期得到自己的社会、性、金钱或职业等方面的需要和满足。如缺乏社交圈的治疗师在治疗结束后可能会找各种借口与来访者建立治疗以外的社交关系;喜爱影视剧的治疗师在治疗某一著名剧作家时,可能会利用治疗作为约会的借口来创造交往的机会,让来访者逐步知道其对治疗师有多么重要,从而对治疗效果产生不良影响。

6. **影响公正和真实性** 在心理治疗与咨询实践过程中,难免会遇到一些司法纠纷,法院或其他司法机构会要求治疗师提供来访者的诊断、治疗及预后的证明。而治疗师的证明对来访者、监护人或司法部门来说都是至关重要的。倘若治疗师又是来访者的商业伙伴、情人或朋友的话,则提供的证明或文件还具有多少客观性、可靠性、公正性及完整呢?

7. **违法** 部分经历双重关系的来访者在治疗结束后会起诉或控告治疗师未执行伦理学规范。即使治疗师没有与来访者发生性关系,但也可能会因为存在其他非治疗关系而面临指控。在法律层面上,往往是要求治疗师不仅要避免在治疗过程,而且在治疗结束后也应该避免与来访者有非性的双重关系。

案例思考4：

　　阿伟是一位家庭治疗师，他每个星期都会去自家附近的同一家面包店买面包。他与一位年轻的女员工建立了很友好的关系。这个面包店的员工偶尔会看到阿伟跟他的妻子、孩子和父母在一起散步。有一天，这位面包店的女员工在阿伟所在的咨询中心预约咨询，而且，这个女士特别指出要他作自己的咨询师。她希望通过咨询面谈解决关系方面的问题。阿伟很高兴有人点名要求见他，并且很期待与之建立有效的咨询关系。

　　试问：①你的感觉如何？②你认为这个案例潜在的问题是什么？③你觉得阿伟应该接受这位女员工的咨询要求吗？

四、伦理决策模型

　　随着现代社会的发展，人与人、人与社会、甚而人与自然之间关系越来越广泛与复杂，其中的伦理道德问题越加显得突出，而在心理治疗与咨询的实践中伦理学问题同样不可回避。可以这样说，随着心理治疗与咨询的普及和推广，相关的伦理及道德问题将成为制约疗效和声誉的关键，它将会逐步褪去神秘的面纱而成大众关注的热点问题之一。每一种心理咨询和治疗情境都是独特而具体的，进行伦理决策需要针对具体的状况进行分析和判断，国外的心理咨询与治疗行业伦理研究者对于实际工作中难以决断的问题，发展出伦理决策模型，见表19-5。

表19-5　伦理决策模型

步骤	内容
步骤1	对咨询过程中的问题发展伦理敏感性
步骤2	确定相关事实和当事人
步骤3	确定伦理难题中的关键问题以及可能的选择
步骤4	参阅专业伦理标准和相关法律法规
步骤5	查阅相关伦理文献
步骤6	在具体情境中贯彻基本伦理原则和理论
步骤7	就伦理难题与同事进行探讨
步骤8	独立思考并决定
步骤9	通知相关当事人并执行决定
步骤10	反思执行过程

　　步骤一：对咨询过程中的问题发展伦理敏感性。在咨询过程中，伦理难题很容易发生，很复杂，而且相当微妙。如果没有警觉性，即使是意图良好、富有良知的咨询师有时候也会严重地伤害来访者。咨询师应该发展伦理敏感性，思考每次接收新的来访者和正在进行的咨询中的伦理问题。

　　步骤二：确定相关事实和当事人。一旦咨询师发觉伦理两难问题存在，就需要组织与个案有关的全部信息，包括个案发生的文化和社会背景。

　　步骤三：确定伦理难题中的关键问题以及可能的选择。一旦个案的事实和相关的当事人都已经足够清楚时，咨询师应努力尝试澄清伦理问题的本质以及类型。对问题进行广泛的界定，有助于咨询师更有效地使用伦理守则及相关文献，并与先前的培训经验相联系。

笔记

接下来咨询师需要采用头脑风暴的办法写下出现在头脑中可能采取的所有行动——在不评判的状态下列出所有的选择。

步骤四：参阅专业伦理标准和相关法律法规。 一旦咨询师确定了伦理问题和备选方案，下一步就是参阅伦理守则并决定应如何实施。在很多情况下，对于某些问题，法律和伦理守则都没有明确的规定。此时，咨询师可以越过此步骤进入下一阶段。如果法律规定与伦理守则存在矛盾，咨询师应放弃伦理守则而服从法律。没有一个专业组织会要求其成员违反法律来服从他们自己的规范和标准。

步骤五：查阅相关伦理文献。 学习其他曾接触过类似伦理问题的临床人员和学者的观点。通过研读相关著作，可以使咨询师获得专家的视野，并且帮助咨询师发现原先没有注意到的方面。阅读其他专业人员关于复杂伦理问题的作品还有一个额外的好处，就是可以帮助咨询师消除在进行艰难的伦理决策过程中产生的情感上的孤立感。

步骤六：在具体情境中贯彻基本伦理原则和理论。 在这一阶段，咨询师将守则背后所蕴含的基本伦理原则应用于具体的情境。专业文献可以对选择进行限定和澄清，但并不总能给出一个明白无误的选择。通过领会伦理原则的精髓，咨询师可以在形形色色的个案和表面上看起来毫无关联的情境中发现某些模式，并且更好地了解他们自己的伦理直觉。

步骤七：就伦理难题与同事进行探讨。 经常与他人探讨可以帮助咨询师对伦理决策进行重新思考。向他人咨询还会为咨询师带来安慰，并缓解咨询师在道德或情感上经常感觉到的孤立无助。也许同事并不能够经常提供简单的答案，但他们却可以提供新的观点、经验与共情。与同事的磋商并不仅仅局限在这一阶段，事实上，咨询师可以在决策过程的任何时间寻求同事的建议。咨询师应概括介绍整个伦理决策过程，并且向同事求教如下问题：

（1）在你看来，个案的哪些事实对于决定伦理选择最为重要？

（2）我还忽略了哪些方面？你认为我的盲点是什么？关于社会文化方面的因素，我还有哪些没有注意或者误解的？

（3）我对于伦理守则的解读是否准确？

（4）伦理守则中还有哪些部分也可以应用其中而我又没有发现？

（5）你是否还知道其他与我的决策相关的书籍或文章？

（6）我对于伦理原则的分析是否恰当？

（7）我对于备选方案的分析是否和你的判断一致？

（8）你会如何解决这个难题？你为何要做此选择？

步骤八：独立思考并决定。 在这一阶段，资料收集过程已经完成，开始进入个人化的信息组织阶段。在个人思索的过程中，咨询师应决定哪一个备选方案最符合伦理，并且制订出相应的实施计划。独立思考的过程实质上是在审视那些将伦理选择复杂化的、有竞争性的价值观。

步骤九：通知相关当事人并执行决定。 在执行伦理选择的过程中，咨询师应该记住，一旦遭遇阻力，要尽可能发动所有可能的支持。一旦做好了执行伦理选择的决定，专业人员应及时通知督导，以及跟其他人进行沟通。做好正式文件记录，包括个案笔记、决策过程或其他相关文件。

步骤十：反思执行过程。 反思的过程会给咨询师一个机会来更深刻地领悟他们行为背后包含的责任，并且也是一个对思维的错误和行为中的纰漏进行重新评估的机会，这样在下次伦理难题出现时就可以避免这些问题。咨询师需要在这一阶段问自己如下问题：

（1）我是否在伦理问题一出现的时候就关注到它了？

（2）我是否具有充足的伦理守则知识从而有效使用？

（3）我应该在自己的文献库中保存哪些伦理文献以备不时之需？

（4）我进行的咨询是否有效？我还有哪些可以改进之处？

（5）我还可以有其他哪些选择？我是否能够发现竞争性的价值观以及影响我决策的其他压力？哪些方面我可以做得更好？

（6）我还可以有其他哪些选择？

（7）这个过程中有什么是值得我自豪的？这个经历在哪些方面对我作为咨询师或作为一个人有影响？

（8）我如何利用这一经验去帮助其他面临类似问题的咨询师？

并非所有伦理问题都必须经过这十个步骤。有时候问题解决过程也可以是很简短的。如果伦理守则或法律规定明白无误，那么咨询师可以直接进行本模型的最后三阶段。另外，尽管这个过程看起来非常耗费时间，但如果对伦理守则及相关伦理文献了如指掌，或者身边很方便就能找到值得信赖的同事的话，这个过程也会变得很简便。另外，及时更新的伦理知识以及先前解决伦理问题的经验也可以加速这一过程。

> 🍂 请用伦理决策模型思考和分析前面列举的所有案例，试想：如果你是案例里的咨询师，怎样决策会更符合伦理要求呢？

第二节　患者 / 来访者的权利

案例 19-6

致命的疾病

王丽是 19 岁的大学生，开始由高治疗师做心理治疗时只讲自己患了一种致命性疾病。两个月后她对治疗师充分信任便告之自己患了白血病。在接下去的 18 个月中，治疗主要集中在王丽对疾病丧失信心并准备自杀的问题上。当两次因为肺炎住院后，她告诉高治疗师：如果下一次再住院，她将自杀。因为她知道如果再次并发感染，会发生多种并发症，病情将迅速恶化，虽然死亡的降临不会很快，但病程的拖延可能会非常痛苦。因此她准备到那时采取过量服用药物，以便轻松地死去。高治疗师竭力劝说，但是王丽拒绝再讨论这个话题，并表示如果继续关注这一问题，她将中断治疗。因此，高治疗师认为对一个仅有几个月生命的来访者最好的办法是提供关心和支持，而不是让她去面对疾病和抗争。

4 个月后，高治疗师被告知王丽已结束了自己的生命。随后，她却成为民事诉讼的被告，王丽的家人指控她知道来访者想自杀，却没有采取任何可行和充分的措施来预防，没有告知第三者，没有要求来访者丢掉违禁药物和住院治疗。这个案例在专题研讨会引起了非常激烈的争论。有些人认为高治疗师的行为很富有人性且敏感而道德；有些人则认为她不该接受来访者的意愿，没有行之有效地挑战来访者的自杀意念。

> 🍂 请你判断高治疗师在治疗的当时应该尊重王丽对治疗的知情同意或拒绝吗？她的行为符合伦理原则吗？

心理治疗作为治疗的一种形式或手段，与临床其他外科手术或内科药物治疗一样，治疗前必须征得来访者的同意，即来访者享有知情权。过去，我国对知情权这一问题认识不足，习惯或想当然地认为既然来访者来求医就诊，就已经了解和同意，其实不然。本节将就精神科治疗和心理治疗中的有关知情同意内容及其影响因素作一简介。

笔记

一、知情同意

知情同意是指在临床心理工作者为来访者提供足够相关信息的基础上,由来访者做出决定(同意或拒绝)。知情同意作为来访者的一项基本权利,来访者在做出自主抉择之前,有权了解自身的病情、临床心理工作者建议的治疗方法及其利弊。

一般而言,知情同意的基本要素包括:

1. **提供信息** 指为来访者提供有关心理咨询和治疗或研究的各种信息。

2. **理解信息** 这是作决定的前提,对大多数人而言,医学和心理学知识是比较专业的。因此心理咨询和治疗师、研究者在取得来访者的知情同意之前,除了提供信息之外,还要了解和评估来访者是否已真正理解了应该掌握的信息。对信息的理解,除来访者本人的知识结构、文化程度等因素外,还有一些因素影响受试者对信息的理解,如信息陈述的完整性、来访者的情绪、提供信息的负荷量等。

3. **能够做决定** 未成年人(18岁以下)、老年人、精神病来访者等不具备决定能力者,往往需要合法的代理人来参与知情同意过程。

4. **自愿原则** 为尊重来访者的自主性,事先要申明,无论是否参与、拒绝还是中途退出,都会一视同仁,在心理咨询和治疗服务过程中其利益不会受到损害。

专栏 19-4

美国心理协会(APA)伦理守则中对于知情同意的规定

3.10知情同意

(a)心理学工作者进行研究或为他人提供评估、治疗、咨询服务,或进行面谈、电子通讯或其他方式的沟通时,必须要用对方可以理解的语言向其解释,并征得他们的知情同意。除非法律规定或是伦理守则中指出可以不用征求来访者的同意。

(b)对于在法律上尚不能给予知情同意的人,心理学工作者应做到:①提供适当的解释;②得到本人的同意;③考虑本人的意愿和最佳利益;④如果法律上要求或允许其他人代为决定,要获得其法律授权人的同意,如果法律上对此不作规定,心理学工作者也要采取适当措施保障个人的权利和福祉。

(c)心理学工作者受法律要求或委托为他人提供服务之前,需要告知他人该服务的性质,包括服务是否是法律要求或是委托的,以及保密原则的局限性。

(d)心理学工作者要将获得的书面或口头同意和认可记录在案。

二、接受治疗的权利

1972年,美国亚拉巴马州政府被指控没有为那些限制入院的精神有疾病和发育迟滞的人提供充分的治疗。在案件中涉及的两家机构,它们的病房肮脏、黑暗、混乱,食物几乎不能食用(当时这个州对每个病人每天只提供少于50美分的食物)。这两个机构中每一个心理学工作者管治超过一千名病人。毋须说,在这种条件下没有提供任何治疗。法院裁定以个体需要治疗为理由而拒绝给他们自由,却又不能提供治疗的过程是一种侵害,要求亚拉巴马州的所有精神病院必须做到:①向每一个病人提供个性化的治疗方案;②要有充足的专业工作人员实施治疗;③要有富有人性的心理环境和物理环境。这个裁定构建了治疗的权利,虽然这只是针对亚拉巴马州的,但对美国精神健康的传统做法产生了影响。

由于精神疾病的特殊性,对精神病人还有强迫治疗的问题。当病情严重到不能表达自己的意愿、对自己的言行缺乏自知力和自制力、无法判断自己的行为可能产生的后果时,有必要采取强制治疗。但这只是对病人权利的暂时性限制,只是在病情需要为避免病人自伤或对他人构成威胁时,才可以采取强迫治疗和行为约束措施。事实上,临床上采取强制入院接受治疗的精神病人占相当大的比例。

案例 19-7

唐纳森(Donaldson)诉讼案

在 1975 年,由于父亲的要求,Donaldson 被非自愿收容入院。其父称 Donaldson 认为有人要在他的食物中下毒。这种妄想得到证实,加之唐纳森之前曾被收容入院 13 年 3 个月,法官判定 Donaldson 应该被关禁。他被送入了佛罗里达州立精神病院,继续住院 14 年。在这期间,他并没有接受到任何改善"状况"的治疗。他请求被释放。在诉讼的威胁下,医院最后让他出院了。出院后他控告医院对他的伤害,最终获得了 20 000 美元赔偿作了结。美国最高法院判定:"个体单纯因为有精神疾病,就违反他的意愿,把他无限期地简单监管限制起来,这种做法是不合理的"。

> 🍋 你认为美国最高法院的裁决合理吗? 对于像唐纳森这样的慢性精神病人该如何恰当的对待?

精神病人与一般病人享有同等的权利,理应得到医务人员高质量的医疗和人道的服务。精神病院至少应能提供最低标准的医疗和护理,满足基本治疗需要,包括人道的心理和物理环境、具有足够资格的工作人员,并提供个体化的治疗方案。精神病人有权利选择在最小限制的环境中接受治疗,简单讲就是在强制治疗的同时尽可能少地限制病人的自由。

三、拒绝治疗的权利

案例 19-8

哈泊拒绝服药诉讼案

沃尔·哈泊(Walter Harpe),因在华盛顿州抢劫而被判刑。Harpe 在狱中时有暴力行为,监狱的医生认为是由于他患有双相精神障碍(bipolar disorder)引起的。Harpe 对于医生开的抗精神痛药物,服用时断时续。监狱有一条规则,如果由精神病学家、心理学家和监狱管理者组成的专门小组举行听证会,并断定犯人如果不服药就可能因为精神疾病而对自己或他人造成严重伤害,即使犯人反对也可以强制其服药。Harpe 称这个程序并没有充分保护他的合法权利,因为服用抗精神病药物可能会有健康风险。所以他起诉华盛顿州,认为不应该不顾他的反对,强制他服药。

Harpe 的案子最终到了最高法院。最高法院认定监狱的规定合乎宪法,因为是否需要服药不是由法官而是由医生来决定的。

> 🍋 你认为美国最高法院的裁决合理吗? 是否应该同意哈泊拒绝服用抗精神病药的要求呢?

总的来说,非自愿病人在精神病院内可能要被要求进行"常规"治疗,而这种常规治疗最常用的是精神药物。一些有争议的治疗形式,如 ECT,通常会有更严格的规定,可能需要病人的亲属同意。如果精神病人认为机构提供的治疗不适当,同样有权利拒绝治疗。特别是当有同样有效且更容易接受的方法时,病人有权利对现有治疗予以拒绝。当然,精神病人拒绝治疗的权利有限,特别是以下三种情况,病人没有权力拒绝治疗:①当病人被判定为

笔记✑

无责任能力时,没有权利拒绝治疗,因为没有责任能力的个体无法判断治疗是否适当;②如果病人属于强制入院,不可能有权利拒绝治疗,如有自杀倾向的抑郁症病人、处于妄想状态的病人都没有权利拒绝服药;③即使是有责任能力、自愿入院治疗的病人,如果其拒绝治疗将导致医疗费用增加时,同样没有权利拒绝治疗。

第三节　心理障碍与法律相关问题

案例 19-9

她杀死了自己的 5 个孩子

　　Andrea Yates,37 岁,是一位家庭主妇,于 2001 年 6 月 20 日,在美国得克萨斯州休斯敦郊外家中的浴缸里溺死了她的 5 个孩子,这 5 个孩子的年龄从 6 个月到 7 岁。当时她认为撒旦藏在自己的体内,要摆脱撒旦的唯一方法就是要把她的孩子杀死,这样她就能被处死,并将孩子从撒旦那里救出来。

　　Andrea Yates 被诊断为"产后精神病",律师为她辩护说:"她是无罪的,因为她有精神失常"。在审讯期间,被告方专家证明她在谋杀孩子时,已经明显有精神失常和妄想。Andrea Yates 是一个有严重精神问题的患者,曾有两次自杀未遂,4 次因为精神病而住院,在谋杀的时候,幻觉和妄想再次复发。

　　但是,在美国得克萨斯州为精神病患者辩护非常受限。如果 Andrea Yates 在谋杀孩子的时候能够辨认正确和错误,无论她过去受到什么干扰,她也被判定犯了罪。原告方辩论说:Andrea Yates 知道自己这样做是错误的,而且她能够辨认善与恶。在全国一片愤怒声中,人们都密切关注这次审判,Andrea Yates 被认定有谋杀罪。原告认为她应该被判处死刑。陪审团判定免除她死罪而判她终身监禁。她在 2042 年才可以获得假释。

> 🌰 请你判断 Yates 要为自己的行为负法律责任吗?

　　看了上面这个案例你的感觉如何?你认为 Yates 要为自己杀害亲生儿女的行为负法律责任吗?怎样判断她的责任能力和行为能力?本节主要介绍司法精神病学的相关概念,精神疾病来访者的刑事责任能力、民事行为能力的评定。

　　近几年来,我国相继发生了数起轰动全国的有关"精神病"犯罪的重大、特大事件,如马加爵校园特大杀人案、邱兴华陕西"7·16"特大凶杀案、多起残忍的校园、幼儿园暴力事件等。法律界和医学界诸多专家学者为此各自从不同的专业角度阐述不同的观点,有些方面争议很大。焦点问题在于犯罪者是否应该承担相应的刑事责任。异常心理会造成多方面的危害,其影响远远不只异常心理者本人。对于患者个人,异常心理是一种残酷的折磨,它吞噬了他们的理性,破坏了他们与社会的关系,使他们不能像世界上大多人一样正常生活,不能真切地体会到人类本应享有的快乐、幸福,不能积极地防范和抵御他人对他们的侵犯。对于社会,对于正常生活着的人们,异常心理也构成了一种严重的威胁,即异常心理者可能在异常心理的支配或影响下违法犯罪,造成危害后果。

　　异常心理与法律有着千丝万缕的联系,精神科临床实践中常涉及的法律问题主要有三个方面:其一,普通精神病人合法权益的维护,如精神病人有无监护权,能否参与诉讼,是否具有证人资格及作证能力如何,是否应该接受强制性医疗,有无治疗的知情同意权,其治疗记录是否应被保密等;其二,违法犯罪异常心理病人刑事责任能力的评定及处理,如精神病人什么情况下具有刑事责任能力,其犯罪是否应负刑事责任,有危险的精神病人应如何处置等;其三,精神病诊疗的滥用或诈病,一些本没有精神病的人被误诊为精神疾病,面临强制

笔记 ✒

住院或强制治疗措施,严重侵害了这些人作为一个人所应有的人性尊严、人身自由权和自主权,或者使本没有精神病而本应受到法律制裁的人逃脱法律制裁,导致"正义的流产"。

一、司法精神病学概述

司法精神病学是建立在临床精神病学和法学两大基础上的新兴交叉学科。它的主要任务是司法精神病学医生运用精神医学的科学知识,协助司法机关对被鉴定人的精神状态及其刑事责任能力、民事行为能力及其他相关能力进行鉴定和评估的过程,从而解决精神疾病患者在法律方面的有关问题。它研究的对象涉及刑事、民事和刑事诉讼、民事诉讼有关的精神疾病问题。在这方面最常见和最主要的工作和任务是司法精神病学鉴定。

司法精神病学鉴定是指对于涉及法律问题又有或怀疑有精神疾病的人,受司法部门的委托,鉴定人应用临床精神病学知识、技术和经验,对其进行精神状况的检查、分析、诊断以及判定其精神状态与法律的关系,这一过程是司法精神病学的核心内容和主要任务。

鉴定的任务是:①明确被鉴定人员有无精神疾病;②为何种精神疾病;③疾病的严重程度;④实施触犯法律行为时的精神状态;⑤疾病和非法行为的关系;⑥有无刑事责任能力、民事行为能力;⑦医疗和监护建议。

根据我国刑法第18条,精神病人在不能辨认或者不能控制自己行为的时候造成危害结果,经法定程序鉴定确认的,不负刑事责任,但是应当责令他的家属或者监护人严加看管和治疗;在必要的时候,由政府强制治疗。间歇性精神病人在精神正常的时候犯罪,应当负刑事责任。尚未完全丧失辨认或者控制自己行为能力的精神病人犯罪的,应当负刑事责任,但是可以从轻或者减轻处罚。

二、刑事责任能力与心理障碍

案例 19-10

杀人之后还如此淡定

被鉴定人伍某,男,45岁,无业居民,因故意杀人被捕。审讯时,伍某被怀疑有精神失常,由法院委托鉴定。案发当天有三个学生放学经过伍某住处(平时每天都放学经过并有时入室取笑伍),见伍某在煮菜,便手持木枝搞伍某煮的饭菜,伍某气急之下先用柴枝打被害人的头,后又改用酒瓶打,边打口中还边说要吃人肉。之后伍坐在家门口,并无逃走之意。邻居发现后报案。在案件调查中,群众反映伍某是"傻仔",他从没结婚,生活来源靠向家人要或者有时捡些死鸡、死鸭吃,或有时抢邻里的钱来用。伍某平时喝醉酒会用物品打自己,也时常去水果档、烟档拿货走,但不给钱。

案发时伍某处于发病期,有思维破裂、荒谬的思维逻辑障碍、情感淡漠等精神病性症状。其作案并无现实动机,只是因为小孩用柴枝"在其找钱那里划来划去",才一时气急之下就打了他,也没想过会不会打死,只知道打的地方没出血,出血的是鼻子、嘴巴和耳朵。

诊断:精神分裂症。

责任能力判定:被鉴定人伍某作案的行为受荒谬的思维逻辑障碍的影响,对自己所实施的杀人行为丧失了辨认能力,不能正确认识与判断其攻击行为的某些性质和后果,在辨认能力丧失的情况下,其行为控制能力也随之丧失,故应评定为无责任能力。

你认为伍某作案当时的精神状态怎样?鉴定责任能力的依据是什么?

笔记

刑事责任能力，又称责任能力，是指行为人能够正确辨认自己的行为性质、意义、作用和后果，并能依据这种认识而自觉地选择和控制自己的行为，从而对自己实施的刑法所禁止的危害社会行为承担刑事责任的能力。刑事责任能力分为三个等级，即完全责任能力、限定（部分或限制）责任能力与无责任能力，其评定要件有医学标准（医学诊断）和法学标准（辨认能力和控制能力）两个要件，两者缺一不可。刑事责任能力的评定具体如下。

1. **无责任能力的评定**　医学条件：临床上诊断患有某种严重的精神疾病，并且处于疾病的发作期；中度或重度精神发育迟滞，或者虽未达到中重度，但伴有精神分裂症症状；癔症性精神病和四种例外状态，如病理性醉酒、病理性激情、病理性半醒状态和一过性精神模糊。

法学条件：具备以上医学条件之一的被鉴定人，在发生危害行为的当时由于某种精神病性症状，如严重意识障碍、智能障碍、病理性幻觉、妄想、思维障碍、急性躁狂状态，而使其辨认或控制能力丧失。

2. **限定责任能力的评定**　医学条件：精神疾病未愈，部分缓解或残余状态；轻度至中度精神发育迟滞；具有明显精神障碍。

法学条件：具备以上医学条件之一的被鉴定人，在发生危害行为的当时由于明显的精神障碍使其辨认或控制能力有所削弱，但尚未达到丧失或不能控制的程度。

3. **完全责任能力的评定**　医学条件：精神疾病已经痊愈，或者缓解处于间歇期；轻度或轻微的精神发育迟滞；无明显的精神障碍；诈病或无病。

法学条件：被鉴定人具备以上医学条件之一，危害行为发生时，无客观证据可证明辨认能力或控制能力有明显削弱。

三、民事行为能力与心理障碍

案例 19-11

报复杀人的性质

被鉴定人王某，男，24 岁，农民。王某自幼聋哑，性情暴躁，对别人的眼神动作等很敏感，以致经常与同村人发生矛盾，时大打出手，村中没人敢惹他。如果有人欺负他，王某就会发怒，一定要报仇，但对家人很好，别人欺负自家人他会帮助家人报仇。本次案发前，王某曾因与被害人家有矛盾而致被害人儿子打致骨折，为此怀恨在心，对家人打手势表明要报复。案发当天在本村的松树林中，王某将被害人活活打死。

诊断：先天性聋哑；偏执型人格障碍

责任能力和行为能力评定：王某在现实动机的支配下实施的报复性伤人行为，当时其对自己所实施行为的辨认能力完好，故应评定为完全责任能力，完全行为能力。

民事行为能力主要指个人处理日常事物的能力，它关系到相应阶段个人的权利和义务，如结婚、离婚、抚养子女、遗嘱、合同以及诉讼能力。有行为能力的自然人是指达到一定年龄的、精神健全的，在民事法律问题中能够正确表达自己意思并能理智的处理自己问题的人。我国民法把行为能力分为三级，即无行为能力、限制行为能力和有行为能力，《民法通则》第 13 条规定："不能辨认自己行为的精神病人是无民事行为能力人，……不能完全辨认自己行为的精神病人是限制民事行为能力人，……"。根据国内外鉴定实践和研究经验说明各种精神疾病的民事行为能力判定标准的大致原则是：

1. **严重的精神病**　如精神分裂症、躁郁症、重度智力障碍、老年性精神病等患者，丧失了辨认或控制能力的，也没有自知力，多判定为无民事行为能力。

2. **精神发育迟滞者（中度、轻度）患者**　多能较好地保留对周围环境的认识、批判能力，自知力多完整,一般多保存部分行为能力。

3. 人格障碍者、焦虑障碍等患者 大多数有正常的辨认或控制能力,属于完全行为能力。

责任能力与行为能力的判断在原则上有些类似,但也有区别。责任能力属于刑事性质,是对当事人在危害行为当时的精神状态鉴定而言的;而行为能力属于民事性质,主要是指当事人在一个维持较长时期内的法律相关事务的处理能力而言的。像急性短暂性精神障碍者可无责任能力但是有行为能力。同样,无行为能力者也不一定完全无责任能力。另外,两者在年龄、时限及鉴定程序上也存在差异。

四、其他有关的法律能力

案例 19-12

自我保护的丧失

被鉴定人何某,女,15岁,无业。何某4岁时还不会走路,4~5岁才会讲话,7岁读书,成绩很差,平时在家只能干一些简单的家务,不会煮菜,来月经也不会自理,时有尿床,常与比她小的小孩子玩,时有傻笑。1月前何某被无业游民黄某诱骗并与之发生了性关系。鉴定时测得何某智商为68分,情感不协调,时自笑,注意力不集中,言语流利,但谈吐较幼稚,表达能力差,思考与领悟能力较差,缺乏抽象、概括能力。何某对被强奸的事没有任何认识,没有任何害羞感。

诊断:精神发育迟滞(中度)

鉴定结论:何某社会适应能力较差,对性知识、性自我保护及性行为的后果完全不懂,故应评定为无性自卫能力。

(一)作证能力

在刑事诉讼活动中,证人证词是非常重要的,我国《刑事诉讼法》第37条规定:凡生理上、精神上有缺陷或者年幼,不能辨别是非,不能正确表达的人,不能作为证人。因此,处于发病期的精神病人不能当证人。精神病人能否出庭作证取决于四个因素,即精神病人的观察力、理解力、记忆力、陈述力。精神病人对于案件事实要经历一个观察、理解、记忆、陈述的过程,其中任何一个环节的缺失,都可能导致案件事实的证明成为不可能。只要精神病人具备了基本的观察、理解、记忆能力,并且通过自己的陈述(穷尽现有手段)为他人所知,表明其能够区分事实与谎言的,就证明该精神病人具有证人能力。

(二)受审能力

受审能力也称被告在刑事诉讼中的诉讼能力。被告人的受审能力除对控告有辩解能力外,还有行使国家赋予刑事被告人其他权利的能力,如有权拒绝回答与案件无关的问题,有权申请有关人员回避,有权对控诉进行反驳,有权聘请律师,有权参与辩论等。对被认定为无受审能力的犯罪嫌疑人,从法律上最终判定其刑事责任能力,是在其受审能力恢复、诉讼程序得以重新开始之后进行的。如果他的受审能力一直不能恢复,即使他确实具有刑事责任能力,由于诉讼程序一直不能重新开始,也要等到他恢复受审能力以后,才可以从法律上对他的刑事责任能力作出最终的结论。

(三)服刑能力

被告在服刑期间出现精神异常,应对其服刑能力进行鉴定,如无服刑能力则应由家属监护保外就医。一般来说有责任能力与有服刑能力是一致的。被认定完全责任能力的人有可能不具备承受刑罚的能力,有无服刑能力应以判决后被鉴定人的躯体、精神状况实际上能否适应服刑环境为准。因此在判决生效后即应考虑有无服刑能力的问题。

（四）性防卫能力

精神正常的成年女性，一般对两性性行为具有辨认能力。当自身受到性侵害时，能表示反对和反抗。但严重智力低下或精神病人，因无法分辨性行为的目的、性质、意义及其后果，任由侵害者摆布，甚至主动勾引男方，丧失性自我防御能力。国家为保护妇女合法权益，对明知妇女患有精神病或智力低下，与之发生非法性关系者，不管采用何种手段和方式，一律按强奸罪论处。

（赵静波）

阅读

我国的精神卫生立法

现代精神卫生立法最早的雏形是英国 1890 年修订完成的《精神错乱者法》，其主要宗旨就是通过立法来保护这个弱势群体。1930 年法国颁布了全球第一部《精神卫生法》。我国于 1985 年起，卫生部指定由四川省卫生厅牵头、湖南省卫生厅协同起草《中华人民共和国精神卫生法（草案）》，由此拉开我国精神卫生立法漫长的序幕。在随后的 15 年时间里，草案经过数次讨论和调研。2011 年，由国务院常务会议讨论并且原则通过精神卫生法（草案）。2012 年 10 月 26 日，精神卫生法通过全国人大常委会表决，于 2013 年 5 月 1 日起实施。

我国《精神卫生法》共七章八十五条，对精神卫生工作的方针原则和管理机制、心理健康促进和精神障碍预防、精神障碍的诊断和治疗、精神障碍的康复、精神卫生工作的保障措施、维护精神障碍患者合法权益等几个方面作了规定。其中，明确了精神障碍患者住院实行自愿原则，设计了非自愿治疗的前提条件，被视为立法的重大突破。

该法对从业人员资质、治疗原则等都作了详细的规定。规定心理咨询人员不得从事心理治疗或者精神障碍的诊断、治疗；心理咨询人员发现接受咨询的人员可能患有精神障碍的，应当建议其到符合本法规定的医疗机构就诊；心理治疗活动应当在医疗机构内开展。专门从事心理治疗的人员不得从事精神障碍的诊断，不得为精神障碍患者开具处方或者提供外科治疗；精神障碍的诊断应当由精神科执业医师作出。医疗机构接到依照规定送诊的疑似精神障碍患者，应当将其留院，立即指派精神科执业医师进行诊断，并及时出具诊断结论。

我国精神卫生法的内涵体现在以下三个方面。

1. 立足点在于预防　该法将干预前置、防重于治，立足点在于"预防"。首先是为了维护和促进 13 亿公民的精神健康，通过积极的预防来减少精神障碍的发生，减少心理不健康造成的严重后果；其次是为了促进 1 亿多精神障碍患者的康复，防止轻病变重，保护患者的合法权益，其中要特别注意妥善治疗和对待 1 600 万重性精神病患者，使重病变轻和痊愈，防止病情发展而出现的严重后果；最后是通过规范精神卫生服务，包括制定有效的非自愿住院标准和程序，建立异议处理程序等，防止患者被不必要的住院治疗，防止正常公民被错误收治。

2. 着力点在于诊断　精神障碍的诊断不能和其他躯体疾病的诊断一样倚重影像学和实验室检查的客观数据，较多依赖症状学，但并不意味着精神障碍诊断就不客观准确。经过严格的精神病理学训练的精神科医师对精神症状的诊断一致性可以高达 85% 以上，进而依据相同诊断标准作出精神障碍诊断的一致性也相当高，甚至不亚于临床医师作出糖尿病和冠心病的诊断一致性。到目前为止，世界上还没有一部精神卫生立法将精神障碍的诊断权交给医生之外的任何其他人，加上国内心理咨询师大多数不具备精神病学的专门和长期训练，该法将诊断权给予专业的精神科医生，避免因为诊断问题引起对患者的心理伤害。

3. 最终落脚点在于保护精神障碍患者　中国社会特有的家庭关系和感情纽带，是构成社会关系的基础。多年来我国家庭都是患者治疗和康复的最主要场所，家属承担着患者的监护责任和经济负担。在赋予他们监护责任与看管义务的同时，却剥夺其参与并决定患者治疗的权利。该法明确规定了患者最大程度上的自愿原则，避免"被精神病"情况的发生，保护患者及其亲属的利益。

笔记

推荐阅读

1. 刘新民 . 变态心理学, 2 版 . 北京 : 人民卫生出版社, 2013

2. 刘新民 . 变态心理学 . 北京 : 人民卫生出版社, 2007

3. (美)苏珊·诺伦 - 霍克西玛 . 变态心理学, 6 版 . 邹丹, 译 . 北京 : 人民邮电出版社, 2017

4. (美)戴维·H, 巴洛, V. 马克著 . 变态心理学 : 整合之道, 7 版 . 黄峥, 高隽, 张靖华, 等 . 译 . 北京 : 中国轻工业出版社, 2017

5. 刘新民, 程灶火 . 医学心理学, 2 版 . 合肥 : 中国科学技术大学出版社 . 2017

6. 世界卫生组织 . 国际功能、残疾和健康分类 . 日内瓦 : 世界卫生组织, 2001

7. 中华医学会精神科分会 . 中国精神障碍分类与诊断标准(第 3 版). 济南 : 山东科学技术出版社, 2001

8. 陈钰 . 进食障碍 . 北京 : 人民卫生出版社, 2013

9. 赵忠新 . 临床睡眠障碍诊疗手册 . 上海 : 第二军医大学出版社, 2006

10. 童俊 . 人格障碍的心理咨询与治疗 . 北京 : 北京大学医学出版社, 2008

11. 刘新民 . 变态心理学理论与应用系列丛书 . 性障碍 . 北京 : 人民卫生出版社, 2009.

12. 郝伟, 赵敏, 李锦 . 成瘾医学理论与实践 . 北京 : 人民卫生出版社, 2016

13. 季建林, 赵静波 . 心理咨询和心理治疗的伦理学问题 . 上海 : 复旦大学出版社, 2006

14. 刘新民 . 进食障碍与肥胖症 . 北京 : 人民卫生出版社, 2009

15. 熊吉东, 刘薇 . 变态心理学理论与应用系列丛书 . 睡眠障碍 . 北京 : 人民卫生出版社, 2009

16. 程灶火 . 临床心理学 . 北京 : 人民卫生出版社, 2014

17. Wing L. 孤独症谱系障碍, 孙敦科, 译 . 北京 : 北京大学医学出版社, 2008

18. 沈渔邨 . 精神病学, 5 版 . 北京 : 人民卫生出版社, 2009

19. 江开达 . 精神病学, 7 版 . 北京 : 人民卫生出版社, 2013

20. Chris Kearney, Timothy J. Trull. Abnormal Psychology and Life : A imensional Approach. 3rd ed.. Boston : adsworth Publishing, 2017

21. David H. Barlow, Vincent Mark Durand, Stefan G. Hofmann. Abnormal Psychology : An Integrative Approach. 8th ed.. Boston : Wadsworth Publishing, 2017

22. Timothy A. Brown, David H. Barlow. Casebook in Abnormal Psychology. 5th ed.. Boston : Wadsworth Publishing, 2016

23. WHO. The ICD-10 Classification of Mental and Behavioral Disorders : clinical descriptions and diagnostic guidelines. Geneva : WHO, 1992

24. American Psychiatric Association. Diagnostic and Statistical Manual of Mental Disorders fifth edition. Arlington VA : American Psychiatric Association, 2013

25. James N. Butcher, Susan Mineka, Jill M. Hooley. Abnormal Psychology. 12th ed. NJ : Pearson Education, 2004

26. Lauren B Alloy, John H. Riskind, Margaret J. Manos. Abnormal Psychology. 9th ed. OH : McGraw-Hill Companies, 2005

27. Timothy J. Tarull. Clinical Psychology. 7th ed. Australia : Thomson Learning, 2005

28. Andreasen N C, Black D W. Introductory Textbook of Psychiatry. Washington : American Psychiatric Pub, 2011

中英文名词对照索引

C

D

E

F

G

H

X

Y